TRAITÉ ÉLÉMENTAIRE

DE

PATHOLOGIE GÉNÉRALE

DU MÊME AUTEUR

Des accidents convulsifs dans les maladies de la moelle épinière. Thèse de doctorat, 1871.

Des paralysies bulbaires. Thèse d'agrégation, 1875.

Le mercure, action physiologique et thérapeutique. Thèse d'agrégation, 1878.

Étude sur les myélites chroniques diffuses. (*Archives générales de médecine*, 1871-1872.)

Contribution à l'étude de la sclérose diffuse périépendymaire. (*Mémoires de la Société de biologie*, 1869.)

Sur un cas de sclérodermie avec atrophie des os et arthropathies multiples. (*Comptes rendus de la Société de biologie*, 1873.)

La Doctrine de la fièvre pneumonique (*Revue des sciences médicales*, 1878).

Du traitement de la fièvre typhoïde par le calomel, le sulfate de quinine et le salicylate de soude. (*Bulletin de la Société médicale des hôpitaux*, 1880.)

Articles publiés dans le *Nouveau Dictionnaire de médecine et de chirurgie pratiques* de Jaccoud : ENCÉPHALE (pathologie médicale), en collaboration avec M. Jaccoud ; MÉLANÉMIE, MÉPHITISME, MOELLE ÉPINIÈRE (pathologie médicale), NÉVRALGIES.

Mémoires et Notes dans les *Archives de physiologie*, les *Comptes rendus de la Société de biologie*, la *Revue mensuelle de médecine et de chirurgie*, les *Bulletins de la Société médicale des hôpitaux*, de la *Société anatomique et de la Société clinique*, la *Revue des sciences médicales*, l'*Encéphale* et l'*Union médicale*.

9260-83. — Corbeil. Typ. et stér. Crété.

TRAITÉ ÉLÉMENTAIRE

DE

PATHOLOGIE GÉNÉRALE

COMPRENANT

LA PATHOGÉNIE
ET LA PHYSIOLOGIE PATHOLOGIQUE

PAR

H. HALLOPEAU

PROFESSEUR AGRÉGÉ A LA FACULTÉ DE MÉDECINE DE PARIS
MÉDECIN DE L'HOPITAL SAINT-LOUIS

Avec 123 figures intercalées dans le texte.

PARIS

LIBRAIRIE J.-B. BAILLIÈRE ET FILS

19, Rue Hautefeuille, près du boulevard Saint-Germain

1884

PRÉFACE

Les ouvrages qui ont été publiés sous le titre de *Pathologie générale* peuvent être partagés, suivant l'esprit dans lequel ils ont été conçus, en deux groupes bien distincts.

Les uns, exclusivement consacrés à l'exposition des doctrines de l'auteur sur la nature de la maladie, ses causes et ses éléments, sont de véritables traités de philosophie médicale ; l'un des plus remarquables par l'élévation de la pensée et l'éclat du style est celui du regretté professeur P.-E. Chauffard.

Les autres, sans négliger ces questions, ont surtout pour objet d'étudier les causes morbifiques, les processus morbides, les troubles fonctionnels et l'évolution des maladies. Tel est le plan qu'ont suivi dans leurs traités classiques, avec beaucoup de variantes, Dubois d'Amiens, Chomel, Monneret, MM. Hardy, Béhier et Bouchut ; tel est celui qu'ont adopté les auteurs allemands contemporains ; tel est aussi le nôtre.

Après avoir exposé sous forme de propositions générales les principes fondamentaux de la pathologie, nous abordons l'étude synthétique et analytique des *causes* en insistant sur leur action pathogénique. Nous nous sommes tout particulièrement attaché à exposer clairement les découvertes de Pasteur et de ses continuateurs français et étrangers, et à montrer le jour nouveau qu'elles jettent sur la genèse des maladies infectieuses, tout en tenant compte des réserves que nécessite encore l'insuffisance de nos connaissances à ce sujet.

La deuxième partie de notre livre est consacrée à l'étude des *processus morbides*, et la troisième à celle des *troubles fonctionnels* qu'ils engendrent; nous plaçant sur un terrain scientifique, nous les avons considérés en eux-mêmes, comme des phénomènes biologiques ; nous avons indiqué quels sont leurs caractères, quel en est le mode de production et comment ils s'expliquent par une simple déviation des phénomènes normaux. Nous avons mis constamment à profit, pour ces questions de physiologie pathologique, les résultats nouvellement acquis par l'expérimentation ; nous n'avions à cet égard qu'à prendre pour modèles les livres de M. Jaccoud sur les paraplégies et l'ataxie, de M. Vulpian sur l'appareil vaso-moteur, et de M. Ch. Bouchard sur les maladies par ralentissement de la nutrition ; nous avons également consulté avec fruit les ouvrages récents de MM. Cohnheim, Perls, Samuel, Rindfleisch et Recklinghausen.

Après un essai de classifications pathologique et nosologique, nous montrons dans la quatrième partie de notre livre à quelles lois est soumise l'*évolution des maladies*.

La dernière partie enfin a pour objet les règles générales de l'*art médical;* ce n'est plus de la pathologie, c'est l'application de cette science au diagnostic, au pronostic, à la prophylaxie et au traitement des maladies.

Présenté sous une forme succincte, qui le met à la portée des élèves en médecine et des praticiens, ce livre peut servir d'introduction aux traités de pathologie médicale et chirurgicale ; il est nécessaire, en effet, avant d'aborder l'étude de chaque maladie en particulier, de savoir ce que c'est que la maladie en général ; avant de s'occuper des inflammations et des gangrènes de tel ou tel organe, il faut connaître les caractères généraux de l'inflammation et de la gangrène, et l'on ne peut comprendre la symptomatologie d'une affection déterminée, si l'on n'a pas étudié préalablement le mode de production et la physiologie des troubles fonctionnels auxquels elle donne lieu. On voit que l'intérêt pratique de ces études va de pair avec leur importance théorique.

Nous sommes arrivé, sur beaucoup de points, à des conclusions différentes de celles qui étaient considérées comme vraies il y a peu d'années : les doctrines de Virchow, en particulier, sont bien ébranlées ; c'est que notre science est en évolution et que ses progrès sont incessants.

Nous nous sommes efforcé d'exposer ceux qu'elle a accompli dans ces derniers temps, sans méconnaître l'importance des observations qu'ont accumulées nos devanciers et que nous a transmises la tradition.

H. HALLOPEAU.

16 février 1884.

TRAITÉ ÉLÉMENTAIRE

DE

PATHOLOGIE GÉNÉRALE

PRINCIPES ET DÉFINITIONS

La pathologie générale est la *science* qui étudie dans leur ensemble les *troubles de la santé* et s'occupe d'en déterminer l'origine, les caractères généraux et la nature. Elle doit, à cet effet, en rechercher les *causes*, faire connaître les *éléments* que l'analyse permet d'y distinguer, c'est-à-dire les *processus* et les *symptômes*, les *classer* suivant leurs rapports de subordination en groupes naturels, les *affections* et les *maladies*, et en indiquer les différents modes d'*évolution*. On lui associe habituellement, et nous nous conformerons à cet usage, l'étude, appartenant à l'*art* médical, des règles générales du *diagnostic*, du *pronostic* et du *traitement;* elle mérite alors le nom de *médecine générale*.

Avant d'entrer en matière, nous devons définir les différents termes dont nous venons de nous servir.

Sous la dénomination de *troubles de la santé* ou de *phénomènes morbides* nous comprenons tous les *désordres qui surviennent dans la constitution, les fonctions et l'évolution de l'organisme.*

On peut concevoir de la manière suivante l'enchaînement des phénomènes qui aboutissent à la constitution d'un état morbide : une influence nuisible s'exerce sur l'organisme et y provoque une série de troubles fonctionnels et de changements matériels (*lésions*), dont l'ensemble représente un *processus* morbide ; celui-ci entraîne à son tour des troubles secondaires que l'on appelle *symptômes ;* ce sont là les *éléments morbides.* On donne, dans le langage usuel, le nom d'*affection* (πάθος) au groupe de phénomènes constitué par un processus anormal et les troubles qui lui sont subordonnés, abstraction faite de leur cause ; on réserve celui de *maladie* (νόσος) à une évolution morbide considérée dans son ensemble : la péricardite, la bronchite, l'hémorrhagie cérébrale et la gastrite sont des affections ; la syphilis, l'asthme, la grippe et la goutte, sont des maladies.

L'évolution de la maladie est souvent complexe, car, dans beaucoup de cas, les lésions et les symptômes produits par la cause initiale engendrent à leur tour des désordres secondaires qui peuvent eux-mêmes en produire d'autres ; de nombreuses *affections* peuvent ainsi se développer sous l'influence d'une même cause initiale et constituer les manifestations diverses et multiples d'une seule et même *maladie ;* telles sont les séries de néoplasmes qui se développent sous l'influence de la syphilis et peuvent produire à leur tour d'autres lésions ; telles sont les affections multiples qui évoluent sous l'influence d'une lésion vasculaire qu'a provoquée elle-même une maladie antérieure.

La distinction que nous avons établie entre l'*affection* et la *maladie* est nécessitée par les besoins du langage, car on ne peut logiquement employer une même dénomination pour désigner les groupes de phénomènes qu'elles représentent ; si par exemple nous disons que la syphilis est une maladie, nous ne pouvons appliquer le même nom à chacune de ses déterminations cutanées, osseuses ou viscérales : on a besoin d'étiquettes différentes pour catégoriser d'une part l'ataxie locomotrice progressive, la rougeole et la diphthérie, de l'autre les arthropathies, les broncho-pneumonies et les paralysies, qui comptent parmi leurs manifestations (1).

(1) P.-E. Chauffard et Maurice Raynaud, adoptant le langage de l'école de Montpellier, ont employé le mot *affection* dans un sens très différent de celui que nous lui attribuons : « L'affection, dit Chauffard, c'est la maladie envisagée dans sa conception vivante, dans sa *cause vraie*, dans sa raison adéquate, dans son *principe prochain*. » Cette acception ne nous paraît conforme ni à la tradition ni à l'usage. Le mot latin *affectus* servait à traduire deux mots grecs διάθεσις et πάθος ; διάθεσις signifiait *état permanent*, il a passé dans

Il n'y a pas opposition entre les affections et les maladies telles que nous les comprenons : les *affections* représentent les troubles de la santé considérés dans leurs rapports avec les processus morbides (telles sont la pneumonie, l'angine, et la gangrène); les *maladies* sont les troubles de la santé considérés dans l'ensemble de leur évolution et par conséquent dans leurs rapports avec la *cause* qui domine cette évolution (telles sont la variole, la pneumonie *a frigore* et la diphthérie) (1).

C'est en effet la *cause initiale* qui fait l'*unité* de la maladie. L'exactitude de cette proposition est incontestable pour les infections et les intoxications; elle ne l'est pas moins pour les maladies accidentelles et diathésiques. On nous objectera qu'une même cause, un refroidissement par exemple, peut donner lieu à des maladies différentes, et c'est pour cette raison que Parrot réservait le nom de *maladies* aux affections et groupes d'affections de cause *unique* et *propre*. Cette définition nous paraît être bonne; elle ne diffère pas essentiellement de celle que nous avons adoptée; mais nous croyons devoir l'appliquer à beaucoup d'états morbides que Parrot se refusait à considérer comme des maladies, car, suivant nous, tout ensemble pathologique *primitif* a sa cause unique et propre, si par *cause* on entend seulement la cause *suffisante*, *complète* et *prochaine* et non les causes occasionnelles ou apparentes. Le refroidissement qui provoque le développement d'une pneumonie n'en est pas la cause suffisante, car d'autres éléments, et particulièrement une prédisposition indéterminée, mais toute spéciale

---

notre langue avec un sens un peu différent; πάθος était pour les anciens le terme générique qui servait à désigner les troubles de la santé : « *quidquid aliquis perpessus fuerit* πάθος *appellandum est* » (Platon) (*). Nous sommes donc d'accord avec les anciens en appelant *affections* les états morbides considérés en eux-mêmes et indépendamment des conditions dans lesquelles ils se présentent; cette interprétation est d'ailleurs consacrée par le langage courant, car les médecins se servent fréquemment du mot *affection* pour désigner les états morbides auxquels le nom de maladie ne peut convenir, tels que, par exemple, le foie cardiaque, les pneumonies secondaires, l'arthropathie tabétique, etc.

(1) En faisant entrer dans la définition de la maladie l'idée d'une évolution qui se continue, nous en séparons par cela même les malformations et les infirmités qui représentent les vestiges d'un travail morbide ancien ou d'un trouble dans l'évolution fœtale.

(*) Citation de Galien, *De symptomatum differentiis.*

ont dû intervenir, et c'est en réalité l'action combinée de l'influence accidentelle et de cette prédisposition qui doit être considérée comme la cause vraie ; on peut donc lui appliquer la définition de Parrot. Il en est de même *a fortiori* quand la prédisposition, au lieu d'être indéterminée comme dans la plupart des cas de pneumonie franche, est une diathèse.

En fait on ne peut concevoir qu'un état morbide *primitif* puisse se produire sans l'intervention d'une cause qui lui soit propre et par conséquent notre définition, comme celle de Parrot, ne sera en réalité, sous une forme un peu différente, que celle de Galien (1) : νόσος εἴρηται κατασκευή τις οὖσα παρά φύσιν ὕφ᾽ης ἐνεργεια βλάπτεται πρώτως (constitutio quædam præter naturam qua *primum* actio læditur) (2).

(1) Galien, *De symptomatum differentiis.*

(2) A l'époque contemporaine, Bazin, ainsi que M. Chauffard et Maurice Raynaud ont fait également entrer l'idée de cause dans la définition de la maladie : pour Bazin, « la *maladie est un état accidentel et contre nature de l'homme qui produit et développe un ensemble de désordres fonctionnels et organiques* » ; cet état accidentel n'est autre que la cause prochaine, telle que la comprenaient les anciens, et, d'après eux, Boerhaave et Gaubius (*). « Causa proxima morbi appellatur tota illa quæ totum jam præsentem morbum directe constituit ; hæc semper est integra, sufficiens, præsens, totius morbi, sive simplex fuerit, sive composita ; hujus præsentia ponit, continuat morbum.» (Boerhaave.)

Pour Maurice Raynaud (**), la cause morbifique dominait tous les éléments de la maladie, et par cause morbifique, il entendait celle qui donne le branle et l'impulsion première à toute la série des actes morbides.

(*) Boerhaave, *Institutiones,* 741.

(**) M. Raynaud, article MALADIE du *Nouveau Dictionnaire de médecine et de chirurgie pratiques.* Paris, 1875, tome XXI, p. 96.

PREMIÈRE PARTIE

ÉTIOLOGIE

La cause vraie de la maladie, celle qui en constitue l'antécédent nécessaire et immédiat, est dite généralement *cause prochaine;* on lui a encore donné les noms de *cause parfaite, cause suffisante* (αὐτοτελὴς, συνέκτικος); elle suffit à produire l'état morbide et le produit nécessairement; elle est unie à la maladie par des liens si intimes que Galien, le véritable créateur de la pathologie générale, et, dans les temps modernes, Boerhaave et Gaubius, ses continuateurs, l'ont pour ainsi dire confondue avec elle, *causa proxima est fere eadem res ipsi integro morbo* (Boerhaave) (1). Disons tout de suite que cette conception, vraie pour les maladies dans lesquelles la cause prochaine est persistante, inhérente à l'organisme, telles que par exemple certaines intoxications, les infections et, à certains égards, les manifestations diathésiques, est loin de l'être dans tous les cas; il n'est pas rare que cette cause n'ait qu'une durée passagère et cesse d'exister alors que la maladie dont elle a été le point de départ continue son évolution (cause procatarctique des anciens) (2). C'est ainsi par exemple que, dans les phlegmasies *a frigore*, rien ne prouve la persistance, pendant toute la durée de la maladie, des troubles qui ont été provoqués par l'action du froid dans la circulation et la nutrition des parties et ont été les causes prochaines de la lésion; celle-ci évolue suivant ses propres lois et, selon toute vraisemblance, indépendamment de la cause qui lui a donné naissance; il en est de même pour les troubles pathogéniques que provoquent les traumatismes : rien ne démontre qu'ils persistent et l'on peut admettre avec plus de vraisemblance que le

(1) Boerhaave, *Institutiones medicæ*, 741.

 2) « Causa evidens (procatarctica) est quæ peracto opere discessit » (Galien).

travail irritatif, une fois produit, se développe et évolue par son activité propre.

La *cause prochaine* n'est jamais simple; c'est toujours une *résultante*, et l'on peut, dans tous les cas, lui reconnaître deux facteurs, à savoir, d'une part, l'influence extrinsèque et intrinsèque qui met en jeu dans des conditions anormales l'activité de l'organisme et suscite la réaction que nous appelons pathogénique; d'une autre part, l'état particulier de l'organisme qui permet à cette réaction de se produire et contribue à en déterminer la forme, l'intensité et la localisation.

Cette complexité explique pourquoi la cause prochaine n'est jamais qu'incomplètement connue. On peut assez souvent apprécier avec une certaine précision la nature de l'influence extrinsèque qui provoque la réaction, on peut également reconnaître, dans une certaine mesure, par quel mécanisme s'opère cette réaction, mais ce que l'on ignore complètement c'est pourquoi elle se produit, c'est la condition qui la détermine. Considérons par exemple une angine *a frigore* : l'influence extrinsèque est connue, c'est le refroidissement subit d'une partie du corps; le mode de réaction consiste vraisemblablement en un trouble réflexe dans l'innervation vasculaire et trophique de l'isthme du gosier; mais ce que l'on ignore absolument, c'est la condition à laquelle est subordonné ce trouble réflexe et en raison de laquelle il se produit sous l'influence du refroidissement. Pourquoi cette même influence provoque-t-elle chez ce sujet une angine, alors que chez un autre, et dans les mêmes circonstances, elle donnera lieu à une pneumonie, à une névralgie ou à un rhumatisme et que chez la plupart elle restera tout à fait inoffensive? On peut, dans certains cas, invoquer une diathèse, mais connaît-on cette diathèse dans sa nature intime? sait-on en quoi elle consiste? en aucune façon, on ne la connaît que par ses effets. D'autres fois on fait intervenir le *locus minoris resistentiæ* pour expliquer la localisation, mais c'est encore là se payer de mots, car sait-on pourquoi et comment la résistance vitale est amoindrie dans tel ou tel organe? En réalité les conditions de la réaction pathogénétique nous échappent complètement; il y a là une inconnue qui se représente dans toutes les maladies; c'est la limite de nos connaissances en étiologie; nous sommes impuissants à la franchir comme nous sommes

impuissants à reconnaître, en physiologie, la raison prochaine
du mode de réaction des différents organes. « C'est là, a dit
M. Raynaud, le mystère des mystères. »

On a appelé *cause éloignée* celle qui imprime à l'organisme
une modification telle qu'il devient susceptible de contracter
une maladie, s'il se trouve soumis à l'influence d'une autre cause ;
jamais elle ne peut, par elle-même, suffire à produire le mal (1).

Les influences qui mettent en jeu dans des conditions anormales l'activité de l'organisme et provoquent la réaction pathogénétique sont dites causes *déterminantes, efficientes* ou *occasionnelles ;* celles qui favorisent cette réaction ou la rendent possible
sont généralement confondues sous le nom de *causes prédisposantes.* Ces différentes qualifications ne doivent pas être toujours
prises dans leur sens littéral. C'est ainsi que par *prédisposition*
il semble qu'il faille nécessairement entendre une propension,
une tendance à subir certaines perturbations et certaines modifications ; les états que nous nommons *diathèses* en fournissent
des exemples, et en fait cette dénomination nous paraît être
devenue synonyme de prédisposition ; or la plupart des causes
que les auteurs groupent sous le nom de prédisposantes, l'âge,
le sexe, la race, etc., n'ont rien de commun avec ces états et ne sa-
tisfont nullement à la condition que nous avons indiquée ; il est
d'observation que les enfants sont plus fréquemment que les
adultes atteints de fièvres éruptives ; cela tient probablement à
ce que leur organisme constitue un milieu plus ou moins favorable au développement des contages ; l'enfance ne constitue
pas pour cela une *prédisposition* au développement de ces maladies, mais seulement une condition de réceptivité pour le contage. La fréquence de la pneumonie chez les vieillards ne prouve
pas non plus que ces sujets soient *prédisposés* à contracter
cette maladie, mais seulement que leur organisme ne réagit
plus comme celui de l'adulte sous l'influence du froid, condition
que l'on peut indiquer en disant qu'ils sont plus vulnérables.
La diminution de résistance produite par les excès, les fatigues,

---

(1) « Causa remota morbi dicitur illa quæ corpus ita mutat ut aptum sit susci-
pere morbum si adhuc alia accesseat. Non est ergo integra unquam, nec
sufficiens illi morbo producendo ; nec alia illi accedens sola eum pareret, at
utraque simul, ambæ junctæ faciunt *causam primam.* » (Boerhaave, *Institutiones,* 741.)

ou les privations, agira dans le même sens. On a donc confondu sous le nom de prédispositions des conditions très diverses.

Les dénominations de causes *efficientes* et *occasionnelles* ne doivent pas être employées indifféremment.

On appelle plutôt *efficientes* celles qui agissent sur un organisme non ou peu prédisposé et jouent évidemment le rôle essentiel dans la genèse de la maladie; il en est ainsi par exemple, le plus souvent, pour les traumatismes, les intoxications et les infections, bien que, pour ces dernières en particulier, les conditions de réceptivité varient dans des proportions considérables suivant les individus et les circonstances.

Les influences accidentelles qui provoquent l'apparition d'un état morbide qu'une modification préexistante de l'organisme a en quelque sorte préparé depuis longtemps, méritent la qualification de *causes occasionnelles*, « solis nocent prædispositis »; tels sont par exemple le refroidissement ou le traumatisme qui provoquent une attaque de rhumatisme articulaire, l'écart de régime qui amène un accès de goutte, et la légère violence qui produit une fracture chez un ataxique. Dans ces conditions les modifications qu'a subies l'organisme soit par le fait d'une prédisposition héréditaire (diathèse), soit par le fait du milieu, du climat, de l'alimentation, d'une maladie antérieure ou de toute autre circonstance jouent le rôle essentiel dans la production de la maladie; la cause occasionnelle, suivant une vieille comparaison, n'est que l'étincelle qui allume l'incendie.

On peut, à un autre point de vue, distinguer des causes *initiales* et des causes *secondes*. Les causes *initiales* sont celles qui agissent sur un organisme sain ou donnent lieu chez un sujet déjà malade à une évolution morbide intercurrente et tout à fait indépendante de la maladie préexistante; les causes *secondes* sont constituées par un état pathologique antérieur. Par exemple, l'action sur l'organisme d'un contage ou d'un poison est, dans tous les cas, une cause initiale; au contraire les phlegmasies chroniques qui donnent lieu secondairement à des lésions de canalisation (affections valvulaires, adhérences, rétrécissements), la formation dans les liquides excrétés de concrétions calculeuses, les altérations hématiques consécutives aux troubles de l'hémopoïèse, constituent des causes secondes; d'après notre définition, elles produisent des affections et non des maladies.

Les distinctions que nous venons d'établir entre les divers éléments étiologiques ne peuvent fournir les bases d'une division pour leur étude objective ; les mêmes influences peuvent, suivant les circonstances, jouer le rôle de causes prédisposantes, déterminantes ou occasionnelles ; l'action du froid peut prédisposer au rhumatisme ou au scorbut et déterminer l'apparition de phlegmasies ; une alimentation trop riche peut prédisposer à la goutte et à la gravelle et en déterminer les accès. Il nous paraît préférable, pour l'étude, de partager les causes en trois sections comprenant, la première celles qui sont inhérentes à l'organisme (causes *intrinsèques*), la seconde, celles qui lui sont étrangères (causes *extrinsèques*) et la troisième celles qui sont constituées par une maladie antérieure (causes *pathologiques*).

PREMIÈRE SECTION

DES CAUSES INTRINSÈQUES

CHAPITRE PREMIER

DES PRÉDISPOSITIONS HÉRÉDITAIRES

ARTICLE 1ᵉʳ. — ORIGINE DES PRÉDISPOSITIONS HÉRÉDITAIRES.

§ 1ᵉʳ. — Considérations générales.

L'hérédité, attribut essentiel de la vie (1), porte sur la constitution générale de l'être. Le produit de la conception subissant l'influence de ses deux générateurs tend à leur ressembler non seulement par ses caractères morphologiques, mais aussi par ses aptitudes fonctionnelles ; c'est dire qu'il peut

(1) « La vie est un mouvement *héréditaire* transmis à une substance douée de certaines forces moléculaires. » (Virchow, *Neuer und alter Vitalismus* (*Archiv*, 1856).

hériter de leurs défectuosités et de leurs prédispositions morbides. Leur transmission n'est pas et ne doit pas être fatale, car « à ce produit qu'on appelle un enfant, il y a le facteur paternel et le facteur maternel; « et comme tout produit est proportionnel à ses facteurs, il s'ensuit que le produit participera des qualités ou des défauts de ceux-ci. Si donc l'un des facteurs possède une aptitude physiologique donnée, et que l'autre facteur présente l'aptitude inverse, celui-ci neutralisera dans le produit en tout ou en partie l'influence de celui-là. Il y a alors hérédité uniparentale ou à facteurs divergents. Inversement, si les deux facteurs ont les mêmes aptitudes physiologiques, ces influences conspirent, et le produit présentera fatalement les mêmes aptitudes au maximum : il y a hérédité biparentale à facteurs convergents. Ainsi, influence *neutralisante* d'un facteur sur l'autre, ou *conspirante* d'un facteur par rapport à l'autre, telle est la double loi de l'hérédité relativement aux facteurs » (1). (Peter.)

Dans les mariages consanguins, l'influence convergente des deux procréateurs s'exerce avec une puissance toute particulière, et c'est ce qui, d'après les recherches de MM. Mitchell (2), Périer et Dally, en fait surtout le danger. Si les générateurs sont sains, les produits le sont également, et l'on en a pour preuve l'intégrité du type dans certaines localités telles que le Portel près de Boulogne, le bourg de Batz en Bretagne (3), et certaines îles d'Écosse où depuis longtemps les habitants se marient presque exclusivement entre eux ; les parents présentent-ils au contraire l'un et l'autre une prédisposition morbide, ou sont-ils l'un et l'autre frappés de dégénérescence, dans le sens où l'entend Morel, par le fait d'une intoxication, d'excès ou de privations, cette prédisposition et cette dégénérescence se retrouveront chez leurs enfants à un plus haut degré de puissance.

L'enfant ne subit pas seulement l'influence de ses ascendants directs, mais aussi celle de ses ancêtres, et celle-ci est

---

(1) Peter, *Leçons de clinique médicale*, t. II, p. 155.

(2) Mitchell, *Influence de la consanguinité matrimoniale sur la santé des descendants*, traduit par Fonssagrives (*Ann. d'hygiène*, 1865, tome XXIV, p. 44).

(3) Voisin, *Étude sur les mariages entre consanguins dans la commune de Batz* (*Ann. d'hyg.*, 1865, 2ᵉ Série, tome XXIII, p. 260).

complexe : les générations nouvelles subissent une sorte d'attraction vers le type de l'espèce qui leur permet de lutter contre les dégénérescences accidentelles et assure la durée de la race, mais en même temps ces dégénérescences accidentelles et les vices d'évolution qu'elles engendrent ont tendance à se reproduire dans la descendance, et à devenir eux-mêmes un caractère de famille ou de race ; il y a donc antagonisme entre ces deux forces ; on peut les voir prédominer alternativement dans la série des générations de telle sorte qu'une prédisposition restée latente chez un individu réapparaît chez ses enfants (atavisme) ; les exemples de cette hérédité alternante ne sont pas rares ; les plus connus consistent en des malformations, telles que la polydactylie ou la surdimutité, mais on peut voir également des prédispositions morbides telles que l'arthritisme et la scrofule sauter une ou plusieurs générations.

Il résulte de ces considérations que les prédispositions morbides peuvent venir des ancêtres ou des ascendants directs.

§ 2. — Prédispositions venant des aïeux.

Il n'est pas rare de voir se produire dans une même famille, pendant plusieurs générations, les mêmes infirmités ou les mêmes diathèses : « A pisis Pisones, ciceribus Cicerones, lentibus Lentulos appellatos esse. » Ce fait est d'observation vulgaire pour l'hémophilie, la goutte, et l'aliénation mentale, et il paraîtrait encore plus fréquent si l'on tenait exactement compte des relations qui existent entre les différentes manifestations d'une même diathèse : tel descendant d'un goutteux devient asthmatique, tel autre souffre de migraine, d'hémorrhoïdes et de dyspepsie, tel autre a de l'eczéma chronique ; tous ont hérité d'une prédisposition commune, qui, en raison de circonstances indéterminées, a provoqué chez chacun d'eux des manifestations de nature différente. Les observations pathologiques portent sur une période de temps trop limitée pour que l'on puisse savoir pendant combien de générations ces prédispositions morbides sont susceptibles de se transmettre ; il ne faut pas méconnaître qu'elles peuvent être puissamment modifiées par les conditions dans lesquelles vivent les individus ; on voit ainsi des scrofuleux soumis à une alimentation luxuriante devenir arthritiques sur leurs vieux jours ; la santé d'un sujet donné est une résultante que concourent à produire d'une part l'influence de l'hérédité et de l'autre celle des conditions dans lesquelles il vit.

§ 3. — Prédispositions venant des ascendants directs.

Les états morbides qui se produisent chez les parents ne sont susceptibles de se transmettre aux enfants que s'ils présentent un caractère de chronicité, et encore ne se transmettent-ils pas intégralement ; la maladie ne se retrouve pas chez le produit de la conception avec les mêmes caractères qu'elle présentait chez les procréateurs ; l'enfant hérite d'un vice général ou partiel de l'évolution constituant une prédisposition qui peut se manifester avec plus ou moins de puissance suivant les circonstances, ou rester latente ; il n'hérite pas d'une maladie déterminée.

La transmission au produit fœtal des maladies infectieuses paraît au premier abord en contradiction avec la proposition que nous venons d'énoncer, mais ce n'est là qu'une apparence, car il ne s'agit pas en pareil cas d'une véritable hérédité. C'est en effet par la mère, pendant la gestation, que les maladies infectieuses sont dans l'immense majorité des cas, sinon constamment, communiquées au nouvel être : annexe de l'organisme maternel, il participe à ses souffrances, et le sang du placenta lui apporte, en même temps que l'oxygène et les matériaux nécessaires à sa nutrition, les principes infectieux que lui a transmis le sang maternel. Il n'y a rien là de comparable à la viciation du principe d'évolution qui caractérise la véritable hérédité morbide. L'exactitude de cette proposition, évidente pour tous les cas où l'enfant présente à la naissance les signes d'une maladie infectieuse contractée par la mère pendant la grossesse, ne peut guère non plus être contestée pour ceux où la mère est atteinte d'une maladie infectieuse en évolution au moment de la conception. On a admis, il est vrai, surtout pour la syphilis, que l'élément mâle pouvait apporter avec lui le germe infectieux (Kassowitz (1) affirme que c'est la règle, sans apporter aucune preuve à l'appui de son

1) Kassowitz, *Wiener medic. Jahrb.*, 1875.

opinion), et le transmettre au produit de la conception sans que la mère fût contaminée; mais les faits que l'on a invoqués en faveur de cette manière de voir ne nous paraissent pas démonstratifs; l'infection de la mère peut être presque toujours établie en pareilles circonstances; ainsi Colles (1) a montré qu'un enfant syphilitique né d'une mère exempte de manifestations vénériennes apparentes ne l'infecte jamais lorsqu'il la tette, alors même qu'il présente des ulcérations aux lèvres et à la langue. S'il est des cas où la femme paraît rester indemne, ne peut-on supposer que, réfractaire à l'action du contage, elle a servi d'intermédiaire sans être contaminée (2)? et lorsque l'infection est bien certainement consécutive à la conception, comme dans les faits du professeur A. Fournier et de Bærensprung, n'est-il pas vraisemblable que le contage a été transmis par le sperme lui-même plutôt que par l'embryon (3)? L'hypothèse de la présence de l'agent infectieux dans le spermatozoïde nous paraît bien difficilement conciliable avec celle qui en fait un être figuré; cet élément est bien petit pour qu'un microbe puisse s'y incorporer; on peut concevoir au contraire que, dans la période d'évolution des accidents secondaires, le sperme soit, comme le sang, susceptible de transmettre l'infection. Il est vrai que l'inoculation du sperme de sujets syphilitiques à des sujets sains ne leur a pas communiqué la maladie (4), et que l'on en a conclu à la non-contagiosité de ce produit de sécrétion; mais ces expériences nous paraissent trop peu nombreuses pour avoir une valeur décisive. Croit-on que le sang soit inoculable pendant toute la durée d'une syphilis? Certainement non; il n'a vraisemblablement des propriétés infectieuses que pendant le laps de temps relativement très court qui correspond à la généralisation de la maladie; il est très probable qu'il en est de même des autres liquides de l'organisme. D'ailleurs, dans l'hypothèse qui admet la transmission directe par le père au produit de conception, comment comprendre que le sperme ne soit pas inoculable? Si d'ordinaire il ne com-

(1) Abraham Colles, *Practical observations on the venereal Disease*, etc. London, 1837.

(2) Blaise, *État actuel de la science sur l'hérédité syphilitique.* Paris, 1883.

(3) Fournier, *Syphilis et mariage*, Paris, 1880.

(4) Mireur, *Recherches sur la non-inoculabilité spécifique du sperme (Ann. de dermat. et de syphiliogr.*, 1877).

muniquo pas la maladie, n'est-ce pas parce que l'épithélium de la muqueuse vaginale s'oppose à la pénétration du contage et aussi parce qu'il n'est infectieux que pendant peu de temps? Ajoutons enfin que si la transmission par l'ovule mâle venait à être démontrée, il s'agirait encore d'un transport direct du contage et non d'une hérédité vraie telle que nous l'avons définie.

Ce que nous venons de dire des maladies infectieuses est applicable à la plupart des états morbides dont les parents peuvent être atteints accidentellement; il semble que, pour créer un vice de l'évolution transmissible par voie d'hérédité, il faille l'intervention prolongée de causes capables de modifier profondément l'organisme, telles que les fautes d'hygiène constamment renouvelées, et les intoxications chroniques. On voit cependant quelquefois des affections accidentelles créer des prédispositions transmissibles; c'est ainsi que, chez les animaux, l'épilepsie provoquée artificiellement par la section de la moelle (Brown-Séquard) ou les traumatismes crâniens (Westphal) peut reparaître dans la descendance; il en est de même de l'exophthalmie produite par les lésions des corps restiformes; on cite des observations dans lesquelles des cicatrices consécutives à des traumatismes se sont reproduites chez les enfants (1). Ces faits sont exceptionnels; s'il en était autrement, dit le professeur Broca, on ne serait plus obligé de pratiquer la circoncision chez les jeunes Israélites dont tous les ascendants ont subi depuis des milliers d'années la même opération; cet argument n'est peut-être pas aussi péremptoire qu'il le paraît, car, d'après Leidesdorff, il ne serait pas rare de voir le prépuce manquer ou être incomplètement développé chez les jeunes gens de la race juive (2), et Hæckel (3) affirme également que cette membrane subit souvent un arrêt de développement chez les peuples sémites, particulièrement chez les Maures et les Arabes; déjà Hippocrate avait dit que les déformations artificielles du crâne se reproduisent dans la descendance, mais les observations modernes n'ont pas jusqu'ici confirmé son assertion.

(1) P. Lucas, *Traité philosophique et physiologique de l'hérédité naturelle*, Paris, 1850.
(2) Leidesdorff, *Wien. med. Wochens.*, 1877.
(3) Hæckel, *Ziele und Wege*, 1875.

ARTICLE II. — CARACTÈRES GÉNÉRAUX DES PRÉDISPOSITIONS
HÉRÉDITAIRES.

Le trouble de l'évolution qui est la condition prochaine de l'hérédité morbide peut intéresser l'organisme dans son ensemble ou se limiter à un appareil, à un organe ou à un tissu.

§ 1ᵉʳ. — **Prédispositions générales.**

A. *Diathèses.* — Les plus importantes des prédispositions générales sont les *diathèses;* nous appelons ainsi des modifications du type physiologique ayant pour effet de diminuer la résistance de l'organisme contre certaines influences morbifiques, de le prédisposer à certaines affections, et d'imprimer à ses réactions une physionomie spéciale.

Nous reconnaissons et nous étudierons plus loin trois diathèses, la *scrofule*, l'*arthritis* et l'*herpétisme*. Leurs manifestations sont multiples et variées, et semblent ne pouvoir s'expliquer que par une modification dans la constitution générale de l'organisme ; il est possible cependant que l'on arrive, par les progrès de l'analyse, à les circonscrire dans tel ou tel appareil ; c'est ainsi que la plupart des accidents de la scrofule peuvent être rapportés au développement exagéré du système lymphatique et à l'activité anormale de ses fonctions. Les tentatives faites dans ces derniers temps pour les rattacher à des modifications chimiques du sang ou des humeurs ne peuvent être qu'infructueuses, car ces modifications, quelqu'importantes qu'elles soient (la dyscrasie urique par exemple), ne sont que des résultats derrière lesquels il faut chercher la cause perturbatrice des actes nutritifs.

Les diathèses sont héréditaires au premier chef ; si des contestations ont pu s'élever à cet égard, c'est que leurs manifestations sont variées et que les affections observées chez les parents diffèrent souvent de celles qui se produisent chez les enfants sous l'influence de la même prédisposition générale. La scrofule peut ainsi frapper isolément ou simultanément la peau, les muqueuses, les organes des sens et les glandes lymphatiques; elle contribue à produire l'hérédité de la tuberculose à laquelle elle prédispose manifestement, si bien que Grancher a pu dire qu'elle en est comme le sous-sol; si la tuberculose est une maladie infectieuse, comme les faits expérimentaux ne permettent plus guère d'en douter, on peut considérer la scrofule comme constituant un terrain favorable au développement du contage (1). L'hérédité de cette maladie est d'ailleurs moins fréquente qu'on ne le dit généralement; elle ne serait même pas démontrée si l'on ne considérait que les statistiques : M. Walsh (2), par exemple, a trouvé que sur 162 phthisiques, 42 étaient nés de père ou de mère phthisique ; chez 5 d'entre eux seulement le père et la mère avaient été atteints tous deux de tuberculose ; cela revient à dire que la phthisie a été constatée chez 49 des 324 ascendants directs de ces 162 phthisiques, ce qui fait un peu moins de 16 p. 100; or cette proportion ne diffère pas de celle qui représente la mortalité par la phthisie dans l'ensemble de la population des grandes villes. Les autres statistiques que nous avons eues sous les yeux ont donné des résultats analogues ; d'après Pidoux, la phthisie ne naît de la phthisie que 20 fois sur 100 ; la transmission directe de la tuberculose pulmonaire n'est donc pas très fréquente; nous sommes loin de la nier cependant, car il n'est pas de médecin qui n'ait présents à l'esprit ces exemples dans lesquels plusieurs enfants d'une même famille ont, après ou avant leurs parents, succombé successivement à cette maladie (3). Les statistiques donnent de tout autres chiffres, quand on recherche chez les ascendants non plus seulement la phthisie pulmonaire, mais aussi les manifestations cutanées, osseuses et ganglionnaires de la tuberculose, manifestations que naguère encore on rapportait à la scrofule.

L'hérédité de la scrofule a été constatée par Lebert (4) dans

(1) Damaschino, *Rapports de la scrofule et de la tuberculose* (Société des hôpitaux, 1882).

(2) Cité par Luys, *Des Maladies héréditaires*, 1863.

(3) Pour Cohnheim, qui défend la théorie de l'infection tuberculeuse, son principe contagieux peut se transmettre directement à l'embryon ou au fœtus comme le fait celui de la syphilis, et rester ensuite latent jusqu'à l'adolescence.

(4) Lebert, *Traité pratique des maladies scrofuleuses et tuberculeuses*, Paris, 1849.

le tiers des cas qu'il a observés ; celle de l'arthritis est plus fréquente encore, si l'on tient compte des formes si diverses sous lesquelles cette prédisposition peut se manifester, telles que la goutte, le rhumatisme avec tout son cortège d'affections secondaires, les bronchites, l'emphysème, l'asthme, les hémorrhoïdes, la migraine, des névralgies diverses, la dyspepsie, la lithiase biliaire, la diabète, l'athérôme artériel et par conséquent le ramollissement cérébral, les anévrysmes, l'insuffisance aortique et les affections cutanées. La coïncidence fréquente ou l'alternance et la suppléance de ces divers états morbides chez les mêmes sujets et dans les mêmes familles ne permettent pas de douter qu'il n'y ait entre eux un lien commun. Le fait est cependant contesté pour le rhumatisme et la goutte ; on invoque surtout les différences essentielles qui les séparent au point de vue chimique et la transmission intégrale de la goutte sous la même forme pendant plusieurs générations qui restent exemptes de rhumatisme ; le premier argument n'a pas de valeur, car deux maladies peuvent être favorisées dans leur développement par une prédisposition commune tout en étant de nature très différente ; relativement à la transmission intégrale de la goutte, il faut remarquer que cette maladie s'observe surtout dans les familles riches et oisives, où chaque génération se trouve soumise tour à tour aux influences qui contribuent le plus puissamment à produire la dyscrasie urique ; ceux de leurs membres qui échappent à ces influences peuvent également échapper à la goutte ; les femmes, grâce peut-être à leurs habitudes de tempérance et de sobriété, restent généralement exemptes de cette maladie, mais la diathèse arthritique se manifeste néanmoins chez elles sous d'autres formes, et elles sont souvent atteintes de rhumatisme, de névralgies, d'asthme ou d'affections cutanées. Cette alternance, soit chez le même sujet, soit chez les membres d'une même famille, de la goutte avec les affections abarticulaires que l'on rencontre également dans le rhumatisme ne permet guère de douter qu'il y ait une parenté entre ces deux maladies ; ajoutons qu'il n'est pas rare de les voir se succéder chez le même individu, ou même coïncider, constituant ainsi des formes mixtes qu'il est difficile de classer ; nous en connaissons personnellement plusieurs exemples. La conception de Pidoux, qui les considérait comme deux branches émanées d'un même tronc, mais conservant chacune leur individualité, paraît donc conforme à la réalité des faits.

L'hérédité de l'herpétisme sous ses différentes formes cutanées ou muqueuses a été nettement démontrée par le professeur Hardy.

B. *Dégénérescence du type physiologique.* — A côté des diathèses, nous devons mentionner les *dégénérescences du type physiologique* si bien décrites par Morel : provoquées par les intoxications chroniques, les souffrances prolongées, les excès, ou le défaut d'acclimatement, elles peuvent se transmettre à la descendance. Il est souvent difficile, en pareil cas, de savoir exactement quel rôle joue l'hérédité dans leur production, car souvent les enfants se trouvent soumis aux mêmes influences qui avaient altéré la santé de leurs parents. L'action fâcheuse de l'alcoolisme sur la descendance paraît cependant bien établie ; « ce n'est pas seulement, dit Lancereaux (1), une maladie de l'individu, c'est encore une maladie de famille qui projette son action malfaisante jusque sur la race » ; elle paraît en particulier être assez souvent le point de départ de l'aliénation mentale ; mais il faut tenir compte des faits dans lesquels les parents ne s'étaient adonnés aux excès alcooliques que sous l'influence d'un trouble psychique.

§ 2. — Prédispositions partielles.

Elles peuvent être limitées à un appareil, à un organe ou à un tissu.

A. *Prédispositions limitées à un appareil.* — Elles affectent surtout les appareils de la circulation, de l'innervation et de la locomotion.

a. *Appareil circulatoire.* — Dans l'appareil respiratoire, nous trouvons l'hémophilie, la *plus héréditaire de toutes les maladies ;* les 657 cas dont Grandidier a réuni les observations avaient été fournis par 200 familles ; il y en a eu jusqu'à 12 cas dans une même famille ; chose singulière, cette maladie est beaucoup plus fréquente chez les individus du sexe masculin, et cependant elle se transmet surtout par la ligne maternelle.

(1) Lancereaux, article ALCOOLISME du *Dictionnaire encyclopédique des sciences médicales.*

Elle paraît reconnaître pour causes prochaines une fragilité native, générale ou partielle des parois vasculaires (1) et un défaut de proportion entre la résistance des parois et la pression exercée par la masse sanguine.

b. Système nerveux. — L'hérédité joue un rôle important et souvent prépondérant dans l'étiologie des *maladies du système nerveux.* Il semble que, chez certains sujets, les éléments dont il est composé deviennent, par suite d'un vice dans leur évolution, plus facilement vulnérables et s'altèrent sous l'influence d'excitations qui, chez les individus sains, ne donnent lieu à aucun désordre. La prédisposition peut être limitée dans une famille à une même partie du système, par exemple à l'encéphale, et à une même région de l'encéphale ; c'est ainsi que l'on peut s'expliquer la transmission intégrale de certaines vésanies pendant plusieurs générations. D'autres fois le trouble de l'évolution porte sur l'ensemble du système et les maladies des descendants se localisent sous des formes variables soit dans l'encéphale, soit dans la moelle, soit dans les nerfs périphériques ; c'est ainsi que, dans une même famille, un individu peut être atteint d'aliénation mentale, un autre d'ataxie, un troisième d'épilepsie ou de chorée ; on retrouve, d'après A. Foville (2), cette influence héréditaire dans un quart des cas de maladies mentales ; et il faut tenir compte, à ce point de vue, non seulement des cas d'aliénation confirmée, mais aussi des bizarreries de caractère et de tous les désordres de l'intelligence. Moreau de Tours a mis en lumière la parenté qui existe entre le dérangement et le développement excessif des facultés intellectuelles, et il a montré, par de nombreux exemples, combien il est fréquent de voir, dans une même famille, certains sujets se distinguer par quelque faculté exceptionnelle, tandis que leurs frères sont aliénés ou idiots.

L'épilepsie se développe assez souvent chez des individus dont les parents avaient présenté des troubles de l'innervation. On observe, comme nous l'avons vu, la transmission de celle que l'on provoque expérimentalement chez les animaux par la section de la moelle (Brown-Séquard) ou un traumatisme crânien (Westphal), mais rien ne prouve jusqu'ici que, chez

(1) Virchow, *Deutsche Klinik*, 1856.
(2) A. Foville, *Société médico-psychologique*, 1868.

l'homme, l'épilepsie d'origine traumatique soit également transmissible.

c. *Appareil locomoteur*. — Dans l'*appareil locomoteur*, le rachitisme est considéré par la plupart des auteurs comme une maladie héréditaire. Ils invoquent les cas dans lesquels plusieurs
enfants d'une même famille ont été atteints de cette affection,
et aussi les faits de rachitisme intra-utérin. Il est difficile, dans
ces conditions, d'éliminer l'influence des fautes d'hygiène et
des vices d'alimentation qui semblent exercer sur le développement de cette maladie une influence prépondérante.

B. *Prédispositions limitées à un organe ou à un tissu*. — Parmi
les troubles héréditaires de l'évolution limitée à un *organe*,
nous mentionnerons ceux qui aboutissent à une malformation;
ils se reproduisent souvent plusieurs fois dans une même li-
gnée; il en est ainsi pour la *polydactylie*, l'*hypospadias*, l'*albi-
nisme* et, à un degré beaucoup moindre, pour le *bec-de-lièvre*.
D'après C. Vogt ce seraient là, le plus souvent, des cas d'*a-
tavisme*.

Le *goître* et le *crétinisme* paraissent également héréditaires,
mais il faut prendre garde ici de rapporter à une prédisposition transmissible la genèse d'une maladie provoquée par les
conditions communes dans lesquelles ont vécu les parents et les
enfants ; nous verrons plus loin que, d'après Klebs (1), le goître
endémique reconnaît pour cause constante la pénétration dans
l'organisme d'un parasite que l'on trouve dans les fontaines
des pays où règne cette maladie.

Nous rapprocherons des précédentes les prédispositions
héréditaires qui sont limitées à l'évolution d'un tissu et favorisent le développement des tumeurs ; on est forcé d'en admettre la réalité quand on voit, dans certaines familles, des
néoplasies de même nature se développer dans les mêmes organes, et cela pendant plusieurs générations.

Il en est quelquefois ainsi pour le cancer; en vertu d'une
prédisposition, certaines glandes ou certaines portions de
tissu conjonctif deviennent le siège d'un travail de prolifération qui aboutit à la formation d'une tumeur. Cette prédisposition paraît être toute locale ; il n'est pas établi qu'elle se

____

(1) Klebs, *Studien über die Verbreitung des Cretinismus in Oesterreich
sowie über die Ursache der Kropfbildung*. Prague, 1876.

rattache, comme on l'a dit, à la diathèse herpétique, et, pour ce qui est de la diathèse cancéreuse que l'on invoquait naguère pour expliquer la multiplicité des tumeurs et la cachexie, on peut dire qu'elle n'existe pas ; si les tumeurs sont multiples, c'est que les éléments de la tumeur primitive provoquent le développement de néoplasies secondaires dans les différents points de l'organisme où ils sont transportés par les lymphatiques et les veines ; si le sang s'appauvrit en globules et en matériaux solides, c'est que la tumeur apporte par elle-même un trouble profond dans la nutrition générale. L'hérédité du cancer paraît d'ailleurs être moins fréquente qu'on ne le dit généralement ; il ne faut pas oublier en effet que cette maladie est une de celles que l'on observe le plus fréquemment et que sa coïncidence chez plusieurs membres d'une même famille ne prouve pas absolument qu'elle soit transmise par l'hérédité. Il est des cas cependant où le doute n'est pas possible : tel est l'exemple cité par Broca d'une famille dont 16 membres sur 27 ont été atteints de cancer.

§ 3. — Époque d'apparition.

L'époque à laquelle apparaissent les maladies héréditaires est très variable : on les voit tantôt se manifester pendant la vie intra-utérine, tantôt rester latentes jusqu'à la vieillesse. Il faut tenir compte, à ce point de vue, de la nature de la maladie et des conditions dans lesquelles vit l'individu, conditions qui peuvent exagérer ou atténuer la prédisposition. La scrofule se manifeste le plus souvent pendant la deuxième enfance, la phthisie de 15 à 25 ans, la goutte de 20 à 30, le cancer de 35 à 60 ; les affections arthritiques se produisent sous des formes variables aux différentes périodes de la vie ; chez la femme les différentes évolutions de la vie sexuelle semblent augmenter les prédispositions morbides.

CHAPITRE II

DE LA CONSTITUTION

On entend par *constitution* l'ensemble des conditions organiques propres à un individu et déterminant son degré de force physique, l'activité de ses fonctions et sa résistance aux causes morbifiques ; « elle est l'expression du plus ou moins de force de l'économie » (Hardy et Béhier) (1). Ses variations sont purement quantitatives ; il y a des constitutions fortes et des constitutions faibles avec tous les degrés intermédiaires. Ces constitutions ont pour facteurs : 1° l'hérédité ; 2° l'influence du milieu et des circonstances dans lesquelles vit et se développe l'individu.

D'après les classiques, les sujets de *constitution forte* ont la charpente osseuse et le système musculaire bien développés, le sang riche en globules rouges, les artères volumineuses, le pouls plein et résistant ; leur nutrition est active et leur capacité respiratoire considérable ; toutes leurs fonctions s'accomplissent avec énergie. Ils résistent mieux à la plupart des influences nuisibles ; s'ils tombent malades, ils réagissent vivement, présentent des manifestations pathologiques d'une grande intensité et se rétablissent promptement quand ils se trouvent dans des conditions favorables.

Les individus *faiblement* constitués offrent des caractères inverses : leurs os sont grêles, leurs muscles peu volumineux et d'une médiocre puissance, leurs téguments minces et pâles ; ils sont le plus souvent anémiques ; ils se fatiguent et s'essoufflent facilement ; leur système nerveux est excitable, mais son activité s'épuise vite ; ils sont plus vulnérables. Leurs maladies sont caractérisées par le peu d'énergie de la réaction, la tendance à l'adynamie et la longueur de la convalescence.

Ces propositions n'ont qu'une valeur générale, et on pourrait facilement leur opposer des faits isolés ; il n'est pas rare par exemple que des sujets de complexion très délicate parviennent à un âge avancé ; nous voyons des vieillards d'une

(1) Hardy et Béhier, *Traité de pathologie*, vol. I.

extrême débilité et pour lesquels le moindre exercice est une cause de fatigue considérable se maintenir en état de bonne santé et parvenir à l'âge le plus avancé en réduisant au minimum leur vie physique et en ne dépensant ainsi que la minime quantité de forces dont ils peuvent disposer; à l'opposé, nous avons vu, pendant le siège de Paris, les individus fortement constitués être en grand nombre atteints de scorbut, sans doute parce qu'on leur demandait une somme de travail plus considérable qu'aux autres et qu'ils supportaient d'autant plus mal l'insuffisance de l'alimentation. Ajoutons que la force de la constitution ne constitue en aucune mesure une immunité à l'égard des maladies infectieuses.

CHAPITRE III

DU TEMPÉRAMENT

Cette dénomination et l'idée qui s'y rattache viennent des anciennes théories humorales; si les éléments constitutifs des humeurs étaient dans de justes proportions, se *tempérant* les uns les autres, le tempérament était *parfait* ou *hygide;* si l'un d'eux prédominait, et l'on admettait que c'était la règle, le tempérament prenait le nom de l'humeur en excès; on reconnaissait ainsi quatre tempéraments principaux, le *sanguin*, le *bilieux*, le *pituiteux* ou *phlegmatique* et l'*atrabilaire* ou *mélancolique;* ils se combinaient entre eux pour constituer des tempéraments mixtes. La description a survécu à la théorie.

Pour la plupart des auteurs, le tempérament est caractérisé, non plus par la prédominance d'une humeur, mais par celle d'un système organique, et les tempéraments pituiteux et atrabilaire ont pris les noms de tempéraments lymphatique et nerveux. Ces dénominations ne valent guère mieux que celles des anciens, car on ne connaît pas en réalité la caractéristique physiologique des manières d'être auxquelles elles s'appliquent. Il est incontestable qu'en dehors des différences de forces qui caractérisent la constitution et des prédispositions morbides que l'on nomme diathèses, l'organisme humain peut présenter dans son type général des variétés qui méritent d'être distinguées et qui peuvent exercer une influence sur le mode de réaction qu'il oppose aux causes morbifiques ; les tempéraments représentent ces variétés du type physiologique. Leur étude est encore très imparfaite ; les caractères que leur attribuent les classiques n'ont rien de spécial ou sont d'importance secondaire ; certains d'entre eux semblent appartenir à la race, d'autres comptent parmi les manifestations diathésiques, de telle sorte qu'il est difficile de discerner le fond de vérité qui subsiste dans ces descriptions. C'est sous le bénéfice de ces réserves que nous indiquerons, d'après les classiques, les principaux traits des divers tempéraments.

Le tempérament *sanguin* est caractérisé par une peau douce, blanche et légèrement rosée, plus prononcée à la face, des cheveux châtains et souples, un embonpoint modéré, une circulation active, un sang riche et abondant, un caractère vif et généralement gai ; il prédispose, dit-on, à la pléthore, aux congestions, aux phlegmasies et aux hémorrhagies.

Le tempérament *bilieux* a pour caractère principal, non l'activité anormale de la sécrétion biliaire, mais une forte pigmentation des téguments ; les cheveux et les yeux sont noirs, le teint est brun, le système pileux est très développé et le foie gros ; le système veineux prédomine sur l'artériel. Ce tempérament prédispose aux affections du foie et des voies digestives.

Le tempérament dit *nerveux, mélancolique* ou *atrabilaire* semble se rattacher ordinairement au précédent auquel s'ajoute une exaltation des fonctions nerveuses ; il prédispose aux maladies nerveuses.

Enfin une peau fine et pâle, des cheveux blonds, des yeux bleus, des chairs molles et des fonctions peu actives sont les attributs du *tempérament lymphatique* qui passe pour prédisposer à la scrofule, à la phthisie et au rachitisme.

On voit tout ce qu'il y a de vague dans ces descriptions. L'étude des différents types que peut présenter l'organisation humaine est à reprendre tout entière en tenant compte de leurs rapports avec les origines ethniques, avec les diathèses et avec le développement des différents systèmes organiques.

CHAPITRE IV

DES APTITUDES MORBIDES

Nous avons vu précédemment (1) que le développement des états morbides suppose nécessairement l'intervention de deux ordres d'influences qui sont: 1° des provocations sollicitant, dans des conditions anormales, l'activité organique; 2° des dispositions internes permettant à l'organisme de réagir contre ces provocations.

Ces dispositions internes constituent les aptitudes morbides; elles peuvent être désignées, suivant les caractères qu'elles présentent, sous le nom de diathèses, de prédispositions organiques, d'idiosyncrasies, de vulnérabilité morbide et de réceptivité morbide.

§ 1ᵉʳ. — Des diathèses.

Ce mot *diathèse* que nous avons déjà défini en étudiant les prédispositions héréditaires est un de ceux dont la signification a soulevé depuis trente ans les plus vives controverses. On admet bien généralement qu'il désigne la tendance à la répétition chez un même sujet d'un certain nombre d'actes morbides présentant un caractère spécial, mais, pour les uns, cette tendance constitue une simple prédisposition, pour les autres elle est l'expression d'un état maladif.

Si cette dernière opinion devait prévaloir, la diathèse ne se distinguerait en rien des maladies chroniques, et il serait inutile de conserver cette dénomination, propre seulement à entretenir la confusion; mais on peut se convaincre, en considérant à ce point de vue les états anormaux auxquels on est d'accord pour appliquer, dans le langage courant, le nom de diathèse, c'est-à-dire la scrofule, l'arthritis et l'herpétisme, qu'ils diffèrent essentiellement des maladies chroniques. Ils peuvent en effet rester latents pendant de longues années, et même pendant la plus grande partie de la vie et ne se révéler

____

(1) Page 6.

qu'accidentellement par les caractères d'une affection passagère ; est-ce ainsi que se comportent les maladies chroniques ? et peut-on regarder comme malades des individus dont toutes les fonctions s'accomplissent régulièrement et dont les organes ne présentent aucune altération ? Ce serait en contradiction avec la définition même de la maladie.

Le froid et le contact de l'eau de savon provoquent chez un arthritique de l'eczéma des mains, dira-t-on pour cela que cet individu a une maladie générale ? mais, s'il en était ainsi, la maladie serait la règle parmi nous et la santé l'exception, car il est bien peu de familles où l'on ne retrouve, profonde ou légère, l'empreinte d'une diathèse.

En réalité, ainsi que nous l'avons vu déjà, l'état auquel s'applique cette dénomination paraît consister seulement en une modification du type physiologique ayant pour effet de diminuer la résistance de l'organisme à certaines provocations, et en même temps d'imprimer à ses réactions et à ses actes morbides une forme spéciale.

C'est ainsi, par exemple, qu'un même traumatisme pourra donner lieu chez un arthritique à une arthropathie rhumatismale, et chez un scrofuleux à une tumeur blanche ; qu'une bronchite ou série de bronchites *a frigore* aboutiront chez le premier à l'emphysème, chez le second à la phthisie.

Les états morbides ainsi constitués sont des maladies que l'on pourra appeler diathésiques, mais la diathèse elle-même n'est que la prédisposition qui en a favorisé le développement. C'est donc à tort que l'on a confondu avec les diathèses la plupart des maladies chroniques et particulièrement la syphilis, l'infection purulente, le diabète, la leucémie et le cancer ; relativement à ce dernier l'hérédité montre bien qu'il y a une prédisposition, mais, ainsi que nous l'avons fait remarquer déjà, cette prédisposition est toute locale, elle paraît limitée à l'évolution ou au mode de nutrition d'un groupe d'éléments cellulaires et il ne faut lui imputer ni les récidives ni les généralisations qui paraissent dues exclusivement à la prolifération des éléments émanés du foyer primitif.

C'est à tort également que l'on a confondu avec les diathèses la cause supposée qui provoque chez certains sujets l'apparition simultanée ou successive soit d'abcès ou de gangrènes, soit d'anévrysmes, puisqu'elle consiste dans le premier cas en une forme spéciale d'infection, dans le second en une maladie du système artériel ; il est vrai cependant que le développement de cette dernière peut être favorisé par la diathèse arthritique.

La plupart des auteurs ont compris la syphilis parmi les diathèses. On ne peut nier qu'elle ne présente avec elles de réelles analogies : comme elles, on la voit donner lieu à des manifestations d'un caractère spécial, rester silencieuse pendant de longues périodes, durer aussi longtemps que l'individu et se transmettre à sa descendance. Mais à côté de ces points communs que de différences essentielles !

La syphilis est une maladie virulente, c'est-à-dire qu'elle est constituée par la présence dans l'organisme d'une matière douée de propriétés spéciales qui doit nécessairement, même pendant les périodes de silence les plus prolongées, se trouver déposée dans certains tissus, toute prête à repulluler et à provoquer de nouveaux accidents, si des conditions favorables viennent se présenter ; elle donne lieu spontanément, par sa propre force d'évolution, à des manifestations morbides ; rien de semblable pour les diathèses dont la nature est tout autre, comme nous l'avons vu, et qui restent ordinairement latentes aussi longtemps qu'une influence accidentelle telle qu'un traumatisme, un refroidissement, un écart de régime, une fatigue ou une émotion morale ne vient pas troubler les fonctions de l'organisme. Les affections de cause banale évoluent ordinairement (1) chez le syphilitique comme chez un individu sain ; le mal ne semble réellement généralisé, dans le sens précis de ce mot, que pendant la période relativement courte qui correspond à l'apparition des accidents secondaires ; plus tard, il se localise en un certain nombre de foyers plus ou moins nombreux suivant les cas, et les parties qui ne sont pas atteintes vivent et réagissent comme chez un individu sain ; les diathèses au contraire impriment une forme spéciale à la

---

(1) M. le professeur Verneuil (*Encyclopédie de chirurgie*, Paris, 1883, t. I, p. 133) a démontré que, dans certains cas, les traumatismes déterminent des manifestations locales de la syphilis, mais ces faits doivent être considérés comme exceptionnels. Nous avons vu chez des malades atteints d'une syphilis grave en pleine évolution secondaire des plaies contuses placées dans de mauvaises conditions (par exemple un bec-de-lièvre traumatique) se réunir par première intention.

plupart des réactions. La syphilis ne modifie en rien les manifestations articulaires, cutanées ou pulmonaires de l'arthritis ; la scrofule au contraire les modifie essentiellement. L'évolution de la syphilis est soumise à des lois régulières ; ses manifestations, d'abord superficielles et facilement réparables, deviennent plus tard profondes et destructives. Il n'en est pas de même pour les diathèses, et l'observation n'a pas confirmé à cet égard les vues de Bazin. Les diathèses sont essentiellement héréditaires, elles font pour ainsi dire partie intégrante de l'organisation et se transmettent de génération en génération ; l'hérédité *vraie* de la syphilis au contraire est un fait au moins fort contestable (Voyez page 13) : dans la grande majorité des cas le fœtus ne contracte cette maladie que par contagion, en raison des rapports qui l'unissent à la mère préalablement infectée ; et quand elle provient du père, c'est encore par transmission directe de l'agent infectieux. Rappelons enfin que les diathèses ne présentent pas les caractères qui, par définition, appartiennent aux maladies générales, puisqu'elles peuvent exister sans aucun trouble appréciable dans la constitution de l'organisme ni dans ses fonctions.

Ordinairement congénitales et transmises par voie d'hérédité, les diathèses peuvent également être acquises, mais nous ne sommes que très incomplètement renseignés sur la nature des causes qui les produisent. Nous mentionnerons seulement, pour la scrofule, l'insuffisance de l'alimentation et le séjour dans des lieux mal aérés ; pour les formes goutteuses et abarticulaires de l'arthritis, la trop grande richesse de l'alimentation et le défaut d'exercice amenant l'excès des recettes sur les dépenses de l'organisme ; pour sa forme articulaire, l'action prolongée du froid humide.

Les mêmes influences favorisent ou provoquent les manifestations de ces mêmes diathèses. Ajoutons que celles de la scrofule apparaissent surtout pendant l'enfance et l'adolescence chez les individus lymphatiques, souvent à l'occasion d'un traumatisme ou d'un refroidissement ou pendant la convalescence d'une pyrexie ; que l'accès de goutte se produit de préférence vers la fin de l'hiver, après des excès de table, des fatigues exagérées ou un refroidissement ; que l'action du froid paraît être la cause ordinaire du rhumatisme articulaire aigu, mais que cette maladie est généralement considérée comme pouvant survenir aussi sous l'influence d'une blennorrhagie, ou d'une pyrexie (1), enfin que les affections herpétiques se manifestent souvent à la suite d'une vive émotion ou d'un excès alcoolique : c'est du conflit entre ces causes occasionnelles et les prédispositions que naissent les différentes maladies dites scrofuleuses, arthritiques ou herpétiques. Elles sont multiples et de nature très diverse.

La scrofule prédispose surtout aux inflammations chroniques des muqueuses, de la peau et des ganglions lymphatiques, elle peut donner lieu également à des ostéites et à des arthrites chroniques ; elle semble enfin favoriser le développement de la tuberculose. La nature de ses rapports avec cette dernière maladie a été en 1881, au sein de la Société des hôpitaux (2), l'objet d'une importante discussion soulevée par un travail de M. Grancher. Il y a été démontré que la plupart des affections osseuses et une bonne partie des affections ganglionnaires rapportées jusqu'alors à la scrofule étaient en réalité des manifestations de la tuberculose ; on a été plus loin, et plusieurs pathologistes ont affirmé que toutes les affections dites scrofuleuses doivent être considérées comme tuberculeuses, ce qui revient à nier l'existence de la diathèse scrofuleuse. Nous ne pouvons accepter cette manière de voir : il existe toute une série d'affections que l'on peut rattacher, avec M. Villemin (3), à une traduction morbide du tempérament lymphatique et appeler scrofuleuses ; chez les sujets qui en sont atteints, la moindre irritation des éléments conjonctifs se traduit par une inflammation persistante avec retentissement sur les ganglions voisins ; on observe chez eux des coryzas avec épaississement des narines et de la lèvre supérieure, des angines avec gonflement et souvent suppuration des ganglions cervicaux, des

(1) Il n'est pas certain que les arthropathies qui surviennent dans ces conditions soient réellement de nature rhumatismale ; l'opinion qui les rattache à la pénétration dans les articulations d'un agent infectieux peut être soutenue, non sans vraisemblance.

(2) MM. Grancher, Féréol, E. Labbé et Méricamp, Cornil, Damaschino, Thaon, Ferrand, Rendu et du Castel ont pris part à cette discussion.

(3) Villemin, *Cause et nature de la tuberculose* (*Bulletin de l'Académie de médecine*, 5 déc. 1865, tome XXXI, p. 211). — *Études sur la tuberculose.* Paris, 1868. — *Bulletin de la Société des hôpitaux*, 1881.

conjonctivites et des kératites chroniques, des otites, des eczémas impétigineux, et quelquefois des arthrites chroniques ; ces affections n'ont rien de commun avec la tuberculose, mais elles peuvent être une cause d'affaiblissement qui favorise le développement de cette maladie infectieuse ; elles diminuent la résistance de l'organisme et augmentent sa réceptivité ; tel est le rapport que, conformément aux vues de MM. Bouchard (1) et Damaschino (2), nous admettons entre la scrofule et la tuberculose.

L'*arthritis* est le fonds commun sur lequel se développent le rhumatisme et la goutte. Ces maladies peuvent coïncider, mais elles existent plus souvent isolément et se transmettent intégralement. Leur relation avec une prédisposition commune est établie, ainsi que nous l'avons indiqué déjà, par leur coïncidence fréquente chez les membres d'une même famille (3), et par leur alternance avec un certain nombre d'affections d'un caractère spécial ; ce sont, parmi les dermatoses, l'eczéma, le pityriasis, le lichen, le psoriasis, l'hydroa, le pemphigus, les pseudo-exanthèmes et les urticaires aigus et chroniques ; du côté de l'appareil digestif, des angines aiguës *a frigore*, des angines granuleuses, des gastrites chroniques causes de dyspepsies rebelles, des diarrhées *a frigore* et des hémorrhoïdes ; du côté de l'appareil respiratoire, des coryzas éphémères remarquables par leur acuité, des laryngites granuleuses, l'asthme nerveux et certaines formes de bronchites chroniques qui en sont très voisines, car elles donnent lieu comme lui à l'expectoration de crachats perlés, à des accès de dyspnée et ultérieurement à l'emphysème ; du côté de l'appareil circulatoire, l'athérôme artériel et la péri-artérite avec leurs conséquences le ramollissement et l'hémorrhagie de l'encéphale, l'anévrysme de l'aorte, l'hypertrophie du cœur et la sclérose rénale.

Nous n'avons pas, parmi ces manifestations, mentionné la phthisie, bien que les auteurs parlent d'une phthisie arthritique ; il faut entendre par là une phthisie modifiée dans son évolution et non une phthisie produite par l'arthritis. Les arthritiques sont encore prédisposés aux concrétions calculeuses des voies biliaires et urinaires, à diverses névroses telles que la

(1) Bouchard, *Revue de médecine*, 1881.
(2) Damaschino, *Bulletin de la Société des hôpitaux*, et *Union médicale*, 1882.
(3) N. Gueneau de Mussy, *Clinique médicale*, Paris, 1874.

chorée (G. Sée), les névralgies périphériques et les migraines et enfin au diabète et à l'obésité ; pour ce qui est du cancer, la question est au moins douteuse.

Les affections que l'*herpétisme* contribue à produire sont également nombreuses ; ce sont, d'après Bazin, les gastralgies, les migraines, certaines formes d'asthme, des dartres sèches ou humides parmi lesquelles l'eczéma, le pityriasis, le lichen, les urticaires aigus et chroniques, l'eczéma coulant, des herpétides exfoliatrices et aussi des leucorrhées et des diarrhées rebelles. Nous avons déjà mentionné la plupart de ces affections parmi les manifestations de l'arthritis, mais elles présentent, d'après Bazin, des caractères différents suivant qu'elles sont engendrées par l'une ou l'autre diathèse.

Les herpétides, en effet, épargnent les parties découvertes et pileuses ; elles sont symétriques, ont tendance à se déplacer, s'accompagnent d'une congestion peu prononcée, donnent lieu dans leurs formes humides à une sécrétion abondante et provoquent de vives démangeaisons ; les arthritides siègent le plus souvent à la tête et aux mains, elles ne sont pas disposées symétriquement, et ont peu de tendance à s'étendre et à se déplacer ; elles s'accompagnent d'une vive congestion et leur sécrétion est peu abondante ; elles donnent lieu à des élancements et à des picotements plutôt qu'à de véritables démangeaisons.

Malgré ces différences, qui sont loin d'exister dans tous les cas, on ne peut nier qu'il n'y ait d'étroites relations entre les deux diathèses, et ce n'est peut-être pas sans raison que Pidoux a considéré l'herpétisme comme une forme bâtarde de l'arthritis. M. Lancereaux (1) va plus loin ; il réunit les deux diathèses sous le nom d'*herpétisme ;* il en sépare la goutte et le rhumatisme articulaire aigu et y fait rentrer, outre les affections précédemment indiquées, le spasme de la glotte, les palpitations cardiaques et artérielles, la spermatorrhée, l'aspermatisme, l'incontinence nocturne de l'urine, le vaginisme, l'œsophagisme, le spasme anal, l'hémoptysie, l'hypercrinie biliaire, la polyurie, l'hypochondrie, la dilatation de l'estomac, l'entérite membraneuse, la crampe des écrivains, l'ostéite déformante et la rétrac-

(1) Lancereaux, *Traité de l'herpétisme.* Paris, 1883.

tion de l'aponévrose palmaire ; il faut attendre de nouvelles observations pour établir le rapport de ces divers états morbides avec la diathèse herpétique ou arthritique.

Ces diathèses sont compatibles avec la parfaite santé, souvent pendant de longues années ; elles ne produisent les affections énoncées ci-dessus qu'avec le concours d'une cause adjuvante. La goutte semble cependant faire exception à cette règle et pouvoir se manifester périodiquement sans aucune provocation ; sans doute la dyscrasie urique qui en est la condition prochaine est alors permanente.

Les diathèses ne présentent pas une évolution régulière ; leurs manifestations graves peuvent se produire sans avoir été précédées d'accidents bénins ; un scrofuleux peut être atteint dès son adolescence de lupus ou de coxalgie sans avoir présenté antérieurement d'affections cutanées. Nous devons dire cependant que, d'après M. Lancereaux, chacun des désordres pathologiques qui se rattache à la diathèse qu'il appelle *herpétique* a son moment spécial d'apparition : les troubles spasmodiques du larynx appartiennent au jeune âge ; les migraines, les accès d'asthme, les spasmes vésicaux, la polyurie et la gravelle se rencontrent surtout à l'âge adulte ; les lésions matérielles affectant surtout les articulations et les artères se montrent vers l'âge de quarante à cinquante ans, alors que commence la période de déchéance organique.

Ces prédispositions sont susceptibles de se modifier notablement sous l'influence des conditions dans lesquelles vit l'individu qui en est atteint. Nous pourrions citer une famille de paysans dont tous les membres ont présenté de graves manifestations de la scrofule, à l'exception d'une fille qui, grâce à sa profession de cuisinière, a pu se trouver dans de bonnes conditions hygiéniques. Tel autre sujet de souche scrofuleuse, et portant les marques incontestables de la diathèse, devient arthritique sur ses vieux jours sous l'influence d'une alimentation surabondante et d'une existence oisive ; son organisme s'est modifié insensiblement en raison des conditions dans lesquelles il a vécu.

§ 2. — Des prédispositions organiques.

Ce sont en quelque sorte des *diathèses locales;* certains organes ou appareils, par le fait d'un vice dans leur évolution, réagissent anormalement sous l'influence des excitations et présentent un défaut particulier de résistance aux causes morbifiques ; la plupart de ces prédispositions sont héréditaires et ont été, à ce titre, étudiées précédemment ; nous n'y reviendrons pas.

Il nous reste à mentionner la tendance de cause inconnue qui existe, chez certains sujets, à contracter, sous l'influence du froid ou de la fatigue, des phlegmasies aiguës se localisant toujours dans le même organe, le plus souvent dans le poumon ou dans l'amygdale ; nous en rapprocherons les érysipèles à répétition.

§ 3. — Des idiosyncrasies.

On appelle ainsi une prédisposition, de nature indéterminée, en vertu de laquelle il se produit, chez certains sujets, des troubles morbides de nature spéciale sous l'influence de causes ordinairement inoffensives ou donnant lieu d'habitude à d'autres effets. Nous citerons pour exemples la céphalalgie, les vertiges et les défaillances que provoquent, chez certaines personnes, l'odeur des fleurs, et, chez d'autres, la valse ou la locomotion en arrière ; les vomissements, l'anxiété, la dyspnée et l'urticaire, qu'amène parfois l'ingestion de certaines substances, telles que les moules, les crustacés, les fraises et même le vin de quinquina ; les syncopes déterminées par la vue du sang ou de certains reptiles. La nature toute spéciale de ces accidents et des causes qui les provoquent distingue l'idiosyncrasie des autres prédispositions.

§ 4. — De la vulnérabilité.

Cette expression a une signification plus étendue que les précédentes : prise dans son sens littéral, elle sert simplement à indiquer que l'organisme est apte à subir une influence morbifique et à réagir contre elle ; elle comprend donc les causes que nous avons précédemment étudiées ; mais on s'en sert plus spécialement pour désigner l'aptitude morbide dans les cas où elle est indépendante de toute prédisposition antérieure, héréditaire ou acquise. Le même sujet s'expose cent fois à l'action du froid : une seule fois seulement il contracte une pneumonie, une angine ou une maladie de Bright ; on exprime ce fait en disant qu'à ce moment il était *vulnérable*, sans que souvent l'on puisse le moins du monde pénétrer la nature de la cause qui a diminué sa résistance à l'agent morbifique.

Les variations des réactions organiques chez les divers sujets, et chez le même sujet à divers moments de son existence, sont de règle en biologie ; l'expérimentation a démontré, par exemple, que l'intensité de l'excitation nécessaire pour mettre en jeu l'activité d'un nerf varie non seulement d'un animal à l'autre, mais aussi d'un jour à l'autre chez le même animal ; on connaît la tolérance des enfants pour la belladone et leur intolérance pour l'opium.

Dans certains cas cependant, la cause qui diminue la résistance de l'organisme aux causes morbifiques peut être déterminée. C'est assez fréquemment une maladie antérieure. Une femme qui a été atteinte de péritonite, lors d'une première couche, contracte plus facilement la même affection après ses autres accouchements. M. le professeur Hayem et nous-même avons signalé les affections guéries de la moelle épinière comme des prédispositions à de nouvelles atteintes ; c'est ainsi que des myélites surviennent tardivement chez des sujets qui ont été atteints de paralysie infantile.

D'autres fois c'est une maladie préexistante qui augmente la vulnérabilité ; les typhiques et les varioleux sont souvent atteints de pneumonies qui ne semblent avoir rien de spécifique ; de même le tabes prédispose à la phthisie ; nous devrons insister plus loin sur ces causes pathologiques.

Toutes les circonstances qui débilitent l'individu, les maladies chroniques, les fatigues excessives, l'inanition, la privation d'air et de lumière, augmentent également la vulnérabilité ; nous verrons bientôt comment l'enfance et la vieillesse agissent dans le même sens.

§ 5. — De la réceptivité et de l'immunité morbides.

La pénétration dans un organisme de l'agent spécifique qui constitue le germe d'une maladie infectieuse ne suffit pas à en assurer le développement; il faut encore que cet organisme constitue un milieu favorable à son évolution; suivant qu'il réalise ou non cette condition essentielle, on dit qu'il est en état de *réceptivité* ou d'*immunité* morbide; la réceptivité peut être forte ou faible, l'immunité complète ou incomplète, temporaire ou définitive.

L'importance de ces éléments est grande en étiologie générale. Ils varient avec les espèces, les races et les individus; ils varient d'un moment à l'autre chez le même sujet; ils varient enfin pour chacune des maladies spécifiques.

La plupart des maladies infectieuses appartiennent en propre à certaines espèces animales et ne se développent pas chez les autres; celles mêmes qui sont communes à plusieurs espèces présentent le plus souvent des caractères spéciaux chez chacune d'entre elles; on voit ainsi la variole présenter des caractères différents chez l'homme, la vache et le cheval; le charbon humain n'est pas identique au sang de rate.

Les différences de réceptivité liées à la race et aux prédispositions individuelles ne sont pas moins considérables; on sait combien les nègres sont réfractaires à la fièvre jaune et avec quelle facilité les Anglo-Saxons et les Slaves contractent le typhus. Étant donné un certain nombre d'individus qui subissent l'influence d'un même agent contagieux dans des conditions en apparence semblables, la maladie est loin de se développer chez tous avec ses caractères typiques; elle offre chez quelques-uns si peu d'intensité qu'elle est à peine reconnaissable; d'autres sont atteints d'accidents graves qui appartiennent aux formes malignes et déjouent tous les efforts de la thérapeutique; plusieurs enfin restent indemnes. Il n'est pas d'épidémie, si grande que soit sa puissance d'extension, qui n'épargne une partie, ordinairement la plus grande, de la population.

Les différences de réceptivité que présente un même sujet aux différentes périodes de sa vie et suivant les conditions dans lesquelles il se trouve ne sont pas moins frappantes. En thèse générale, on peut dire que la réceptivité diminue graduellement avec les progrès de l'âge. Elle est ordinairement plus considérable chez les individus faibles, mais cette règle est loin d'être absolue, et l'on voit au contraire quelquefois les plus robustes être les premiers frappés; on ne peut nier cependant que l'état de débilité provoqué par les maladies antérieures, par les excès et par la misère ne diminuent la résistance aux influences épidémiques et à la contagion.

L'exactitude de cette proposition a été maintes fois constatée pour le choléra et nous avons pu nous-même la vérifier dans les épidémies qu'il nous a été donné d'observer; un fait qui nous est personnel prouve qu'elle est également vraie pour la variole.

Certaines maladies, pendant le cours même de leur évolution, semblent augmenter la réceptivité pour certains contages; c'est ainsi que le pharynx, chez les scarlatineux, constitue un terrain favorable au développement de la diphthérie, et que la scrofule prédispose au favus et à la phthisie.

Chez les animaux, la prédisposition créée par certaines maladies infectieuses semble se transmettre à la descendance. Pasteur a observé que les vers à soie nés de sujets atteints par la *pébrine* contractent plus aisément la *flacherie* (1).

Les conditions auxquelles est liée la réceptivité sont généralement inconnues. On sait, il est vrai, que l'acidité de la muqueuse buccale favorise le développement de l'oïdium albicans, et qu'elle en est la condition *sine qua non;* d'autre part, Pasteur a montré que la bactéridie charbonneuse ne vit que dans des conditions de température déterminées, qu'elle ne se développe pas chez les oiseaux en raison de la chaleur considérable que présente le sang de ces animaux, et qu'on peut leur faire perdre leur immunité en les refroidissant artificiellement; mais ce ne sont là que des jalons indiquant la voie dans laquelle il faut chercher; il ne faut pas se dissimuler qu'elle est pleine d'obstacles.

Les causes qui diminuent ou abolissent la réceptivité créent par cela même une *immunité* relative ou absolue. Ce sont d'a-

(1 Pasteur, *Études sur la maladie des vers à soie.* Paris, 1870.

bord les conditions opposées aux précédentes, la vieillesse, la vigueur de la constitution et le bon état des fonctions. Nous citerons ensuite l'*accoutumance :* l'influence nuisible d'un foyer d'infection se fait sentir avec beaucoup plus de puissance chez les sujets qui la subissent depuis peu de temps que chez les autres ; les habitants des grandes villes présentent ainsi une immunité relative à l'égard des typhus qui y règnent épidémiquement, et, chose singulière, il semble que cette accoutumance soit en quelque sorte limitée au typhus de la localité même qu'habite le sujet ; on voit, par exemple, des Parisiens, réfractaires à la fièvre typhoïde au milieu de laquelle ils vivent, contracter dans le cours d'un voyage le typhus de Rome ou de Naples. Ce fait semble prouver que ces maladies, malgré les analogies qu'elles présentent, ne sont pas de nature identique.

Il est un certain nombre de maladies infectieuses qui ne récidivent qu'exceptionnellement, ou seulement après un certain nombre d'années : telles sont les fièvres éruptives, les typhus et la syphilis. Les individus qui en ont été atteints une fois présentent ainsi à leur égard une immunité temporaire. Toutes ces maladies ont un caractère commun : elles sont générales, et elles intéressent l'organisme dans son ensemble. Mais ce caractère n'est pas une condition suffisante pour assurer l'immunité, car elle n'est pas produite par d'autres maladies également généralisées, telles que les fièvres intermittentes. La cause de cette immunité doit être cherchée dans une modification permanente que laissent après elles dans l'organisme les maladies précitées ; mais on ne peut aller au delà, ni déterminer en aucune façon la nature de cette modification.

L'observation a montré que la plus légère atteinte de l'une de ces maladies suffit à conférer l'immunité temporaire ou définitive, et d'autre part qu'elles se présentent généralement sous une forme bénigne quand le contage qui les a produites provient d'un cas bénin. On a été conduit ainsi à inoculer des varioles bénignes pour préserver de varioles graves et cette pratique tendait à se généraliser au moment où Jenner l'a remplacée par la vaccination.

L'inoculation du contage du cow-pox et du horse-pox, maladies voisines bien que différentes de la variole, confère aux

sujets chez lesquels elle donne des résultats positifs une immunité durable contre cette maladie. On a cherché récemment
à faire pour les autres maladies infectieuses ce qui a si mer-
veilleusement réussi à Jenner pour la variole, et déjà M. Pasteur est parvenu à transformer en véritables vaccins les virus du
choléra des poules et du charbon. Ces faits présentent une
importance capitale au point de vue de la *prophylaxie*, et nous
y reviendrons à ce sujet (1).

§ 6. — De l'habitude morbide.

On voit, chez certains sujets, se produire, à diverses reprises,
des affections accidentelles de même nature, telles que des
angines, des pneumonies, des érysipèles ; ces apparitions successives indiqueraient, a-t-on dit, une sorte d'*habitude* de l'organisme. Cette interprétation tout à fait arbitraire nous paraît
inacceptable ; ces atteintes réitérées doivent, en réalité, être
rapportées soit à une prédisposition de nature indéterminée,
soit beaucoup plus rarement à la diminution de résistance créée
pour l'organe affecté par la première atteinte. Il est cependant
un groupe d'affections dont les apparitions périodiques semblent
provoquées, ou tout au moins favorisées par une disposition que
l'on peut qualifier d'*habitude*, nous voulons parler de certains
accidents nerveux et particulièrement de différentes manifestations de l'hystérie. On peut de même considérer comme telle
l'impulsion qui pousse beaucoup d'individus à renouveler fréquemment les mêmes excès et les mêmes fautes d'hygiène ;
nous citerons, par exemple, l'abus du tabac, de l'alcool, de
l'opium, du haschich, et celui des injections de morphine. Le
malade, accoutumé aux sensations agréables et aux troubles
physiologiques que provoquent ces poisons, arrive à ne pouvoir
s'en passer, bien que les accidents d'intoxication aillent constamment en s'aggravant.

(1) Voir le chapitre *Prophylaxie*.

CHAPITRE V

DE L'AGE

Avec la plupart des auteurs, nous distinguons dans la vie humaine quatre âges principaux : l'*enfance*, la *jeunesse*, la *maturité* et la *vieillesse*, en y ajoutant la période *embryonnaire* et *fœtale*.

§ 1er. — Période embryonnaire et fœtale.

C'est au début de la vie embryonnaire que l'*évolution* de l'homme atteint sa plus grande activité et que ses moindres écarts ont les conséquences les plus fâcheuses. Les troubles qu'elle subit peuvent dépendre d'une modification dans le mouvement héréditaire qui la dirige ou résulter d'une lésion accidentelle. Les expériences de Dareste sont à cet égard fécondes en enseignements : en modifiant la position de l'œuf d'oiseau pendant l'incubation, en le recouvrant d'un vernis imperméable, en lui imprimant de brusques secousses, en le plaçant dans un air insuffisamment renouvelé, enfin et surtout en lui faisant subir des changements de température, ces avant observateur arrive à produire à son gré des malformations. Or l'embryon humain est susceptible de subir la plupart de ces mêmes influences et l'on peut présumer, sans témérité, qu'elles peuvent produire des troubles analogues dans son développement. Il y aurait lieu particulièrement de rechercher si les affections pyrétiques qui surviennent pendant la grossesse ne constitueraient pas une cause de malformations fœtales.

Les différentes causes de malformations précédemment énumérées agissent ordinairement en produisant l'inflammation et l'adhérence des membranes. Tantôt ces lésions amènent la compression et l'arrêt de développement des parties voisines de l'embryon, tantôt elles les fixent dans une position vicieuse et tiennent séparées des parties qui devraient se rapprocher ; d'autres fois les causes perturbatrices semblent agir en empêchant le développement de l'aire vasculaire.

Il peut se produire, pendant la vie fœtale, des lésions tout à fait comparables par leur origine et leur mode d'action à celle que l'on observe chez l'adulte ; les plus connues sont celles qui occupent l'infundibulum de l'artère pulmonaire et le cœur droit.

Les maladies infectieuses dont la mère est atteinte pendant la grossesse se communiquent souvent au fœtus ; on en a de nombreux exemples pour la variole et pour la syphilis.

MM. Arloing, Cornevin et Thomas ont montré que le microbe du charbon symptomatique traverse le placenta, et MM. I. Straus et Chamberland (1) ont reconnu qu'il en est de même pour ceux du choléra des poules et de la septicémie expérimentale. On a cru longtemps que la bactéridie du charbon ne pouvait passer de la mère au fœtus ; les expériences de Brauell (2), de Davaine (3) et de Bollinger (4) semblaient le démontrer : des recherches récentes de MM. Straus et Chamberland (5) ont fait voir au contraire que le sang du fœtus d'un cobaye infecté par le charbon est assez souvent virulent et renferme des bactéridies que la culture vient déceler. Ces faits prouvent, contrairement à l'opinion généralement reçue jusqu'à ces derniers temps et aux expériences de Ahlfeld, que le placenta peut laisser passer les particules solides contenues dans le sang. C'est contre toute évidence que Kassowitz a nié l'infection syphilitique du fœtus par la mère.

§ 2. — Enfance.

Nous lui distinguerons plusieurs périodes. La *première* correspond à la naissance et aux changements qui la suivent.

(1) Straus et Chamberland, *Recherches expérimentales sur la transmission des maladies virulentes de la mère au fœtus* (*Bullet. de la Soc. de biologie*, 1882).

(2) Brauell, *Weitere Mittheilung über Milzbrand und Milzbrandblut* (*Virchow's Archiv*, 1858).

(3) Davaine, *Expériences relatives à la durée de l'incubation des maladies charbonneuses et à la quantité du virus nécessaire à la transmission de la maladie* (*Bulletin de l'Académie de médecine*, Paris, 1868, tome XXXIII, p. 816).

(4) Bollinger, *Ueber die Bedeutung der Milzbrand Bacterien* (*Deutsches Archiv f. thier. Medicin und vergleich. Path.* 1876).

(5) Straus et Chamberland, *Passage de la bactéridie charbonneuse de la mère au fœtus* (*Bull. de la Soc. de biologie*, 1882).

Elle a pour limite le moment où les changements qui marquent le passage de la vie fœtale à la vie extra-utérine se sont accomplis. Depaul en fixe la durée à trois semaines environ, tandis que pour Parrot elle se prolonge jusqu'à la fin du deuxième mois. Sa pathologie est toute spéciale (1) : « ce temps ne tient qu'une bien petite place dans l'évolution de l'individu et les affections qu'on y observe sont en réalité peu nombreuses, mais presque toutes elles n'appartiennent qu'à lui et, à ce point de vue, il n'est aucun autre moment de la vie qui mérite autant d'être étudié d'une manière isolée. »

« La naissance jette brusquement l'enfant dans le monde extérieur, transformant les conditions de son existence, changeant le jeu de ses organes et faisant éclore de nouvelles fonctions (2); » ce sont là autant de prédispositions morbides.

En premier lieu il n'est pas rare, surtout dans les cas où le travail a été laborieux, que l'enfant soit, au moment de la naissance, en état de mort apparente, par le fait soit d'un état anémique et asthénique, soit de l'asphyxie ou de la congestion cérébrale (Depaul).

Le cordon, quand il est mal lié, peut être la source d'hémorrhagies; plus tard l'élimination de cet organe entraîne parfois des accidents : c'est tantôt une inflammation simple, ulcéreuse ou gangréneuse; c'est d'autres fois une infection septique ou un érysipèle ordinairement mortel.

La persistance du trou de Botal ou du canal artériel et les autres anomalies qui entraînent le mélange des sangs artériel et veineux produisent la cyanose; d'autres fois le même symptôme résulte de troubles accidentels de la respiration et de la circulation liés le plus souvent à un accouchement laborieux. La peau irritée par le contact de ses produits de sécrétion peut devenir le siège d'érythèmes et même d'ulcérations.

Les nouveau-nés présentent, dans la plupart des cas, une coloration jaune qui est pour ainsi dire physiologique, car elle existe quatre fois sur cinq. Depaul l'attribue à la destruction con-

---

(1) Depaul, article NOUVEAU-NÉ du *Dictionnaire encyclopédique des sciences médicales*. — Voyez aussi Bouchut, *Traité pratique des maladies des nouveaunés*, 7e édition, Paris, 1878. — Despine et Picot, *Manuel pratique des maladies de l'enfance*, 3e édition, Paris, 1884. — H. Roger, *Recherches cliniques sur les maladies de l'enfance*.

(2) Parrot, *Leçons sur l'athrepsie*.

sidérable de globules rouges qui se fait au moment de la naissance et à l'élimination insuffisante des déchets de cette destruction ; c'est donc pour lui un ictère hémaphéique ; il est toujours bénin ; il faut en distinguer les formes graves liées à la tubulhématie rénale (Parrot), à l'hémorrhagie du cordon, à l'infection puerpérale et à l'atrophie aiguë du foie ainsi que les ictères par rétention.

On observe assez souvent chez les nouveau-nés un œdème spécial qui semble en relation avec la perturbation considérable que la naissance apporte dans la circulation générale et dans les fonctions de la peau. Parrot a montré qu'il diffère essentiellement du sclérème, endurcissement de la peau produit par l'athrepsie dans sa dernière période.

Les nouveau-nés résistent mal au froid ; il suffit de les découvrir pendant un certain temps, surtout pendant la saison froide, pour mettre leur vie en danger ; c'est un mode d'infanticide par omission. Ils résistent également mal à l'inanition ; le besoin de réparation est d'autant plus impérieux que l'individu est plus jeune. Les échanges nutritifs atteignent pendant la première enfance leur *summum* d'activité ; parmi les enfants de poids égal, les plus jeunes sont ceux dont les échanges nutritifs sont les plus actifs (1) ; c'est là une règle qui paraît commune à tous les animaux supérieurs ; un jeune chien privé de nourriture meurt de faim au bout de 2 ou 3 jours ; un vieux chien peut dans les mêmes conditions survivre 30 et même 60 jours.

« Après la naissance, l'enfant a besoin de la mamelle dans laquelle il trouve ce qu'avant de naître il tirait du placenta ; l'en arracher, c'est rompre le plus intime des liens. » La muqueuse gastro-intestinale, appelée à des fonctions qu'elle n'a pas encore exercées, est très vulnérable ; tout autre aliment que le lait l'irrite et en provoque l'inflammation ; souvent même le caillot relativement dur que le lait de vache forme dans l'estomac est mal supporté et le lait de femme seul constitue un aliment approprié. Le professeur Parrot a décrit magistralement, sous le nom d'*athrepsie*, les conséquences funestes qu'entraîne, pour le nouveau-né, l'insuffisance de l'alimentation.

Pendant toute la durée de l'enfance, les réflexes s'accom-

(1) Vierordt, *Handbuch der Kinder Krankheiten*.

plissent avec une grande énergie et il en résulte que les altérations des différents organes réagissent vivement sur les fonctions des autres, que les symptômes généraux présentent habituellement une grande acuité et que les complications sont fréquentes; ainsi s'explique également la facilité avec laquelle se produisent les convulsions à cette période de la vie.

Les réactions inflammatoires se produisent très facilement chez les jeunes enfants; elles sont vives et mobiles; celles qui intéressent les voies respiratoires méritent surtout l'attention du médecin en raison de leur fréquence et de leur gravité ; le coryza lui-même, si bénin chez l'adulte, constitue une affection dangereuse chez l'enfant qui respire presque exclusivement par les fosses nasales, surtout pendant le sommeil et l'allaitement. Les phlegmasies laryngées sont également graves à cet âge, en raison de l'élément spasmodique qui les complique souvent et des dimensions très restreintes que présente alors la glotte interaryténoïdenne.

Pendant toute la durée du *premier âge*, auquel on peut assigner pour limite l'*éruption de la première dent*, la plupart des prédispositions que nous venons de signaler chez le nouveau-né persistent en s'atténuant ; les voies digestives surtout restent facilement vulnérables ; cependant chez bon nombre d'enfants l'intolérance pour le lait de vache cesse à partir du quatrième mois. On peut noter, dès les premiers temps de la vie, une réceptivité remarquable pour les contages, particulièrement pour ceux des fièvres éruptives ; elle est peut-être moindre cependant qu'un peu plus tard, et il est d'observation que certaines maladies infectieuses, la coqueluche particulièrement, épargnent assez fréquemment les très jeunes enfants.

La période de *dentition* doit être distinguée de la précédente; l'évolution dentaire entraîne par elle-même des accidents qui donnent à sa pathologie une physionomie spéciale : ce sont des troubles de la digestion et surtout des vomissements et de la diarrhée, des affections impétigineuses, des phlegmasies broncho-pulmonaires, des conjonctivites, des otites, des convulsions éclamptiques. L'influence de cette cause, souvent contestée, a été démontrée par Guersant. On voit souvent plusieurs des accidents que nous venons d'énumérer se reproduire à chaque poussée dentaire.

Le rachitisme, maladie liée à l'évolution du squelette, présente à cet âge son maximum de fréquence et d'intensité; chez nombre d'enfants, on voit se développer dans les os des inflammations simples ou tuberculeuses; ces affections peuvent se manifester dans toutes les périodes de l'enfance.

Les fièvres éruptives et la diphthérie présentent leur maximum de fréquence de deux à cinq ans; c'est aussi l'âge où l'on observe le plus souvent la méningite tuberculeuse; un peu plus tard apparaît la chorée.

§ 3. — Jeunesse.

Elle commence à la puberté et prend d'abord le nom d'*adolescence*. A l'évolution des organes sexuels se rattache d'habitude le développement d'une névrose grave qui appartient principalement à la femme et persiste assez fréquemment sous des formes variées jusqu'à la ménopause; nous avons nommé l'hystérie; elle peut cependant débuter avant l'apparition des règles.

Les adolescents des deux sexes sont sujets, comme les enfants, à des maladies de croissance; ce sont, du côté du squelette, des ostéo-myélites aiguës ou chroniques amenant la formation d'abcès ou d'hyperostoses; c'est, du côté des appareils circulatoire et hémopoïétique, la chlorose qui semble liée à une insuffisance dans la génération des hématies en même temps qu'à un défaut de développement du système vasculaire; ce sont des hémorrhagies, ordinairement nasales, que l'on a rapportées à une disproportion entre, d'une part, l'accroissement de la masse du sang, de l'autre, la contenance et la résistance des parois vasculaires. Cet âge paie un tribut considérable à la phthisie pulmonaire et à la fièvre typhoïde.

La *jeunesse* proprement dite (de 18 à 35 ans) est le temps où l'homme résiste le mieux aux influences nuisibles, mais c'est également celui où il fait le plus grand abus de ses forces; c'est l'âge du surmènement physique et intellectuel, des imprudences et trop souvent aussi des excès que plus tard l'homme fait et le vieillard devront payer chèrement.

Chez la femme, la morbidité est considérablement accrue par le fait des accidents qu'entraîne la puerpéralité.

Dans les deux sexes, la phthisie continue à être fréquente ; chez l'homme on observe souvent le rhumatisme articulaire aigu et les premières atteintes de la goutte.

§ 4. — Maturité.

A mesure qu'il avance en âge, l'individu mieux éclairé sur les dangers qu'entraînent les fautes d'hygiène devient plus soucieux de sa santé ; il s'expose moins aux influences nuisibles, mais aussi il leur résiste moins. Certaines prédispositions héréditaires se manifestent au moment où l'activité des fonctions organiques semble décliner ; le cancer atteint son maximum de fréquence de quarante à cinquante ans ; les impressions tristes causées par les revers de fortune et les chagrins de toute sorte semblent en favoriser le développement ; les mêmes causes provoquent l'explosion de la folie. C'est ordinairement dans la partie moyenne de la vie que les troubles liés au retard de la nutrition commencent à altérer la santé.

§ 5. — Vieillesse.

A cet âge, l'équilibre qui avait existé jusque-là entre l'usure et la réparation se trouve rompu ; la réceptivité pour la plupart des contages a beaucoup diminué, grâce surtout sans doute à l'immunité conférée par des atteintes antérieures, mais la vulnérabilité est plus grande, la résistance au froid, à la fatigue et à la plupart des influences nocives s'est amoindrie ; les lésions accidentelles se réparent plus difficilement et plus lentement, en raison de l'affaiblissement qu'ont subi les réactions organiques ; il n'est pas rare de voir la consolidation des fractures manquer complètement ; les pneumonies passent le plus souvent au troisième degré ; les inflammations de la vessie ne se terminent qu'avec la mort du malade dont elles sont souvent la cause. Les réflexes étant affaiblis, les réactions fonctionnelles sont moins prononcées ; un vieillard peut avoir une pneumonie sans toux ni point de côté (1). La plupart des tissus présentent des lésions de fatigue et d'usure. Parmi les plus importantes,

---

1) Charcot, *Leçons sur les maladies des vieillards*, 1868.

nous citerons l'atrophie du poumon conduisant à l'emphysème, les stéatoses rénale et hépatique, et surtout l'athérôme artériel générateur des anévrysmes, de l'insuffisance aortique, des gangrènes dites spontanées, de l'hypertrophie du cœur et du ramollissement cérébral. Ici encore on voit intervenir le retard de la nutrition.

CHAPITRE VI

DU SEXE

Les physiologistes ont mis en relief l'influence qu'exerce le *sexe* sur la taille, les formes, les proportions générales, la voix, le mode de respiration, l'intelligence, le caractère, la sensibilité et le pouvoir excito-moteur ; son action sur les aptitudes morbides n'est pas moins marquée; elle persiste pendant toute la vie, et la femme, bien qu'on en ait dit, reste femme jusqu'à la fin de ses jours. Il est incontestable cependant que c'est pendant la période d'activité génitale que les différences entre les deux sexes sont, à ce point de vue, les plus accentuées. Les maladies qui affectent le plus souvent les femmes sont, en première ligne, l'hystérie, puis la chlorose, le goître (70 fois sur 100), la chorée, le goître exophthalmique, le cancer (62 fois sur 100), l'ulcère simple de l'estomac (70 fois sur 100), les péritonites partielles, la sclérose en plaque (70 fois sur 100), le rhumatisme chronique et l'ectopie rénale (85 fois sur 100) (1); le sexe féminin confère une immunité presque complète pour la goutte; on observe au contraire plus souvent chez l'homme les hernies, l'atrophie musculaire progressive (80 fois sur 100), l'ataxie locomotrice progressive (80 fois sur 100), le cancroïde, le scorbut et la cirrhose du foie. Il ne faut voir dans le sexe masculin qu'une prédisposition très indirecte à ces diverses maladies; leur fréquence chez l'homme s'explique suffisamment par les conditions dans lesquelles il vit, et les influences nuisibles auxquelles il s'expose. De même, les ectopies rénales semblent favorisées chez la femme par la grossesse et l'usage du corset.

---

(1) Nous empruntons à Perls ces chiffres nécessairement très approximatifs.

CHAPITRE VII

CAUSES INTRINSÈQUES DYNAMIQUES

ARTICLE Ier. — DE L'ABUS DES FONCTIONS ET DE LEUR
INSUFFISANCE.

§ 1er. — Considérations générales.

L'exercice des *fonctions* peut devenir par lui-même, lorsqu'il
est poussé jusqu'à la fatigue ou lorsqu'il est insuffisant, le point
de départ de désordres persistants.

On a directement constaté qu'un organe en état d'activité
renferme plus de sang qu'en l'état de repos ; il devient le siège
d'une hypérémie fonctionnelle ; or il semble que cette hypérémie puisse, lorsqu'elle se renouvelle trop fréquemment, être
le point de départ d'une phlegmasie chronique.

Il faut considérer en outre que le fonctionnement d'un organe suppose nécessairement une modification dans la structure intime de ses éléments ; le fait a été nettement reconnu
pour les muscles, les nerfs et les glandes (1).

Sous l'influence de la fatigue, l'état électrique des muscles
est modifié ; la consommation d'hygiène et la production d'a-
cide carbonique y augmentent ; les acides gras en disparaissent
en partie ; leur réaction devient acide ; les produits de la
désassimilation, particulièrement l'acide lactique, la créatine
et la créatinine y augmentent ou s'y forment de toute pièce ;
l'excrétion de l'urée se trouve accrue.

Les propriétés physiologiques du muscle sont également
altérées (2). Le muscle fatigué se raccourcit moins et produit
moins de travail utile. On a noté surtout la diminution de son
excitabilité ; sur le graphique donné par sa contraction, on peut
voir que la période d'excitation latente est plus longue, que la
secousse présente moins d'amplitude et en même temps plus

(1) Consulter à ce sujet Carrieu, *De la Fatigue et de son influence pathogénique*, Paris, 1878.

(2) Voyez les *Traités de physiologie* de Beaunis, de Béclard et de Küss et Duval.

de durée si la fatigue n'est pas excessive, que la fusion des secousses se produit plus rapidement, et enfin que la ligne de descente est très oblique, ce qui indique la lenteur plus grande du retour du muscle à la longueur initiale. Dans les cas de fatigue extrême, la durée de la secousse diminue en même temps que son amplitude.

Les organes de l'innervation subissent dans les mêmes conditions des modifications analogues : leur état électrique change ; ils s'échauffent (1) ; leur réaction devient acide ; M. Byasson a reconnu que le travail cérébral augmente l'excrétion de l'urée, des phosphates et des sulfates alcalins ; les nerfs fatigués deviennent moins excitables ; il faut pour les mettre en activité augmenter l'énergie de l'excitation.

Ces altérations, essentiellement passagères, disparaissent d'ordinaire complètement sous l'influence du repos, mais l'on conçoit que, par leur répétition très fréquente, elles puissent entraîner à la longue des modifications permanentes dans la structure des parties.

Si la fatigue est nuisible, le défaut d'exercice ne l'est pas moins : la nutrition des éléments qui constituent les organes ne s'effectue régulièrement que si ces organes sont en état d'activité fonctionnelle ; sous l'influence d'un repos prolongé, les échanges s'y ralentissent, et les tissus finissent par s'altérer. De même qu'un muscle s'hypertrophie et devient plus fort quand il est exercé fréquemment, de même il tend à s'atrophier sous l'influence d'un repos prolongé. C'est surtout dans les organes de la vie de relation, soumis à l'influence de la volonté, que l'action pathogénique de ces causes se fait sentir ; dans les appareils qui fonctionnent automatiquement ou par voie réflexe, le surmènement, s'il se produit, échappe en général à l'observation, si ce n'est dans les organes musculeux dont il peut amener successivement l'hypertrophie et la dégénérescence.

Nous étudierons successivement l'action de l'exercice exagéré et de l'exercice insuffisant des fonctions dans les différents organes soumis à l'influence de la volonté.

---

(1) Schiff et Broca ont constaté l'échauffement du crâne pendant le travail intellectuel.

§ 2. — Fatigues cérébrales.

Le cerveau peut être fatigué *activement* par excès de travail intellectuel; il peut être fatigué *passivement* par des excitations trop fréquemment renouvelées; différentes par leur localisation, les altérations provoquées par ces deux espèces de fatigues présentent dans leurs caractères et leur évolution les plus grandes analogies.

A. *Fatigues actives.* — Les excès de travail intellectuel exercent une influence sur le développement des maladies de l'encéphale, particulièrement sur celui des psychoses et aussi de l'hémorrhagie et du ramollissement; il est d'observation que les professions dont l'exercice occasionne ce surmènement prédisposent à ces diverses affections; sans doute l'hyperémie active qu'entraîne la fatigue cérébrale favorise dans les artères de l'encéphale le développement des phlegmasies chroniques qui en sont les causes ordinaires.

Ces mêmes fatigues paraissent rendre plus fréquentes et plus graves les complications du côté de l'encéphale dans le cours des maladies fébriles; c'est ainsi que l'on voit trop souvent la fièvre typhoïde qui survient chez les jeunes gens surmenés par l'excès de travail intellectuel que nécessite la préparation d'un concours revêtir la forme cérébrale.

B. *Fatigues passives.* — Les excitations de la sensibilité psychique, lorsqu'elles se renouvellent trop fréquemment et avec trop d'intensité, semblent produire dans les centres psychosensitifs une perturbation que l'on peut assimiler à la fatigue, et qui semble jouer un rôle important dans le développement des maladies mentales.

L'observation assigne à ces mêmes causes une place considérable dans l'étiologie du cancer. On ne conçoit pas facilement quel rapport il peut y avoir entre un état psychique et la prolifération d'un groupe d'éléments glandulaires ou conjonctifs, mais les faits sont là, et l'on voit trop souvent les signes du carcinôme gastrique, par exemple, apparaître à la suite de chagrins prolongés, chez des individus frappés dans leurs affections, leur fortune ou leur ambition, pour que l'on puisse méconnaître cette relation.

Les impressions brusques et violentes (chocs psychiques), particulièrement celles de terreur, peuvent provoquer l'apparition de diverses névroses, telles que la chorée, la paralysie agitante et l'hystérie dans ses différentes formes. On les a fait également intervenir dans l'étiologie de l'épilepsie, mais le professeur Lasègue (1) s'est élevé avec force contre cette assertion.

Le défaut d'activité psychique semble favoriser le développement de certaines névroses et particulièrement celui de l'hypochondrie et de l'hystérie.

§ 3. — Fatigues spinales.

A. *Abus des excitations centrifuges.* — Le bulbe et la moelle interviennent par leurs parties conductrices et par leurs éléments cellulaires dans l'exécution des mouvements ; ils peuvent donc être surmenés par un exercice exagéré, et, en réalité, cet ordre de fatigue doit être souvent invoqué comme cause des affections qui se développent dans la partie motrice de l'axe. Nous avons signalé le rôle des fatigues vocales dans l'étiologie des paralysies bulbaires, et celui des fatigues musculaires dans la production des atrophies musculaires liées à la phlegmasie chronique des cellules antérieures de la moelle (2).

B. *Abus des excitations centripètes.* — De même que les noyaux moteurs semblent s'altérer sous l'influence d'excitations centrifuges trop fréquemment renouvelées, de même les noyaux sensitifs paraissent devenir malades lorsqu'ils sont soumis à des excitations centripètes trop souvent répétées ; c'est ainsi que, suivant nous, l'on peut le mieux s'expliquer le développement du *tabes dorsualis* non syphilitique ; en interrogeant avec soin les malades qui en sont atteints, on reconnaît que, le plus souvent, ils ont subi des fatigues de cette nature provoquées, soit par des excès vénériens, soit par l'impression prolongée du froid, soit par un traumatisme, soit par une cicatrice ou une gelure ancienne, soit par des excès de marche produisant l'ex-

(1) Lasègue, *Union médicale*, 1880.
(2) Hallopeau, *Des myélites chroniques diffuses* (*Archives générales de médecine*, 1871-1872). — *Des paralysies bulbaires*, Paris, 1875. — Article Moelle épinière (pathologie médicale) du *Nouveau Dictionnaire de médecine et de chirurgie pratiques*. Paris, 1876, t. XXII.

citation des nerfs centripètes des muscles et des articulations, soit enfin par des excitations sensorielles trop fréquemment renouvelées (1).

§ 4. — Fatigues du système nerveux périphérique.

Les altérations provoquées par le surmènement paraissent se développer plutôt dans les centres que dans les conducteurs, et les lésions que souvent ces derniers présentent simultanément semblent être d'habitude secondaires ; on ne peut cependant affirmer qu'il en soit toujours ainsi, et il est possible que la fatigue joue également un rôle dans la production des atrophies nerveuses qui coïncident avec les atrophies spinales dans les amyotrophies et aussi, d'après Déjerine, dans l'ataxie locomotrice. Le système nerveux périphérique comprend d'ailleurs aussi des appareils de réception qui semblent se comporter comme les cellules spinales. On peut s'expliquer de la sorte l'atrophie rétinienne qu'occasionnent quelquefois les fatigues de la vue et l'impuissance consécutive aux fatigues vénériennes ; nous avons même tendance à penser que ces altérations des appareils de réception périphérique sont les premières en date dans l'ataxie locomotrice, et que celles de l'axe spinal leur sont consécutives. Il y aurait lieu de reprendre à ce point de vue l'étude des ganglions des racines chez les sujets morts de cette maladie.

Les mêmes considérations sont applicables aux nerfs de la vie organique.

§ 5. — Fatigues et inertie de l'appareil locomoteur.

Le fonctionnement exagéré d'un muscle, poussé au delà de certaines limites, produit une sensation pénible, caractéristique, et en même temps un affaiblissement des contractions qui peut être lié à l'accumulation dans l'organe des produits de sa dénutrition (Ranke). Lorsqu'elle s'étend à tout le système

(1) Nous avons émis l'hypothèse que l'affection rétinienne par laquelle le début de l'ataxie locomotrice est assez souvent marqué ne serait pas, comme on l'admet généralement, la manifestation d'une maladie latente des centres nerveux, mais bien le point de départ des accidents (*Société de biologie*, 1880 et *Transactions of the international medical Congress*, vol. I, p. 401, London, 1881).

musculaire et dépasse certaines limites, la fatigue amène des troubles de la santé générale ; les forces sont prostrées, l'appétit disparaît, et quelquefois il se produit une réaction fébrile plus ou moins intense. A un degré extrême, « l'individu épuisé tombe, insensible à tous les excitants ; la face est pâle, des sueurs froides baignent la peau, la respiration est faible et fréquente, ou lente et suspirieuse, le pouls petit, fréquent, souvent inégal ; il y a de la tendance aux syncopes (1). On remarque à l'autopsie que le sang est noir et fluide, et la consommation excessive d'oxygène qu'ont faite les muscles explique cette modification (Ch. Richet) (2). Les individus surmenés présentent moins de résistance que les sujets sains à la plupart des causes morbifiques; on a exprimé ce fait en disant que leur résistance vitale est diminuée.

Le rôle de la fatigue dans l'étiologie du scorbut a été tour à tour nié et affirmé ; il nous paraît réel, car nous avons observé pendant le siège de Paris que le scorbut atteignait de préférence les individus robustes, sans doute parce qu'ils se fatiguaient sans pouvoir réparer leurs pertes, tandis que les individus faibles, avec une alimentation égale, dépensaient moins.

Les désordres provoqués par le surmènement ne sont pas limités à l'appareil locomoteur ; ils peuvent s'étendre à divers organes et particulièrement au cœur. Les recherches de Mahomed (3) ont montré que, sous l'influence d'une course prolongée, ce viscère, d'abord excité, s'affaiblit ensuite, et que la tension artérielle baisse corrélativement. On peut voir, dans des conditions semblables, survenir tous les symptômes d'une asystolie ordinairement passagère.

Le défaut d'exercice musculaire favorise le développement de l'obésité en même temps qu'il prédispose à la goutte, à la gravelle, et sans doute aussi à la lithiase biliaire.

§ 6. — Fatigues et inertie génitales.

Nous avons signalé l'abus des excitations génitales comme une des causes du *tabes dorsalis*. Il faut mentionner encore parmi

---

(1) Carrieu, ouvrage cité.
(2) Ch. Richet, *Physiologie des muscles et des nerfs*, Paris, 1882.
3 Mahomed, *British med. Journ.*, 1876.

ses conséquences une excitabilité anormale du système nerveux éminemment favorable au développement des névroses, l'anémie, des palpitations, de la dyspepsie, un état de langueur physique et morale et quelquefois l'impuissance.

§ 7. — Fatigues vocales et respiratoires.

Les fatigues vocales sont une cause fréquente de laryngite ; on sait combien cette affection est fréquente chez les orateurs, les chanteurs et les crieurs publics. La répétition fréquente des actes qui nécessitent des efforts d'expiration peut provoquer ou favoriser le développement de l'emphysème pulmonaire ; c'est ainsi qu'on le voit survenir chez les asthmatiques et les tuberculeux ainsi que dans le cours des bronchites chroniques.

§ 8. — Fatigues des organes de la digestion.

Les excès de table déterminent, du côté de l'estomac, des troubles que l'on peut comparer à la fatigue, mais dont on ignore la nature et le mode de production ; les dyspepsies liées à l'insuffisance des sécrétions de l'estomac et à la parésie de ses muscles pariétaux peuvent être en partie rapportées à cette cause, cependant ses conséquences fâcheuses sont dues surtout aux qualités nuisibles des substances introduites dans l'organisme et à leur surabondance. Nous étudierons plus loin les désordres qui en résultent avec les intoxications, les traumatismes et les influences mésologiques.

Il est probable que les autres viscères peuvent être le siège de troubles analogues, mais leur étude ne rentre pas dans celle des causes, car ils ne surviennent jamais que secondairement.

DEUXIÈME SECTION

CAUSES EXTRINSÈQUES

L'homme, comme tous les êtres, subit incessamment l'influence du milieu dans lequel il vit, et son maintien en état de santé n'est possible que si ce milieu réunit certaines conditions positives et négatives; chaque fois que ces conditions ne sont qu'incomplètement réalisées, il survient des troubles morbides. Nous diviserons ces causes, d'après leur nature *physique*, *mécanique*, *chimique* ou *biologique*, en quatre classes.

PREMIÈRE CLASSE — CAUSES PHYSIQUES

CHAPITRE PREMIER

ACTION DE LA CHALEUR

Il faut distinguer les effets produits par l'*élévation de la température atmosphérique* et ceux qui résultent de *l'application directe du calorique* sur nos tissus.

§ 1. — Élévation de la température atmosphérique.

Elle est constante dans certaines parties du globe dont elle caractérise le climat (climats torrides et chauds) (1); elle se manifeste passagèrement dans les climats tempérés; elle est souvent produite artificiellement dans des milieux confinés (étuves, chambre de chauffe des navires).

Les *climats chauds*, qui s'étendent de l'équateur au 30e degré, sont généralement insalubres, surtout pour les sujets qui sont soumis depuis peu de temps à leur influence : on sait quel tribut payent à leurs maladies nos soldats et nos marins. L'influence nuisible du climat ne frappe pas seulement l'individu, mais aussi sa descendance (2); les familles s'éteignent rapidement ; dans certaines colonies, les enfants des Européens sont pour la plu-

---

(1) Consulter sur ces questions le remarquable article CLIMATS de M. J. Rochard dans le *Nouveau Dictionnaire de médecine et de chirurgie pratiques*. Paris, 1868, tome VIII.

(2) Bertillon, article ACCLIMATEMENT du *Dictionnaire encyclopédique des sciences médicales*.

part chétifs et de petite taille ; beaucoup sont infirmes et meurent prématurément ; beaucoup d'unions restent stériles ; il n'est pas resté trace en Afrique des nations européennes qui y ont établi successivement leur domination ; d'après Volney, les Mamelucks, Circassiens ou Mingréliens d'origine, ont dominé l'Égypte pendant six cents ans sans y laisser de descendants. Certaines races subissent plus que d'autres cette influence nuisible ; c'est ainsi que les Anglais et les Allemands s'acclimatent moins facilement que les Espagnols dans ces contrées.

L'insalubrité des pays chauds tient surtout à la puissance d'action qu'y atteignent les agents infectieux (miasmes paludéens, contages du vomito et de la dysenterie) ; la plupart des auteurs admettent en outre que la grande chaleur produit par elle-même des désordres dans les fonctions de l'appareil digestif, du foie, de la peau et du système nerveux et prédispose ainsi aux affections de ces organes. On explique par la sécheresse de la muqueuse digestive la dyspepsie et la constipation, par l'hypersécrétion de la bile la prédisposition aux phlegmasies hépatiques et par l'activité plus grande des fonctions cutanées la grande fréquence des maladies de la peau. Sans vouloir nier l'influence que peuvent exercer ces différents troubles, nous pensons qu'il faut vraisemblablement faire une part prépondérante au parasitisme dans la genèse de ces affections. Déjà la nature parasitaire de la diarrhée de Cochinchine, de la cachexie aqueuse et du bouton de Biskra paraît bien établie ; il n'est guère douteux que le champ de cette pathologie animée ne doive encore s'étendre. Le rôle qu'il conviendrait d'attribuer à l'action *directe* de la chaleur serait ainsi restreint et l'on s'expliquerait comment des climats très chauds, tels que ceux de la Syrie et de Pondichéry, peuvent être relativement sains.

Dans les climats *tempérés*, on observe, pendant les saisons chaudes, une *constitution médicale*, caractérisée par l'apparition des formes morbides que l'on observe plus particulièrement dans les pays chauds, telles que le choléra, les diarrhées graves, la dysenterie (1), etc. U. Trélat a observé que les temps chauds,

______

(1) Lacassagne, *De l'insolation et des coups de soleil* (*Société méd. des hôpitaux*, 1870) et *Précis d'hygiène*. Paris, 1879.

humides et nuageux favorisent le développement de la septicémie suraiguë (1).

§ 2. — Action du coup de chaleur.

On appelle ainsi un ensemble d'accidents qui se produisent
chez des individus soumis à l'action d'une température excessive, soit à l'air libre pendant l'été et dans les climats torrides,
soit dans un milieu confiné (chambre de chauffe d'un navire) ;
ils peuvent amener la mort en élevant rapidement ou lentement la température du sang, et aussi, d'après M. Vallin (2), en
provoquant, par une action directe sur les centres nerveux, une
inflammation des méninges.

L'élévation de la température centrale a été plusieurs fois
constatée directement ; MM. Dowler, Lewis, Wood et récemment
M. Züber (3) ont récemment trouvé pendant la vie les chiffres
de 43, 44 et 45° (4). Or, Brücke et Kühne (5) ont montré qu'à
une température de 45° la myosine se coagule en même temps
qu'elle prend une réaction acide, et en effet l'on trouve, dans
les autopsies, le ventricule gauche fortement contracté et d'une
dureté ligneuse. M. Vallin a montré qu'il en est de même chez
les animaux tués par le surchauffement. MM. Mathieu et Urbain
admettent que, dans ces conditions, le phénomène initial est
une activité plus grande des phénomènes de combustion ; les
oxydations qui se produisent dans les muscles ont pour résultat
leur acidité et la coagulation de la myosine. Lorsque l'échauffement est graduel, il se produit, d'après M. Vallin, avant la
coagulation de la myosine, des troubles de l'innervation et
l'arrêt du cœur par excitation du pneumogastrique.

Il faut tenir grand compte, chez les sujets exposés à une
chaleur excessive, du fonctionnement des glandes sudoripares ;

(1) U. Trélat, *Gazette des hôpitaux*, n° 50, 1879.
(2) Vallin, *Recherches expérimentales sur l'insolation* (*Archives générales de
médecine*, 1870). — *Discussion sur le coup de chaleur* (*Soc. méd. des hôpitaux* et
Union médicale, 1881).
(3) Zuber, *Du coup de chaleur* (*Société médicale des hôpitaux* et *Union médicale*, 1881).
(4) Leroy de Méricourt et Obet, article Coup de chaleur du *Dictionnaire encyclopédique des sciences médicales*.
(5) Kühne, *Ueber die Bewegung und Veränderungen der contractilen Subs-
tanzen* (*Bischoff's Archiv*, 1859).

le début des accidents coïncide presque constamment avec une suppression de la sueur ; d'autres fois, les transpirations se font, mais le liquide sécrété est visqueux et peu abondant ; M. L. Colin (1) a mis en relief, dans son traité des maladies épidémiques, l'importance de cette cause pathogénique ; il a rappelé que, d'après les observations des médecins anglais de l'Inde, dans nombre de cas d'insolation, surtout dans les pays chauds, on peut reconnaître une période prodromique caractérisée par une suspension plus ou moins complète des sueurs, par la sécheresse de l'enveloppe cutanée, par sa rugosité et l'augmentation des démangeaisons chez ceux qui sont atteints d'eczéma tropical, éruption vulgairement connue sous le nom de *gale bédouine* et de *bourbouille;* la sécheresse de la peau a pour conséquence l'augmentation considérable de la sécrétion rénale, augmentation telle que souvent les malades peuvent à peine retenir leurs urines, et une diminution de la déperdition superficielle de chaleur. Entre celui qui sue dans ces climats et celui dont la transpiration est suspendue, la différence, dit M. L. Colin, est à peu près la même qu'entre les animaux placés dans une étuve sèche et ceux qu'on enferme dans une étuve humide ; chez ces derniers la mort survient à une température de beaucoup inférieure, en raison de l'obstacle apporté par l'humidité à l'évaporation de la sueur et à la perte de chaleur qu'elle entraîne.

M. Vallin admet, avec une grande vraisemblance, que l'action directe du rayon solaire sur la tête peut donner lieu à des troubles de l'innervation encéphalique liés sans doute à la congestion ou à l'inflammation des méninges. Dans des expériences où il faisait circuler de l'eau très chaude dans un manchon de caoutchouc entourant seulement la tête des animaux, la température centrale ne s'élevait que de 1 à 2 degrés au plus ; néanmoins les animaux présentaient bientôt des troubles graves de l'innervation et, à l'autopsie, on trouvait, dans les méninges, des traces d'inflammation (2).

L'élévation de la température peut produire encore l'érythème connu sous le nom de *coup de soleil* et le *lichen tropicus.*

(1) L. Colin, *Bulletin de la Société médicale des hôpitaux*, 1881 et *Traité des maladies épidémiques.* Paris, 1879.
(2) Vallin, *loc. cit.*

§ 3. — Action de la brûlure.

Lorsque nos tissus se trouvent soumis à l'action d'une température trop élevée, ils s'altèrent et deviennent le siège de lésions qui, suivant l'intensité de cette action, sont superficielles ou plus ou moins profondes. Une chaleur de 60° centigrades environ produit un érythème lié à une dilatation probablement réflexe des vaisseaux cutanés ; à 80 ou 90°, il se fait un exsudat qui infiltre les parties, en amène la tuméfaction, vient se collecter au-dessous du feuillet corné de l'épiderme et forme ainsi des vésicules ou des bulles quelquefois très volumineuses. Si enfin la chaleur devient plus intense ou si son action se prolonge, la gangrène survient, soit que la chaleur amène la coagulation du plasma, l'altération des vaisseaux et la mort des éléments, soit qu'elle produise directement et instantanément la carbonisation des parties.

La nature de la source de chaleur et la durée de son action influent sur les caractères de la lésion : les brûlures produites par les gaz sont généralement étendues et superficielles ; celles que font les liquides sont souvent plus profondes, surtout s'il s'agit de liquides bouillants dont le point d'ébullition est élevé ; l'action des corps solides est circonscrite et s'exerce profondément si le corps est en combustion.

Quand les brûlures sont très étendues, il peut survenir dans les fonctions respiratoires, cardiaques, digestives et vaso-motrices des troubles qui assez souvent entraînent la mort. On n'en connaît pas exactement le mode de production : tandis que les uns en cherchent la cause dans la suppression des fonctions de la peau et la rétention des produits qu'elle doit éliminer, d'autres, les comparant aux effets du choc traumatique, les expliquent par l'action des excitations centripètes sur les centres d'innervation vasculaire, cardiaque, et respiratoire. La résorption des détritus que produit la désorganisation des tissus et du sang qu'ils contiennent a été également incriminée. On trouve à l'autopsie une congestion des muqueuses intestinale et pulmonaire ainsi que des centres nerveux et, si le malade a survécu quelques jours, des ulcérations du duodénum.

CHAPITRE II

ACTION DU FROID

Comme celle de la chaleur, elle peut s'exercer dans des conditions très diverses : nous aurons à étudier successivement les troubles que produit l'*abaissement persistant de la température atmosphérique* dans les climats froids, l'*action immédiate, générale ou locale*, d'un *froid intense*, celle d'un *refroidissement accidentel et passager*, et l'*action prolongée du froid humide*.

§ 1. — Action prolongée du froid atmosphérique.

Placé dans un milieu trop froid, l'organisme tend à diminuer ses pertes et à augmenter sa production de chaleur ; à cet effet, les fonctions de la peau se réduisent au minimum en même temps que les fonctions de digestion et de respiration deviennent plus actives. Ces modifications ne semblent pas exercer, par elles-mêmes, une influence fâcheuse sur la santé, mais elles conduisent à des fautes d'hygiène qui deviennent des causes de maladies. Du besoin d'aliments riches en matériaux combustibles naît un goût particulier pour les graisses, aliments de difficile digestion, et pour les boissons alcooliques, aliments irritants, et il en résulte des phlegmasies chroniques des voies digestives ; par la même raison, l'intoxication par l'alcool n'est nulle part aussi fréquente que dans les climats froids. La disette de viandes et de légumes frais y engendre souvent le scorbut. Pour mieux se défendre contre le froid, les habitants s'accumulent dans des chambres étroites et mal aérées, et se trouvent ainsi soumis à l'influence de l'encombrement qui paraît être la condition génératrice du typhus (1).

(1) Virchow, *Du typhus famélique*, traduit par H. Hallopeau, Paris, 1868. — Kelsch, *Considérations sur l'étiologie du typhus exanthématique* (*Gaz. hebd.*, 1872).

§ 2. — Action directe du froid intense.

A. *Action locale.* — Comme le calorique, le froid peut donner lieu, suivant l'intensité de son action, à de l'érythème, à de la vésication ou à des gangrènes plus ou moins profondes. Toutes choses égales, les parties les moins volumineuses et les plus éloignées du cœur subissent les altérations les plus considérables. L'étude expérimentale des modifications que le froid apporte dans l'état des parties et dans leurs fonctions permet de s'expliquer la production de ces lésions. Sous son influence, les vaisseaux se contractent, probablement par action réflexe, en même temps que les tissus pâlissent et se rétractent. Si l'application du froid est de longue durée, le rétrécissement des vaisseaux peut persister pendant plusieurs jours et même plusieurs semaines; la coarctation des veinules paraît être plus durable que celle des artérioles, et ce fait contribue à produire une tuméfaction œdémateuse des parties (1). Quand la chaleur revient, la dilatation succède à la rétraction des vaisseaux et l'anémie locale fait place à l'hypérémie. Cette congestion secondaire peut entraîner par elle-même, lorsqu'elle est très intense, de graves désordres, et elle semble favoriser souvent la production de l'œdème, de l'inflammation et de la gangrène; aussi est-il dangereux de réchauffer trop rapidement les parties congelées.

Le sang se solidifie à une température peu inférieure à 0°; les vaisseaux se trouvant ainsi oblitérés, l'interruption de la circulation amène promptement la gangrène. Dans les mêmes conditions, les globules rouges s'altèrent; ils prennent un aspect crénelé (Pouchet); leur matière colorante se dissout dans le plasma et imprègne les tissus; les globules blancs perdent leurs mouvements amiboïdes et meurent. Les nerfs, d'abord excités par le froid (d'où les douleurs et les crampes), perdent ensuite leurs propriétés physiologiques (d'où les paralysies motrices, sensitives et vaso-motrices); la myéline se coagule (Tillaux et Grancher); les muscles sont également altérés dans leur structure; leurs fibres se divisent en *sarcous elements.*

Lorsque la congélation a duré peu de temps, les parties peu-

(1) Tédenat, *Des gelures,* thèse d'agrégation, 1880.

vent revenir rapidement à leur état normal, autrement il se produit des lésions consécutives de nature phlegmasique, avec ou sans perte de substance : les artères restent épaisses et enflammées, et leur calibre est diminué ; les os et les articulations peuvent être également le siège de phlegmasies chroniques ; la névrite a, dans plusieurs cas, déterminé la production du mal perforant (1) ; cette même altération peut secondairement se propager à la moelle et y déterminer des lésions qui, suivant leur siège, donnent lieu aux symptômes de l'ataxie, à des paralysies ou à des troubles trophiques (2).

B. *Action générale.* — Les individus exposés à un froid intense peuvent succomber rapidement ; l'abaissement de température nécessaire pour amener la mort varie essentiellement suivant les conditions dans lesquelles il survient et surtout suivant le degré de résistance des sujets ; tandis que l'homme vigoureux et accoutumé graduellement au froid peut supporter une température de — 40°, on voit des sujets affaiblis par les maladies, les privations, les fatigues ou des émotions dépressives présenter des accidents graves et même mortels s'ils sont exposés à un froid beaucoup moins vif ; il suffit, pour tuer un nouveau-né, de lui laisser subir l'influence de la température extérieure sans le protéger par des vêtements. Il est probable que ces accidents sont dus principalement à l'abaissement de la température du corps ; les expériences sur les animaux démontrent en effet que la mort survient chaque fois que la chaleur centrale descend au-dessous de 20° (Horwath) ; mais cependant cette cause n'intervient pas seule, car souvent les troubles morbides ne se manifestent qu'au moment où le sujet refroidi se trouve trop rapidement réchauffé.

On a fait jouer également un rôle à l'accumulation dans les viscères, et plus particulièrement dans les centres nerveux, du sang chassé des téguments par la contraction de leurs vaisseaux ; d'après Horwath (3), cette fluxion collatérale se produirait seulement du côté des veines abdominales qui se trouveraient énormément distendues, alors que les autres organes et particulièrement le cerveau seraient anémiés.

(1) Duplay et Morat, *Archives de Médecine*, 1873.
(2) Jamain et Terrier, *Manuel de pathologie externe.* 3e édition. Paris, 1877.
(3) Horwath, *Centralbl. für die medic. Wissens.*, 1864 et 1865.

F. A. Pouchet (1) a constaté que, dans les parties congelées, les globules rouges sont détruits, et il pense que, si les lésions sont très étendues, les particules dissociées de ces éléments peuvent, en pénétrant dans la circulation générale, provoquer la mort.

§ 3. — Action du refroidissement.

Ce mot sert à désigner l'impression que subit le corps humain lorsque la température du milieu ambiant s'abaisse brusquement; le refroidissement peut être purement relatif et il se produit aussi bien dans les climats chauds que dans les climats froids, pendant la saison chaude que pendant la saison froide.

Ses causes les plus habituelles sont les changements soudains de la température atmosphérique, l'exposition à la pluie, au vent ou aux courants d'air, le passage d'une pièce chauffée dans une pièce froide ou au dehors, les bains froids pris alors que le corps est échauffé, les douches froides non suivies d'exercice, l'insuffisance des vêtements, etc. Sous son influence, l'organisme subit une perturbation qui détermine souvent, chez les individus prédisposés, la production de troubles morbides.

Leur nature varie suivant les sujets, et, chez le même sujet, suivant les circonstances dans lesquelles se produit le refroidissement. C'est tantôt une congestion ou une phlegmasie de telle ou telle partie de la muqueuse respiratoire (coryza, bronchite, pneumonie catarrhale), de la muqueuse digestive (angine, gastrite ou entérite aiguë), ou de la muqueuse oculaire (conjonctivite); tantôt la phlegmasie d'une ou de plusieurs séreuses (arthropathies, pleurésie, endocardite, péricardite, méningite spinale) ou de certains viscères (néphrite albumineuse, pneumonie fibrineuse); tantôt la congestion ou l'inflammation des nerfs (névralgies et paralysies a frigore) ou de la moelle épinière, tantôt une myopathie; on invoque, pour expliquer la diversité de ces lésions produites par une même cause, la moindre résistance des organes atteints, sans dire ce que l'on entend par là, certaines prédispositions de na-

(1) Pouchet, *Expériences sur la congélation des animaux* (*Acad. des sciences*, 1865).

ture indéterminée, et surtout les diathèses dont l'influence est incontestable. Il faut citer enfin, parmi les causes qui favorisent le développement des lésions *a frigore*, la débilitation de l'organisme par l'âge, les privations, la fatigue et les maladies.

Nous avons admis que ces accidents ne se développent que chez les individus prédisposés ; ce qui le démontre, c'est que, sur un certain nombre de sujets soumis simultanément à une même cause de refroidissement, quelques-uns seulement en éprouvent du mal à des degrés et sous des formes diverses. C'est sans doute pour cette raison que la pathologie expérimentale est impuissante à provoquer le développement de certaines maladies *a frigore*, telles que la pneumonie franche.

On n'a pu encore déterminer le mode de production des maladies *a frigore ;* peut-être est-il variable, et l'on est en droit de formuler, à cet égard, diverses hypothèses. Sous l'influence du refroidissement, les vaisseaux cutanés se contractent, sans doute par action réflexe ; le sang refroidi est chassé du tégument externe et reflue vers les parties internes où il peut devenir, chez des sujets prédisposés, l'occasion d'un processus phlegmasique. D'autre part on peut supposer que l'excitation des nerfs cutanés provoque, par action réflexe, des troubles dans l'innervation vasculaire ou trophique des mêmes parties. Enfin le refroidissement a pour conséquence habituelle la suspension des fonctions sécrétoires de la peau et particulièrement celle de la sécrétion sudorale ; on peut concevoir que les produits excrémentitiels dont l'élimination est ainsi entravée causent des accidents d'intoxication, ou qu'ils exercent sur certains tissus une action phlogogène, ou enfin qu'ils provoquent dans les autres appareils d'élimination un surcroît d'activité suffisant pour favoriser le développement d'une lésion persistante.

§ 4. — Action prolongée du froid humide.

L'humidité augmente dans des proportions considérables les effets nuisibles du froid ; elle accroît le pouvoir conducteur de l'air et des vêtements, et par cela même les pertes de calorique. L'exposition prolongée au froid humide telle qu'elle est réalisée dans certains climats, dans les constructions neuves, et dans les habitations souterraines occupe une place importante dans l'étiologie des rhumatismes musculaires et articulaires, des myélites, des névralgies, du scorbut, de la dysenterie, des bronchites et des maladies de Bright.

CHAPITRE III

ACTION DE LA LUMIÈRE

Tous les êtres organisés subissent, à divers degrés, l'influence des radiations lumineuses, et l'homme ne fait pas exception. Chez les végétaux, elle tient sous sa dépendance la fonction *chlorophyllienne* (Claude Bernard) et avec elle la réduction de l'acide carbonique ainsi que l'évaporation de l'eau dans les parties vertes des plantes. Chez les animaux, on a pu constater, dans plusieurs circonstances, son action sur certains phénomènes de nutrition : Moleschott a reconnu que les grenouilles éliminent plus d'acide carbonique à la lumière que dans l'obscurité ; Béclard a observé les mêmes faits (1); les larves de ces mêmes animaux se développent mieux dans un milieu éclairé que dans un milieu obscur (M. Edwards), et dans la lumière violette et bleue que dans la lumière jaune, rouge ou blanche (Béclard); les volailles destinées à l'engraissement sont enfermées dans des cages obscures, sans doute parce que les combustions respiratoires y sont moins actives.

Il est probable que, chez l'homme, la lumière exerce également une influence favorable sur la nutrition ; Demme a reconnu que, chez les enfants renfermés dans des chambres non éclairées, la température du corps s'abaisse de $0°,1$ à $0°,5$ en même temps que la sécrétion de l'urine devient moins active. On peut admettre avec vraisemblance que l'obscurité est un des facteurs qui rendent malsain le séjour permanent dans les lieux obscurs tels que les mines et les caves, et contribuent à amener, chez les sujets qui y vivent, l'anémie, la scrofule et la tuberculose.

La radiation solaire peut, quand elle est intense, donner lieu

(1) Béclard, *Traité élémentaire de physiologie*, 6ᵉ édition.

à de l'érythème ; il en est de même de la lumière électrique. On ne sait pas si c'est à l'action de la lumière ou à celle de l'air qu'il faut attribuer la confluence plus grande de l'éruption variolique sur les parties découvertes.

L'œil paraît être, de tous les organes, celui dont la nutrition est le plus directement subordonnée à l'action de la lumière. Fr. Boll a démontré que le rouge rétinien, produit pendant l'obscurité par la membrane limitante, se détruit dans la couche des bâtonnets sous l'influence de la lumière. Ce fait n'explique pas, mais permet de concevoir comment l'action trop prolongée ou trop intense du même modificateur peut provoquer dans cet organe des troubles persistants de la nutrition : on voit ainsi fréquemment se développer des ophthalmies, dans les pays chauds, sous l'influence d'une radiation solaire trop intense, et dans les pays froids par l'effet de la lumière blanche que réfléchissent avec une grande intensité les surfaces neigeuses ; l'action de la lumière artificielle peut également amener des lésions de l'appareil oculaire ; elles occupent le plus souvent la conjonctive, mais on a également trouvé des altérations dans la choroïde (Jüger-Arlt) ; on ne peut en préciser le mode de production ; il est peu probable que ces membranes soient directement lésées par les rayons lumineux ; nous aurions plutôt tendance à admettre que l'irritation rétinienne, provoquée par la trop grande intensité de la source lumineuse, amène, par voie réflexe, des troubles dans leur innervation vasculaire ou trophique. Léon Foucault attribuait cette action pathogénique aux rayons chimiques à l'exclusion des autres. D'après notre observation personnelle, la lumière artificielle est notablement plus irritante que la lumière du jour ; les rayons jaunes sont mal supportés et les bleus sont inoffensifs.

Les vives impressions lumineuses peuvent donner lieu, chez les hystériques, à la *catalepsie :* une malade placée devant un vif foyer lumineux, tel qu'une lumière de Drummond ou la lumière électrique, tombe dans cet état au bout d'un laps de temps qui varie de quelques secondes à quelques minutes et y reste aussi longtemps que la lumière continue à impressionner la rétine. Si elle disparaît brusquement, la catalepsie fait place à la *léthargie*.

CHAPITRE IV

ACTION DE L'ÉLECTRICITÉ

Nous avons à considérer successivement l'action de l'état électrique de l'air et du sol sur la santé, les accidents que produit la foudre et ceux qui résultent parfois de l'emploi de l'électricité comme moyen thérapeutique.

a. On ignore si l'état électrique de l'air agit sur la nutrition des animaux comme il agit sur celle des plantes et par conséquent s'il peut ainsi, lorsqu'il est modifié, favoriser ou provoquer le développement de phénomènes morbides. Les seuls effets que l'on puisse lui imputer avec certitude sont les troubles de l'innervation qui se produisent lorsque la tension électrique de l'atmosphère devient trop considérable. On connaît la sensation de malaise que produisent les orages, surtout chez les névropathes ; ils semblent, d'après Secchi (1), accroître l'excitation psychique des aliénés et favoriser parfois l'explosion des accidents de l'hystérie.

On a vu plusieurs fois des épidémies cholériques se manifester dans une nouvelle localité ou sévir avec une plus grande intensité à la suite d'un violent orage.

b. Les effets de la foudre varient avec l'intensité de la décharge et suivant que le patient est frappé directement ou seulement par le choc en retour ; ce sont surtout des paralysies ou des brûlures ; celles-ci peuvent faire entièrement défaut ; lorsqu'elles existent, elles offrent la forme de traits rouges ou noirs, assez souvent ramifiés et représentant des dessins dont l'aspect très variable rappelle celui des figures dites de Leichtenberg ; les téguments peuvent être simplement rougis ou complètement mortifiés ; les désordres ne sont habituellement étendus qu'au niveau des points par lesquels est entrée et sortie la décharge, rarement les viscères sont atteints. Ces lésions sont, en tout cas, insuffisantes pour expliquer la mort. Celle-ci peut être subite ; d'autres fois elle survient après plusieurs heures

____

(1) Ponza et Secchi, *Ann. méd. psych.*, 1874.

d'agonie pendant lesquelles la connaissance est abolie, la respiration profondément troublée, le pouls ralenti et presque impalpable, la peau froide et couverte de sueur : c'est un état analogue à celui que l'on décrit sous le nom de choc traumatique. Lorsque les malades guérissent, l'affaiblissement et la dyspnée durent pendant un laps de temps qui varie de quelques minutes à quelques jours, en même temps que l'aphasie et un certain degré de dysphagie ; il n'est pas rare de voir persister des paralysies qui peuvent être localisées dans les membres inférieurs ou supérieurs, l'ouïe, la vue, l'odorat ou la langue. Ces divers accidents sont rapportés à l'action paralysante que la décharge électrique exerce sur les appareils d'innervation ; dans des cas exceptionnels on a vu se produire des hémorrhagies.

c. L'application trop prolongée d'un courant galvanique intense amène, au niveau du pôle négatif, la formation d'une eschare ; la galvanisation du cerveau à travers les parois crâniennes donne lieu à des vertiges et à des éblouissements.

CHAPITRE V

ACTION DU SON

Les bruits trop intenses peuvent donner lieu à des hémorrhagies et à des inflammations auriculaires, à la rupture du tympan et à la surdité. Ces accidents ne sont pas rares chez les artilleurs.

M. Charcot a démontré, dans ses leçons cliniques, que les bruits éclatants sont, comme les impressions lumineuses, susceptibles de provoquer certaines manifestations de l'hystérie : des malades, assises sur la boîte de renforcement d'un fort diapason, entrent en catalepsie dès que l'instrument vient à vibrer ; un coup de gong produit le même résultat ; chez certaines malades, l'audition d'une musique concertante ou le simple aboiement d'un chien suffisent à provoquer la catalepsie. Nous avons observé un sujet chez lequel le bruit d'un sifflet amenait un accès d'émotivité avec injection vive de la face et diaphorèse abondante.

CHAPITRE VI

ACTION DE LA PRESSION ATMOSPHÉRIQUE

Les recherches de M. Paul Bert (1) ont montré que la *tension de l'oxygène dans le sang varie en raison directe de la tension de l'oxygène dans l'air respirable et par conséquent de la pression atmosphérique.* Cette formule explique dans leur ensemble les effets que l'*augmentation* et la *diminution* de cette pression produisent sur l'organisme.

On sait que la pression atmosphérique varie en raison inverse de l'altitude ; il en résulte que le sang contient moins d'oxygène à mesure que l'on s'élève dans l'atmosphère soit en gravissant une montagne, soit en faisant une ascension aéronautique ; à 2000 mètres au-dessus du niveau de la mer, il en a perdu 13 p. 100 ; à 3000 mètres, 24 p. 100 ; à 6500 mètres, 45 p. 100 (Paul Bert). Dans ces conditions, l'hématose ne peut plus se faire qu'incomplètement et les malades éprouvent, à divers degrés, les accidents de l'asphyxie. Dans le mal des montagnes, les effets de l'abaissement de la pression sont aggravés par l'excès de travail musculaire que nécessite l'ascension ; il est certain en effet que le muscle en état de contraction consomme une proportion relativement considérable d'oxygène, et Ch. Richet (2) en a donné une démonstration saisissante en prouvant que l'anoxhémie ainsi produite suffit à causer la mort dans le tétanos strychnique. M. Gavarret admet en outre que, dans ces conditions, l'acide carbonique s'accumule dans le sang en quantité assez considérable pour donner lieu à des phénomènes d'intoxication (3). Le symptôme le plus caractéristique du mal des montagnes est un affaiblissement musculaire tel que les sujets qui en sont affectés ont la plus grande peine à se mouvoir ; ils éprouvent une sensation d'abattement

---

(1) Paul Bert, *la Pression barométrique.* Paris, 1877, et *Leçons sur la physiologie comparée de la respiration.* Paris, 1870.

(2) Ch. Richet, *Comptes rendus de l'Acad. des sciences,* 1880.

(3) Gavarret, Note de l'article ALTITUDE, du *Dictionnaire encyclopédique des sciences médicales.*

profond et de défaillance ; leurs forces sont anéanties ; leur respiration accélérée et irrégulière devient anxieuse ; souvent ils font des efforts de vomissements, alors même que leur estomac est vide ; leurs traits s'altèrent. Ces accidents se dissipent rapidement sous l'influence du repos, pour se reproduire au moindre exercice musculaire.

Dans les ascensions aéronautiques, les effets nuisibles de la dépression barométrique ne se font sentir qu'à une hauteur beaucoup plus considérable que dans les montagnes, sans doute parce que l'anoxhémie due à la fatigue musculaire ne vient pas s'ajouter à celle que produit l'appauvrissement de l'air respirable. Les accidents qui ont été notés le plus souvent par les aéronautes sont la dyspnée, l'asthénie, des hémorrhagies nasales, conjonctivales, labiales, gingivales et bronchiques, des palpitations, l'altération de la voix, des bourdonnements d'oreilles, une sensation de vertige avec obnubilation des sens qui peut aller jusqu'à la syncope et enfin la mort. Le souvenir de la catastrophe du *Zénith* est présent à tous les esprits.

L'homme peut vivre cependant à une altitude considérable ; on trouve au Mexique et dans l'Himalaya des villages à 4000 mètres d'élévation ; mais, d'après M. Jourdanet, la santé de leurs habitants subit une altération qu'il rattache à l'anoxhémie : ils sont peu vigoureux, peu actifs et sujets aux vertiges ainsi qu'à la dyspepsie.

Les expériences de M. P. Bert ont montré que l'*augmentation* de la pression atmosphérique peut, si elle est très considérable, donner lieu à de graves accidents et même entraîner la mort. L'oxygène agit comme un poison, particulièrement sur le système nerveux, mais l'excès de pression auquel l'homme peut se trouver soumis n'atteint jamais des proportions assez considérables pour donner lieu à ces désordres. Les ouvriers qui travaillent dans les chambres à air comprimé et dans les cloches à plongeurs n'y éprouvent que des troubles sans gravité ; leur respiration devient irrégulière, en même temps que plus profonde et plus lente ; leur pouls, d'abord accéléré, se ralentit plus tard ; leur voix est changée ; ils accusent une sensation de tension intra-musculaire.

Ces ouvriers sont cependant exposés à de graves dangers, non pendant leur séjour dans l'air comprimé, mais au moment où ils cessent d'être soumis à son action, si la pression s'élevait à cinq atmosphères ou au-dessus et si elle est trop brusquement abaissée : ils peuvent être alors atteints de perte de connaissance, de délire, de convulsions, de douleurs vives, de paralysies diversement localisées et d'hémorrhagies pulmonaires et nasales ; chez beaucoup d'entre eux on voit apparaître des tumeurs sous-cutanées que l'on désigne sous les noms de *puces* et de *moutons ;* un certain nombre meurent rapidement dans le coma, d'autres subitement ; ceux qui survivent sont assez fréquemment atteints de paralysies persistantes. On sait aujourd'hui que ces divers accidents sont dus surtout à la mise en liberté, au moment de la décompression, des gaz dissous dans le sang par les hautes pressions. L'exactitude de cette hypothèse, formulée d'abord par M. Rameaux (1), et plus tard par Hoppe-Seyler (1857), a été démontrée expérimentalement par M. Paul Bert : chez les animaux tués par une brusque décompression, on trouve dans le sang une quantité de petites bulles de gaz constituées par de l'azote (de 70 à 80 pour 100) et de l'acide carbonique (de 30 à 20 pour 100) ; elles sont parfois en telle abondance dans les gros vaisseaux, et surtout dans les veines, que le sang y est mousseux. On conçoit que ces bulles, jouant le rôle de corps étrangers, puissent entraver la circulation dans les petits vaisseaux, et amener ainsi la formation d'infarctus ; telle est, selon toute vraisemblance, l'origine des ramollissements que l'on a trouvés dans la moelle chez les individus atteints de paraplégie persistante à la suite d'une brusque décompression.

Au moment de la décompression, la brusque dilatation des gaz contenus dans l'intestin et l'estomac peut provoquer la dyspnée en s'opposant à l'abaissement du diaphragme et en même temps donner lieu à la congestion des viscères situés hors de l'abdomen en faisant refluer dans leurs vaisseaux la grande quantité de sang que les veines de cette cavité contiennent à l'état normal.

---

(1) Bucquoy, *Action de l'air comprimé*, thèse de Strasbourg, 1853, cité par Lacassagne.

CHAPITRE VII

ACTION DU SOL

Au point de vue de l'étiologié générale, le sol peut être considéré comme un réceptacle dans lequel s'élaborent ou se régénèrent plusieurs des agents infectieux les plus redoutables, entre autres le miasme paludéen et les miasmes contages de la fièvre jaune, de la peste et de la fièvre typhoïde ; il constitue un milieu plus ou moins favorable à leur développement et à leur pullulation suivant sa *température, sa richesse en matières organiques,* sa *perméabilité* et son *humidité.*

Nous ne reviendrons pas sur l'influence déjà étudiée de la température, si ce n'est pour rappeler que les miasmes telluriques acquièrent dans les pays chauds leur maximum de puissance, et que le choléra, la peste et la fièvre jaune naissent toujours dans ces mêmes climats.

Les sols riches en matières organiques, tels que les terrains d'alluvions, sont généralement insalubres et engendrent des miasmes quand ils ne sont pas purifiés par une végétation suffisante pour épuiser leur puissance de rendement.

L'humidité favorise également à un haut degré le développement des miasmes ; elle varie avec la nature des terrains dans leurs couches superficielles et dans leurs couches profondes. Ceux qui sont *perméables* laissent filtrer l'eau rapidement et ne gardent pas d'humidité s'ils ont une profondeur suffisante ; ceux qui, au contraire, reposent sur une couche *imperméable* située superficiellement deviennent marécageux et insalubres.

Buhl et Pettenkofer se sont attachés à mettre en relief l'influence qu'exerce sur l'élaboration des miasmes typhoïdes et cholériques la hauteur de la nappe d'eau souterraine. Cette hauteur varie avec le degré de perméabilité du sol, la quantité d'eau pluviale qui tombe à une époque donnée et la profondeur à laquelle se trouvent les couches imperméables. Quand elle subit un abaissement, les parties poreuses du sol restent imprégnées

---

(1) Léon Colin, *Traité des fièvres intermittentes.* Paris, 1870.

d'humidité et constituent ainsi un milieu éminemment favorable à la multiplication des ferments. Des observations précises ont montré qu'à Münich le nombre des cas de fièvres typhoïdes a varié, pendant plusieurs années, suivant les fluctuations de la nappe souterraine ; il ne paraît pas en être ainsi dans toutes les localités.

DEUXIÈME CLASSE — CAUSES MÉCANIQUES

CHAPITRE PREMIER

ACTION DES MODIFICATEURS MÉCANIQUES

Les corps contenus dans le milieu ambiant peuvent agir sur l'organisme d'une manière purement *mécanique*, soit que, mis en mouvement, ils viennent frapper, ébranler, écraser, diviser ou irriter les tissus, soit qu'immobiles ils viennent opposer leur résistance au déplacement de l'organisme mis en mouvement ou d'une de ses parties. Les effets qui résultent de ce conflit sont désignés, suivant leur mode de production, sous la dénomination de *commotion*, de *contusion*, de *compression* et de *diérèse* (solutions de continuité ou de contiguïté, fractures, luxations, ruptures, arrachements) ; il faut y ajouter les *douleurs*, les *spasmes*, les *congestions* et les *phlegmasies* que produit parfois le *simple contact* de corps étrangers (corps étrangers de la conjonctive et des voies aériennes, calculs biliaires et urinaires, pneumokonioses).

Pour faire connaître, dans ses traits généraux, l'influence pathogénétique des modificateurs mécaniques, nous devons passer en revue ces diverses altérations, et indiquer les phénomènes de réaction dont elles s'accompagnent, les troubles qu'elles peuvent provoquer à distance et leur action sur les états généraux préexistants.

CHAPITRE II

ACTION DE LA COMMOTION

Nous la définirons, avec le professeur Verneuil, une série de phénomènes plus ou moins soudains, succédant à un ébranlement mécanique des éléments anatomiques, tissus et organes, et caractérisés par une excitation et une dépression temporaires des propriétés, usages ou fonctions des parties ébranlées (1).

L'absence d'altération appréciable par nos moyens habituels d'exploration sépare la commotion des traumatismes proprement dits et particulièrement de la contusion ; ce n'est pas à dire que l'intégrité des parties reste entière dans cet état pathologique ; M. Verneuil fait remarquer avec raison que, si la constitution matérielle des organes diffère suivant qu'ils sont en état de repos ou d'activité, il doit *a fortiori* en être de même quand ils sont profondément troublés dans leurs fonctions par un ébranlement mécanique ; mais ces modifications n'ont pu être jusqu'ici directement constatées.

Duret (2) a montré que le liquide céphalo-rachidien peut, sous l'influence d'un choc crânien, refluer dans le quatrième ventricule et y produire des lésions traumatiques ; on n'a plus affaire alors à une simple commotion.

C'est surtout dans les organes de l'innervation que la commotion se traduit par des effets sensibles ; les phénomènes d'excitation consistent en des douleurs, des sensations anormales (phantasmes lumineux) ou des convulsions ; M. Vulpian a vu la percussion de la partie postérieure du crâne donner lieu à un spasme convulsif de tous les muscles des membres et à un arrêt des mouvements respiratoires ; Westphal a provoqué par la même manœuvre des accès épileptiques ; mais le plus souvent les accidents produits par les chocs crâniens sont de nature dépressive; c'est, à un léger degré, de l'hé-

(1) Verneuil, article Commotion du *Dictionnaire encyclopédique des sciences médicales.*

(2) Duret, *Étude sur l'action du liquide céphalo-rachidien dans les traumatismes cérébraux (Archives de physiologie normale et pathologique,* 1878).

bétude, de la stupeur, de l'obnubilation des sens ; c'est souvent, quand la commotion est violente, un état comateux qui peut se terminer par la mort. Ces accidents offrent beaucoup d'analogie avec ceux du *coma* apoplectique.

De même, le choc des nerfs sensitifs donne lieu à une sensation d'engourdissement dans les parties qu'ils animent et celui des nerfs moteurs à de la parésie ; de même l'ébranlement de la moelle épinière dans le cas de chute ou d'accident de chemin de fer paraît suffire à la production d'une paraplégie temporaire. On peut invoquer avec beaucoup de vraisemblance, pour expliquer ces différents troubles, un mécanisme comparable à celui de l'arrêt du cœur par l'excitation du nerf vague (excitation paralysante). Cette action n'est pas nécessairement limitée à l'organe qui a été directement intéressé ; elle peut s'étendre à toutes les parties auxquelles il est relié par des connexions nerveuses ; le choc traumatique, comme le choc apoplectique du cerveau, retentit sur la moelle, en paralyse momentanément les fonctions et abolit les mouvements réflexes dans les membres inférieurs ; de même un coup sec portant sur la région épigastrique retentit sur le cœur et en affaiblit ou en suspend les contractions (1). C'est là une variété de choc traumatique (choc local) qu'il ne faut pas confondre avec le mode de réaction décrit sous le même nom.

Les phénomènes de commotion sont de courte durée ; ils entraînent rapidement la mort ou disparaissent graduellement en peu de jours : chaque fois qu'ils persistent, on doit admettre qu'il ne s'agissait pas seulement d'une commotion.

CHAPITRE III

ACTION DE LA COMPRESSION

On appelle *compression* l'action d'une force mécanique qui presse d'une manière continue sur les tissus soutenus par un

---

(1) M. Verneuil en rapporte un bel exemple dans son article Commotion ; on ignore si, dans ces conditions, il se produit, comme dans l'expérience de Goltz, une anémie artérielle par suite de l'afflux du sang en grande masse dans les veines abdominales paralysées et considérablement dilatées ou si la vio-

plan résistant et tend ainsi à en diminuer le volume sans cependant en produire l'attrition. Elle peut en troubler les fonctions et la nutrition soit directement en s'opposant aux échanges interstitiels, soit indirectement par l'intermédiaire des vaisseaux et des nerfs.

a. *Action directe sur les tissus.* — Elle diffère du tout au tout suivant qu'elle porte sur des parties saines ou sur des parties malades ; il suffit, pour s'en convaincre, de considérer alternativement les effets que produit le décubitus dorsal prolongé chez un sujet dont les fonctions de nutrition s'accomplissent régulièrement et chez un fébricitant, un paralytique ou un cachectique dont l'innervation trophique est troublée. A peu près nuls dans le premier cas, ils aboutissent plus ou moins rapidement dans le second à la gangrène. Deux facteurs contribuent donc à les produire : d'une part la cause mécanique qui gêne la nutrition des éléments, d'autre part l'altération préexistante des parties sous l'influence de la consomption fébrile ou d'un trouble de l'innervation.

Le tégument externe est de toutes les parties celle qui est le plus exposée à subir directement l'action de cette cause. Lorsqu'elle s'exerce sur les viscères ou sur les parties résistantes du corps, elle semble n'y produire d'autres désordres qu'une déformation plus ou moins prononcée (telle est l'action du corset sur le foie).

b. *Action sur les vaisseaux.* — La compression des artères produit nécessairement l'anémie des parties auxquelles ces vaisseaux se distribuent, et bientôt leur nécrose, si la circulation ne peut se rétablir par d'autres voies.

La compression des veines contribue à y provoquer la formation des thromboses ; ici encore, il faut tenir grand compte de l'état général des malades, tout en recherchant les altérations que peuvent présenter la constitution du sang et les parois vasculaires ; telle compression veineuse qui, chez un individu sain, serait inoffensive, provoquera chez un cachectique cancéreux ou tuberculeux ou chez une femme en état puerpéral le développement d'une thrombose.

c. *Compression des nerfs.* — Ses effets physiologiques ont été

lence agit par voie réflexe sur les centres d'innervation cardiaque et respiratoire. Ce dernier mécanisme nous paraît le plus vraisemblable.

étudiés méthodiquement par MM. J.-B. Bastien et Vulpian (1) : ils leur distinguent deux périodes, l'une d'*augment* commençant au moment où on établit la compression, l'autre de *déclin* ou de *retour* commençant au moment où on la cesse. La période d'augment comprend quatre stades, quand il s'agit d'un nerf mixte : un stade de fourmillement, un stade intermédiaire pendant lesquels on observe le retour momentané à l'état normal, un stade d'hyperesthésie, et enfin un stade d'anesthésie et de paralysie musculaire ; dans la période de retour, les mêmes stades se reproduisent en sens inverse ; si la compression a été prolongée, les phénomènes de paralysie peuvent persister longtemps. Cette cause intervient assez fréquemment ; on connaît les paralysies obstétricales qui parfois résultent de la compression des nerfs du bassin par la tête du fœtus, et les paralysies radiales produites par les luxations de l'humérus, par les béquilles, par la constriction du bras et par le décubitus dans une mauvaise position ; le professeur Panas a montré que la plupart des paralysies radiales dites *a frigore* sont dues en réalité à cette dernière cause.

CHAPITRE IV

ACTION DES FROTTEMENTS ET DES CONTACTS ANORMAUX

Les parties soumises à des frottements réitérés peuvent devenir le siège de lésions superficielles ou profondes : nous citerons comme exemples l'érythème chronique des plis articulaires, et les néoplasies épidermiques et conjonctives qui se développent dans les parties soumises à des frottements réitérés soit par le fait de la marche (cors), soit par le fait de la profession.

Pour beaucoup de muqueuses, le simple contact de substances autres que leurs excitants physiologiques suffit à provoquer des phénomènes de réaction, témoins la douleur, l'hypersécrétion et l'hypérémie souvent phlegmasique que fait naître instantanément la pénétration d'un corps étranger dans le sac

(1) Bastien et Vulpian, *Comptes rendus de l'Académie des sciences*, 1855.

conjonctival, la toux réflexe par laquelle la muqueuse des voies respiratoires cherche à se débarrasser d'un contact anormal, et la phlegmasie que produisent les poussières en pénétrant dans les ramuscules bronchiques (pneumokonioses).

CHAPITRE V

ACTION DES TRAUMATISMES

Nous désignerons sous ce nom, d'après la définition du professeur Verneuil, les violences donnant lieu à une diérèse, c'est-à-dire à la séparation d'éléments réunis primitivement : elles peuvent être produites par un agent extérieur ou par une action mécanique violente et instantanée résultant du jeu même des organes (Verneuil).

Leurs effets sont complexes, et, pour les étudier dans leur ensemble, nous aurons à considérer successivement : 1° les modifications produites directement dans l'état des parties par l'*action immédiate* de la violence ; 2° *la réaction et les accidents locaux* ; 3° *la réaction et les accidents généraux* ; 4° *l'action à distance* sur la constitution ou les fonctions des organes reliés à la partie lésée par des connexions nerveuses ; 5° *l'action sur les états constitutionnels et diathésiques* préexistants. Nous verrons que les phénomènes locaux et généraux diffèrent notablement suivant que le foyer traumatique est ou non en communication directe ou indirecte avec l'air extérieur.

§ 1. — **Action immédiate.**

Les parties qui sont le siège de la violence mécanique sont, suivant les cas, divisées, rompues, disjointes, distendues ou écrasées ; les lésions produites prennent les noms de *plaies*, de *fractures*, de *luxations*, de *ruptures*, d'*arrachement* ou de *contusion*. Les vaisseaux étant le plus souvent intéressés, une certaine quantité de sang s'épanche dans le foyer traumatique et au dehors s'il y a plaie extérieure. Les fonctions des parties lésées sont successivement troublées ou abolies ; c'est ainsi que la section d'un nerf entraîne la perte du mouvement et de la sensibilité dans les organes auxquels il se distribue, et qu'une luxation entrave ou étend les mouvements d'une articulation. Ces phénomènes varient nécessairement suivant la nature de la lésion et l'organe qui en est le siège.

§ 2. — Réaction et accidents locaux.

Toute lésion traumatique provoque localement une réaction qui se traduit par la dilatation probablement active et souvent par la multiplication des vaisseaux, par la formation d'un exsudat composé d'un liquide très voisin par sa composition du plasma du sang et des globules blancs, et souvent aussi par un travail d'irritation formative dont les éléments cellulaires propres à chaque tissu (ostéoblastes, tubes nerveux, fibres musculaires) sont, avec les globules blancs, les agents essentiels (1) ; les particules provenant des éléments détruits par le traumatisme se dissocient et sont résorbées par les vaisseaux sanguins et lymphatiques ; l'exsudat plastique et cellulaire s'organise pour constituer les vaisseaux et le tissu conjonctif de nouvelle formation qui entrent dans la constitution de la cicatrice. La régénération des tissus plus élevés en organisation se fait aux dépens de ceux de leurs éléments qui persistent dans le foyer ou dans son voisinage immédiat : il en est ainsi particulièrement pour les cellules épidermiques, les tubes nerveux et les ostéoblastes.

Des accidents locaux viennent assez souvent entraver ce travail de réparation ; ce sont la *suppuration*, la *nécrose*, l'*hémorrhagie*, l'*érysipèle*, la *pourriture d'hôpital* et la *diphthérie*; l'irritation mécanique des parties lésées, les troubles de circulation qu'entraînent les altérations des vaisseaux et l'inflammation secondaire, et surtout la pénétration dans le foyer d'agents infectieux en sont les principaux facteurs; certaines maladies générales, diathésiques ou même locales (maladies du foie et du cœur) en favorisent le développement (Verneuil).

Lorsque la restauration des parties lésées paraît complète, que le sang épanché s'est résorbé, que la douleur a disparu, que la plaie est cicatrisée et la fracture consolidée, l'action

---

(1) Voir plus loin *les Processus*.

locale du traumatisme peut n'être pas encore épuisée, car il semble que, dans certains cas au moins, la perturbation qu'elle a produite dans la nutrition des tissus puisse devenir le point de départ d'une néoplasie. Sans doute, c'est à tort que les malades atteints de tumeurs rapportent presque constamment l'origine de leur affection à une violence extérieure, mais il semble que les médecins commettent une erreur inverse en leur opposant une négation systématique. D'autres fois le traumatisme est le point de départ d'une maladie chronique; M. Potain a vu la néphrite albumineuse succéder à la contusion des reins, et l'ulcère de l'estomac à la contusion de l'épigastre; les traumatismes rachidiens sont quelquefois suivis de myélite.

§ 3. — Réaction générale.

Elle peut se présenter sous la forme *fébrile* ou sous la forme *algide*.

a. La réaction fébrile fait le plus souvent défaut dans les cas où le foyer ne communique pas avec l'extérieur ou avec une cavité communiquant elle-même avec l'extérieur; aussi a-t-on pu soutenir que la réaction constituant la véritable fièvre *traumatique* n'existe pas en réalité et que la fièvre des blessés est toujours le résultat d'une infection *hétérocthone*. Cette manière de voir n'est pas exacte, car on peut voir une réaction nettement appréciable, bien que généralement peu intense et de courte durée, succéder à des traumatismes sans plaie, tels que des contusions ou des fractures; nous avons même vu, à la Salpêtrière, des fractures du col du fémur provoquer, chez des vieilles femmes, une fièvre adynamique comparable à celle qui, chez ces sujets, indique d'ordinaire l'existence d'une pneumonie. Un élève de M. Verneuil, M. G. Maunoury (1) a montré que la fièvre primitive des blessés peut se montrer dans trois conditions différentes : tantôt elle est le fait du traumatisme lui-même et due probablement à la pénétration dans le sang de substances pyrétogènes élaborées dans le foyer; tantôt elle est causée par une inflammation de la

(1) G. Maunoury, *La fièvre primitive des blessés.* Paris, 1877. — Genzmer und Volkmann, *Aseptiches wundfieber* (*Volkmanns Sammlung*, 1878).

plaie qui la produit au même titre qu'une inflammation viscérale ; tantôt enfin elle résulte d'une infection due à la pénétration de matières septiques dans le foyer, et par son intermédiaire
dans le sang ; l'absence de réaction fébrile dans la grande majorité des cas où la méthode des pansements antiseptiques est
convenablement appliquée montre bien que l'importance de
cette dernière cause doit être considérée comme tout à fait
prépondérante.

b. La réaction que nous appelons *algide* est plus souvent désignée sous la dénomination vague et mal définie de *choc traumatique*, et confondue ainsi avec des accidents tout différents
tels que la commotion cérébrale (choc local), la syncope (choc à
distance) et l'embolie graisseuse ; les phénomènes qui la caractérisent sont un abaissement de la température périphérique et
souvent aussi de la température centrale variant de quelques
dixièmes de degré à 1, 2 degrés et plus, l'affaiblissement des
contractions cardiaques, le ralentissement de la respiration,
la pâleur des téguments combinée souvent aux extrémités
avec la teinte cyanique de l'asphyxie cutanée, la prostration
des forces, des vomissements, de la torpeur ou de l'excitation
cérébrale et une diminution de la sécrétion urinaire : cet ensemble de symptômes offre avec celui que nous décrirons sous
le nom de *collapsus algide* et que l'on observe dans le choléra, l'empoisonnement par le tartre stibié et l'étranglement
intestinal une analogie frappante ; ils doivent être, selon toute
vraisemblance, rapportés l'un et l'autre à une même cause prochaine, qui paraît être une action d'arrêt produite par les
excitations périphériques et s'exerçant sur les centres d'innervation cardiaque, respiratoire, vasculaire et calorifique (1).

La réaction algide est suivie, quand elle n'entraîne pas rapidement la mort, de la réaction fébrile qui paraît liée à une
perturbation inverse de l'innervation, et il n'est pas rare de voir,
pendant quelque temps, les deux formes prédominer tour à
tour comme dans certains cas de choléra.

(1) Consulter à ce sujet la thèse de M. Piéchaud où sont analysés et discutés
avec talent les travaux contemporains sur ce point de physiologie pathologique.

§ 4. — Action à distance.

Les foyers traumatiques peuvent provoquer secondairement des troubles dans la constitution ou la nutrition des parties avec lesquelles ils se trouvent en connexions vasculaires ou nerveuses. L'oblitération des artères voisines donne lieu parfois à la gangrène des organes auxquels elles se distribuent; celle des veines est souvent le point de départ d'embolies qui vont produire en divers organes, et surtout dans les poumons, des infarctus souvent multiples ; participant de la nature du foyer initial, ceux-ci aboutissent à la gangrène et à la suppuration quand ils proviennent d'un foyer gangréneux ou septique. Il nous suffira de mentionner les adénites simples ou spécifiques que provoquent les altérations des lymphatiques intéressés par la lésion traumatique.

Les troubles de l'*innervation* peuvent être *directs* ou *indirects*. Les troubles *directs* résultent de l'altération des nerfs qu'intéresse le foyer traumatique ; ils siègent dans les parties auxquelles ils se distribuent et portent, suivant la nature des filets lésés, sur leur sensibilité, leur motilité ou leur nutrition ; ils peuvent être précoces ou tardifs ; c'est ainsi que l'on voit les névrites consécutives à des gelures donner lieu aux lésions du mal perforant (Duplay et Morat). Les troubles *indirects* se produisent par l'intermédiaire des nerfs centripètes et des centres ; ils peuvent porter sur les fonctions psychiques, les mouvements, la sensibilité et la nutrition ; ils siègent assez souvent dans le membre même qui a été blessé ; ce sont tantôt des spasmes et des contractures réflexes (chorée des moignons de Weir Mitchell, faits de contractures observés par Duplay et Terrier) ; tantôt des douleurs (1), des arthropathies et des atrophies ; les mêmes désordres peuvent se produire dans le membre opposé (2), et il faut admettre alors un trouble trophique de nature réflexe. Assez fréquemment l'action à distance porte sur l'innervation de l'estomac ou du cœur et se traduit, dans

(1) Ollivier, *Contribution à l'étude des névralgies réflexes traumatiques* (*Société de biologie*, 1874).

(2) Hallopeau, *Note sur un cas de gangrène d'origine réflexe* (*Comptes rendus de la Société de biologie*, 1880).

HALLOPEAU. — Pathologie générale.   6

le premier cas, par des vomissements, dans le second par la lipothymie ou la syncope ; il faut interpréter de la même manière les troubles de vascularisation que révèlent souvent la pâleur et le refroidissement de la face et des extrémités.

Les affections des centres nerveux qui peuvent se développer dans ces conditions sont multiples : du côté de l'encéphale, il faut citer le délire ordinairement passager, mais quelquefois durable, qui succède dans certains cas au traumatisme, l'épilepsie que l'on voit apparaître à la suite d'une violence extérieure et avec des caractères tels, que son origine accidentelle ne peut être mise en doute (1). Rowland et Leyden ont publié des observations d'hémiplégies consécutives à des traumatismes périphériques ; rien ne prouve que ce ne fussent pas de simples coïncidences. M. Brown-Séquard (2) a montré que les lésions expérimentales du sciatique produisent l'épilepsie. Dans un cas que nous avons observé en 1866 à l'hôpital des Incurables, un homme a été pris, quelques semaines après une brûlure profonde siégeant au membre supérieur droit, de convulsions épileptiformes revenant sous forme d'accès, et limitées d'abord au membre blessé, puis étendues au cou et à la face, et enfin généralisées et accompagnées alors de perte de connaissance.

Les lésions périphériques peuvent amener le développement d'affections médullaires, soit en déterminant une phlegmasie qui se propage jusqu'au centre spinal par l'intermédiaire des nerfs (*neuritis migrans*) [Hayem (3), Klemm (4)], soit en produisant, par action réflexe, des troubles dans la vascularisation de la moelle (Brown-Séquard expliquait ainsi certaines paralysies qu'il appelait réflexes), soit en provoquant, à distance, dans cet organe une modification qui en exalte ou en paralyse l'activité (convulsions réflexes, excitations paralysantes). On voit aussi (5) survenir dans ces circonstances des myélites subaiguës ou

(1) Il existe dans la science un certain nombre de faits de cette nature cités par Talamon (*Revue mensuelle de médecine*, 1879).

(2) Brown-Séquard, *Archives de physiologie normale et path.*, 1870.

(3) Hayem, *Des altérations de la moelle consécutives aux lésions des nerfs* (*Société de biologie*, 1874).

(4) Klemm, *Ueber Neuritis migrans*. Strasbourg, 1874.

(5) Ces faits ne sont pas rares. MM. Charcot, Vulpian, Ball, Leyden, Terrier, Ledentu et Poncet en ont rapporté des exemples dont on trouvera l'histoire résumée dans l'excellent article de M. Talamon, *Sur les lésions du système nerveux central d'origine périphérique* (*Revue mensuelle*, 1879).

chroniques (1), tantôt diffuses, tantôt systématiques, et, dans ce dernier cas, localisées le plus souvent à la substance grise antérieure ou aux cordons postérieurs (2).

Telle est encore vraisemblablement l'origine du tétanos traumatique, bien que son analogie avec le strychnisme constitue un argument sérieux en faveur de l'opinion qui lui attribue une origine toxique.

Nous devons enfin mentionner, parmi les conséquences possibles des excitations traumatiques, la plupart des névroses complexes, la chorée, la paralysie agitante (Charcot) et l'hystérie (Lasègue).

§ 5. — Action sur les propathies.

M. Verneuil (3) a créé ce néologisme pour désigner les états pathologiques antérieurs aux traumatismes dont il étudiait l'action pathogénique ; il s'applique tout à la fois aux diathèses, aux maladies générales et aux affections locales.

A. Action sur les diathèses. — MM. Charcot et Verneuil ont démontré par de nombreuses observations qu'une lésion traumatique peut provoquer l'apparition de diverses manifestations *rhumatismales*, tantôt localisées dans le membre blessé, tantôt généralisées ; son mode d'action semble alors tout à fait comparable à celui des affections génitales qui donnent lieu aux mêmes accidents.

Les malades invoquent souvent un traumatisme comme point de départ d'une affection scrofuleuse, et il semble que ce soit ordinairement à juste titre, en particulier pour les arthropathies.

(1) H. Petit, *De l'ataxie locomotrice dans ses rapports avec les traumatismes* (*Revue mensuelle*, 1879).

(2) M. Galezowski a communiqué à la Société de biologie deux cas d'atrophie rétinienne survenus consécutivement à des traumatismes de la région orbitaire et suivies de phénomènes tabétiques ; ce sont vraisemblablement des ataxies d'origine traumatique dans lesquelles l'excitation initiale a porté, non comme d'habitude sur les nerfs centripètes des organes génitaux ou des membres inférieurs, mais sur la rétine et les nerfs optiques (Hallopeau, *Comptes rendus de la Société de biologie*, 1879).

(3) Verneuil, *Des blessures considérées comme causes du réveil des diathèses et comme motifs de leurs déterminations locales* (*Revue mensuelle*, 1877) ; — *Le traumatisme et les propathies* (*Revue mensuelle*, 1879) ; et *Encyclopédie de chirurgie*. Paris, 1883, t. I.

B. Action sur les maladies générales. — M. Verneuil s'est attaché à démontrer que les traumatismes peuvent réveiller en quelque sorte une syphilis latente, et que les lésions spécifiques se produisent précisément dans les points sur lesquels a porté la violence ; ses observations ne laissent pas de place au doute, mais, ainsi que nous l'avons indiqué déjà, ce sont là des faits exceptionnels.

Il semble également que les manifestations des fièvres éruptives se produisent avec plus d'intensité dans les parties qui ont été le siège de lésions accidentelles ; nous citerons pour exemple la plus grande confluence de l'éruption variolique dans les points de la surface cutanée où des ventouses ont été appliquées.

Il serait intéressant de faire des recherches analogues relativement à la morve, à la lèpre et aux autres maladies infectieuses.

Parmi les intoxications chroniques, celle dont les manifestations sont au plus haut degré influencées par les traumatismes est l'alcoolisme ; chacun sait que trop souvent on voit le *delirium tremens* éclater à l'occasion d'une blessure.

C. Action sur les maladies locales. — C'est là un chapitre de pathologie qui a été pour ainsi dire ouvert par M. Verneuil et ses élèves ; déjà l'on a signalé l'aggravation momentanée des maladies du cœur sous l'influence d'un traumatisme ; il y aura lieu d'étudier l'action de cette même cause sur les maladies du poumon et des reins.

TROISIÈME CLASSE — CAUSES CHIMIQUES

On peut diviser les agents chimiques, suivant qu'ils sont ou non *assimilables*, en deux classes : la première se compose de ceux dont l'intervention est utile à l'entretien de la vie ; ce sont les aliments et l'air atmosphérique ; ils peuvent devenir causes de maladies par leurs variations quantitatives ou qualitatives ; la seconde se compose des substances étrangères à l'organisme et capables d'y provoquer des troubles en agissant chimiquement sur les éléments des tissus, et en amenant ainsi leur mortification, leur irritation ou un trouble dans leurs fonctions.

CHAPITRE PREMIER

ACTION DES MODIFICATEURS CHIMIQUES ASSIMILABLES

ARTICLE Ier. — DE L'AIR ATMOSPHÉRIQUE

Chaque fois que l'air ambiant ne contient pas une quantité suffisante d'oxygène, l'hématose se fait incomplètement et il tend à se produire des accidents d'asphyxie.

Cette condition se trouve réalisée lorsque la pression atmosphérique s'abaisse au-dessous d'un certain chiffre et aussi dans les mines, les souterrains et dans tous les lieux où il se fait une exhalaison d'acide carbonique ou d'autres gaz irrespirables ; il en est de même dans les espaces confinés où se trouvent réunis un nombre proportionnellement trop considérable d'individus ; Andral et M. Gavarret (1) ont montré qu'un homme adulte exhale par heure 20 litres d'acide carbonique dont l'oxygène est nécessairement emprunté au milieu ambiant ; l'asphyxie se produit plus rapidement s'il existe dans le même espace des foyers de combustion. Il ne faudrait pas cependant rapporter exclusivement à l'insuffisance de l'oxygène, non plus qu'à l'accumulation de l'acide carbonique, les accidents que l'on observe dans ces circonstances, car si, dans certains cas, ils présentent les caractères de l'asphyxie, il en est d'autres où ils sont d'une nature très différente et se produisent manifestement sous l'influence d'une infection. Déjà Bacon signalait les propriétés funestes que prend l'air des prisons quand les détenus restent longtemps renfermés dans des locaux trop restreints ; il rapporte l'histoire d'audiences judiciaires à la suite desquelles une partie des juges et un grand nombre d'assistants tombèrent malades et succombèrent (2), et désigne ces

(1) Andral et Gavarret, *Recherches sur la quantité d'acide carbonique exhalé par le poumon (Ann. de chimie et de physique, 1843)*.
(2) Baconis *Natur. histor. exp.*, 914.

audiences sous le nom d'*assises noires* ; on en compte toute une série de 1522 à 1750 ; les plus célèbres sont celles d'Old Baily à Londres, dans lesquelles périrent le Lord-maire, deux juges, un alderman et beaucoup de gens de justice. Virchow considère la maladie qui se produit dans ces conditions comme identique au typhus pétéchial : le miasme-contage peut se développer dans tout espace encombré, qu'il s'agisse d'une cellule de prison, d'un entrepont de navire, ou même d'une tente en plein air. « Quand une armée, dit Virchow (1), est renfermée dans un camp ou dans des cantonnements étroits, quand les hommes, par les mauvais temps, s'entassent sous les tentes ou dans les maisons, ils se trouvent exposés aux accidents de l'air confiné ; il se produit un miasme des maisons, on peut même dire un miasme des chambres, comme un miasme des prisons et un miasme des navires. » Quelle est la nature de cet agent infectieux ? S'agit-il d'un poison chimique qui se développe aux dépens des gaz expirés, ou d'un contage figuré engendré dans ces conditions par l'organisme humain ? S'agit-il d'un microbe qui trouverait dans le milieu créé par l'encombrement une condition favorable à sa multiplication ? Nous ne pouvons que poser la question ; puissent les circonstances nécessaires à son étude ne plus se présenter !

Le séjour dans l'air confiné favorise le développement de certaines maladies constitutionnelles et infectieuses, et particulièrement celui de la tuberculose, de la scrofule et de la chlorose ; c'est sans doute en plaçant l'individu dans de mauvaises conditions hygiéniques et aussi en l'exposant davantage aux causes d'infections qu'il exerce cette influence fâcheuse.

On a attribué aux variations quantitatives de l'ozone atmosphérique une influence pathogénique ; son excès favoriserait le développement de la grippe, son insuffisance celui du choléra ; on a reconnu l'inexactitude de cette manière de voir, basée sur un nombre trop restreint d'observations.

Nous n'avons pas à nous occuper ici des substances irritantes toxiques ou infectieuses qui peuvent altérer l'air respirable, elles ont été ou seront étudiées dans d'autres chapitres.

(1) Virchow, *Du typhus famélique et de quelques maladies voisines*, traduit de l'allemand par H. Hallopeau. Paris, 1868.

ARTICLE II. — ACTION D'UNE ALIMENTATION DÉFECTUEUSE.

Bien que les aliments soient empruntés en majeure partie aux règnes végétal et animal, nous les rangeons néanmoins parmi les modificateurs *chimiques*, car dans tous les cas ils agissent *chimiquement*, et leur introduction dans l'organisme équivaut simplement à celle d'une certaine quantité de substances azotées et hydrocarbonées.

Il est nécessaire à l'entretien de la santé qu'ils soient ingérés en quantité suffisante, mais non excessive, et de bonne qualité ; nous aurons donc à considérer successivement les troubles engendrés par l'insuffisance, par la surabondance, et par la mauvaise qualité de l'alimentation.

§ 1. — Inanition et alimentation insuffisante.

Quand un individu se trouve complètement privé d'aliments, il est dit en état d'*inanition ;* cette condition ne peut pour ainsi dire jamais être étudiée chez l'homme, mais on l'a produite chez les animaux et l'on en a observé ainsi les effets.

L'insuffisance de l'alimentation est au contraire d'observation trop fréquente. On peut voir des populations entières en souffrir dans les temps de famine, de disette et de guerre ; la pauvreté produit les mêmes résultats, et nous observons trop souvent à l'hôpital des individus qui ne sont malades que de privations ; les voyageurs qui s'aventurent dans des pays dépourvus de ressources, les marins retenus par les glaces ou les vents contraires dans des régions inhospitalières peuvent se trouver réduits à une nourriture tout à fait insuffisante ; nous verrons plus loin que divers états pathologiques, en particulier certaines maladies de la bouche ainsi que de l'isthme du gosier et les rétrécissements de l'œsophage et du cardia peuvent s'opposer plus ou moins complètement à l'alimentation ; l'entérite, si fréquente chez les jeunes enfants, a le même résultat. Pendant longtemps on a privé complètement de nourriture et mis ainsi en état d'inanition la plupart des fébricitants ; les médecins sont heureusement revenus aujourd'hui à des pratiques plus conformes aux enseignements de la physiologie.

Nous étudierons successivement les effets de la privation absolue d'aliment (inanition) et ceux de l'alimentation insuffisante.

a. *Inanition* (1). — L'animal privé d'aliments réalise, suivant l'ingénieuse comparaison de Lépine, la condition d'une machine qui s'alimenterait aux dépens d'elle-même. Les matériaux nécessaires à la combustion respiratoire sont empruntés au sang et aux tissus ; les substances grasses sont celles qui disparaissent le plus vite et le plus complètement ; il en résulte un amaigrissement rapide et considérable ; l'albumine dite de circulation (Voit) est également comburée et sa consommation augmente quand la graisse a disparu, comme en témoigne l'accroissement que subit l'excrétion de l'urée dans les derniers jours de la vie ; la plupart des organes diminuent de volume, mais très inégalement ; la graisse perd 97 p. 100 de son poids, la rate 66,7 p. 100, le foie 53,7 p. 100, le sang 27 p. 100, les muscles 30,5 p. 100 et les reins 25 p. 100 ; les poumons n'en perdent que 17,6 p. 100, le pancréas 17 p. 100, les os et les cartilages 13,9, l'encéphale et la moelle 3,2 et le cœur 2,6 ; Bidder et Schmidt ainsi que Chossat avaient évalué à un chiffre beaucoup plus élevé les pertes du sang, mais ils avaient eu recours pour cette estimation à un procédé défectueux (Lépine). La perte totale du poids, chez les animaux inanitiés, varie, suivant leur embonpoint initial, de 30 à 50 p. 100. Cet autophagisme devenant bientôt insuffisant pour subvenir aux combustions et les pertes des tissus ne pouvant se réparer, on voit bientôt se produire des troubles graves des fonctions : la température centrale s'abaisse, du moins chez certains animaux, les mouvements respiratoires deviennent moins fréquents , la quantité d'acide carbonique exhalé diminue et elle finit par devenir inférieure à celle de l'oxygène absorbé (Pettenkofer et Voit) (2). Le chiffre de l'urée excrétée,

(1) Consulter à ce sujet l'article à la fois érudit et original de R. Lépine dans le *Nouveau Dictionnaire de médecine et de chirurgie pratiques*. Paris, 1874, tome XVIII, p. 473, article INANITION ; et aussi Chossat, *Sur l'inanition* (*Comptes rendus de l'Acad. des sciences*, 1843). — Magendie, *Physiologie*. — Bischoff et Voit, *Die Gesetze der Ernährung der Fleischsfresser*, 1860.

(2) Cités par Lépine.

après avoir considérablement diminué pendant les premiers temps, reste stationnaire à la fin, nous avons vu pourquoi ; le nombre des globules rouges diminue (Malassez) en même temps que le sang devient plus aqueux, si toutefois les malades boivent ; l'asthénie et la prostration sont très prononcées ; les fonctions du système nerveux semblent être les moins atteintes. Parrot a démontré que, dans l'athrepsie qui est l'inanition des jeunes enfants, les centres nerveux sont frappés de stéatose. La durée de la survie paraît varier avec l'embonpoint initial et aussi avec la dépense de forces que font les sujets.

b. Les effets de l'*alimentation insuffisante*, bien que fréquemment observés chez l'homme, sont d'une étude assez difficile, par cette raison qu'ils coexistent habituellement avec ceux d'autres causes extrinsèques ou de divers états pathologiques. Ainsi l'on observe fréquemment, chez les sujets qui ont subi des privations, de la dyspepsie et de la diarrhée, mais le peu d'aliments qu'ils ingéraient était de mauvaise qualité, de telle sorte que l'on peut expliquer la phlegmasie de la muqueuse intestinale par les contacts irritants qu'elle devait subir plutôt que par l'inanition elle-même ; il semble bien établi cependant que l'insuffisance des aliments suffit à provoquer chez les jeunes enfants le développement de l'entérite.

Comme l'inanition, l'alimentation insuffisante produit la diminution des forces et principalement de l'activité musculaire, la décoloration des téguments, l'altération des traits, la tendance aux hydropisies, et l'amoindrissement de l'énergie morale et de l'activité psychique ; elle diminue la résistance aux causes accidentelles de maladie et à l'invasion des agents infectieux ; chez les aliénés et les fébricitants, elle semble favoriser le développement des eschares et provoquer des phénomènes d'excitation cérébrale ; on explique ainsi le délire qui survient parfois sans cause apparente dans la convalescence des maladies aiguës ; on a réalisé un progrès considérable le jour où l'on s'est décidé à alimenter les malades atteints de pyrexies. L'inanition chez les aliénés et les hystériques semble concourir à la genèse de la phthisie pulmonaire ; nous pouvons citer le fait d'une extatique hystérique qui, après être tombée dans un état de cachexie et de marasme par le fait d'une inanition

volontaire, s'est tuberculisée, alors qu'il n'y avait dans sa famille aucun antécédent de phthisie et qu'elle s'était elle-même
jusqu'à ce moment très bien portée.

L'inanition, dans les maladies des premières voies, accélère
beaucoup les progrès de la cachexie ; c'est même, semble-t-il,
pour cette raison que les cancers du larynx, de l'œsophage et
de l'estomac causent habituellement la mort beaucoup plus
rapidement que ne le font ceux des autres organes.

Par exception, certaines hystériques peuvent rester soumises pendant des mois, et même des années, à une alimentation insuffisante sans en souffrir beaucoup ; nous en avons
connu une qui ne prenait chaque jour qu'une petite quantité
de lait et dont cependant la santé générale demeurait relativement satisfaisante ; c'est que, chez les hystériques, il se produit, comme l'a démontré M. Charcot, un arrêt de la nutrition, et que leurs pertes en matériaux organiques sont aussi
peu considérables que leurs acquisitions ; il y a compensation.

Toutes choses égales d'ailleurs, l'insuffisance de l'alimentation est moins bien supportée par les enfants que par les adultes ; dans le premier âge ses conséquences s'étendent rapidement à l'organisme entier ; l'individu vit aux dépens de sa
propre substance ; il y a autophagisme et par suite renver-
sement du mouvement nutritif (athrepsie) (1) ; la graisse du
tissu cellulaire sous-cutané disparaît ainsi que celle qui remplit
les interstices des muscles et des viscères ; la circulation devient languissante et il se produit une stase du sang dans les
tissus.

Leurs éléments, mal nourris, subissent la dégénérescence
graisseuse et perdent ainsi leur aptitude fonctionnelle ; la
peau se ratatine et s'indure ; les matériaux de la dénutrition
n'étant plus éliminés qu'incomplètement par les reins stéatosés
s'accumulent dans le sang et donnent lieu à des accidents
d'encéphalopathie urémique ; la respiration s'embarrasse, la
chaleur s'abaisse, et la mort survient plus ou moins rapidement dans la cachexie et le marasme.

Nous n'avons considéré jusqu'ici que l'insuffisance des aliments pris dans leur ensemble ; or l'on sait que l'alimentation

____

(1) Parrot, ouvrage cité.

doit être variée, et contenir simultanément des substances *protéiques*, *hydrocarbonées* et *salines* ; si l'un ou l'autre de ces éléments fait défaut alors que les autres sont en quantité suffisante, il en résulte des accidents de nature variée.

La privation d'eau a les mêmes effets que l'inanition, car elle constitue par elle-même un obstacle bientôt insurmontable à l'ingestion des aliments solides. La privation d'aliments protéiques est également presque aussi nuisible que l'abstinence complète (Magendie).

La suppression des substances hydrocarbonées a des conséquences beaucoup moins fâcheuses ; la tolérance parfaite par les diabétiques du régime spécial qu'on leur impose montre que la proportion des aliments sucrés et amylacés peut être tout au moins réduite dans des proportions considérables sans que l'organisme en souffre.

Les sels alcalins qui entrent dans la constitution de l'organisme doivent être comptés parmi les aliments nécessaires.

Leur présence dans le sang sert à maintenir dissoutes diverses substances albuminoïdes, à permettre l'oxydation de plusieurs composés organiques, à faciliter celle des graisses (Gorup-Besanez) et à fixer l'acide carbonique. Le chlorure de sodium fournit l'acide du suc gastrique ; la privation de ce sel a pour premier effet de produire l'inappétence et le dégoût pour les aliments ; plus tard surviennent des vomissements, l'amaigrissement et l'asthénie (Boussingault).

Barbier d'Amiens rapporte que des seigneurs russes ayant voulu, dans un but d'économie, supprimer le sel marin dans l'alimentation de leurs vassaux, les ont vus tomber dans un état de langueur et de faiblesse extrêmes. Dans les ordres religieux les plus sévères on n'a pu proscrire le sel (1).

Les expériences de Roloff (2) ont montré que l'on peut produire chez les jeunes chiens et les jeunes moutons des lésions du squelette, si on nourrit leur mère, pendant leur allaitement, avec des fourrages pauvres en phosphates ; Voit (3)

---

(1) Barbier d'Amiens cité par Oré, article ALIMENTS, ALIMENTATION du *Nouveau Dictionnaire de médecine et de chirurgie pratiques.* Tome I. Paris, 1864.

(2) Roloff, *Arch. f. wissensch. Heilk.*

(3) Voit, *Bericht der Naturforsch. Versam. in München*, 1877.

a fait des observations analogues ; Röll (1) a observé le rachitisme chez des lionceaux et des léopards auxquels on ne donnait
pas d'os ; déjà Chossat avait signalé la diminution des sels terreux dans le squelette des animaux qui n'en ingèrent pas une
quantité suffisante ; il est vrai que M. Milne-Edwards n'a pas
constaté que dans ces conditions la composition des os fût
modifiée, et que Weiske et Wildt dans des expériences bien
conduites sont arrivés au même résultat ; mais d'autre part
Roloff (2) et Haubner (3) ont vu l'ostéo-malacie survenir chez
des animaux adultes privés de sels calcaires.

Garrod (4) a soutenu que l'usage d'aliments trop pauvres
en sels de potasse est la condition pathogénique du scorbut ;
il a montré que la viande salée n'en contient que fort peu et
que les substances les plus utiles contre le scorbut en renferment au contraire beaucoup. On peut lui objecter que l'on a
observé des épidémies de scorbut chez des groupes d'individus
qui n'étaient pas privés de légumes frais.

§ 2. — Alimentation surabondante.

L'importance de cet élément étiologique ne paraît pas
avoir été étudiée comme elle mériterait de l'être ; il paraît
certain qu'il favorise le développement d'un certain nombre
de maladies locales ou générales.

Une alimentation trop copieuse produit en premier lieu des
troubles du côté des voies digestives ; nous mentionnerons
d'abord l'indigestion causée par un excès isolé, la dyspepsie
que provoque l'usage d'aliments indigestes, irritants ou susceptibles de donner lieu au dégagement d'une grande quantité
de gaz, puis la dilatation de l'estomac qui survient au bout
d'un certain temps et peut devenir par elle-même une cause
d'accidents ; il se produit souvent dans les mêmes conditions
une phlegmasie chronique de la muqueuse. Cette phlegmasie
est probablement la cause la plus fréquente (Peter) des troubles
gastriques qu'accusent habituellement les gros mangeurs.

(1) Röll, *Path. und Ther. d. Hausthiere.*
(2) Roloff, article cité.
(3) Haubner, *Jahrsb. der Dresd. Gesell. fur Natur und Heilk.* 1876.
(4) Garrod, *Sur l'essence des causes et la prophylaxie du scorbut* (*Monthly Journ.*, 1845).

Après les repas copieux, on observe souvent une congestion de la face, des épistaxis et une tendance à l'assoupissement: la condition prochaine de ces divers troubles n'est pas déterminée ; on ne saurait dire s'ils sont de nature réflexe ou s'ils ne sont pas plutôt en relation avec les changements que provoque la surabondance de l'alimentation dans la composition et la tension du sang. Parmi les maladies générales dont la cause que nous étudions favorise le développement, il faut citer surtout l'obésité et la goutte ; sans doute elle ne suffit pas seule à les produire ; on voit de gros mangeurs rester maigres ; dans les conditions physiologiques, les matériaux ingérés en excès sont comburés et éliminés ; il ne se fait une accumulation de graisse dans les tissus que si, sous l'influence d'une disposition souvent héréditaire, les échanges nutritifs sont peu actifs et les combustions incomplètes ; de même une alimentation trop riche ne produit ordinairement la goutte, même chez les individus oisifs, que s'ils sont prédisposés à cette maladie par une diathèse héréditaire, en vertu de laquelle leurs matériaux albuminoïdes incomplètement oxygénés forment de l'acide urique au lieu d'urée. M. Bouchard a montré que le retard de la nutrition est la condition prochaine de ces états morbides (1).

On a attribué à l'abus de certains aliments une influence pathogénique spéciale : la consommation en excès des aliments gras favoriserait ainsi la formation des calculs hépatiques, et l'usage immodéré des légumes riches en oxalate de potasse celle des calculs de même nature.

L'ingestion d'une quantité trop considérable de boissons peut produire de la dyspepsie et la dilatation de l'estomac, mais le plus souvent les liquides nuisent par leurs propriétés irritantes ou toxiques plutôt que par leur abondance, et leur étude, au point de vue qui nous occupe, rentre dans celle des poisons. L'abus des boissons stimulantes (thé, café, coca) a l'inconvénient d'exciter outre mesure le système nerveux, de provoquer des palpitations, et d'augmenter la tension artérielle; on peut le soupçonner de favoriser ainsi le développement de l'endartérite avec toutes ses conséquences, le ramollissement et l'hémorrhagie cérébrale, la néphrite, etc.

(1) Bouchard, *Maladies par ralentissement de la nutrition*. Paris, 1882.

CHAPITRE II

ACTION DES MODIFICATEURS CHIMIQUES NON ASSIMILABLES (AGENTS IRRITANTS, CAUSTIQUES, POISONS, VENINS)

Ces modificateurs, mis en rapport avec l'organisme, peuvent y déterminer des désordres, 1° directement en leur point d'application, 2° après leur absorption, dans le sang ou les tissus, 3° au moment de leur élimination. Certains d'entre eux, tels que l'arsenic, le plomb et le mercure, ont ces trois modes d'action.

ARTICLE Ier. — ACTION DIRECTE AU POINT D'APPLICATION.

La plupart des acides, quand ils sont suffisamment concentrés, les alcalis, certains corps simples, beaucoup de sels, un certain nombre de substances élaborées par les végétaux et les animaux (essence de moutarde, huile de croton, poudre de cantharides), déterminent dans les parties avec lesquelles ils se trouvent en contact des lésions assez analogues à celles que provoquent les corps d'une température trop élevée ou trop basse ; ces lésions occupent soit le tégument externe (brûlure par les caustiques, application de topiques rubéfiants ou vésicants), soit la muqueuse digestive (empoisonnement par les acides, les alcalis, les métalloïdes), soit la muqueuse oculaire. ou la muqueuse respiratoire (inhalation de gaz irritants).

A un léger degré, c'est une simple rubéfaction liée sans doute à une dilatation réflexe des vaisseaux ; si l'action a été plus prolongée ou plus vive, il se produit un exsudat interstitiel donnant lieu à la formation de vésicules, de bulles, de phlyctènes ou de papules douloureuses ; enfin, à un degré plus avancé, les tissus sont détruits, il y a sphacèle. Dans l'intestin, les irritants provoquent, sans doute par trouble réflexe dans l'innervation des vaisseaux et des glandes, l'exhalation d'une quantité considérable de liquide. L'action de chaque modificateur a quelque chose de spécial ; les tissus du corps humain réagissent différemment sous l'influence de chacun d'eux.

Les diverses lésions locales que nous venons d'énumérer peuvent entraîner secondairement soit dans la santé générale, soit dans les parties reliées à l'organe affecté par des connexions vasculaires ou nerveuses, les mêmes troubles que nous avons étudiés à propos des traumatismes (collapsus, fièvre, infection, troubles trophiques réflexes (1), névroses, myélites, etc.). Les phénomènes de collapsus sont ordinairement beaucoup plus prononcés dans les cas où la muqueuse digestive est intéressée. Lorsque l'action irritante, sans être très intense, se renouvelle fréquemment et pendant longtemps, il se produit une phlegmasie chronique (gastrite chronique des alcooliques).

Le venin des insectes et des serpents provoque également des accidents locaux qui consistent le plus souvent en une tuméfaction douloureuse accompagnée de congestion. On rapporte généralement ces accidents, de même que les troubles généraux concomitants, à l'action d'une substance organique contenue dans ces liquides ; il n'est pas démontré cependant qu'ils doivent exclusivement leurs propriétés nuisibles à leur constitution chimique ; élaborés par des organes glandulaires, ils renferment des granulations auxquelles on pourrait attribuer théoriquement une action analogue à celle des ferments figurés ; ils diffèrent néanmoins de ces derniers en deux points essentiels : 1° leurs effets sont proportionnels à leur quantité ; 2° ils ne communiquent point leurs propriétés aux liquides de l'organisme dans lesquels ils sont introduits ; ils ne se régénèrent point (Littré et Robin).

ARTICLE II. — ACTION SUR LE SANG ET SUR LES TISSUS.

Absorbés par les veines et les lymphatiques de la muqueuse digestive, de la peau ou des poumons, les poisons et les venins vont provoquer dans le sang et les tissus où ils pénètrent des modifications et des troubles fonctionnels.

Dans l'empoisonnement par l'oxyde de carbone, l'acide

____

(1) Hallopeau et Neumann, *Sur un cas de mammite réflexe* (*Comptes rendus de la Société de biologie*, 1878).

cyanhydrique et le sulfate de quinine, les globules perdent leur pouvoir absorbant, cessent de fixer l'oxygène et deviennent ainsi impropres à l'hématose; ils se dissolvent sous l'influence des acides concentrés; certains venins modifient la fibrine et l'empêchent de se coaguler.

L'action sur les tissus peut être généralisée ou limitée soit à un organe, soit à un groupe d'éléments.

Nous citerons, par exemple, d'une part les empoisonnements par le phosphore et par l'arsenic dans lesquels la plupart des organes subissent une dégénérescence graisseuse, d'autre part les empoisonnements par la strychnine qui agit spécialement sur la substance grise de la moelle épinière, par le curare qui paralyse la substance interposée entre la fibre musculaire et la plaque terminale du nerf moteur (Vulpian), et par le café, qui agit surtout en excitant les ganglions intracardiaques. On a peine à s'expliquer cette spécialité d'action et à comprendre pourquoi certains médicaments, les alcaloïdes par exemple, vont choisir en quelque sorte parmi des éléments de structure et de composition très analogues, pour n'influencer que certains d'entre eux; il faut admettre, avec M. Vulpian, que ces derniers ont pour eux, en raison de leur composition chimique, une affinité particulière et se les assimilent à l'exclusion des autres, ou que le mouvement moléculaire auquel est lié leur fonctionnement est seul influencé par ces substances.

Il peut survenir, dans ces conditions, des altérations passives et actives; parmi les premières, la dégénérescence graisseuse est la plus fréquente; elle est le plus ordinairement produite par les agents qui, en retenant l'oxygène du sang, empêchent les combustions interstitielles d'avoir lieu : tels sont le phosphore, l'arsenic et l'alcool; les altérations actives, de nature inflammatoire, sont aiguës ou chroniques; elles aboutissent à la sclérose des organes et à l'atrophie de leurs éléments (alcoolisme); dans les deux cas leurs fonctions sont troublées d'une manière permanente et il se produit des désordres comparables à ceux qui caractérisent les maladies constitutionnelles (Vulpian). Ces lésions persistantes ne se développent cependant que dans les cas où l'action du toxique s'est prolongée longtemps, comme il arrive dans l'hydrargyrisme, le saturnisme, et l'alcoolisme chroniques; lorsqu'elle est passagère, le poison est le plus souvent éliminé plus ou moins rapidement, et les lésions qu'il a provoquées se réparent complètement.

Ces lésions sont loin d'être toujours appréciables ; il est toute une série de corps, tels que les alcaloïdes, les produits naturels dont ils sont extraits et les venins, qui donnent lieu à des accidents graves, souvent mortels, sans que l'on puisse trouver dans les organes, à l'aide des moyens d'investigation dont nous disposons, aucune altération de nature à les expliquer ; ils peuvent provoquer des accidents formidables et même tuer en quelques instants, à des doses minimes, en excitant et en paralysant tel ou tel appareil nerveux et ils ne laissent pas de traces; leur action a été comparée à celle des ferments, bien que, nous le montrerons plus loin, elle en diffère notablement. Ils peuvent aussi à la longue déterminer, comme les poisons minéraux, des troubles persistants des diverses fonctions; il en est ainsi dans le morphinisme chronique. Nous verrons ultérieurement que ces diverses propriétés sont utilisées en thérapeutique, et que les médicaments ne sont que des poisons employés à des doses assez faibles pour n'être pas nuisibles, assez fortes pour être actives.

ARTICLE III. — ACTION SUR LES APPAREILS D'ÉLIMINATION.

Les analyses chimiques permettent assez souvent de retrouver dans les divers produits de sécrétion les agents introduits dans l'organisme ; on peut constater en même temps, dans les organes affectés à ces sécrétions, des altérations de nature diverse ; l'on est de la sorte conduit à admettre que les poisons peuvent exercer une action pathogénique sur les appareils par lesquels ils s'éliminent. C'est ainsi que l'on explique généralement la production de la stomatite mercurielle, celle des dermatoses copahiques, hydrargyriques, iodiques et arsenicales, celle de la cystite cantharidienne, etc. L'exactitude de cette interprétation ne nous paraît pas démontrée, car la peau et les appareils de sécrétion doivent être, comme tous les tissus, imprégnés par le poison et peuvent en recevoir une impression morbifique, alors même qu'ils ne concourent pas à son élimination.

QUATRIÈME CLASSE — CAUSES ANIMÉES

Soupçonnée antérieurement par quelques esprits à larges vues, l'importance du rôle que joue le parasitisme en étiologie générale a été mise en pleine lumière dans le courant de ce siècle ; les découvertes qui ont amené ce résultat comptent parmi les plus fécondes qui aient été faites dans l'ordre des choses médicales ; l'on peut dire qu'elles y ont produit une véritable révolution : des maladies de nature diverse, et jusque-là complètement inconnue, ont pu être rattachées, en toute certitude, à la présence dans nos organes ou sur nos téguments de parasites animaux ou végétaux, et l'on a pu dès lors acquérir des notions précises, non seulement sur leur origine et leur pathogénie, mais aussi sur la raison d'être de leurs manifestations, sur leur mode de propagation et sur les moyens qu'il convient de leur opposer. C'est ainsi que la gale au commencement du siècle, un peu plus tard les teignes et les affections hydatiques, puis la trichinose, dans ces dernières années enfin, la diarrhée de Cochinchine, l'éléphantiasis, l'hématurie dite de l'Ile-de-France et bon nombre d'autres maladies ont pu être étudiées et décrites scientifiquement : on peut prédire dès aujourd'hui que ce mouvement ne s'arrêtera pas là et que le champ de la pathologie animée est destiné à s'agrandir encore.

Les parasites peuvent vivre sur le tégument externe, dans les cavités viscérales, particulièrement dans les voies digestives, et enfin dans l'intimité des tissus ; ils peuvent donner lieu à divers désordres locaux ou généraux en irritant mécaniquement les parties, en apportant ou en sécrétant des produits toxiques ou pyrétogènes, et en absorbant, quand ils sont très multipliés, les matériaux destinés à la nutrition ou l'oxygène du sang. Ils se transmettent d'un sujet à un autre, soit directement, soit indirectement par l'intermédiaire de tel ou tel animal chez lequel ils ont vécu sous une autre forme (vers cestoïdes).

Nous aurons à étudier successivement l'action des *parasites animaux* et des *parasites végétaux ;* nous consacrerons ensuite un chapitre spécial aux *agents infectieux* qui présentent avec ces modificateurs d'incontestables analogies, mais ne peuvent encore, dans l'état actuel de la science, leur être complètement assimilés.

CHAPITRE PREMIER

ANIMAUX PARASITES

ARTICLE 1ᵉʳ. — INSECTES.

§ 1. — Poux.

Trois espèces de ces animaux s'attaquent à l'homme ; on les distingue, d'après les parties où on les rencontre, en *poux de tête*, *poux du corps* (fig. 1) et *poux du pubis* (fig. 2). Leur tête est pourvue d'un rostre garni de petits crochets et en même temps d'un

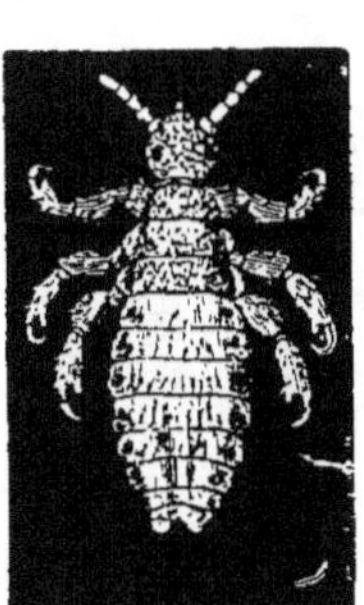

Fig. 1. — Pou du corps.

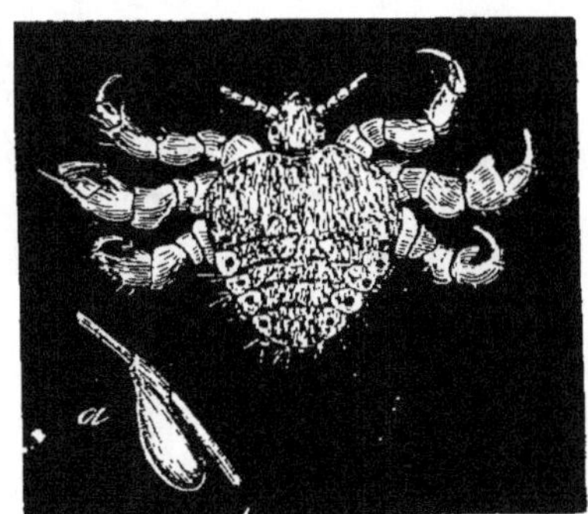

Fig. 2. — Pou du pubis (*).

stylet que forment quatre scies, appliquées l'une contre l'autre ; l'insecte peut entamer la peau avec d'autant plus de force et de persistance que les crochets retiennent le suçoir dans la partie intéressée (J. Chatin) (1) ; il en résulte de vives démangeaisons qui amènent une éruption de prurigo et quelquefois, chez les sujets

(1) J. Chatin, article Parasites du *Nouveau dictionnaire de médecine et de chirurgie pratiques*, 1878.

(*) *a*, son œuf attaché à un poil.

prédisposés et malpropres, de l'eczéma ou de l'impétigo. On a
montré récemment que les *taches bleues* sont produites par la
piqûre des poux du pubis, et Duguet (1), en injectant dans le
derme le liquide obtenu par l'écrasement d'un certain nombre de
ces insectes, a pu les reproduire expérimentalement; elles disparaissent après la mort. On n'en connaît pas exactement la cause
prochaine; l'hypothèse la plus vraisemblable nous paraît être

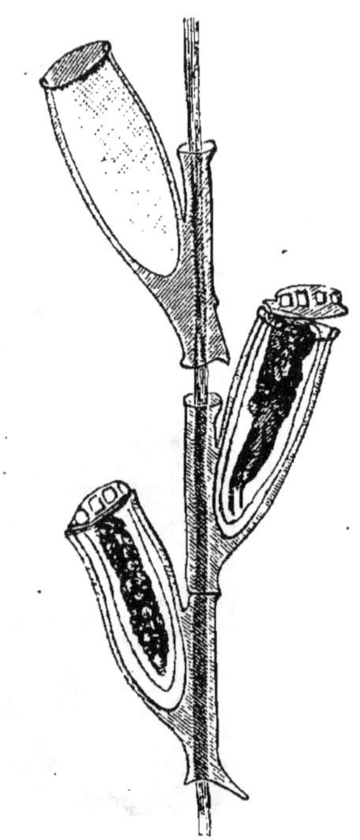

Fig. 3. — Cheveu avec lentes de poux de tête; l'embryon de l'œuf le plus
élevé a été éliminé, il ne reste que sa gaine de chitine; le couvercle de
l'œuf moyen est soulevé : grossi 25 fois.

celle qui les rattacherait à une stase veineuse et capillaire produite, soit par une paralysie des petits vaisseaux, soit par le tétanisme d'une artériole. Ces insectes sont remarquables par leur
grande fécondité; leurs œufs, de forme ovale, s'entourent d'une
gaine de chitine par laquelle ils adhèrent aux poils (fig. 3).

1) Duguet, *Compt. rend. de la Soc. de biologie*, 1880.

§ 2. — Puces.

Les mâchoires de ces insectes (fig. 4 et 5) forment la gaine de deux lancettes aiguës qui peuvent pénétrer dans les téguments ; le sang monte le long de cette petite lame. La piqûre produit, en

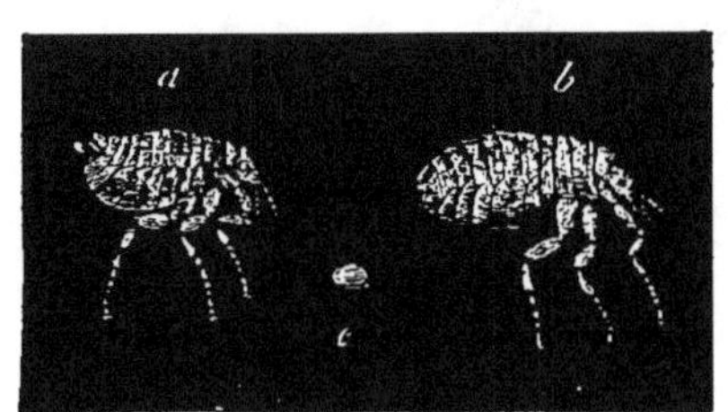

Fig. 4. — Puce (*).

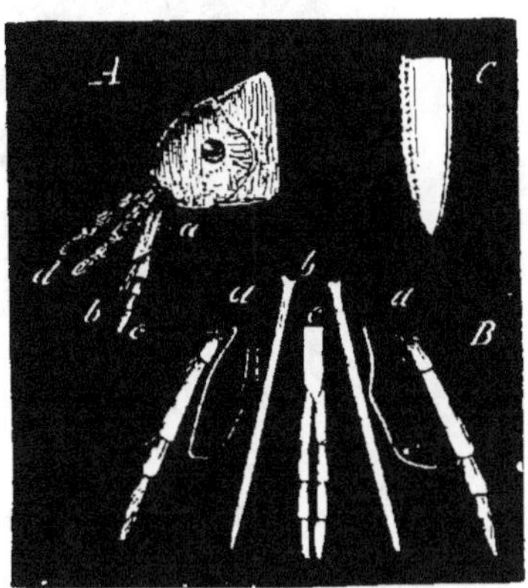

Fig. 5. — Puce (**).

même temps qu'une douleur aiguë, une tache ecchymotique, et en outre, chez beaucoup de sujets, une plaque d'urticaire qui disparaît au bout de quelques minutes (1).

§ 3. — Chique.

Cet insecte (fig. 6) vit dans les parties chaudes de l'Amérique (2). Sa femelle, quand elle est fécondée, pénètre à l'aide de ses scies mandibulaires sous l'épiderme des extrémités inférieures ou du scrotum, rarement d'autres parties ; son abdomen se développe et atteint les dimensions d'un pois (fig. 7), l'insecte est alors chassé par les tissus, et la ponte a lieu. La tuméfac-

(1) Voy. Brehm, *les Insectes*, édition française par Kunckel. Paris, 1884, t. II.
(2) Laboulbène, article CHIQUE du *Dictionnaire encyclopédique*.

(*) *a*, le mâle. — *b*, la femelle. — *c*, l'œuf (Moquin-Tandon).
(**) A, tête. — *a*, mâchoire gauche. — *b*, lancettes en mandibules. — *c*, palpe labial gauche. — *d*, palpes maxillaires. — B, rostelle développé. — *aa*, mâchoires inférieures, chacune avec son palpe. — *bb*, lancettes en mandibules. — *c*, lèvre inférieure avec ses deux palpes. — C, extrémité d'une lancette (Moquin-Tandon).

tion de la poche produit une irritation mécanique qui peut donner lieu à de la suppuration, à des adénites, quelquefois à

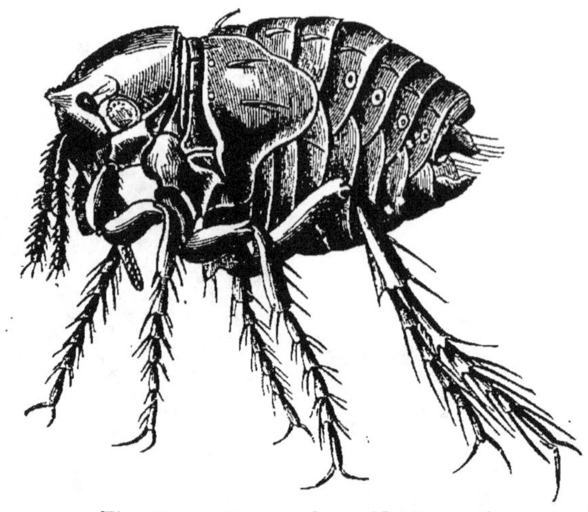

Fig. 6. — Puce chique (G. Bonnet).

l'érysipèle et ultérieurement à des ulcères difficiles à guérir; on les a vus se compliquer de phagédénisme ou de gangrène; on a noté encore l'anesthésie des parties qui avoisinent la lésion;

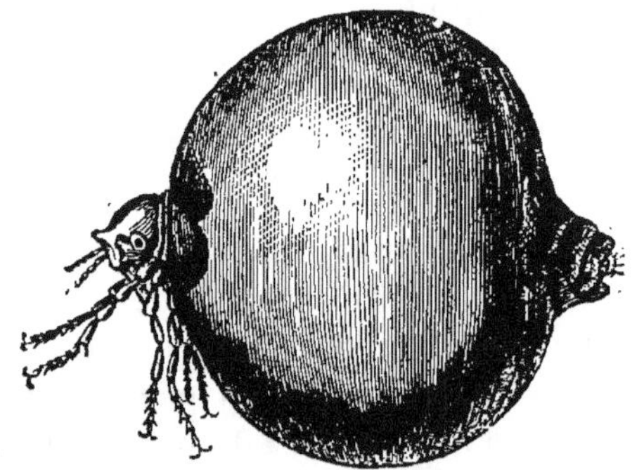

Fig. 7. — Chique gorgée (G. Bonnet).

les orteils peuvent se carier ou se nécroser; quand l'ulcère se forme autour d'un ongle (*unguis ulcéreux*), il est ordinairement rebelle, il en amène la chute, et quelquefois aussi l'inflammation et la nécrose de la phalange (1).

(1) Maurel cité par Nielly, *Éléments de pathologie exotique*. Paris, 1881.

§ 4. — Larves.

Lorsque les mouches déposent leurs œufs dans des cavités naturelles ou accidentelles, leurs larves peuvent, en se développant, donner lieu à des phlegmasies localisées et à des ulcérations. Dans nos climats, les accidents qui en résultent n'ont généralement pas de gravité ; mais il n'en est pas de même dans les pays chauds.

Les larves de la mouche hominivore (*lucilia hominivorax*) (fig. 8 et 9) se développent assez fréquemment dans la partie supérieure

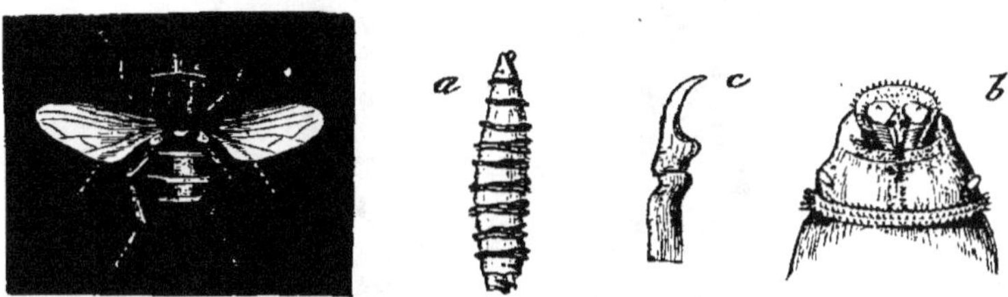

Fig. 8. — Mouche hominivore.   Fig. 9. — Larves de mouche hominivore (*).

des fosses nasales et y provoquent une phlegmasie qui peut s'étendre aux paupières et au front, et amener des ulcérations, la nécrose et la destruction des os du nez et quelquefois une méningite (1).

Woillez pense que l'affection connue sous le nom de *peenash* est produite par la mouche hominivore.

La larve de l'*Ochronya anthropophaga*, dite ver *de Cayor*, s'introduit sous la peau et donne lieu à la formation d'un bouton d'apparence furonculeuse.

Les larves des *œstres* engendrent également des phlegmasies cutanées circonscrites et sans gravité.

Divers autres insectes peuvent sans doute donner naissance à des affections analogues, connues dans les pays chauds sous des noms divers.

(1) Nielly, ouvrage cité.

(*) *a*, larve. — *b*, extrémité céphalique. — *c*, crochet.

ARTICLE II. — ACARIENS (1).

§ 1. — Sarcoptes.

Le plus connu est le *sarcopte* (fig. 10) qui est la cause de la *gale*. Il a un rostre pourvu de deux mandibules bifurquées et

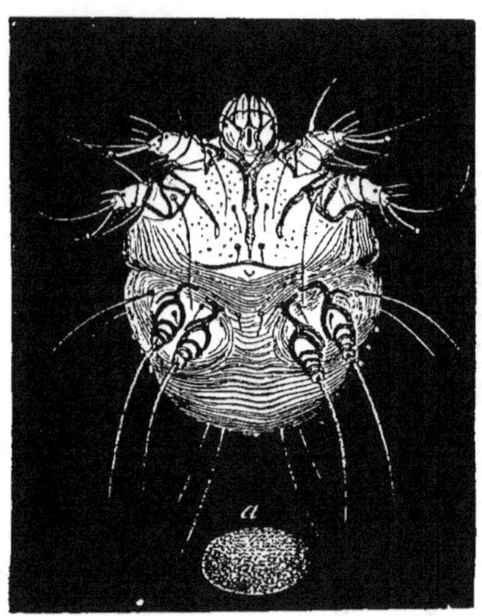

Fig. 10. — Sarcopte de la gale ; femelle vue par la face ventrale. — *a*, œuf.

deux mâchoires à palpes énormes ; ses pattes antérieures se terminent par une ventouse, les postérieures par une longue scie ; la femelle est près de deux fois plus grosse que le mâle ; elle mesure de 0,27 à 0,45 mill. de long sur 0,30 à 0,35 mill. de large ; elle entame l'épiderme et s'y creuse une galerie, un *sillon* (fig. 11), à l'extrémité duquel on peut la trouver ; elle y dépose ses œufs ; sa présence détermine de vives démangeaisons et la production d'éruptions secondaires, le prurigo, l'ecthyma, l'eczéma et l'impétigo.

(1) J. Chatin, article PARASITES du *Nouveau dictionnaire de médecine et de chirurgie pratiques*. Paris, 1878.

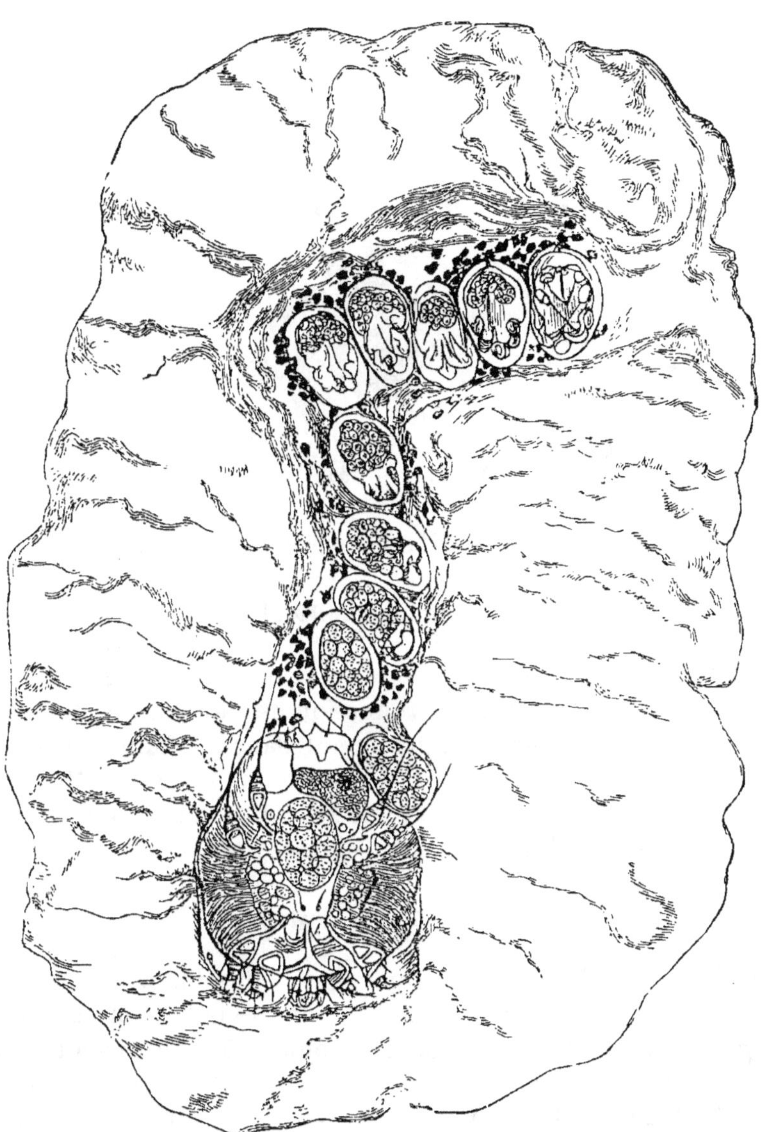

Fig. 11. — Sillon renfermant un sarcopte femelle à son extrémité ; ce sarcopte
contient un œuf ; derrière lui, on voit une série d'œufs rangés dans l'axe
du sillon ; dans les plus éloignés, le sarcopte commence à se développer ; les
grains noirs sont les excréments du parasite : grossi 70 fois (Hébra).

§ 2. — **Rouget.**

Le *rouget* (fig. 12), fréquent l'été dans les jardins, provoque des

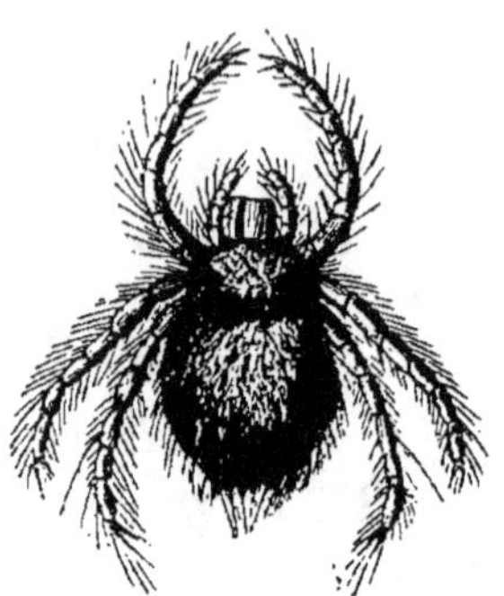

Fig. 12. — Rouget.

éruptions érythémateuses. Il est pourvu d'un rostre protractile.

§ 3. — **Demodex folliculorum.**

Le *demodex folliculorum* habite les glandes sébacées ; le rôle qu'on lui a attribué dans la production de l'acné a été contesté depuis qu'on l'a trouvé fréquemment dans les follicules sains. Son corps est vermiforme ; sa tête se confond avec le thorax : son abdomen est allongé et crénelé ; sa tête a une trompe munie de trois palpes latéraux articulés et de stylets.

§ 4. — **Tyroglyphes.**

M. Le Roy de Méricourt a trouvé dans le pus d'une otite un acarien qui a été désigné par M. Laboulbène sous le nom de *Tyroglyphus Mericourti* et par MM. Ch. Robin et Fumouze sous celui de *Cheyletus Mericourti ;* ce fait paraît être resté isolé. Cet acarien, long de 0^{mm},45, est pourvu de deux palpes énormes portant deux crochets.

§ 5. — **Tiques ou ricins.**

Les *Tiques* ou *ricins* sont des ixodides qui s'attachent à la peau par les crochets de leur rostre et absorbent du sang en quantité assez considérable pour que leur volume augmente beaucoup. Leurs palpes engainent un suçoir formé de trois pièces cornées.

§ 6. — Carapatos.

Les *Carapatos* ou *Garapates* du Brésil ressemblent beaucoup aux précédents et se comportent comme eux. Ils incisent profondément la peau avec leur rostre puissant et s'y maintiennent avec force.

§ 7. — Argas.

Les *Argas* de Perse et de Colombie sont également des ixodes voisins des tiques ; ils ont des palpes à quatre articles cylindriques (fig. 13). M. Laboulbène a pu étudier récemment avec

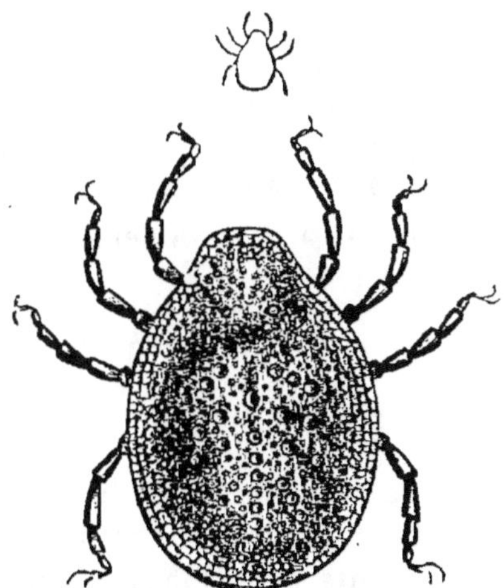

Fig. 13. — Argas de Perse, grandeur naturelle et grossie.

M. Mégnin ces parasites dont plusieurs lui ont été envoyés par M. Tholozan ; il y en a deux espèces, la Punaise de miana (*Argas persicus*) et la Punaise des moutons (*Argas Tholozani*) ; leurs propriétés nocives, singulièrement exagérées par Fischer, sont très analogues à celles de nos ixodes indigènes ; M. Mégnin l'a constaté sur lui-même (1).

(1) Laboulbène et Mégnin, *Note sur les Argas de Perse* (*Bull. de la Soc. de*

§ 8. — Linguatules.

Les *linguatules* ou *pentastomes denticulés* (fig. 14) ont été trouvés assez souvent dans le foie, quelquefois dans la rate, le

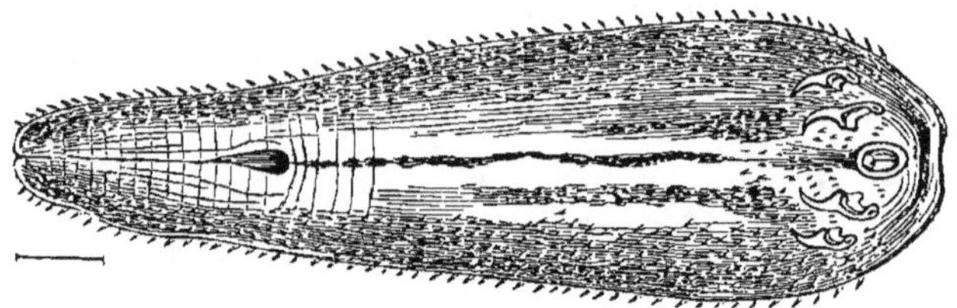

Fig. 14. — Linguatule dentelé.

poumon, les reins ou la paroi de l'intestin; Landon les a rencontrés une fois dans les fosses nasales chez un individu qui avait depuis longtemps des épistaxis; ils sont contenus dans des kystes incrustés de sels calcaires et d'un volume qui ne dépasse guère celui d'un pois. Ils se rapprochent du *demodex;* leur corps est vermiforme, annelé, élargi en avant, aminci postérieurement ; leur bouche est armée de deux crochets.

ARTICLE III. — VERS NÉMATOÏDES.

§ 1. — Ascarides lombricoïdes.

Ce sont des vers allongés, cylindriques, nettement annelés et à sexes séparés (fig. 15 et 16); leur corps est tronqué antérieurement; leur bouche présente trois lobes arrondis ; leurs œufs sont ronds, et entourés d'une matière albumineuse; ils habitent l'intestin ; il est probable que leurs œufs (fig. 17) y sont introduits avec l'eau alimentaire ; Davaine (1) pense qu'ils ne trouvent pas, en dehors du corps humain, de milieu favorable à leur développement et qu'ils peuvent, quand ils ont été

biologie, 1882); — Mégnin, *Expériences sur l'action nocive des Argas de Perse* (Même recueil).

(1) Davaine, article LOMBRIC du *Dictionnaire encyclopédique des sciences médicales* et *Traité des entozoaires*, 2e édition. Paris, 1877. — Cancercaux, *Traité d'anatomie pathologique.* Paris, 1875.

expulsés avec les matières fécales, rester
pendant plusieurs années sans se développer et aussi sans s'altérer. Il fait remarquer
qu'ils sont plus fréquents chez les individus qui boivent de l'eau non filtrée, et il
explique leur apparition sous forme d'épidémie par l'usage général d'eau altérée. Ils
se développent de préférence chez les enfants. Ils peuvent quitter l'intestin et ont
une tendance toute particulière à s'engager
dans les cavités qui communiquent avec
ce viscère ; on les a vus pénétrer dans
les voies biliaires et donner lieu aux accidents des coliques hépatiques ; on en a
trouvé dans l'œsophage, dans la trompe
d'Eustache, dans le canal lacrymal et dans
les sinus frontaux ; ils ont pu s'introduire
dans le larynx et donner lieu à des accidents mortels de suffocation ; ils s'accumulent quelquefois en de telles proportions
qu'ils obstruent l'intestin ; le même accident
a été observé dans l'œsophage. On a admis,
en Allemagne, qu'ils peuvent perforer l'intestin ; mais Davaine, dont l'autorité est
grande en cette matière, repousse cette manière de voir : ils peuvent seulement s'engager dans les orifices des perforations produites par d'autres causes; ils peuvent également pénétrer dans le péritoine après la
mort; dans la presque totalité des cas où
on les a trouvés dans la cavité de cette séreuse, il n'y avait pas d'inflammation ; on

(*) *a*, tête. — *b*, extrémité caudale. — *cc'*, l'intestin enlevé entre ces deux points pour montrer les
replis multipliés du tube génital flottant dans la cavité abdominale, testicule et conduit déférent continus s'insérant en *d*, sur une vésicule séminale très
allongée, et graduellement atténuée en arrière. —
b, extrémité caudale grossie montrant le double pénis
(Davaine).

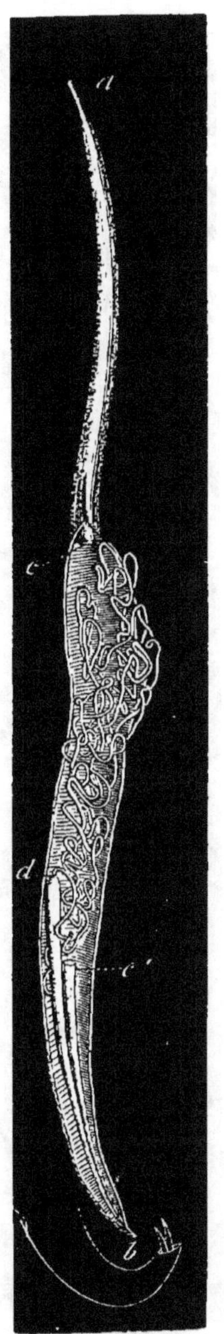

Fig. 15. — Ascaride
lombricoïde mâle,
grandeur naturelle,
ouvert dans une par-
tie de sa longueur (*).

les a trouvés aussi dans des tumeurs abdominales communiquant avec l'intestin.

Leur séjour dans les voies digestives peut ne donner lieu à aucune espèce d'accidents ; d'autres fois ils provoquent divers troubles de l'innervation, tels que des sensations anormales, des vertiges, des attaques épileptiformes ou hystériformes, des illusions sensorielles, et aussi de la dyspepsie, des désordres digestifs, des palpitations, de la toux, et l'altération des traits.

On a exceptionnellement observé chez l'homme l'*ascaris mystax*.

§ 2. — Oxyures vermiculaires.

Ces petits vers (fig. 18, 19, 20) se trouvent ordinairement dans le rectum, quelquefois dans le vagin, souvent dans l'urèthre ou la vessie ; on les observe presque exclusivement chez les enfants. Ils déterminent une phlegmasie de la muqueuse avec sécrétion de muco-pus ; les malades accusent de

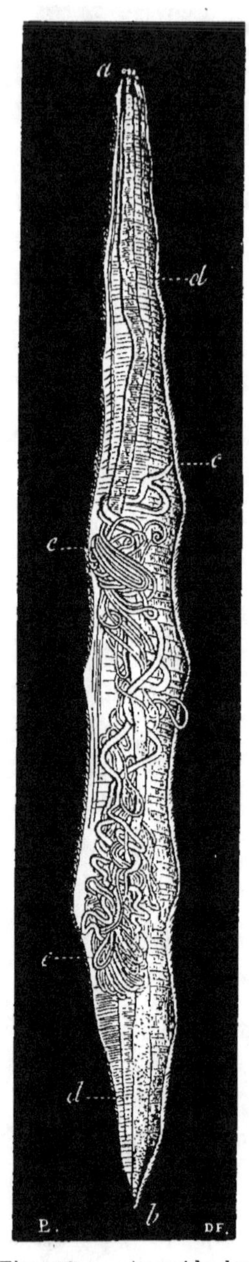

Fig. 16. — Ascaride lombricoïde femelle, grandeur naturelle, ouvert dans toute sa longueur (*).

(*) *a*, tête avec les trois valves ; à la naissance de l'œsophage, on voit un cordon transversal qui est l'anneau œsophagien. — *b*, extrémité caudale ; de *a* en *b*, intestin droit fixé aux parois par des fibres transversales dans la portion antérieure et postérieure où n'existe pas le tube génital. — *dd*, deux lignes latérales indiquant la division des fibres musculaires en bandes longitudinales. — *c*, orifice vaginal très peu apparent. — *ce*, ovaire et trompe continus formant deux tubes repliés un grand nombre de fois autour de l'intestin et s'abouchant en un tube commun ou matrice qui ne se distingue point, chez cette espèce, par une forme ou par un renflement particulier (Davaine).

vives démangeaisons ; on assure qu'il peut en résulter des
troubles de l'innervation analogues à ceux que produisent les

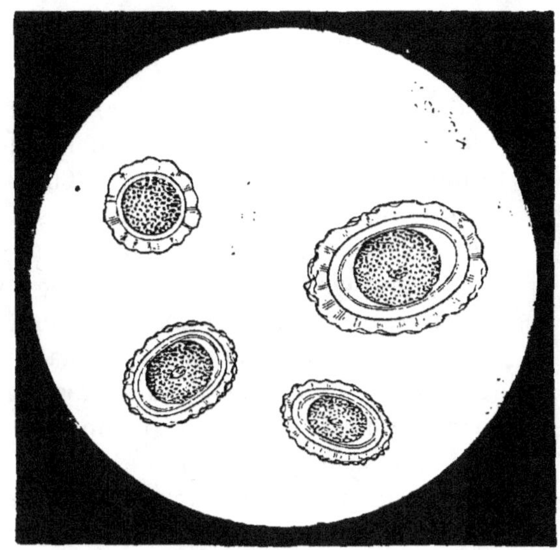

Fig. 17. — OEuf d'Ascaride lombricoïde.

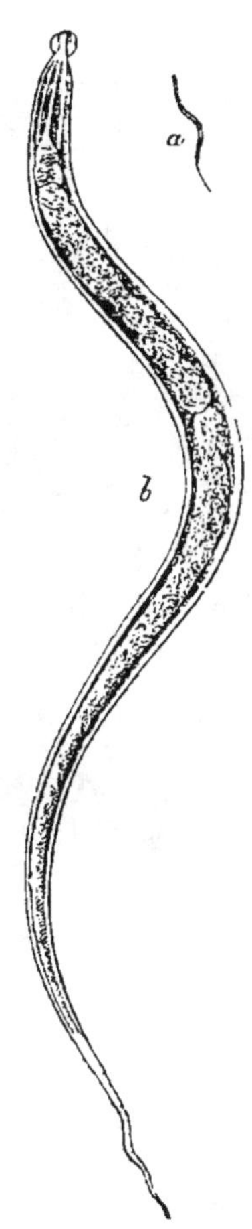

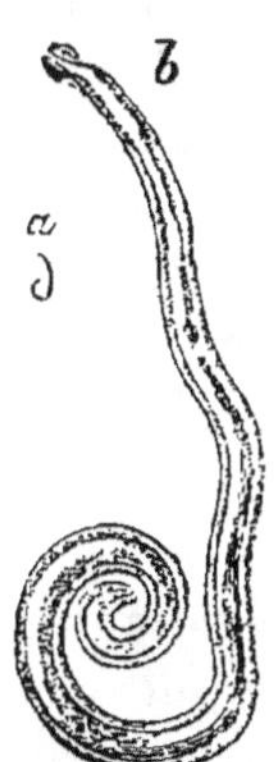

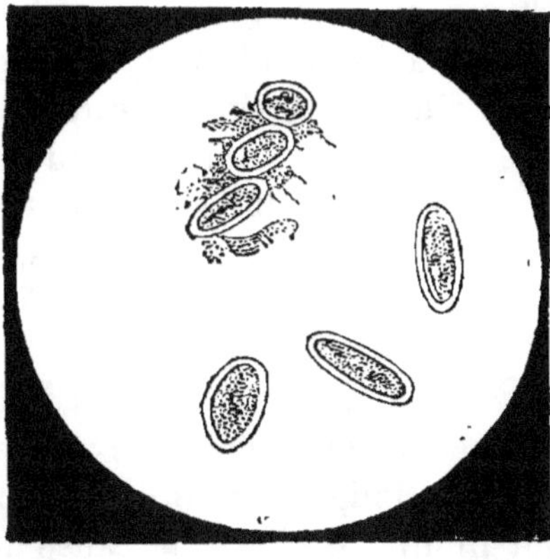

Fig. 18. — Oxyure   Fig. 20. — OEufs d'oxyure   Fig. 19. —[Oxyure fe-
mâle, corps long   (Eichhorst).   melle, long de 8 à
de 3 à 4 millim. (*).   10 millim. (**).

ascarides ; ce qui est plus certain, c'est que le prurit] dont ils
sont la cause peut conduire les enfants à l'onanisme.

(*) *a*, grandeur naturelle. — *b*, le même, grossi.
(**) *a*, grandeur naturelle, tête mousse, queue mince, très effilée ¡et très
pointue. — *b*, le même grossi.

§ 3. — Filaires.

Ce sont des vers nématoïdes cylindriques, à bouche inerme, pourvue de valves saillantes.

a. Filaire de Médine ou *dragonneau* (fig. 21). Ce ver, remarquable par sa longueur qui est considérable par rapport à son diamètre (500/1), habite les pays chauds. On le trouve surtout chez l'homme, aux jambes et aux pieds, dans certains cas au tronc et au scrotum, rarement aux membres supérieurs ; il donne lieu à la formation de tumeurs, quelquefois allongées en forme de corde et souvent d'apparence phlegmoneuse ; au bout de quelques jours une phlyctène apparaît à leur partie la plus saillante et s'ouvre en donnant issue à de la sérosité ; on peut alors extraire la filaire. Comment le ver s'introduit-il dans les téguments? D'après la plupart des médecins de marine, il y pénètre directement en perforant l'épiderme. Fedschenko a soutenu au contraire que ses larves habitent de petits crustacés, les cyclopes, avec lesquels ils pénètrent d'abord dans l'estomac, puis dans les tissus.

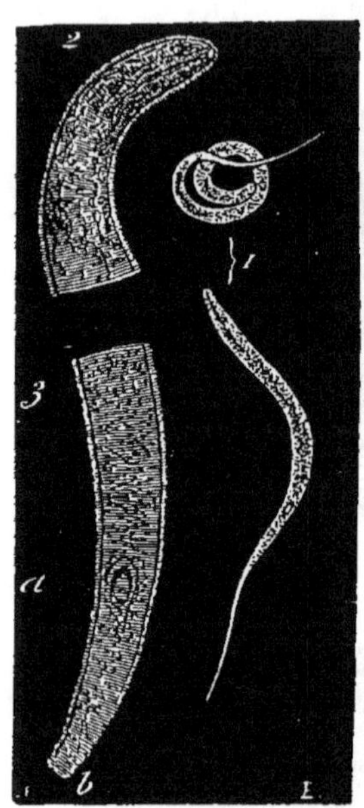

Fig. 21. — Embryons de la filaire de l'homme (*).

b. Filaria sanguinis hominis (1). — Ce ver est nuisible surtout par son embryon qui peut pénétrer dans les vaisseaux sanguins et lymphatiques et s'y multiplier en quantités énormes; des recherches récentes ont montré qu'il est la cause de l'hématurie dite de l'Ile de France, affection que l'on observe fréquemment dans les régions tropicales, et de l'éléphantiasis des Arabes.

(1) Consulter à ce sujet une remarquable revue de H. Barth dans les *Annales de dermatologie et de syphiligraphie*, 1881.

(*) 1, vu au grossissement de 65 diamètres. — 2, tête vue au grossissement de 350 diamètres. — 3, fragment présentant la naissance de la queue, même grossissement; en *a*, l'anus (Davaine).

On doit la découverte de cet embryon à Wucherer (1) qui l'a vu en 1866 à Bahia dans des urines chyleuses. Depuis lors, Crevaux (2) l'a étudié en 1870 à la Guadeloupe, et Spencer Cobbold à Port-Natal (3); Lewis (4) l'a trouvé dans les selles et dans le sang des chyluriques ; il a établi ses rapports avec l'éléphantiasis et lui a donné son nom de *filaria sanguinis hominis,*

Fig. 22. — *Filaria sanguinis hominis* grossie 400 fois (Lewis).

en 1875. Patrick Manson a constaté de même, chez des sujets atteints d'éléphantiasis, la présence de ce parasite dans le sang et dans les tissus malades ; Bancroft, Lewis et S. Aranjo, de Bahia, l'ont trouvé à l'état adulte, le premier dans un abcès lymphatique du bras, le second dans un caillot sanguin d'une tumeur éléphantiasique du scrotum. En 1880, Venturini a ren-

(1) Wucherer, *Gazeta medica di Bahia*, 1868.
(2) Crevaux, *Hématurie chyleuse et graisseuse des pays chauds (Arch. de méd. nav.,* 1874).
(3) Sp. Cobbold, *On the development of Bilharzia hæmatobia (British med. Journ.,* 1872).
(4) Lewis, *Annual Reports of the sanitary commission for India,* 1874.

contré les mêmes embryons que Patrick Manson dans l'urine et le sang d'un malade atteint d'hémato-chylurie ; enfin, en 1882, M. Damaschino a montré à la Société des hôpitaux ceux qu'il avait recueillis pendant la nuit dans le sang d'un malade de son service.

Il est donc établi qu'un parasite spécial se trouve constamment dans le sang et les urines des sujets atteints de chylurie et assez souvent dans les lymphatiques des parties devenues éléphantiasiques, particulièrement dans l'éléphantiasis du scrotum, et aussi dans l'éléphantiasis vrai des Arabes et dans les varices lymphatiques ; on le rencontre également dans des papules prurigineuses simulant celles de la gale (*craw-craw* des nègres). On est conduit ainsi à admettre que la présence de cet entozoaire est la cause même de ces troubles morbides et à considérer ces maladies comme parasitaires. Elles peuvent coïncider et doivent être attribuées à des localisations différentes du même parasite.

L'embryon de la filaire de Médine, de très petites dimensions, mesure 105 μ de longueur sur 7 à 8 μ de largeur ; il paraît enveloppé d'un mince étui sans ouverture dans lequel il s'allonge et se raccourcit librement. Chose étrange, on ne le trouve dans le sang que pendant la nuit ; il s'y montre vers 7 heures du soir, y est visible en grande quantité au milieu de la nuit et disparaît au matin ; ce fait explique comment de bons observateurs l'ont cherché en vain chez des chyluriques.

P. Manson a montré qu'il peut être absorbé par les moustiques avec le sang humain et subir dans le corps de ces animaux une série de transformations : l'étui qui renferme l'embryon s'en écarte, puis se dissout ; l'animal s'accroît ; une bouche se dessine et l'on peut y distinguer quatre lèvres ; au bout de quelques heures, la filaire, si elle vit encore, atteint 1 millimètre de long ; on peut lui reconnaître un tube intestinal ; la bouche devient infundibuliforme ; les organes sexuels apparaissent ; l'animal, qui était engourdi depuis son passage dans le corps du moustique, commence de nouveau à se mouvoir ; il sort dans l'eau où l'insecte est venu mourir et y séjourne. Il peut être ingéré de nouveau par l'homme avec l'eau alimentaire et pénétrer ainsi dans l'organisme par les voies digestives. Il s'accumule particulièrement dans les lymphatiques, dont il produit la dilatation. L'animal adulte présente une longueur de 8 à 10 centimètres et un diamètre d'environ $3^{mm},3$. La tête légèrement arrondie est supportée par un cou très grêle ; la bouche est plate.

On voit que ce parasite peut, comme plusieurs autres helminthes, se développer chez l'homme sous des formes différentes ; il paraît siéger surtout dans le système lymphatique, mais nous avons vu que les embryons pénètrent également dans le sang et y séjournent passagèrement.

c. La *filaire loa* est un ver cylindrique qui s'introduit dans le sac conjonctival et y détermine une phlegmasie ordinairement bénigne. On l'a observée surtout chez des nègres.

d. Pane a décrit en 1864 (1) une *filaire labiale* qu'il avait extraite, chez une jeune femme, d'une pustule siégeant à la lèvre ; elle mesurait environ 34 millimètres de longueur.

§ 4. — Trichines.

Ces helminthes habitent à l'état de larves les muscles et à l'état adulte le tube digestif. L'homme ingère les larves contenues dans la chair de porcs infectés ; les vers se développent, et atteignent une longueur qui est, pour les mâles, de 3 millimètres, pour les femelles, de 5 millimètres environ (fig. 23) ; peu de jours après la fécondation, les embryons mis en liberté percent les parois intestinales et pénètrent, en cheminant dans les interstices des tissus (fig. 24), jusque dans les fibres des muscles striés où ils s'accumulent au voisinage des tendons, se développent et bientôt sécrètent un produit analogue à la chitine qui les entoure et leur forme une première enveloppe ; il s'y ajoute un revêtement de tissu conjonctif qui plus tard s'incruste de sels calcaires (fig. 25). On a calculé que leur nombre, chez un seul individu, s'élève parfois à plusieurs millions. Ils peuvent vivre sous cette forme pendant plusieurs années et garder la faculté de passer à l'état adulte s'ils sont ingérés par un autre animal. Leur présence dans l'intestin donne lieu à une inflammation quelquefois grave de la muqueuse diges-

(1) Pane, *Nota su di un elminte hematoïde (Ann. dell' Acad. degli aspir. naturalisti.* Napoli, 1864).

tive ; leur migration dans les muscles provoque une réaction
fébrile persistante en même temps que la tuméfaction de ces
organes, l'affaiblissement de la motilité et des douleurs quelquefois intenses.

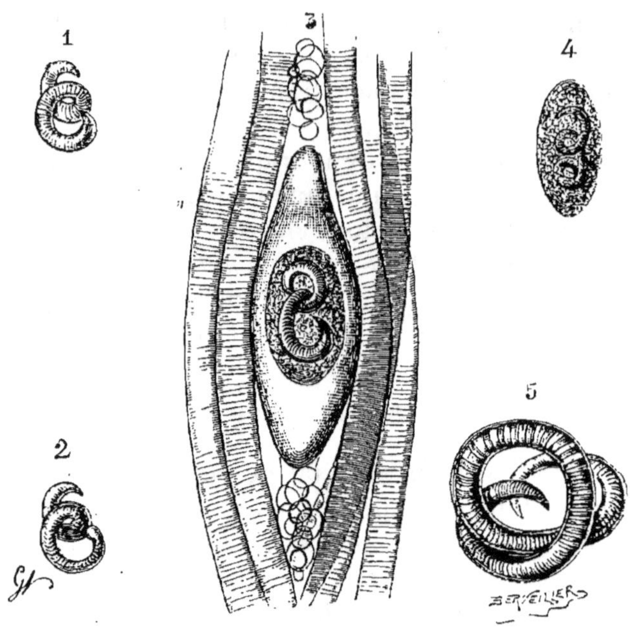

Fig. 23. — Trichine (*).

Cet ensemble de phénomènes offre une analogie remarquable avec ceux qui caractérisent la fièvre typhoïde et a fait croire
plusieurs fois à l'existence de cette maladie. La trichinose doit
être considérée comme une maladie infectieuse dont le parasite est connu.

§ 5. — Anchylostome duodénal.

Ce ver, long de 6 à 15 et même 18 millimètres (les femelles

(*) 1 et 2, trichines déjà parvenues dans le tissu musculaire, mais non encore enkystées. — 3, trichine enkystée dans le tissu musculaire. Le kyste est
limité par une membrane qui montre, par transparence, la masse granuleuse
interne et la trichine. — 4, kyste dépouillé de son enveloppe et réduit à la
masse granuleuse interne dans laquelle la trichine se trouve incluse. — 5, trichine extraite du kyste et très grossie (J. Chatin).

sont plus grandes que les mâles), se trouve en grande quantité dans l'intestin grêle des individus qui succombent à la maladie connue sous les noms de *chlorose d'Égypte*, de *cachexie aqueuse*, d'*anémie*, de *mal-cœur*; il en est très probablement la cause; sa bouche, armée de quatre saillies cornées comparables à des dents, s'attache à la muqueuse intestinale et y produit des

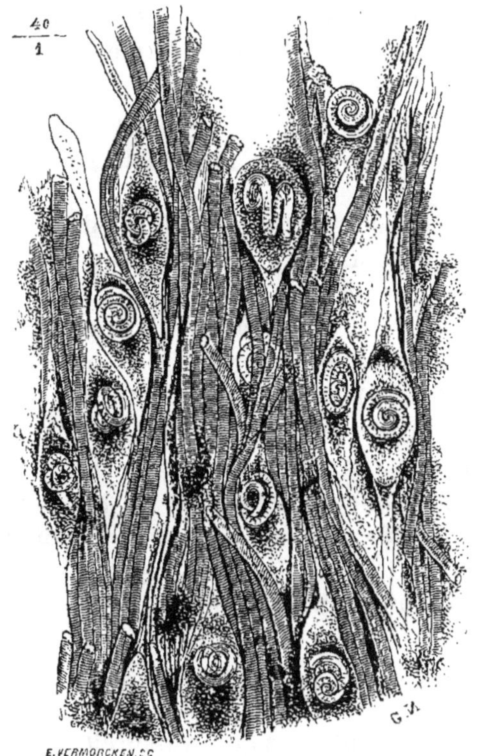

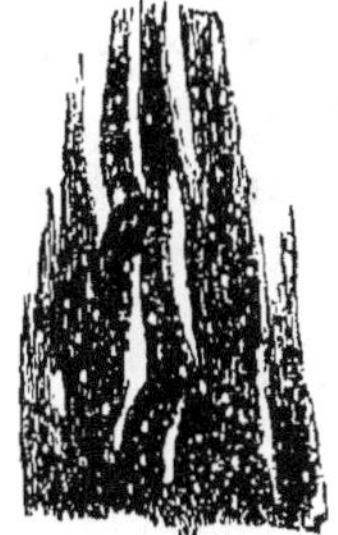

Fig. 24. — Fragment de muscle contenant des trichines enkystées (grossissement de 40 diamètres).

Fig. 25. — Faisceau musculaire renfermant des trichines calcifiées, grandeur naturelle.

lésions qui donnent lieu fréquemment à des hémorrhagies intestinales, ainsi qu'à des troubles de la digestion persistants et assez graves pour expliquer les symptômes. On l'a observé récemment chez les mineurs employés aux travaux du tunnel du Saint-Gothard, et on a reconnu qu'il existe assez fréquemment chez les sujets atteint d'*anémie des mineurs;* MM. Perroncito (1), Trossat et Eraud le considèrent comme la cause de cette maladie; M. Dransart conteste l'exactitude de cette proposition par la raison que, sur six mineurs atteints d'anémie, il n'en a trouvé que deux dont les selles continssent l'anchylostome.

M. Mégnin (2) a reconnu récemment que l'anchylostome produit la maladie des chiens connue sous le nom de *saignement de nez;* il a constaté chez ces animaux l'existence d'une entérite liée à la présence du ver et il attribue à la même cause les accidents observés chez l'homme.

§ 6. — Anguillules stercorales et intestinales.

Ces parasites ont été découverts par Normand (3) dans les selles des malades atteints de diarrhée de Cochinchine, et ils sont vraisemblablement la cause de cette affection.

L'anguillule stercorale (fig. 26), très analogue à l'anguillule terrestre, a environ 1 millimètre de long sur $0^{mm},4$ de large.

L'anguillule intestinale (fig. 27) atteint $2^{mm},90$ de longueur; son corps est cylindrique, un peu aminci en avant, beaucoup plus effilé en arrière, surtout chez la femelle (4). On peut observer ce parasite à l'état d'embryon, à l'état de larve, à l'état de mue, dans lequel il est comme engainé dans un tube où il se meut, et à l'état adulte; certains malades en expulsent plus de cent mille et même plus d'un million par jour.

§ 7. — Trichocephalus dispar.

Ce nématode se rencontre souvent dans l'intestin grêle, quel-

(1) Perroncito, *Recherches sur l'anémie des mineurs (Acad. des sciences,* 1882); — Bugnon, *l'Anchylostome duodénal et l'anémie du Saint-Gothard (Revue médicale de la Suisse romande,* 1882); — Trossat et Eraud, *Sur le rôle étiologique de l'anchylostome duodénal dans l'anémie des mineurs (Lyon médical,* 1883); — Dransart, *Note sur l'anémie des mineurs (Association pour l'avancement des sciences, Congrès de La Rochelle).*

(2) Mégnin, *Du rôle des anchylostomes et des trichocéphales dans le développement des anémies pernicieuses (Comptes rendus de la Soc. de biologie,* 1882).

(3) A. Normand, *Mémoire sur la diarrhée dite de Cochinchine (Archives de médecine navale,* t. XXVII, p. 35).

(4) Bavay, *Note sur l'anguillule intestinale (Archives de médecine navale,* t. XXVIII, p. 64).

quefois en grand nombre ; il mesure de 4 à 5 centimètres de

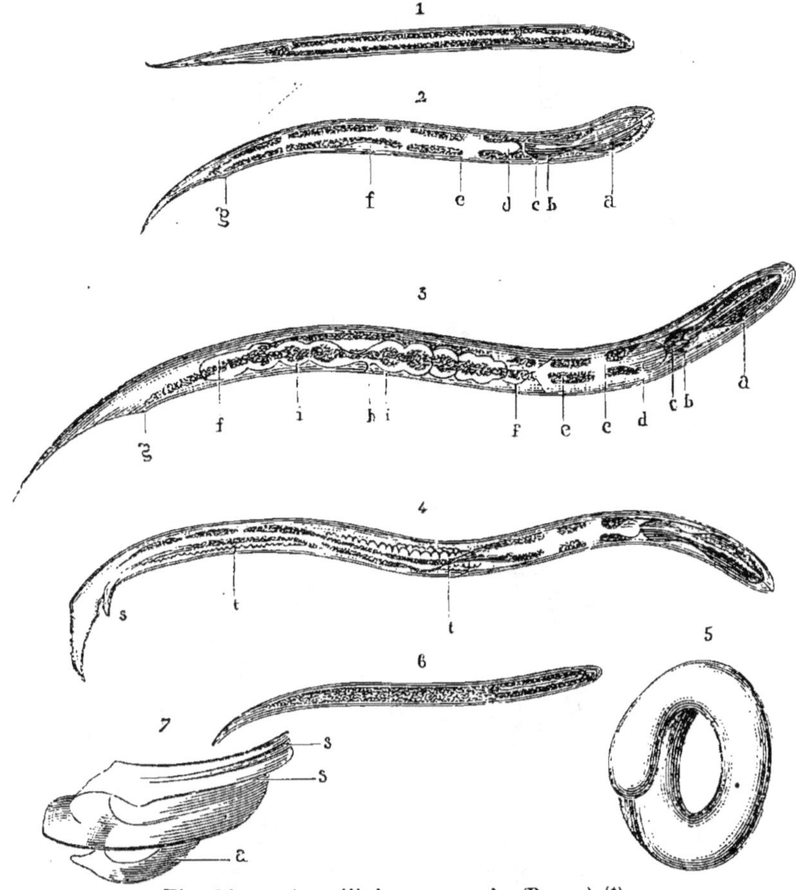

Fig. 26. — Anguillule stercorale (Bavay) (*).

long ; sa partie supérieure se contourne en spirale ; un spicule

(*) 1. Premier âge, longueur 0^{mm},35, largeur 0^{mm},15.

2. Age moyen, longueur 0^{mm},35, largeur 0^{mm},23. — a, premier renflement œsophagien. — b, deuxième renflement. — c, calcul. — d, estomac. — e, glandes (foie ou rein). — f, vésicule qui deviendra un testicule ou un ovaire. — g, anus.

3. Age adulte femelle, longueur 1 mil., largeur 0^{mm},40. — a,b,c,d,e,f,g, même signification. — T, ovaire. — 1, œufs.

4. Age adulte, mâle, longueur 0^{mm},10, largeur 0^{mm},035. — a,b,c,d,e,f,g, même signification. — t, testicule. — s, spicule.

5. OEuf contenant un embryon.

6. Embryon sorti de l'œuf.

7. s,s, spicules. — a, pièce accessoire.

sort chez le mâle de son extrémité. Ses œufs sont ovales, leur

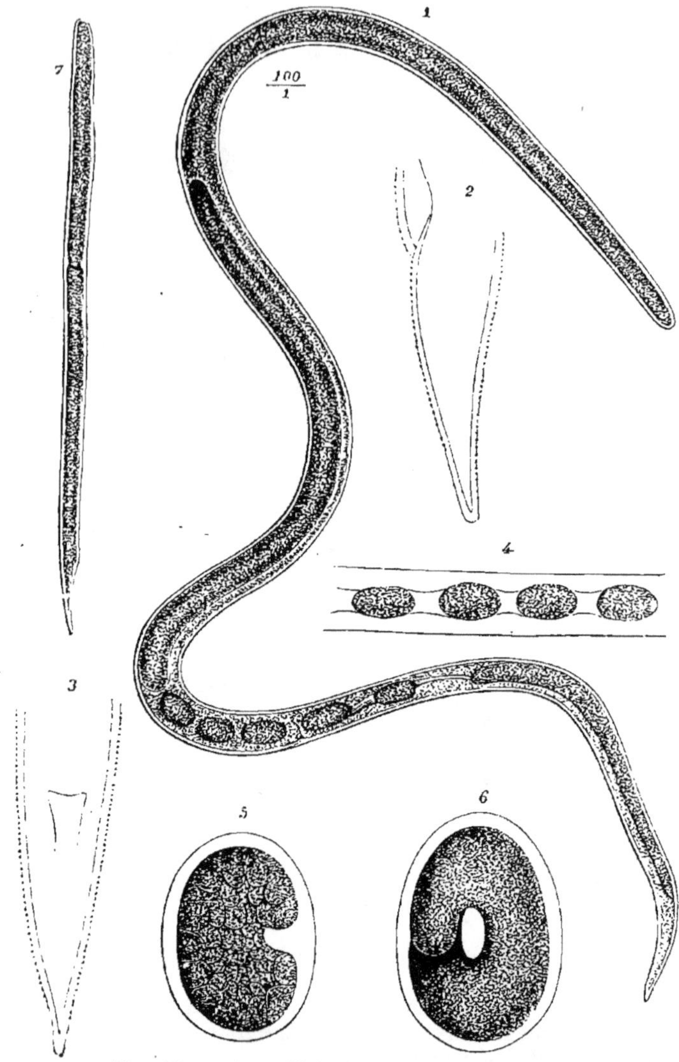

Fig. 27. — Anguillule intestinale (Bavay) (*).

(*) 1. Animal adulte grossi 15 fois.
2. Queue vue de profil.
3. La même par dessous.
4. Tronçon du corps contenant les œufs.
5. OEuf contenant un embryon en voie de formation.
6. Le même plus développé.
7. Larve.

grand diamètre atteint 50 μ ; ils sont entourés d'une coque brune et épaisse dont les pôles sont épaissis. Ce ver peut, d'après M. Mégnin, donner lieu, comme l'anchylostome avec lequel on le rencontre souvent, à de l'entérite et secondairement à de l'anémie.

§ 8. — Strongle géant.

Le *Strongle géant* que l'on rencontre surtout dans les reins et la vessie du cheval, du bœuf et du chien, paraît avoir été exceptionnellement observé chez l'homme.

ARTICLE IV. — VERS CESTOIDES.

On en distingue deux genres, les *tænias* et les *bothriocéphales.*

§ 1. — Tænias.

Ils peuvent habiter le corps humain sous deux formes, celle de ver intestinal et celle de larve cystique.

Dans les deux cas, leur partie la plus importante est la tête (fig. 28). Elle est, chez le tænia solium, de forme octaédrique et porte à ses angles latéraux quatre ventouses ; son extrémité antérieure est connue sous le nom de *rostre* et entourée d'une double couronne de crochets (fig. 28). Chez le tænia *inerme*, ou *mediocanellata*, elle est comme tronquée en avant (fig. 31 et 32), par suite de l'absence de proboscides, et elle n'est point armée de crochets. M. Mégnin croit que l'état armé et l'état inerme sont deux âges différents ou deux degrés différents de développement que peut présenter le même parasite, soit successivement s'il ne quitte pas le milieu qu'il habite jusqu'à son entière maturité et sa fin naturelle, soit en même temps si deux individus de même origine habitent des milieux différents. Dans les deux variétés il y a également des tænias *acéphales ;* le *scolex* appelé *tête* est un organe transitoire (1).

Chez l'animal en voie de développement, cet organe donne naissance, par bourgeonnement, à des anneaux dont les pre-

---

(1) Mégnin, *Sur la caducité des crochets et du scolex lui-même chez les tænias (Comptes rendus de la Société de biologie,* 1880).

miers, de très petites dimensions, constituent le cou de l'animal; ils deviennent plus volumineux à mesure qu'ils s'éloi-

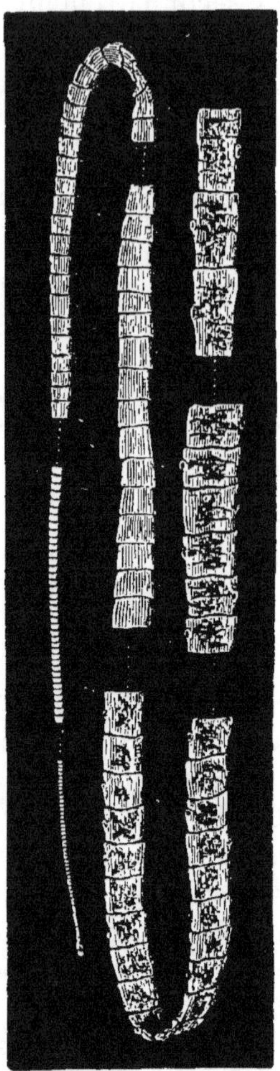

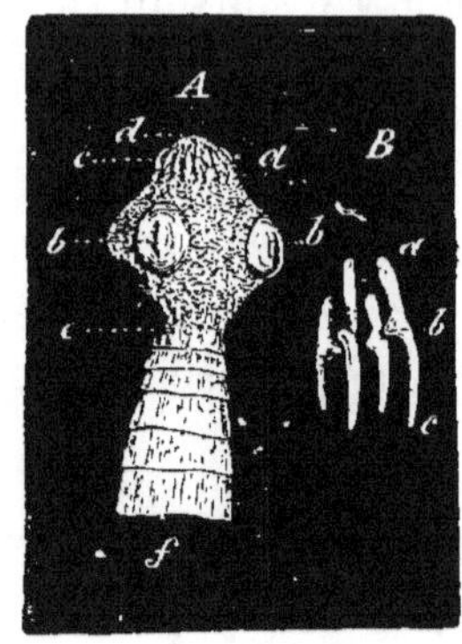

Fig. 28. — Tête de tænia solium
(Moquin-Tandon) (*).

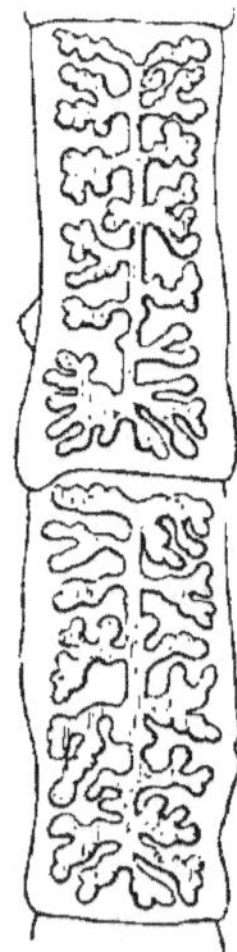

Fig. 29. — Ténia solium.

Fig. 30. — Deux proglottis de tænia
solium.

gnent de la tête (fig. 29); ils sont hermaphrodites, avec cette particularité que les organes mâles, d'abord prédominants,

(*) A, tête. — *aa*, proboscide. — *bb*, ventouses. — *c*, double couronne de crochets. — *e*, cou. — *f*, segments antérieurs. — B, crochets. — *a*, manche. — *b*, garde. — *c*, lame.

s'atrophient plus tard à mesure que les organes femelles se développent ; ceux-ci renferment souvent plusieurs centaines d'œufs ; quand ils sont fécondés, ils se détachent, sont expulsés

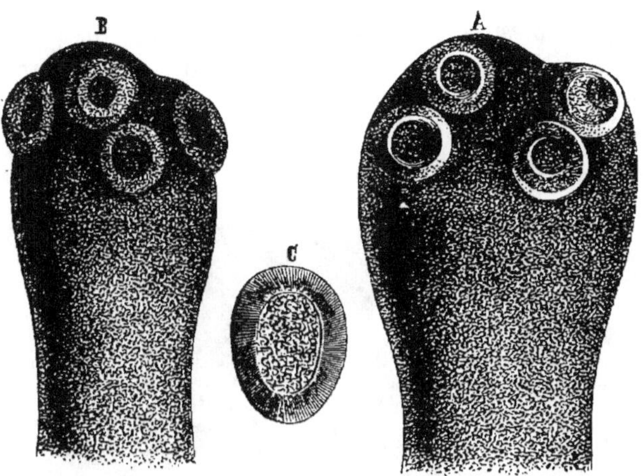

Fig. 31. -- Tænia inerme (*).

avec les fèces, et se détruisent promptement ; les œufs qu'ils renferment sont ainsi mis en liberté. On peut y voir un embryon

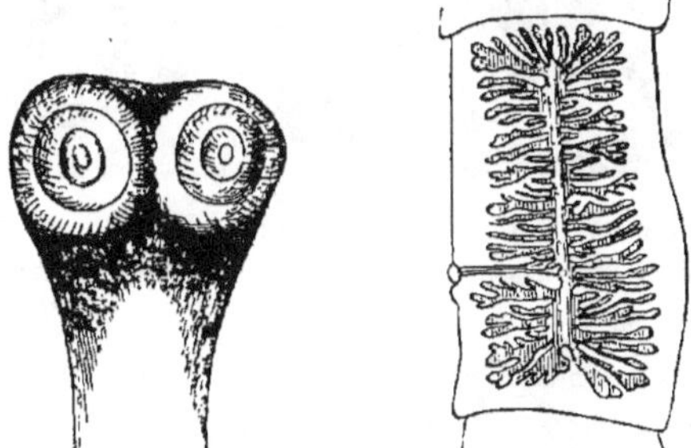

Fig. 32. — Tête et anneau du tænia inerme, celui-ci est grossi du double et celle-là de plusieurs diamètres.

pourvu, si l'anneau provient d'un tænia solium, de six crochets aciculaires.

Quand ils sont ingérés par un autre animal, ils traversent

(*) **A**, extrémité antérieure du tænia inerme. — **B**, extrémité antérieure de on cysticerque. — **C**, œuf.

les parois de l'intestin et vont se fixer dans différents organes où ils se développent sous une nouvelle forme, la forme vésiculeuse ; ils peuvent aussi, M. Mégnin l'a démontré, suivre toutes les phases de leur développement chez le même animal, depuis l'état de *proscolex*, ou d'*embryon hexacanthe*, jusqu'à celui de *proglottis* ou *cucurbitin* rempli d'œufs, en passant par les états intermédiaires de *scolex* ou larve vésiculaire, et de *strobile* ou ver rubanaire (1).

La forme vésiculeuse varie suivant l'espèce de tænia dont

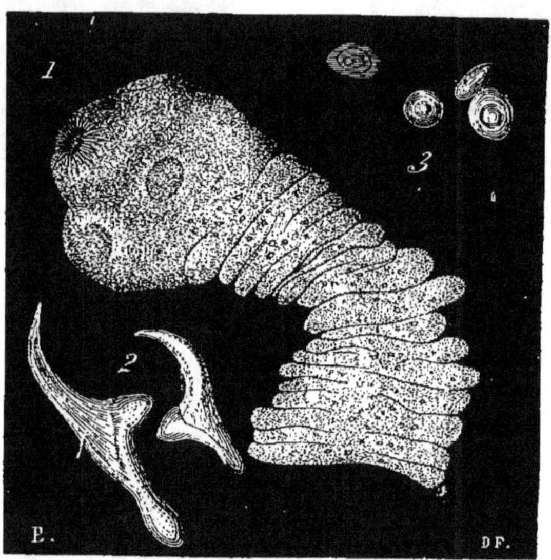

Fig. 33. — Cysticerque ladrique provenant d'un kyste situé dans la paroi abdominale, chez l'homme (Davaine) (*).

provient l'embryon. S'agit-il d'un tænia solium, il se développe un *cysticerque* (fig. 34). La vésicule, de 6 à 10 millimètres de diamètre, est percée sur un de ses côtés d'un petit pertuis par lequel peut sortir, en se retournant comme un doigt de gant, un appendice de 6 à 10 millimètres de longueur et dont l'extrémité renflée représente exactement la tête du tænia solium (fig. 35).

(1) Mégnin, *Sur le développement des tænias inermes chez les herbivores domestiques* (*Comptes rendus de la Société de biologie*, 1879).

(*) 1, scolex ou tête, col et portion du corps grossis 40 fois et très légèrement comprimés. — 2, crochets. — 3, corpuscules grossis 350 fois.

L'embryon du *tænia echinococcus* (fig. 36) produit l'*hydatide*,
vésicule dont les dimensions varient de celles d'un pois à celles
d'une orange. Sa paroi est double ; la couche externe, dite

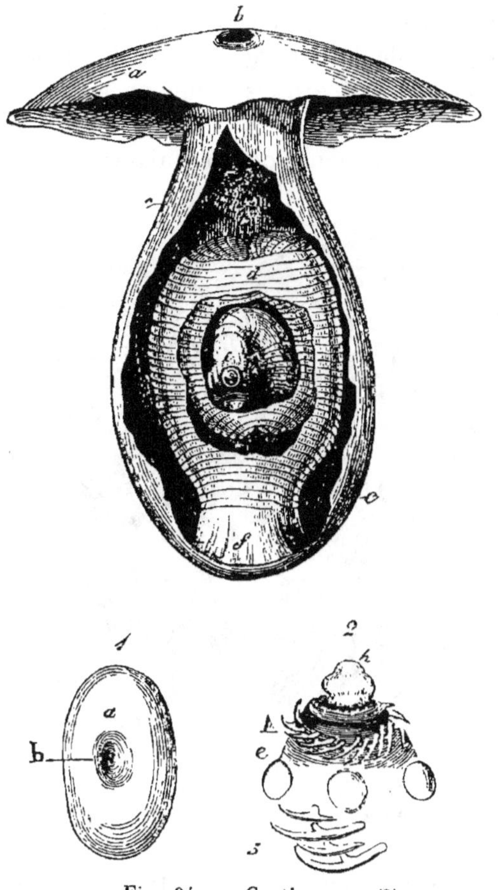

Fig. 34. — Cysticerque (*).

cuticulaire, présente une structure lamelleuse caractéristique ;
la couche interne, appelée par Ch. Robin *membrane fertile*, est
formée d'une substance granuleuse et de cellules ; il s'en dé-

(*) *a*, vésicule d'enveloppe transparente, remplie de liquide. — *b*, orifice
de la vésicule.— *c*, vésicule piriforme au fond de laquelle, en *f*, est attaché
l'animal.— *d*, l'animal fixé au fond de la vésicule piriforme. — *e*, sa tête re-
pliée sur elle-même peut s'allonger et sortir par l'orifice *b*. — 2, tête d'un
cysticerque couronnée de 24 à 28 crochets. — *e*, ventouses. — *h*, tête. —
3, crochets isolés.

tache, au bout d'un certain temps, des saillies qui forment les *scolex* ou *échinocoques;* ceux-ci se pédiculisent et nagent dans le liquide de la vésicule sous la forme de corpuscules blanchâtres, larges de 3 millimètres environ ; ils portent, à leur extrémité antérieure, un rostre pourvu de 4 ventouses et entouré d'une double couronne de crochets beaucoup plus petits que ceux des cysticerques ; leur parenchyme renferme de nombreux grains calcaires.

Souvent la grande vésicule donne naissance à des vésicules

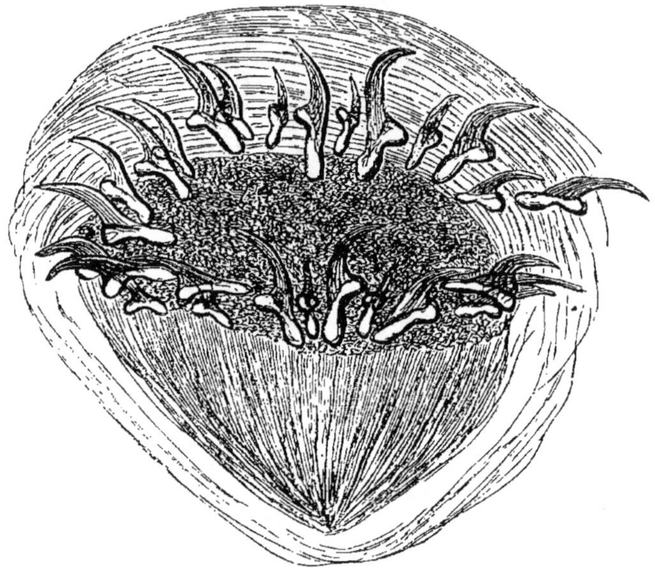

Fig. 35. — Couronne de crochets du cysticerque, grossie 110 fois.

filles d'où naissent les échinocoques. Dans la forme connue sous le nom d'*échinocoque multiloculaire*, les vésicules restent isolées et leur enveloppe lamelleuse se transforme en une masse gélatineuse. Ces parasites provoquent la prolifération du tissu conjonctif interlobulaire et l'atrophie des cellules hépatiques. Très nombreux, ils forment des séries qui semblent correspondre aux réseaux lympathiques.

Il résulte des détails dans lesquels nous venons d'entrer que ces helminthes peuvent exister chez l'homme sous trois formes, celles de *tænia*, de *cysticerque* et d'*hydatide*.

Les tænias que l'on trouve chez l'homme sont produits le plus souvent par l'ingestion de viande crue ou mal cuite contenant des cysticerques ; ces vers perdent leur vésicule, se fixent aux parois de l'intestin et donnent naissance aux anneaux (proglottis) ; le cysticerque du porc engendre le tænia solium, celui du bœuf le tænia inerme ; d'après les recherches récentes de M. Mégnin (1), l'ingestion, avec l'eau alimentaire ou avec des légumes, d'œufs ou d'embryons hexacanthes provenant de *proglottis* peut également ment produire le tænia.

La présence de ces vers dans l'intestin est quelquefois bien

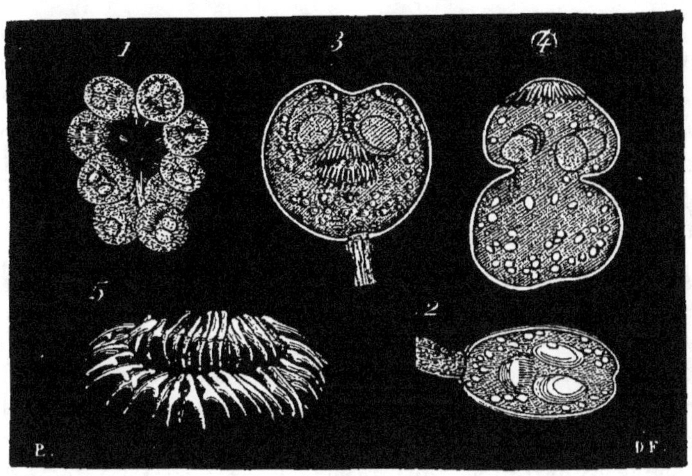

Fig. 36. — Échinocoques de l'homme (*).

tolérée ; assez souvent elle provoque des troubles de l'innervation analogues à ceux que nous avons signalés à propos des ascarides, et des troubles digestifs.

On a observé exceptionnellement chez l'homme diverses

(1) Mégnin, *Comptes rendus de la Société de biologie*, 1880.

(*) 1, groupe d'échinocoques encore adhérents à la membrane germinale par un funicule, grossi 40 fois. — 2, échinocoque grossi 107 fois, la tête est invaginée, et à l'intérieur de la vésicule caudale il existe un funicule. — 3, le même comprimé : la tête rétractée, les ventouses, les crochets et les corpuscules calcaires sont apparents à l'intérieur. — 4, échinocoque grossi 107 fois, la tête est sortie de la vésicule caudale. — 5, couronne de crochets, grossie 350 fois (Davaine, *Entozoaires*).

espèces de tænia différentes des précédentes et désignées sous les noms de tænia *abietina, nana, flaviopunctata, elliptica, cucumerina, madagascariensis* (Davaine) ; ils n'ont guère jusqu'ici d'intérêt qu'au point de vue de l'histoire naturelle.

On ne sait pas exactement d'où proviennent les œufs dont l'ingestion donne lieu au développement des cysticerques ; il est possible qu'ils naissent, dans des cas exceptionnels, d'un tænia contenu dans l'appareil digestif du sujet lui-même, car sur 13 cas de cysticerque oculaire observés par de Graefe, il en est 5 dans lesquels il y avait en même temps un tænia dans l'intestin.

Les cysticerques ont été rencontrés dans la plupart des organes ; c'est dans le cerveau qu'on les trouve le plus fréquemment. Ils donnent lieu à une phlegmasie généralement circonscrite des tissus qui les entourent ; ils excitent en même temps ou compriment et paralysent les parties de l'encéphale avec lesquelles ils sont en rapport, et provoquent ainsi des troubles le plus souvent graves dans leurs fonctions.

L'ingestion des embryons du *tænia echinococcus* produit les *hydatides*. Ce tænia habite l'intestin du chien ; les proglottis expulsés avec les matières fécales se dissocient et les œufs qu'ils renferment peuvent être entraînés dans les cours d'eau ou les fontaines qui servent à l'alimentation, et pénétrer ainsi dans les voies digestives.

Les kystes hydatiques sont très fréquents en Islande où les chiens vivent dans les habitations et ont souvent le tænia. On les a rencontrés dans différents organes, mais leur siège ordinaire est le foie où ils forment souvent des tumeurs énormes qui peuvent s'ouvrir dans le péritoine, dans les poumons, dans le tube digestif ou à l'extérieur.

§ 2. — Bothriocéphales.

Le *bothriocephalus latus*, assez semblable au tænia par son aspect extérieur, en diffère cependant par des caractères importants : sa tête, légèrement aplatie et dépourvue de rostre, présente sur chacun de ses côtés une fente longitudinale profonde qui remplace les ventouses ; ses anneaux sont plus larges et moins longs ; leurs pores génitaux sont situés au milieu de leur face ventrale (fig. 37 et 39) et non sur les côtés, comme chez le tænia; on ne connaît pas encore à ce ver de forme vésiculaire.

Il arrive dans l'intestin de l'homme, soit à l'état d'embryon

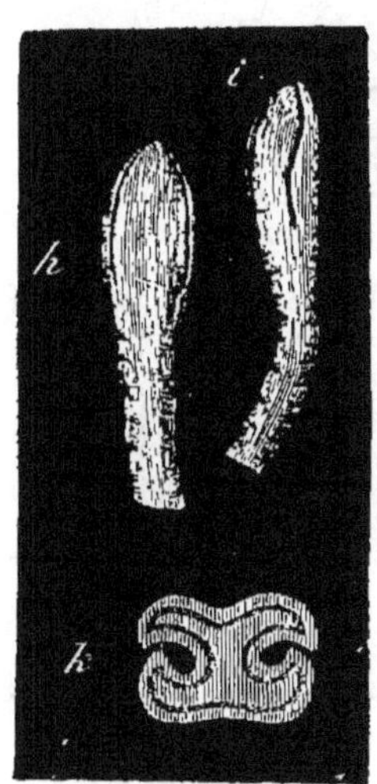

Fig. 37. — Tête de bothriocéphale (*).

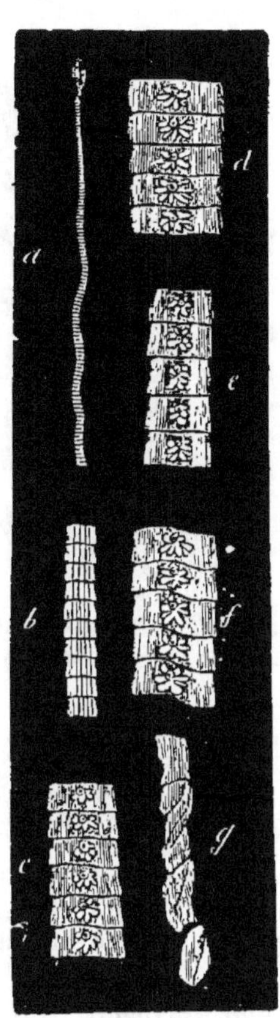

Fig. 38. — Bothriocéphale
de l'homme (**).

avec l'eau alimentaire, soit à l'état de larve avec la chair de certains poissons; il est surtout fréquent en Suisse, dans le nord-ouest de la Russie, en Suède et en Pologne; en Allemagne, on l'observe souvent dans la Prusse occidentale, à Hambourg

(*) *i*, *h*, tête du bothriocéphale de l'homme grossie 6 fois et vue sous deux aspects. — *k*, tête de bothriocéphale du turbot grossie 12 fois (coupe transversale montrant la disposition des ventouses (Davaine).

(**) *a*, *b*, *c*, *d*, *e*, *f*, fragments pris de distance en distance, grandeur naturelle. — *g*, anneaux ratatinés après la ponte (Davaine).

et à Berlin ; à Paris, on en voit surtout chez des personnes qui ont voyagé dans ces pays.

On a rencontré très exceptionnellement chez l'homme le

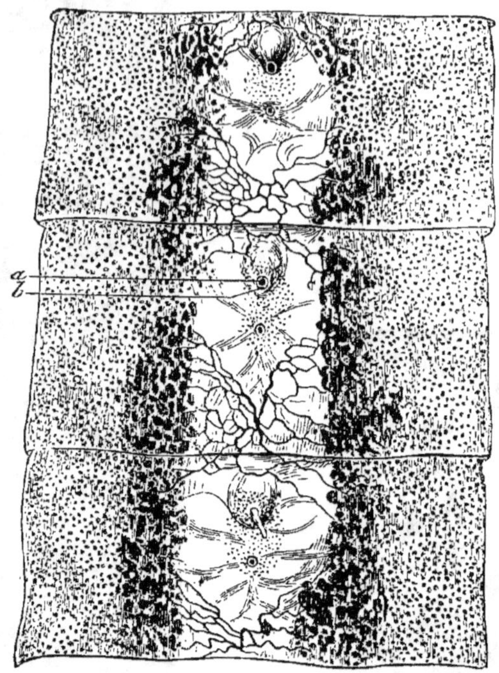

Fig. 39. — Trois anneaux du bothriocéphale de l'homme grossis ; en *a* se voit le mamelon et l'orifice génital mâle, au-dessous l'orifice femelle ; au troisième anneau, le pénis est saillant ; il est rentré dans les premiers.

bothriocephalus cordatus de Leuckart et le *bothriocephalus cristatus* de Davaine (1). Ces vers peuvent donner lieu aux mêmes accidents que le tænia.

ARTICLE V. — TRÉMATODES.

Ces vers sont aplatis, ordinairement courts, à peau glabre, sans anneaux distincts et pourvus de ventouses en nombre variable ; ils sont hermaphrodites. Ceux que l'on rencontre chez l'homme sont la douve du foie et quelques distomes.

(1) Davaine, article CESTOÏDES du *Dictionnaire encyclopédique des sciences médicales*, et *Traité des entozoaires et des maladies vermineuses*, 2ᵉ édition. Paris, 1877.

§ 1. — **Douve du foie.**

La douve du foie, *fasciola hepatica, distoma hepaticum*, est un ver long de 20 à 30 millimètres et large de 4 à 13 millimètres ; sa forme est ovale, lancéolée ; il porte deux ventouses, l'une

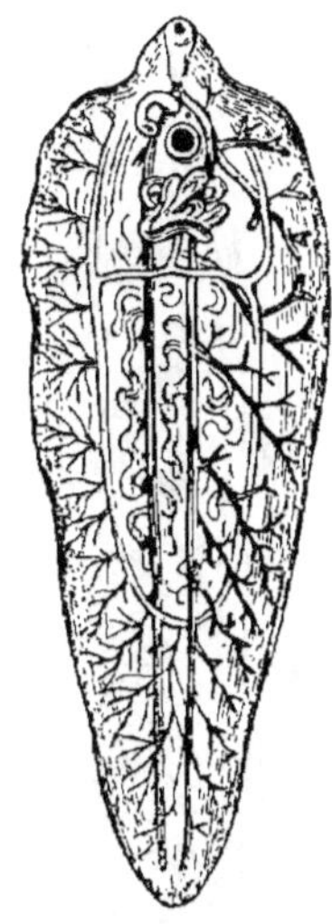

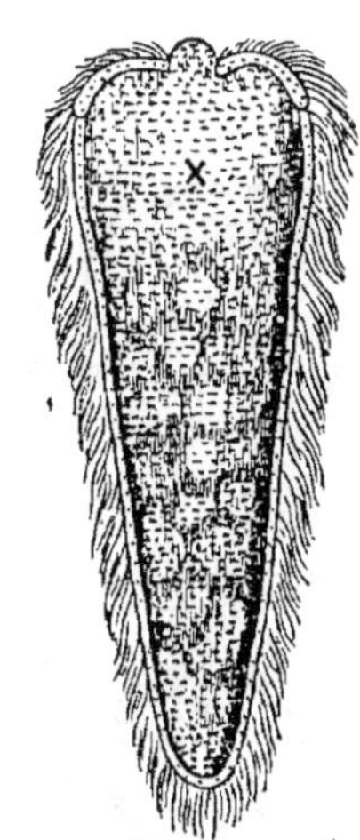

Fig. 40. — Douve du foie, grossie.　　Fig. 41. — Embryon de douve du foie, grossi 400 fois (Leuckart).

buccale et l'autre ventrale. On le rencontre quelquefois dans les voies biliaires de l'homme. On l'a vu produire leur oblitération et donner lieu à des abcès (fig. 40 et 41).

§ 2. — **Distomes.**

Le *distoma lanceolatum* est long de 4 à 9 millimètres, large de 1 à 3 millimètres ; il a également deux ventouses. On l'a rencontré dans les voies biliaires (fig. 42 et 43). M. Caruell a décrit sous le nom de *distomum sinense* un trématode qui ressemble beaucoup au précédent ; il serait fréquent en Chine et donnerait lieu à des troubles graves des fonctions du foie.

Le *distoma hematobium, gynæcophorus hæmatobius* est très fréquent en Égypte et en Abyssinie, chez les indigènes qui boivent l'eau du Nil sans la filtrer : on le rencontre surtout dans le sang de la veine porte ou de ses branches ; ses œufs s'accumulent dans les parois de l'intestin, de la vessie et des uretères ; il n'est pas hermaphrodite.

M. Damaschino (1), qui a pu l'étudier sur des pièces envoyées

Fig. 42. — Œuf de douve hépatique.

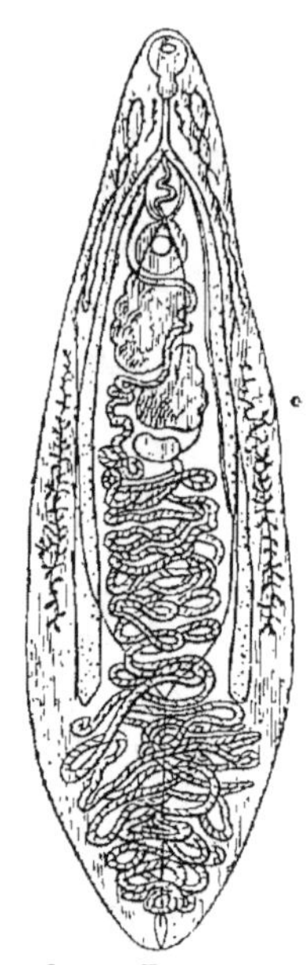

Fig. 43. — Distome lancéolé.

d'Alexandrie par le docteur Zancarol, a reconnu qu'il provoque, à la surface de l'intestin, des lésions analogues à celies de la dysenterie et qu'il en est de même pour la vessie et la partie inférieure de l'urèthre. Les œufs ont la forme d'une semence de courge dont un bout est mousse, l'autre aigu ; ils sont munis d'un petit appendice pointu. D'après Bilharz, le parasite, logé dans le sang, irait déposer ses œufs à l'extrémité des réseaux capillaires ; il est la cause des hématuries d'Égypte.

On a trouvé un distome dans le cristallin (*distomum ophthalmobium*), chez des sujets atteints de cataracte.

(1) Damaschino, *Lésions produites par le* distoma hæmatobium (*Soc. méd. des hôpitaux*, 1882).

Le *distome hétérophie* est long de 1 millimètre à 1^{mm},5 ; Bilharz l'a trouvé en grand nombre dans l'intestin grêle d'un enfant (1).

ARTICLE VI. — INFUSOIRES.

On rencontre assez souvent dans les déjections le *cercomonas intestinalis* et dans le mucus vaginal le *trichomonas* ; ils y semblent sans importance.

On a signalé également la présence d'infusoires dans les selles des malades atteints de choléra et de dysenterie ainsi que dans les vomissements de la fièvre jaune ; on n'a pu jusqu'à présent établir qu'ils jouent un rôle dans la genèse de ces maladies.

CHAPITRE II

ANIMAUX NON PARASITES

Beaucoup d'animaux sont pourvus d'armes naturelles qui leur permettent de piquer et de mordre ; un certain nombre d'entre eux sécrétent, en outre, une matière venimeuse qui peut donner lieu à des accidents locaux ou généraux. Il nous suffira de rappeler, dans nos climats, les guêpes, les abeilles, les moustiques, les fourmis et les gros crustacés ; dans les pays chauds, les physalies pourvues de tentacules que termine un suçoir et d'un appareil glandulaire qui sécrète une liqueur irritante, la galéode vorace du Bengale, la tarentule, les malmignattes ou latrodectes, les mygales, les scorpions, les scolopendres, etc. ; de nombreux poissons font également des morsures suivies d'accidents généraux ; nous devons enfin signaler ici, comme devant occuper le premier rang parmi les animaux nuisibles, les serpents venimeux (2).

Nous avons indiqué précédemment comment on peut comprendre l'action des venins (page 95).

---

(1) L. Vaillant, article ENTOZOAIRES du *Nouveau dictionnaire de médecine et de chirurgie pratiques*, Paris, 1870, XIII.

(2) Voyez John Packard, *Des plaies empoisonnées* in *Encyclopédie de chirurgie*, Paris, 1883, t. I, p. 763.

CHAPITRE III

VÉGÉTAUX NUISIBLES

Nous avons étudié, avec les causes chimiques, l'action des végétaux non parasitaires; les *parasites végétaux* sont des champignons (1).

Ils peuvent se développer dans certaines conditions sur les parties qui se trouvent en rapport direct ou indirect avec l'air atmosphérique. On les observe sur la peau et sur les muqueuses. Certains d'entre eux ne se développent que dans les cas où un état pathologique a modifié ces membranes ; tel est par exemple l'*oidium albicans* qui apparaît sur la muqueuse des premières voies digestives, dans les cas où elle présente, par le fait d'une phlegmasie locale ou d'une maladie générale, telle que le diabète ou une fièvre grave, une réaction acide; la modification de la peau qui permet à l'*achorion Schœnleinii* de s'y développer et de produire le favus n'est pas déterminée, mais on ne peut douter qu'elle existe, car cette teigne se manifeste neuf fois sur dix chez des sujets scrofuleux; de même le *microsporon furfur*, champignon du *pityriasis versicolor*, ne se développe guère que chez l'homme adulte. Les téguments de l'enfant et de la femme ne sont pas pour lui des milieux favorables.

Les plus importants des microphytes qui se fixent dans le tégument externe sont : l'*achorion* (fig. 44, 45 et 46), le *trichophyton* et le *microsporon;* M. Léon Marchand les classe dans le groupe des schizomycètes (2).

Le mycélium et les spores qui les constituent s'introduisent entre les différentes couches de l'épiderme, dissolvent les cellules et en amènent la chute (3). L'achorion et le tricophyton provoquent en outre souvent un certain degré de phlegmasie dermique, ils pénètrent dans les follicules pileux et amènent

(1) J. Chatin, article PARASITES du *Nouveau dictionnaire de médecine et de chirurgie pratiques*, Paris, 1878.

(2) Marchand, *Botanique cryptogamique*.

(3) Hardy, *Leçons sur les maladies de la peau (Progrès médical*, 1876).

ainsi la chute des cheveux (teignes faveuse et tondante).

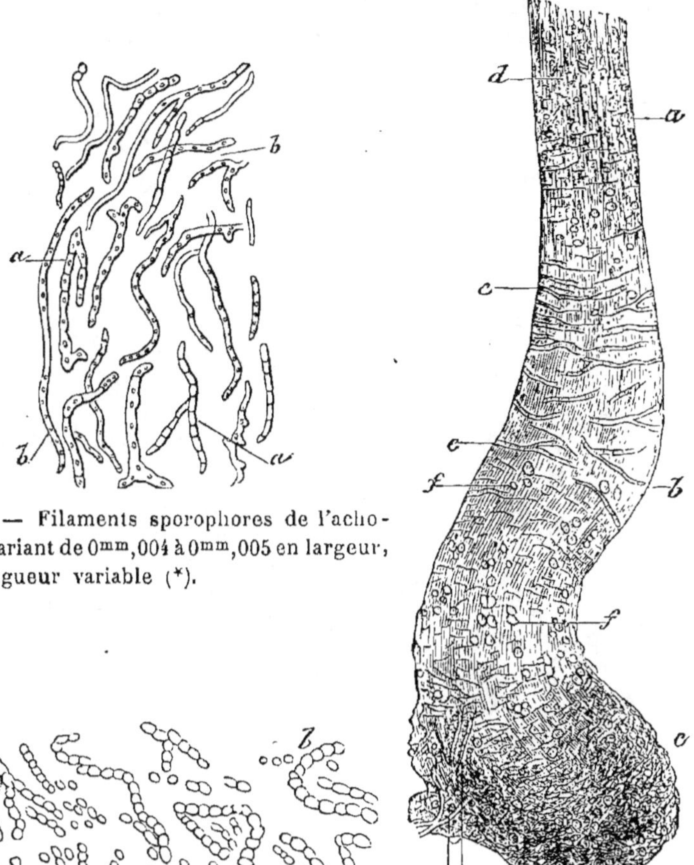

Fig. 44. — Filaments sporophores de l'achorion, variant de 0mm,004 à 0mm,005 en largeur,
de longueur variable (*).

Fig. 45. — Poussière faveuse (**).

Fig. 46. — Cheveu provenant de
la partie atteinte de favus (***).

Des recherches récentes de M. Balzer ont bien fait connaître

(*) *aa*, cellules ovales ou arrondies, articulées bout à bout. — *bb*, spores
en voie de développement (?) formés par de petits globules sphériques
de 0mm,002 à 0mm,003 environ et renfermés dans des filaments non articulés ;
ils sont quelquefois ramifiés (Ch. Robin).

(**) *a*, sporules isolées. — *b*, sporules en chapelet. — *c*, tube formé de sporules réunies bout à bout (Bazin).

(***) *a*, commencement de la tige. — *b*, souche. — *c*, bouton. — *d*, fibres
longitudinales entre lesquelles existent des spores. — *e*, stries transverses.
— *f*, sporules sur la souche. — *g*, sporules sur le bouton. — *h*, filament tubuleux (Bazin).

la structure et le rôle pathogénique de ces champignons. Pour
les étudier, il les traite successivement soit par une solution
d'éosine ou de bleu de quinoléine et la potasse, soit par les
mêmes matières colorantes et le baume de Canada dissous dans
le chloroforme. Cette méthode permet de reconnaître dans tous
ses détails la structure des spores du *microsporon furfur*. Leur
centre est occupé par un noyau volumineux et arrondi remplis-

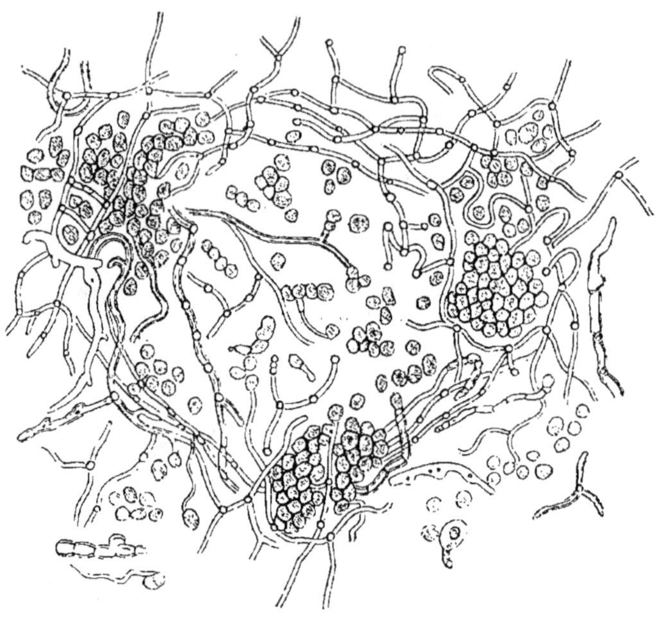

Fig. 47. — Microsporon furfur (Kaposi).

sant presque toute la cellule ; il est enveloppé par une très mince
couche de protoplasma granuleux qui le sépare de l'enveloppe
cellulosique. Dans les tubes sporifères, on trouve des noyaux
semblables à ceux des spores. La multiplication des éléments
se produit par l'intermédiaire des tubes et des spores qui bourgeonnent et se segmentent (fig. 47). Les spores s'agglomèrent en
forme de grappes dans l'intervalle desquelles se trouvent les
tubes ; lorsque le parasite infiltre l'épiderme, il se forme des
fentes où s'amassent les spores ; si elles sont nombreuses, elles
se creusent une loge ou se disposent en nappes entre les

lamelles épidermiques ; on s'explique ainsi le décollement de l'épiderme et la desquamation.

Les spores de l'*achorion* (fig. 44, 45) pénètrent dans l'intérieur

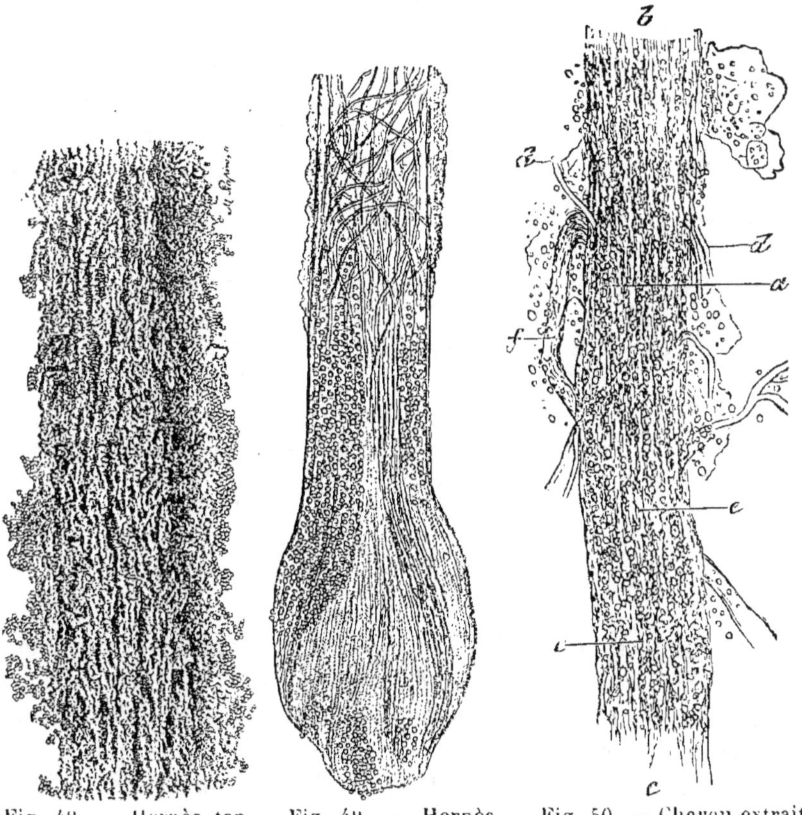

Fig. 48. — Herpès tonsurant. Gaine épidermique recouvrant le cheveu et contenant des spores.

Fig. 49. — Herpès tonsurant avec de nombreuses spores à l'intérieur du cheveu (1).

Fig. 50. — Cheveu extrait d'une plaque de la teigne tonsurante (*).

des poils ; elles sont disposées en chaînes qui forment un réseau à mailles allongées dans le sens du poil. Les noyaux des spores

(1) Hardy, *Clinique photographique* et *Nouveau dictionnaire de médecine et de chirurgie pratiques*, article HERPÈS (pour bien voir les détails des figures, il faut les examiner à la loupe).

(*) *a*, tige du cheveu. — *b*, extrémité supérieure rompue. — *c*, extrémité inférieure cassée au niveau de la peau. — *d*, fibres longitudinales écartées et brisées. — *e*, sporules infiltrant la tige. — *f*, tube sporulaire (Bazin).

sont plus petits que ceux du *microsporon furfur*. Les éléments du *godet favique* sont entourés d'une substance amorphe glutineuse que l'on nomme le *glaire*. M. Balzer la considère comme servant à agglutiner les éléments et à les protéger. Elle paraît faire défaut autour des spores qui ont pénétré dans le poil.

Les spores du *tricophyton* (fig. 48, 49, 50) sont constituées par une membrane cellulosique transparente, l'*épispore*, par une masse de protoplasma parfois très granuleux et par un noyau elliptique ou arrondi. Les tubes sont longs, réguliers, composés

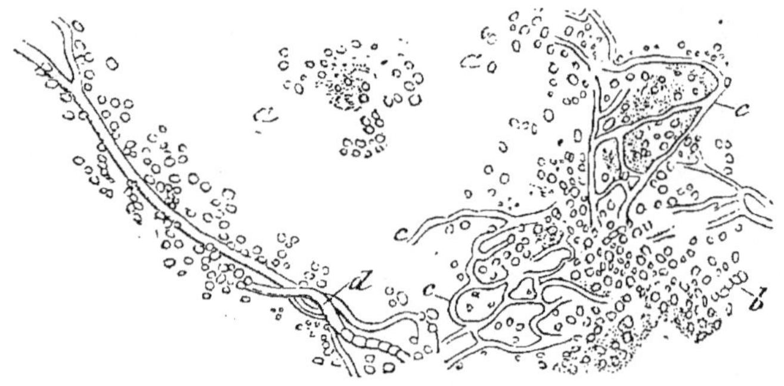

Fig. 51. — Poussière blanche d'herpès tonsurant (tricophyton) (*).

d'articles placés bout à bout et offrant des ramifications rares (fig. 51). Les spores pénètrent dans les poils (1).

On a décrit encore dans la peau d'autres parasites ; Malassez en a trouvé dans les plaques de pelade et dans le pityriasis vulgaire ; ses observations ont toutefois été contestées, on dit que ces parasites sont banals et se trouvent chez les sujets sains, mais la question n'est pas jugée.

Carter a décrit en 1875 un parasite végétal dans les boutons appelés *bouton de Biskra*, *bouton d'Alep*, etc.; il occuperait les lymphatiques et les interstices cellulaires. L'apparition constantes de cette lésion sur des parties découvertes, sa circonscription à certaines régions et sa curabilité par les agents para-

______

(1) Balzer, *Note sur l'histologie des Dermatophytes* (*Archives de physiologie*, 1883).

(*) *a*, sporules isolées. — *b*, sporules réunies. — *c*, tubes vides. — *d*, tube sporulaire (Bazin).

siticides plaident en faveur de cette manière de voir défendue également par Bordier (1).

Le *fongus* (2) de l'Inde (pied de Madura, pied de Cochin, Kirinagrah, etc.), maladie caractérisée par une tuméfaction considérable du pied avec déformation et production de saillies tuberculeuses, est généralement considéré aujourd'hui comme

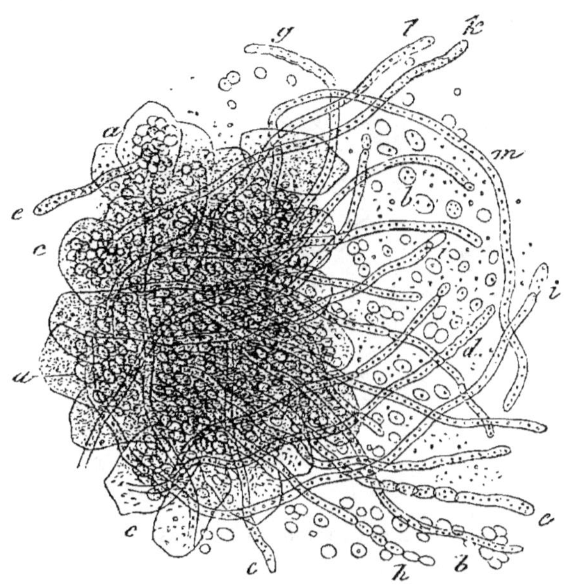

Fig. 52. — Muguet buccal, à 360 diamètres (*).

parasitaire. Si en effet l'on examine les tissus malades, on trouve dans les os des cavités remplies de masses mamelonnées, noires ou blanches, et ces masses sont, d'après Bidie, Carter et

(1) Bordier, *Le bouton de Biskra et la verruga* (*Archives de médecine navale*, 1880).

(2) Rochard, *Etude synthétique sur les maladies endémiques* (*Arch. de méd. nav.*, 1871). — Carter, *Du Mycétome ou maladie du fongus de l'Inde*, traduit par Vincent (*Arch. de méd. nav.*, 1875).

(*) *a*, cellules d'épithélium. — *c,b*, spores isolées ou réunies bout à bout, elles ont de 0mm,004 à 0mm,005. — *d*, filaments cylindriques tubuleux cloisonnés avec granules moléculaires intérieurs. — *e*, leur extrémité renflée. — *g*, renflements ovoïdes. — *h*, spores assorties bout à bout. — *i*, cellule ovoïde terminale (Ch. Robin).

Barkeley, constituées par des parasites auxquels on a donné le nom de *Chionyphes Carteri.*

Dans la *plique polonaise*, maladie du cuir chevelu dans laquelle les cheveux sont agglutinés en touffes et comme en lanières, on trouve un parasite, le *trichoma*, mais il n'est pas certain qu'il soit la cause des accidents (Ch. Robin).

On a signalé également des parasites végétaux dans la *Piedra de Colombie*, affection caractérisée par la présence dans la con-

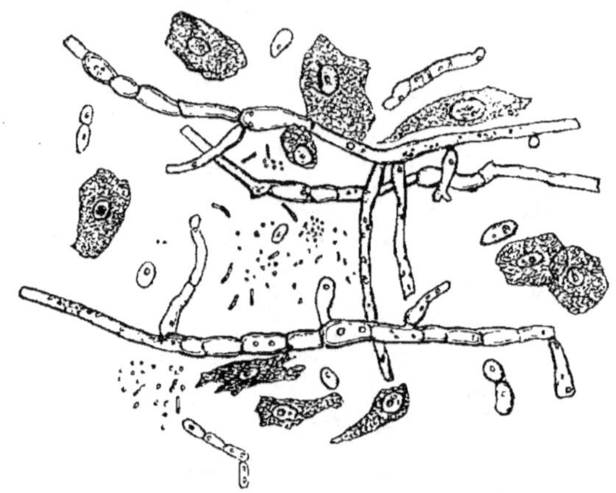

Fig. 53. — Muguet œsophagien. Grossissement 250.

tinuité des cheveux de petites nodosités dures et espacées régulièrement, et dans la *teigne des ongles* de Pondichéry, mais ils n'ont été qu'incomplètement étudiés (1).

Nous avons déjà signalé le développement de l'*oidium albicans* sur la muqueuse buccale (fig. 52); il contribue à y entretenir l'inflammation qui lui a permis de se multiplier; il amène la formation de concrétions blanchâtres dans lesquelles on trouve, en même temps que le mycélium et les spores du champignon, des amas de cellules épithéliales. Le muguet se développe également sur la muqueuse pharyngée, dans l'œsophage (fig. 53) où il peut former des masses volumineuses, et dans l'estomac où il a été étudié et décrit par Parrot. D'après Zenker, il pourrait pénétrer dans les lymphatiques du derme, passer ainsi dans la

(1) Nielly, ouvrage cité.

circulation et aller former des colonies dans les viscères et particulièrement dans le cerveau ; les observations de cet auteur
sont restées jusqu'ici isolées.

Dans l'estomac on trouve souvent la *sarcine* (fig. 54 et 55),
sous forme de petites masses cubiques toujours groupées par

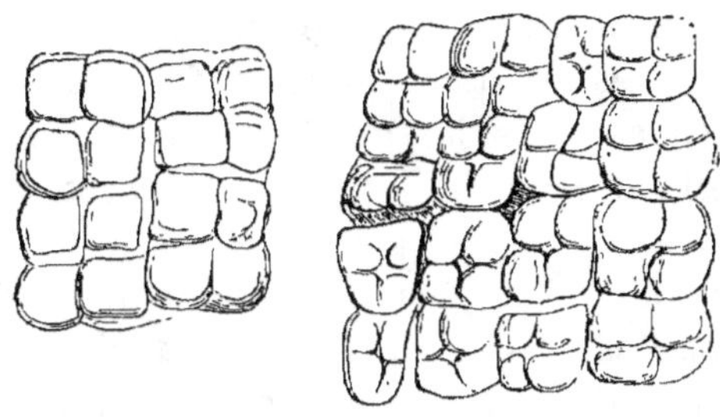

Fig. 54 et 55. — Sarcine de l'estomac (Ch. Robin).

quatre ou multiples de quatre ; son rôle pathogénique paraît
peu important, peut-être cependant contribue-t-elle à prolonger
les inflammations de la muqueuse gastrique. La même considération est applicable à l'*aspergillus* que l'on rencontre dans les
produits de sécrétions de l'otite externe et dans les cavernes
pulmonaires.

CHAPITRE IV

AGENTS INFECTIEUX

Le jour n'est pas éloigné peut-être où cette classe de modificateurs se confondra avec la précédente, mais nous ne pourrions
actuellement, sans entrer dans la voie de l'hypothèse, accepter
complètement cette assimilation. La transmission des maladies
dites infectieuses ne peut s'expliquer, en raison de leur mode
d'invasion, d'évolution et de transmission, que par la pénétration dans l'organisme d'éléments qui sont certainement organisés, car ils ont l'attribut essentiel de la vie, nous voulons
dire la faculté de se multiplier ; ils se multiplient en effet soit
dans le corps humain, soit en dehors de lui, mais il n'est pas
pour cela démontré jusqu'ici que ces agents aient tous une

existence indépendante des organismes dans lesquels ils se développent et qu'ils constituent ainsi des espèces animales ou végétales auxquelles ont puisse correctement appliquer l'épithète de parasites.

On ne peut en effet rejeter d'une manière absolue l'hypothèse d'après laquelle *certains d'entre eux* seraient élaborés par l'organisme lui-même et susceptibles de vivre et de se multiplier chez d'autres sujets, comme le font, par exemple, les cellules épithéliales dans les greffes animales et les cellules cancéreuses émigrées en des organes éloignés de leur foyer originel.

D'une autre part, la période d'incubation des maladies infectieuses, l'explosion ordinairement soudaine des accidents qui les caractérisent, leur marche généralement cyclique et l'immunité qu'elles confèrent aux sujets qu'elles atteignent, sont autant de caractères qui les séparent des maladies parasitaires connues jusqu'ici, et justifient la distinction que les auteurs ont établie et que nous croyons devoir maintenir, du moins provisoirement.

En conséquence, considérant les agents infectieux en eux-mêmes, et abstraction faite de toute hypothèse, nous exposerons successivement ce que l'on sait relativement à leur origine, à leur mode de transmission, à leur nature, à leur mode de pénétration dans l'organisme et à leur mode d'action.

ARTICLE Iᵉʳ. — ORIGINE ET TRANSMISSION DES AGENTS INFECTIEUX.

On peut les partager en trois groupes principaux, les *miasmes*, les *contages* et les *miasmes-contages*. Suivant les excellentes définitions de M. Bernheim (1), la substance infectieuse prend le nom de *miasme* quand elle a la propriété de se multiplier dans le milieu extérieur, celui de *contage* quand elle se multiplie dans l'organisme, celui de *miasme-contage* quand elle peut se multiplier dans l'organisme et en dehors de lui.

Les *miasmes* proprement dits viennent toujours de l'extérieur, le plus souvent du sol et ne se transmettent pas d'un sujet à un

---

(1) Bernheim, article CONTAGION du *Dictionnaire encyclopédique des sciences médicales.*

autre ; les *contages* viennent presque toujours, sinon toujours, d'un organisme infecté ; si nous faisons une réserve c'est que certains d'entre eux, ceux de la rage et de la morve, semblent pouvoir, dans des cas exceptionnels, se développer, sous l'influence de conditions indéterminées, chez des animaux non contaminés ; les *miasmes-contages* peuvent naître soit du sol, soit d'un sujet infecté ; mais il semble, au moins pour plusieurs d'entre eux, que, dans ce dernier cas, la transmission ne puisse se faire directement d'un individu à l'autre, et que l'infectieux ne soit susceptible d'agir sur un nouvel organisme qu'à la condition de subir, dans le milieu extérieur, une nouvelle élaboration, ou d'être absorbé par un sujet mis en état de réceptivité par une influence miasmatique. Il paraît en être ainsi particulièrement pour la fièvre typhoïde et le choléra.

La plupart des agents infectieux comme la plupart des êtres organisés ne sont pas cosmopolites.

Les miasmes proprement dits habitent le plus souvent certaines localités en dehors desquelles leur influence ne se fait pas sentir. Il en est ainsi particulièrement des miasmes paludéens ; la condition nécessaire à leur développement est un état particulier du sol, permettant vraisemblablement à certains micro-organismes de s'y développer ; il se réalise dans les pays marécageux et aussi, d'après M. L. Colin, chaque fois que la fécondité d'un sol riche en matériaux organiques n'est pas utilisée (fièvres de Rome) (1). Le miasme paludéen est relativement fixe, et on ne le voit jamais se propager loin de son foyer originel comme le font ceux du choléra et de la fièvre jaune.

Certains faits indiquent que les conditions de terrain dont nous venons de parler ne sont pas suffisantes pour amener le développement du miasme et qu'un autre élément doit intervenir, car on connaît des contrées, les îles Marquises par exemple, où des marécages étendus n'engendrent pas la malaria sous un climat torride. Cet élément est, selon toute vraisemblance, le germe infectieux, le *microbe* dont la pénétration dans l'organisme donne lieu aux accidents d'impaludisme.

On connaît des faits analogues, et peut-être encore plus frappants, pour plusieurs pyrexies ; un des plus célèbres est celui

(1) Léon Colin, *Traité des fièvres intermittentes*. Paris, 1870.

des îles Feroë rapporté par Panum : ces îles n'avaient pas été visitées par la rougeole depuis 1781, quand, en 1846, cette maladie y fut importée par un sujet qui en était atteint ; elle s'y propagea avec une telle intensité que, sur 7789 habitants, 1500 seulement purent y échapper par la fuite ; quelques vieillards seuls furent épargnés parmi ceux qui y étaient restés, et ils avaient eu déjà la maladie lors de l'épidémie de 1781.

Chacun sait que le choléra est *endémique* dans l'Inde, au Mexique, et sur la côte occidentale d'Afrique. Rappelons enfin que la syphilis, très vraisemblablement importée d'Amérique, n'a envahi l'Europe qu'à la fin du xve siècle, et que la scarlatine a fait en 1597 sa première apparition en Islande.

On appelle *endémiques* les maladies ainsi localisées d'une manière persistante dans certaines contrées ; elles peuvent frapper en peu de temps un grand nombre d'individus et s'étendre de proche en proche ; certaines d'entre elles peuvent aussi se transformer passagèrement en *épidémies*, c'est-à-dire se propager à des contrées où elles ne règnent pas habituellement en atteignant un grand nombre de sujets ; telles sont le choléra, la peste et la fièvre jaune ; mais ce n'est pas là une règle générale, il en est qui restent toujours circonscrites à la localité dans laquelle elles prennent naissance, telles sont les fièvres paludéennes.

La propagation des épidémies a lieu le plus ordinairement par transmission directe, avec ou sans le concours du sol et de l'atmosphère, mais le fait n'est pas constant ; nous citerons par exemple la grippe qui n'est pas contagieuse et qui cependant atteint souvent un nombre énorme de sujets.

Les épidémies ont, nous l'avons dit, tendance à se propager : s'éteignant dans les pays où elles se sont manifestées en premier lieu, elles s'étendent à de nouvelles régions ; on a pu suivre successivement ainsi la marche du choléra, de la grippe et du typhus. Il semble qu'une épidémie cesse dans une localité quand tous les sujets aptes à recevoir l'infection ont été frappés ; elle peut faire toutefois, après un laps de temps plus ou moins considérable, des retours offensifs. On en connaît des exemples pour le choléra et ce sont ces faits qui ont pu faire admettre par certains médecins l'origine autochtone de cette maladie : selon toute vraisemblance, ils signifient simplement que son germe-contage peut rester sans se développer et sans périr pendant un laps de temps considérable dans un milieu pour devenir de nouveau actif sous l'influence de circonstances favorables ; c'est ainsi que l'on a vu en 1866 cette maladie renaître dans les salles de la Charité, un an après sa disparition.

Diverses circonstances extérieures paraissent influencer d'une manière puissante l'activité des miasmes et des contages ; elles constituent l'*opportunité cosmique* du professeur Jaccoud (1). Nous mentionnerons en premier lieu la *température;* c'est le plus souvent pendant la saison chaude que les épidémies paraissent sévir avec le plus d'intensité ; la malaria des climats torrides donne lieu à des accidents beaucoup plus graves que celle de nos pays.

L'*humidité* du milieu ambiant semble également favoriser le développement des agents infectieux, et, dans certains cas, une perturbation brusque de l'atmosphère a paru influencer la marche d'une épidémie. En 1865, à Paris, le choléra, d'abord relativement bénin, a pris soudainement plus de gravité à la suite d'un violent orage ; en 1849 au contraire, le nombre des cas diminua brusquement à la suite d'une tempête survenue le 9 juin ; des faits analogues ont été observés la même année à Vienne et à Christiania (2.

Certaines épidémies deviennent plus meurtrières par les temps froids ; telle est par exemple la dysenterie. L'accumulation de détritus organiques, l'encombrement, les mauvaises conditions hygiéniques sont autant de circonstances qui favorisent la propagation de cette maladie et aussi celle de la peste et du typhus.

Il faut tenir grand compte, dans l'étiologie des maladies infectieuses, de l'*état de réceptivité* du sujet ; nous vivons au milieu des agents infectieux ; si nous ne sommes pas tous frappés, c'est qu'ils se développent exclusivement chez les sujets présentant certaines conditions qui n'ont pu être encore déterminées qu'incomplètement, mais sur lesquelles on possède cependant des données importantes. Elles constituent l'*opportunité morbide* du professeur Jaccoud (3). M. Bouchard (4) en a fait une étude

---

(1) Jaccoud, *Les maladies infectieuses.* Paris, 1880.
(2) Lebert, article CHOLERA ASIATICA du *Handbuch* von Ziemssen.
(3) Jaccoud, *loc. cit.*
(4) Ch. Bouchard, *Étiologie et pathologie générales*, leçons résumées par L. Landouzy (*Revue de médecine*, 1881).

approfondie dans les leçons sur les maladies infectieuses qu'il a professées à la Faculté en 1880. Il rappelle d'abord que la plupart des agents infectieux ne sont susceptibles de se développer que chez certaines espèces ou certains individus ; la morve qui atteint le cheval, l'âne, l'homme et le lapin, épargne le chien et les bœufs ; le charbon s'attaque au mouton, au bœuf, à l'homme et au lapin tandis qu'il épargne le chien et le cheval ; la syphilis, qui atteint l'homme et peut être inoculée au singe et au porc, semble épargner tous les autres animaux. « Ces dissemblances, dit M. Bouchard, sont bien évidemment le fait de l'espèce qui, au point de vue physique et au point de vue chimique aussi bien que dans sa manière de vivre, est différente de chacune des espèces voisines. Ce sont ces dissemblances physiques, chimiques et nutritives qui font des individus, *a fortiori* des espèces, autant de milieux différents dans lesquels viennent s'éteindre ou fructifier les agents infectieux. » La température de l'animal suffit pour le rendre réfractaire à certains agents ; le charbon ne se développe pas chez les oiseaux dont le sang est notablement plus chaud que celui des mammifères, mais si l'on vient à les refroidir artificiellement, ils deviennent susceptibles de contracter la maladie ; c'est ainsi que M. Pasteur l'a communiqué à des poules, qui lui sont normalement réfractaires.

« Ce qui est vrai des différences physiques inhérentes aux espèces l'est également pour les différences *chimiques* présentées non seulement par deux espèces voisines, mais encore par deux individus d'une même espèce, dont les humeurs ne sauraient guère se concevoir chimiquement semblables, étant données les mutations d'apport et de déport qui se font incessamment dans les organismes vivants. Ces différences chimiques résulteront de la proportionnalité, dans le sang, d'albumine, de fibrine, de sels et de matières extractives qui ne se retrouvent ni en qualité, ni en quantité les mêmes d'un individu à un autre individu de même espèce, alors que l'un et l'autre sont sains. Ces nuances deviennent des dissemblances singulièrement accusées de l'homme sain à l'homme malade et personne n'ignore toute la gamme de variantes chimiques représentées par l'organisme d'un enfant ou d'un vieillard, d'un scrofuleux ou d'un homme vigoureux, d'un anémique, d'un pléthorique, d'un diabétique, d'un convales-

cent de fièvre grave ou d'un homme amaigri par les privations ! »
(Bouchard.)

Ces dissemblances chimiques expliquent pourquoi telle espèce est réfractaire à une infection qui atteint sa voisine,
pourquoi telle variété de moutons algériens n'offre pas un terrain favorable au développement de la bactérie charbonneuse
alors que la même race, en France, contracte le charbon.

Ces mêmes dissemblances peuvent expliquer pourquoi, parmi
les individus qui se trouvent dans un milieu où règne une maladie infectieuse, un certain nombre seulement la contracte ;
pourquoi la scarlatine et la fièvre typhoïde, par exemple, ne
frappent dans une même famille que quelques sujets, pourquoi
la teigne faveuse ne se développe guère que chez les enfants
scrofuleux et pourquoi les vieillards sont le plus souvent réfractaires à nombre d'infections.

Une maladie antérieure, par les troubles qu'elle apporte dans
la nutrition et la constitution chimique des tissus, les privations, les fatigues et les excès peuvent accroître la réceptivité
du sujet. Nous en citerons, entre beaucoup d'autres, un
exemple des plus frappants : un externe fait en 1870 son service à Lariboisière dans le service des varioleux ; il est revacciné
plusieurs fois sans succès ; il ne semble donc pas susceptible de
contracter la variole. Or il se trouve qu'au bout de plusieurs mois
il est atteint d'un rhumatisme articulaire qui le retient pendant
six semaines hors de l'hôpital ; quand il retourne dans son
service, anémié et débilité par cette maladie, il est atteint, dès
la première visite, d'une varioloïde dont les symptômes se
manifestent douze jours après ; n'est-il pas évident que, dans
ce cas, les conditions de réceptivité pour le contage variolique
ont été modifiées par la maladie accidentelle ? On peut rapprocher de ces faits ceux où l'on voit la tuberculose se produire à la
suite d'une fièvre typhoïde ou le choléra chez des convalescents.
Toutes les causes qui retardent la nutrition favorisent puissamment, d'après M. Bouchard, le développement de la tuberculose ;
on s'explique ainsi comment la scrofule, le diabète, l'alcoolisme,
l'arthritisme et la grossesse prédisposent à cette maladie.

Chaque fois que la nutrition est retardée, les acides organiques sont incomplètement brûlés ; ils s'accumulent dans l'organisme ; il se produit une sorte de dyscrasie acide ; en même

temps l'organisme se laisse dépouiller de ses phosphates et de ses sels calcaires; la vitalité des éléments se trouve ainsi compromise et le corps humain devient « un terrain tout disposé aux germinations infectieuses (1). »

Quand il s'agit d'une endémie, l'acclimatement peut conférer une immunité relative; c'est un fait bien connu en ce qui concerne la fièvre jaune et, dans une certaine mesure, la fièvre typhoïde, mais il n'en est pas toujours ainsi et le miasme paludéen, entre autres, frappe les habitants des pays où il sévit aussi bien que les étrangers, quoique sous une autre forme.

Le mode de transmission des agents infectieux varie pour chacun d'eux. Les miasmes semblent être constamment transportés par l'air ambiant; les miasmes-contages peuvent également être transmis par l'atmosphère; d'autres fois ils sont ingérés avec l'eau potable; c'est ce qui arrive le plus souvent pour l'agent producteur de la fièvre typhoïde. Ils peuvent naître dans des matières en décomposition; nous verrons que celui de la fièvre typhoïde provient des matières fécales, tandis que celui du typhus est engendré par l'encombrement et aussi par la famine jouant le rôle de cause accessoire (2); certains sont transmis par les marchandises, les vêtements, le linge et les tentures; nous citerons comme tels ceux de la peste, de la fièvre jaune et de la scarlatine. Les uns sont localisés dans certaines contrées et ne les quittent jamais; tel est le miasme paludéen; d'autres existent en permanence dans un ou plusieurs pays, mais ils n'y restent pas toujours confinés; de temps à autre ils sont transportés au loin et donnent lieu à des épidémies migratrices souvent très meurtrières; on reconnaît là le choléra, la peste et la fièvre jaune.

Les contages fixes ne se transmettent jamais que d'un sujet à un autre, directement, par inoculation; tels sont ceux de la syphilis, de la rage, du chancre simple et de la blennorrhagie; bien peu de sujets leur sont complètement réfractaires.

Certains contages s'introduisent dans les téguments et y déterminent des lésions locales; nous citerons parmi eux ceux du furoncle et du bouton de Biskra.

(1) Bouchard, *loc. cit.*
(2) R. Virchow, *Du typhus famélique*, traduit de l'allemand par H. Hallopeau. Paris, 1868.

Il en est enfin qui ont besoin, pour pénétrer dans l'organisme, qu'une destruction partielle des téguments leur offre une porte d'entrée; ce sont ceux des infections putride et purulente, de la pourriture d'hôpital, du phagédénisme, de l'érysipèle et de l'angioleucite infectieuse; on cite cependant des cas de septicémie qui seraient survenus sans plaie apparente chez des individus qui séjournaient dans un milieu infecté; ils sont certainement très exceptionnels.

ARTICLE II. — NATURE DES AGENTS INFECTIEUX (1).

Les agents qui, en pénétrant dans l'organisme, donnent lieu aux maladies infectieuses sont certainement organisés, car ils ont le pouvoir de se multiplier et ce pouvoir appartient en propre à la substance organisée; on pourrait objecter qu'il appartient également aux ferments dits solubles, mais ces fer-

(1) Davaine, *Recherches sur les infusoires du sang dans la maladie connue sous le nom de sang de rate (Gazette médicale, 1863-1864).* — Pasteur, *Sur la fermentation lactique (Comptes rendus de l'Acad. des sciences, 1857); Sur la fermentation alcoolique (ibid., 1858-1859); De l'origine des ferments (ibid., 1860); Expériences relatives aux générations spontanées (ibid., 1860); Sur les corpuscules organisés qui existent en suspension dans l'air (Annales de chimie et de physique, 1862); Animalcules infusoires vivant sans gaz oxygène libre et déterminant des fermentations (Acad. des sciences, 1861-1862.)* — Pasteur et Joubert, *Sur les germes des bactéries en suspension dans l'atmosphère et dans les eaux (ibid., 1877).* — J. Tyndall, *Les microbes,* traduit de l'anglais par Dollo. Paris, 1880. — Ch. Robin, *Sur la nature des fermentations (Journ. de l'anatomie, 1875); Remarques sur les fermentations bactériennes (ibid., 1879).* — Cohn, *Beit. z. Biologie d. Bacillen (Beit. z. Biol. d. Pflanzen.* Breslau, 1872); *Nova acta Acad. Leop.-Carol., 1853.* — G. Nepveu, *Des bactéries et de leur rôle pathogénique (Revue des sciences médicales, 1878),* excellent travail donnant l'état de la science à cette époque; *Du rôle des organismes inférieurs dans les lésions chirurgicales (Gaz. méd., 1875).* — Grawitz, *Die Schimmelvegetationen im thierischen Organismus (Archiv f. path. Anat.,* t. LXXXI). — R. Lewis, *Les microphytes du sang et leurs relations avec les maladies.* Paris, 1880. — Magnin, *Les bactéries.* Paris, 1877. — Pasteur, Joubert et Chamberland, *La théorie des germes et ses applications à la médecine (Comptes rendus de l'Acad. des sciences,* t. LXXXI). — Ch. Talamon, *Du rôle des microbes dans la genèse des maladies d'après les travaux de Pasteur (Revue mensuelle de médecine,* etc., 1880). — Ch. Bouchard, *Leçons sur les maladies infectieuses,* résumées par Landouzy (*Revue de médecine,* 1881). — Du Cazal et Zuber, *Du rôle pathogénique des microbes (Revue des sciences médicales,* 1881); ce travail résume très exactement les faits connus au moment où il a paru, nous lui avons emprunté plusieurs indications. — Flügge, *Fermente und Mikroparasiten.* Leipzig, 1883. — Jaccoud, *Les maladies infectieuses,* 1883.

ments dérivent tous eux-mêmes d'êtres organisés et il y a des
raisons de croire qu'on les a séparés d'une manière trop absolue
des ferments figurés (1). Ces agents organisés doivent-ils être
considérés comme des parasites? Cette manière de voir semble
avoir reçu, grâce aux travaux de MM. Davaine, Pasteur et
Koch, une démonstration pleine et entière pour le charbon,
pour deux maladies des vers à soie, la flacherie et la pébrine,
pour le choléra *des poules* et, aussi, tout récemment, pour la
tuberculose, le rouget des porcs (2) et la morve ; on a trouvé
constamment, dans les tissus des sujets atteints de ces affections, des corpuscules spéciaux, à l'état adulte ou à l'état de
germe, et l'on a constaté que ces mêmes corpuscules, isolés
et multipliés par des cultures successives, peuvent, quand on
les inocule à un sujet, lui communiquer la même maladie
spécifique. En présence de ces faits, rapprochés des données
nouvelles qu'a fournies M. Pasteur sur le rôle actif des microbes dans les fermentations, des esprits hardis ne craignent
pas d'appliquer à la généralité des maladies infectieuses ce
qui est démontré seulement pour quelques-unes d'entre elles ;
ils voient partout des parasites et ils les décrivent ; l'infection
n'est plus pour eux que du parasitisme. Si l'on mesure le
chemin parcouru dans ces dernières années, on peut présumer
que l'avenir viendra confirmer l'exactitude de ces vues ; mais
dans les sciences on ne peut pas se contenter du vraisemblable,
il faut des preuves, et ces preuves n'ont été fournies jusqu'ici
d'une manière complète que pour les affections indiquées plus
haut, ce sont les seules dans lesquelles on ait démontré l'existence d'un microbe capable de reproduire la maladie après
avoir été isolé et cultivé ; et encore des pathologistes éminents
professent-ils que ce microbe n'est que le vecteur du contage.

Hâtons-nous d'ajouter que des faits positifs permettent, dès à
présent, de rattacher très vraisemblablement à la présence de
micro-organismes la plupart des autres infections. Il en est
ainsi, par exemple, du typhus récurrent, dans lequel on rencontre constamment, pendant les stades fébriles, un microbe

(1) Hallopeau, *Recherches sur la nature du ferment peptique* (*Bulletin de
la société de biologie*, 1880). — Béchamp, *les Microzymas*. Paris, 1883.

(2) Pasteur et Thuillier, *La vaccination du rouget des porcs* (*Bulletin de
l'Académie* et *Semaine médicale*, 1883).

particulier, le *spirille* d'*Obermeier*, de la lèpre, de la fièvre intermittente, de la fièvre typhoïde, de l'érysipèle, de la morve, de la syphilis, de l'infection puerpérale, de la blennorrhagie et du furoncle, maladies où l'on trouve des corpuscules que l'on peut considérer comme des éléments contagieux. Du moment où l'on constate que la présence d'un parasite coïncide constamment avec une maladie déterminée, il est permis d'admettre, alors même que l'on n'a pu faire de réinoculations, qu'il y a une relation entre les deux phénomènes et il est bien peu vraisemblable que ce soit la maladie qui amène le développement du parasite. Il faut considérer aussi que la preuve complète de la nature parasitaire d'une maladie par la culture et la réinoculation est actuellement, et sera peut-être toujours, impossible à faire pour la plupart de celles qui sont propres à l'espèce humaine, *car, pour cultiver un microbe, il faut nécessairement un terrain favorable et rien ne prouve que, pour beaucoup de contages, il en existe actuellement d'autre que le sang humain.* Quand on voit, par exemple, la plupart des hommes être réfractaires au contage de la scarlatine, puisque un petit nombre seulement d'entre eux en est atteint, comment s'étonner que ce même contage ne puisse être cultivé dans un liquide organique quelconque ou dans la solution de Pasteur, ou même chez un singe? Ce qui est surprenant, c'est que certains microbes se multiplient dans de telles conditions (1).

Si l'on accorde enfin que l'inoculation à l'homme n'est presque jamais praticable, on arrive à conclure que la preuve directe et complète de la nature animée des contages humains ne pourra être fournie que très exceptionnellement; mais, à défaut de cette démonstration absolue, si l'on arrive à trouver constamment, dans chacune des maladies infectieuses, un microbe spécial, l'hypothèse que nous discutons atteindra un tel degré de vraisemblance qu'on devra la tenir pour vraie, si toutefois l'on a bien établi que ce microbe n'est pas un produit secondaire qui a envahi l'organisme transformé préalablement par la maladie en un terrain favorable à son développement.

(1) Consulter à ce sujet la remarquable revue de M. Talamon dans la *Revue mensuelle* de 1880.

ARTICLE III. — DES MICROBES.

§ 1. — Caractères généraux.

Les microbes que l'on trouve chez les sujets atteints de maladies infectieuses appartiennent tous à la classe d'êtres organisés que l'on désigne sous le nom de *schizomycètes* ou *schizophytes* (Cohn). On les classe parmi les champignons, bien qu'ils s'en séparent par plusieurs caractères importants, tels que l'absence de fonction chorophyllienne et, pour certains d'entre eux, la possibilité de vivre sans air et de se déplacer.

On en décrit six variétés principales, les *micrococcus*, les *bactéries*, les *bacilles*, les *leptothrix*, les *spirilles* ou *vibrions* et les *spirochètes*. Les *micrococcus* sont de petites cellules arrondies ou ovales, les *bactéries* présentent la forme de très courts bâtonnets, ce sont des cellules dont un diamètre dépasse l'autre ; les *bacilles* sont des bâtonnets plus allongés ; les *leptothrix* sont de longs filaments ; les microbes prennent le nom de *spirilles*, de *vibrions* ou de *spirochètes* quand ils sont ondulés ou contournés en hélice (1).

On peut distinguer dans ces éléments, quand leur petitesse n'est pas excessive, une membrane d'enveloppe et un contenu cellulaire généralement incolore, qui renferme souvent de très fines gouttelettes d'apparence huileuse ou des granulations fortement réfringentes ; ce contenu devient trouble quand le microbe est mort ou en voie de dégénérescence.

Certains de ces éléments sont immobiles ; il en est ainsi des *micrococcus;* les autres ferments sont souvent animés de mouvements rapides; tantôt ils tournent autour de leur axe longitudinal, tantôt ils présentent des mouvements alternatifs de flexion et d'extension que les variations de température et la composition du milieu peuvent accélérer ou ralentir.

Les *schizomycètes* peuvent être isolés ou groupés en colonies. Les jeunes éléments (cellules filles) ne se séparent pas de leurs générateurs ; ils leur restent unis par une substance gélatiniforme et il se forme ainsi des amas de cellules conglomérées qui portent le nom de *zooglées*. Ces masses sont le plus souvent

(1) Flügge, *Handbuch der hygiene. Fermente und Mikroparasiten*. Leipzig, 1883.

composées de micrococcus ou de bactéries (fig. 56 et 57), mais on peut y trouver également des bacilles ou des spirilles. Leur forme est tantôt arrondie, tantôt lobulée; quelquefois elles se ramifient comme les branches d'un arbre ; leurs dimensions peuvent être assez considérables pour qu'elles représentent des taches visibles à l'œil nu. Dans les liquides, elles forment tantôt un nuage diffus, tantôt des flocons, tantôt une couche mince à la surface, tantôt un dépôt au fond du vase. Lorsqu'elles se développent sur une substance solide, elles se présentent sous l'aspect de petites masses sèches ou de gouttelettes visqueuses plus ou moins colorées ou transparentes.

Les schizomycètes se développent principalement, mais non exclusivement, par fissiparité. Les cellules s'accroissent suivant leur diamètre longitudinal ; un sillon se produit dans leur partie moyenne et elles se divisent. Les jeunes éléments peuvent rester unis par une masse gélatineuse, de telle sorte qu'au bout de peu de temps ils forment des chaînettes ou des masses de zooglée. Cette multiplication s'accomplit avec une grande rapidité; on peut voir, à une température de 35°, des bacilles se diviser en 20 minutes ; en admettant que chaque élément ne se divise que toutes les heures, on arrive en moins de 48 heures au chiffre de plusieurs milliards de microbes nouvellement formés.

En dehors de ce développement par fissiparité, il faut admettre, comme l'ont démontré en premier lieu Pasteur et ultérieurement Koch, que beaucoup de schizomycètes se multiplient par la formation de spores dans leur épaisseur. Le fait a été constaté souvent pour les bacilles et quelquefois aussi pour les bactéries et les vibrions. Le plus ordinairement, la production des spores est précédée par un allongement des éléments qui atteignent 20 fois et plus leur longueur normale; ils s'infléchissent, se contournent, et souvent se réunissent en faisceaux ou forment un réseau à mailles serrées. Bientôt le contour des bacilles se trouble et l'on y voit paraître de petites granulations fortement réfringentes; au bout d'environ 20 heures, elles se sont transformées en spores arrondies, à contours sombres, rangées comme des perles en bracelet; les bacilles mères se dissocient, et les nouveaux éléments se trouvent libres. D'autres fois les bacilles, au lieu de s'allonger, s'épaississent, de manière à devenir fusiformes ou ellipsoïdes, leur membrane s'épaissit et les spores se forment dans leur épaisseur. Ces spores, circulaires ou arrondies, mesurent de 1 μ à 2,5 μ de longueur sur 0,5 à 1 μ en largeur. L'intensité de leur pouvoir réfringent est remarquable; on peut le comparer à celui des gouttes graisseuses avec lesquelles on pourrait les confondre, mais elles s'en distinguent en ce qu'elles persistent après l'action de l'éther et de la chaleur; elles sont formées de protoplasma; on leur reconnaît une membrane relativement épaisse dans laquelle on peut distinguer deux couches, l'exospore et l'endospore; elles sont entourées d'une masse arrondie et transparente.

Placées dans des conditions favorables à leur nutrition et soumises à une température convenable, les spores peuvent à leur tour se transformer en bacilles, mais il faut pour cela, le plus souvent, qu'elles soient changées de milieu. Quand elles germent, la masse arrondie qui les entoure s'allonge en fibrille, en même temps que les spores elles-mêmes pâlissent et disparaissent (Koch). D'après Bazmowski et Brefeld, les spores se tuméfient, perdent leur double contour, puis il se fait à chacun de leurs pôles un dépôt semi-lunaire, et enfin il se développe une saillie qui s'allonge en bâtonnet.

Ces spores sont remarquables par la grande résistance qu'elles opposent aux causes de destruction; on peut les chauffer à l'air jusqu'à 120 ou 125° sans leur faire perdre leur fécondité. Elles représentent une forme persistante de microbes qui, dans certaines conditions, se développent pour s'élever à une vie plus active.

Les schizomycètes sont formés surtout d'une substance albuminoïde qui présente des réactions propres et a été décrite récemment par Nencki (1) sous le nom de *mycoprotéine*. On la retrouve dans la membrane d'enveloppe de ces éléments, ainsi que dans la couche gélatiniforme qui les entoure.

Ces différents microbes ne se développent que dans des milieux offrant certaines conditions encore incomplètement déterminées pour chacun d'eux. La réaction neutre, acide ou alcaline, constitue une des plus importantes; une faible acidité nuit au développement des bactéridies et favorise celui des moisissures; une réaction neutre ou légèrement alcaline agit en sens

____

(1) Nencki, *Beiträge zur Biologie der spaltpilze.* Leipzig, 1880.

inverse. Talamon (1) met à juste titre en relief l'intérêt de ces faits pour le pathologiste : si les maladies sont la conséquence du développement de certains germes dans l'organisme et si le développement de ces germes est dans un rapport étroit avec la composition des liquides récepteurs, on doit espérer trouver un jour dans l'étude des modifications subies par les liquides organiques l'explication du mystère qui se cache pour nous sous le mot de *réceptivité*.

Parmi les conditions qui influent le plus puissamment sur le développement des microbes, il faut ranger la présence ou l'absence de l'oxygène libre. Certaines espèces ne vivent que dans l'oxygène; d'autres sont tuées par lui; d'où la division établie par Pasteur de ces petits êtres en deux grandes classes, les *aérobies* et *anaérobies*. Ces derniers constituent les ferments; ils s'emparent de l'oxygène combiné avec les autres éléments du milieu où ils se développent et les décomposent lentement; nous citerons parmi eux le ferment butyrique : en faisant passer un courant d'air atmosphérique dans le liquide qui le contient pendant une heure ou deux, on le fait périr. Certains microbes sont à la fois aérobies et anaérobies; si, par exemple, l'on sème des spores de *penicillium glaucum* à la surface d'un liquide fermentescible préalablement bouilli et en rapport avec un air purifié, le champignon se développe rapidement en envoyant de larges filaments dans le liquide; ce travail s'accomplit sans production d'alcool, il n'y a pas de fermentation: le microbe est aérobie; mais si l'on vient à l'enfoncer complètement dans le liquide, il n'y a plus assez d'oxygène libre pour subvenir à ses besoins, il décompose le sucre et il se produit de l'alcool, résultat de la fermentation; le microbe est devenu anaérobie.

Les microbes, en se développant, modifient diversement le milieu où ils se trouvent; souvent ils donnent lieu à la production de matières colorantes; d'autres fois ils sont le point de départ de fermentations qui aboutissent à la formation tantôt d'acide lactique, tantôt d'ammoniaque, tantôt d'hydrogène ou d'acide carbonique; introduits dans l'organisme, ils provoquent des phénomènes morbides.

(1) Talamon, *loc. cit.*

Telles sont les notions générales que l'on possède actuellement sur ces petits organismes ; bien que très incomplètes encore, elles jettent cependant une vive lumière sur les fermentations et sur la nature des maladies infectieuses. Avant d'aborder l'étude de leur rôle pathogénique, nous devons indiquer les particularités que présente chacune des espèces que nous avons distinguées.

§ 2. — Des différentes espèces de microbes.

1. — Les *micrococcus* se présentent sous la forme de grains ronds de dimensions très variables ; les plus petits sont à la limite des objets visibles aux plus forts grossissements ; rarement

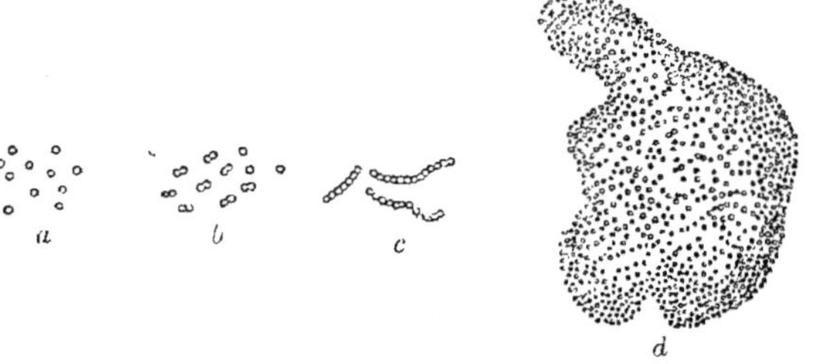

Fig. 56. — Micrococcus. 650 : 1 (d'après Cohn) (*).

leur diamètre atteint un µ (fig. 56) : ils sont souvent groupés deux à deux et ressemblent alors à des bâtonnets ; souvent ils forment des chaînettes plus ou moins longues ; souvent enfin ils sont agglomérés en masses plus ou moins volumineuses, dites *zooglées* (fig. 56). Ils sont réunis par une substance de nature inconnue. Ils résistent à l'action des acides étendus, des alcalis et de l'alcool mélangés d'éther, et se distinguent ainsi des granulations protéiques et graisseuses ; Weigert a montré qu'ils sont vivement colorés par le violet d'aniline et il a donné ainsi un moyen de les reconnaître, car ils gardent leur coloration, alors que les autres éléments en ont été dépouillés par des réactifs. On les rencontre dans l'interstice des éléments, et souvent aussi dans le corps même des cellules. Ils sont animés du mouvement brownien, mais ne se déplacent pas spontanément.

(*) *a*, isolé. — *b*, diplococcus. — *c*, torula. — *d*, zooglée.

Ces micrococcus présentent de notables différences relativement à leur volume, leur forme qui peut être ronde ou ovale,
leur mode de groupement, leur affinité pour les diverses
matières colorantes; mais on ne peut trouver dans ces caractères les éléments d'une classification. Cohn les distingue,
d'après leur action physiologique, en *zymogènes*, *générateurs* de
pigment et *pathogènes*.

Parmi les *zymogènes*, on cite celui de l'urée (aérobie) qui
produit la fermentation ammoniacale de l'urine, ceux du vin
filant, de la phosphorescence et de la putréfaction.

Les micrococcus *générateurs de pigment* se présentent surtout

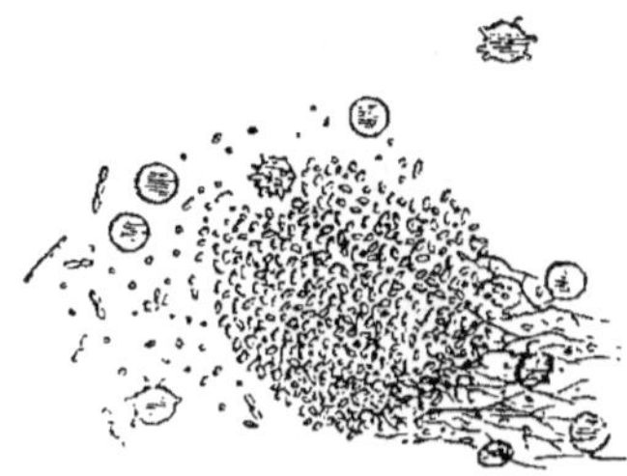

Fig. 57. — Amas de micrococcus et de bactéries provenant d'un coagulum
sanguin intra-péritonéal : on voit à droite les fibrilles de la fibrine, à gauche
les micrococcus et les bactéries isolés ou groupés ; ils se sont accumulés sur
un certain nombre de globules rouges et leur donnent un aspect crénelé
comparable à celui qu'ils prennent en se desséchant.

sous la forme de zooglées ; on distingue le micrococcus *prodigio-
sus*, le *luteus*, l'*aurantiacus*, le *cyaneus*, le *fulvus ;* ils se déposent
à la surface de la substance qui les nourrit et le pigment se
produit au contact de l'air.

Les micrococcus *pathogènes*, qui nous intéressent plus parti-
cullèrement, sont ceux des vers à soie (corpuscules de la
pébrine), de l'infection traumatique, de la pyémie, de la septicémie, de la vaccine, de l'érysipèle, de la gonorrhée, de
l'endocardite ulcéreue, etc., nous y reviendrons bientôt.

2. — Les *bactéries* sont des éléments cylindriques de courtes dimensions et mobiles ; elles représentent des cellules dont l'un des
diamètres dépasse l'autre ; quand elles se multiplient, elles restent souvent unies par groupes de deux ou de quatre, rarement
elles forment des chaînes plus longues ; constamment il reste
des traits de démarcation entre chaque élément. Très fréquem-

ment, les bactéries, unies par une substance intermédiaire, forment des masses de zooglées; elles sont alors immobiles, mais leur multiplication par fissiparité peut continuer. Les parois des cylindres qu'elles représentent sont tantôt régulières, tantôt déprimées vers le milieu de leur longueur; dans ce dernier cas, on a affaire à un élément qui va bientôt se séparer en deux.

On distingue, parmi leurs principales variétés, le *bacterium termo*, un des agents de la putréfaction, formé de cellules longues de 1,5 μ et larges de 0,5 à 0,7 μ, à contenu clair ou noirâtre, et à enveloppe relativement épaisse; elles se contournent autour de leur axe longitudinal et se déplacent. Les bactéries des fermentations *lactique* et *acétique* appartiennent à la même espèce; il en est de même des bactéries de la *septicémie* et du *choléra des poules*.

3. — Les *bacilles* offrent la plus grande analogie avec les bactéries; ils ne semblent, au premier abord, en différer que par leur longueur plus grande; si l'on en fait un groupe distinct, c'est que les bacilles ont la propriété de se transformer

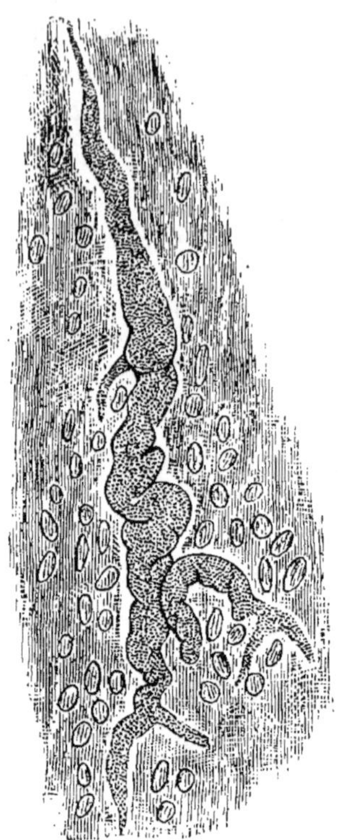

Fig. 58. — Amas de zooglée dans une petite veine du rein d'un lapin.

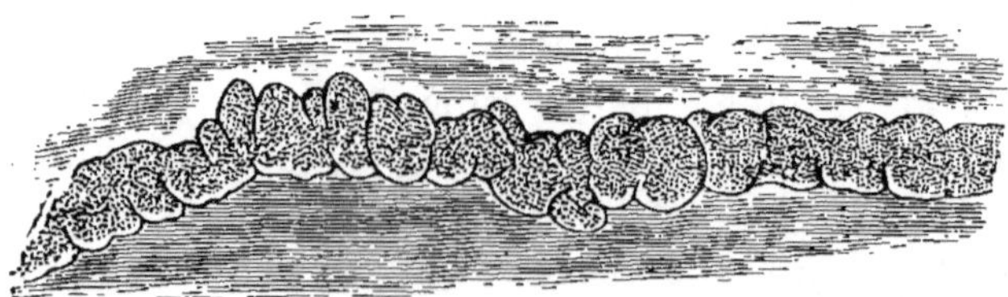

Fig. 59. — Amas de micrococcus en zooglée dans une veine de l'estomac d'un typhique.

en de longs filaments dans lesquels on ne peut plus distinguer

les éléments primitifs ; d'autre part, ils peuvent, à l'encontre des
bactéries, donner naissance à des spores durables.

Ces éléments peuvent, comme les précédents, produire des
fermentations et des maladies ; c'est un bacille anaérobie qui
est l'agent de la fermentation butyrique ; les microbes décrits
sous le nom de bactéridies du charbon, ceux du charbon symptomatique, de l'œdème malin, de certaines septicémies, de la
tuberculose et de la lèpre rentrent également dans la classe des
bacilles. Ceux qui ont été signalés par Klebs dans l'intoxication
palustre, et par Eberth dans la fièvre typhoïde lui appartien-
draient aussi.

4. — Les *leptothrix* forment de longs filaments de 0,7 à 1 μ
d'épaisseur (fig. 60) ; ils sont sou-
vent unis en faisceaux ou en masses ; on les trouve mêlés à d'autres
microbes sur la muqueuse des gencives , autour des dents ; on leur
attribue un rôle dans le développement de la carie dentaire ; Leber (1),
en les inoculant dans la cornée, y a
déterminé une grave suppuration.
Ce champignon, traité par l'iode
dans un milieu acide, prend une
couleur violette ; on tend à le considérer comme une variété de bacille.

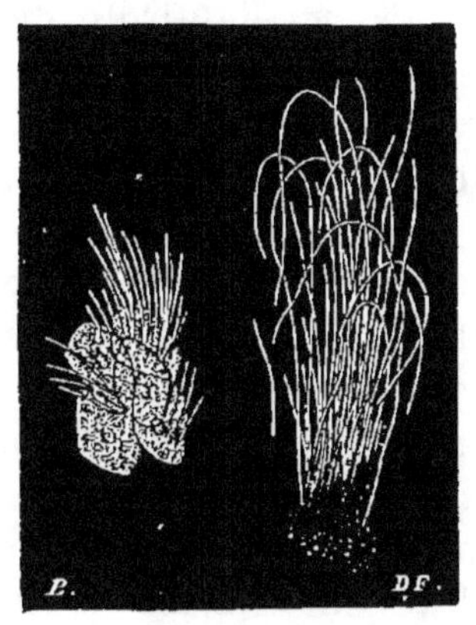

Fig. 60. — *Leptothrix buccalis.*

5. — Les *spirilles* ou *vibrions* sont
des filaments courts, contournés en
spirale et mobiles ; ils donnent naissance à des spores ; on
les trouve dans le mucus gingival et dans les fèces.

6. — Les *spirochaètes* diffèrent des précédents en ce qu'ils
sont plus larges et plus flexibles ; ils existent dans les dents
cariées, entremêlés aux leptothrix. Obermeier les a observés
dans le sang des malades atteints de fièvre rémittente.

ARTICLE IV. — MODE DE TRANSMISSION ET DE PÉNÉTRATION
DES MICROBES.

Les microbes peuvent pénétrer dans le corps humain par les

(1) Leber, *Berl. klin. Woch.*, 1882

voies respiratoires, par le tube digestif, ou par la surface des téguments.

Il est certain que bon nombre de maladies infectieuses se transmettent par l'air atmosphérique ; il en est ainsi pour la coqueluche, le croup et la grippe, pour la plupart des cas de tuberculose, de septicémie, d'érysipèle et d'infection purulente, et sans doute aussi pour la variole, la rougeole et la scarlatine. L'étude des microbes contenus dans l'air ambiant présente à ce point de vue un réel intérêt ; M. Miquel (1) a constaté, par des recherches multipliées, que leur nombre varie beaucoup dans les différentes localités et suivant l'état de l'atmosphère. Dans l'air du parc de Montsouris, il oscille entre 33 et 170 par mètre cube, et il est de 28 au sommet du Panthéon ; il atteint une moyenne de 750 rue de Rivoli, devant la mairie du ive arrondissement, de 5260 dans une chambre de la rue Monge, de 6300 dans la salle Saint-Christophe à l'Hôtel-Dieu, et de 11000 dans les salles de chirurgie de la Pitié. Plus récemment, le même auteur a trouvé que le nombre de bactéries contenues dans un mètre cube d'air analysé à des époques fort voisines était, à une altitude de 2000 mètres, de 0, sur le lac de Thun de 0,8, au parc de Montsouris de 760, et rue de Rivoli de 5500 (2). Les observations de M. Miquel lui ont montré d'autre part que le chiffre des microbes atmosphériques est influencé par la température et l'état de sécheresse ou d'humidité. En général peu élevé en hiver, il croît au printemps, reste haut en été, et baisse rapidement en automne. Au mois de janvier 1879, le nombre de bactéries par mètre cube est tombé à 5 à l'observatoire de Montsouris. Ce serait cependant une erreur de croire qu'il augmente nécessairement avec la chaleur ; l'état hygrométrique a une grande importance ; les bactéries, moins nombreuses en temps de pluie, se multiplient quand l'atmosphère se dessèche, pour diminuer si la sécheresse persiste.

Les microbes qui pénètrent par les voies digestives peuvent venir également de l'air ambiant, et après s'être arrêtés dans la

____

(1) A. Miquel, *Etudes sur les poussières organisées de l'atmosphère* (*Annales d'hygiène*, 1879, t. II, p. 226); *Des organismes vivants dans l'atmosphère.* Paris, 1883.

(2) Miquel, *De la pureté en microbes de l'air des montagnes et de quelques districts de la Suisse* (*Semaine médicale*, 1883).

cavité buccale ou dans le pharynx, être déglutis avec la salive et
les aliments. Plus souvent ils sont absorbés avec la nourriture,
et plus particulièrement avec l'eau alimentaire ; nous avons **vu**
que celle-ci est le vecteur le plus habituel du contage typhoïde ;
elle peut également transmettre le choléra. Les études très
bien faites de M. Miquel ont montré que sa richesse en microbes
varie encore plus que celle de l'air ambiant ; tandis que leur
chiffre atteint 64,000 dans un litre d'eau de pluie, et 248,000
dans un litre d'eau de la Vanne, la même quantité d'eau de
Seine en contient 4,800,000 à Bercy et 12,800,000 à Asnières ; il
y en a 80,000,000 dans l'eau d'égout puisée à Clichy. On ne peut
nier qu'une eau ainsi surchargée de microbes ne soit éminemment suspecte ; on ne peut néanmoins déterminer quelle en est
l'influence pathogénique, car l'examen microscopique ne nous
apprend rien sur la nature de ces microbes ; nous ne pouvons
savoir s'ils sont ou non nuisibles ; la culture seule pourrait
donner des résultats à cet égard ; mais comment aller découvrir
et isoler dans cette masse de petits êtres ceux qui peuvent
engendrer telle ou telle maladie ?

Pour pénétrer dans l'organisme par les surfaces tégumentaires, les microbes doivent franchir la barrière que leur oppose
l'épiderme ou l'épithélium ; certains d'entre eux n'y parviennent
que dans les cas de plaie ; tels sont ceux de l'infection purulente et de la rage ; d'autres semblent s'introduire dans l'interstice des cellules épithéliales à l'aide de frottements ; c'est ainsi
que les choses se passent le plus souvent pour le contage de la
syphilis et pour celui du chancre simple ; d'autres enfin semblent s'implanter dans les muqueuses et y déterminer une vive
inflammation ; tel est, par exemple, le contage de la blennorrhagie.

ARTICLE V. — ROLE PATHOGÉNIQUE DES MICROBES.

§ 1. — Considérations générales.

On a trouvé des microbes dans la plupart des maladies infectieuses, mais l'on peut souvent se demander s'ils sont la cause
ou l'effet des troubles nutritifs qui les caractérisent ou s'ils sont
indifférents.

Les objections formulées contre la théorie qui regarde le microbe comme l'infectieux lui-même peuvent être résumées ainsi qu'il suit :

1° « On rencontre des microbes qui paraissent identiques dans des maladies différentes ». On répond que ces organismes sont trop petits pour que l'on puisse les décrire avec précision, et que d'ailleurs ils peuvent offrir des caractères anatomiques semblables tout en différant par leurs fonctions : « La nature d'un ferment, dit Pasteur (1), ne peut être rigoureusement établie que par sa fonction physiologique. » Ajoutons que les progrès de l'histologie permettent d'établir des distinctions entre des microbes qui naguère encore paraissaient identiques ; c'est ainsi que Koch a trouvé des parasites d'aspect différent dans la septicémie, l'infection purulente et le phlegmon diffus, et il a montré qu'à ces différences d'aspect correspondent des différences d'action pathogénique.

2° « On peut introduire sous la peau des liquides chargés de bactéries sans produire d'accidents. » On peut opposer à cette objection, comme à la précédente, qu'il y a bactéries et bactéries.

3° « La présence des microbes n'est pas constante dans les infections. » Il faut savoir qu'ils n'existent pas toujours sous une forme identique. Nous verrons plus loin que la bactéridie charbonneuse peut engendrer des spores capables de la reproduire ; or ces spores en diffèrent complètement par leur aspect et elles ont longtemps échappé aux investigations. D'une autre part, il semble que les substances chimiques élaborées par les agents infectieux suffisent à produire les accidents : si l'on injecte à un animal une quantité relativement considérable de sang putride, il succombe en quelques heures et l'on ne retrouve dans ses tissus qu'une quantité insignifiante de microbes; il a été empoisonné par les substances chimiques contenues dans le sang putride. Si au contraire on injecte une quantité minime seulement de liquide putride, la mort ne survient qu'au bout de quelques jours et les tissus renferment de nombreux microbes (Koch).

4° « Lewis (2) soutient que les microbes peuvent être retrou-

(1) Pasteur, *Des altérations spontanées ou maladies des vins* (*Acad. des sciences*, 1864).
(2) Lewis, ouvrage cité.

vés chez tous les sujets et que, s'ils existent en proportion beaucoup plus grande dans les cas de maladies infectieuses, c'est parce que nos tissus constituent alors un terrain beaucoup plus favorable à leur développement.» Le fait sur lequel s'appuie Lewis est formellement nié par Pasteur, Cohn et Babès ; ce dernier observateur a constaté chez plus de cent sujets l'absence de microbes dans le sang et les humeurs ; la proposition de Lewis est de plus en contradiction flagrante avec les expériences dans lesquelles on a vu des microbes cultivés isolément donner lieu au développement du charbon.

6° « Les accidents dits infectieux peuvent s'expliquer par la pénétration dans l'organisme d'alcaloïdes dérivés des matières protéiques. » Découvertes, en 1872, par A. Gautier (1) et Selmi (2), décrites par ce dernier sous le nom de *ptomaïnes*, étudiées depuis par Gianetti et Corona (3), par Brouardel et Boutmy (4), Gautier et Etard, ces substances que l'on peut extraire, non seulement des albuminoïdes putréfiées, mais aussi, d'après Gautier, des excrétions ou sécrétions normales des animaux supérieurs, donnent lieu, quand elles pénètrent dans le corps humain, à des troubles graves et de nature variée, tels que la dilatation et l'irrégularité des pupilles, dilatation à laquelle succèdent bientôt la contraction, le ralentissement instantané et l'irrégularité des pulsations cardiaques, la perte de la contractilité musculaire, des convulsions et la mort avec le cœur en systole. M. A. Gautier pense qu'elles peuvent se produire en quantité considérable dans quelques circonstances pathologiques et qu'elles sont une des causes des troubles fonctionnels qui se succèdent dans beaucoup de maladies, tout spécialement lorsque le mouvement de désassimilation et l'élimination des produits urinaires sont enrayés.

M. Ch. Bouchard admet, contrairement à M. A. Gautier, que

(1) A. Gautier, *Les alcaloïdes dérivés des matières protéiques* (*Journal d'anatomie et de physiologie*. Paris, 1881).

(2) Selmi, *Sur un alcaloïde qui s'extrait du cerveau, du foie et du coquelicot, Gaz. chim. ital.* 1875. — *Sur les planariés*. Bologne, 1878.

(3) Gianetti et Corona, *Sugli alcaloidi cadaverici*, etc. Bologne, 1880.

(4) Brouardel et Boutmy, *Réactif propre à distinguer les ptomaïnes des alcaloïdes végétaux.* (*Ann. d'hyg.*, 1881, t. VI, p. 9). — *Réaction des ptomaïnes et conditions de leur formation* (*Annales d'hygiène publique*, 1881, t. V, p. 497).

ces substances apparaissent exclusivement dans les matières animales où vivent et pullulent des champignons microscopiques, et, considérant qu'elles donnent, comme les alcaloïdes des champignons vénéneux, du bleu de Prusse en présence du ferro-cyanure de potassium et du perchlorure de fer, il tend à les regarder comme des produits de désassimilation des organismes végétaux. Du moment où l'on a reconnu que les bactéries vivant dans les matières animales mortes fabriquent des alcaloïdes, on pouvait se demander si d'autres bactéries, pullulant dans un organisme vivant, n'y produiraient pas des substances analogues. Pour vérifier l'exactitude de cette supposition, M. Ch. Bouchard (1) a recherché les alcaloïdes dans les urines des sujets atteints de maladies infectieuses et il les y a trouvés constamment dans certaines d'entre elles; il est vrai que l'on en trouve également des traces manifestes dans les urines de sujets sains, mais cela ne prouve pas qu'ils ne soient pas formés par des végétaux inférieurs. Il y a, à l'état normal, des quantités énormes de microbes dans le tube digestif; il se peut donc que, chez les sujets sains, des alcaloïdes végétaux soient fabriqués dans l'intestin, absorbés, puis éliminés par l'urine. M. Bouchard a, en effet, constaté que toutes les matières fécales fraîches renferment des alcaloïdes en quantité d'autant plus abondante qu'elles contiennent plus de microbes. Ces alcaloïdes sont multiples : les uns sont solubles, les autres insolubles dans l'éther; ils réagissent différemment quand on les traite par l'iodure double de mercure et de potassium, par le réactif iodoioduré et par le mélange de ferro-cyanure de potassium et de perchlorure de fer. La quantité d'alcaloïdes contenue dans les urines varie en raison de la quantité d'alcaloïdes que renferment les déjections; si l'on parvient à diminuer celle-ci, on voit celle-là diminuer également. M. Bouchard, en présence de ces faits, arrive à formuler les propositions suivantes : il existe des alcaloïdes à l'état normal dans le corps des individus vivants; ces alcaloïdes sont fabriqués dans le tube digestif et sont vraisemblablement élaborés par les organismes végétaux, agents des

(1) Ch. Bouchard, *Sur la présence d'alcaloïdes dans les urines au cours de certaines maladies infectieuses (Société de biologie 1882); De l'origine intestinale de certains alcaloïdes normaux et pathologiques (Revue de médecine,* 1883).

putréfactions intestinales ; les alcaloïdes des urines normales représentent une partie des alcaloïdes de l'intestin absorbée par la muqueuse digestive et éliminée par les reins ; les maladies qui exagèrent les putréfactions intestinales augmentent, par ce procédé, la quantité des alcaloïdes urinaires ; tout en considérant, comme probable que des alcaloïdes, dans certaines maladies infectieuses, ont pour origine les microbes répandus dans les tissus ou les humeurs, on peut tenir pour certain que, dans la fièvre typhoïde, une partie au moins des alcaloïdes urinaires est de provenance intestinale. M. Bouchard considère comme possible, mais non comme démontré, qu'ils aient des propriétés vénéneuses et que leur rétention produise des accidents toxiques au cours des maladies infectieuses.

S'il en est ainsi, la question est de savoir si les bactériens agissent par eux-mêmes ou par leurs produits de désassimilation. Leur rôle demeure prépondérant dans les deux cas ; on peut considérer la théorie qui leur attribue la genèse des maladies infectieuses comme démontrée pour plusieurs d'entre elles et d'ores et déjà comme très vraisemblable pour la plupart des autres, si ce n'est pour toutes ; reste à savoir s'ils possèdent pas eux-mêmes ces propriétés infectieuses ou s'ils ne les empruntent pas aux organismes dans lesquels ils se développent ; nous reviendrons ultérieurement sur ce point.

§ 2. — Des divers agents infectieux.

Entrons maintenant dans le détail et examinons quelles données l'on possède sur les différents agents infectieux. Les études pour la plupart toutes récentes auxquelles nous les devons ont porté sur les maladies des animaux en même temps que sur celles de l'homme, et les résultats obtenus en médecine vétérinaire sont de nature, comme l'a éloquemment montré M. Bouley (1), à fournir des notions importantes à la pathologie générale. Je les résumerai en premier lieu.

1° *Agents de la pébrine.* — On décrit sous ce nom une maladie des vers à soie caractérisée par la présence de corpuscules dont Pasteur a démontré la nature parasitaire. Ces éléments sont,

(1) Bouley, *Le progrès en médecine par l'expérimentation.* Paris, 1882.

à l'état adulte, ovales, brillants et nettement limités ; plus jeunes, ils offrent des contours à peine accusés et leur couleur est pâle ; ils naissent de cellules arrondies qui semblent gélatineuses ; ils pénètrent soit par l'intestin, soit par la peau : leur multiplication se fait avec une grande rapidité. La maladie est tout entière dans les corpuscules ; c'est par eux qu'elle existe et qu'elle se transmet. Ils pénètrent dans les œufs et les rendent stériles.

2° *Agents de la flacherie.* — Ils sont de deux ordres : les uns sont des micrococcus groupés en chapelets, analogues à ceux de la fermentation ammoniacale et de l'infection puerpérale ; les autres sont des vibrions très agiles, plus ou moins longs et pouvant contenir dans leur intérieur des noyaux brillants qui sont des spores ; le microbe en chapelet introduit dans le tube digestif y fermente ; le ver languit et ne se meut plus que lentement ; il peut néanmoins guérir ; mais, dans ces conditions, il est souvent envahi par les vibrions qui s'y multiplient en quantité énorme et le tuent après avoir pénétré dans tous ses tissus. Toutes les causes qui affaiblissent le ver favorisent le développement de ces microbes. L'hérédité constitue également une prédisposition ; les vers nés de papillons atteints de la pébrine et de la flacherie contractent plus fréquemment cette maladie.

3° *Agent du choléra des poules.* — Ce parasite, vu pour la première fois par M. Moritz et figuré en 1878 par Perroncito, a été cultivé par M. Toussaint en 1879 et par M. Pasteur (1) ; c'est

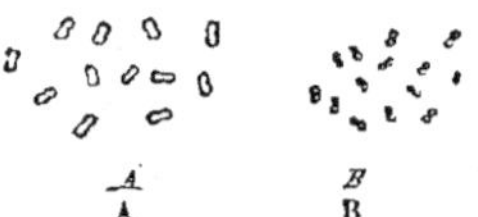

Fig. 61. — Microbe du choléra des poules. 500 : 1 (Pasteur) (*).

un bactérien dont les anneaux sont immobiles, très petits et légèrement déprimés au milieu (fig. 61). Introduit dans le bouillon de muscle neutralisé par la potasse et rendu stérile par

(1) Pasteur, *Sur la maladie virulente et en particulier sur le choléra des poules* (Comptes rendus de l'Académie des sciences, 1880). — *Sur le choléra des poules, étude des conditions de la non-récidive de la maladie* (Ibid.).

(*) A, culture fraîche. — B, culture datant de plusieurs jours.

l'échauffement à 115°, il s'y multiplie en quantité énorme. On peut le soumettre à une série de cultures successives sans affaiblir son pouvoir infectant qui reste très considérable. Il est loin d'être le même chez tous les animaux : tandis qu'il tue les poules presque fatalement, il peut, si on l'inocule à un cobaye, ne déterminer chez lui qu'une lésion locale aboutissant à la formation d'un abcès ; cet animal guérit, et cependant une goutte du pus de cet abcès suffit à tuer une poule. Le cobaye n'offre donc pas un milieu favorable au développement de ce microbe ; il ne présente pas de réceptivité pour ce contage.

Pasteur est parvenu en laissant la culture en contact pendant un certain temps avec l'air atmosphérique, à en diminuer la virulence ; il a montré qu'en inoculant le produit ainsi obtenu on ne provoque pas de troubles graves chez l'animal et qu'on le rend réfractaire à l'action du virus actif ; le microbe de virulence amoindrie se comporte donc comme un *vaccin*.

4° *Agent de la pneumo-entérite infectieuse du porc*. — Klein (1) a trouvé et cultivé dans les liquides virulents, et particulièrement dans la sérosité péritonéale des porcs atteints de *pneumo-entérite infectieuse*, un microbe très analogue au *bacillus subtilis*, mais plus mince et plus flexible ; il existe aussi sous forme de spores ; inoculé après huit cultures successives, il reproduit la maladie ; il en est donc bien la cause.

5° *Agent de la clavelée*. — Les pustules de la *clavelée* renferment des micrococcus qui ont été récemment cultivés par Toussaint (2) dans du bouillon de lapin et de mouton et ont produit des bactéries et des spores ; l'inoculation à des moutons du liquide de culture amène la formation de pustules qui atteignent au bout de 15 à 20 jours leur maximum de développement ; il reste à démontrer, comme le fait remarquer justement M. Zuber, que ces pustules sont bien de nature claveleuse.

6° *Agent de la variole des pigeons*. — Jolyet (3) a constaté que

<hr>

(1) Klein, *Researches on the causes of the infection diseases* (*Quarterly microscopical Journal*, 1879). — Bouley, *Note sur la pneumo-entérite infectieuse du porc* (*Acad. des sciences* 1879).

(2) Toussaint, *Note sur la culture du microbe de la clavelée* (*Comptes rendus de l'Académie des sciences*, 1881).

(3) Jolyet, Delâge et Lagrolet, *Sur l'étiologie et la pathogénie de la variole du pigeon et sur le développement des microbes infectieux dans la lymphe* (*Acad. des sciences*, 1881).

le sang des pigeons atteints de la maladie que l'on appelle leur *variole* ou *picote* renferme une quantité de microbes ; on les trouve déjà pendant la période d'incubation ; ils existent également en quantité dans le pus des pustules ; cultivés dans du bouillon de pigeon, ils fournissent des liquides successifs de culture qui, inoculés, reproduisent la maladie.

7° *Agent de la rage.* — Le microbe de la rage n'est pas encore connu ; les inoculations de salive rabique tuent les lapins, le plus souvent en moins de 24 heures (1), mais ce n'est pas en pareil cas la rage qui est inoculée, c'est, comme l'ont montré M. Vulpian (2) et le regretté professeur Parrot, un microbe qui existe souvent dans la salive normale des sujets sains.

Klebs dit avoir observé dans les ganglions lymphatiques d'un sujet mort de la rage des corpuscules très réfringents disposés le long des vaisseaux ; il ne les a pas cultivés et ses observations n'ont pas été confirmées.

Pasteur a prouvé que le transport d'un fragment du bulbe enlevé par le trépan à un chien enragé chez un autre chien lui donne la rage au bout de trois semaines au plus tard.

8° *Agent du rouget des porcs.* — On doit à Detmers et au très regretté Thuillier la découverte du microbe du *rouget des porcs*. Après avoir constaté sa présence dans le sang des animaux atteints de cette maladie, Pasteur et Thuillier ont institué les expériences nécessaires pour démontrer qu'il en était bien la cause ; le bouillon de veau stérilisé leur fournit un bon milieu de culture, on y multiplia les cultures en prenant toujours pour semence une gouttelette d'une culture précédente ; les dernières cultures inoculées aux porcs leur communiquèrent le mal rouge le mieux caractérisé ; la démonstration était faite (3). Les mêmes auteurs ont réussi à atténuer la virulence de ce microbe en pratiquant une série d'inoculations chez le lapin.

(1) Pasteur, Chamberland et Roux, *Maladie nouvelle provoquée par la salive d'un enfant mort de la rage* (Bulletin de l'Académie de médecine, 1881). — *Sur la rage* (ibid., 1881). — Villemin, *Inoculation de la salive rabique, septicémie* (ibid., 1881).

(2) Vulpian, *Injections de salive normale* (ibid., 1881).

(3) Pasteur et Thuillier, *La vaccination du rouget des porcs à l'aide du virus mortel atténué de cette maladie* (Bulletin de l'Académie de médecine, 1883).

9° *Agent du charbon.* — Cette maladie est contagieuse et inoculable ; il est aujourd'hui démontré que son développement est dû constamment à la pénétration dans l'organisme de bacilles ou de spores.

Davaine (1), en 1852, a le premier constaté dans le sang des animaux atteints de cette maladie la présence des microbes qu'il a nommés *bactéridies*. Les observations de Pollender, en faveur de qui les Allemands revendiquent la priorité, datent de 1855, et sont par conséquent postérieures. Davaine a de plus établi le premier une relation de cause à effet entre la présence de ces microbes et la genèse de la maladie charbonneuse. Il a fait voir que l'inoculation à un animal du sang qui en est chargé amène constamment chez lui le développement de cette zoonose. Pour que la démonstration fût complète, il fallait cultiver le microbe en dehors de l'organisme et reproduire la maladie par l'inoculation du produit de culture ; on doit à Pasteur d'avoir satisfait à ce *desideratum :* dans une série d'expériences faites avec le concours de M. Joubert (2), il a cultivé un grand nombre de fois la bactéridie charbonneuse dans un liquide approprié, et il a constaté que la dernière culture fournit un produit susceptible de reproduire la maladie par inoculation. D'autre part, il a filtré le sang charbonneux et reconnu que le produit de filtration est inerte alors que le résidu resté sur le filtre conserve ses propriétés infectantes. C'est donc bien la bactéridie qui est l'agent infectieux du charbon ; c'est elle qui, en se multipliant dans l'organisme, en trouble les fonctions et amène la mort ; c'est par elle, par elle seule, ou par les spores dont nous allons parler, que se transmet la maladie.

Les bactéridies se présentent sous la forme de bâtonnets mesurant de 3 à 50 μ de longueur et de 5 à 10 μ d'épaisseur, et souvent disposés en groupes. On peut les voir dans un liquide de culture se développer avec une grande rapidité. On admet généralement qu'elles sont immobiles, et pourtant M. Toussaint (3) a constaté récemment qu'elles peuvent, quand elles sont en voie

(1) Davaine, ouvrage cité.
(2) Pasteur et Joubert, *Note sur les maladies charbonneuses* (*Comptes rendus de l'Académie des sciences,* 1877).
(3) Toussaint, *Recherches expérimentales sur la maladie charbonneuse,* Lyon, 1879.

de développement, présenter de légers mouvements. Elles sont aérobies et se détruisent par la putréfaction. Quand on introduit sous la peau une goutte de sang charbonneux, les bactéridies se multiplient d'abord lentement au point d'inoculation, puis elles pénètrent dans les autres parties de l'organisme par l'intermédiaire de vaisseaux lymphatiques ou sanguins. Quand elles envahissent les lymphatiques, elles sont d'abord arrêtées par le ganglion le plus proche, elles en déterminent l'inflammation, il s'y fait des ruptures, et le parasite se répand partout. Il peut être en telle abondance dans les capillaires que les globules rouges en sont chassés. La mort a été attribuée à l'absorption de l'oxygène par le parasite aérobie, et par conséquent à l'asphyxie ou à l'obstruction mécanique des capillaires: ces explications ne peuvent être admises, car le sang ne renferme parfois qu'une petite quantité de bactéridies au moment de la mort; il est probable que le parasite produit une substance toxique.

Les faits énoncés par Davaine et Pasteur n'ont pas été sans soulever de vives controverses; elles n'ont plus guère qu'un intérêt historique. Une des objections les plus sérieuses portait sur l'absence de la bactéridie dans le sang d'animaux atteints du charbon, et sur la possibilité d'inoculer la maladie avec ce sang en apparence exempt de parasites. Koch (1) a donné l'explication de ces faits en montrant que le microbe n'existe pas seulement sous la forme de bactéridies, mais aussi sous celle de spores: si l'on observe les bâtonnets dans un liquide de culture, on peut voir leur forme se modifier; ils s'allongent beaucoup, leurs contours deviennent sinueux, ils semblent formés par une série de petits corps arrondis; ceux-ci augmentent de volume et deviennent bientôt libres par la dissociation de filaments bactériens. Ils sont animés de mouvements rapides et tournent sur eux-mêmes. Leur développement se fait avec le plus de puissance à une température de 30 à 35°; il cesse complètement au-dessous de 12° et au-dessus de 40°. On peut voir de même les spores se transformer en bactéridies (fig. 62).

Ces spores ont une résistance considérable; elles conservent

(1) Koch, Cohn's *Biologie zur pflanzenlehre*, 1876.

pendant plusieurs années leurs propriétés infectantes, et on
peut les exposer à une température supérieure à 100° sans les
tuer. M. Paul Bert (1) a posé en principe que tous les ferments
organisés sont tués par l'air comprimé et il a douté, en raison de ce

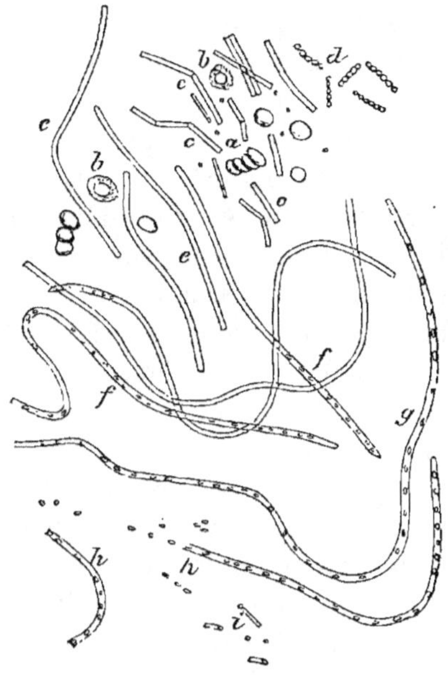

Fig. 62. — Bactéridie du charbon. Grossissement : 300 : 1 (*).

fait, que la bactéridie charbonneuse fût réellement le contage de
charbon, car le sang provenant d'animaux morts de cette maladie conserve sa propriété infectante quand il a été soumis à
l'action de l'air comprimé ; M. Pasteur répond que cet agent
n'a pas la même influence sur les spores que sur les microbes adultes ; c'est dire que la proposition de M. P. Bert,
dans les termes où il l'a formulée, n'a pas une valeur absolue ;
il a établi que certains ferments sont tués par l'air comprimé,
que d'autres lui résistent, mais rien de plus. Sans doute ceux-là

(1) P. Bert, *Note sur l'action de l'oxygène comprimé* (*Bull. de la Société de
biologie*, 1877).

(*) *a*, globules rouges. — *b*, globules blancs. — *c*, bacilles entre ces globules. — *d*, bacilles morts. — *e, f, g*, fibres représentant les bacilles développés et renfermant des spores. — *i*, spores en voie de développement.

sont le plus souvent des ferments composés d'organismes visibles, ceux-ci des ferments dits solubles; mais on ne peut tirer de ce fait des conclusions rigoureuses et affirmer l'absence de microbes par cela seul que le contage résiste à l'action de l'oxygène.

La persistance des spores explique comment le charbon est endémique dans certaines contrées et peut s'y manifester sous forme d'épidémies après avoir manqué pendant plusieurs années. Il suffit pour cela qu'une agglomération de spores soit mise accidentellement à découvert ou peut-être que des circonstances atmosphériques favorables à leur développement viennent à se produire. M. Pasteur a insisté sur le rôle que jouent les vers de terre dans la mise en circulation du contage charbonneux : ils vont chercher les spores et les bactéridies dans les couches profondes du sol et les ramènent à la surface.

Les animaux s'inoculent le plus souvent le parasite par la bouche. M. Toussaint a montré qu'il se produit constamment une tuméfaction des ganglions où se rendent les lymphatiques de la partie où le contage a pénétré; il est donc facile de déterminer quelle a été la porte d'entrée. Dans onze cas sur douze, ce physiologiste a reconnu que l'introduction s'était faite par la bouche ou le pharynx, à la suite de lésions de ces parties par des chardons ou d'autres aliments capables d'éroder la muqueuse. Pasteur dit que l'on augmente la mortalité par le charbon en mêlant aux aliments souillés par les germes du parasite des objets piquants, notamment les extrémités pointues de feuilles de chardon desséché et des barbes d'épis d'orge. M. Koch combat cette assertion et se refuse à admettre que le mal débute par la bouche ou l'arrière-gorge. Il est certain que l'infection peut avoir lieu par la muqueuse gastrique ou intestinale et l'on peut parfois constater à l'autopsie que cette membrane est le siège principal des lésions (mycosis intestinalis); mais il n'en est pas moins vrai que l'on augmente la mortalité en mélangeant des objets piquants aux spores charbonneuses. M. de Maurans (1) a constaté récemment que les feuilles sèches d'amandiers ont à cet égard la même action que celles du chardon.

On a admis jusqu'à ces derniers temps que le charbon ne se

(1) De Maurans, *Semaine médicale*, 1883.

transmet pas de la mère au fœtus. Brauell, Davaine et Bollenger ont en vain cherché la bactéridie dans le sang fœtal: MM. Strauss et Chamberland ont d'abord été conduits aux mêmes conclusions par les résultats d'une première série d'expériences: mais, ainsi que nous l'avons vu déjà (page 40), ils ont depuis lors modifié leur manière de voir et reconnu que le sang du fœtus porté par un animal charbonneux renferme assez souvent des bactéridies (1). Les dimensions relativement considérables et l'immobilité de ce parasite permettent de comprendre pourquoi il filtre plus difficilement que les autres bactériens à travers les parois capillaires.

10° *Agent du charbon symptômatique.* — Des recherches récentes ont montré que toutes les affections charbonneuses ne sont pas produites par la bactéridie; on ne les retrouve pas dans l'affection décrite par Chabert sous le nom de *charbon symptômatique*, affection qui diffère de la fièvre charbonneuse par l'apparition de tumeurs extérieures ; on savait déjà qu'elle n'est pas inoculable par le sang et c'était là un caractère qui suffisait pour la différencier du charbon véritable. MM. Arloing, Cornevin et Thomas (2) ont montré qu'elle est due à la pénétration dans l'organisme d'un microbe spécial, microbe que l'on trouve dans les tumeurs charbonneuses, les muscles et les parenchymes. Il a la forme d'un bâtonnet et diffère de la bactéridie charbonneuse par son excessive mobilité et par le fait qu'on peut l'introduire en quantité considérable dans les veines d'un animal sans occasionner de graves accidents, tandis qu'il produit d'importants désordres locaux lorsqu'on l'introduit dans un muscle. Dans le sang on ne trouve pas de bâtonnets, mais seulement de fines granulations mobiles.

11° *Agents des infections putrides et purulentes.* — On a reconnu depuis longtemps qu'il peut se produire chez les blessés des infections qui diffèrent par leur évolution et leurs phénomènes cliniques ; les deux formes principales sont l'*infection purulente* caractérisée par la formation d'abcès métastatiques et l'*infection putride* ou *septicémie* qui donne lieu à de la fièvre et à des

(1) Straus et Chamberland, *Recherches expérimentales sur la transmission des maladies virulentes de la mère au fœtus* (Société de biologie, 1883).
(2) Arloing, Cornevin et Thomas, *Recherches expérimentales sur la nature de l'affection appelée charbon symptomatique* (Gaz. médicale, 1880 et 1881).

troubles généraux sans suppurations localisées. Sédillot a montré, par ses expériences, que l'injection du pus dans les veines jugulaires donne lieu à l'infection purulente et que l'injection du sérum de pus putréfié produit l'infection putride. Ces affections sont-elles, comme l'a professé M. Verneuil, de même nature ? Quelle en est la cause prochaine ? Sont-elles dues à la pénétration dans l'organisme d'un poison soluble ou au développement d'un microbe ? Il y a quelques années, sous l'impulsion puissante de M. Verneuil (1), la théorie toxique paraissait devoir l'emporter ; les deux formes d'infection paraissaient liées à une sorte d'empoisonnement par l'alcaloïde découvert par Bergmann dans les matières en putréfaction et décrit par lui sous le nom de *sepsine* (2). Les expériences de Coze, Feltz, Davaine et Vulpian ont montré que cette théorie chimique ne peut suffire à expliquer tous les faits ; il est établi aujourd'hui que l'agent infectieux qui produit ces maladies peut être cultivé et que son pouvoir toxique augmente avec les séries de cultures, de telle sorte qu'il est indéfiniment transmissible en quantité de plus en plus faible. Le liquide de ces cultures renferme constamment une quantité considérable de microbes.

La théorie parasitaire repose dès lors sur des bases sérieuses. On lui oppose cependant les faits dans lesquels des observateurs très expérimentés n'ont pu retrouver dans le sang des animaux morts de septicémie qu'une quantité de microbes tout à fait insuffisante pour expliquer les accidents ; aussi les pathologistes allemands les plus autorisés séparent-ils nettement la pyémie qu'ils considèrent comme parasitaire de la septicémie qu'ils rapportent à une intoxication par les alcaloïdes de la putréfaction. M. Pasteur soutient au contraire que l'une et l'autre affection sont dues au développement de microbes dans l'organisme, que ces microbes sont de nature différente, souvent associés et que si on ne les a pas trouvés chez certains sujets morts de septicémie, c'est qu'on ne les a pas cherchés là où ils étaient, et dans des conditions convenables.

Les vibrions septiques s'accumulent surtout dans les muscles,

---

(1) Verneuil, *Mémoire lu au congrès scientifique de Paris*, 1867. — Discussion à l'Académie de médecine (*Bull. de l'Acad. de méd.*, 1871, t. XXXVI).

(2) G. Richelot, *Des rapports qui unissent la septicémie et la pyémie* (*Union médicale*, 1871).

dans la sérosité péritonéale, dans les viscères qui y baignent ; ils ne pénètrent dans le sang qu'en dernier lieu. Soumis à l'action de l'oxygène, ils se réduisent en corpuscules brillants d'une grande ténuité ; ces spores introduits dans un liquide approprié s'y reproduisent en vibrions filiformes.

Pour prouver que ce vibrion était bien l'agent infectieux de la septicémie, il fallait le cultiver et donner lieu à la maladie en introduisant dans un organisme vivant le produit de plusieurs cultures successives. Les premières expériences que M. Pasteur entreprit dans cette direction ne donnèrent que des résultats négatifs ; les cultures dans l'eau de levûre et dans le bouillon de viande restaient stériles. En présence de ces faits, Pasteur pensa qu'il pouvait avoir affaire à un microbe anaérobie, il le cultiva dans le vide ou en présence de gaz inertes et le vit alors se multiplier.

Il se présente sous des formes variées : ce sont tantôt des filaments mobiles dont la longueur varie beaucoup et peut devenir très considérable puisqu'elle dépasse parfois le diamètre du champ du microscope, tantôt des micrococcus dont certains présentent un appendice allongé : les filaments sont translucides et échappent ainsi facilement à l'observation. Ce microbe étant anaérobie agit à la manière d'un ferment ; il provoque le dégagement d'acide carbonique, d'hydrogène, d'azote et d'une faible quantité de gaz putride ; il est probable qu'il donne lieu également à la formation de cet alcaloïde que Panum et Bergmann ont décrit sous le nom de *sepsine* et que l'on range aujourd'hui parmi les *ptomaïnes ;* nous avons vu que, d'après Bouchard, ces corps sont élaborés par les microbes. L'air tue les vibrions septiques, mais il épargne leurs corpuscules-germes. Dans un milieu septique exposé à l'air, les vibrions des couches supérieures sont tués par l'oxygène, mais leurs cadavres protègent ceux des couches profondes qui se multiplient et donnent naissance aux corpuscules-germes ; ceux-ci les remplacent bientôt et se transforment à leur tour en vibrions, quand ils se trouvent à l'abri du contact de l'air. Les corpuscules-germes existent partout ; ils peuvent pénétrer dans l'organisme par la surface des plaies, par la muqueuse digestive et par les voies respiratoires. Sont-ils les mêmes pour toutes les formes d'infection putride ? la question est à l'étude, mais d'après les recherches de Koch, sur lesquelles nous allons revenir, elle doit être résolue par la négative.

Pasteur a décrit un microbe du pus un peu différent du précédent ; il se trouve dans l'eau commune ; il est à la fois aérobie et anaérobie ; il se présente sous la forme de petits bâtonnets très courts, « tournoyant sur eux-mêmes, pirouettant, s'avançant en se dandinant ». Plus tard, il devient immobile, et ressemble au *bacterium termo*, légèrement étranglé comme lui dans sa largeur. Ces microbes se groupent souvent *deux à deux*. Introduits sous la peau, ils donnent lieu à la formation d'abcès circonscrits ; introduits dans la jugulaire, ils produisent une quantité d'abcès métastatiques ; les animaux meurent d'infection purulente. Pasteur ne considère pas cependant comme démontré que l'infection purulente soit constamment produite par ce microbe.

Il est souvent associé à celui de la septicémie ; c'est pour cela que le plus souvent l'infection observée chez l'homme est à la fois putride et purulente. Le microbe pyogène produit, quand il est isolé, le pus dit pur ou louable, tandis que s'il est associé au microbe septique, ce qui est le plus fréquent, il donne bientôt une suppuration de mauvais aspect et fétide.

Les expériences de Koch l'ont conduit à des résultats qui se rapprochent de ceux auxquels est arrivé Pasteur. Il a reconnu cependant l'existence d'une septicémie purement toxique (fig. 63) ;

Fig. 63. — Bactéries de la septicémie. Grossissement 700 : 1 (d'après Koch).

il la produit chez les souris en injectant un liquide en putréfaction depuis peu de temps ; cinq gouttes peuvent les tuer, et l'on ne trouve alors de microbes ni dans le sang ni dans les viscères ; le sang de ces animaux peut être inoculé sans reproduire la maladie. C'est ce que l'on observe chez l'homme dans certains cas de septicémie suraigüe ; la mort survient sans doute par l'effet des ptomaïnes développées en dehors de l'organisme avant que les microbes aient eu le temps de se multiplier chez le sujet infecté.

Si l'on injecte une quantité plus faible du même liquide, l'animal ne meurt qu'au bout de deux ou trois jours, son sang contient des bactéries (fig. 63) et il donne lieu aux mêmes accidents si on l'inocule à un autre sujet ; il ne se produit pas en pareil cas d'abcès métastatiques, c'est l'*infection putride.*

Koch a également provoqué, chez le lapin, par l'inoculation de sang putréfié, une série d'abcès qui restent localisés ; il ne se produit pas d'infection générale ; on trouve dans les parois des cavités purulentes des amas de zooglée dont les éléments ne mesurent que 0,15 μ.

Enfin le même auteur a réussi à amener chez le lapin l'infection purulente en lui inoculant le liquide de macération d'une peau de souris ; le sang renfermait alors en abondance des micrococcus isolés ou groupés deux à deux et mesurant 0,25 μ ; ils s'accolaient aux globules rouges, en gênaient la circulation et amenaient ainsi la formation de thrombus.

M. Bouchard (1) admet que certains microbes de la putréfaction peuvent pénétrer dans le sang, s'y développer et y provoquer une septicémie ; ce sont ceux qui se développent dans les premières heures et doivent par conséquent transformer des matières non encore altérées ; le sang se trouve dans ces conditions. Ceux qui agissent sur des matières déjà transformées ne peuvent se développer dans un organisme vivant où cette première transformation n'a pas été faite ; les cadavres très putréfiés ne fournissent plus de produits infectants.

En somme, l'étude des agents générateurs des septicémies est encore à ses débuts, mais on a déjà obtenu des résultats importants : les différentes formes d'infection traumatique semblent liées à la pénétration dans l'organisme soit de microbes spéciaux, soit de produits formés en dehors du corps humain par ces mêmes microbes ou résultant de leur destruction ; ces microbes peuvent se développer dans les substances en putréfaction ; ils ne proviennent pas exclusivement d'organismes infectés ; ils n'ont donc pas de caractère spécifique ; ils peuvent pénétrer dans le corps humain chaque fois qu'ils trouvent une porte d'entrée ; ils peuvent se développer partout, même chez des blessés isolés ; mais les épidémies d'infection putride

(1) Bouchard, *Leçons inédites professées à la Faculté.*

et purulente montrent qu'ils existent en quantité beaucoup plus considérable dans les milieux où se trouvent des sujets infectés ; ils sont transportés par l'air, par les objets de pansement et aussi par les personnes qui prennent part à l'opération ; les succès des pansements antiseptiques suffisent à le démontrer (1).

12° *Agents de l'infection puerpérale* (2). — Cette infection peut être rapprochée de l'infection traumatique dont elle n'est très vraisemblablement qu'un mode ; sans doute, il y a des cas où le contage atteint la femme enceinte, mais c'est là une bien rare exception, et, dans l'immense majorité des faits, il pénètre certainement après l'accouchement, par la plaie utérine ou une lésion voisine. La situation profonde de celle qui subsiste après l'expulsion du placenta, son contact avec des matières en voie de décomposition et avec les lochies qui deviennent septiques après l'accouchement et enfin la coïncidence fréquente de plaies vaginales ou utérines sont autant de conditions qui favorisent la multiplication et la pénétration dans l'organisme des agents infectieux. Les voies lymphatiques sont celles qu'ils suivent le plus habituellement ; viennent ensuite les veines et les trompes.

M. Doléris distingue *quatre formes* d'infection puerpérale : la première, *septicémie* rapide, est caractérisée par l'introduction précoce dans le sang et la lymphe des *bacilles septiques* isolés ou réunis à des micrococcus ; la seconde est la *forme ordinaire suppurative*, on y trouve dans les lymphatiques et dans le sang les micrococcus en *chaînettes* ; la troisième correspond à l'*infection purulente chirurgicale*, les micrococcus y sont groupés deux à deux (diplococcus) ; la quatrième enfin comprend les formes *pyohémiques lentes progressives*. On trouve en quantité les mi-

<hr>

(1) A. Guérin, art. INFECTION PURULENTE du *Nouveau dictionnaire de médecine et de chirurgie pratiques*. Paris, 1881, t. XXX, p. 222. — Lister, *On the antiseptic system of treatment in Surgery* (*Brit. med. Journ.*, 1867). — J. Lucas-Championnière, *Chirurgie antiseptique*. 2e édition. 1880.

(2) Quinquaud, *Du puerpérisme infectieux*, 1872. — D'Espine, *De la nature septicémique de la maladie puerpérale*. Paris, 1872. — Orth, *Ueber puerperal Pyaemie* (*Arch. f. path. Anat. u. Physiol.*, 1873). — Hervieux, Pasteur, Depaul, *Septicémie puerpérale* (*Acad. de méd.* 1873). — Raymond, *De la puerpéralité*. 1880. — Doléris, *Des accidents infectieux des suites de couches*. Paris, 1880. — Rendu, *La fièvre puerpérale* (*Revue des sciences médicales*, 1880). — Masini et Ferrari, *Communicazione preventiva di alcuni studi sperimentali sulla infezione puerperale* (*Lo Sperimentale*, 1881).

crobes dans les lochies des femmes malades ; d'après Masini
et Ferrari ils sont pisiformes et ponctiformes, ils existent constamment dans le sang des malades et dans celui des animaux
auxquels la maladie est transmise. Ces auteurs admettent qu'ils
pénètrent dans les lymphatiques et dans les veines de la plaie
utérine pour infecter le sang dont ils détruiraient les globules.
L'infection peut se développer spontanément par le fait de la
stagnation de matières putrescibles dans l'utérus et le vagin ;
elle peut être transmise par l'air atmosphérique ou par les personnes qui approchent les malades.

Les difficultés sont ici les mêmes que pour les autres infections traumatiques ; le rapport entre les différentes formes de
septicémie puerpérale et la présence de parasites déterminés
n'est pas encore complètement établi, mais il peut être dès à
présent considéré comme très vraisemblable ; ici encore les
résultats si remarquables que fournit la méthode antiseptique
pratiquée par nos accoucheurs peuvent être considérés comme
des arguments puissants en faveur de la théorie parasitaire.

13° *Agents de l'érysipèle* (1). — Nous plaçons à dessein cette
maladie à la suite des infections traumatiques ; il est reconnu
en effet qu'elle se développe à l'état épidémique en même temps
que les septicémies d'origine traumatique ou puerpérale ; elle
est sans aucun doute elle-même infectieuse et contagieuse, du
moins dans certaines de ses formes. Il est probable en effet que
tous les érysipèles ne sont pas de même nature ; celui qui survient
fréquemment à la face chez les sujets prédisposés diffère essentiellement, par ses caractères bénins, de l'érysipèle chirurgical.
Ce sont là, comme le montre M. Bouchard, deux maladies tout
à fait distinctes (2).

On trouve dans les parties malades, et particulièrement dans
les espaces lymphatiques, des micrococcus sphériques (fig. 64)
isolés ou groupés soit deux à deux, soit en chaînettes ondulées
ou plus rarement rectilignes (3). Cornil les a vus dans les

(1) Hueter, *Présence de monades dans les plaques érysipélateuses* (Central
Bl. f. med. Wiss. 1869). — Nepveu, *Présence de bactéries dans le sang des
érysipélateux* (Soc. de biologie, 1870). — Tillmanns, *Untersuch. u. Erysipel*
(Arch. von Langenbeck, 1878). — Dupeyrat, *Thèse de Paris*, 1881. — Cornil,
Soc. des hôpitaux. 1883.

(2) Bouchard, *Leçons inédites professées à la Faculté.*

(3) Cornil et Babès, *Sur le siège des microbes dans la variole, la vaccine*

troncs lymphatiques, à la base des papilles; il les a trouvés aussi plus profondément dans les fentes lymphatiques du derme (fig.65), ainsi que dans les espaces conjonctifs des gaines des follicules pileux. La propagation de l'inflammation érysipélateuse

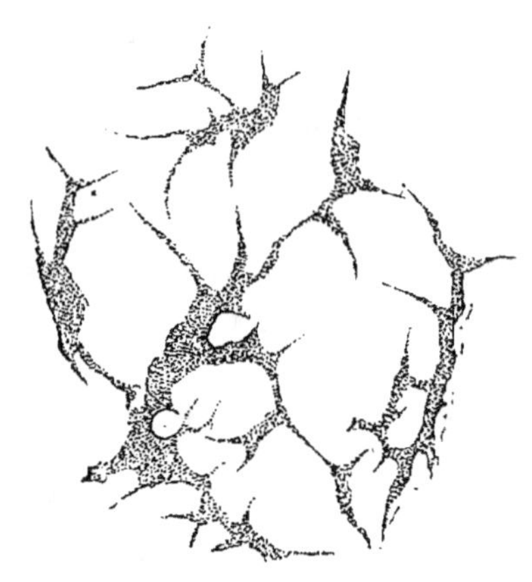

Fig. 64. — Micrococcus de pus érysipélateux d'après Koch. Grossissement 700 : 1.

Fig. 65. — Masses de zoogléc dans les lymphatiques de la peau érysipélateuse d'un lapin. (Perls.)

paraît être consécutive à l'invasion des microbes dans les voies lymphatiques; les observations de Fehleisen (1) plaident, comme celles de M. Cornil, en faveur de cette manière de voir : cet auteur a reconnu en effet que, dans la zône qui entoure les plaques érysipélateuses, les lymphatiques sont remplis de micrococcus sans qu'il y ait d'autre altération; à la périphérie de la plaque, on retrouve les mêmes éléments en même temps que de nombreux globules blancs émigrés sous l'influence du processus inflammatoire; au centre de la plaque, les micrococcus ont disparu. Ils n'existent pas dans le sang; aussi la maladie reste-t-elle localisée; les ganglions lymphatiques semblent faire obstacle à sa propagation; on ne trouve les microbes que sur les limites de la lésion, dans les parties récemment envahies; ils semblent donc se détruire rapidement dans les tissus. Orth les a cultivés et a produit, en inoculant le produit de culture,

et l'érysipèle (*Union médicale* et *Bulletin de la Société médicale des hôpitaux,* 1883).

(1) Fehleisen, *Ueber Erysipel* (*Deutsch. Zeitsch. f. klin. Chir.* B. 16, 1882).

des lésions qu'il a pu rapprocher de celles de l'érysipèle, bien qu'elles ne leur fussent pas identiques ; Tillmann a répété les mêmes expériences et semble avoir obtenu des résultats plus démonstratifs ; plus récemment enfin Fehleisen (1) a réussi à inoculer l'érysipèle à l'homme. Quand on injecte sous la peau d'un lapin le liquide provenant d'une lésion érysipélateuse en activité, on tue l'animal en quelques heures et l'on ne trouve des microbes qu'au point d'inoculation ; il faut admettre en pareil cas que les accidents généraux et la mort ont été produits par un ferment soluble, engendré peut-être par le parasite.

14° *L'endocardite ulcéreuse* est généralement considérée comme une maladie infectieuse : sa marche et ses caractères cliniques sont en faveur de cette manière de voir que vient confirmer la présence de micrococcus accumulés en masses épaisses dans le détritus qui recouvre les ulcérations vulvulaires et dans les vaisseaux intra-cardiaques ; on ne conçoit pas, il est vrai, comment ces microbes peuvent pénétrer dans l'organisme ; on ne trouve souvent, dans les parties en relation avec l'air extérieur, aucune lésion qui puisse correspondre à une porte d'entrée, de telle sorte que cette maladie est, avec la rage, une de celles dans lesquelles on peut admettre avec le plus de vraisemblance la genèse de granulations animées aux dépens des éléments malades de l'être vivant.

15° *Agents infectieux des pyrexies.* — a. *Agent infectieux de la fièvre récurrente.* — C'est le premier que l'on ait pu considérer comme constitué par un parasite microscopique. Obermeier (2) a démontré, en 1873, qu'il existe dans le sang des sujets atteints de cette maladie un microbe spécial, un spirochæte (fig. 66) ; il est représenté par des filaments longs et épais :

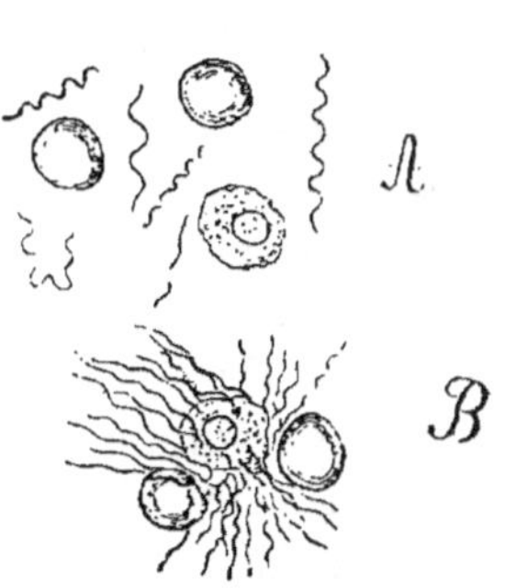

Fig. 66. — Spirilles de la fièvre récurrente. Grossissement 700 (*).

(1) Fehleisen, *Zur Aetiologie des Erysipele.* Berlin, 1883.
(2) Obermeier, *Vorkommen feinster eine eigenbewegung zeigender Fäder im Blute von Recurrentkranker* (*Central Blatt f. die med. Wissensch.* 1873).

(*) A, éléments isolés entre les globules du sang. — B, éléments formant un feutrage dans lequel ces globules se trouvent contenus.

il mesure ordinairement de 16 à 20 μ; il est contourné en spirale, et chacun de ses replis a les mêmes dimensions; des mouvements très rapides et complexes l'agitent; des ondulations le parcourent d'une extrémité à l'autre; il se meut en spirale, et il s'incurve sur son axe autour d'une portion immobile qui sert de pivot (Engel) (1). On le trouve exclusivement dans le sang, et seulement pendant les stades fébriles; tout au plus a-t-on pu quelquefois le rencontrer deux jours après la cessation de la fièvre. Le parasite est généralement représenté par d'assez nombreux éléments. Transporté en dehors de l'organisme dans du sérum ou dans une solution à 50 0/0 de sel marin, il continue longtemps encore à se mouvoir.

Koch et Carter (2) ont réussi à transmettre la fièvre récurrente à des singes en leur inoculant du sang contenant des spirochætes d'Obermeier; il est donc bien vraisemblable que ce parasite est l'agent infectieux, bien que l'on n'ait pu parvenir jusqu'ici à en fournir la preuve irréfutable par des cultures en dehors de l'organisme et la réinoculation avec leur produit.

b. *Agent infectieux typhoïde.* — L'on ne possède pas encore de données précises sur la nature du miasme-contage *typhoïde* (3). On sait, depuis longtemps, que la fièvre typhoïde peut être contractée par contagion ou résulter d'une infection. La contagion est prouvée par les faits nombreux dans lesquels on a vu la maladie se manifester dans une localité peu après l'arrivée d'un sujet qui en était atteint, et frapper en premier lieu les personnes qui l'entouraient. Le contage peut être transmis par l'air, par les vêtements, par les habitations, et surtout par l'eau alimentaire. Nombre de fois la maladie a frappé exclusivement une localité, une partie de ville, une partie de village ou une maison dont les habitants faisaient usage d'une même eau souillée par des déjections typhoïdes.

M. le professeur Jaccoud (4) a montré que, sur 105 épidé-

(1) Engel, *Berlin. klin. Wochensch.* 1873.

(2) Carter, *Notes on the spirillum fever of Bombay (Lancet,* 1878); *Contribution to the sperimental Pathology of spirillum Fever (Med. chir. Transact.* 1880).

(3) Bouchard, *Étiologie de la fièvre typhoïde (congrès médical international de Genève,* 1877). — N. Guéneau de Mussy, *Bullet. de l'Acad. de médecine,* 1876. — H. Gueneau de Mussy, *Bullet. de l'Acad. de médecine,* 1877. — Murchison, *A treatise on continued fevers of Great Britain.* London, 1873.

(4) Jaccoud, *Bulletin de l'Acad. de médecine.* 1877.

mies de fièvre typhoïde, l'influence des matières fécales a pu être établie 60 fois; la transmission directe d'un sujet malade à un sujet sain est cependant exceptionnelle; le nombre d'infirmiers et de malades atteints d'autres affections qui contractent la fièvre typhoïde à l'hôpital est relativement peu considérable; dans une période de quatorze ans, sur 2.506 cas de fièvre typhoïde, Murchison n'en a compté que 8 qui se sont développés à l'intérieur de l'hôpital.

Pour expliquer ces faits, on a supposé que le contage n'est pas directement transmissible par les fèces fraîchement évacuées, et qu'il n'acquiert cette propriété qu'après avoir séjourné un certain temps dans ces matières putréfiées. M. Bouchard répond très justement aux partisans de cette théorie que, si les déjections fraîches transmettent rarement la maladie, c'est parce qu'elles ne peuvent être mêlées aux boissons ni se mélanger à l'air sous forme de poussières; il ajoute que les matières non fermentées se sont montrées contaminantes, soit sur les vêtements souillés, soit dans les eaux courantes.

Dans la grande majorité des cas, les matières fécales dont les émanations ou le mélange avec l'eau produit la fièvre typhoïde renferment elles-mêmes des fèces émanées de sujets atteints de la même maladie; mais il n'en est pas toujours ainsi, et il y a des faits où l'infection semble bien avoir été produite par des matières alimentaires altérées, sans mélange de déjections typhiques; il semble donc que, dans certaines conditions non encore déterminées, le contage typhoïde puisse se développer dans les matières putréfiées.

Cela ne veut pas dire que la putréfaction donne par elle-même naissance au contage; on ne peut même attribuer à la matière fécale le pouvoir de l'engendrer en se putréfiant. « Il est d'immenses étendues du territoire habité par l'homme, dit le professeur Bouchard, où les déjections sont abandonnées au hasard, ou accumulées sans plus de souci de la propreté que de l'hygiène, et cependant la fièvre typhoïde n'y apparaît qu'à de rares intervalles. » Ces matières putréfiées constituent donc simplement un terrain favorable au développement du contage.

Quelle est la nature de ce contage? M. Bouchard, dès

1877 (1), a nettement formulé l'hypothèse qui en ferait un agent animé : « Supposez, dit-il, que, dans ce monde aérien presque inexploré où s'agitent tant d'êtres inférieurs dont quelques espèces ont été à peine entrevues, il existe un germe capable de se développer et dans la matière animale morte et dans l'organisme vivant; ce germe tombant dans un foyer putride y peut pulluler, il pourra de là passer dans le corps de l'homme et provoquer la maladie par sa multiplication, il pourra d'un individu malade passer ensuite dans un organisme sain; » il produit ainsi une maladie à la fois infectieuse et contagieuse, infectieuse quand il provient d'un foyer putride, contagieuse quand il a traversé déjà un organisme vivant.

De nombreuses recherches ont été faites dans le but de découvrir, de cultiver et d'inoculer le microbe typhoïde. Dès 1871, Recklinghausen a signalé chez les typhiques la présence de micrococcus qui lui ont paru semblables à ceux de la pyohémie; en 1872, Eberth en trouvait dans un abcès du rein chez un typhique; en 1875, Klein voit ces corpuscules dans la muqueuse intestinale et particulièrement dans les follicules clos et les vaisseaux; Sokoloff et Fischel les observent dans la rate.

Eberth (2) a trouvé 18 fois sur 40 dans les ganglions du mésentère, la rate, le rein, le poumon et le foie, de courts bâtonnets, arrondis à leurs extrémités, et présentant ainsi une forme ovoïde allongée; quelquefois ils renfermaient des spores; ils étaient moins nombreux quand la maladie s'était prolongée et dans les cas primitivement bénins. Klebs (3) affirme qu'il a constamment rencontré, dans la muqueuse intestinale, les ganglions mésentériques, le larynx et le poumon des typhiques, des bacilles dont la longueur peut dépasser 50 μ, tandis que leur largeur n'atteint que 0,6 μ; dans les périodes moins avancées de leur développement, ils se présentent sous la forme de courts bâtonnets renfermant des spores; le mycélium peut être si abondant que les cellules disparaissent.

Les bâtonnets pénètrent dans les vaisseaux et sont transportés dans tous les organes; implantés dans l'intestin d'un lapin, ils s'y développent en longs filaments; ils ne peuvent être attribués

(1) Bouchard, *loc. cit.*
(2) Eberth, *Virchow's Archiv*, B. 83.
(3) Klebs, *Arch. f. exp. Path.* 1879.

à la putréfaction, car ils manquent dans les autopsies faites plus de deux jours après la mort; on a remarqué d'ailleurs qu'ils se colorent moins vivement que les bactéries de putréfaction par le violet de méthyle. Cultivés dans la gélatine, puis inoculés à un lapin, ils le tuent en deux jours, et l'on trouve à l'autopsie les plaques de Peyer gonflées et le processus vermiculaire ulcéré; l'intestin renferme une grande quantité de bacilles.

Sans doute, ni ces observations ni ces expériences ne sont complètement démonstratives, et l'état morbide provoqué par Klebs chez le lapin ne ressemble que de loin à la fièvre typhoïde, mais néanmoins la présence bien constatée, chez les typhiques, de microbes spéciaux permet, en raison de ce que l'on sait pour le charbon et la septicémie, d'admettre qu'ils sont vraisemblablement la cause de la maladie.

Cette manière de voir est confirmée par la constatation de microbes faite par Bouchard dans les urines des typhiques, et par Hanot dans une miliaire typhoïde.

c. *Agent infectieux de la variole.* — La *variole* est éminemment contagieuse; elle ne se développe jamais spontanément; les sujets qui en sont atteints sont constamment contaminés par les produits émanés d'un varioleux. La transmission peut se faire par l'air, les vêtements, l'habitation ou l'inoculation.

On trouve, dans les pustules varioliques, des micrococcus qui occupent les cellules altérées et leurs interstices. Ils ont été décrits surtout par Keber, Zuelzer, Luginbühl, Weigert, Cornil et Babès (1); Weigert en a constaté la présence dans le foie, la rate, les reins et les ganglions lymphatiques, au centre de foyers miliaires; d'après Klebs, ces parasites se groupent toujours par quatre (*micrococcus quadrigeminus*). MM. Cornil et Babès ont reconnu qu'ils s'accumulent surtout au niveau des pustules, dans les petites cavités aréolaires du corps muqueux de Malpighi. On les voit facilement sur les préparations

____

(1) Zuber, *loc. cit.* — Keber, *Virchow's Archiv.* 1868. — Zuelzer, *Berlin. med. Woch.* 1873. — Luginbühl, *Verhand. der phys. med. Gesell. Würzburg,* vol. IV, 1873. — Weigert, *Anat. Beitr. zur Lehre von d. Pocken,* 1875. — Cornil et Babès, *Sur le siège des microbes dans la variole, etc. (Bulletin de la société médicale des hôpitaux et Union médicale,* 1883.)

doublement colorées dans lesquelles le tissu est rouge tandis que les microbes ont pris la couleur bleu-violet du violet B de méthyle ; ils mesurent environ 3 μ ; leur forme est ronde ; ils sont surtout nombreux à la périphérie de la pustule ; on les trouve aussi au voisinage des papilles, à la base du corps muqueux, dans des cavités ou fentes allongées et sans doute aussi dans les lymphatiques.

M. Chauveau a démontré que les parties actives du virus *vaccin* sont les corpuscules solides qu'il renferme ; il a constaté que la filtration lui enlève ses propriétés.

Si on le laisse reposer en couche suffisamment épaisse, on peut reconnaître que les inoculations donnent plus souvent des résultats positifs avec les couches supérieures qu'avec les couches inférieures du liquide. Si on les dilue, on obtient par l'inoculation un nombre de plus en plus faible de résultats positifs, mais les pustules purulentes présentent constamment les mêmes caractères ; si l'infectieux était un ferment soluble, les choses ne se passeraient pas ainsi, les inoculations seraient positives en plus grand nombre, mais leurs effets seraient atténués.

Les travaux récents ont fait voir que les corpuscules vus et décrits par Chauveau sont des microbes.

Straus a constaté, dans les pustules vaccinales du veau, la présence d'un micrococcus spécial ; il a pratiqué des coupes sur des pustules excisées du premier au huitième jour, les a colorées par la solution de violet de méthylaniline, puis décolorées par l'action successive de l'alcool absolu et de l'essence de girofle ; dans ces conditions, les micrococcus gardent seuls la coloration bleue ; on les voit sous forme de points circulaires, identiques les uns aux autres, mesurant à peine à 1 μ de diamètre, et réunis en amas ; on les trouve au début seulement dans la couche de Malpighi, plus tard dans cette couche et dans le derme sous-jacent où ils occupent surtout les fentes lymphatiques. A côté des amas de ces micro-organismes, on en voit qui en partent sous forme de traînées composées d'une rangée unique de micrococcus alignés très exactement les uns à la file des autres et témoignent ainsi de leur mode de migration et de propagation ; ils sont identiques à ceux de la lymphe vaccinale. Ces préparations histologiques fournissent la preuve anatomique irréfutable de la présence d'organismes dans la lésion spécifique que détermine l'inoculation du cow-pox. Sur des plaies simples on ne trouve jamais rien de semblable (1). M. Cornil et Babès ont vu les mêmes éléments dans les cavités aréolaires du corps muqueux, au niveau des pustules vaccinales.

d. *Agents infectieux de la rougeole et de la scarlatine.* — Klebs a décrit, en 1875, des monadines *morbilleuses* et *scarlatineuses*, mais il ne les pas cultivées ; c'est en raison de l'analogie que ces maladies présentent, dans leur mode de transmission et leurs caractères cliniques, avec la variole qu'il est permis de les rattacher avec vraisemblance à une cause de même nature, un germe animé.

e. *Agent infectieux de la fièvre jaune.* — La *fièvre jaune* est une maladie à la fois infectieuse et contagieuse ; endémique dans certains pays situés sur la zone torride, elle éclate sous forme d'épidémies dans les parties chaudes de l'Amérique et sur la côte occidentale de l'Afrique ; elle a été plusieurs fois transportée en Europe par des navires ayant à bord des sujets qui en étaient atteints, mais les petites épidémies ainsi provoquées ont été de courte durée (2), il paraît donc certain que l'agent infectieux ne trouve que dans les climats torrides des conditions favorables à son développement (3). On n'a pas encore de données précises sur sa nature. M. Lacerda (4) a rencontré en abondance chez les sujets morts de fièvre jaune un champignon microscopique : on le trouve particulièrement dans la bile, le foie, les reins, les liquides vomis et le cerveau. Les expériences de culture et d'inoculation n'ont pas encore été faites.

16° *Agent infectieux du choléra.* — Le mode de propagation de cette maladie a été l'objet de controverses qui se renouvellent à chaque épidémie et sont loin d'être épuisées ; il est cependant un certain nombre de faits qui paraissent définitivement acquis. On sait que le choléra est endémique dans

(1) Straus, *Bulletin de la Soc. de biologie.* 1882.
(2) Épidémies de Barcelone et de Saint-Nazaire. Voyez Mélier, *Relation de la fièvre jaune survenue à Saint-Nazaire*, Paris, 1863.
(3) Pettenkofer nie que la maladie se transmette par contagion ; l'agent infectieux serait adhérent aux objets matériels.
(4) Lacerda, *Comptes rendus de l'Académie des sciences.*

l'Inde et qu'il est assez fréquemment transporté dans d'autres contrées par des voyageurs, et surtout par des pèlerins : il est donc transmissible par l'homme.

La transmission se fait-elle directement ou seulement par l'intermédiaire du milieu ? En d'autres termes, la maladie est-elle contagieuse ou infectieuse ? La question n'est pas encore complètement résolue, mais elle n'a en somme qu'une importance relative, car l'infection ainsi comprise ne diffère guère de la contagion ; elle indique seulement que l'agent délétère émané de l'individu malade doit subir une certaine modification avant d'infecter un nouveau sujet. Le fait que l'on peut surtout invoquer en faveur de l'infection, c'est l'immunité singulière que présentent certaines localités voisines de grands foyers épidémiques. La présence dans l'air et dans l'eau d'un pays des produits émanés d'un cholérique ne suffit pas pour y amener l'épidémie, il faut en outre des circonstances atmosphériques ou telluriques indéterminées jusqu'ici.

Pettenkofer, pour le choléra comme pour la fièvre typhoïde, attache une grande importance à la constitution du sol et à l'état de la nappe d'eau souterraine ; l'agent infectieux se développerait surtout dans les moments où cette nappe s'abaisse ; cette théorie ne paraît pas d'accord avec les faits, car on a vu des épidémies éclater dans toutes les saisons et par tous les temps.

Le contage est transmis surtout par les individus ; la maladie ne pénètre jamais dans les îles où la quarantaine est bien faite ; elle semble pouvoir se propager aussi par l'air et par l'eau potable infectés par les déjections cholériques ; on l'a vue souvent atteindre un grand nombre de sujets dans une même maison.

La théorie de contagion a été soutenue pour le choléra par Fortina (1857), Ayre (1857), Küss (1865), M. Carthy et Dowe (1866), Ercolani, Macnamora (1870), Murray (1870) ; en 1874, Nedwetzky y a décrit un parasite.

Des observateurs courageux ont voulu mettre à profit l'épidémie de choléra qui récemment a ravagé l'Égypte pour chercher à déterminer quelle est la nature de l'agent infectieux qui le produit ; chacun sait qu'une mission française, composée de MM. Straus, Thuillier, Nocard et Roux, et une mission allemande dirigée par R. Koch se sont rendues presque simultanément à Alexandrie et ont pu y étudier la maladie sur place ; la perte cruelle qu'ont faite les Français en la personne de Thuillier est présente à tous les esprits.

M. R. Koch a adressé au gouvernement allemand un premier rapport sur ses travaux (1). Ses recherches ont été faites sur douze malades et sur dix cadavres ; il a pu pratiquer les autopsies très peu de temps après la mort ; il affirme que le sang, dans aucun cas, ne renferme de microbes non plus que tout viscère autre que l'intestin ; ils fourmillent au contraire dans celui-ci ainsi que dans les déjections. Parmi eux, il en est que l'on trouve constamment dans les parois ; ils ont la forme de bâtonnets ; ce sont des bactéries ressemblant, par leurs dimensions et leur aspect, à celles de la morve. Elles sont nombreuses dans les tubes glandulaires et à la surface des plaques intestinales, et elles se creusent un chemin sous l'épithélium glandulaire ; on les trouve aussi dans le tissu sous-jacent et jusque dans les fibres musculaires de la paroi intestinale ; dans les cas où la muqueuse est infiltrée de sang, leur siège principal est la partie inférieure de l'intestin grêle.

M. Koch avait déjà constaté la présence du même bacille dans des fragments d'intestin de quatre cholériques qui lui avaient été envoyés de l'Inde l'année précédente. La concordance de ces observations montre, d'après lui, avec évidence que ce bacille a des rapports avec le choléra. Il ne se croit pas cependant en droit de conclure qu'il en est la cause ; il est possible que l'altération de la muqueuse intestinale favorise le développement de nombreux bacilles, dont le germe se trouve dans l'intestin ; l'inoculation du microbe cultivé pourrait seule juger la question ; malheureusement aucun des animaux que M. Koch avait à sa disposition n'était susceptible d'être infecté par le choléra.

M. Straus et ses collaborateurs MM. Roux, Thuillier et Nocard (2), ont trouvé dans la plupart de leurs autopsies le bacille décrit par M. Koch, mais ils pensent qu'il n'a envahi l'intestin que secondairement ; s'il existait réellement entre ce

(1) Voir dans la *Semaine médicale* du 24 octobre 1883 l'analyse de ce rapport.

(2) *Le choléra en Egypte en 1883*, Rapport fait par MM. Straus, Roux, Thuillier et Nocard.

microbe et le choléra une relation de cause à effet, il devrait se rencontrer dans *toutes* les autopsies de cholériques ; or c'est ce qui ne s'est pas présenté. Nos compatriotes ont observé la présence dans la muqueuse intestinale de micro-organismes surtout dans les cas de choléra qui se sont prolongés et qui s'accompagnaient d'un piqueté hémorrhagique de l'intestin ; dans trois cas de choléra foudroyant où les sujets avaient été emportés en dix à vingt heures, il leur a été impossible de les trouver, et il faut remarquer que c'est précisément dans ces cas suraigus, foudroyants, où la maladie revêt son intensité la plus grande, que la présence d'un microbe dans la muqueuse intestinale, si elle était réellement primitive et caractéristique, devrait aussi se révéler avec le plus de netteté et d'intensité.

Le parasite serait-il ailleurs que dans l'intestin ? Les membres de la mission française ont trouvé dans le sang de petits articles très pâles, légèrement allongés et paraissant étranglés en leur milieu ; leur nombre augmentait dans le sang laissé au repos, mais les essais tentés pour les cultiver dans des liquides appropriés ont complètement échoué. Malgré cet insuccès, M. Straus et ses collaborateurs persistent à penser que, dans de nouvelles recherches, l'attention devra particulièrement porter sur le liquide sanguin ; il semble cependant que la prédominance des troubles digestifs qui ouvrent constamment la scène dans le choléra et suffisent à expliquer l'ensemble de ses symptômes soit en faveur d'une maladie intéressant primitivement l'estomac et l'intestin et s'y localisant.

17° *Agent infectieux de la dysenterie.* — La *dysenterie*, dans sa forme épidémique, est considérée comme parasitaire par Radjewski (1), qui a décrit dans l'exsudat des micrococcus et des bactéries ; mais ces éléments se trouvent constamment dans les fèces ; des expériences de culture et de réinoculation n'ont pas été faites ; on peut invoquer, en faveur de la théorie, les arguments généraux que l'on applique à toutes les maladies épidémiques, mais il n'y a pas même pour celle-ci un commencement de démonstration.

18° *Agent infectieux de la diphthérie.* — La *diphthérie*, éminemment contagieuse, est une des maladies dont la nature pa-

____

(1) Radjewski, *Jahresbericht f. die Med. Wissensch.* 1875.

rasitaire est *à priori* le plus vraisemblable ; elle n'a cependant
été nettement établie que dans ces derniers temps par les
expériences de Talamon (1), et encore faut-il attendre, pour en
admettre définitivement les conclusions, le résultat des recherches de contrôle, qui seront entreprises.

Les obstacles à l'étude du contage diphthéritique sont de
plusieurs ordres : en premier lieu, une bonne partie des
recherches faites en Allemagne ne peuvent être utilisées par
cette raison qu'on y appelle *diphthérie* un *processus anatomique*
et que l'on décrit, sous ce nom, des faits qui n'ont rien de
commun avec notre diphthérie, maladie infectieuse ; d'autre
part, l'étude des parasites dans la cavité buccale offre de
sérieuses difficultés, car les produits pathologiques que l'on
y trouve sont constamment envahis par les microbes qui
y fourmillent normalement ; enfin la plupart des animaux que
l'on soumet à l'action du contage diphthéritique succombent
sans qu'il se développe de fausses membranes en aucun point
de leur surface tégumentaire. M. Talamon a pu cependant
en obtenir chez le pigeon et le chat ; ses expériences paraissent
tout à fait démonstratives : dans huit cas de diphthérie, il a
trouvé un microbe spécial, il l'a cultivé et, avec le produit de
culture, il a pu reproduire chez les animaux des lésions diphthériques.

A l'état de complet développement, le microbe se présente
sous la forme de mycélium et de spores caractéristiques. Le
mycélium est sous la forme de tubes tantôt longs, tantôt
courts ; dans le premier cas on y voit des cloisons de distance
en distance ; ils présentent une réfringence spéciale et sont en
général très clairs ; leurs dimensions sont relativement considérables, car ils atteignent de 2 à 5 millimètres de largeur sur
15, 20, 40 millimètres de longueur ; quand ils restent courts,
ils prennent des formes bizarres dont la plus commune peut
être comparée à une béquille. Les spores sont de deux espèces,
des spores rondes ou ovales qu'on peut appeler *spores de germination*, et des spores rectangulaires qui représentent le dernier terme du développement du champignon et que M. Talamon appelle *conidies*. Ces dernières caractérisent l'espèce ;

____

(1) Talamon, *Bulletin de la Société anatomique*. 1881.

elles ont la forme de petits rectangles dont la grandeur est très variable; leur largeur varie de 1 à 8 millimètres, leur longueur de 5 à 15 millimètres. Elles sont tantôt isolées, tantôt réunies par 2 ou 3, très souvent en chapelets de 10, 12, 15 grains ou en chaînettes brisées en zigzag. Homogènes d'abord, elles se remplissent bientôt de petits grains ronds, très brillants, du volume de micrococcus ordinaires et qui, pour M. Talamon, sont les véritables germes du champignon.

Les spores rondes ou légèrement ovales sont celles dont l'allongement constitue le mycélium. Elles apparaissent comme des points clairs de 3 à 5 millimètres de diamètre, au milieu d'une matière granuleuse, et sont disposés en amas de zooglée. Ces spores s'allongent par un de leurs pôles en un tube de 2 à 4 millimètres de diamètre qui va dès lors en s'étendant et en se bifurquant.

Les cultures doivent être faites avec des fausses membranes prises sur le vivant ou immédiatement après la mort; celles qui sont recueillies vingt-quatre heures plus tard ne donnent pas de résultats. Le produit de culture a été inoculé sur la muqueuse buccale ou introduit dans les voies digestives de 6 lapins, 2 cobayes, 4 grenouilles, 1 coq et 4 pigeons; les 6 lapins moururent au bout de 6, 8, 10 et 18 jours; le premier qui succomba présentait un gonflement énorme du cou, comparable à l'œdème des diphthériques; il était dû à une infiltration séreuse du tissu cellulaire; la culture de cette sérosité reproduisit le microbe avec ses conidies. Il en fut de même du liquide pleurétique recueilli chez le lapin mort au bout de 18 jours. Talamon a trouvé le microbe chez tous ses lapins, soit par l'examen direct, soit après culture; il existait constamment dans la sérosité du péritoine et souvent aussi dans les reins.

L'ingestion à trois grenouilles de flocons de mycélium les tua après 8, 10 et 11 jours; elles étaient farcies de microbes. Deux de ces grenouilles, l'une mâle, l'autre femelle, étaient en rut; le sperme et le frai cultivé ont donné le même microbe. La quatrième grenouille placée dans l'eau où avait vécu une des grenouilles inoculées, eau qui contenait de nombreuses conidies, mourut au bout de 10 jours, et l'on put constater la présence du microbe dans tous les tissus.

Chez quatre pigeons, M. Talamon badigeonna, avec le produit de culture, la muqueuse buccale qu'il avait préalablement grattée avec un bistouri ; au bout de vingt-quatre heures, une membrane épaisse, d'un blanc jaunâtre, tapissait les deux côtés de la bouche, la langue, le voile du palais et l'arrière-gorge ; elle était formée, comme celles de la diphthérie humaine, de cellules épithéliales, de graisse, de micrococcus et de bactéries ; on n'y voyait qu'un petit nombre de conidies rectangulaires, mais, par la culture, elle reproduisait cet organisme. Chez deux des pigeons morts au bout de trois jours, l'on trouva le larynx couvert de fausses membranes et dans la trachée un mucus épais dont la culture reproduisait le microbe ; on obtint les mêmes résultats avec les liquides du péritoine et du péricarde.

Dans ces expériences, les fausses membranes n'avaient pas dépassé la gorge, une fois seulement elles avaient gagné la partie supérieure du larynx ; peu de temps après, M. Talamon les a trouvées, chez trois petits chats, étendues depuis le pharynx jusqu'aux plus fines ramifications bronchiques et tout à fait semblables à celles que l'on observe chez les enfants morts de diphthérie. Ces animaux n'ayant qu'une dizaine de jours et tétant encore, avaient été, le quatrième jour, placés avec leur mère au chenil du laboratoire, dans le compartiment où étaient morts quatre lapins *inoculés ;* on les mit sur un panier garni avec la litière qui avait servi à ces lapins ; le temps était excessivement froid et humide ; le 22 janvier un petit chat fut trouvé mort ; il avait les yeux et le nez incrustés d'un mucus jaunâtre épais et un liquide séreux s'écoulait de ses narines. Les deux autres petits chats avaient le nez et les yeux obstrués de croûtes et les narines humides ; l'un d'eux succomba le lendemain. Le 23, M. Talamon examina au microscope le mucus nasal ; on y voyait des globules de pus, des cellules épithéliales, de nombreux micrococcus et, çà et là, des bâtonnets de 2 μ de large sur 8 à 9 μ de long, quelques-uns plus courts et articulés deux à deux ; ce mucus cultivé donna l'organisme décrit précédemment. L'animal mourut le 25.

On trouva à l'autopsie des trois animaux des lésions identiques ; l'arrière-gorge, et surtout la partie supérieure du pharynx étaient tapissées par une fausse membrane épaisse, blanc-verdâtre, peu adhérente ; elle s'étendait en s'amincissant, sur le voile du palais. Le larynx était couvert de débris pseudo-membraneux ; son aspect était le même que celui du larynx d'un enfant atteint de croup. La trachée et les bronches étaient recouvertes, aussi loin qu'on pût les suivre, d'une couche pseudo-membraneuse dont l'épaisseur atteignait dans la trachée plus d'un millimètre. Au microscope, leur structure était celles des fausses membranes de l'homme. Les poumons étaient recouverts d'une pseudo-membrane fine dans laquelle abondaient les microbes précédemment décrits ; on les trouva également dans les reins.

La culture des fausses membranes de la gorge, de l'exsudat pleural et du liquide obtenu par le grattage donna l'organisme caractéristique, mais seulement chez le troisième petit chat dont l'autopsie a pu être faite immédiatement après la mort. M. Talamon pense qu'il se produit, sous l'influence des altérations cadavériques, des modifications qui empêchent le développement des spores. Il paraît évident que les trois petits chats ont pris la diphthérie par contagion dans le panier où ils avaient été placés. Les spores provenant des lapins inoculés antérieurement se sont sans doute conservées dans la litière qui garnissait le panier.

Ces expériences présentent toutes les garanties qu'exigent les observateurs les plus rigoureux ; elles portent le cachet de la vérité ; M. Talamon paraît avoir découvert le microbe de la diphthérie ; nous attendons avec confiance les résultats des recherches de contrôle. MM. Wood et Formard (1) ont cultivé les micrococcus qu'ils ont trouvés dans les fausses membranes ainsi que dans le sang des sujets atteints de diphthérie. Ils concluent de leurs recherches que ce microbe se rencontre dans diverses affections du pharynx, mais qu'il se multiplie avec beaucoup plus de rapidité dans le cas de diphthérie.

19° *Agent infectieux de l'ictère grave.* — L'*ictère grave* est considéré par beaucoup de médecins comme une maladie infectieuse. Eppinger (2) y a, en 1875, signalé un micrococcus. M. Balzer (3) a constaté chez des sujets morts de cette maladie

(1) Wood et Formard, *De la nature du contage diphthérique* (*Gaz. hebdom. de méd. et de chirurgie.* 1882).
(2) Eppinger, *Prager Vierteljahrs.* 1875.
(3) Balzer, *Bulletin de l'Acad. de médecine,* 1882.

la présence, dans les cellules hépatiques, de micrococcus et de bacilles ; il les a trouvés également dans le rein et dans la peau ; mais il fait remarquer que ses recherches n'ont qu'une valeur relative, car l'examen histologique n'a pu être fait que vingt-quatre heures après la mort.

20° *Agent infectieux du xanthélasma.* — M. Balzer considère également comme des micrococcus les corpuscules que l'on trouve dans les cellules conjonctives au niveau des plaques de *Xanthelasma ;* il explique ainsi le caractère infectieux que prend dans certains cas cette maladie.

21° *Agent infectieux de la gangrène.* — Les conditions dans lesquelles se développe la *gangrène* montrent qu'elle ne peut se produire sans l'intervention d'un agent venu du dehors (1). Elle ne se manifeste, en effet, que dans les parties en communication directe ou indirecte avec l'air extérieur, c'est-à-dire les téguments, le poumon, et le tube digestif. Lorsqu'elle se développe exceptionnellement dans les centres nerveux, c'est qu'ils communiquent par une perforation crânienne ou vertébrale avec le milieu ambiant ; si l'on voit survenir des foyers gangréneux dans d'autres organes, c'est qu'ils se sont produits secondairement, et l'on trouve alors constamment, dans

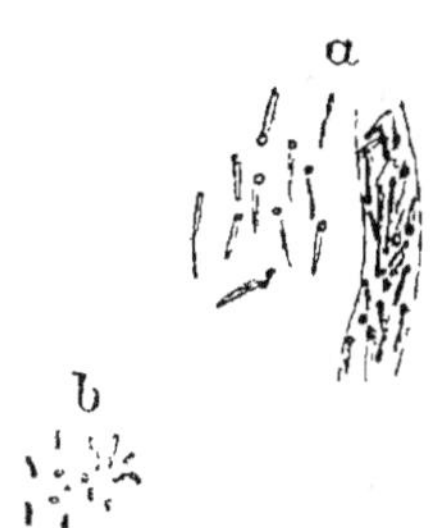

Fig. 67. — Micrococcus et bactéries de la gangrène provenant d'un membre congelé (Perls) (*).

une partie en communication avec l'extérieur, une lésion gangréneuse initiale. Les mêmes causes qui, dans les téguments et les poumons, provoquent la gangrène ne donnent lieu, dans les parties à l'abri de l'air, qu'à la nécrobiose simple ; telles sont par exemple les embolies cérébrales, spléniques et rénales.

Par quel mécanisme s'exerce l'influence du milieu ambiant ? très vraisemblablement par la pénétration de microbes dans les parties dont la nutrition s'altère. Sansom (2) a trouvé, dans

(1) Hallopeau, *Bulletin de la Société clinique,* 1880.
(2) Sansom, *A case of noma in which mowing bodies were observed in the blood during life (Med. chir. Transact.,* 1878).

(*) *a,* bactéries portant à leur extrémité une spore qui leur forme comme une tête. — *b,* 24 heures plus tard, on ne voit plus que des micrococcus et des bactéries. Grossissement 300 fois.

un cas de *noma*, des bactéries dans le sang, mais leur inoculation à d'autres animaux n'a rien produit chez eux. Koch (1) a été plus heureux : après avoir produit la gangrène par l'inoculation de substances putrides dans l'oreille d'une souris, il a trouvé (fig. 67) dans les parties malades des micrococcus de 0,5 μ de diamètre, ordinairement disposés en chaînettes élégantes et régulières, quelquefois accumulés en masses épaisses. Ces éléments produisent la gangrène des tissus, partout où ils pénètrent ; les cellules du sang et du tissu conjonctif se détruisent ; il en est de même des cellules cartilagineuses ; les microbes se propagent du point inoculé dans le parties voisines ; ils ne pénètrent ni dans le sang, ni dans les viscères ; s'ils tuent rapidement, c'est sans doute parce qu'ils sécrètent une substance délétère et soluble. M. Daniel Mollière (2), admet également que la cause première de la gangrène gazeuse, sa cause *sine qua non*, est le développement d'un microbe dans le tissu cellulaire.

22° *Agent infectieux des oreillons.* — MM. Capitan et Charrin (3) ont trouvé dans le sang et la salive de malades atteints d'oreillons, affection épidémique et contagieuse, une grande quantité de microbes et de bactéries. Des expériences de réinoculation après culture n'ont pu être faites, car l'on ne connaît pas d'animal auquel cette maladie soit susceptible d'être transmise.

23° *Agent infectieux de la coqueluche.* — La *coqueluche* (4) est éminemment contagieuse, surtout dans ses périodes d'invasion. Letzerich a décrit, en 1874, un champignon qui lui appartiendrait en propre, mais l'on ne peut accueillir qu'avec une grande réserve les découvertes de cet observateur, car il semble que bien peu d'entre elles aient été confirmées par ceux qui ont étudié ultérieurement les mêmes questions. En 1876, Tschauer a trouvé, dans les crachats des coquelucheux, des spores et un mycélium qui offriraient des caractères spéciaux ; Henke dit également avoir vu un champignon dans les crachats de la coqueluche, mais ces auteurs

(1) Koch, *Untersuchungen ueber die Aetiologie der Wund infection Krank heiten.* Leipzig, 1878.
(2) D. Mollière, *Acad. de médecine,* 1883.
(3) Capitan et Charrin, *Bulletin de la Soc. de biologie,* 1881.
(4) H. Roger, *Recherches cliniques sur les maladies de l'enfance,* t. II. Paris, 1883.

n'ont pu reproduire la maladie par le produit de culture de ces éléments ; si donc on peut considérer comme vraisemblable qu'elle est parasitaire par ce seul fait qu'elle est contagieuse, il est jusqu'ici impossible de le démontrer.

24° *Agent infectieux du goître*. — Klebs (1) a trouvé, dans les fontaines des pays où le *goître* est endémique, une *flagellariée* que l'on ne rencontre pas ailleurs ; ayant amené à Prague un jeune chien atteint d'un goître en voie de développement, la tumeur cessa d'augmenter ; il lui donna alors de l'eau de la source du pays d'où il venait, et le goître s'accrut rapidement. Ici encore il faut attendre les expériences de contrôle.

25° *Agent infectieux du furoncle*. — Pasteur (2) a trouvé dans tous les cas de *furoncle* qu'il a étudiés un micrococcus aérobie et il lui a attribué la genèse des accidents. Lœwenberg (3) a cultivé ce microbe dans le bouillon de bœuf et dans les liquides de Pasteur et de Cohn. Il a mis en évidence l'intérêt que présentent ces faits au point de vue de l'histoire du furoncle : on peut expliquer par sa nature parasitaire sa tendance à récidiver chez le même sujet ; il se fait très vraisemblablement des autoinoculations ; les microbes provenant du premier bouton pénètrent dans les glandes sébacées ou dans les follicules pileux et y déterminent le développement de nouveaux furoncles ; on se rend également compte ainsi de la contagiosité de cette affection et des accidents infectieux dont elle s'accompagne parfois. Il faudrait pour compléter la démonstration reproduire le furoncle par l'inoculation de microbes cultivés.

26° *Agent infectieux du chancre simple et du phagédénisme*. — Le chancre simple se comporte exactement comme le font les affections locales qu'engendrent les microbes ; il est indéfiniment inoculable ; sa nature parasitaire nous paraît certaine, bien que le champignon n'ait pas été jusqu'ici cultivé ; on peut en dire autant du *phagédénisme vrai*, celui qui résulte d'une transformation *in situ* du chancre simple.

---

(1) Klebs, *Studien über die Verbreitung des Cretinismus im Oesterreichs sowie über die Ursache der Kropfbildung*. Prague, 1877.

(2) Pasteur, *De l'extension de la théorie des germes à l'étiologie de quelques maladies communes* (*Comptes rendus de l'Acad. des sciences*, 1880).

(3) Lœwenberg, *Le furoncle de l'oreille et la tuberculose* (*Progrès médical*, 1880).

27° *Agent infectieux du bouton de Dehli ou de Biskra.* — Plusieurs médecins de l'Inde, MM. Flemning, Smith et Carter ont
décrit un parasite dans l'affection connue sous le nom de *bouton de Dehli* ou de *Biskra ;* M. Kelsch l'a également observé en
Algérie. Il est en effet très vraisemblable que cette affection, endémique dans certains pays et limitée aux parties découvertes.
est due à l'irritation de la peau par un parasite ; mais les expériences de culture et d'inoculation n'ont pas été faites jusqu'ici.

28° *Agent infectieux de la carie dentaire.* — Ces microbes interviennent, d'après Willougby Miller (1), dans le développement
de la *carie dentaire :* la fermentation des matières qui séjournent dans la bouche amène la formation d'acides qui attaquent
l'émail et le décalcifient ; l'os dentaire mis à nu se laisse pénétrer par des quantités de schizomycètes sous la forme de leptothrix, de bacilles et de micrococcus ; ces derniers en obstruant
les canalicules contribueraient à amener la mort de la dent.

29° *Agent infectieux de la blennorrhagie.* — Neisser (2) a décrit
un micrococcus spécial, le *gonococcus,* qui présente des caractères particuliers : des éléments ovales, relativement gros,
rarement isolés, ordinairement groupés deux à deux, quatre à
quatre ou en amas, jamais en chaînettes, le constituent ; ils
sont tantôt libres dans le liquide, tantôt adhérents aux globules
de pus ou aux cellules épithéliales, souvent contenus dans ces
éléments, surtout dans les globules blancs (Bockhardt) (3).

On les trouve dans toutes les blennorrhagies, mais ils sont
plus nombreux quand la maladie est récente et n'a pas été
traitée.

On en a constaté l'existence dans quelques cas d'ophthalmie
purulente des nouveau-nés et dans deux cas d'ophthalmie
blennorrhagique de l'adulte. Les observations de Leistikow, de
Pétrone (4) et de Bockhardt ont également confirmé celles de

(1) Willougby Miller, *Der Einfluss der Microorganismus ouf die Caries der
menschlichen Zähne* (Arch. f. exper. Path. 1882).

(2) Neisser, *Ueber eine der Gonorrhae eigenthümliche Micrococcusform*
(Central Blatt f. die med. Wissench. 1879). — Neisser, *Die Mikrococcen der
Gonorrhée* (Deutsch. med. Wochenschr. 1882).

(3) Bockhardt, *Beiträge z. Aetiologie und Pathologie des Harnröhrstrippers*
(Vierteljahr. f. Dermat. und Syph. 1883).

(4) Leistikow, *Ueber Bacterien beiden venerischer Krankheiten* (Charité
annal. Berlin, 1882). — Petrone, *Sulla natura parasitaria dell' artrite blen-
noragica* (Rivista clin. 1883). Cet auteur affirme qu'il a trouvé le micro-

Neisser. Bockhardt l'a trouvé dans 258 cas de blennorrhagie et constaté qu'il manque dans l'uréthrite simple.

On peut cultiver ces microbes, et deux fois le produit de culture a pu être inoculé avec succès par Bokaï (1) et plus récemment par Bockhardt ; il ne manque à ces expériences que d'être plus nombreuses pour qu'on puisse les considérer comme tout à fait démonstratives.

Si la théorie se confirme, on pourra attribuer à la pénétration de microbes dans les tissus les arthropathies et les endocardites qui viennent parfois compliquer cette maladie.

30° *Agent infectieux de la pneumonie.* — Un certain nombre d'auteurs (2) considèrent actuellement la *pneumonie franche lobaire aiguë* comme une maladie infectieuse; ils invoquent son apparition sous formes d'épidémies, sa marche cyclique, l'impossibilité de la provoquer par les irritations mécaniques (injections de poussières ou de liquides irritants), l'apparition des symptômes généraux précédant celle des phénomènes locaux, le défaut de rapport entre l'intensité et la durée de la réaction fébrile et celles des lésions, et l'impossibilité d'expliquer celles-là par celles-ci.

Klebs aurait démontré l'exactitude de cette interprétation en découvrant dans les crachats et dans les parties hépatisées un microbe qu'il appelle le *monas pulmonale.* Il reconnaît cependant que cet élément, tout à fait semblable à ceux qui existent dans la salive, se trouve à l'état normal dans le produit de sécrétion des bronches. Les observations de Friedländer ont eu plus de retentissement. En 1882, dans un premier travail, cet auteur (3) annonce que, dans huit cas de *pneumonie,* il a trouvé constamment, si ce n'est après le neuvième jour, des microbes, aussi bien dans le tissu enflammé du poumon et de la plèvre que dans les crachats. Ce sont des micrococcus ellipsoïdes

coccus blennorrhagique dans le liquide provenant d'arthropathies de cette nature.

(1) Bokai, *Ueber contagium der acuten Blennorrhæ* (*Allg. med. Centr. Zeit.* 1880).

(2) Marrotte, *De la fièvre synoque péripneumonique* (*Arch. gén. de méd.,* 1873). — Jürgensen, *Krankheiten des Respirationsapparats.* — Bernheim, *Leçons de clinique médicale.* Nancy, 1877. — Klebs, *Beit. zur Kenntniss der pathogenen schistomyceten* (*Arch. für exper. Path.* Band IV).

(3) Friedländer, *Ueber die schizomyceten bei des acuter fibrinösen Pneumonie* (*Virchow's Archiv,* B. 87).

mesurant 1 μ de largeur et un tiers de μ de longueur, ordinairement groupés deux à deux, mais formant aussi souvent des chaînettes. Ils sont formés d'une substance homogène qui se colore facilement par l'aniline. On les trouve en quantité étonnante dans les exsudats bronchiques et intra-alvéolaires de l'hépatisation rouge : dans un cas, ils manquaient dans les bronches et les alvéoles, mais il y en avait un grand nombre dans les lymphatiques interlobulaires qui se trouvaient distendus. Ce fait, rapproché de la présence des micrococcus dans le tissu pleural, est important en ce qu'il démontre le passage du parasite dans la circulation.

Pour distinguer ces coccus des granulations, on colore les préparations avec l'eau d'aniline d'Ehrlich, puis on les plonge dans une solution d'iodure de potassium ; les micrococcus seuls restent colorés.

Leyden (1) confirme la description de Friedländer ; Gunther et, peu après, Matray (2) observent les mêmes micrococcus et indiquent qu'ils sont constamment entourés d'une capsule incolore. Tout récemment Friedländer (3) les a étudiés plus complètement ; il a reconnu, en examinant l'exsudat pris sur le cadavre, que la capsule a rarement une largeur moindre que le coccus qu'elle entoure, et qu'elle a souvent des dimensions doubles et même quadruples : quand les micrococcus sont accouplés deux à deux, ou en chaînettes, elle prend une forme elliptique ; les réactions chimiques semblent indiquer qu'elle est formée de mucine ou d'une substance analogue ; jamais on ne trouve d'amas de zooglée. Cette capsule fait défaut autour des micrococcus contenus dans les crachats. Dans les autres formes de pneumonie, Friedländer n'a trouvé que des micro-organismes privés de capsule ; celle-ci serait donc, d'après cet auteur, presque caractéristique de la pneumonie fibrineuse. Les micrococcus de cette maladie varient de grandeur chez les divers animaux qui en sont atteints, ils sont beaucoup plus grands chez la souris et le cochon d'Inde que chez l'homme (4).

(1) Leyden, *Demonstration über infekliose Pneumonic (Deutsche medic. Zeit.* 1882 et *Centralblatt für die medic. Wissens.* 1883).

(2) Matray, *Ueber Pneumoniekokken* (*Wiener med. Presse.* 1883).

(3) Friedländer, *Soc. de méd. de Berlin,* 1883, analysé dans la *Semaine médicale,* par Villaret.

(4) Bricon, *Le micrococcus de la pneumonie (Progrès médical,* 1883).

Friedländer a cultivé ces parasites, suivant la méthode de Koch, dans la gélatine nutritive jusqu'à la huitième génération ; ces produits n'avaient pas de capsule, les cultures avaient un aspect tout particulier ; sur la surface de gélatine il se formait une petite élevure d'où partait une substance blanchâtre en *forme de clou.*

Ces produits de culture, dissous dans de l'eau distillée et stérilisée, ont été injectés dans les poumons de lapins, de souris, de cobayes et de chiens ; les résultats ont été négatifs chez tous les lapins, positifs chez un chien sur cinq, chez environ la moitié des cobayes, et chez toutes les souris ; celles-ci sont mortes de dix-huit à vingt-huit heures après l'opération ; elles commençaient, après quelques heures, à présenter une dyspnée qui augmentait progressivement ; l'animal succombait avec un *abaissement progressif de la température.* On trouvait dans les poumons des centres d'induration rouge.

Friedländer a fait aussi inhaler plusieurs fois par des souris le liquide renfermant les produits de culture en le pulvérisant dans leur cage, chaque fois quelques-uns de ces animaux sont morts et l'on a trouvé à l'autopsie des lésions pneumoniques en même temps que des micrococcus dans les poumons, la plèvre, la rate et le sang.

Ces expériences sont-elles démonstratives et prouvent-elles que la pneumonie franche est parasitaire au même titre que la tuberculose ? nous ne le pensons pas : la présence de micrococcus dans les produits d'exsudation s'explique tout naturellement par leur conflit incessant avec l'air inspiré ; il n'est pas prouvé que les capsules qui les caractériseraient ne soient pas un produit artificiel, car, s'il en est autrement, on comprend difficilement pourquoi elles font défaut dans les crachats et dans les cultures ; enfin il n'est pas établi que l'affection développée dans le poumon par les injections ou l'inhalation du liquide chargé de micrococcus soit bien une pneumonie franche, car elle n'en a pas l'évolution et elle s'accompagne d'un abaissement de la température.

Les recherches de M. Talamon (1) sont bien plutôt de nature à entraîner la conviction.

L'organisme qu'il a trouvé dans l'exsudat pneumonique et,

____

(1) Talamon, *Bulletin de la Société anatomique* et *Progrès médical.* 1883.

une fois seulement sur 25 cas, dans le sang d'un malade à l'agonie, est un micrococcus de forme allongée, ellipsoïde. Dans l'exsudat pris sur le vivant à l'aide d'une seringue de Pravaz enfoncée à travers la paroi costale, ou recueilli quelques heures après la mort, il a la forme d'un grain de blé, de 1μ à 1μ et demi de long sur $1/2\mu$ à 1μ de large dans le plus grand diamètre transversal de l'ellipse. Il est isolé, le plus souvent par deux, parfois aussi en chaînettes de quatre. Chez le lapin il est beaucoup plus petit. Cultivé au contraire par le procédé de Pasteur, il apparaît plus volumineux et peut atteindre 2μ $1/2$ à 3μ de long sur 1μ $1/2$ de large ; il prend alors une forme lancéolée, et parfois une de ses extrémités s'effile. Il ne ressemble en rien au coccus de l'érysipèle qui est arrondi et disposé en chaînettes plus ou moins nombreuses.

Les inoculations faites chez le chien ont été négatives.

Le liquide de culture injecté à des lapins sous la peau de la cuisse n'a produit non plus aucun accident pulmonaire ou autre.

Injecté directement dans les poumons à travers la paroi costale, il a déterminé des pneumonies fibrineuses, des pleurésies et des péricardites fibrineuses. Jamais il n'a amené la formation de pus ou d'inflammation hémorrhagique. L'aspect du poumon macroscopique et sous le microscope est celui de la pneumonie lobaire fibrineuse de l'homme. Le poumon est hépatisé dans toute son étendue ou dans la plus grande partie. Il forme un bloc compact, pesant ; les bronches contiennent des moules fibrineux. Au microscope, les alvéoles sont remplis de filaments de fibrine entre-croisés et serrés les uns contre les autres. Les noyaux des espaces interalvéolaires sont en voie de prolifération. Les vaisseaux et les bronches sont remplis de fibrine. De même la plèvre et le péricarde sont recouverts d'épaisses couches de fibrine.

Les animaux meurent en moyenne du quatrième au cinquième jour. Le lendemain de l'injection, on constate une élévation considérable de la température : de 39°6 à 40, la température s'élève à 41 et 41°8. Les lapins meurent avec cette température élevée ; chez certains, elle est tombée le jour de la mort au-dessous de la normale.

Plusieurs lapins, âgés de plus d'un an, ont résisté à la maladie et ont guéri après un temps variable. Le thermomètre accusait la même élévation de température que chez les animaux qui ont succombé. Le retour de la température à 39° et 39°6 annonçait la guérison.

Les résultats de ces expériences sont d'autant plus frappants que les nombreuses tentatives faites dans le but de provoquer la pneumonie fibrineuse par l'injection dans les poumons ou dans les bronches de liquides irritants sont jusqu'ici restées infructueuses. Si, comme nous n'en doutons pas, ils se trouvent confirmés par d'autres observateurs, on devra considérer comme démontrée la nature infectieuse de *certaines pneumonies fibrineuses*. Déjà Friedreich (1), Rodman (2), Bonnemaison (3) et récemment M. le professeur Sée (4) dans ses leçons cliniques ont fait valoir les raisons qui militent en faveur de cette manière de voir. Il est incontestable que la pneumonie présente, dans certains cas, les caractères d'une pyrexie : elle débute par des symptômes généraux tellement semblables à ceux d'une fièvre typhoïde que les médecins les plus expérimentés doivent suspendre leur diagnostic, les signes physiques de phlegmasie pulmonaire n'apparaissant que tardivement, le désaccord entre les phénomènes locaux et les phénomènes généraux est manifeste. Souvent on peut noter du délire, de l'albuminurie et de la diarrhée ; le foie se tuméfie en même temps que la rate ; la fièvre se prolonge jusqu'au 11e ou 12e jour ; la défervescence, quand elle se produit, ne se fait pas brusquement, comme dans la pneumonie franche, mais par *lysis;* souvent des suppurations parotidiennes et une diarrhée persistante entravent la convalescence. Si l'on constate que les pneumonies revêtant cette forme affectent souvent à la fois un certain nombre d'individus dans une même localité, un même établissement ou une même famille, on est porté à croire qu'elles sont réellement de nature infectieuse et engendrées vraisemblablement par le microbe de M. Talamon. Mais, à côté de ces pneumonies, n'en est-il pas d'autres qui sont provoquées par l'action du froid ou une autre

(1) Friedreich, *Der acuten Milztumor und seine Beziekungen zu den acuten Infectionskrankheiten (Kolkmann's Sammlung*, 1875).

(2) Rodman, *Endémie de pneumonie infectieuse observée dans une prison (The american Journal of medical sc.* 1875).

(3) Bonnemaison, *Pneumonies malignes, etc. (Mém. de la soc. des hôpitaux et Union médicale*, 1876).

(4) G. Sée. *Des pneumonies infectieuses (Union médicale*, 1882).

iufluence accidentelle chez les sujets dont la résistance vitale est amoindrie par une cause passagère ou permanente? Ne doit-il pas en être ainsi de celles qui frappent les vieillards au retour de la mauvaise saison? L'intervention d'un microbe n'est-elle pas en pareil cas des plus improbable? N'en est-il pas de même pour ces pneumonies à récidives qui se renouvellent plusieurs fois à quelques mois de distance chez le même sujet. On a considéré la constance du type fébrile comme caractéristique d'une maladie infectieuse, mais cette constance n'est pas réelle, puisque l'époque de la défervescence peut varier du troisième au douzième et même au quinzième jour; quant à l'apparition des symptômes généraux deux ou trois jours avant celle des lésions, elle n'est nullement démontrée. Aucun des arguments invoqués par les auteurs, et particulièrement par Traube et Jürgensen, en faveur de la nature infectieuse de la pneumonie franche vulgaire, ne nous paraît donc de nature à entraîner la conviction. Les faits étiologiques qui démontrent la nature infectieuse d'une maladie sont sa transmission par contagion, son apparition sous forme d'épidémies ou son existence dans certaines localités à l'état d'endémie; or la pneumonie franche s'observe dans toutes les contrées du globe et sous toutes les latitudes. « On doit reconnaître à l'inflammation, dit M. Peter (1), deux origines, l'une intrinsèque, l'autre extrinsèque : l'origine intrinsèque de la pneumonie, c'est la fatigue et l'usure de l'organe, l'origine extrinsèque, c'est le froid ; toutes les causes capables d'affaiblir l'organisme, les fatigues excessives, les chagrins et surtout la vieillesse jouent le rôle le plus important dans l'étiologie de la pneumonie, cette affection est une manière de mourir et constitue la fin naturelle des vieillards (Peter) ». On peut s'expliquer ainsi comment les sujets enfermés dans un asile ou dans une prison, vivant dans des conditions hygiéniques peu satisfaisantes, payent un tribut plus considérable à cette maladie, et pourquoi elle est plus fréquente dans les hospices de vieillards. Les variations brusques de la température et les causes générales d'asthénie semblent rendre compte de la plupart des endémies et épidémies de pneumonie.

En résumé les découvertes de Friedländer, de Leyden et sur-

____

(1) M. Peter, *Leçons de clinique médicale*, t. I. Paris, 1873.

tout de Talamon ne laissent guère de doute relativement à l'existence d'une pneumonie fibrineuse provoquée par l'invasion et la multiplication d'un microbe, mais nous croyons, conformément aux vues que nous avons exposées dans un autre travail, devoir maintenir, à côté d'elle, une autre forme, peut être plus fréquente, dans laquelle il s'agit d'une phlegmasie simple et non infectieuse ; telle doit être en particulier la pneumonie des vieillards (1).

31° *Agent infectieux du rhumatisme articulaire aigu.* — M. Klebs considère comme parasitaire le *rhumatisme articulaire aigu*. Cette maladie ne présente pas cependant les caractères d'une infection ; elle n'est ni épidémique, ni endémique, ni contagieuse ; elle survient le plus souvent sous l'influence du froid, chez les sujets prédisposés par la diathèse. Si réellement on y découvre des microbes, ne faut-il pas les considérer comme des granulations animées, engendrées par les éléments des tissus, plutôt que comme des parasites ? Il est néanmoins un fait que l'on peut invoquer en faveur de la nature infectieuse de cette maladie, c'est l'apparition de phénomènes très analogues à ceux qui lui appartiennent sous l'influence de maladies qui offrent bien certainement ce caractère et particulièrement de la blennorrhagie, de l'état puerpéral et de la scarlatine.

32° *Agent infectieux de l'impaludisme.* — L'intoxication palustre se développe exclusivement sous l'influence de miasmes émanés du sol, le plus souvent de terrains marécageux, d'autres fois de terrains riches en éléments organiques, tels, par exemple, que la campagne de Rome, dont l'activité n'est pas utilisée par la végétation (2). L'agent infectieux, introduit dans l'organisme, peut y rester pendant de longues années en donnant lieu de temps en temps ou d'une manière persistante à des troubles morbides. Sa nocuité est beaucoup plus grande dans les climats chauds que dans les climats froids et tempérés ; il ne se transmet jamais par contagion. Il est bien peu probable qu'il s'agisse d'un ferment soluble ; il est très vraisemblablement constitué par un microbe végétal ou animal qui se développe dans les terrains où se trouvent réalisées les conditions indiquées plus haut.

(1) Hallopeau, *La doctrine de la fièvre pneumonique* (*Revue des sciences médicales*, 1878).

(2) L. Colin, *Traité des fièvres intermittentes*. Paris, 1870.

Jusqu'à ces derniers temps, les recherches entreprises pour découvrir ce microbe chez les malades atteints de fièvre intermittente n'avaient donné que des résultats négatifs ; aussi les observateurs sesont-ils efforcés de le trouver dans le milieu infectant ; les microbes abondent au voisinage des marais plusieurs d'entre eux ont été successivement incriminés : la *palmella gimesma* l'a été par Salisbury (1), l'*alga* dite *miasmatica* par Balestra, la *lymnophisalix hyalina* par Eklund, l'*hydrogastrum granulatum*, par Safford et Bartlet, etc. Récemment Klebs et Tommasi Crudeli (2) ont examiné au même point de vue l'air, l'eau et le sol des parties de la campagne romaine où la malaria sévit avec le plus d'intensité ; leurs recherches ont été faites avec beaucoup de rigueur et ils sont arrivés à cultiver des schizomycètes qu'ils considèrent comme les agents infectieux. Ce sont des bâtonnets de 2 à 7 μ de longueur, devenant, par la croissance, des fils recourbés qui se sectionnent par la formation d'espaces translucides ou de cloisons ; ces bâtonnets constituent à la surface du liquide de culture des faisceaux d'articles très courts ; souvent il se développe des spores au milieu ou aux extrémités des articles. Ces corpuscules-germes peuvent se multiplier et remplir tout l'intérieur du filament sous forme d'une masse granuleuse. Les auteurs affirment que l'inoculation à des lapins de ces produits de culture peut développer chez eux toutes les formes d'intoxication paludéenne observées chez l'homme ; Ceci dit avoir obtenu récemment des résultats analogues (3). Cuboni et Marchiafava ont trouvé dans le sang des sujets atteints de fièvres palustres, au début des accès, de courts bacilles renfermant d'ordinaire deux spores ; ils auraient rencontré les mêmes éléments, en quantité moindre, dans le sang des sujets sains (4) ! On a fait aux conclusions de Klebs et Tommasi Crudeli une objection de principe dont la valeur nous paraît considérable : les lapins,

---

(1) Salisbury, *Causes des fièvres intermittentes et rémittentes rapportées à une algue du genre Palmella.* (*Ann. d'hyg.*, t. XIX, p. 215.)

(2) Klebs et Tommasi Crudeli, *Studien ueber die Ursache des Wechsel fiebers und ueber die Natur der Malaria* (*Arch. für exper. Path. und Pharmakol.*, t. XIII).

(3) A. Ceci, *Ueber die in den malarischen und gewöhnlicher Erdboden Arten enthaltenen Keime und niederen Organismen* (*Arch. f. exper. Path. und Pharmakologie*, t. XV et XVI, 1882).

(4) Cuboni und Marchiafava, *Arch. f. exper. Path.*, t. XIII, 1881.

dans les pays à fièvre, ne contractent jamais la maladie ; est-il vraisemblable que l'on puisse la leur communiquer par inoculation? Certainement non. D'autre part MM. du Cazal et Zuber contestent très justement que les accidents présentés par les lapins en expérience aient été identiques à ceux des fièvres de marais: on a constaté chez eux une hypertrophie de la rate et la présence dans le sang de granulations pigmentaires ; sont-ce là des lésions suffisamment caractéristiques? Les courbes thermométriques ne rappellent que de très loin celles de la fièvre palustre ; enfin beaucoup d'auteurs ont cherché, sans le trouver, ce parasite dans le sang.

M. Laveran (1) paraît avoir été plus heureux ; il s'est efforcé de trouver l'agent infectieux, non pas dans le milieu ambiant où il est bien difficile de le distinguer des autres micro-organismes, mais dans le sang, et il croit y avoir réussi. Ce parasite se présente sous trois formes que M. Laveran désigne sous les noms de corps n° 1, n° 2 et n° 3.

Corps n° 1. Ce sont des éléments allongés, plus ou moins effilés à leurs extrémités, souvent incurvés en croissant, quelquefois de forme ovalaire. Leur longueur est de 8 à 9 millièmes de millimètre ; leur largeur de 3 millièmes de millimètre en moyenne. Les contours sont indiqués par une ligne très fine ; le corps est transparent, incolore, sauf vers la partie moyenne, où il existe une tache noirâtre constituée par une série de granulations arrondies, qui paraissent être des granulations pigmentaires. Par exception, cette tache peut être située près d'une des extrémités du corps. Les granulations affectent assez souvent une disposition régulière, en couronne, analogue à celle qui sera décrite plus bas pour les corps n° 2. Sur ceux de ces corps qui sont incurvés, on aperçoit fréquemment, du côté de la concavité, une ligne courbe, pâle, qui semble relier les extrémités du croissant. Les corps n°1 ne paraissent pas doués de mouvements ; quand leur forme se modifie, c'est d'une façon très lente (fig. 67).

Corps n° 2. — Ces corps se présentent sous plusieurs as-

(1) A. Laveran, *Sur un nouveau parasite trouvé dans le sang des malades atteints de fièvre intermittente; origine parasitaire des accidents de l'impaludisme* (*Bulletin de la Société des hôpitaux.* 1881). — *Nature parasitaire des accidents de l'impaludisme, Description d'un nouveau parasite.* Paris, 1881.

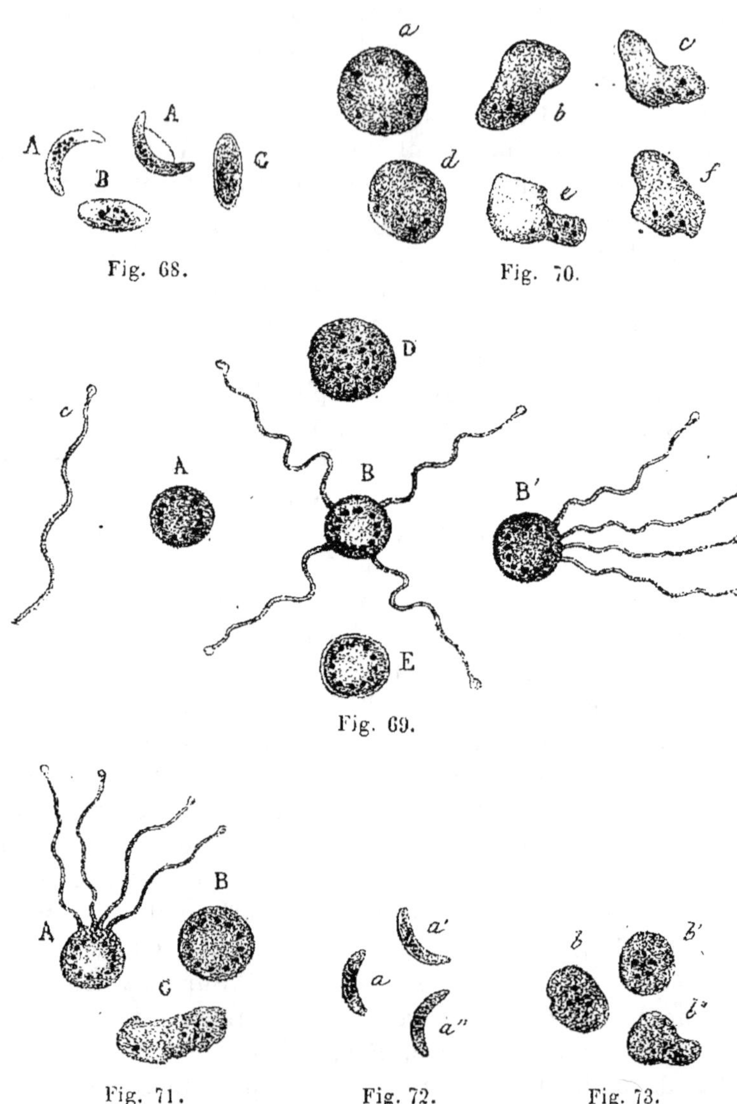

Fig. 68. — AA', corps n° 1. — B, corps ovalaire pigmenté. — C, corps n° 1 dans une préparation de sang traitée par l'acide osmique à 1/300 et la glycérine picro-carminée ; on aperçoit un double contour.

Fig. 69. — A, corps n° 2 immobile. — B, corps n° 2 avec filaments mobiles. Ces filaments, au nombre de quatre sont munis d'un petit renflement à leur extrémité libre. — B', autre aspect d'un corps n° 2 en mouvement, les filaments mobiles sont situés d'un même côté. — C, un filament mobile devenu libre. — D, corps sphérique rempli de granulations pigmen-

pects, suivant qu'ils sont à l'état de repos ou de mouvement.

A l'état de repos, on distingue un corps sphérique, transparent, à contours très fins, dont le diamètre est de 6 millièmes de millimètre en moyenne. Dans l'intérieur de ce corps se trouvent des granulations pigmentaires arrondies, égales entre elles, qui affectent d'ordinaire une disposition assez régulière en couronne : on dirait un collier de perles noires.

A l'état de mouvement, on aperçoit, autour du corps sphérique et pigmenté, des filaments très transparents, animés de mouvements rapides dans tous les sens ; on ne peut mieux comparer ces mouvements qu'à ceux d'anguillules, dont une des extrémités serait fixée dans l'intérieur de l'élément sphérique. Ces filaments impriment aux globules rouges du sang les plus voisins des mouvements très variés et très faciles à constater. La longueur des filaments ou appendices mobiles peut être évaluée à trois ou quatre fois le diamètre d'un globule rouge ; leur nombre a paru être, pour chaque corps n° 2, de trois ou de quatre ; il est peut-être plus grand, car on n'aperçoit que les filaments qui s'agitent, et même parmi ceux-ci on ne peut voir que ceux qui sont exactement au point. Tantôt les filaments mobiles sont étalés d'une façon assez symétrique de tous les côtés ; tantôt ils sont groupés d'un seul côté. L'extrémité libre des filaments mobiles est renflée.

Pendant que ces filaments ou appendices mobiles s'agitent, le corps sphérique sur lequel ils paraissent s'insérer subit un mouvement oscillatoire plus ou moins rapide ; quelquefois même il est animé d'un mouvement de translation. Les granulations pigmentaires s'agitent à l'intérieur, et leur disposition devient alors très variable.

taires qui s'agitent très vivement. — E, corps n° 2 dans une préparation de sang traitée par l'acide osmique à 1/300 et conservée dans la glycérine picro-carminatée ; on aperçoit un double contour.

Fig. 70. — *a, b, c, d, e, f*, corps n° 3 plus ou moins déformés.

Fig. 71. — A, corps n° 2 avec filaments mobiles vu à 9 heures du matin. — B, le même corps vu une demi-heure plus tard ; les mouvements ont disparu, on ne voit plus trace des filaments périphériques. — C, le même corps vu le même jour à deux heures et demi du soir.

Fig. 72. — *a, a', a"*, corps n° 1 observés le 29 novembre 1880 à 2 heures 15 minutes du soir.

Fig. 73. — *b, b', b"*, aspect des corps représentés dans la figure précédente le 30 novembre au matin (Laveran).

Les corps n° 2 changent souvent de forme pendant qu'on les observe ; ils s'allongent, s'étalent, puis reprennent leur forme sphérique ; ces derniers mouvements ont une grande analogie avec ceux des amibes.

Il est arrivé plusieurs fois à M. Laveran, pendant qu'il observait des corps n° 2 en mouvement, de voir un des filaments mobiles se détacher du corps sphérique et continuer à se mouvoir au milieu des globules rouges. La figure c représente un de ces filaments devenu libre.

Il a rencontré également, dans des préparations du sang de malades atteints de fièvre palustre, outre les éléments précédents, des corps arrondis plus grands que les corps n° 2, plus grands même en général que des leucocytes, à l'intérieur desquels on distinguait des granulations pigmentaires animées d'un mouvement très vif analogue au mouvement brownien ; ces corps ne présentaient pas de filaments périphériques mobiles.

Corps n° 3. — Ils sont en général sphériques, d'un diamètre notablement supérieur à celui des corps n° 2 (8 à 10 millièmes de millimètre et quelquefois davantage), légèrement granuleux, immobiles, sans filaments périphériques apparents. A l'intérieur de ces corps, on aperçoit des granulations pigmentaires dont la disposition rappelle quelquefois celle des granulations des corps n° 2, mais qui, le plus souvent, sont disposées sans régularité et en nombre très variable. Ces corps se déforment du reste de plus en plus et prennent des aspects très différents de celui du type qui vient d'être indiqué.

Outre ces corps n° 1, n° 2 et n° 3, on trouve presque toujours dans les préparations de petits corps arrondis, brillants, mobiles et des granulations de pigment rouge feu ou bleu clair ; ces granulations pigmentaires sont libres ou incluses dans des corps n° 3 ou dans des leucocytes. Le pigment bleu paraît résulter d'une transformation du pigment rouge feu.

M. Laveran a rencontré ces éléments 26 fois sur 44 cas de fièvre paludéenne ; bien qu'il n'ait pu les cultiver ni par conséquent les inoculer, la présence, chez les sujets atteints d'une même affection miasmatique, d'éléments aussi particuliers permet de considérer comme vraisemblable qu'ils constituent l'agent infectieux. Une seule objection peut être faite, c'est que les corps décrits par M. Laveran offrent une certaine analogie avec les éléments normaux du sang. Les corps n° 3 ressemblent à des leucocytes chargés de pigment, ils en diffèrent cependant par la disposition régulière des granulations qui représentent « un collier de perles » et par la difficulté avec laquelle ils se colorent par le carmin. Les corps n° 2, avec leurs appendices, pourraient être confondus avec des globules rouges altérés par l'action de la chaleur, mais M. Laveran n'avait chauffé ses préparations qu'à la température physiologique du sang.

Les différentes formes observées par M. Laveran représentent, d'après lui, différentes phases de l'évolution des parasites ; les corps n° 3 résultent des transformations des corps n° 2. Relativement à leur nature, il tend à croire qu'ils appartiennent au règne animal plutôt qu'au règne végétal. Les mouvements très vifs et très variés que présentent les appendices des corps n° 2 sont en faveur de cette interprétation. Peut-être les corps n° 1 et n° 2 ne sont-ils produits que par l'agglomération dans des espèces de kystes des parasites représentés à l'état de développement parfait par les filaments mobiles des corps n° 2. Ces filaments ont une grande ressemblance avec les oscillariées auxquelles plusieurs observateurs ont déjà fait jouer un grand rôle dans la pathogénie des fièvres palustres.

En 1882, Marchand (1) a également trouvé des microbes dans le sang de malades atteints de fièvres palustres ; certains d'entre eux ont, comme ceux de M. Laveran, la forme de bâtonnets allongés, légèrement renflés à leurs extrémités et mobiles, mais leur largeur est beaucoup moindre ; d'autres sont constitués par des micrococcus accouplés deux à deux ; Ziehl (2) a aussi décrit des bâtonnets trouvés dans les mêmes circonstances, mais il les a observés sur des pièces desséchées à la flamme ; il ne s'agissait peut-être que de produits artificiels. On voit en somme que cette question est à l'étude et que les faits acquis permettent d'en espérer la solution prochaine.

33° *Agent infectieux de la tuberculose.* — *A*. Robert Koch paraît avoir démontré en 1882 l'existence d'un microbe de la *tuberculose ;* mais, depuis plusieurs années déjà, l'expérimentation avait

(1) Marchand, *Kürze Bemerkung. zur Aetiol. d. Malaria* (*Virch. Arch.*, LXXXVIII).

(2) Ziehl, *Einige Beobacht. über dem Bacillus Malariae* (*D. med. Wochensc.* 1882).

établi que les produits tuberculeux sont inoculables, et l'on pouvait par conséquent y affirmer l'existence d'une substance organisée, capable de se multiplier dans l'organisme. C'est à Villemin (1) que revient l'honneur d'avoir mis ce fait en évidence : dans une communication faite à l'Académie de médecine, le 5 décembre 1865, cet éminent pathologiste annonçait qu'il avait réussi à inoculer chez des lapins de la matière tuberculeuse ; il en avait introduit une parcelle sous les téguments de la base de l'oreille, et quinze jours après il avait trouvé des tubercules dans beaucoup d'organes.

Ces expériences ont été depuis lors fréquemment renouvelées, et ceux qui les ont répétées ont reconnu, à peu d'exceptions près, que l'inoculation de produits tuberculeux donne lieu à la production de granulations et de nodules disséminés. Nous citerons particulièrement celles de MM. Hérard et Cornil (2), Lebert (3), Roustan (4), Chauveau (5) et Parrot (6) en France, de MM. Waldenburg (7), Bernhardt (8), Klebs (9) et Gerlach (10), en Allemagne, de MM. John Simon (11), Andrew Clark (12) et Wilson Fox (13) en Angleterre ; tout récemment MM. Dieulafoy et Krishaber (14), ont confirmé, par de remarquables expériences sur des singes, les faits annoncés par Villemin : sur 16 singes inoculés avec le tubercule de l'homme, 12 sont morts tuberculeux ; sur 24 singes non inoculés, mais ayant vécu en promiscuité avec les singes inoculés, 5 sont morts tuberculeux ; sur 10 singes inoculés avec du pus phlegmoneux, un seul est mort tuberculeux ; sur 28 singes tenus éloignés de toute cause de con-

(1) Villemin, *Causes et nature de la tuberculose* (*Bulletin de l'Académie de médecine*. Paris, 1866, t. XXXII, p. 152, 897). — *Études sur la tuberculose.* Paris, 1868.
(2) Hérard et Cornil, *Société de biologie.* 1868.
(3) Lebert, *Inoculation des tubercules* (*Bulletin de l'Acad. de médecine.* Paris, 1866-67, t. XXXII, p. 119).
(4) Roustan, *Thèse de Paris*, 1877.
(5) Chauveau, *Gazette hebdomadaire.* 1872.
(6) Parrot, *Société des hôpitaux.* 1869.
(7) Waldenburg, *Allgem. med. Zeit.* 1867.
(8) Bernhardt, *Deutsches Archiv f. Klin. Medicin.* 1869.
(9) Klebs, *Ueber die Enstehung der Tuberculose* (*Virchow's Archiv,* 1868).
(10) Gerlach, *Ueber die Impfbarkeit des Tuberculose* (*Virchow's Archiv,* 1870).
(11) J. Simon, *Med. Times and Gazette.* 1867.
(12) A. Clark, *Med. Times and Gazette.* 1867.
(13) W. Fox, *Lancet,* 1868.
(14) Dieulafoy et Krishaber, *Bull. de l'Académie de méd.* 1881 et 1882.

tamination, un seul est mort tuberculeux. Les auteurs concluent : 1° que la tuberculose de l'homme est essentiellement
transmissible au singe par l'inoculation ; 2° que la tuberculose
est contagieuse de singe à singe par cohabitation.

Chauveau (1) et, après lui, Pauli et d'autres expérimentateurs
ont reconnu que la tuberculose peut se transmettre par les voies
digestives et que l'on peut amener, chez des animaux, le développement de cette maladie en leur faisant ingérer des produits
tuberculeux.

Parmi les expériences d'inoculation, nous devons mentionner tout particulièrement celles qu'a pratiquées Cohnheim
dans la chambre antérieure de l'œil, car elles sont tout à
fait démonstratives : l'introduction, au-dessous de la cornée,
d'un fragment de substance tuberculeuse provoque d'abord
une légère kératite ; au bout de quelques jours, la membrane est
redevenue transparente et l'on voit nettement le fragment im-
planté au devant de la capsule du cristallin ; pendant plus de deux
semaines, il ne se produit rien d'appréciable ; mais au bout de
vingt à trente jours la scène change, on voit apparaître à la
surface de l'iris des granulations grisâtres qui se multiplient rapidement en même temps qu'elles augmentent de volume ; l'iris
rougit et, dans certains cas, il se produit une kératite grave ;
d'autres fois les choses restent en l'état ; les granulations persistent jusqu'à la mort de l'animal.

Tappeiner a montré que l'on peut rendre des chiens tuberculeux en pulvérisant dans leur niche des crachats de phthisiques.

La doctrine de Villemin n'a pas été sans soulever de vives
contradictions. Les expérimentateurs qui n'ont obtenu que des
résultats négatifs sont en trop petit nombre pour que leur opinion entre en ligne de compte, mais il est une série de faits
qui méritent au contraire au plus haut degré l'attention. Dès
1867, Lebert et Wyss (2) annonçaient qu'ils avaient amené le
développement de granulations tout à fait semblables à celles
de la tuberculose en introduisant sous la peau d'un animal des

____

(1) Chauveau, *Tuberculose expérimentalement produite par l'ingestion de
matière tuberculeuse* (Gaz. méd. de Lyon, 1868).
(2) Lebert et Wyss, *Beiträge zur experimental Pathologie der heerdartigen
unschriebenen, disseminirten Lungen Entzündung* (Virchow's Archiv, 1867).

parcelles de matière purulente ou cancéreuse ou de poumon enflammé. Burdon Sanderson, Colin, Empis, Cohnheim, dans une première série d'expériences, Waldenbourg et Metzquer, sont arrivés aux mêmes résultats ; il est vrai que Cohnheim a depuis déclaré que ses expériences, faites au milieu d'animaux tuberculeux, n'avaient pas la signification qu'il leur avait d'abord attribuée ; mais il n'en est pas moins démontré que l'on peut obtenir par l'inoculation de produits étrangers à la tuberculose, et même de substances tout à fait inertes (Brown-Sequard), la genèse de granulations identiques, par leurs caractères anatomiques, à celles de la tuberculose. Ces faits semblaient ôter toute valeur aux expériences de Villemin : on doit à M. Hippolyte Martin (1) d'avoir démontré, par des recherches remarquablement bien conduites, que les granulations engendrées par les produits non tuberculeux et les corps inertes ou irritants, tels que les poudres de lycopode, de poivre rouge et de cantharides, diffèrent par leur nature des granulations tuberculeuses, malgré leur identité d'aspect et de structure ; il a établi en effet que celles-ci sont à un haut degré inoculables en série, tandis que celles-là ne le sont pas ; il a montré de plus que la granulation non tuberculeuse reste locale et ne se généralise jamais. Si l'on inocule la granulation développée par l'introduction sous la peau de corps inertes ou d'un produit inflammatoire, cette inoculation reste souvent stérile et si elle produit de nouveau des granulations locales, celles-ci, dès le deuxième ou le troisième terme de la série, cessent d'être inoculables ; les granulations tuberculeuses au contraire se généralisent et peuvent être inoculées indéfiniment ; peut-être même le virus tuberculeux acquiert-il une intensité croissante quand on l'inocule en séries à des animaux de la même espèce. « Il y a donc lieu de décrire un tubercule infectant, tubercule légitime, et un tubercule non infectant, non généralisable (2). »

M. Toussaint admet également que la tuberculose vraie se reproduit en séries indéfinies, et qu'elle augmente même d'énergie avec le nombre des inoculations.

(1) H. Martin, *Recherches anatomo-pathologiques et expérimentales sur le tubercule. Thèse de Paris.* 1879. — *Recherches sur les propriétés infectieuses de tubercule (Arch. de physiologie.* 1881, p. 49 et 272).
(2) H. Martin, *loc. cit.*

B. Ces expériences démontraient le caractère spécifique et infectieux de la tuberculose; elles ne prouvaient pas sa nature parasitaire; elle laissaient en présence deux hypothèses, celle d'un contage animé parasitaire, et celle d'un contage engendré par l'organisme lui-même dans certaines conditions; la première était de beaucoup la plus vraisemblable; pour en établir scientifiquement la réalité, il fallait découvrir le parasite, le cultiver et reproduire la maladie par l'inoculation du produit de culture; plusieurs pathologistes allemands, MM. Klebs, Aufrecht et Koch, croient y être arrivés. Les observations et les expériences de ce dernier, répétées avec les mêmes résultats par d'autres pathologistes, ont entraîné la conviction générale.

Cet auteur en effet a établi que *l'on peut trouver constamment, dans les produits tuberculeux, un parasite spécial, que ce parasite peut être cultivé et que l'inoculation du produit de culture engendre la tuberculose* (1).

Pour constater l'existence du parasite il est nécessaire de recourir à des artifices de préparation. Koch place dans une solution alcoolique de bleu de méthylène un fragment très mince de produit tuberculeux préalablement séché, l'y laisse vingt-quatre heures, puis le porte pendant une ou deux minutes dans une solution concentrée de vésuvine (brun d'aniline ou de Bismarck). La vésuvine déplace la couleur bleue de tous les éléments, à l'exception des bacilles qui se détachent ainsi nettement sur le fond rouge brun de la préparation, quand on l'a lavée à l'eau distillée, traitée par l'alcool, éclaircie par l'essence de girofle et montée dans le baume de Canada. Ces bacilles sont, d'après Koch, avec ceux de la lèpre, les seuls éléments qui se comportent ainsi.

Ehrlich (2) a modifié de la manière suivante le procédé de Koch : la préparation est chauffée pendant quelques minutes à 110° pour en coaguler l'albumine, puis placée dans de l'eau saturée d'huile d'aniline, où elle se colore d'une manière intense ; on la traite ensuite par un mélange d'acide nitrique avec deux parties d'eau ; au bout de peu de temps, elle est

(1) R. Koch, *Ueber Tuberculose* (*Arch. f. Anat. und Physiologie*, p. 190, 1882).

(2) Ehrlich, *Deutsche medic. Wochens.* 1882. — Du Cazal et Zuber, *Le microbe de la tuberculose* (*Revue des sciences médicales*, 1883).

devenue pâle et les bacilles seuls gardent la coloration bleue.

Ces bacilles sont très grêles ; leur longueur varie du quart à la moitié d'un globule rouge, rarement elle atteint le diamètre de cet élément. Ils peuvent contenir des spores sous forme de granulations sphériques réfractant fortement la lumière.

Koch a trouvé les bacilles dans des tubercules du poumon,

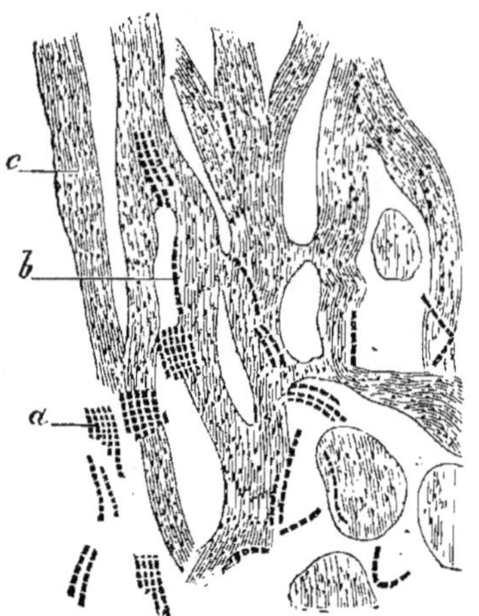
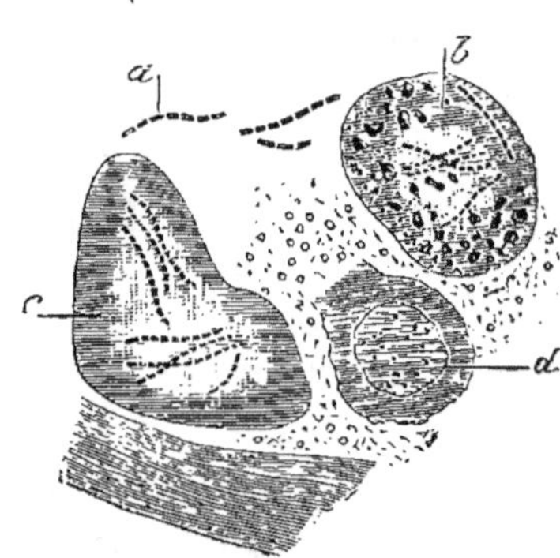

Fig. 74. — Bacilles de la tuberculose chronique dans un crachat (*).

Fig. 75. — Crachats dans un cas de tuberculose aiguë (**).

de l'intestin, du foie, de la rate, des reins et de la pie-mère, dans des arthrites fongueuses, et plusieurs fois, mais non constamment, dans des ganglions scrofuleux ; ses observations ont été confirmées par la plupart des auteurs qui se sont occupés de la question et particulièrement par MM. Cornil et Babès (1). Spina, de Vienne, a nié la présence du parasite dans les granulations des séreuses: MM. Cornil et Babès ont constaté au contraire qu'elle y est presque constante.

On trouve des bacilles dans le coagulum fibrineux qui oblitère le vaisseau situé ordinairement au centre de la granulation tuberculeuse; on les rencontre également dans les parois des

(1) Cornil et Babès, *Bulletin de l'Académie de médecine*, avril et mai 1883.

(*) A, bacilles en bâtonnets formés de petits grains bout à bout. — *a*, agglomération des pores et bâtonnets présentant la même disposition que les sarcines de l'estomac. — *c*, mucus et cellules des crachats.

(**) *c*, grande cellule contenant des bacilles. — *b*, bacille pigmentée contenant aussi des bacilles. — *a*, bacille libre.

vaisseaux et à leur voisinage ; il en est de même pour les granulations pleurales. Dans la pleurésie chronique tuberculeuse, le parasite existe dans le liquide caséeux. Dans les tubercules des muqueuses, on trouve des bacilles entre les cellules épithéliales, dans les espaces considérés par Ranvier comme des voies lymphatiques ; on en rencontre également dans les coagula intra-vasculaires, dans les cellules embryonnaires des tubercules et dans les cellules géantes. MM. Cornil et Babès les ont observés dans les différentes formes de tuberculose pulmonaire ; ils sont très abondants dans le liquide des cavernes (fig. 74) ; on les voit enfin dans les tubercules des ganglions, de la rate et des reins ; ils

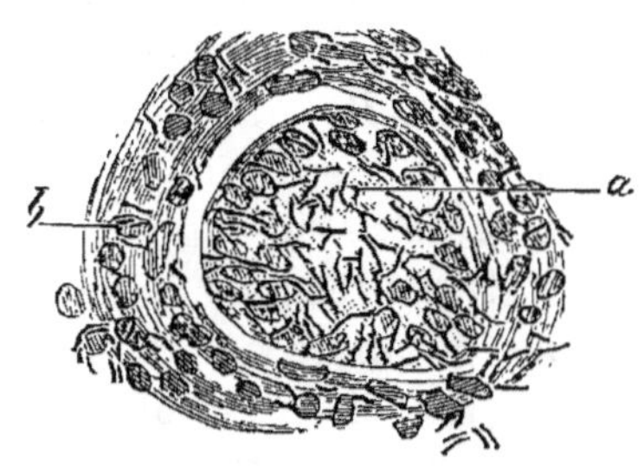

Fig. 76. — Cellule géante dans un tubercule bacilles (Cornil et Babès, *Journ. de l'anat.* 1883).

manquent souvent dans les masses caséeuses, mais on les retrouve dans leurs parois.

On en a aussi constaté la présence dans l'urine de malades atteints de lésions tuberculeuses de l'appareil urinaire, et dans le pus de la carie vertébrale.

C. Smith (1) ayant fait respirer un phthisique à travers un tube fermé par de l'ouate, a reconnu dans cette ouate le bacille tuberculeux.

Les bacilles se rencontrent dans les selles des phthisiques qui ont la diarrhée ; ils manquent toujours dans celles des sujets sains (Giacomi).

Leur présence dans les crachats des tuberculeux a été constatée plusieurs centaines de fois, alors qu'ils manquent constamment dans les produits de sécrétion des autres affections pulmonaires ou bronchiques ; c'est là un fait d'une grande importance , car il peut servir au diagnostic de la phthisie ; MM. Héron (2), Cochez (3) , Frœntzel et Bal-

<hr>

(1) C. Smith, *On the detection of the bacilli of tubercle in the Breath of consumptive patiente* (*Brit. med. journ.* 1883).

(2) Héron, *Brit. med. journ.*, p. 805, 1883.

(3) Cochez, *De la recherche du bacille de la tuberculose*, etc. (*Union médicale*, 1883).

mer (1), d'Espine (2), G. Sée (3) et Devove (4) l'ont démontré.

On conçoit que les crachats puissent être un moyen puissant de propagation de la phthisie, d'autant plus que les bacilles présentent une résistance considérable aux causes d'altération. MM. Malassez et Vignal ont pu désséeher et mouiller des crachats huit fois différentes, et y retrouver au bout de douze jours les microbes en nombre considérable.

Max Schuller (5) a provoqué chez les animaux le développement de granulations en leur inoculant en leur faisant inhaler des fragments de lupus réduits en bouillie. Doutrelepont (6) a constaté la présence de bacilles dans sept cas de lupus; ils sont moins nombreux si la maladie a été traitée. MM. Cornil et Leloir (7) n'ont pas obtenu les mêmes résultats ; ils n'ont trouvé que quatre fois sur onze les bacilles dans cette maladie dont la nature tuberculeuse est cependant très vraisemblable (8); d'après H. Martin (9), les inoculations expérimentales de lupus exécutées jusqu'à ce jour ont donné tout au moins autant de résultats positifs que de résultats négatifs.

C. Les faits que nous venons d'énoncer établissent la présence d'un parasite spécial dans tous les produits tuberculeux ; pour prouver qu'il était la cause même de la maladie, il fallait, avonsnous dit, le cultiver et produire la tuberculose par l'inoculation du produit de culture ; c'est ainsi que Davaine a procédé pour la bactéridie charbonneuse ; Koch y est parvenu pour le microbe tuberculeux.

Il a choisi pour milieu de culture le sérum sanguin du bœuf et du mouton recueilli pur dans un tube de verre et stérilisé par l'exposition pendant six jours à une température de 58°, puis chauffé à 65° pendant le temps nécessaire pour le coaguler et

(1) Fraentzel et Balmer, *Ueber Tuberkulbacillen in den verschiedenen Stadien der Lungentuberkulose (Berlin. med. Wochens.,* 1883).

(2) D'Espine, *Revue de la Suisse romande.* 1882.

(3) G. Sée, *Diagnostic des phthisies douteuses (Bull. de l'Acad. de méd.,* 1883).

(4) Debove, *La Tuberculose parasitaire.* Clinique de la Pitié, 1883.

(5) Max Schuller, *Exper. und histol. Unsters. ueber Enstehung und Ursachen der skrophulosen,* etc. Stuttgard, 1880.

(6) Doutrelepont, *Monatschrift fur praktische Dermatologie.* 1881.

(7) Cornil et Leloir, *Annales de dermatologie.* 1883.

(8) E. Besnier, *Le lupus et son traitement (Annales de dermatologie,* 1883).

(9) H. Martin, *Étiologie et nature du lupus (Ann. de dermat.,* 1883).

le solidifier. Il obtient ainsi une masse gélatiniforme, ambrée et transparente.

On transporte sur cette masse une particule de granulation tuberculeuse et l'on place le tube dans un appareil à incubation où l'on maintient une température de 37° à 38°; le développement du parasite est fort lent; au bout de huit jours seulement on voit les nouvelles bactéries; vers le dixième jour elles forment de petites écailles visibles à l'œil nu; elles continuent à se développer pendant trois ou quatre semaines; elles représentent alors de petits nodules assez consistants pour que l'on puisse les enlever avec un fil de platine.

On peut, avec ces produits, ensemencer un nouveau sol. Les inoculations sur les animaux ont été faites avec ces produits de cultures répétées quatre, six ou huit fois, et continuées pendant 80, 100, et même 178 jours; elles ont donné des résultats constamment positifs à Koch qui les a pratiquées plus de deux cents fois dans des conditions variées.

La plupart des auteurs qui ont répété les expériences de Koch sont arrivés aux mêmes résultats; la question semble donc résolue. Les conclusions de Koch ont été cependant vivement attaquées, notamment, à des points de vues différents, par Klebs et Spina. Klebs (1) soutient que les produits tuberculeux renferment d'autres parasites que les bacilli, des micrococus, et que ce sont eux qui produisent la tuberculose; il affirme que les bacilles ne se rencontrent pas constamment dans les produits tuberculeux et qu'on peut les trouver dans les fèces d'hommes sains.

Bien plus, il ne considérait pas au début comme démontré que les bacilles fussent des êtres organisés, et il disait qu'il s'agissait peut-être de cristaux; cette dernière interprétation est tout à fait inacceptable en raison des résultats donnés par les cultures. La présence du parasite dans les fèces d'hommes sains, comme dans tout produit non tuberculeux, est de même contredite par presque tous les observateurs qui ont étudié la question. Klebs a depuis modifié sa manière de voir, et il reconnaît l'existence du bacille, bien qu'avec beaucoup de restrictions relativement à sa signification.

M. Cornil (2) admet dès à présent que les lésions de la tuber-

(1) Klebs, *Archiv für experim. Pathol. und Pharmakologie*, t. XIV.
(2) Cornil, *Bulletin de l'Académie de médecine*. 1883.

culose sont aussi manifestement liées aux bacilles que les nodules de la lèpre ; ces micro-organismes se propagent par les vaisseaux sanguins et lymphatiques, car on les trouve surtout dans leur cavité et à leur périphérie ; s'ils manquent dans les masses caséeuses, c'est qu'ils ont été éliminés ou détruits.

Il n'est qu'un point sur lequel la manière de voir exposée par Klebs nous paraisse susceptible d'être soutenue, c'est l'existence, dans les produits tuberculeux, de microbes autres que les bacilles, et capables de produire la maladie par inoculation.

MM. Malassez et Vignal, dans quatre cas de tuberculose inoculée, n'ont trouvé nulle part de bacilles ; les granulations renfermaient des masses zoogléiques de forme et de volume variables, constituées par de nombreux micrococus immobiles, très rapprochés les uns des autres et généralement d'une extrême finesse.

MM. Malassez et Vignal ont conclu de ces faits qu'il existe une tuberculose sans bacilles caractérisée par la présence de micrococcus réunis en masses zoogléiques, lesquelles jouent dans les tissus qu'elles infectent le rôle de corps étrangers phlogogènes, et ils ont proposé de la désigner sous le nom de *tuberculose zoogléique*. Il est aussi d'autres tubercules d'inoculation non bacillaires dans lesquels on ne distingue même pas de zooglée très nette ; ils semblent dus à la présence de micrococcus de même espèce que ceux des masses zoogléiques, mais qui, au lieu d'être groupés en amas, seraient disséminés dans le tissu de la granulation ; ce qui le prouve, c'est qu'ils peuvent, par inoculation, engendrer des tubercules franchement zoogléiques. En continuant la série de leurs inoculations, avec ces mêmes produits, ces auteurs ont vu apparaître dans les granulations tuberculeuses le bacille de Koch ; ils se demandent si la masse zoogléique et les bacilles ne sont que des états différents d'un même microbe, ou si le bacille a été introduit accidentellement dans les produits inoculés. La première hypothèse leur paraît la plus vraisemblable.

Les micrococcus de MM. Malassez et Vignal diffèrent de celui qu'a décrit Klebs sous le nom de *monas tuberculosum;* ils se rapprochent de ceux qu'ont vu MM. Toussaint et Aufrecht.

(1) Malassez et Vignal, *Tuberculose zoogléïque* (*Société de biologie* et *Archives de physiologie*, 1883).

MM. Cornil et Babès ont de même rencontré quelquefois au lieu des bacilles, ou à côté d'eux, des grains qui se colorent comme eux.

Nous avons dit qu'Arnold Spina conteste l'exactitude des faits énoncés par Koch : pour lui les bacilles n'appartiennent pas en propre à la tuberculose (1), on les trouve dans les produits non tuberculeux ; l'auteur Viennois n'apporte d'ailleurs aucune preuve à l'appui de ses allégations qui restent isolées. C'est à tort qu'il considère les bacilles comme manquant dans les granulations des séreuses.

Le bacille de Koch paraît avoir été vu avant lui par Aufrecht (2) ; cet histologiste a, en effet, observé, en 1881, dans les granulations tuberculeuses, des bâtonnets très grêles dont la longueur est double de la largeur ; ils-diffèrent notablement à cet égard de ceux de Koch dont la longueur égale cinq fois la largeur ; peut-être la longueur des bacilles est-elle variable. Baumgarten (3) a décrit presque en même temps que Koch des éléments analogues.

M. Grasset (4), dans une lettre adressée à M. Debove qui a admis comme démontrée la nature parasitaire de la tuberculose (5), conteste l'exactitude de cette interprétation ; il ne nie pas l'existence des bacilles de Koch, mais il les considère comme des microzymas ; ce sont pour lui des éléments qui se substituent à la cellule comme éléments constitutifs de nos tissus malades et aussi comme éléments vecteurs, véhicules du virus. Cette doctrine des microzymas, soutenue depuis longtemps par M. Béchamp, peut être défendue pour certains contages, pour ceux que représentent de fines granulations, mais non pour des éléments aussi différents de ceux de l'organisme que le sont les bacilles de Koch.

D. D'où vient le bacille tuberculeux ? Existe-t-il seulement dans l'organisme humain ou le trouve-t-on en dehors de lui ? Koch incline vers la première hypothèse par cette raison qu'il ne se

---

(1) A. Spina, *Studien ueber Tuberculose.* Wien, 1883.

(2) Aufrecht, *Die Aetiologie der Tuberculose (Central Bl. f. die Med. Wissensch.* 1882).

(3) Baumgarten, *Central Blatt*, 1882.

(4) Grasset, *Lettre à M. Debove (Semaine médicale*, 1883). — Béchamp, *Bull. de l'Acad. de médecine.* 1883. — *Les microzymas dans leurs rapports avec l'hétérogénie, l'histogénie.* Paris, 1883.

(5) Debove, *loc. cit.*

développe qu'à une température comprise entre 30 et 41° et que, dans nos climats, il n'existe aucun milieu susceptible de rester à ce degré de chaleur pendant le temps nécessaire à l'évolution des bacilles, c'est-à-dire pendant deux semaines ; le bacille tuberculeux ne pourrait donc se développer que dans l'organisme.

Sa localisation habituelle dans les poumons montre qu'il pénètre le plus souvent par les voies respiratoires ; mais les faits de tuberculose initiale de l'intestin et du péritoine prouvent qu'il peut également être ingéré par les voies digestives ; il ne paraît être que très rarement introduit par inoculation.

E. La découverte de Koch a une importance considérable, car elle vient fournir la démonstration positive de l'opinion qui considère la tuberculose comme infectieuse et parasitaire, opinion que soutenait Bouchard (1) dès 1880 en disant que cette maladie *évolue, se localise et se généralise à la façon des maladies infectieuses*. On s'explique ainsi sa fréquence qui est extrême puisqu'elle entre pour un cinquième dans les causes qui amènent la mort ; on s'explique sa contagiosité qui paraît bien établie, quoique, M. Bouchardat (2) l'a montré récemment en invoquant la faible proportion de sujets atteints parmi ceux qui soignent les phthisiques, elle ne doive pas être considérée comme fréquente ; M. Musgrave-Clay a pu cependant réunir 111 faits dans lesquels elle semble s'être produite ; M. Debove en a rapporté de remarquables exemples dans ses leçons cliniques ; il faut la vie en commun, dans un espace confiné, pour qu'elle ait lieu. Si la plupart des sujets résistent, bien qu'ils vivent au milieu de produits tuberculeux, c'est que la phthisie n'atteint que ceux qui sont mis en état de réceptivité par des privations, par le séjour dans un milieu confiné ou dans un logement humide, par les excès génitaux, par un travail exagéré, par une maladie antérieure telle que la fièvre typhoïde, la scrofule, ou le diabète, ou enfin par une prédisposition héréditaire indéterminée.

34. Contage de la morve. — Le microbe de la morve se présente sous la forme de bâtonnets très analogues à ceux de la tuberculose, mais ne réagissant pas de la même manière sous

---

(1) Ch. Bouchard, *Sur les maladies infectieuses* (*Revue de médecine.* 1881).
(2) Bouchardat, *Sur la genèse du parasite de la tuberculose* (*Bulletin de l'Acad. de méd.* 1883).

l'influence des réactifs colorants. MM. Bouchard, Capitan et Charrin (1) l'ont soumis à des cultures successives et ont inoculé la maladie à deux ânes avec le produit de la huitième culture; l'un de ces animaux est mort le neuvième jour, l'autre le quinzième. On trouva des nodosités chez celui-là dans les poumons et aux parties génitales, chez celui-ci à l'entrée des voies respiratoires et digestives. On a obtenu des résultats analogues sur le cobaye avec le produit de culture de la morve humaine.

Lœffler et Schütz ont étudié, cultivé et inoculé à peu près en même temps que MM. Bouchard, Capitan et Charrin cet agent infectieux (2). Ils ont d'abord constaté la présence de bacilles analogues à ceux de la tuberculose dans des préparations de poumon, de rate, de foie et de cloison nasale colorées avec une solution concentrée de méthyle, traitées ensuite par l'acide acétique, lavées à l'alcool et trempées dans l'huile de cèdre. Puis ils les ont cultivés en prenant pour milieu le sérum des animaux qui offrent la plus grande réceptivité pour ce contage, le cheval et le mouton. Après avoir obtenu au bout d'un mois quatre générations successives, ils ont inoculé le produit de la dernière à un cheval dans la pituitaire et entre les épaules; au bout de quarante-huit heures, l'animal avait la fièvre, des ulcérations se manifestaient aux points d'inoculation, et au bout de huit jours tous les symptômes de la morve s'étaient développés; en pratiquant l'autopsie six semaines après, on a trouvé dans des nodosités de nouvelle formation des bacilles identiques à ceux qui avaient été inoculés. Cultivés à leur tour, ces microbes ont pu être inoculés avec succès à des cochons d'inde et à plusieurs lapins. Lœffler et Schütz ont également obtenu des résultats positifs en inoculant à deux chevaux les microbes provenant d'un cheval morveux et soumis à huit cultures successives. Ces différents faits démontrent que la morve est due, comme le charbon à l'invasion de l'organisme par un micro-parasite spécial.

35. *Contage de la lèpre.* — Cette maladie, qui ne paraît plus susceptible de se transmettre par contagion dans nos climats, semble l'être encore dans les pays où elle est restée endémique,

(1) Bouchard, Capitan et Charrin, *Note sur la culture du microbe de la morve et sur la transmission de la maladie à l'aide des liquides de culture* (*Gaz. hebdom.*, 1882).

(2) Lœffler und Schütz, *Deutsche med. Wochens.*, 1882.

et particulièrement en Norwège. Des recherches récentes permettent d'admettre qu'elle est due au développement dans l'organisme d'un microbe spécial.

L'élément que l'on considère comme tel a été signalé pour la première fois en 1868 par Hansen (1); il a été vu et décrit depuis par Eklund (2), Neisser (3), Danielssen, E. Gaucher (4), et tout récemment par le professeur Cornil (5) qui a présenté à la Société des hôpitaux des préparations tout à fait démonstratives.

Il est incontestable que toutes les lésions lépreuses, qu'elles occupent la peau, les muqueuses, le testicule, la rate, le foie, les ganglions, les cartilages ou les nerfs, renferment en quantité des micrococcus et des bacilles mesurant de 4 μ. à 6 μ. de longueur sur 1 μ. de largeur, isolés ou articulés en chaînettes au nombre de deux ou trois. Ces bacilles peuvent renfermer des spores; ils sont tantôt renflés à une de leurs extrémités, tantôt amincis aux deux, et mobiles autour de leur axe; quelques-uns présentent des espaces clairs, non colorés (fig. 77); on voit

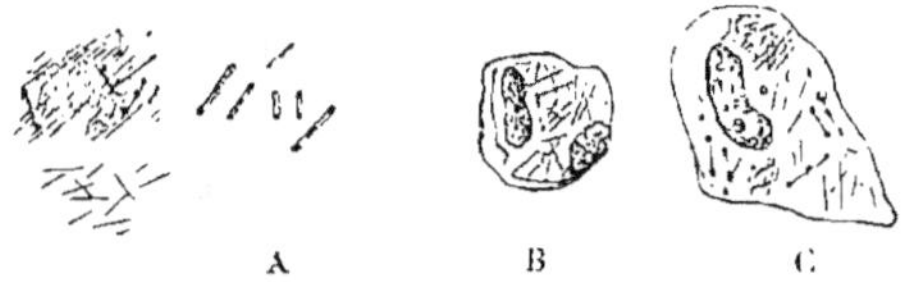

Fig. 77. — Bacilles de la lèpre, d'après Neisser (*).

aussi, d'après Cornil, des bâtonnets volumineux. Gaucher les a également trouvés dans le sang, mais en quantité moindre; il a pu les cultiver et constater qu'ils se reproduisent toujours sous les mêmes formes; il y a un rapport constant entre l'abondance des microbes et le degré des lésions.

On n'a pu jusqu'ici communiquer la maladie aux animaux

(1) Hansen, *Forelæbige Bidrag til spedalsk. Hedens Karakteristick (Nord. med. Arkiv.* 1874).

(2) Eklund, *Am Sptelska.* 1880.

(3) Neisser, *Beiträge zur Aetiologie der lepra (Bresl. aertzl. Zeits.* 1879).

(4) E. Gaucher, *Bactéries de la lèpre (Soc. de biologie.* 1881).

(5) Cornil, *Soc. médicale des hôpitaux.* 1881.

(*) A, bacilles. — B, les mêmes avec formation d'espaces translucides. — C, cellules de boutons lépreux avec bacilles.

par l'inoculation du produit de culture, mais comment s'en étonner quand, dans nos climats, l'homme lui-même paraît lui être réfractaire?

Les tubercules lépreux sont remplis de bacilles ; il en est de même des grandes cellules qui infiltrent les tissus malades ; les vaisseaux sont remplis d'infarctus bactériens. Dans la plupart des tissus fibreux, les bacilles poussent de longs filaments dans les interstices des fibres. L'épiderme reste constamment indemne et forme une barrière à la diffusion ultérieure du parasite (Cornil).

36° *Agents infectieux de la syphilis.* — La syphilis se transmet exclusivement par inoculation. On trouve, dans ses néoplasmes, des coccus assez volumineux et généralement unis deux à deux ; ils se colorent vivement par la fuchsine (Aufrecht) (1).

Klebs a obtenu, par la culture sur de la colle de poisson d'un liquide provenant d'un chancre huntérien récemment extirpé, le développement d'un gazon de champignons formés de bâtonnets d'abord mobiles, ayant l'aspect d'ovales allongés et fréquemment entre-croisés. Birch-Hirschfeld (1882) (2) a trouvé de même dans les gommes et les condylomes des micrococcus et des bâtonnets en amas ou contenus isolément dans les cellules. Il considère les bâtonnets comme constitués par plusieurs cellules réunies. Les *coccus* sont plus petits dans les lésions anciennes que dans le chancre et les plaques muqueuses.

On n'observe la maladie que chez l'homme, et les essais de transmission aux animaux sont généralement restés infructueux. Klebs (3) a réussi cependant à l'inoculer au singe. Le 29 décembre 1877, ce pathologiste introduit dans la peau d'une guenon des fragments d'un chancre induré récemment enlevé. Il ne se produit rien au point d'inoculation ; les ganglions voisins se tuméfient légèrement. Au bout de six semaines, il survient de la fièvre, puis l'on voit apparaître à la face, à la tête et au cou un nombre considérable de saillies papuleuses, dures, plates, d'une couleur brune, rougeâtre, et mesurant de 2 à 3 mil-

(1) Aufrecht, *Syphilismikrokokken (Central Bl. f. d. med. Wis. 1881).*
(2) Birch-Hirschfeld, *Bacterien in Syphilis Neubild. (Central Blatt f. d. med. Wissensc.,* 1882).
(3) Klebs, *Ueber Syphilis Impfung bei Thieren (Prag. med. Wochensch.* 1878). — *Das Contagium der Syphilis, eine experiment. Studie (Arch. f. exper. Path. und Pharmakologie,* 1879).

limètres de diamètre ; quelques jours après, l'épiderme est soulevé à leur niveau par une petite quantité de liquide séreux qui se dessèche aussitôt. L'animal meurt le 18 mai. On constate à l'autopsie, dans les points où l'éruption s'est faite et dans les os du crâne, des lésions identiques à celles de la syphilis ; ce sont des dépressions irradiées, formées de tissu de cicatrice ; on trouve en même temps sous la plèvre et dans les reins des nodosités gélatiniformes, sans matière caséeuse ; elles sont identiques aux néoplasies de la syphilis récente.

Klebs a cultivé le microbe contenu dans ces tissus, et il a vu se développer, au bout de peu de jours, des champignons formés de bâtonnets semblables à ceux qui ont été décrits plus haut ; ils se multiplient par division transverse et longitudinale ; à une période plus avancée, on les voit s'enrouler en spirales ; Klebs les appelle *hélico-monades*.

Deux ans auparavant, le 8 juillet 1875, le même auteur avait inoculé, également à une guenon, les champignons produits par la culture d'un chancre induré, et il avait vu se produire, au milieu d'août, des saillies circonscrites dans la bouche, sur les gencives et sur la langue ; ces saillies s'étaient ulcérées et avaient pris l'aspect de lésions syphilitiques. A l'autopsie Klebs trouva des dépôts caséeux composés de nombreuses cellules fusiformes et de bâtonnets analogues à ceux qui avaient été inoculés ; il y avait également des foyers caséeux dans le poumon et les reins : la présence de cellules fusiformes montrait qu'il ne s'agissait pas de tumeurs tuberculeuses. Néanmoins ces expériences ne sont pas considérées par l'auteur lui-même comme tout à fait probantes, et il ne faudra admettre comme démontrée la théorie parasitaire que le jour où de nouveaux faits seront venus confirmer les résultats qu'il a obtenus. Nous ne pouvons considérer comme tels les expériences récentes dans lesquelles MM. Martineau et Hamonci (1) paraissent avoir réussi à provoquer chez un jeune porc les accidents de la syphilis en lui inoculant un liquide dans lequel avait séjourné pendant 24 heures un chancre induré ; la dilution n'est pas une culture.

(1) Martineau, *Bulletin de l'Académie de médecine*, 1882.

ARTICLE VI. — MODE D'ACTION DES AGENTS INFECTIEUX.

On peut diviser à ce point de vue les agents infectieux en trois catégories suivant que leurs effets restent localisés en une ou plusieurs parties de l'organisme, qu'ils se généralisent d'emblée ou que, d'abord localisés, ils se généralisent secondairement.

Ceux qui produisent le chancre mou, la pourriture d'hôpital, le phagédénisme, les boutons exotiques, la coqueluche et la stomatite ulcéro-membraneuse sont et demeurent localisés. Ces maladies infectieuses peuvent, il est vrai, donner lieu, dans certains cas, à des troubles de la santé générale, mais ceux-ci n'ont rien de spécifique; ils résultent soit de la pénétration dans le sang d'agents pyrétogènes (fièvre), soit de troubles provoqués à distance dans les fonctions des centres nerveux, soit de la déperdition de matériaux organiques qu'entraîne l'affection spécifique, soit d'effets purement mécaniques de la localisation initiale (tels sont les vomissements et les hémorrhagies dans la coqueluche).

Les localisations multiples résultent soit de plusieurs inoculations concomitantes ou successives, soit d'autres inoculations secondaires, comme il arrive souvent pour le chancre simple et pour les végétations vénériennes, soit enfin du transport de l'agent infectieux par les lymphatiques ou par les veines en d'autres organes où il détermine secondairement des lésions semblables à celles qui caractérisent l'affection initiale. Il en est ainsi par exemple pour la gangrène : des particules émanées du foyer passent à l'état d'embolies et viennent s'arrêter dans l'un des poumons; il se produit dans cet organe un foyer gangréneux secondaire qui peut devenir à son tour le point de départ d'autres embolies et d'autres localisations. C'est par un mécanisme analogue que les bubons consécutifs aux chancres simples deviennent eux-mêmes chancreux : le virus transporté par les lymphatiques dans les ganglions inguinaux y détermine une inflammation qui aboutit à la suppuration et à la formation d'un ulcère qui offre tous les caractères de l'accident initial et comme lui peut être inoculé et devenir phagédénique.

La blennorrhagie est une maladie locale susceptible d'affecter des organes très éloignés de la région primitivement affectée. Nous ne parlons pas de l'orchite qui peut être attribuée à une propagation directe de l'inflammation, ni des ophthalmies que provoque directement le contact du pus transporté par les doigts, mais des arthropathies ; il est très probable qu'il s'agit là de lésions dues à la pénétration dans l'organisme de l'agent infectieux.

On peut invoquer à l'appui de cette interprétation, formulée par M. Bouchard (1), les recherches de Pétrone qui a trouvé dans le liquide des arthropathies blennorrhagiques des micrococcus. Les caractères cliniques de ces manifestations articulaires montrent d'ailleurs qu'elles n'appartiennent pas au rhumatisme ; et le mécanisme de l'action réflexe, invoqué par un maître d'une grande autorité, n'explique pas comment elles se produisent tantôt dans l'un des genoux, tantôt dans les séreuses tendineuses du d os de la main, tantôt dans le coude, l'épaule, ou la mâchoire.

Nous rangerons encore, parmi les maladies infectieuses locales, la dysenterie et la diarrhée de Cochinchine ; peut-être, comme nous l'avons indiqué déjà (page 190), faut-il y ajouter le choléra, malgré la gravité extrême des symptômes généraux qui le caractérisent ; le fait essentiel dans cette maladie paraît être en effet la gastro-entérite spécifique, et cette affection locale suffit, ainsi que nous le verrons plus loin, à rendre compte de tous les phénomènes que l'on y observe comme elle rend compte de ceux que l'on observe dans les empoisonnements par les drastiques.

Parmi les maladies qui sont primitivement localisées et se généralisent ensuite, nous citerons en première ligne la *diphthérie*. L'affection spécifique est d'abord limitée à une surface tégumentaire, le plus souvent à celle de l'isthme du gosier ou du pharynx ; elle se propage de proche en proche aux parties voisines, gagne par les lymphatiques les ganglions correspondants, et assez souvent se transporte, par une sorte d'inoculation secondaire, à d'autres muqueuses ; puis surviennent des phénomènes généraux, une albuminurie symptomatique d'une néphrite infectieuse, l'altération du sang et des troubles de l'innervation ;

____

(1) Ch. Bouchard, *Leçons inédites professées à la Faculté de médecine de Paris* en 1880.

l'agent infectieux primitivement localisé a envahi tout l'organisme.

Les choses se passent de même dans l'érysipèle infectieux; le contage, d'abord localisé dans le tégument externe ou interne, pénètre dans le sang et dans les viscères, comme en témoigne l'albuminurie avec expulsion de microbes étudiée par M. Bouchard.

Dans la pustule maligne, la syphilis, la morve, la tuberculose et probablement aussi la rage, la vaccine et la variole inoculées, il s'agit également de maladies primitivement localisées qui se généralisent plus ou moins rapidement.

Dans la pustule maligne, la localisation de la lésion initiale n'est pas douteuse, car si on détruit les tissus qu'elle atteint par le fer rouge ou mieux par les caustiques parasiticides tels que le sublimé (1), on empêche, par cela même, l'apparition des phénomènes généraux; ceux-ci au contraire se manifestent pour ainsi dire à coup sûr si la maladie est abandonnée à son évolution naturelle. Rappelons, à ce propos, qu'à côté de cette forme, le charbon en présente une autre dans laquelle il paraît être d'emblée généralisé, et enfin une troisième où il se localise primitivement dans l'intestin (mycose intestinale).

Dans la syphilis, la maladie est localisée au point d'inoculation pendant toute la période d'incubation. On peut s'expliquer de la manière suivante la marche des phénomènes : l'agent infectieux, déposé dans les couches superficielles de l'épiderme, y subit une élaboration qui correspond à l'incubation ; puis il vient un moment où les produits de cette élaboration pénètrent dans le derme sous-jacent, s'y accumulent et y déterminent un processus irritatif qui amène la formation de l'induration chancreuse ; au début de cette formation la maladie est peut-être encore localisée, mais ce n'est que pour bien peu de temps, car les expériences dans lesquelles on a voulu en enrayer le développement par la destruction du chancre ont presque constamment, si ce n'est constamment, échoué, alors même qu'elles ont été pratiquées dans les heures qui ont suivi l'apparition de l'induration. Il est bien probable que dans les cas

(1) Hallopeau, *Du mercure; action physiologique et thérapeutique*. Paris, 1878.

considérés par Auspitz comme des succès il s'agissait de chancres simples. Les doctrines unicistes paraissent en effet dominer encore en Allemagne, contre toute évidence.

L'infectieux syphilitique pénètre ensuite dans le système lymphatique et se transporte d'abord dans les ganglions directement en rapport avec la lésion initiale (ganglion direct du professeur Fournïer), puis dans les vaisseaux lymphatiques qui en émanent et enfin, vraisemblablement, dans tout l'organisme ; c'est alors que le sang est inoculable (Pellizari) ; mais cette période n'est pas de longue durée, et il vient un moment où la maladie semble se localiser de nouveau ; le sang non plus que le sperme ne peuvent plus la transmettre ; une lésion traumatique guérit alors le plus souvent aussi bien chez un syphilitique que chez un sujet sain (1). Les localisations qui persistent sont le plus souvent multiples : il semble que l'infectieux forme un certain nombre de dépôts dans lesquels tantôt il reste inactif comme le font les spores dormantes du charbon, tantôt il évolue lentement et se multiplie en donnant naissance autour de lui à une série de dépôts secondaires qui deviennent à leur tour des centres de multiplication. Cette marche peut être aisément suivie quand on observe pendant un certain temps des plaques de syphilides papulo-tuberculeuses. La réapparition après vingt ou trente ans d'accidents chez des sujets qui semblaient guéris s'explique par la persistance à l'état latent de semblables dépôts dans des régions où ils ne donnent lieu à aucun désordre appréciable, bien plus que par l'existence d'une diathèse purement hypothétique. Cela ne veut pas dire que l'organisme ne reste pas modifié dans son ensemble ; le fait qu'il est devenu presque constamment réfractaire à une nouvelle infection en fournit la preuve incontestable.

La morve et la tuberculose semblent de même se localiser d'abord dans la partie qui sert de porte d'entrée au contage.

Dans les cas de morve inoculée, il se produit d'abord une lésion dans le point où le contage a été introduit, et ce n'est

(1) Nous avons vu une plaie contuse divisant la lèvre supérieure chez un sujet atteint d'une syphilis en pleine évolution secondaire guérir par première intention, alors que la lésion était assez grave pour que le chirurgien eût hésité à pratiquer la réunion immédiate. Il n'en est pas toujours ainsi, et l'on voit quelquefois des traumatismes provoquer des manifestations locales de la maladie.

qu'au bout d'un certain temps que des lésions analogues se manifestent dans d'autres parties.

Dans la tuberculose expérimentale, on voit d'abord se produire un nodule au point inoculé, puis ultérieurement des nodules semblables se développent dans son voisinage, et ce n'est que plus tard qu'ils sont transportés par les lymphatiques dans différents viscères. Ce processus s'observe avec une grande netteté dans la tuberculose provoquée par l'introduction du contage dans la chambre antérieure. Chez l'homme, les granulations se développent le plus souvent en premier lieu dans les poumons et elles peuvent y rester localisées. Dans les cas de tuberculose miliaire aiguë généralisée, on peut souvent reconnaître que la maladie a été précédée par le développement d'un petit foyer caséeux dans le poumon, dans le larynx ou dans un ganglion du cou, ou par une entérite de même nature.

Dans la variole inoculée, il se produit d'abord, après une période d'incubation, une pustule au point d'inoculation, et c'est seulement au bout de douze jours qu'apparaît l'éruption générale ; il semble donc encore ici que la maladie reste localisée pendant un certain temps avant d'envahir tout l'organisme ; la vaccine offre beaucoup d'analogie à ce point de vue avec la variole inoculée, surtout si, comme l'affirment divers auteurs, elle peut se manifester au dixième ou au douzième jour par une éruption généralisée.

La fièvre typhoïde est peut-être également localisée au début ; il semble bien que l'agent infectieux pénètre par les voies digestives ; nous avons vu qu'il est le plus souvent transmis par l'eau potable ; alors même qu'il vient de l'air, il peut être introduit par déglutition après s'être déposé sur la muqueuse buccale ou pharyngée. C'est dans l'intestin seulement qu'il produit constamment des lésions spécifiques. La notion qui fait de la fièvre typhoïde une gastro-entérite de nature spécifique n'est peut-être pas entièrement à rejeter ; certains faits démontrent cependant que ses symptômes ne sont pas provoqués exclusivement par la phlegmasie intestinale : tels sont l'élimination par l'urine d'éléments parasitaires et les taches rosées ; il semble donc qu'il se fasse primitivement une localisation dans la muqueuse intestinale, porte d'entrée du miasme-contage, et secondairement une invasion de tout l'organisme par cet agent.

Il est probable, mais on ne peut le démontrer, que dans les cas même où l'organisme paraît, dès le début, souffrir dans son ensemble, le contage a subi, pendant l'incubation, une élaboration soit dans le sang, soit dans un organe ; l'incubation ne peut guère s'expliquer autrement, mais il ne se produit aucun désordre appréciable pendant cette période, et la maladie débute par des accidents généraux ; il en est ainsi de la peste, de la rougeole, de la scarlatine, de la fièvre jaune et de l'impaludisme.

Relativement au mécanisme par lequel les miasmes et les contages déterminent des troubles de la santé, nous ne possédons que peu de données précises : pour les affections localisées, il est vraisemblable qu'ils provoquent directement, ou par l'intermédiaire d'un produit secondaire, une irritation du tissu affecté, laquelle aboutit, soit au développement de congestions locales, soit à une inflammation diffuse (érysipèle) ou nodulaire (syphilis, tuberculose), soit à la gangrène, soit à la formation de pseudo-membranes (diphthérie); dans les maladies générales, les microbes pénètrent dans le sang, où on les a souvent retrouvés, et dans certains viscères, peut-être dans tous ; le professeur Bouchard en a démontré la présence dans les urines qui paraissent servir à leur élimination ; ils donnent lieu pendant la vie à de l'albumine rétractile, signe d'une néphrite infectieuse. Bouchard (1) a constaté l'existence de ces néphrites infectieuses dans quinze maladies, la fièvre typhoïde, la typhlite, la dysenterie, la diphthérie, la fièvre puerpérale, l'érysipèle, l'ostéomyélite, la rougeole, l'amygdalite, la fièvre herpétique, l'angioleucite érysipélateuse, la phthisie, la bronchite purulente, le pseudo-rhumatisme et la rage; il admet qu'elles se produisent également dans la variole, l'endocardite ulcéreuse et la méningite cérébro-spinale. Ces néphrites se caractérisent par la présence dans l'urine de microbes et d'albumine rétractile.

Les microbes ne se retrouvent plus dès que l'albumine disparaît de l'urine. Il semble qu'il se fasse en pareil cas une décharge

(1) Ch. Bouchard, *Communication au congrès de Londres*, 1881.

d'éléments infectieux par les reins. Cohnheim (1), en injectant dans le sang diverses espèces de schizomycètes, a constaté leur élimination par l'urine. Sur vingt et un typhiques atteints de néphrite infectieuse, neuf ont succombé, et toutes les fois que l'autopsie a pu être faite, elle a révélé la présence de bacilles dans le tissu rénal et démontré les lésions épithéliales particulières aux néphrites transitoires. Les bactéries siègent dans le tissu interstitiel et dans la lumière des canalicules. Ces néphrites se montrent d'habitude aux périodes les plus graves de la maladie; elles sont généralement de courte durée, mais elles peuvent cependant passer à l'état chronique. M. Bouchard voit dans cette affinité des maladies infectieuses pour le rein un grand fait de pathologie générale qui pourrait prétendre à la portée et à la constance des affinités du rhumatisme pour le cœur.

Les microbes peuvent aussi s'éliminer par la peau; M. Bouchard (2) les a trouvés chez les typhiques dans des pustules d'ecthyma. M. Hanot en a constaté la présence en grande quantité dans les vésicules d'une éruption miliaire observée également chez un typhique. Les éruptions des pyrexies exanthématiques ne peuvent-elles être considérées comme le résultat d'un travail d'élimination?

Les microbes des maladies générales peuvent, dans certains cas, absorber l'oxygène des globules rouges et produire l'asphyxie en même temps qu'ils enrayent les phénomènes d'hématose interstitielle ; cette hypothèse est très vraisemblable pour le charbon (Pasteur); elle l'est également pour la variole, où Brouardel a constaté une diminution considérable dans la proportion d'oxygène que renferme le sang.

Là s'arrêtent à présent les données que nous possédons sur le mode d'action des microbes; encore sont-elles contestées. On n'est pas en mesure d'affirmer que les microbes constituent par eux-mêmes les agents infectieux ; il est possible qu'ils ne soient nuisibles que par les produits de fermentation auxquels ils donnent naissance. Il en est presque certainement ainsi dans les cas où l'introduction dans l'organisme d'un liquide septique amène la mort en quelques heures sans que l'on puisse décou-

(1) Cohnheim, *Vorles. über allgem. Path.* Berlin, 1877.
(2) Ch. Bouchard, *loc. cit.*

vrir le parasite dans les humeurs de l'organisme infecté. Enfin, plusieurs pathologistes d'une grande autorité croient avec Nægeli qu'ils sont simplement les vecteurs du miasme ou du contage : « Ce qui rend la bactéride infectante, dit le professeur Jaccoud (1), c'est sa provenance et non pas une efficacité à elle inhérente en tant que bactérie ; » il n'y a pas de bactérie spéciale pour chaque maladie ; les spirilles propres au typhus à rechutes ne diffèrent pas de l'espèce spirille en général ; les bactéries globuleuses en bâtonnet que l'on trouve chez les typhiques, les cholériques, dans la scarlatine, dans la rougeole, ne diffèrent point par leurs caractères extérieurs des micrococcus globuleux ou en bâtonnets d'autre sorte ; les microbes de la diphthérie, de la fièvre typhoïde, de la vaccine n'ont également aucun caractère qui leur appartienne en propre ; les propriétés infectantes des bactéries sont donc des propriétés d'*emprunt*, provenant du milieu spécial où elles ont végété ; la bactérie émanant d'un varioleux ou d'un diphthéritique a, par suite, une action infectante qui manque à la bactérie similaire dont l'origine est autre, mais c'est là une vertu de seconde étape, issue du milieu originel ; l'individu infecté par le poison variolique, s'il porte en lui des bactéries, fait des bactéries varioliques, cela est évident, il est variolique dans tout son être, et ces organismes, *comme toute autre particule ou liquide de même provenance*, et plus puissamment encore en raison de leur faculté de reproduction, deviennent les agents de transport, les véhicules de la maladie à distance variable dans le temps et dans l'espace ; une fois devenue infectante de par son milieu originel, la bactérie conserve cette propriété, plus ou moins active, de génération en génération, et même par la culture artificielle (Jaccoud).

Le professeur Peter défend la même opinion : « Pour mon compte, dit-il, si j'avais une opinion à formuler, je dirais que les microbes qui nous entourent ne sont les agents de la transmission de la maladie qu'à la condition d'avoir passé par un organisme malade. Il n'y a pas, comme l'a fait remarquer M. Robin, un microbe de la rage, de la syphilis, mais bien un microbe qui a passé dans l'organisme d'un enragé, d'un syphilitique » (2).

(1) Jaccoud, *les Maladies infectieuses*. Paris, 1883.
(2) M. Peter, *Bulletin de l'Académie de médecine*. 1883.

M. Ch. Robin formule dans les termes suivants sa manière de voir (1) : « Jusqu'à présent, dans l'observation des poussières, on n'est jamais encore tombé sur des germes nocifs ou meurtriers. On n'a trouvé dans ceux de l'air qui ont été soumis à la culture que des inoffensifs seulement. On n'a trouvé, cultivé et inoculé en fait de cryptogames meurtriers virulents, ou autres, que ceux recueillis sur des malades ou des cadavres dans lesquels l'action pathogénique antécédente et la mort ont été supposées dues à ces cryptogames parasitaires. On est, par suite, obligé de croire que ces levûres ou ferments, *entrés inoffensifs, sortiraient meurtriers, virulents,* de l'organisme mort ou encore vivant, mais malade, varioleux, cholérique. Ce ne pourrait être qu'en raison de leur imbibition, molécule à molécule, ou pénétration nutritive par la substance même de l'animal devenue virulente, laquelle assimilée par les cryptogames, inoffensifs avant, conserverait en eux sa virulence, la communiquerait même à la leur, pendant et après chaque culture successive. Le cryptogame, entré en tant que levûre ou ferment inoffensif, en sortirait doué des propriétés virulentes rubéoliques, varioliques, infectieuses, cholériques, syphilitiques, c'est-à-dire, en sortirait ferment virulent, infectieux. »

Il est impossible de méconnaître l'importance de réserves émanant de pathologistes aussi éminents ; elles rendent service en forçant les partisans de la nouvelle théorie à ne pas s'aventurer dans la voie de l'hypothèse, et à n'admettre comme démontrés que des faits appuyés sur des preuves tout à fait certaines. La nature parasitaire du charbon, de la morve, de la tuberculose, pour ne parler que des maladies observées chez l'homme, peut être considérée comme telle. Les produits des cultures en série avec lesquels on inocule ces maladies ne représentent qu'une fraction qui se chiffre par trillionièmes du virus à l'aide duquel la première a été faite ; peut-on admettre avec M. Robin que les microbes, dans ces conditions, se soient transmis une virulence qui serait d'emprunt ? ce serait bien invraisemblable ; et d'ailleurs l'hypothèse de M. Robin est-elle complètement en désaccord avec la théorie parasitaire ? si les microbes émanés des sujets infectés transmettent la maladie,

(1) Ch. Robin, article GERMES du *Dictionnaire encyclopédique des sciences médicales.*

et s'ils se multiplient en quantité énorme chez les sujets atteints, ne peut-on dire qu'ils sont les propagateurs de l'infection et qu'ils se comportent comme de véritables parasites?

Il ne nous paraît pas cependant démontré que tous les microbes soient à proprement parler des parasites. Il est possible que, conformément aux vues de MM. Béchamp, Estor et Grasset (1), *certains d'entre eux* soient engendrés par l'organisme malade et transmissibles à d'autres sujets, et qu'ils n'existent pas dans la nature en dehors du corps humain. Cette conception a été récemment formulée, pour le microbe de la tuberculose, par le professeur Bouchardat (2). On voit les cellules cancéreuses transportées dans des parties éloignées de leur foyer d'origine, s'y développer avec une grande puissance; on voit les cellules épidermiques, greffées sur une plaie d'un autre sujet, s'y implanter et s'y multiplier; il n'y a, croyons-nous, aucune raison théorique qui empêche d'admettre que, par un mécanisme analogue, des granulations vivantes émanées d'un organisme malade ne soient transportées chez d'autres individus, et ne donnent lieu, en s'y multipliant, à des phénomènes morbides. Serait-ce là, comme on l'a dit, une génération spontanée? nous ne le pensons pas; il n'est pas invraisemblable que des granulations animées puissent naître des éléments de nos tissus, et acquérir, sous l'influence de causes indéterminées, des propriétés nocives; la question ne pourra être résolue, aussi longtemps que l'on n'aura pas démontré l'existence *en dehors des organismes vivants* de tous les microbes infectieux.

La durée de l'action des agents infectieux est très variable; ceux qui se localisent peuvent se régénérer indéfiniment; Auzias-Turenne, dans ses tentatives de syphilisation, a inoculé plus de 2000 chancres mous à un sujet. Parmi les contages qui se généralisent, certains épuisent leur action en un nombre de jours qui ne dépasse guère quarante ou cinquante, et est souvent beaucoup plus restreint; nous citerons ceux des pyrexies exanthématiques et des typhus; souvent la maladie liée à leur action présente une marche cyclique, toujours la même chez les divers sujets; ces agents laissent après eux

(1) Grasset, *Lettre à M. Debove* (*Semaine médicale*. 1883).
(2) Bouchardat, *Sur la genèse du parasite de la tuberculose* (*Bulletin de l'Académie de médecine*. 1883).

une modification de l'organisme qui les rend inaptes à contracter la même maladie. Il peut suffire de l'action d'un virus atténué ou présentant de l'affinité avec d'autres plus actifs pour obtenir cette immunité ; tel est le principe de la vaccination qui est actuellement appliquée par Pasteur sur une vaste échelle chez les animaux avec le virus charbonneux.

D'autres agents donnent lieu à des manifestations passagères qui sont susceptibles de se renouveler un grand nombre de fois, et même pendant toute la vie ; tel est celui de la malaria.

Les infections septiques sont également susceptibles de se reproduire souvent chez le même sujet. Les contages peuvent enfin engendrer des maladies chroniques, le plus souvent caractérisées anatomiquement par le développement de nodules qui se multiplient de proche en proche dans les organes où ils se développent. Certaines d'entre elles ne se reproduisent qu'une fois chez les mêmes sujets ; telle est en général la syphilis, bien qu'il y ait des exemples authentiques de deuxième atteinte chez des sujets guéris de la première.

Nous avons vu que les agents infectieux peuvent se transmettre au produit de la conception ; tantôt ils le tuent et amènent l'avortement ; tantôt la maladie se développe après la naissance et présente une évolution de longue durée. Il en est ainsi particulièrement de la syphilis et de la tuberculose. Si la théorie parasitaire est vraie, il semble qu'en pareil cas la transmission devrait se faire par la mère bien plutôt que par le père, car l'on ne se représente pas bien le bacille transporté par le spermatozoïde. L'influence paternelle sur le développement de la tuberculose ne peut cependant être révoquée en doute, mais il est probable que la transmission porte plutôt sur une prédisposition à contracter la maladie que sur la maladie elle-même.

CINQUIÈME CLASSE — DES CAUSES PATHOLOGIQUES

Les troubles morbides engendrés par les divers modificateurs que nous venons d'étudier peuvent à leur tour en produire d'autres et ceux-ci peuvent de même exercer une action pa-

thogénique; on peut ainsi distinguer dans les maladies une série
d'affections hiérarchiquement subordonnées et susceptibles
d'être elles-mêmes influencées dans leur évolution par d'autres
causes. C'est ainsi, par exemple, qu'une lésion valvulaire
d'origine rhumatismale, après être restée silencieuse pendant
de longues années, peut, lorsque le cœur s'affaiblit, soit par le
fait de l'âge, soit à la suite de fatigues ou d'une maladie
intercurrente, donner lieu à tous les symptômes de l'insuffisance
cardiaque; la même lésion peut amener la production d'une
embolie qui à son tour sera suivie, si elle occupe les parties motrices de l'axe, d'altérations secondaires de la moelle, des nerfs
et aussi des articulations et des muscles.

Ces actions secondaires se produisent surtout par l'intermédiaire des nerfs et des liquides en circulation. Le rôle du
système nerveux dans la propagation ou la généralisation des
impressions morbides est loin d'être encore complètement
déterminé, bien que depuis quelques années des faits nouveaux
aient appris à le mieux connaître. On sait qu'une lésion localisée peut être le point de départ de douleurs, de sensations anormales, de phénomènes d'excitation ou de paralysie, et enfin,
de troubles vaso-moteurs et trophiques dans d'autres organes.
On sait que les lésions du système nerveux lui-même peuvent
être suivies d'altérations secondaires des faisceaux intéressés et
des parties auxquelles ils se distribuent. Les lésions de circulation ont le plus souvent pour résultat un obstacle plus ou moins
considérable au cours d'un liquide, et par suite l'accumulation
de ce liquide en amont de l'obstacle et son écoulement en quantité
insuffisante dans les parties situées au delà. Les conséquences
varient beaucoup suivant qu'il s'agit de tel ou tel liquide. Les plus
importantes sont naturellement celles qu'entraîne un obstacle
au cours du sang. L'augmentation de la tension en amont de
l'obstacle produit l'hypertrophie de la partie correspondante du
cœur; son abaissement au delà a pour effet l'anémie artérielle
des parties auxquelles se distribue le vaisseau lésé.

Si l'obstacle est constitué par une particule solide (embolie),
il siège d'ordinaire, quand il s'agit d'une artère, dans un vaisseau
de petit calibre, et produit, si le cours du sang ne peut se rétablir par voie anastomotique, un infarctus suivi de nécrobiose
ou de gangrène.

L'oblitération des conduits excréteurs amène la rétention de l'humeur qui doit les traverser et des accidents plus ou moins graves quand il s'agit de produits dont l'accumulation dans l'organisme peut être dangereuse, tels que l'urine ou la bile ; d'autres fois, la glande dont le conduit est oblitéré se transforme en kyste (kystes sébacés, kystes du rein).

L'oblitération des voies digestives produit l'accumulation des aliments au-dessus de l'obstacle ; elle est suivie souvent de leur expulsion par vomissements ; elle les empêche de subir les transformations nécessaires à leur assimilation et tuerait les malades par inanition, si le plus ordinairement la mort ne survenait plus rapidement par péritonite, collapsus ou septicémie.

Les liquides de l'organisme et surtout le sang et la lymphe transportent dans toutes les parties les substances nuisibles par lesquelles ils peuvent être infectés. C'est par leur intermédiaire que se généralisent les infections et les intoxications.

Les diverses lésions prolifératives ou dégénératives peuvent donner lieu à l'atrophie de l'organe affecté ou envahir les parties qui l'entourent et provoquer ainsi des désordres secondaires de nature très diverse ; c'est ainsi que l'alcoolisme, en amenant la dégénération athéromateuse de l'endartère, en affaiblit la résistance et peut aboutir à la formation d'anévrysmes, que le cancer de l'estomac peut se propager au péritoine, et pousser dans les vaisseaux des végétations qui, transportées dans d'autres organes, y deviennent le point de départ de néoformations secondaires ; nous pourrions multiplier ces exemples ; nous voulions indiquer seulement, d'une manière générale, par quel mécanisme les lésions initiales produites par les causes précédemment énumérées peuvent engendrer toute une série de lésions secondaires.

DEUXIÈME PARTIE

DES PROCESSUS MORBIDES

On désigne sous le nom de *Processus* (1) les *troubles déterminés directement ou indirectement par les causes morbifiques dans l'évolution des actes nutritifs.*

Les modes de réaction opposés par l'organisme aux excitations qu'il subit sont en nombre restreint, et ils présentent dans les différentes conditions où ils se produisent des caractères communs : que l'inflammation se développe dans les téguments, les viscères ou le squelette, qu'elle soit provoquée par un traumatisme, un refroidissement ou une infection, ses traits généraux sont toujours les mêmes ; et l'on peut en dire autant de la congestion, de la nécrose, des hémorrhagies et des autres processus.

Les processus peuvent être *actifs* ou *passifs* et siéger dans les *solides* ou dans les *liquides ;* il faut distinguer en outre ceux dans lesquels le trouble de la nutrition est subordonné à un *trouble de la circulation.* C'est par l'étude de ces derniers que nous commencerons.

PREMIÈRE SECTION

PROCESSUS MORBIDES CARACTÉRISÉS PAR UN TROUBLE DE LA CIRCULATION

La quantité de sang que peuvent renfermer les vaisseaux est, en raison de l'élasticité de leurs parois, éminemment variable ;

(1) Voir page 2.

son augmentation et sa diminution, quand elles dépassent la limite des oscillations physiologiques, constituent les processus que l'on nomme l'*hypérémie* et l'*anémie locale* (1).

CHAPITRE PREMIER

DE L'HYPÉRÉMIE

L'*hypérémie* est dite *active* et *passive* suivant qu'elle est produite par l'affluence d'une trop grande quantité de sang ou par un obstacle à l'écoulement du sang veineux. Ces deux formes différant essentiellement par leurs causes et leurs caractères doivent être étudiées séparément.

ARTICLE 1er. — DE L'HYPÉRÉMIE ACTIVE.

Sa cause prochaine est le plus souvent la diminution de la résistance qu'opposent les parois artérielles à l'afflux du sang et leur dilatation. Dans la grande majorité des cas, il faut rapporter cette dilatation à un trouble de l'innervation vaso-motrice. Elle peut être liée à une paralysie des vaso-constricteurs ou à une excitation des vaso-dilatateurs.

Les progrès récents de la physiologie expérimentale ont mis ces faits en pleine lumière. En 1851, Cl. Bernard démontrait que la section du sympathique au cou dilate les vaisseaux de l'oreille et en produit l'échauffement ; plus tard, il produisait par l'extirpation du sympathique abdominal l'échauffement du membre inférieur et par celle du ganglion cervical supérieur l'échauffement de l'encéphale. La section expérimentale des nerfs périphériques donne lieu également à une hypérémie active avec élévation de température. Valentin et de Gräfe ont montré que la section du trijumeau dans la cavité crânienne a pour conséquences l'injection de la conjonctive, de l'iris et de la choroïde, et aussi celle de la langue et des gencives. On a reconnu depuis que la même action est exercée sur les membres inférieurs par la section du sciatique et sur les membres supérieurs par celle de leurs nerfs.

1) Jaccoud, *Traité de pathologie interne.*

La découverte des actions vaso-dilatatrices appartient également à Cl. Bernard : notre grand physiologiste a constaté que l'excitation de la corde du tympan produit une congestion active de la glande sous-maxillaire, et une accélération du cours du sang dans ses vaisseaux dilatés. Vulpian a depuis lors reconnu que ce nerf fournit également des filets vaso-dilatateurs à la langue, à la muqueuse des joues et aux gencives. Les expériences récentes de MM. Dastre et Morat (1) ont montré que le sympathique contient aussi des filets vaso-dilatateurs en même temps que des vaso-constricteurs ; ils ont produit, par l'excitation du sympathique cervical, en même temps que l'anémie de l'oreille, de la langue et du voile du palais, l'hypérémie de la muqueuse nasale, des gencives, des lèvres et des joues ; l'excitation du sympathique abdominal a donné des résultats semblables pour le membre inférieur. Les filets du plexus sacré, dont l'excitation provoque l'érection, exercent également une action vaso-dilatatrice des plus manifestes sur les vaisseaux des corps caverneux. Il est probable, bien que non encore démontré, que toutes les *artères de l'organisme sont soumises concurremment à ces actions vaso-dilatatrices et vaso-constrictives.*

Les nerfs vasculaires ne sont pas contenus exclusivement dans le sympathique ; ceux qui se distribuent à la tête naissent de la partie inférieure de la moelle cervicale et sont contenus d'abord dans les racines des deux premières paires dorsales ; ceux du grand sympathique abdominal émergent en grande partie avec les racines postérieures des nerfs lombaires.

Les sections de la moelle produisent la congestion des parties qui reçoivent leurs nerfs vasculaires du segment inférieur. La moelle est l'organe de nombreux réflexes vaso-moteurs ; souvent ils amènent d'abord la constriction, puis secondairement la dilatation des vaisseaux. Si l'on excite le bout central du nerf auriculaire, on produit d'abord l'anémie, puis au bout d'une seconde, la congestion intense de l'oreille du lapin ; l'excitation du sciatique a la même action sur les vaisseaux de l'oreille (Snellen, Vulpian). L'excitation des nerfs cutanés exerce une influence analogue. Le centre de ces réflexes vaso-

(1) Dastre et Morat, *Bulletin de la Société de biologie.* 1878.

moteurs, localisé par Schiff dans la moelle allongée, siège, d'après Goltz et Vulpian, dans toute la moelle; il y a également des centres périphériques dans les ganglions du sympathique.

L'interprétation des actions vaso-dilatatrices soulève de sérieuses difficultés. Il n'y a pas dans les vaisseaux de fibres musculaires dont la contraction puisse en produire la dilatation. L'hypothèse la plus vraisemblable est celle de Cl. Bernard, d'après laquelle l'excitation des vaso-dilatateurs exerce, par un mécanisme comparable à celui de l'interférence, une action d'arrêt sur les centres médullaires ou périphériques d'innervation vaso-constrictive et en paralyse ainsi l'activité.

Les troubles de l'innervation vaso-constrictive peuvent être d'origine *centrale* ou *périphérique* et liés à une lésion directe des éléments nerveux ou à l'altération d'un organe qui leur est uni par des connexions physiologiques.

Les lésions de l'*encéphale* donnent lieu, lorsqu'elles intéressent le tractus moteur, à une paralysie vaso-motrice que révèlent la rougeur et la turgescence des téguments dans les parties paralysées. Elles peuvent en outre, au moment où elles se produisent, déterminer par action réflexe, en même temps que l'*ictus* apoplectique, des fluxions du côté du péricrâne et de l'estomac assez intenses pour aboutir à l'hémorrhagie.

La paralysie vaso-motrice s'observe de même très souvent dans les affections de la *moelle* quand elles intéressent ses parties motrices.

Les affections des *nerfs périphériques* peuvent donner lieu au même symptôme, soit en produisant directement la paralysie des cordons nerveux, soit en agissant à distance sur leurs origines.

On sait que la ligature de l'artère splénique (A. Moreau) ou de l'artère rénale produit, non pas l'anémie, mais la congestion des viscères auxquels elles se distribuent; c'est qu'en liant le vaisseau, on lie en même temps les vaso-moteurs qui cheminent à sa surface; si l'on a eu soin de les en séparer, ce phénomène paradoxal ne se produit plus (1).

Les lésions traumatiques du sympathique au cou, et les

____

(1) Bochefontaine, *Note sur quelques expériences relatives à l'influence que la ligature de l'artère splénique exerce sur la rate* (*Archives de physiologie.* 1874).

tumeurs qui le compriment, produisent la congestion de la moitié correspondante de la tête et du cou, avec rougeur des conjonctives et larmoiement.

Les congestions dues à l'excitation des nerfs vaso-dilatateurs sont le plus ordinairement de nature réflexe. Nous citerons particulièrement la congestion émotive de la face et du front (roséole pudique, rougeur de la colère), la rougeur de la pommette dans la pneumonie, les poussées provoquées du côté des téguments, des bronches ou de l'intestin par l'éruption des dents, l'injection de la face et de la conjonctive dans les névralgies du trijumeau, les érythèmes que l'on observe dans d'autres névralgies, les congestions que peut provoquer l'action du froid et aussi celle d'une chaleur excessive, et les troubles de même nature liées à la dyspepsie. Weir Mitchell a décrit récemment, sous le nom d'*érythromélalgie*, une affection caractérisée par des accès pendant lesquels les pieds ou les mains prennent en quelques instants une coloration d'un rouge foncé, assez souvent disposée en taches ; la température locale s'élève de plusieurs degrés, les téguments se tuméfient; les malades éprouvent une pénible sensation de douleur qu'augmentent les applications chaudes et que calment le froid et la situation horizontale. Il s'agit évidemment là d'une névrose vaso-dilatatrice ; elle peut occuper d'autres parties, telles que le nez ou l'oreille ; elle est ordinairement symétrique.

On observe également chez les hystériques des congestions actives des téguments. Il faut sans doute rapporter à la même cause les taches signalées récemment par Straus (1) dans les parties où se font sentir les douleurs fulgurantes de l'ataxie.

Un certain nombre d'agents médicamenteux comptent parmi leurs effets une fluxion plus ou moins vive du côté de la peau et des muqueuses, tels sont particulièrement la belladone, le copahu et le mercure; ces effets peuvent être attribués tantôt à l'irritation produite par le médicament au moment de son élimination (hydrargyrie, érythème copahique), tantôt à une action directe sur l'innervation vasculaire. On sait que, chez un chien soumis à l'influence de l'atropine, l'excitation de la corde

(1) Straus, *Des ecchymoses tabétiques à la suite des douleurs fulgurantes* (*Arch. de Neurologie*. 1881).

du tympan n'a plus d'influence sur la sécrétion de la salive ;
on peut supposer, avec M. Vulpian (1), que cet agent trouble
de même les fonctions des nerfs vaso-dilatateurs ou vaso-constricteurs. Notre savant maître rapporte également à une action
sur les centres vaso-moteurs les congestions que l'on observe
au début des pyrexies. Celles qui constituent les exanthèmes
paraissent dues plutôt à l'excitation du tégument par l'agent
morbifique ; mais il s'agit encore là de congestions actives liées à
l'excitation directe ou réflexe des vaso-dilatateurs.

On peut attribuer également à une action réflexe sur les vaso-
dilatateurs les congestions cutanées ou viscérales qui   manifestent chez certaines femmes à l'époque des règles. Le
développement des *inflammations réflexes* s'accompagne nécessairement d'une congestion de même nature ; nous y reviendrons plus loin.

Les topiques irritants, tels que la cantharide, la farine de
moutarde, l'ammoniaque, etc., produisent la congestion active
des téguments ; il en est de même des frictions pratiquées énergiquement avec la main, un gant, ou une substance irritante ;
il suffit de tracer légèrement un trait sur la peau avec le bord
de l'ongle (2) pour provoquer des troubles vaso-moteurs : on
voit se produire d'abord une traînée blanche, qui s'efface presque immédiatement ; puis peu à peu, le sujet éprouve une sensation de constriction dans les points excités, les vaisseaux s'effacent de nouveau et il apparaît une ligne blanche qui persiste
pendant quelques minutes ; elle est due à un spasme vasculaire.
Si l'ongle a porté avec plus de force, c'est une ligne rouge qui se
produit de suite, et sur chacun de ses côtés on voit paraître une
ligne blanche (3). Ces phénomènes durent environ une minute.
On admet généralement qu'ils sont liés à des troubles réflexes
de l'innervation vaso-motrice ; il paraît difficile de concevoir
que l'excitation transmise aux centres d'innervation se réflé-
chisse exclusivement sur les nerfs qui animent les parois des
artérioles dans les points sur lesquels elle a porté primitivement ;
on peut admettre avec plus de vraisemblance qu'il s'agit là de

(1) Vulpian, *Leçons sur l'appareil vaso-moteur*, t. II, p. 503.
(2) Marey, *Mémoire sur la contractilité vasculaire* (*Ann. des sciences natu-*
relles. 1858).
(3) Vulpian, *loc. cit.*

troubles liés directement à l'excitation des parois vasculaires.

On sait depuis longtemps que les parties complètement soustraites aux actions nerveuses sont susceptibles de se congestionner activement : des fragments de peau transplantés par autoplastie peuvent s'enflammer avant de recouvrer leur sensibilité (Dieffenbach) ; Earl a vu rougir, sous l'action de la chaleur, des membres dont tous les nerfs avaient été sectionnés ; on est certain en pareil cas qu'il ne s'agit pas de troubles réflexes se produisant par l'intermédiaire de la moelle ; mais on ne peut savoir s'ils ne sont pas dus à l'intervention de centres ganglionnaires périphériques. L'hypothèse d'une action directe sur les parois est plus vraisemblable, d'après Recklinghausen, dans les cas où l'on voit se produire, sans impression douloureuse, une hyperémie strictement localisée aux parties qui ont été excitées ; la chaleur, par exemple, a pour effet, quand elle est modérée, de paralyser les muscles ; on peut donc rapporter à une paralysie des muscles vasculaires l'érythème produit par la chaleur solaire ; nous ferons observer cependant que cette affection s'accompagne de douleurs qui indiquent une excitation nerveuse, et que par conséquent l'hypothèse d'une action réflexe sur les vaso-dilatateurs peut être soutenue aussi bien que la précédente.

L'hyperémie qui survient dans les moments qui suivent la cessation d'une compression de longue durée peut être, plutôt que les précédentes, rapportée à une action directe sur les parois capillaires ; c'est ainsi qu'après l'évacuation d'un grand épanchement pleurétique il se produit dans les poumons une congestion qui se traduit assez souvent par une expectoration albumineuse ; de même quand le cours du sang a été pendant un certain temps suspendu ou entravé dans une partie, les parois des vaisseaux s'y laissent distendre plus qu'à l'état normal au moment où il se rétablit, et il se produit une congestion secondaire.

La congestion active peut enfin résulter d'une oblitération artérielle ; la tension augmente dans les branches du même tronc qui sont restées libres, et elles se dilatent ainsi que les vaisseaux qui en émanent et les capillaires auxquels elles aboutissent.

La congestion active se traduit objectivement par la turgescence et la coloration rouge des parties; on y distingue un plus grand nombre de vaisseaux; les artérioles sont dilatées; le sang y coule avec plus de rapidité qu'à l'état normal, et il en résulte qu'il s'altère moins; ses fonctions d'hématose ne s'accomplissent qu'imparfaitement, si bien qu'il peut conserver jusque dans les veines de la région sa coloration rutilante; si la congestion est intense, l'augmentation de tension produite par la contraction cardiaque se propage dans les mêmes vaisseaux, donnant lieu aussi à une variété de *pouls veineux*. On peut constater dans ces conditions une augmentation de la température des parties affectées.

La turgescence des vaisseaux peut amener la compression des éléments et provoquer ainsi des troubles fonctionnels (congestions cérébrale et pulmonaire). Si elle est passagère, elle disparaît sans laisser de traces; si elle est au contraire de quelque durée, elle peut donner lieu à du gonflement et à l'extravasation de sérosité dans les tissus. Elle coïncide avec une exagération de sécrétion qui résulte d'un trouble concomitant de l'innervation glandulaire. Elle peut favoriser la production d'hémorrhagies chez les sujets dont les vaisseaux sont malades; on la considérait autrefois comme la cause habituelle de l'hémorrhagie cérébrale; c'était là une grandé exagération, mais il ne faudrait pas tomber dans une erreur opposée en lui déniant toute influence. Elle est également la condition prochaine des hémorrhagies supplémentaires des règles.

Les congestions sont généralement remarquables par leur mobilité; elles se produisent, se déplacent et disparaissent souvent avec une étonnante rapidité. Quand elles se prolongent, elles peuvent aboutir à l'inflammation.

ARTICLE II. — DES HYPÉRÉMIES PASSIVES.

Toutes les causes qui font obstacle à la circulation en retour et augmentent la tension dans le système veineux produisent, par cela même, une stase dans les capillaires, et une congestion passive. Celle-ci peut être purement locale, comme dans les cas où une veine est comprimée par une tumeur ou un bandage, rétrécie par une varice ou une inflammation, ou obstruée par un caillot.

D'autres fois la stase s'étend à toute la circulation d'un organe ou d'une région, c'est ce qui se produit pour l'abdomen chez les sujets atteints de cirrhose du foie ou de toute autre affection gênant la circulation porte.

Enfin, tout le système veineux est intéressé lorsqu'il existe une lésion cardiaque non compensée; on voit ainsi, par exemple, dans les affections mitrales, la tension augmenter, d'abord dans l'oreillette gauche et les veines pulmonaires, puis dans le cœur droit, et enfin dans toutes les veines de la circulation générale.

La produ ction des congestions passives est favorisée par l'atonie des parois veineuses, et conséquemment par l'asthénie et l'adynamie liées à la mauvaise alimentation, à la convalescence des maladies aiguës, aux néoplasies cancéreuses et d'une manière générale à toutes les affections qui troublent profondément la nutrition.

L'action de la pesanteur peut concourir à la production ou à l'entretien d'une congestion passive; c'est pour cette cause que l'on a nommé *hypostatiques* les congestions de la base et de la partie postérieure du poumon qui sont si souvent liées aux états adynamiques.

Il faut tenir compte également des influences vaso-motrices. Ranvier (1), étudiant comparativement les effets produits par la ligature de la veine crurale chez des animaux auxquels il avait sectionné le sympathique abdominal et chez d'autres qui n'avaient pas subi cette opération, a reconnu que les premiers seuls avaient eu ultérieurement de l'œdème. Il n'en faut pas conclure qu'une oblitération veineuse ne donne lieu à de l'œdème que dans le cas où il existe une paralysie vaso-motrice. Les faits cliniques et les expériences de MM. Philipeaux et Vulpian (2) prouvent le contraire; cette paralysie favorise seulement la production du phénomène. Ce fait s'explique si l'on considère qu'elle augmente l'afflux du sang et par conséquent la tension dans le système capillaire des parties, et que les effets de cette congestion active viennent ainsi s'ajouter à ceux de la congestion passive et provoquer avec eux la transsudation de la

---

(1) Ranvier, *Recherches expérimentales sur la production de l'œdème* (*Comptes rendus de l'Académie des sciences*. 1869).

(2) Vulpian, *Leçons sur l'appareil vaso-moteur*. 1875.

sérosité. On voit que l'augmentation de la tension artérielle n'atténue pas, et au contraire augmente l'intensité des troubles produits par la congestion passive, en exagérant comme elle la tension dans le système capillaire. Cet excès de tension, démontré par Poiseuille, est le fait essentiel dans l'une et l'autre forme.

Les parties qui sont le siège d'une congestion passive sont tuméfiées et souvent œdématiées ; les phénomènes de nutrition et d'hématose interstitielle s'y accomplissent avec peu d'énergie ; le sang s'y charge d'une quantité surabondante d'acide carbonique et présente une coloration plus foncée qu'à l'état normal ; il en résulte que les parties sont d'un rouge sombre et bleuâtre qui contraste avec le ton rouge clair de l'hypérémie active : dans celles où les capillaires ne sont recouverts que par une couche mince et transparente de tissu, par exemple, aux lèvres, aux oreilles, au nez et aux ongles, la couleur bleuâtre devient très prononcée et prend le nom de *cyanose*. Leur température est généralement abaissée, et, si elles sont exposées à un traumatisme, elles résistent moins que les tissus sains.

Parmi les conséquences habituelles de l'hypérémie passive, nous avons cité la transsudation d'une quantité plus ou moins considérable de sérosité à travers les parois des capillaires et des veines. Suivant le siège de l'hypérémie, ce liquide s'infiltre dans le tissu cellulaire, s'accumule dans les séreuses, ou est expulsé au dehors avec tel ou tel produit de sécrétion (celui des bronches par exemple) ; il diffère du plasma du sang, notamment par la proportion beaucoup moindre d'albumine qu'il renferme. On y voit souvent des globules sanguins, rouges et blancs.

On peut observer directement (1), sur la langue des grenouilles curarisées auxquelles on a lié la veine linguale, la migration de ces éléments : en plaçant cet organe sous le champ du microscope, on voit des saillies rougeâtres se former à la face externe des capillaires ; ces saillies augmentent graduellement et forment enfin de petits nodules qui se détachent du vaisseau ; ce sont des globules rouges. Leur passage se fait sans

____

(1) Cohnheim, *Vorlesungen über allgemeine Pathologie.* Berlin, 1877.

qu'il y ait rupture de la paroi, et vraisemblablement par les interstices que les préparations traitées par le nitrate d'argent permettent de distinguer entre les cellules endo-théliales (fig. 78 et 79); Arnold a émis l'opinion que les sto-mates correspondant aux confluents de ces interstices s'élar-gissent dans la congestion ; mais on ne comprendrait pas, s'il en était ainsi, pourquoi la partie liquide de l'exsudation serait aussi différente par sa constitution du plasma sanguin.

Lorsque l'hypérémie passive dure longtemps, elle détermine des lésions plus ou moins profondes dans les parties qui en sont le siège. C'est en premier lieu de l'œdème; ce sont des hydro-pisies dans les grandes séreuses ; ce sont parfois des hémorrha-gies favorisées par des altérations que le trouble de la circula-tion fait subir aux parois artérielles; ce sont des atrophies qui semblent résulter, soit de la compression que produisent les veinules et les capillaires distendus, soit du trouble que l'insuf-fisance des échanges apporte dans la nutrition ; d'autres fois ce sont au contraire des tuméfactions liées aux dilatations vascu-laires (tuméfaction de la rate chez les cirrhotiques) ; ce sont enfin parfois des altérations de nature irritative. On peut ob-server une véritable sclérodermie des membres œdématiés chez les sujets qui résistent longtemps à une affection cardia-que ; la peau est indurée et quelquefois assez épaisse pour que son aspect rappelle celui de l'éléphantiasis; nous avons observé les mêmes phénomènes dans des cas de thrombose fé-morale; chez un malade du service de M. Germain Sée, que nous avions l'honneur de remplacer, les troubles de circulation et l'irritation provoqués par une vieille hernie inguinale avaient amené par ce mécanisme une tuméfaction énorme avec indu-ration des téguments du scrotum; le fourreau de la verge for-mait, au-devant du gland, un cylindre dur et épais d'une lon-gueur d'environ 10 centimètres.

CHAPITRE II

DE L'INFLAMMATION

ARTICLE 1er. — PHYSIOLOGIE PATHOLOGIQUE.

§ I.

Ce processus, le plus important de tous, car il représente le mode de réaction le plus habituel des tissus contre les diverses excitations auxquelles ils se trouvent soumis, a été longtemps défini par la simple énumération de ses quatre symptômes les plus constants, *calor, rubor, tumor, dolor.*

C'était là une caractéristique tout à fait défectueuse, car chacun de ces symptômes peut manquer et ne doit être d'ailleurs considéré que comme l'expression objective ou subjective du trouble que subit l'organisme ; la pathologie moderne a voulu pénétrer plus loin dans l'analyse des phénomènes et en déterminer la nature intime et la cause prochaine, mais elle n'a pu malheureusement arriver encore à résoudre complètement les difficultés du problème.

Il y a vingt ans, la théorie de l'exsudation, longtemps acceptée par la généralité des médecins, paraissait devoir être abandonnée, malgré les efforts de M. Charles Robin (1) et de l'École viennoise ; la *pathologie cellulaire* de Virchow (2) amenait à cet égard une véritable révolution dans les idées, en faisant jouer le rôle essentiel dans l'inflammation à l'exagération des activités cellulaires et en reléguant au second plan les troubles de vascularisation et l'exsudation.

Actuellement la théorie de Virchow ne peut plus être soutenue dans ces termes absolus ; le rôle de l'exsudat est redevenu prépondérant ; les expériences de Cohnheim ont prouvé que la plupart des cellules qu'il renferme ne sont autres que des globules blancs extravasés, et ce pathologiste arrive à définir l'inflammation une *exsudation à la fois plasmatique et cellulaire sur-*

---

(1) Ch. Robin *in* Littré et Robin, *Dictionnaire de médecine.*
(2) Virchow, *La Pathologie cellulaire.* 4e édit., par I. Straus. Paris, 1874.

venant sous l'influence d'une modification dans l'état des vaisseaux.
Pour la plupart des auteurs contemporains, les phénomènes
sont plus complexes et il se produit simultanément, dans le
processus phlegmasique, des *troubles de vascularisation* et des
troubles dans la nutrition et les fonctions des éléments ; nous aurons
à exposer les arguments que l'on a invoqués en faveur de cette
manière de voir, mais nous devons tout d'abord rapporter,
en raison de son importance, l'expérience fondamentale qui a
conduit Cohnheim à formuler sa théorie (1).

Si l'on examine au microscope le mésentère d'une grenouille
tiré hors de la cavité abdominale, on observe les phénomènes
suivants : tout d'abord les vaisseaux se dilatent graduellement,
en premier lieu les artères, puis les veines et enfin les capillaires ; au bout de vingt minutes, leur diamètre est ordinairement doublé ; à ce moment, le mouvement du sang s'accélère,
surtout dans les artères, mais cette accélération n'est pas de
longue durée, et elle fait place, au bout d'un laps de temps qui
varie généralement d'une demi-heure à une heure, à un ralentissement qui doit persister ; les vaisseaux sont alors très dilatés ; on distingue nettement une quantité de capillaires que l'on
pouvait à peine apercevoir auparavant ; les pulsations se prolongent jusque dans les plus fines ramifications des artères ;
le sang s'accumule dans les capillaires dont la dilatation est
cependant moins considérable que celles des artères : mais les
phénomènes les plus remarquables se passent dans les veines ;
peu à peu on voit s'accumuler le long de leurs parois d'innom-
brables globules blancs ; à l'état physiologique, ces éléments,
repoussés à la périphérie du courant vasculaire, tendent, en
raison de leur viscosité, à adhérer à la paroi ; quand la circulation se ralentit, ce phénomène est plus accusé, et l'on voit ces
globules former excentriquement une couche dont les mouvements se ralentissent de plus en plus, sans s'arrêter cependant ;
elle forme comme une enveloppe supplémentaire au courant
central des globules rouges ; le phénomène est moins accentué
dans les capillaires, et la couche de globules blancs y est
mélangée de globules rouges ; dans les artères, les deux ordres
de cellules restent confondus.

(1) Cohnheim, *Ueber Entzündung und Eiterung* (*Virchow's Archiv*, XL, 1867).

Si l'on observe attentivement une veinule, on voit bientôt se former une saillie sur un point de sa surface externe ; cette saillie se prononce de plus en plus, elle s'accroît en longueur et en épaisseur et finit par se dégager de la paroi ; elle lui reste encore unie pendant un certain temps par un prolongement délié qui finit par se rompre ; on a alors sous les yeux un corpuscule mat, contractile, pourvu d'un ou de plusieurs pro-

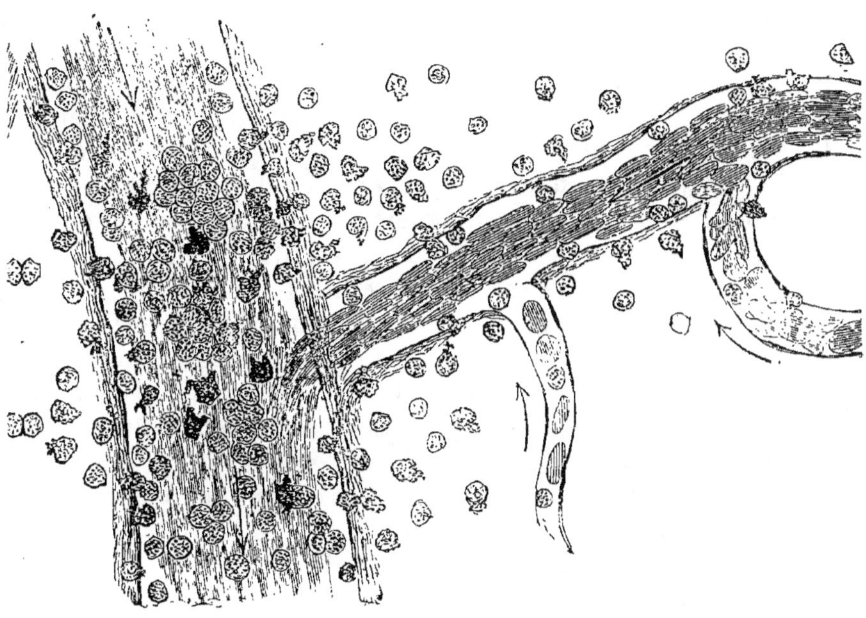

Fig. 78. — Migration des globules blancs dans le mésentère de la grenouille six heures après sa mise à nu, les cellules ponctuées représentent les globules blancs, les autres les globules rouges. Grossissement : 250 (Perls).

longements ainsi que d'un ou de plusieurs noyaux, présentant en un mot tous les caractères des globules blancs (fig. 78).

Ce même phénomène se reproduit en différents points de la périphérie des veines et des capillaires ; il en résulte, au bout de quelques heures, la formation, le long de ces vaisseaux, en dehors de leurs parois, d'une couche de globules blancs plus ou moins épaisse. Autour des capillaires, on voit en outre un certain nombre de globules rouges qui en sont sortis par le même mécanisme. En même temps que ces éléments cellulaires, une certaine quantité de liquide s'est épanchée hors des vaisseaux.

Les mêmes observations peuvent être faites sur la langue de la grenouille irritée par l'ablation de son épithélium ou par une cautérisation.

Ces expériences ont été répétées en France par MM. Vulpian et Hayem (1), en Allemagne par de nombreux observateurs, et toujours avec les mêmes résultats. Elles jettent une vive lumière sur la nature des phénomènes intimes de l'inflammation; elles montrent que la plupart au moins des néocytes de l'exsudat phlegmasique ne proviennent pas, comme le croyait Virchow, de la prolifération des éléments fixes des tissus; elles ramènent au premier rang les troubles de la vascularisation et les phénomènes d'exsudation; seulement l'exsudat n'est pas uniquement composé comme on le croyait autrefois d'un liquide fibrineux, il renferme aussi des éléments cellulaires; c'est à ces derniers que revient le rôle essentiel dans la production des phénomènes consécutifs.

Avant d'aller plus loin, nous examinerons les principales questions que soulève l'interprétation des phénomènes qu'a observés Cohnheim et qui paraissent marquer le début de toute inflammation.

A. *De la dilatation vasculaire.* — Nous avons vu que les phénomènes initiaux sont une dilatation des vaisseaux amenant l'afflux de sang dans la partie malade et une modification dans les propriétés de la paroi. Les irritations auxquelles ils succèdent ne portent presque jamais directement sur les vaisseaux atteints; elles affectent sans doute en premier lieu, soit les éléments des tissus, soit les extrémités nerveuses, pour se réfléchir sur les vaso-moteurs.

Quelle est la cause prochaine de la dilatation vasculaire? L'excitation initiale agit-elle en paralysant par voie réflexe les vaso-constricteurs, ou en mettant en jeu les vaso-dilatateurs? Aucune donnée ne permet actuellement de répondre à cette question.

B. *Par quel mécanisme s'accomplit la migration des globules?* — Arnold et Thoma ont reconnu que leur passage se fait

(1) Hayem, *Note sur la suppuration étudiée sur le mésentère, la langue et le poumon de la grenouille (Gaz. médic.,* 1870).

toujours à travers les interstices des cellules (fig. 79 et 80),
particulièrement dans les parties contiguës à plusieurs de ces
éléments (1).

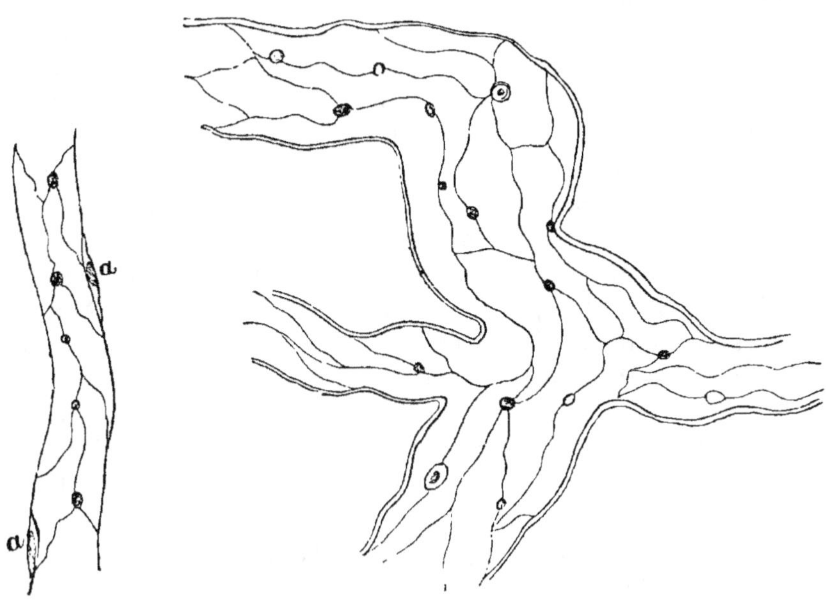

Fig. 79 et 80. — Capillaires et vésicules ayant subi une congestion passive
et traités par le nitrate d'argent : les points noirs représentent les STOMATES ;
— *aa*, noyaux des capillaires. Grossissement : 600 (Arnold).

Ces espaces sont connus sous le nom de *stomates* ou *stigmates*
(Arnold). Existent-ils normalement et sont-ils simplement dilatés dans l'inflammation par l'accroissement de la tension intra-
vasculaire ? Se présentent-ils seulement sous l'influence du processus et sont-ils le résultat d'une altération de la paroi ? Faut-il
admettre que les cellules endothéliales dont est formée la paroi
capillaire peuvent, en se contractant et en changeant de forme,
laisser entre elles des interstices qui donnent passage aux globules du sang ? la question est à l'étude. Il ne nous paraît
pas probable qu'il existe ou qu'il se produise de véritables
orifices dans la paroi, car, ainsi que nous l'avons vu déjà, on
ne s'expliquerait pas alors comment le plasma du sang ne

(1) Arnold, *Virch. Arch.*, t. LXIII, LXII, LXVI, LXVIII. — Thoma, *Ueber-
wanderung d. farbl. Blutkörperch.*, etc. (*Virchow's Archiv*, LXXIV).

filtrerait pas en même temps que les globules; il passe bien un liquide albumineux et ordinairement chargé de fibrine, mais sa composition diffère très notablement de celle du plasma. Il est plus vraisemblable que les éléments se frayent un chemin à travers la substance qui remplit ces interstices. Cohnheim suppose que cette substance n'a plus sa cohésion normale, et que, sous l'influence de l'inflammation, la tunique interne subit une altération qui la rend perméable; cette altération est même pour lui la condition essentielle de la migration; on peut lui attribuer pour cause, soit un trouble dans l'innervation vasculaire, soit la perturbation nutritive qu'entraîne la stase sanguine.

Parmi les éléments cellulaires, les globules blancs jouent un rôle des plus actifs, et il est très probable qu'ils peuvent, par leurs mouvements propres et leurs changements de forme, s'aider efficacement à franchir la paroi. Le nombre de globules qui se trouvent ainsi exsudés au dehors des vaisseaux peut être énorme et semble hors de proportion avec la quantité de globules blancs que renferme le sang. Cohnheim admet, il est vrai, que ce liquide en contient plus que ne semble l'indiquer l'examen direct, en raison de la rapidité avec laquelle ils se détruisent en dehors des vaisseaux; il est possible aussi que, dans le cas de suppuration, les organes dits hémopoïétiques, tels que les ganglions, subissent une irritation fonctionnelle et produisent plus de globules qu'à l'état normal, si toutefois ils sont réellement les générateurs de ces éléments; Rindfleisch (1) et Faber (2) ont soutenu récemment que les globules blancs peuvent se développer aux dépens des globules rouges. Pasteur a émis la même opinion, mais sans preuves à l'appui; c'est là une hypothèse bien peu vraisemblable, car le globule rouge est un élément dont la vie cellulaire paraît incomparablement moins active que celle du globule blanc.

C. *Du rôle des cellules fixes.* — Que deviennent, dans l'expérience de Cohnheim, et d'une manière générale dans les inflammations, les éléments propres des tissus? Les auteurs contemporains ont à cet égard des opinions très diverses : il y a peu de temps, la théorie de Virchow, qui attribuait à ces cellules le rôle essentiel dans l'inflammation et les considérait comme les

(1) Rindfleisch, *Experimental Studien zur Histol. des Blutes.* 1863, p. 327.
(2) Faber, *Arch. der Heilk.* 1873.

générateurs du pus, du tissu de cicatrice et de toutes les néoplasies inflammatoires, était généralement adoptée malgré la
résistance légitime de Robin et de son école; aujourd'hui, les
uns, avec Cohnheim (1), la repoussent complètement; d'autres,
avec Vulpian (2), Cornil et Ranvier et Recklinghausen, continuent à penser qu'elle renferme une part de vérité. Pour
Cohnheim, les altérations inflammatoires des cellules fixes sont
secondaires et purement passives; le phénomène de leur tuméfaction trouble n'est pas caractéristique de l'inflammation; aucun fait ne prouve que ces éléments prennent une part active
soit à la génération du pus, soit à la néoformation des vaisseaux; au contraire Vulpian, ainsi que Cornil et Ranvier (3) et
Recklinghausen, tout en faisant jouer un rôle important à la
migration des leucocytes, maintiennent que la prolifération
des cellules fixes est un fait constant dans l'inflammation, et
qu'une partie des cellules de nouvelle formation lui doivent
leur origine; ils invoquent surtout, à l'appui de leur manière
de voir, ce que l'on observe dans les tissus privés de vaisseaux,
les cartilages et la cornée : dans les cartilages, on voit, à mesure
que l'on se rapproche d'une partie enflammée, les capsules
augmenter de volume et les noyaux se multiplier; tout près du
foyer, on trouve des capsules remplies de cellules embryonnaires; de même, les globules de pus s'accumulent au centre
de la cornée soumise à une irritation, bien qu'il n'y ait pas là de
vaisseaux. A. Hoffmann et von Recklinghausen, après avoir irrité
cette membrane, ont transporté tantôt l'œil, tantôt la tête entière
de l'animal dans une chambre humide, et ils ont constaté que,
au bout de deux ou trois jours, il s'était fait, au point lésé, une
accumulation de globules de pus, bien que le cours du sang fût
nécessairement tout à fait interrompu; de plus, Recklinghausen,
en examinant des cornées irritées depuis deux ou trois jours, a vu
des parties de protoplasma se détacher des prolongements des cellules fixes étoilées et subir des changements de formes analogues
à ceux que présentent les cellules migratrices; Stricker et Böttcher ont confirmé ces observations.

(1) Cohnheim, *Ueber das Verhalten der fixen Bindegewebs Körperchen bei
der Entzündung* (*Virchow's Archiv*, LIV, 1869).
(2) Vulpian, *Leçons sur l'appareil vaso-moteur*, t. II, p. 547.
(3) Cornil et Ranvier, *Traité d'histologie pathologique*.

Il nous paraît cependant difficile d'attribuer une valeur décisive à ces premiers arguments. L'apparition de jeunes éléments dans les capsules cartilagineuses peut être considérée comme un phénomène de réparation : les cellules que l'on trouve au centre de la cornée irritée et privée de vaisseaux (fig. 81) ne sont pas nécessairement produites par la prolifération des corpuscules fixes ; elles peuvent provenir soit des vaisseaux qui

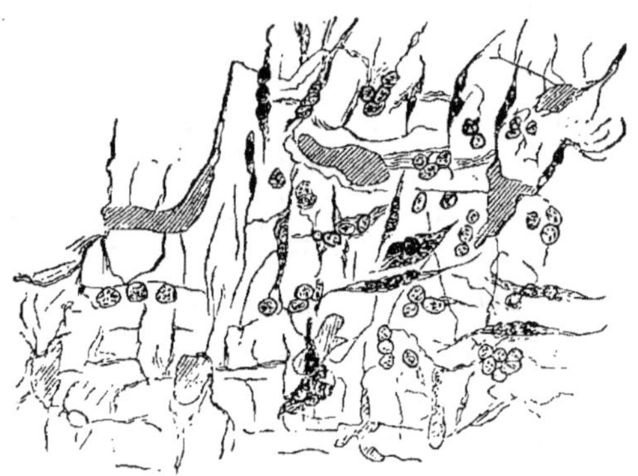

Fig. 81. — Cornée de grenouille enlevée le quatrième jour après une cautérisation et traitée par le chlorure d'or ; le tissu est normal à gauche ; à droite on voit, à côté des grandes cellules pâles de la cornée, de nombreux globules blancs qui sont manifestement déposés dans les fentes cornéennes. Grossissement : 250 (Perls).

entourent l'organe, soit de la chambre antérieure ou du sac conjonctival où elles se trouvent constamment en proportion notable, mêlées au produit de sécrétion ; elles semblent être surtout d'origine vasculaire, car si l'on produit une kératite chez un animal auquel on a injecté du cinabre ou du carmin dans les veines, les globules blancs que l'on trouve dans la cornée renferment des granulations rouges, tandis qu'ils présentent leur coloration normale si la matière colorante a été introduite dans le sac conjonctival ou la chambre antérieure. Les cellules géantes que l'on peut voir dans les foyers d'inflammation cornéenne ne sont, d'après Senftleben, que des globules blancs transformés. On les rencontre dans des cornées séparées de l'œil et introduites dans la cavité péritonéale d'un autre animal. Nous verrons bientôt qu'une série d'expériences faites par Ziegler est en faveur de la théorie de Cohnheim.

Est-ce à dire qu'il faille dénier aux corpuscules fixes toute participation aux phénomènes de l'inflammation. Nous ne le pensons pas, et Cohnheim lui-même leur assigne un rôle dans leur production ; il s'agit de déterminer quelle en est l'importance.

Parmi ces éléments, les uns s'altèrent, deviennent granuleux, et tendent à disparaître ; les autres, au dire des observateurs les plus dignes de foi, Cornil et Ranvier, J. Renaut, Stricker, von Recklinghausen, prolifèrent et se multiplient. Stricker dit avoir vu se produire sous ses yeux la division d'une cellule fixe de tissu conjonctif dans une langue de grenouille enflammée ; le même auteur a constaté qu'au début de la kératite les cellules endothéliales de la membrane de Descemet peuvent se diviser et se déplacer ; Cornil et Ranvier ont montré que les mêmes éléments sont également susceptibles de se multiplier dans les séreuses. A. Hoffmann et von Recklinghausen ont vu sur l'œil fraîchement extirpé et sur la queue de têtard traitée par une solution d'urée ou de phosphates les cellules étoilées du tissu conjonctif et celles de la cornée rentrer leurs prolongements et subir de rapides changements de forme (1). Enfin Neumann a constaté que les cellules épithéliales vibratiles du gosier de la grenouille deviennent contractiles sous l'influence d'une irritation par l'acide osmique en même temps qu'elles changent de forme et se déplacent comme les globules. Les alvéoles du poumon dans les cas d'inflammation catarrhale, les capsules de Bowmann dans la néphrite aiguë et la séreuse péritonéale enflammée renferment des cellules qui, d'après leur aspect, leur disposition et leurs caractères, ne peuvent provenir que des éléments de l'épithélium ou de l'endothélium modifiés dans leur forme et en voie de multiplication.

Que signifie ce processus? Y a-t-il simplement néoformation de jeunes cellules fixes? Les nouveaux éléments se transforment-ils en cellules migratrices? Que deviennent-ils? Les partisans de la théorie de Cohnheim, particulièrement Heller, Eberth et Ziegler, après avoir soutenu que toutes les nouvelles cellules sont

____

(1) Cornil et Ranvier, *Traité d'histologie pathologique.* — J. Renaut, *Étude sur l'érysipèle.* Paris, 1875. — Stricker, *Studien aus dem Institut für exper. Path.*, 1870 et *Inflammation, Troubles de la nutrition (Encyclopédie de chirurgie*, Paris, 1883, t. I). — V. Recklinghausen, *loc. cit.*

des globules blancs émigrés, sont obligés de reconnaître aujourd'hui qu'un certain nombre d'entre elles se forment en dehors des vaisseaux : ce sont pour eux de jeunes éléments destinés à remplacer ceux qui ont été détruits par le processus inflammatoire, à régénérer le tissu ; Cohnheim et Senftleben assurent même que cette prolifération régénérative est plus active quand, après une cautérisation, il ne se produit pas de réaction inflammatoire ; les deux processus, d'après ces auteurs, sont indépendants l'un de l'autre, et l'inflammation fait obstacle à la régénération. Recklinghausen considère cette conception comme arbitraire et ayant le tort d'identifier l'inflammation avec la migration globulaire ; il objecte qu'il y a des inflammations sans infiltration de globules blancs, et que, dans celles des membranes épithéliales, on trouve dans le pus une quantité notable de cellules qui diffèrent de ces éléments ; des recherches ultérieures seront nécessaires pour arriver à distinguer dans un foyer les éléments intra-vasculaires des éléments extra-vasculaires et quel rôle revient à chacun d'eux.

Recklinghausen pense que toutes les cellules vivantes, aussi bien les globules blancs que les éléments des parois vasculaires et ceux du tissu malade, prennent part à la prolifération inflammatoire. Il fait remarquer que les sécrétions des glandes et des muqueuses enflammées se font aux dépens de l'épithélium ; il en serait de même pour les produits d'exsudation des membranes séreuses ; dans les reins, l'énorme quantité d'éléments épithéliaux que renferme le liquide excrété indique que leur prolifération joue un rôle actif dans le processus ; on peut de même constater une tuméfaction de cellules du foie, ainsi que des fibres et des tubes, des muscles et des nerfs dans les inflammations de ces organes ; il est vrai que ces éléments, souffrant dans leur nutrition, se laissent bientôt envahir par la graisse et s'atrophient ; mais ce sont là des lésions secondaires qui sont consécutives à l'inflammation et n'appartiennent pas à sa période active. Recklinghausen se refuse à considérer comme passive la tuméfaction trouble et la surcharge graisseuse de ces éléments. On observe, dans les inflammations aiguës, la production de mucus, de graisse, de fibrine et de substance hyaline aux dépens des membranes muqueuses, des glandes et des séreuses ; ces matériaux doivent être

élaborés par des cellules, puisque, à l'exception de la fibrine, ils
n'existent pas dans le sang ; or ces cellules ne peuvent être les
globules blancs, car on ne peut, d'après cet auteur, constater
une augmentation notable du nombre de ces éléments au début
des inflammations aiguës des reins, du foie, des muscles, des
nerfs et des muqueuses, ce sont donc les cellules propres de
ces organes ; il faut noter de plus la production de jeunes cellules aux dépens des anciennes, en quantité énorme dans le catarrhe des muqueuses, restreinte dans la myosite et la névrite.

Recklinghausen admet néanmoins que le fait essentiel, dans
l'inflammation, est le trouble de la vascularisation. Il ne
semble pas en effet que les troubles de nutrition, non plus que
la prolifération des éléments fixes, puissent constituer à eux seuls
le processus morbide ; la dilatation des vaisseaux, leur distension
par le sang et l'exsudat plasmatique et globulaire en paraissent
être les conditions nécessaires.

Est-il vrai, comme le dit Recklinghausen, qu'au début des inflammations aiguës des reins, du foie, des muscles, des nerfs et
des muqueuses, on ne puisse constater une augmentation du
nombre des globules blancs migrateurs ou exsudés? Nous ne le
pensons pas, et les observations de Cohnheim paraissent contre-
dire formellement cette assertion.

Pour résumer cette discussion, nous dirons que tous les *éléments des tissus prennent part à l'inflammation, que les phénomènes
primitifs et essentiels du processus sont la dilatation des vaisseaux
et l'exsudation du plasma et des globules blancs, que les éléments fixes se multiplient et se tuméfient, qu'ils prennent part à la
formation des éléments cellulaires de l'exsudat, et qu'ils concourent à la régénération du tissu, mais que leurs altérations ne suffisent pas à caractériser l'inflammation, et qu'elles ne se produisent
que parallèlement ou consécutivement aux troubles de la vascularisation.*

ARTICLE II. — DE L'EXSUDAT.

§ 1. — **Caractères généraux.**

Comme le sang dont il émane, l'exsudat est composé d'éléments figurés et d'une partie liquide ; les éléments figurés sont,
comme nous l'avons vu, des globules blancs et assez souvent des

globules rouges ; il faut y ajouter des éléments épithéliaux dont les uns représentent des cellules normales troublées dans leur nutrition, devenues caduques et entraînées avec les produits d'exsudation, tandis que les autres sont de nouvelle formation et résultent de la prolifération des éléments anciens ; la partie liquide contient de l'albumine, des sels, et souvent, mais non constamment, de la fibrine, du mucus et une substance hyaline.

Les caractères de l'exsudat varient suivant les proportions dans lesquelles s'y trouvent ces divers éléments et suivant qu'ils y existent seuls ou mélangés à d'autres produits.

On peut distinguer ainsi un exsudat *muqueux* ou *catarrhal*, un exsudat *purulent*, un exsudat *séro-fibrineux*, un exsudat *chyliforme*, un exsudat *pseudo-membraneux*, et chacun d'eux présente plusieurs variétés. Considéré au point de vue du siège, l'exsudat est *interstitiel* ou *tégumentaire*, et dans ce dernier cas *cavitaire* ou *libre*.

§ 2. — Exsudat catarrhal.

L'exsudat catarrhal se forme aux dépens des muqueuses ; la sécrétion normale de la membrane est considérablement augmentée et ses produits se mêlent à l'exsudat. On y trouve ainsi de la mucine, des gouttes hyalines qui semblent également de nature muqueuse, et des cellules épithéliales provenant des glandes ou du revêtement de la membrane. L'exsudat peut être très aqueux et pauvre en éléments cellulaires, comme dans certaines formes de coryza ; il est alors clair, transparent et peu consistant ; d'autres fois, riche en mucine, il est remarquable par sa viscosité. Sa coloration est en rapport avec le nombre de globules blancs qu'il renferme : incolore quand ils sont peu nombreux, il devient louche, puis opaque à mesure qu'ils augmentent, mais il diffère toujours du véritable pus par sa consistance visqueuse. La quantité de mucus est telle dans certaines formes de bronchite (catarrhe chronique des asthmatiques) que les crachats présentent sous la forme de petites concrétions à demi solides, ayant la consistance de l'empois, pauvres en leucocytes et de coloration opaline quand elles ne sont pas teintées de noir par les poussières inhalées avec l'air atmosphérique.

Dans la pneumonie, les crachats doivent leur coloration spéciale à a présence d'un grand nombre de globules rouges

plus ou moins altérés ; ils renferment aussi beaucoup de globules blancs, des cellules d'épithélium à cils vibratiles, et des
cylindres fibrineux provenant des petites bronches ; leur richesse
en mucine explique leur viscosité.

§ 3. — Exsudat purulent.

Il est nécessaire, pour que l'exsudat purulent se produise,
que des organismes inférieurs aient pénétré dans le tissu enflammé ; les expériences toutes récentes de M. Straus le prouvent
clairement : les substances irritantes, telles que l'essence de
térébenthine et l'huile de croton, ne suffisent pas à elles seules
pour provoquer la suppuration ; elles peuvent être *phlogogènes*,
mais non *pyogènes ;* l'intervention des micrococcus est nécessaire à la formation du pus (1).

Ce liquide se présente sous des formes diverses suivant que ses
globules sont plus ou moins nombreux, qu'il est pur ou altéré
par telle ou telle substance étrangère et que sa sérosité est plus
ou moins abondante. On dit qu'il est louable, pur, de bonne
nature, quand il est épais, crémeux, sans odeur fétide, d'une
saveur douceâtre et qu'il renferme peu de schizomycètes. Ses
éléments cellulaires présentent cette particularité que l'acide

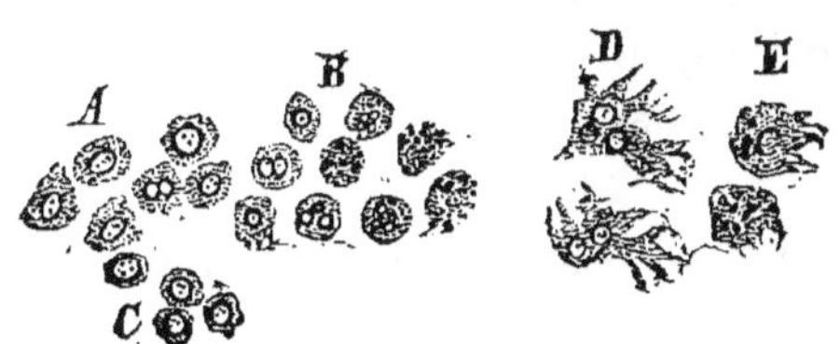

Fig 82. — Globules blancs (*).

acétique y fait le plus souvent paraître plusieurs petits noyaux,
tandis que les globules blancs du sang n'en présentent qu'un
pour la plupart. Le pus renferme cependant aussi des globules

(1) Straus, *Comptes rendus de la Société de biologie*, 1883.

(*) A, du sang. — B, du pus. — C, des ganglions lymphatiques. — D, globules du pus frais placés sur une lamelle chauffée. — E, les mêmes pris chez
un animal auquel on a injecté des particules colorantes dans le sang. Grossissement : 600.

à un seul noyau, et en proportion d'autant plus considérable qu'il est plus frais ; la multiplicité des noyaux paraît due à un commencement d'altération.

M. Ch. Robin (1) a trouvé que 1,000 parties de pus renferment en moyenne 750 parties de sérum et 350 parties de globules blancs ; ce sérum contient par kilogr. environ 12 grammes de sels, des graisses, des matières extractives et de 11 à 48 grammes d'albumine.

Le pus putride est plus fluide, d'une couleur sale, mélangée de vert et de brun et d'une odeur fétide, due à la présence de sulfhydrate d'ammoniaque et de corps gras volatils ; sa réaction est franchement alcaline ; ses cellules, chargées de granulations, paraissent en voie de régression. On y trouve, en outre, une quantité de schizomycètes, surtout des diplococcus.

Sa coloration devient brunâtre quand la migration cellulaire a porté sur les globules rouges en même temps que sur les blancs ; dans certains cas le pus prend une couleur bleue due tantôt à la présence d'une substance analogue à la biliverdine, tantôt à celle d'algues de la famille des palmellées.

Le pus accumulé dans une cavité, à l'abri de l'air, peut se résorber après transformation granuleuse et dissociation de ses globules ; d'autres fois sa partie liquide seule est reprise par la circulation et ses éléments solides persistent sous la forme d'une masse jaunâtre, molle ou sèche, d'apparence caséeuse et composée en grande partie de granulations graisseuses.

§ 4. — Exsudat chyliforme.

L'exsudat qui se fait dans les cavités séreuses peut renfermer une quantité anormale de graisse ; il mérite alors la dénomination de *chyliforme* que lui a assignée M. Debove (2). Ce liquide ressemble exactement à une émulsion ; il contient des paillettes micacées ; examiné au microscope, il présente de nombreuses granulations graisseuses d'une grande finesse ; on y trouve en outre une très grande quantité de cristaux de cholestérine. Dans le mémoire qu'il consacre a l'étude de cet épanche-

(1) Ch. Robin, *Traité des humeurs*, 1867, p. 297.
(2) Debove, *Recherches sur les épanchements chyliformes des cavités séreuses* (*Mémoires de la Société des hôpitaux* et *Union médicale*, 1881).

ment, M. Debove cite, outre une observation personnelle, des
faits analogues publiés par MM. Gueneau de Mussy, Quincke,
Friedreich, Rokitansky et Zuber ; dans tous ces cas l'exsudat présentait les caractères du chyle. Quelle est la cause prochaine de
cette altération ? la matière grasse provient-elle, comme le veut
M. Gueneau de Mussy (1), d'une destruction des globules
blancs ? est-elle le résultat d'un épanchement de chyle ? Cons-
titue-t-elle une variété spéciale d'exsudat ? la question est à
l'étude et n'est pas susceptible de recevoir dès à présent une solution satisfaisante.

§ 5. — Exsudat fibrineux.

Dans l'exsudat *séro-fibrineux*, les globules blancs sont d'habitude peu abondants ; le liquide citrin et transparent ressemble
beaucoup par son aspect et sa composition au sérum du sang.
La proportion de fibrine qu'il renferme est très variable : lorsqu'elle est peu considérable, le liquide ne se coagule pas et
diffère peu d'un épanchement séreux ; lorsque la fibrine est au
contraire abondante, elle se coagule sous forme de flocons qui
nagent dans le liquide et sous celle de néomembranes qui se
déposent sur les parois ; celles-ci renferment des leucocytes et
paraissent susceptibles de s'organiser en néoplasies conjonctives. La partie liquide de l'exsudat peut être assez peu abondante pour qu'il se présente sous la forme d'une bouillie blanchâtre, assez consistante pour accoler les feuillets séreux.

Les causes prochaines de cette coagulation de la fibrine ne
sont pas bien connues. Les notions nouvelles que M. Hayem (2) a
récemment fournies sur le rôle des hématoblastes dans la coagulation du sang donnent à penser que ces éléments interviennent également dans la coagulation des exsudats.

L'exsudat séro-fibrineux peut se transformer en exsudat purulent ; il semble alors que la production de fibrine coagulable
diminue à mesure que la migration des globules blancs devient
plus active ; il en est souvent ainsi dans la pleurésie ; l'exsudat
peut aussi devenir *hémorrhagique*, soit que les vaisseaux laissent, sous une des influences que nous avons énumérées précé-

(1) N. Gueneau de Mussy, *Clinique médicale.* Paris, 1874.
(2) Hayem, *Comptes rendus de l'Académie des sciences.*

demment, transsuder les globules rouges en quantité considérable, soit que les jeunes capillaires contenus dans les néoplasies viennent à se rompre.

§ 6. — Exsudat pseudo-membraneux.

Il présente des caractères différents suivant qu'il se développe dans les cavités séreuses ou sur les membranes tégumentaires.

Dans les *séreuses*, il ne diffère de la variété précédente que par l'absence de liquide : la concrétion fibrineuse, au lieu de nager dans la sérosité, forme un magma épais qui remplit la cavité et accole les deux surfaces de la membrane ; lorsque cet exsudat renferme beaucoup de leucocytes, il se rapproche de la forme purulente. Il tend en général à s'organiser rapidement.

L'exsudat pseudo-membraneux a une tout autre signification quand il se produit à la surface de la peau ou sur une muqueuse.

Le plus souvent les produits de sécrétion des muqueuses enflammées ne se coagulent pas. Cohnheim admet que l'épithélium de ces membranes s'oppose à la coagulation de la fibrine comme le fait l'endothélium vasculaire. Quand cette coagulation se produit, l'exsudat est dit *pseudo-membraneux ;* nous l'appelons en France *diphthéritique* s'il se développe sous l'influence de la maladie infectieuse à laquelle on applique cette dénomination ; les fausses membranes sont formées surtout de leucocytes, de fibrine coagulée et d'une substance hyaline qui en forme au début la partie principale ; cette substance est en rapport étroit avec les cellules épithéliales qui prennent un aspect vitreux et brillant et se détruisent en partie en se confondant avec elle (1). L'opinion de E. Wagner (2) qui rapporte la production de la pseudo-membrane à une transformation spéciale de l'épithélium pavimenteux (fig. 83) est donc en partie confirmée, malgré les objections que lui ont opposées Rindfleisch et Steudener (3) (le réseau de la fausse membrane diphthérique est tout à fait comparable, pour ce dernier auteur, à celui que l'on trouve à la surface des séreuses emflammées). Weigert considère les cellules sans noyaux que l'on y rencontre

(1) Recklinghausen, *loc. cit.*
(2) E. Wagner, *Archiv der Heilkunde*, 1864.
(3) Steudener, *Virch. Arch.*, 1872, t. LIV.

comme des globules blancs transformés. L'exsudat pseudo-membraneux peut se faire seulement à la surface de la membrane

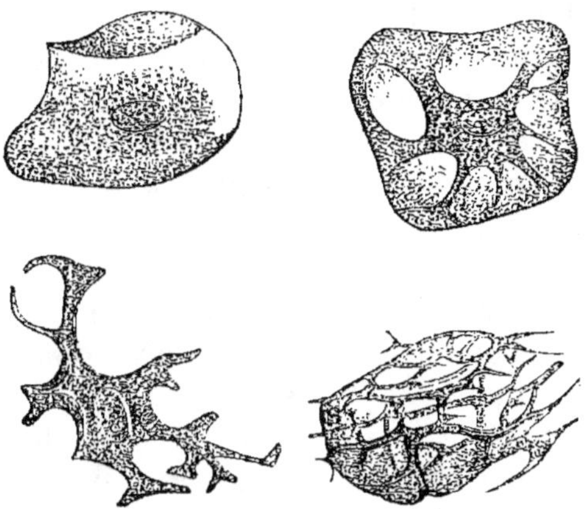

Fig. 83. — Dégénérescence fibrineuse des cellules pavimenteuses (d'après E. Wagner).

ou s'infiltrer simultanément dans les interstices de son tissu ; dans ce dernier cas, il en produit souvent la nécrose partielle ; l'épithélium est alors détruit ou profondément altéré (1).

§ 7. — Exsudats parenchymateux et interstitiel.

On a distingué, au point de vue du siège, un exsudat *parenchymateux* occupant les éléments propres des organes (fibres musculaires, tubes nerveux, cellules glandulaires) et un exsudat *interstitiel* occupant le tissu conjonctif. Cette division, qui appartient à Virchow, paraît difficilement conciliable avec la théorie qui fait consister surtout l'inflammation dans un trouble de vascularisation avec exsudation de liquide et d'éléments or-

(1) Les Allemands appellent *croupal* l'exsudat superficiel et *diphthérique* celui qui est en même temps interstitiel ; pour nous, le mot *diphthérie* n'a pas seulement une signification anatomo-pathologique, il s'applique exclusivement à une lésion de nature *infectieuse*, tendant à envahir les parties découvertes et à se transmettre par contagion ; il a donc une signification nosologique. Le mot *croupal* ne saurait logiquement recevoir la signification purement anatomique que lui prêtent les Allemands, car Home, qui l'a introduit dans la science, l'a emprunté au langage populaire de l'Écosse qui l'appliquait à la suffocation laryngée.

ganisables; elle est cependant maintenue par Recklinghausen. Cet auteur s'appuie sur les faits que nous avons énumérés plus haut pour admettre une inflammation essentiellement constituée par l'altération et la prolifération des cellules fixes des tissus; nous avons exposé les raisons qui nous empêchent d'accepter cette manière de voir : nous ne nions pas les altérations des corpuscules fixes, nous admettons qu'elles ne sont pas, comme le veut Cohnheim, purement passives et qu'elles jouent un rôle effectif dans le processus, mais elles ne suffisent pas, si elles se produisent isolément, à caractériser l'inflammation; celle-ci n'existe que si l'on observe parallèlement des troubles de vascularisation et une exsudation; il n'y a donc pas d'inflammation purement parenchymateuse; on peut admettre seulement qu'elle est tantôt mixte, tantôt interstitielle, car la participation des éléments fixes, bien que fréquente, peut manquer et leurs altérations peuvent être seulement passives et secondaires. Faut-il penser, avec Perls, qu'entre les deux formes il n'y a qu'une différence de degrés et d'acuité, l'exsudat, dans les cas où le processus est subaigu ou chronique, se formant seulement sur le trajet des vaisseaux, tandis que dans le cas où l'affection est franchement aiguë, l'infiltration s'étend à toute l'épaisseur du tissu et à ses éléments propres? Sans doute les choses doivent se passer ainsi dans nombre de cas, mais il faut tenir compte aussi de la cause prochaine de la phlegmasie et des éléments sur lesquels elle s'exerce primitivement.

Les considérations dans lesquelles nous venons d'entrer ne nous permettent pas de croire, avec M. Lancereaux (1), à l'existence de phlegmasies de l'épithélium sans troubles dans la vascularisation du tissu qui les supporte et sans exsudat plasmatique et globulaire; de même, dans les phlegmasies nerveuses, on trouve, en même temps que la tuméfaction des cylindres-axes, une injection des vaisseaux et une infiltration de globules blancs si l'affection est récente, la sclérose des parois vasculaires et l'épaississement de la névroglie, si elle est ancienne.

Nous ne pouvons admettre même dans le foie ni dans les reins la production d'inflammations purement épithéliales, et nous considérons comme toujours mixtes les néphrites et les hépa-

---

(1) Lancereaux, *Traité d'anatomie pathologique.* Paris, 1879.

tites dites parenchymateuses. Si les éléments épithéliaux s'altèrent en proliférant sans l'intervention de troubles vasculaires et d'une exsudation interstitielle, on a affaire à un trouble de nutrition, à une dégénérescence aiguë ou chronique ou à une tumeur, mais non à une phlegmasie. Il faut donc, à notre sens, *rayer du cadre nosologique les inflammations* dites *parenchymateuses*, et admettre seulement des inflammations *interstitielles* et des *inflammations mixtes*.

Les *exsudats interstitiels* peuvent être infiltrés entre les éléments des tissus ou épanchés dans les cavités naturelles

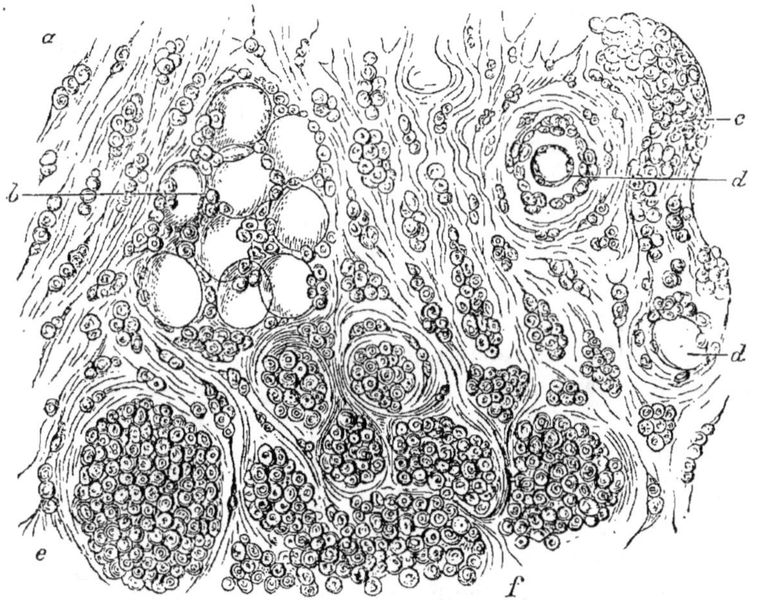

Fig. 84. — Exsudat interstitiel. Suppuration du tissu cellulaire sous-cutané autour d'un bubon (*).

(alvéoles pulmonaires, conduits glandulaires, tube digestif); d'autres fois ils forment des collections en écartant les éléments des tissus (collections séreuses ou purulentes) (fig. 84); ils siègent au début sur le trajet des vaisseaux.

(*) *a*, espaces conjonctifs. — *b*, cellules graisseuses entourées de globules purulents. — *c*, vaisseaux dont les cellules pariétales sont en voie de multiplication. — *d*, coupe d'un vaisseau. — *e* et *f*, amas de pus. Grossissement : 350 (O. Weber).

Dans les *inflammations mixtes*, les troubles de vascularisation et l'exsudat interstitiel coïncident avec la tuméfaction et souvent avec la multiplication des éléments propres des tissus ; ce dernier phénomène, très prononcé dans les cas où la phlegmasie occupe une muqueuse ou la peau, paraît manquer entièrement lorsqu'elle siège dans les tissus nerveux.

ARTICLE III. — INTERPRÉTATION DES SYMPTOMES CARDINAUX.

Nous avons étudié, dans leur ensemble, les phénomènes de l'inflammation à son début et dans sa période d'état ; ils nous rendent facilement compte des troubles fonctionnels par lesquels elle se traduit et qui la caractérisaient aux yeux des anciens.

L'affluence du sang dans les vaisseaux dilatés produit l'injection et la rubéfaction des parties, si elles sont superficielles (*rubor*).

La même cause élève la température locale (*calor*), qui, M. le professeur Peter (1) l'a montré, dépasse constamment de quelques dixièmes de degré celle des parties similaires ; peut-elle s'élever, comme l'a dit O. Weber, au-dessus de la température centrale ? Des recherches faites par Jacobson (2) à l'aide d'appareils thermo-électriques lui ont permis de résoudre la question par la négative, car il a toujours trouvé la chaleur des foyers phlegmasiques notablement inférieure à celle du cœur ; dès lors l'excès de chaleur constaté dans les parties enflammées par rapport aux parties voisines et aux parties similaires ne prouve pas que les combustions y soient plus actives ; il s'explique suffisamment par l'afflux plus abondant du sang et la mise en équilibre de la température locale avec la température générale ; c'est par la même raison qu'on le voit se produire avec une intensité plus grande dans les parties dont les vaso-constricteurs sont paralysés par la section du sympathique.

La *tuméfaction* des parties enflammées (*tumor*) est la conséquence naturelle de l'afflux sanguin et de l'exsudation.

La *douleur* (*dolor*) est due à la distension des extrémités nerveuses par les vaisseaux dilatés et les produits exsudés.

(1) Peter, *Leçons de clinique médicale*, Paris, 1879, t. II.
(2) H. Jacobson, *Virchow's Arch.*, LI.

ARTICLE IV. — TROUBLES PROVOQUÉS PAR LES LÉSIONS
INFLAMMATOIRES.

Les *fonctions* des organes enflammés, constamment troublées, sont tantôt amoindries ou abolies, tantôt perverties. On
conçoit aisément que les éléments des tissus, gênés dans leur
nutrition ou directement lésés par l'exsudation, ne réagissent
plus comme à l'état physiologique.

Bien que toujours localisé, le processus inflammatoire donne
lieu souvent à des troubles de la santé générale; c'est le plus
ordinairement une réaction fébrile due vraisemblablement à la
pénétration dans le sang des produits anormaux qui se forment
dans le foyer et à leur action sur le système nerveux calorifique (1); c'est quelquefois un état de collapsus produit par
l'excitation réflexe des vaso-constricteurs et le tétanisme des
artérioles (2).

Il se produit dans l'inflammation des modifications du sang.
Hunter avait déjà reconnu que cet état morbide y amène une
augmentation de la fibrine.

Les beaux travaux de MM. Andral et Gavarret (3) ont fourni
à cet égard des renseignements précis; ils ont montré que
la proportion de fibrine coagulable s'élève de 3 p. 100 à 6,
7, 8 et jusqu'à 10 p. 100; c'est là une des conditions qui donnent au caillot l'aspect couenneux.

L'étude de cette altération, et, d'une manière générale, celle
des diverses modifications qui se produisent dans le sang sous
l'influence de l'inflammation a été reprise dans ces derniers
temps par M. le professeur Hayem. Nous résumerons ainsi qu'il
suit les résultats de ses importantes recherches. Si l'on examine,
avec les précautions nécessaires (4), une goutte de sang pris chez
un individu atteint d'une phlegmasie aiguë, on voit, dans les espaces que laissent entre eux les amas de globules rouges, apparaître des fibrilles entre-croisées qui bientôt forment un réseau

(1) Voy. *Fièvre*.
(2) Voy. *Collapsus algide*.
(3) Andral et Gavarret, *Recherches sur les modifications de proportions de
quelques principes du sang dans les maladies* (Ann. de chimie et de phys., 1840).
(4) G. Hayem, *Du processus de coagulation et de ses modifications dans
les maladies* (Union médicale et Société médicale des hôpitaux, 1881).

.comprenant dans son épaisseur tous les hématoblastes ; ces fibrilles sont plus volumineuses qu'à l'état normal ; elles ont la forme de filaments effilés aux deux bouts, plus épais au centre ; souvent elles partent d'un hématoblaste ; le nombre des globules blancs contenus dans les espaces libres est plus grand que chez les sujets sains ; ils participent comme les globules rouges à la formation du réseau fibrineux, mais ne font pas comme les hématoblastes partie intégrante du coagulum ; si on mélange le sang avec un liquide composé de :

Eau..	200 grammes.
Chlorure de sodium................................	1 —
Sulfate de soude....................................	5 —
Bichlorure de mercure.............................	0^{gr},50 cent.

on voit apparaître des grumeaux que M. Hayem appelle *plaques phlegmasiques ;* ils sont constitués par une substance finement granuleuse, parfois fibrillaire, très visqueuse, contenant des éléments cellulaires.

Au moment où cesse une fièvre d'origine inflammatoire, le nombre des hématoblastes augmente d'une manière considérable ; ce phénomène est désigné par M. Hayem sous le nom de *crise hématique.* Cette crise se fait brusquement : le sang, examiné en couche mince, contient des amas d'hématoblastes qui peuvent atteindre jusqu'à 40 µ de diamètre ; ces amas se hérissent de fibrilles et sont transformés, après la coagulation, en boules épineuses ; un peu plus tard, les hématoblastes ne contenant probablement plus autant de matière transformable en fibrine se groupent sous la forme d'amas souvent très étendus qui conservent des rapports étroits avec le réticulum fibrineux.

ARTICLE V. — PHÉNOMÈNES CONSÉCUTIFS.

§ 1. — Résorption ou élimination de l'exsudat.

L'exsudat inflammatoire peut se *résorber*, s'*éliminer* ou *persister* en totalité ou en partie.

Dans le cas de *résorption* (*résolution*) la partie liquide est reprise directement par la circulation ; les éléments figurés subissent la dégénérescence graisseuse et se dissocient en fines granulations que les globules blancs peuvent s'incorporer.

L'*élimination* peut se faire par les surfaces tégumentaires privées de leur membrane de revêtement ou par les conduits excréteurs sous forme de pus, de sérosité ou de produits mélangés à ceux que sécrètent normalement ces organes (albuminurie, diarrhée).

Quand l'exsudat *persiste*, tantôt il subit des métamorphoses régressives, s'infiltre de graisse (caséification), plus rarement de sels calcaires, et séjourne dans l'organisme à la manière d'un corps étranger; tantôt il s'organise et constitue un néoplasme. Nous devons, avant d'aller plus loin, insister tout particulièrement, en raison de son importance capitale, sur ce dernier mode d'évolution du processus inflammatoire; nous reviendrons sur les autres ultérieurement.

§ 2. — Organisation de l'exsudat.

On trouve, dans le tissu de cicatrice, des vaisseaux, des cellules fixes et migratrices et une substance inter-cellulaire : nous devons rechercher d'où proviennent ces divers éléments et comment ils se forment.

La néoplasie inflammatoire se développe-t-elle aux dépens de l'exsudat, ou naît-elle des éléments préexistants et des parties qui avoisinent le foyer? Les deux théories ont eu de nombreux partisans et sont encore en présence. C'est surtout à propos de l'origine des nouveaux vaisseaux que les discussions se sont élevées.

Ceux qui admettent la formation *autogénique* de ces éléments rappellent que, chez l'embryon, on voit apparaître des îlots de globules rouges tout à fait isolés à une époque où le cœur ne renferme encore qu'un liquide incolore; ils font remarquer que, dans les exsudats fibrineux des séreuses, les mêmes éléments forment des amas trop éloignés des vaisseaux de la séreuse pour qu'ils puissent en provenir; ces amas se disposent en lignes régulières et semblent contenus dans des vaisseaux également de nouvelle formation; on n'en a pas cependant la preuve et il est possible que les globules rouges résident dans les interstices du tissu. Un argument d'une valeur plus grande repose sur ce fait qu'il se développe pendant la vie embryonnaire et chez le fœtus, par formation autogénique, des vaisseaux renfermant du sang ; ils naissent des cellules fusiformes (Kölliker, Billroth). Ces éléments se disposent en cordons qui s'anastomosent et forment un réseau ; bientôt leur partie médiane se creuse d'une cavité qui se remplit d'abord d'un liquide, le premier plasma sanguin, et dans laquelle apparaissent ensuite les premiers globules rouges ; cette cavité s'agrandit et s'étend aux cordons cellulaires anastomosés ; il se forme ainsi un réseau vasculaire. On peut considérer le plasma comme un suc inter-cellulaire ou un produit de sécrétion des cellules vaso-formatrices ; les globules rouges semblent naître de leur protoplasma.

Ce mode de formation des vaisseaux n'est pas le seul ; Ranvier a découvert des cellules qu'il a nommées *vaso-formatrices* dans les taches laiteuses du péritoine du lapin ; ces éléments se distinguent des autres cellules conjonctives par l'éclat de leur protoplasma, leur noyau ovale et leurs prolongements qui en se divisant dichotomiquement et en s'anastomosant constituent un réseau ; ils entrent en connexion avec les parois vasculaires et se creusent d'un canal qui peut être injecté par les vaisseaux. Rouget a également décrit, sous le nom d'*angioblastes*, des cellules qui concourent à former les vaisseaux. Il est très probable que des éléments semblables existent dans l'exsudat inflammatoire et participent activement à la formation des nouveaux vaisseaux ; plusieurs observations tendent à l'établir : Lubimof, en examinant l'encéphale de sujets morts de paralysie générale progressive, y a trouvé des cellules étoilées qui renfermaient des globules rouges ; Billroth a vu dans les néoplasies inflammatoires, et His dans la kératite, des éléments volumineux qui adhéraient aux vaisseaux et étaient creusés d'un canal renfermant des globules de sang. D'autres fois, ce sont des cordons cellulaires tantôt solides, tantôt creux qui se mettent en rapport avec les parois des vaisseaux.

Quelle est la nature de ces éléments ? s'agit-il de cellules spéciales, d'angioblastes, de cellules conjonctives ou de globules blancs transformés ? Ziegler (1) a entrepris une série d'expé-

(1) Ziegler, *Unters. ueber path. Bindegewebe und Gefässneubildung.* Würzburg, 1876.

riences qui tendent à démontrer que ces derniers prennent la part la plus active à la genèse du nouveau tissu. Ayant introduit soit dans le tissu cellulaire sous-cutané, soit dans les interstices musculaires, des chambres capillaires constituées par l'accolement de deux plaques de verre réunies par un mastic, il a constaté que les globules blancs pénétraient dans ces espaces et y subissaient une série de modifications qui amenaient leur transformation définitive en cellules fixes et en vaisseaux. En répétant un grand nombre de fois ses recherches, l'auteur a pu observer le phénomène dans toutes ses phases. Dès le cinquième jour, on trouve dans la chambre capillaire, en même temps que des globules blancs, des éléments deux fois plus volumineux renfermant, pour la plupart, un ou plusieurs gros noyaux d'apparence vésiculeuse et offrant une remarquable ressemblance avec les cellules épithéliales, d'où la dénomination d'épithélioïdes sous laquelle les désigne Ziegler. Il les considère comme formés par le fusionnement de plusieurs globules blancs ; l'on voit en effet de jour en jour, et parallèlement, augmenter le nombre de ces éléments et diminuer celui des globules blancs. On sait, d'ailleurs, que les leucocytes sont doués d'une remarquable puissance d'absorption qui leur permet d'accaparer les particules avec lesquelles ils se trouvent en contact. On peut concevoir qu'ils agissent de la même manière à l'égard de leurs congénères et s'absorbent pour ainsi dire réciproquement.

Les cellules épithélioïdes ainsi formées ont les mêmes propriétés ; elles s'incorporent également les substances qui les entourent, augmentent de volume et deviennent granuleuses. Il en est qui arrivent ainsi à se transformer en cellules géantes dans lesquelles on peut retrouver des globules blancs intacts.

C'est à ces cellules épithélioïdes que Ziegler et Cohnheim attribuent le rôle essentiel dans la genèse de la néoplasie (1) ; elles donnent naissance aux corpuscules fixes du tissu conjonctif en s'allongeant en fuseau ou en s'étendant en surface et en émettant des prolongements extrêmement fins qui se divisent et s'unissent entre eux, de manière à constituer un réseau. Elles se transforment également en cellules angioplastiques. On les voit, sur la limite du foyer, se mettre en rapport avec les parois

(1) Hallopeau, *De la genèse des néoplasies inflammatoires d'après les travaux récents de Cohnheim et de Ziegler* (*Revue mensuelle*, 1877).

des capillaires préexistants par des prolongements qui se dilatent, se creusent, et deviennent perméables au courant sanguin. Plus loin le contact s'établit, non plus directement avec la paroi vasculaire, mais avec des vaisseaux qui en sont émanés. Le néoplasme inflammatoire se trouve ainsi parcouru par un réseau de jeunes vaisseaux qui peuvent devenir à leur tour le siège d'une migration globulaire, jusqu'au moment où cesse le processus phlegmasique.

Plus tard une partie des vaisseaux de nouvelle formation s'atrophie, le néoplasme s'appauvrit de plus en plus en éléments embryonnaires, il se transforme finalement en tissu de cicatrice.

Si les vues de Ziegler se confirment, il faut en revenir à l'ancienne théorie qui admettait l'organisation de l'exsudat, avec cette notion nouvelle que l'élément actif de cet exsudat n'est plus le liquide appelé lymphe organisable, mais le globule blanc.

Recklinghausen (1) objecte à Ziegler qu'il ne peut déterminer avec certitude d'où proviennent les cellules qui, dans l'interstice des lames de verre, s'organisent en tissu conjonctif et forment les vaisseaux ; il semble bien cependant résulter de sa relation qu'il a constaté, le premier jour, la présence d'éléments ayant tous les caractères de globules blancs et qu'il les a vus successivement se modifier dans les préparations qu'il examinait les jours suivants. Plusieurs auteurs, et particulièrement Thiersch et Beck, ont soutenu que le sang passe des vaisseaux préexistants dans les espaces plasmatiques et qu'il forme des traînées qui s'entourent ultérieurement d'une paroi formée par les cellules environnantes ; ajoutons enfin que des prolongements cellulaires peuvent émaner de la partie convexe d'une anse capillaire et se creuser à mesure que le sang y pénètre.

Nous avons vu que, d'après Ranvier, les nouveaux vaisseaux résultent de la formation de cavités dans des cellules anastomosées, tandis que Kölliker et Billroth admettent que les canaux se produisent par l'écartement et l'accolement des cellules. Il est probable que les deux modes de formation peuvent avoir lieu concurremment.

Les mêmes discussions se sont élevées à propos des cellules

(1) Recklinghausen, *Handbuch der allg. Path. des Kreislaufs und der Ernährung,* Stuttgard, 1883.

et de la substance intercellulaire qui constituent avec les vaisseaux la néo-formation conjonctive. S'il faut en croire Reinhardt, l'exsudat se résorbe en totalité pour faire place au tissu engendré par la prolifération des éléments anciens. C'est pour cela que, dans les thrombus vasculaires et dans les néo-membranes qui tapissent les séreuses, la couche en rapport direct avec la paroi parcourue par les vaisseaux est la première qui s'organise. Mais d'autre part, l'organisation des globules blancs exsudés paraît bien établie par les expériences de Ziegler et elle est admise par la plupart des auteurs.

Après avoir étudié d'une manière générale l'organisation du néoplasme phlegmasique, nous devons indiquer les caractères particuliers qu'elle présente suivant le siège de la lésion.

Nous distinguerons à ce point de vue des inflammations de surfaces et des inflammations interstitielles. Les surfaces enflammées peuvent résulter d'un traumatisme ou être naturelles.

A. Inflammation traumatique. — L'exsudat s'épanche entre les parties divisées et, en s'organisant, tend à les réunir. La réunion peut se faire *par première ou par seconde intention.*

a. Réunion par première intention. — La réunion par *première intention* n'est possible que si les parties rapprochées se trouvent rapidement mises en contact et si aucune substance irritante ne vient entraver la cicatrisation. L'exsudat plasmatique remplit de suite la solution de continuité, et il se forme bientôt une couche de tissu conjonctif assez mince pour passer facilement inaperçue. Est-elle produite par l'organisation des produits exsudés ou par la prolifération des tissus divisés? La question n'est pas résolue. Mais ce que l'on peut affirmer, c'est qu'il ne se fait jamais une réunion immédiate dans le sens rigoureux du mot; les vaisseaux divisés ne peuvent s'aboucher; l'exsudat qui accole les lèvres de la plaie est très peu abondant, mais il existe dans tous les cas.

b. Réunion par seconde intention. — La réunion se fait par *seconde intention* dans les cas où les bords de la plaie restent éloignés, ou sont contus et irréguliers, et dans ceux où une cause quelconque, telle que la mobilité, un appareil mal placé, ou l'intervention d'un agent infectieux empêchent la réunion immédiate : il se développe alors un tissu dit *de granulations* (membrane des bourgeons charnus); son organisation se fait suivant le mécanisme que nous avons indiqué précédemment.

Si, par le fait de la disposition des parties, deux surfaces bourgeonnantes se trouvent en contact, elles peuvent devenir adhérentes, et c'est là une circonstance favorable quand elle aboutit à la réunion de parties séparées par le traumatisme, défavorable quand elle accole des surfaces qui normalement doivent être libres. La cicatrice, dans ces derniers cas, est dite vicieuse, comme dans ceux où elle est saillante ou enfoncée, et adhérente aux parties profondes. Composée d'un tissu rétractile, elle peut modifier l'attitude des parties, et produire le rétrécissement ou l'occlusion des cavités naturelles ou de leurs orifices.

B. Inflammation des membranes de revêtement. — Dans les inflammations superficielles de la peau et des muqueuses, l'exsudat est le plus souvent éliminé ; les néoformations épithéliales qui se produisent souvent paraissent dues à une multiplication des éléments préexistants, et rentrent dans la catégorie des processus de régénération.

L'exsudat s'organise surtout quand il y a suppuration ; il se forme alors une membrane granuleuse et la cicatrisation se fait comme dans le cas de plaie.

Les inflammations *interstitielles* des membranes (derme, chorions, membranes artérielles) aboutissent parfois à la sclérose (Voy. plus loin), comme le font celles des viscères, ou à d'autres néoplasies inflammatoires.

Dans les cavités séreuses, l'organisation de l'exsudat peut se faire dans des conditions différentes. Si le liquide est abondant, les surfaces pariétale et viscérale restent isolées et les néoplasmes s'organisent isolément sur chacune d'elles. Si, au contraire, il n'y a que peu ou point de liquide, des adhérences plus ou moins nombreuses s'établissent entre les deux parois, diminuent la cavité et quelquefois en amènent l'oblitération complète.

C. Inflammations interstitielles. — L'exsudat, ainsi que nous l'avons vu précédemment, s'infiltre d'abord entre les éléments, puis assez souvent dans leur intimité (tuméfaction trouble). Dans les cas les plus favorables, il est repris plus ou moins rapidement par les vaisseaux quand la période active du processus est terminée ; les éléments propres qui se sont détruits sous l'influence du trouble de nutrition produit par l'inflammation sont également résorbés sous forme de détritus granuleux, et ils sont remplacés par des éléments de même nature (régénération).

La suppuration est rare dans ces phlegmasies profondes quand le foyer ne communique pas avec l'extérieur directement ou indirectement ; l'influence de l'air atmosphérique ou plutôt des ferments animés ou solubles qu'il renferme est alors prépondérante ; l'absence souvent presque complète de suppuration sous l'appareil de Lister en est un témoignage frappant ; on peut, dans la plupart des cas de suppurations viscérales, reconnaître que des substances venues du dehors ont pénétré dans le foyer. C'est ainsi que la formation d'un abcès intra-hépatique peut être rapportée le plus souvent soit à la propagation d'une inflammation des voies biliaires (lesquelles communiquent avec l'intestin), soit à la pénétration dans les ramifications des vaisseaux d'embolies septiques provenant d'un autre foyer ou de l'intestin ; de même les suppurations rénales sont d'origine embolique ou consécutives à une phlegmasie suppurative des voies d'excrétion. Cependant la pathologie humaine ne permet pas de nier positivement que le pus ne puisse se former dans l'organisme en l'absence de toute provocation extérieure ; on sait, par exemple, qu'il peut se développer dans les os des phlegmasies qui se terminent par suppuration, alors qu'aucune lésion de surface ne rend vraisemblable la pénétration dans l'organisme d'un agent infectieux. Nous avons vu que la science expérimentale est arrivée à des conclusions plus précises et que la subordination rigoureuse de la suppuration à la présence de microbes paraît bien établie par les recherches toutes récentes de Straus (Voir p. 263).

Les abcès ainsi formés tendent ordinairement à s'ouvrir soit à l'extérieur, soit dans une cavité naturelle, et il reste une cavité dont les parois recouvertes d'une membrane granuleuse tendent à s'accoler ; les choses se passent comme dans l'inflammation traumatique ; d'autres fois les produits d'exsudation persistent sous la forme de masses caséeuses qui peuvent elles-mêmes plus tard s'éliminer.

Le plus souvent, l'organisation de l'exsudat interstitiel aboutit à la sclérose ; un tissu conjonctif de nouvelle formation s'interpose aux éléments propres des tissus qui, gênés dans leur nutrition, tendent à s'atrophier. L'organe diminue de volume, s'indure, se creuse de sillons, et prend une forme lobulée ; sur une coupe, il apparaît cloisonné par des tractus fibreux plus ou moins volumineux : les cirrhoses hépatiques et rénales sont les types de cette altération que l'on peut rencontrer dans tous les viscères et aussi dans les muscles, le tissu nerveux et les membranes. M. Duplaix (1) a montré récemment que la sclérose se développe souvent sous l'influence d'une cause générale et qu'elle affecte alors primitivement le système artériel ; c'est l'artério-sclérose qui commande l'évolution du processus dans l'épaisseur des organes. Il n'est pas certain que la sclérose soit constamment de nature inflammatoire. M. Hippolyte Martin (2) a soutenu récemment que le tissu conjonctif des viscères prolifère chaque fois que leurs cellules propres s'atrophient ; ce serait comme une végétation parasitaire qui se substituerait aux éléments nobles au fur à mesure de leur disparition. Il est possible en effet que, sous l'influence des idées de Virchow, qui considérait l'inflammation comme suffisamment caractérisée par la tuméfaction des cellules et leur prolifération, on ait rapporté à ce processus des lésions qui, d'après les idées nouvelles, ne lui appartiennent pas.

Quoi qu'il en soit, les cellules propres souffrent dans leur nutrition : tantôt elles sont infiltrées par l'exsudat (inflammations dites *parenchymateuses*), tantôt elles sont seulement comprimées ou privées, en raison des troubles de vascularisation, des matériaux nécessaires aux échanges qui doivent s'y produire. Dans ces conditions elles subissent des métamorphoses régressives. On les trouve tantôt tuméfiées et infiltrées de granulations graisseuses, tantôt plus ou moins diminuées de volume. Dans les scléroses anciennes, elles disparaissent pour la plupart, et ne sont plus représentées que par des amas de granulations.

M. Lancereaux rapporte à l'inflammation les néoplasmes décrits sous les noms de *granulations tuberculeuses, syphilitiques, lépreuses et farcineuses ;* il en est de même de Rindfleisch, et

____

(1) Duplaix, *Contribution à l'étude de la sclérose.* Paris, 1883.
(2) H. Martin, *Revue de médecine.* 1881.

récemment M. Hanot s'est rattaché à cette manière de voir (1);
elle nous paraît reposer sur une saine interprétation des faits.
On peut opposer ainsi une forme *nodulaire* de l'inflammation interstitielle à la forme *diffuse* que nous venons de décrire; les
éléments qui entrent dans la constitution des granulations,
cellules embryonnaires (ou globules blancs), cellules géantes,
cellules épithélioïdes, se rencontrent également dans les néoplasmes inflammatoires; ils n'y présentent de particulier que
leur mode de groupement et leur tendance à la caséification.
On sait d'autre part que ces nodules ne se développent pas
sans cause occasionnelle apparente comme le font les tumeurs,
mais qu'ils sont constamment provoqués par la pénétration
dans les tissus d'agents infectieux; on sait enfin qu'ils n'ont pas
comme les tumeurs une tendance persistante à s'accroître. Si
nous leur consacrons un article spécial, c'est en raison des particularités qui leur font une place à part dans les néoplasmes
d'origine phlegmasique.

ARTICLE VI. — ÉVOLUTION DES LÉSIONS INFLAMMATOIRES.

L'évolution des lésions inflammatoires varie surtout avec
la cause du mal : les inflammations d'origine traumatique ont
une tendance naturelle à guérir, quand aucune complication
n'intervient; elles jouent souvent un rôle éminemment utile
en amenant la réparation de pertes de substance et la réunion
de parties divisées.

Les inflammations accidentelles des viscères ont également
une marche rapide; elles peuvent tuer par la réaction qu'elles
provoquent, ou par les troubles qu'elles amènent dans les fonctions de l'organe où elles se développent; dans le cas contraire, elles se terminent d'habitude rapidement quand elles se
développent chez un individu sain. Il en est ainsi pour les angines et les pneumonies aiguës; leur marche est ordinairement
soumise à des lois fixes; elles présentent une période d'état et
une période de décroissance. Elles peuvent cependant passer
à l'état chronique.

Les inflammations dont la cause est inhérente à l'organisme
durent aussi longtemps que cette cause ; nous citerons comme

(1) Hanot, *Rapports de l'inflammation et de la tuberculose.* 1883.

exemples celles qui sont liées à la présence d'agents infectieux ou de parasites sur les téguments ou dans l'intimité des viscères. Le fait est évident pour la gale, pour les hydatides, pour la blennorrhagie. Dans plusieurs maladies, telles que la syphilis, la morve, la tuberculose, la lèpre, il semble se faire, à intervalles plus ou moins longs, des générations successives de produits infectieux dont chacune peut déterminer des lésions phlegmasiques.

L'âge, la constitution, les diathèses, l'état des forces, exercent une influence prédominante sur la forme et la marche des phlegmasies. Telle affection qui est le plus souvent grave et même mortelle chez les vieillards (la pneumonie) est presque toujours bénigne chez les enfants; un cachectique, un convalescent ne réagissent pas comme un sujet pléthorique; une angine, une arthrite, une bronchite, évolueront différemment chez un rhumatisant et chez un scrofuleux.

Il résulte de ces considérations que l'évolution d'une phlegmasie est soumise à deux influences prédominantes qui sont: 1° la nature de sa cause; 2° le terrain sur lequel elle se développe.

ARTICLE VII. — DES INFLAMMATIONS NODULAIRES (1).

Nous avons vu précédemment que l'on peut logiquement rattacher, avec MM. Lancereaux, Rindfleisch et Hanot, au processus phlegmasique les néoplasies connues sous le nom de granulations ou de granulômes.

Ces nodules sont formés d'éléments très analogues à ceux qui constituent les néoplasmes inflammatoires; comme eux, ils se développent sous l'influence d'agents irritants; ils peuvent subir les mêmes transformations et particulièrement s'organiser en tissu fibreux; on voit les mêmes causes qui les produisent donner lieu simultanément à des phlegmasies; il y a

____

(1) Cohnheim, Perls, Jaccoud, Laboulbène, Lancereaux, Cornil et Ranvier, *Ouvrages cités*. — Villemin, *Études sur la tuberculose*. Paris, 1869. — Grancher, *De l'unité de la phthisie*. Paris, 1872; *Tuberculose pulmonaire* (*Archives de physiologie*. 1878). — Charcot, *Cours de la faculté* (*Revue mensuelle*. 1877). — H. Martin, *Recherches anatomiques, pathologiques et expérimentales sur le tubercule*. Paris, 1879; *Nouvelles recherches sur la tuberculose spontanée et expérimentale des séreuses* (*Archives de physiologie*. 1881). — *Discussion à la Société médicale des hôpitaux sur les rapports de la scrofule et de la tuberculose*. 1881. — Merklen, *Revue critique* (*Annales de dermatologie*. 1880). — Faisans, *Revue générale* (*Revue des sciences médicales*. 1881). — Hanot, *loc. cit.*

là un ensemble de faits qui plaident en faveur de l'identité. Leur développement est le plus souvent provoqué par la pénétration dans l'organisme d'agents infectieux, aussi les désigne-t-on sous le nom de *nodules infectieux*. L'expérimentation a cependant démontré dernièrement que l'on peut déterminer chez les animaux le développement de néoplasies tout à fait semblables en introduisant dans une cavité séreuse des liquides inertes. Nous nous occuperons d'abord des nodules dits tuberculeux, nous verrons ensuite par quels caractères les autres nodules spécifiques s'en rapprochent ou en diffèrent.

§ 1ᵉʳ. — Des tubercules.

Les tubercules se présentent à l'observateur sous des formes diverses et avec une structure variée.

Les *tubercules miliaires*, petites nodosités visibles seulement au microscope, peuvent n'être constitués que par une agglomération d'éléments ronds analogues aux globules blancs ; cette agglomération siège le plus souvent, mais non constamment, autour d'un capillaire ; ses contours ne sont pas nettement arrêtés ; ses éléments s'infiltrent dans les tissus voisins.

Dans les nodules décrits improprement depuis Koster sous le nom de *follicules tuberculeux* (fig. 86), on trouve au centre une ou plusieurs cellules géantes qu'entourent des cellules épithélioïdes, et à la périphérie des éléments ronds semblables à ceux des nodules précédents.

Les *tubercules types* (granulations de Laennec) sont formés par une agglomération de follicules (fig. 85, 87).

Enfin Grancher admet l'existence de *tubercules géants*, représentés par les masses de la phthisie à forme pneumonique, masses dans

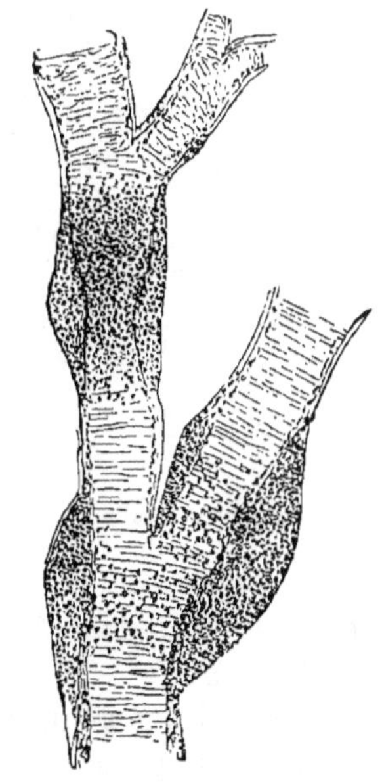

Fig. 85. — Tubercules de la pie-mère ; infiltration de l'adventice d'une petite artère par des agglomérats de petites cellules.

lesquelles on trouve une zone centrale caséeuse et une zone périphérique composée de cellules embryonnaires; ils sont formés par un agglomérat de granulations.

Les opinions les plus diverses ont été émises relativement à la nature et à l'origine des éléments qui constituent ces nodules; on les a fait provenir des endothéliums lymphatiques, des cellules de la tunique externe des vaisseaux, des globules blancs émigrés des vaisseaux; aucune de de ces hypothèses ne peut être considérablement démontrée; mais, en raison des données

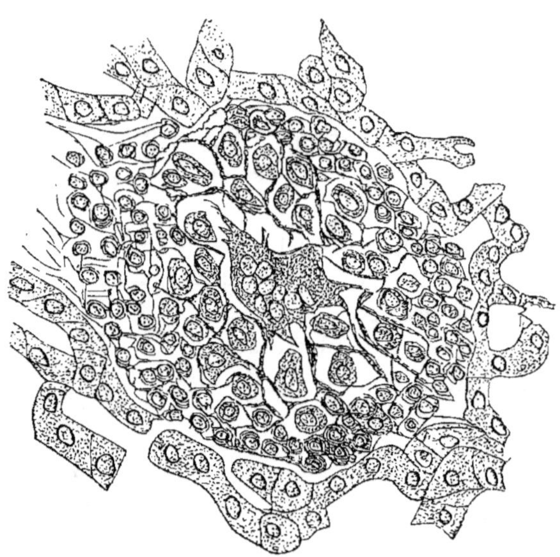

Fig. 86. — Tubercules du foie. Grossissement 250.

que nous possédons sur la physiologie pathologique de l'inflammation (voir page 275), la dernière nous paraît la plus vraisemblable.

Les cellules géantes présentent dans leur partie centrale un aspect granuleux et à leur périphérie une couronne de noyaux généralement ovalaires; leurs contours sont irréguliers et hérissés de prolongements rameux.

M. Kiener, dans un travail récent, décrit ainsi la formation des follicules tuberculeux: dans les séreuses, on voit se produire d'abord une tache opaline formée de tissu embryonnaire et sillonnée par un réseau vasculaire; bientôt, en un ou plusieurs

points, apparaissent des renflements pleins sur le trajet des
vaisseaux. Ces renflements, fusiformes ou ampullaires, sont
produits par un épaississement de la paroi dont les éléments
cellulaires, notamment ceux de l'endothélium, se multiplient
et subissent une dégénération spéciale que M. Grancher appelle
vitreuse, et tendent à se conglomérer. La section transversale
des vaisseaux ainsi dégénérés donne, s'il s'agit d'un capillaire à
une seule tunique, l'apparence de la cellule géante de Langhans,

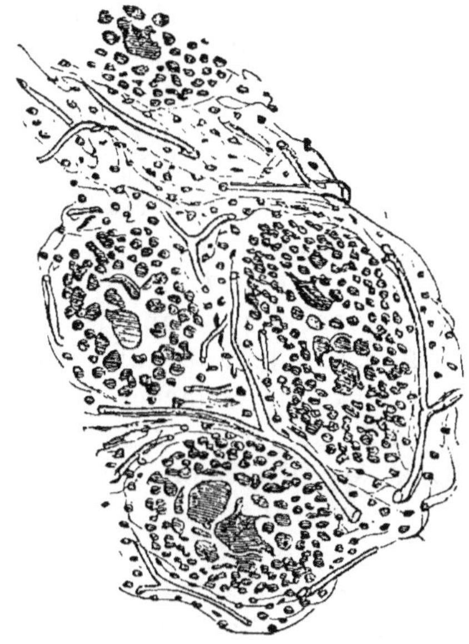

Fig. 87. — Inflammation tuberculeuse de l'épiploon.

et reproduit, s'il s'agit d'un capillaire à trois tuniques, le folli-
cule de Koster.

M. Hippolyte Martin conçoit autrement le mode de développement des cellules géantes; il les a vues se former aussi bien
à distance qu'au voisinage des vaisseaux; il tend à admettre que
le tubercule est formé primitivement par des éléments embryonnaires, ou plutôt par des globules blancs sortis des vaisseaux,
lesquels se transforment en cellules épithéliales et en cellules
géantes; celles-ci représenteraient, comme le veut Malassez, des
cellules vaso-formatrices dont l'évolution serait entravée.

Kindfleisch a décrit un réticulum entre les cellules rondes

des granulations; on admet généralement qu'il a été trompé par une apparence due à l'action des réactifs.

Les tubercules subissent le plus souvent la dégénération caséeuse; elle commence par leur partie centrale; leurs éléments s'infiltrent de graisse et se dissocient ; la granulation finit souvent par s'éliminer en totalité, après avoir provoqué une inflammation du voisinage. Dans des cas exceptionnels, elle subit la transformation fibreuse et persiste.

Les vaisseaux des néoplasies tuberculeuses et ceux qui les entourent s'oblitèrent par le fait d'une inflammation qui débute par les capillaires et s'étend aux artérioles (H. Martin); c'est là très vraisemblablement qu'il faut chercher la cause de la tendance que présentent ces productions à subir la transformation caséeuse.

Les produits que nous venons d'étudier constituent les lésions essentielles de la tuberculose (1); lui appartiennent-ils exclusivement et suffisent-ils à la caractériser? Nous ne le pensons pas. M. Grancher, qui s'appuie sur la présence dans les adénites scrofuleuses de tubercules embryonnaires ou de follicules tuberculeux pour rattacher ces affections à la tuberculose, reconnaît que les mêmes altérations peuvent se rencontrer dans la syphilis, alors que la tuberculose n'est pas à discuter; nous verrons que l'on trouve dans la morve et les inflammations chroniques des lésions très analogues; on les produit expérimentalement en injectant dans les séreuses des corps inertes. Nous partageons donc l'opinion de M. Cornil (2) quand il dit qu'on ne peut définir une maladie par l'histologie seule, et que des maladies tout à fait différentes par leur cause et leurs symptômes peuvent donner lieu, à un moment donné de leur évolution, à des productions pathologiques très voisines; la présence de tubercules embryonnaires, de follicules tuberculeux même dans une néoplasie ne permet

---

(1) Il y a là un vice regrettable de nomenclature ; la tuberculose est une *maladie de nature infectieuse;* les *lésions* dites tuberculeuses sont vraisemblablement le résultat d'un mode particulier d'irritation des tissus et *peuvent se rencontrer dans diverses maladies distinctes de la tuberculose,* telles que la syphilis, la scrofule, le lupus, et l'on peut dire également la morve et la lèpre ; il importerait, pour la clarté des discussions qui s'élèvent à ce sujet, de leur attribuer une autre qualification.

(2) V. Cornil, *Discussion sur la tuberculose (Société des hôpitaux.* 1881).

donc pas d'affirmer qu'elle est elle-même de nature tuberculeuse.

Les expériences de M. Martin ont montré, entre autres faits intéressants, que les diverses variétés de lésions tuberculeuses sont produites par des irritations d'intensité diverse ; en injectant de la poudre de cantharide, il amène la formation de nodules embryonnaires ; le poivre de Cayenne provoque le développement de follicules avec leurs trois zones classiques ; les nodules qui apparaissent consécutivement à l'injection de poudre de lycopode sont formés simplement d'une cellule géante qu'entourent des éléments embryonnaires ; les choses se passent comme si ces corps étrangers donnaient naissance à des foyers d'inflammation miliaire, dont les éléments différeraient suivant l'intensité de l'irritation.

Les néoplasies de la tuberculose peuvent être produites par l'inoculation d'un produit semblable (Villemin) ; on les voit alors se généraliser et elles donnent lieu, si on les inocule à un autre sujet, à une tuberculisation générale. D'autre part, l'introduction dans une cavité séreuse de substances inertes amène le développement des mêmes lésions, et c'est ce fait, observé maintes fois par les observateurs les plus compétents, qui a poussé jusqu'à ces derniers temps les meilleurs esprits à considérer comme douteuse la spécificité de la tuberculose. Les expériences récentes de M. H. Martin (1) ont montré que l'identité des produits obtenus par l'inoculation de matière tuberculeuse et de matières inertes n'est qu'apparente ; ils ont la même structure, mais ils n'ont pas les mêmes fonctions biologiques, car tandis que, dans le premier cas, ils se généralisent, sont doués au plus haut degré de propriétés infectieuses, et peuvent être pour ainsi dire indéfiniment inoculés, ils restent, dans le second, localisés et isolés, ils ne sont qu'exceptionnellement inoculables et cessent toujours d'être transmissibles après deux ou trois générations.

§ 2. — Des nodules de la syphilis et de la morve.

Les lésions syphilitiques peuvent se présenter sous la forme d'inflammations diffuses ou sous celle de gommes. Dans ce

(1) Voyez page 214.

dernier cas, elles forment des nodosités dans lesquelles on peut distinguer des nodules élémentaires ; ceux-ci sont composés d'éléments cellulaires analogues aux éléments embryonnaires et aux globules blancs (*nodules lymphoïdes*) ou, plus rarement, de grosses cellules granuleuses (*nodules épithélioïdes*) ; en outre ils sont ordinairement en voie de dégénération ; Grancher et Sabourin y ont vu des cellules géantes. D'après Malassez, plusieurs nodules épithélioïdes peuvent se réunir tout en conservant leur individualité propre, tandis que les nodules lymphoïdes se fusionnent complètement et forment une masse dans laquelle ils cessent de pouvoir être distingués.

Le développement de ces néoplasmes amène d'importantes altérations de voisinage. Le tissu interstitiel devient le siège d'une sclérose hypertrophique ; le cours du sang est entravé dans les capillaires comprimés ; il se produit des nécroses ; on distingue dans les gommes anciennes, au centre, une *masse caséeuse*, autour d'elle, une couche de grandes cellules granuleuses qui semblent travailler à sa résorption (couche de *résorption*) ; plus en dehors, une couche de tissu fibreux cicatriciel (*zone fibreuse*) dont la partie la plus interne forme une couche de bourgeons charnus qui empiète peu à peu sur la masse caséeuse (*couche de réparation*) (1). Ces nodules représentent la lésion initiale de ces néoplasmes ; ils offrent une grande analogie avec les nodules tuberculeux ; ils en diffèrent surtout, d'après Cornil et Ranvier, par la perméabilité des vaisseaux qui les environnent, et par ce fait qu'il peuvent aboutir à la formation d'un tissu adulte tel que le tissu osseux, tandis que les inflammations tuberculeuses sont avant tout destructives. Les gommes tendent à s'atrophier, elles laissent à leur place une cicatrice fibreuse ; d'autres fois elles se sont ouvertes à la suite d'une inflammation et leur contenu, qui a subi une dégénérescence muqueuse d'une nature spéciale, s'élimine.

Les masses caséeuses qui représentent les gommes anciennes diffèrent par leur sécheresse et leur résistance des gros tubercules.

Les nodules de la morve présentent chez le cheval la plus

____

(1) **Malassez et Reclus**, *Sur les lésions histologiques de la syphilis testiculaire* (*Archives de physiologie*, 1881).

grande analogie avec ceux de la tuberculose, et il est difficile
de les en distinguer (Cornil et Ranvier).

CHAPITRE III

DE L'HÉMORRHAGIE

ARTICLE 1er. — PATHOGÉNIE.

Le sang normalement contenu dans le système vasculaire
peut en sortir pour s'écouler au dehors ou s'infiltrer dans les
tissus quand les parois des vaisseaux deviennent le siège
d'une *rupture* ou quand une modification de nature encore
indéterminée les rend perméables pour les globules rouges
comme elles le sont pour les globules blancs dans l'inflammation : on dit dans ce dernier cas qu'il y a *diapédèse*. La réalité
de ce mécanisme, considéré longtemps comme inadmissible
en raison de la continuité de la paroi, n'est plus révoquée en
doute depuis que l'issue des globules a pu être directement
constatée d'abord par A. Waller, puis par Cohnheim. Si l'on
observe la membrane interdigitale d'une grenouille chez laquelle on a lié la veine fémorale correspondante, on voit bientôt les globules rouges faire saillie à la surface des capillaires
et des veinules et passer dans le tissu interstitiel ; le phénomène est plus prononcé si l'on a préalablement sectionné le
sciatique (Zielonko) (1).

On pourrait contester cependant qu'il s'agisse là de véritables
hémorrhagies, car le sang dans ces conditions ne sort pas en
nature des vaisseaux ; le liquide extravasé diffère du plasma,
et les globules rouges n'y sont pas dans les mêmes proportions
qu'à l'état normal ; mais cette distinction ne peut être admise
en pratique, car, pour un certain nombre d'hémorrhagies, on ne
peut dire avec certitude s'il y a eu hémorrhagie ou diapédèse ;
en réalité l'issue des globules rouges suffit à caractériser l'hémorrhagie ; elle la distingue des exsudats simplement colorés
par l'hémoglobine (hémoglobinurie).

(1) Zielonko, *Virchow's Archiv*, LVII.

Les conditions dans lesquelles se fait la migration des globules rouges à travers la paroi ne sont que très imparfaitement connues ; comme pour les globules blancs, on pense que les lieux de passage sont les espaces intercellulaires ; la matière unissante, l'espèce de ciment qui les remplit semble, dans certaines circonstances, devenir perméable aux éléments cellulaires (1). Arnold a constaté que, sous l'influence de la stase et de la distension de la paroi, ils s'entr'ouvrent (fig. 78 et 79). Ce phénomène présente avec celui de la migration inflammatoire cette différence que les globules rouges n'y jouent qu'un rôle purement passif et traversent la paroi comme des corps inertes, tandis que dans l'inflammation les globules blancs sont actifs (p. 256).

Les hémorrhagies peuvent résulter directement d'un *traumatisme ;* d'autres fois elles sont provoquées ou favorisées par l'abaissement de la pression extérieure.

L'application de ventouses sèches provoque des hémorrhagies cutanées et sous-cutanées, quelquefois même intra-musculaires ; le sang afflue dans les parties où la tension est abaissée par suite de la diminution de la pression atmosphérique, et son reflux est entravé par la pression qu'exerce le rebord de la ventouse ; il en résulte un excès de tension et l'issue du sang.

Dans les ascensions en montagne et en ballon, quand on arrive à une hauteur considérable, il se fait des hémorrhagies par les lèvres, les gencives, la conjonctive et le pharynx.

L'augmentation de la pression intravasculaire intervient souvent dans la production des hémorrhagies. On attribue à cette cause leur fréquence dans la néphrite interstitielle et dans l'artério-sclérose généralisée. Les obstacles à la circulation veineuse y prédisposent et peuvent même suffire à les provoquer. On sait en effet que la thrombose de la veine porte donne lieu à des hémorrhagies intestinales, et l'on a constaté des ecchymoses dans le tissu de l'encéphale chez les sujets morts d'une thrombose des sinus.

La stase veineuse dans l'attaque épileptique amène l'apparition d'ecchymoses sur le cou et la poitrine. La congestion des poumons dans les maladies du cœur peut donner lieu à des hémoptysies.

1) Page 256.

Les congestions *actives* sont comptées également parmi les causes possibles d'hémorrhagies; il en est ainsi de celles qui se produisent dans les poumons en remplacement des règles. L'inflammation peut être de même hémorrhagipare; c'est ainsi qu'il n'est pas rare de voir les urines sanguinolentes au début d'une néphrite aiguë.

Souvent enfin les hémorrhagies sont causées par une *altération de la paroi vasculaire;* cette altération peut être la conséquence d'une maladie aiguë ou chronique de l'artère, telle que l'athérome, l'endartérite ou la périartérite. MM. Charcot et Bouchard (1) ont démontré que la cause prochaine de l'hémorrhagie cérébrale est la formation sur une artériole d'un anévrysme miliaire qui s'ouvre par usure de la paroi ou sous l'influence d'une congestion active.

La paroi peut également s'altérer par le fait d'une intoxication, d'une maladie générale ou d'un trouble local de la circulation. Cohnheim a montré que la tunique interne souffre dans sa nutrition chaque fois qu'elle n'est pas en rapport avec un sang doué de ses qualités normales. Si l'on applique une ligature à la base de la langue d'une grenouille et si on l'enlève au bout de deux ou trois jours, on peut constater qu'au moment où la circulation se rétablit il se fait une extravasation de globules rouges et de globules blancs qui dénote une altération de la paroi, bien que celle-ci ne présente aucun changement appréciable dans sa constitution physique. Un obstacle à la circulation a donc suffi pour amener cette altération et presque une hémorrhagie; c'est ainsi qu'il faut, selon toute apparence, expliquer les suffusions sanguines qu'entraînent les oblitérations vasculaires, qu'elles portent sur les troncs ou sur les artérioles, sur leurs fines divisions ou sur les capillaires.

Nous verrons plus loin, en étudiant l'infarctus, qu'il est constamment hémorrhagique; on a vu des embolies graisseuses, d'origine traumatique, donner lieu à des hémorrhagies pulmonaires; les hémorrhagies de la leucémie s'expliquent par l'accumulation de globules blancs dans les vaisseaux qui deviennent ainsi imperméables au courant sanguin (Ollivier et Ranvier) (2).

(1) Charcot et Bouchard, *Arch. de physiologie.* 1868. — H. Liouville, *Gaz. des hôpitaux.* 1873.

(2) Ollivier et Ranvier, *Arch. de physiologie.* 1869.

Les hémorrhagies multiples de certaines septicémies et celles de la variole ont pu être rapportées à l'obstruction des capillaires par des amas de micrococcus (1).

Il ne faudrait pas cependant étendre cette explication à toutes les hémorrhagies qui se produisent dans les maladies infectieuses. Litten et Recklinghausen (2) ont en pareil cas cherché vainement les champignons. On peut alors invoquer, pour s'en rendre compte, un trouble de l'innervation. Il est incontestable en effet qu'il y a des hémorrhagies d'origine nerveuse ; les sueurs de sang (3) en fournissent un bel exemple ; dans le zona, affection liée manifestement à un trouble de l'innervation trophique, le liquide des vésicules est quelquefois hémorrhagique ; dans la péliose rhumatismale, on voit simultanément des nodosités congestives et des taches purpuriques ; les unes et les autres ne peuvent guère s'expliquer que par un trouble de l'innervation vaso-motrice. On attribue avec vraisemblance une origine semblable aux pétéchies du typhus. Ajoutons que les lésions de l'encéphale donnent lieu souvent à des hémorrhagies viscérales ; Brown-Sequard l'a constaté par l'expérimentation ; Charcot et Vulpian l'ont observé chez l'homme.

Il faut admettre enfin une classe d'hémorrhagies toxiques. On doit considérer comme telles celles qui surviennent dans l'empoisonnement par le venin des serpents et celles que provoquent chez les sujets prédisposés l'usage de l'iodure de potassium (4) et l'ingestion du phosphore.

Peut-être faut-il rapporter à la même cause une partie des hémorrhagies qui se produisent dans les maladies infectieuses et particulièrement dans la fièvre jaune, le typhus, certaines scarlatines, rougeoles et varioles. On ignore en réalité tout à fait par quel mécanisme elles se produisent, quand elles ne peuvent être expliquées mécaniquement par la présence dans les vaisseaux d'amas de micrococcus.

On a attribué la prédisposition aux hémorrhagies que présentent certains sujets à une fragilité anormale de leurs parois

(1) Weigert, *Central Blatt f. die med. Wissen.* 1871. — *Die Pocken efflorescenz und anat. Beiträge z. Lehre von den Pocken.* Breslau, 1874-1875.

(2) Litten, *Deutsch. Zeitschr. f. d. klin. Medicin.* 1881.

(3) Parrot, *De l'hématidrose.*

(4) Fournier, *Revue mensuelle de méd. et de chir.* 1877. — Hallopeau, *Comptes rendus de la Société de biologie.* 1880.

vasculaires ; on a invoqué également, chez les hémophiles, un défaut de proportion entre la masse du sang et la capacité du système vasculaire ; par suite d'une hémopoïèse trop active, ils feraient plus de sang que n'en peuvent contenir leurs vaisseaux, de là des ruptures et des hémorrhagies.

Cette explication n'est pas admise par tous les auteurs. Recklinghausen considère comme névropathique la diathèse hémorrhagique ; il invoque à l'appui de son opinion l'influence des excitations psychiques sur la production des hémorrhagies. On a voulu aussi rapporter les accidents à une diminution de la coagubilité du sang ; mais l'observation a montré qu'il n'existait rien de tel. Il faut attacher plus d'importance à l'étroitesse congénitale des artères et au peu d'épaisseur de leurs parois ; si le système artériel est trop étroit, la quantité normale du sang peut devenir trop considérable pour lui, et l'excès de tension qui en résulte peut amener des ruptures.

Cette explication paraît également applicable aux hémorrhagies qui surviennent si communément chez les jeunes gens de 12 à 18 ans.

ARTICLE II. — CARACTÈRES DU FOYER HÉMORRHAGIQUE.

Lorsque le vaisseau divisé communique avec l'extérieur, le sang s'écoule au dehors jusqu'au moment où la formation d'un thrombus vient lui faire obstacle.

On admettait autrefois que l'arrêt spontané de l'hémorrhagie était dû surtout à la coagulation du sang ; des recherches récentes de Zahn, de Pitres et de Hayem ont fait voir que cette manière de voir est erronée : la masse qui oblitère le vaisseau n'a pas la constitution d'un caillot ; elle est formée surtout d'hématoblastes et de globules blancs ; ce sont ces éléments qui, en s'accumulant autour de l'orifice, le rétrécissent graduellement et finissent par l'oblitérer ; ce sont eux également qui, en adhérant à la paroi, obstruent la lumière du vaisseau ; ce sont les globules blancs qui s'organisent en tissu conjonctif ; l'oblitération peut rester complète ; plus souvent le caillot se rétracte et se canalise et le vaisseau demeure simplement rétréci.

Le sang épanché dans l'interstice des tissus et dans les cavités organiques y subit une série de transformations.

D'ordinaire il se coagule plus ou moins complètement; le foyer se présente alors sous forme d'une bouillie noirâtre dans laquelle on peut retrouver les éléments dissociés des tissus. Ils se modifient rapidement ; les globules rouges s'altèrent, et leur matière colorante devenue libre prend la couleur de la laque carminée ; une partie est résorbée ; une autre se transforme en cristaux d'hématoïdine. Un certain nombre de globules rouges sont absorbés par des globules blancs qui augmentent de volume et se transforment en cellules géantes ; en se dissociant, ils forment des granulations d'un rouge brun, inégales, plus ou moins volumineuses, qui peuvent ultérieurement devenir libres lorsque la cellule géante se détruit; telle serait, d'après Langhans, l'origine des granulations pigmentaires ; il est probable que, conformément aux vues de Virchow, elles peuvent aussi se former directement aux dépens des globules altérés.

En même temps que se produisent ces phénomènes de régression, il se fait habituellement dans le foyer un travail de réparation ; on y trouve au bout d'un certain temps un tissu conjonctif vasculaire, d'autant plus résistant qu'il est plus ancien ; on admet généralement qu'il se développe aux dépens des tissus ambiants sous l'influence d'une phlegmasie provoquée par la présence du foyer, et l'on considère le sang comme étranger à sa production ; nous devons dire cependant que, dans ces derniers temps, plusieurs auteurs ont attribué aux globules blancs contenus dans le foyer une part dans le travail d'organisation. Huguenin admet ainsi que, dans la pachyméningite, l'hémorrhagie peut être le phénomène primitif et que la production de la fausse membrane reconnaît alors pour cause l'organisation des globules blancs contenus dans le caillot. Sperling a également conclu de ses expériences que la fausse membrane produite par l'injection de sang dans la cavité arachnoïdienne est due à l'organisation de ce liquide; il faut attendre de nouvelles recherches pour se prononcer sur ce point intéressant de physiologie pathologique.

Dans certains cas, le travail phlegmasique provoqué par le foyer aboutit à la formation d'une enveloppe conjonctive qui peut ultérieurement se remplir de liquide ; il s'est formé alors un kyste dans lequel on ne reconnaît plus que difficilement la lésion initiale; la présence de matière colorante dans le liquide et de granulations pigmentaires dans les parois rappelle cependant son origine.

ARTICLE III. — TROUBLES PROVOQUÉS PAR LE FOYER HÉMORRHAGIQUE.

L'hémorrhagie peut troubler les fonctions des organes dans lesquels elle se développe, au moment où elle se produit, par l'ébranlement (choc) qu'elle leur imprime, ultérieurement par la perte de substance qui en résulte et la compression qu'elle exerce ; complètement silencieuse dans certains viscères (tels que la rate), elle donne lieu dans d'autres organes, et particulièrement dans les centres nerveux, aux plus graves désordres ; les uns sont passagers et doivent être rapportés à la paralysie fonctionnelle que produit le choc initial ; les autres persistent et sont dus à la destruction par le foyer de parties dont l'action ne peut être suppléée (paralysies, anesthésies, aphasie). Si le foyer est considérable, il en résulte un état d'anémie plus ou moins prononcé.

CHAPITRE IV

DE L'HYDROPISIE

La transsudation à travers les parois des capillaires d'une certaine quantité de sérosité est un fait physiologique ; ce liquide s'épanche dans les interstices des tissus et dans les cavités séreuses, et il est incessamment repris par les lymphatiques. L'hydropisie se produit quand cette transsudation atteint des proportions exagérées et quand un obstacle à la circulation en retour par les lymphatiques s'oppose à sa résorption ; elle prend le nom d'*œdème* si le liquide est infiltré dans les tissus, et celui d'*épanchement séreux* s'il s'accumule dans une cavité.

On a comparé cette transsudation à une filtration et il semble en effet qu'elle s'accomplisse suivant les lois formulées par Graham relativement à la diffusion moléculaire : l'eau et les parties minérales du sérum, substances cristalloïdes, passent aisément et se retrouvent dans les liquides exsudés en proportions peu différentes de celles où elles existent dans le sang ; les albuminoïdes, substances colloïdes, passent difficilement et l'épanchement n'en contient qu'une quantité relativement faible. On ne peut admettre cependant que la paroi vasculaire se comporte exactement comme le ferait une membrane morte et inerte ; la nature du liquide varie suivant les tissus et suivant les circonstances; la transsudation est dans une certaine mesure un phénomène vital dans lequel l'activité propre de la membrane joue un rôle qu'il ne faut pas méconnaître.

Au point de vue étiologique, on partage généralement les hydropisies en deux groupes principaux suivant qu'elles sont provoquées par un obstacle au cours du sang (hydropisies *mécaniques*), ou par une altération du sang (hydropisies *dyscrasiques*) ; et il faut y ajouter les œdèmes congestifs que l'on observe dans les parties où les petits vaisseaux se dilatent sous l'influence d'un trouble de l'innervation (hydropisies *congestives*).

Il est d'observation que les obstacles à la circulation veineuse sont une cause fréquente d'hydropisie ; on voit survenir ce trouble morbide dans les cas de thrombose, dans les maladies du cœur, dans celles du poumon lorsqu'elles amènent la stase dans la circulation, dans les maladies du foie lorsque le tronc de la veine porte ou ses ramifications se trouvent comprimés. Or l'action de ces obstacles est complexe: ils augmentent la tension dans les capillaires, ils ralentissent le cours du sang et enfin ils semblent produire secondairement une altération de la paroi, car, suivant la remarque de Cohnheim, on ne saurait s'expliquer autrement les différences que présentent les liquides hydropiques avec le liquide qui transsude normalement, autrement dit la lymphe. Plus pauvres en albumine et en globules blancs et moins facilement coagulables, ces liquides hydropiques sont en même temps plus riches en globules rouges. Il faut tenir compte des différentes circonstances que nous venons d'indiquer lorsque l'on veut s'expliquer la production de l'œdème mécanique. L'état de la circulation artérielle doit être également pris en considération ; la condition prochaine de l'hydropisie est, d'après Cohnheim, l'*insuffisance de la circulation lymphatique par rapport à la transsudation;* l'hypérémie artérielle en augmentant la tension favorise la transsudation.

Peut-elle la produire à elle seule ? les expériences par lesquelles on a cherché à résoudre cette question ont donné des résultats contradictoires. Cohnheim, en provoquant par l'excitation de la corde du tympan la congestion active de la glande sous-maxillaire, après avoir préalablement paralysé par l'atropine les filets sécréteurs, n'a pas vu survenir d'œdème et a constaté que la production de la lymphe n'était pas augmentée. Au contraire, M. Ranvier, en électrisant le nerf tympanico-lingual, a vu se produire un gonflement œdémateux de la glande. La différence de ces résultats tient sans doute à ce fait que, dans l'expérience de M. Ranvier, les filets sécréteurs étaient excités en même temps que les vaso-dilatateurs ; M. Vulpian pense que, dans ces conditions, la distension des diverses parties de la glande par la salive a pu amener la compression des veines, et par suite l'œdème ; si, comme nous le croyons, cette interprétation est exacte, l'expérience de Cohnheim garde toute sa valeur et montre que la congestion artérielle ne suffit pas par elle-même à produire l'œdème.

D'après M. Ranvier (1), la stase veineuse ne saurait être non plus à elle seule une cause suffisante d'œdème ; il faudrait en outre, pour que ce phénomène se produise, l'intervention d'un trouble de l'innervation vaso-motrice ; telles sont les conclusions des expériences qu'il a entreprises pour élucider cette question : il a vu l'œdème manquer chez des chiens auxquels il avait lié d'abord la veine fémorale, puis la veine cave ; ce fut seulement lorsqu'il leur eut coupé l'un des sciatiques que l'infiltration se produisit dans le membre correspondant. Ces résultats ne sont pas constants, car MM. Vulpian et Philipeaux ont vu la ligature des mêmes vaisseaux produire l'œdème ; l'influence de la section du sciatique s'explique par l'afflux sanguin et l'exagération de transsudation que produit la paralysie des vaso-moteurs (Vulpian) (2) ; c'est alors une circonstance simplement adjuvante. L'absence habituelle d'œdème après la ligature de la fémorale ne prouve nullement que la stase veineuse soit impuissante à produire cet état morbide ; l'obstacle dans cette expérience ne portant que sur un point limité du vaisseau, la circulation peut se rétablir par les anastomoses ; il n'en est pas de même dans les cas de thrombose où le tronc veineux ainsi que ses ramifications sont oblitérés par des coagulations dans la plus grande partie de leur étendue.

L'œdème peut reconnaître pour cause un *trouble de l'innervation*

(1) Ranvier, *Comptes rendus de l'Acad. des sciences*, LXIX et LXXIII.
(2) Vulpian, *Leçons sur les vaso-moteurs*.

vasculaire ; il en est ainsi quand il est provoqué par une lésion du système nerveux, soit qu'il occupe les parties animées par les nerfs lésés, comme dans les cas de névrite périphérique, soit qu'il se manifeste à distance et mérite alors la dénomination d'œdème réflexe (tel est l'œdème de la face dans la névralgie du trijumeau) (1). M. Vulpian (2) admet que, dans ces conditions, il se produit un trouble nutritif plus ou moins analogue à celui qui constitue le premier phénomène du travail inflammatoire ; ce trouble porte, d'après Cohnheim, sur la paroi vasculaire et amène une exsudation ; rappelons à ce sujet que, dans l'inflammation, il peut se faire une exsudation séreuse très abondante ; la parenté est telle entre les deux processus que certains états morbides peuvent être rapportés aussi bien à l'un qu'à l'autre ; il en est ainsi, par exemple, de l'œdème qui se manifeste souvent dans la pleurésie purulente au niveau de la partie postérieure des espaces intercostaux.

L'œdème que l'on peut souvent constater dans les membres paralysés par lésion de l'encéphale ou de la moelle (3) s'explique par la paralysie vaso-motrice qui amène la dilatation des artérioles et consécutivement la diminution de la *vis a tergo ;* l'inertie des muscles, en annulant une des influences qui favorisent la circulation dans les veines, contribue à provoquer la transsudation (Vulpian) : ici encore l'afflux sanguin augmente la filtration, et la circulation en retour par les lymphatiques et les veinules est insuffisante à reprendre le liquide épanché.

M. G. Sée (4) a rapporté à une paralysie des vaso-moteurs cutanés l'hydropisie qui succède parfois à un refroidissement sans qu'il y ait trace d'albumine dans les urines.

Les hydropisies que l'on attribue généralement à une *altération du sang* sont celles que l'on observe dans les maladies générales ou locales accompagnées de dyscrasie telles que le mal de Bright, la chlorose, l'inanition, le scorbut et la convalescence des fièvres graves. On a admis longtemps qu'elles reconnaissaient pour cause prochaine l'hydrémie amenant

---

(1) Romberg, *Nervenkrankheiten.* — Rathery, Thèse d'agrégation. 1872.

(2) Vulpian, *loc. cit.*

(3) Charcot, *Soc. de biologie.* 1873 — Liouville, *Soc. de biologie.* 1873. — Ollivier, *Arch. de médecine.* 1873. — Bourdon et Chouppe, *Archives de physiologie.* 1872.

(4) G. Sée, *in* Angulo Heredia et de Raur. Thèses de Paris, 1874 et 1877.

une fluidité plus grande du sang, et par suite une augmentation de son pouvoir diffusible. De remarquables expériences de Cohnheim (1) ont montré que cette théorie ne peut rendre compte des faits. L'hydrémie simple, telle qu'on l'obtient en injectant de l'eau salée dans les veines d'un animal après lui avoir retiré une quantité égale de sang, ne donne pas lieu à de l'œdème; celui-ci ne survient que si on produit la *polyémie* en même temps que l'hydrémie en introduisant dans la circulation une quantité considérable de liquide aqueux. Un autre facteur des plus importants est *l'altération de la paroi vasculaire;* celle-ci paraît survenir chaque fois que le sang n'a pas ses qualités normales; c'est ainsi que, d'après Cohnheim, l'hydrémie simple la produit quand elle dure pendant plusieurs jours et s'accompagne alors d'œdème.

Il faut donc tenir compte dans la pathogénie des œdèmes dyscrasiques de trois éléments : l'hydrémie, la polyémie et l'altération de la paroi; deux d'entre eux suffisent à produire la transsudation ; il peut en être ainsi dans la néphrite parenchymateuse où les pertes d'albumine (2) produisent l'hydrémie, en même temps que la diminution de la sécrétion urinaire amène la polyémie ; il faut ajouter cependant que dans cette maladie les parois vasculaires sont souvent altérées concurremment; c'est ce qui se produit, par exemple, dans la néphrite scarlatineuse et peut-être aussi dans les néphrites *à frigore;* dans les cachexies, l'état d'hydrémie coexiste vraisemblablement avec une altération de la paroi.

Ajoutons enfin que souvent un trouble de la circulation vient favoriser l'action des causes précédentes, et produire un œdème à la fois mécanique et dynamique. Tel obstacle à la circulation qui, chez un individu sain, ne donnerait lieu à aucun trouble morbide, amène de l'œdème chez un cachectique ou un albuminurique.

Les conséquences que l'œdème peut entraîner par lui-même varient suivant le tissu où il se développe ; dans les téguments,

____

(1) Cohnheim, ouvrage cité.

(2) Andral et Gavarret, *Annales de chimie*, LXV, ont constaté que l'albumine du sérum subit dans la néphrite albumineuse une diminution plus considérable que dans toute autre maladie ; ils ont trouvé au lieu de 72 p. 100 les chiffres de 57.9, de 60.8, et de 61.5.

il ne se traduit souvent que par la tuméfaction et la déformation des parties ; il faut remarquer cependant que la nutrition
des tissus qui en sont le siège se fait dans des conditions peu
favorables, et qu'il en résulte une prédisposition aux phlegmasies et à la nécrose.

Lorsqu'il dure longtemps, l'œdème provoque assez souvent
le développement d'une phlegmasie chronique ; c'est ainsi que,
dans les affections cardiaques, il est relativement fréquent de
voir les téguments des parties tuméfiées s'épaissir et s'indurer
comme dans certaines formes de sclérodermie ; l'œdème joue-
t-il, par rapport aux téguments, le rôle d'un irritant phlegmasique, ou faut-il admettre que les globules blancs exsudés avec
la sérosité peuvent fournir les éléments d'une néoplasie, comme
dans l'inflammation? La question ne peut être actuellement résolue.

Dans les viscères, l'œdème en comprimant les éléments et
les vaisseaux peut déterminer l'exaltation ou l'abaissement
des fonctions ; on sait que l'œdème du cerveau peut provoquer
les convulsions ou la torpeur comme l'anémie du même organe.

CHAPITRE V

DE L'ANÉMIE LOCALE

L'intégrité de la nutrition et des fonctions d'un organe vasculaire est nécessairement subordonnée à l'intégrité de sa circulation ; s'il ne reçoit qu'une quantité insuffisante de sang ou
si ce liquide est altéré dans sa constitution, des troubles plus ou
moins graves s'y produisent bientôt.

L'anémie d'un organe peut être la conséquence d'une anémie
générale; chez un sujet qui a subi une hémorrhagie abondante
ou qui est en état d'inanition, chez un chlorotique, chaque partie du corps est en état d'anémie; mais les effets locaux de ces
anémies généralisées sont moins prononcés que ceux qui résultent d'un obstacle direct au cours du sang.

Cet obstacle peut être dû à une cause toute mécanique, telle
que la compression d'un artère, son rétrécissement par l'athérôme ou son oblitération par une embolie.

Il peut être lié à un trouble fonctionnel, à la contraction spasmodique des artérioles sous l'influence d'une excitation de leurs nerfs vaso-constricteurs ; c'est ce qui se produit dans la névrose vaso-motrice, décrite par le regretté Maurice Raynaud (1) sous le nom de *gangrène symétrique des extrémités*; l'action sur la peau d'un corps froid ou d'un jet d'éther produit les mêmes effets. Une anémie locale peut encore résulter d'une distribution irrégulière du sang ; elle peut être produite passagèrement dans l'encéphale par le redressement brusque du corps incliné ; les sujets anémiques ne peuvent se baisser sans éprouver, au moment où ils se relèvent, une sensation de vertige due certainement à cette cause ; la station debout suffit à produire cette anémie cérébrale chez les convalescents de fièvres graves ; l'application sur les membres inférieurs de ventouses Junod a provoqué des sensations de défaillance qui ne reconnaissaient pas d'autre cause. La distension brusque des vaisseaux de l'abdomen au moment de l'évacuation d'un liquide ascitique donne lieu, par le même mécanisme, aux mêmes troubles de l'innervation encéphalique ; les veines de cette région représentent en effet dans leur ensemble un réservoir qui peut contenir beaucoup de sang, surtout lorsque leurs parois, en état d'atonie par le fait d'une compression prolongée, se laissent distendre outre mesure ; les lipothymies et même les syncopes qui surviennent parfois dans ces conditions témoignent d'un trouble dans les fonctions du cœur soit par anémie locale de son appareil ganglionnaire, soit par anémie des origines du pneumogastrique, et excitation de ces modérateurs des contractions cardiaques. Nous verrons bientôt en effet que l'anémie locale peut produire l'excitation des cellules et particulièrement celles des éléments nerveux aussi bien que leur paralysie. Les troubles qui en résultent varient suivant que l'anémie est complète ou incomplète, durable ou passagère.

L'oblitération d'une artère n'a pas pour conséquence nécessaire la suspension du cours du sang dans les parties où elle se distribue ; ce vaisseau peut recevoir, au-dessous de l'obstacle apporté au cours du sang, des branches anastomotiques par lesquelles la circulation se rétablit, quand elles peuvent amener une

(1) M. Raynaud, *De l'asphyxie locale et de la gangrène symétrique des extrémités*. Thèse de Paris, 1862 et *Arch. génér. de médecine*. 1874.

quantité suffisante de sang. Il n'en est plus de même quand des obstacles existent dans toute la longueur d'un vaisseau ; nous avons vu, dans un cas, la fémorale être remplie dans toute sa hauteur par des masses athéromateuses ; l'interruption du cours du sang y avait été définitive (1). L'oblitération des artères qui ne présentent plus d'anastomoses avant leur division en capillaires et méritent ainsi le nom d'artères terminales que leur a assigné Cohnheim, est également persistante ; le courant rétrograde qui peut s'établir par les veines, si des valvules n'y font point obstacle, est insuffisant pour subvenir à la nutrition des éléments aussi bien qu'à l'hématose interstitielle ; les tissus ne reçoivent plus en quantité suffisante l'oxygène nécessaire à leur nutrition ; il semble se produire dans les parois des capillaires une altération qui les rend perméables au sang ; la circulation est d'ailleurs bientôt interrompue complètement par la coagulation qui, dans ces circonstances, se produit rapidement (2).

L'anémie locale a pour effets directs la *pâleur* ou la *cyanose* et le *refroidissement* des parties.

Les parties sont pâles si le cours du sang y est complètement interrompu ; chacun a pu observer cet état chez des sujets atteints d'onglée ; les téguments sont complètement décolorés ; ils ne saignent pas si l'on vient à les piquer ; les veinules comme les capillaires sont vides de sang.

A un degré moins prononcé, les veinules et les capillaires continuent à renfermer du sang, mais, par suite du rétrécissement spasmodique ou matériel des artères, la circulation est ralentie, les hématies se surchargent d'acide carbonique et les téguments prennent une coloration violette. Ces deux états ont été signalés par M. Raynaud dans l'*asphyxie locale des extrémités*.

Les parties dont la circulation est ainsi entravée sont refroidies ; les malades y éprouvent une sensation d'engourdissement en même temps que des douleurs parfois très vives.

Ces accidents sont habituellement de courte durée quand ils sont liés à un spasme vasculaire, mais ils ont alors tendance à

(1) Hallopeau, *Sur deux faits d'oblitération artérielle* (*Comptes rendus de la Société de biologie*. 1869).
(2) Voyez le chapitre *Thrombose*.

se renouveler fréquemment, soit sans cause appréciable, soit sous l'influence d'un refroidissement, d'une émotion morale, d'une excitation quelconque.

L'asphyxie locale peut aboutir à la gangrène des extrémités : celle-ci se manifeste d'habitude aux phalanges des mains, et quelquefois à celles des pieds ; les escarres sont de petites dimensions et superficielles ; elles ne laissent pas après leur chute de graves altérations.

Dans les cas d'oblitération complète d'une artère terminale, toutes les parties auxquelles elle se distribue se détruisent ; il se forme un infarctus si la partie est à l'abri de l'air, un foyer gangréneux si les microbes nécessaires à la transformation spéciale qui caractérise cet état peuvent y pénétrer (Voyez les chapitres *Thrombose, Nécrose* et *Gangrène*).

L'oblitération ou le rétrécissement d'une artère a toujours pour conséquence une augmentation de la tension intra-vasculaire en amont de l'obstacle et dans les branches collatérales ; cette condition favorise le rétablissement de la circulation par anastomoses. Si l'artère, avant sa terminaison, reçoit des vaisseaux voisins, des branches de calibre suffisant, le cours du sang se rétablit rapidement dans les parties anémiées. C'est ainsi que l'on peut pratiquer la ligature de vaisseaux très volumineux sans provoquer d'accidents. Il faut tenir compte, à ce point de vue, de l'état du cœur ; la circulation collatérale se fera d'autant plus rapidement et complètement que ses contractions seront plus énergiques. L'âge du sujet prend ici une importance réelle ; chez le vieillard dont le cœur est généralement affaibli, la gangrène a plus de tendance à se produire.

Les troubles fonctionnels provoqués par l'anémie locale varient suivant que cet état morbide est plus ou moins prononcé, et aussi suivant le mode de réaction des organes. M. Brown-Séquard a montré que l'absence d'oxygène et l'accumulation d'acide carbonique exercent une action excitante sur les éléments des tissus ; on peut donc voir l'anémie donner lieu à des phénomènes d'excitation, tels que des convulsions ; d'un autre côté, cet état morbide, lorsqu'il est très prononcé, peut troubler assez profondément la nutrition des parties pour en *paralyser* complètement l'activité fonctionnelle ; ajoutons enfin que, dans certains organes, et particulièrement dans les centres nerveux, une perturbation soudaine de la circulation semble suffire également à provoquer des phénomènes de paralysie.

M. Brown-Séquard a attribué à une contraction réflexe des vaso-moteurs, produisant l'anémie de la moelle, un grand nombre de paraplégies. Cette manière de voir n'est plus acceptée ; on rapporte aujourd'hui ces affections soit à une lésion matérielle, soit à une excitation paralysante. Ce même auteur a considéré la contraction réflexe des vaisseaux de l'encéphale comme la cause prochaine du coma épileptique ; mais il a lui-même, depuis lors, renoncé à son opinion. Les hémiplégies que le professeur Lépine (1) a vues se produire au début des pneumomies s'expliquent bien par ce mécanisme.

On observe, dans l'hystérie, des phénomènes d'ischémie locale liés à une contraction des vaso-moteurs ; on ne peut guère s'expliquer autrement le fait que, dans cette maladie, la piqûre des parties anesthésiées n'amène pas l'écoulement du sang. Il est une autre névrose qui, dans sa forme la plus fréquente, paraît être liée aux ischémies de même nature : nous voulons parler de la migraine.

CHAPITRE VI

DE LA THROMBOSE ET DE L'EMBOLIE

ARTICLE I. — GENÈSE ET CARACTÈRES DU THROMBUS.

On désigne sous le nom de *thrombose* l'obstruction complète ou incomplète, chez un sujet vivant, d'un vaisseau par une coagulation sanguine. Pour en comprendre le mode de production il est nécessaire de savoir préalablement comment se fait la coagulation du sang. Les recherches récentes de M. Hayem (2) ont jeté une vive lumière sur cette question.

On admettait autrefois que la tendance du sang à se coaguler

(1) R. Lépine, *De l'hémiplégie pneumonique.* Paris, 1870.
(2) G. Hayem, *Sur la formation de la fibrine du sang étudiée au microscope* (*Comptes rendus de l'Académie des sciences.* 1878). — *Du processus de coagulation et de ses modifications dans les maladies* (*Bulletin de la Société des hôpitaux* et *Union médicale.* 1881. — *Nouvelles recherches sur la coagulation du sang* (*Union médicale.* 1882).

spontanément était due à une augmentation ou à une altération de la fibrine que l'on considérait comme une de ses parties constituantes. Les recherches de Denis (de Commercy) et d'A. Schmidt ont montré qu'elle ne fait pas partie du sang normal chez l'individu vivant ; sa formation est due à l'action d'une substance dite *fibrino-plastique*, dérivée des éléments cellulaires et nommée aussi *serum-globuline*, sur une substance normalement dissoute dans le sang et appelée *fibrinogène* par A. Schmidt et *plasmine* par Denis ; cette action ne peut s'exercer qu'en présence d'un ferment dont le mode de développement est encore à l'étude ; on peut présumer dès à présent qu'il provient, non, comme le veut A. Schmidt, de la destruction des globules blancs, mais bien des hématoblastes en voie d'altération.

M. Hayem a en effet montré, en premier lieu, que ces éléments prennent une part active à la coagulation : « Au moment où elle se produit, on voit, dit-il, partir des hématoblastes isolés ou groupés en amas, des traînées filamenteuses qui se perdent en s'effilant à une petite distance. » Les hématoblastes sont donc le point de départ du phénomène. M. Hayem a reconnu de plus qu'ils sont constamment altérés quand le sang se coagule et que la coagulabilité de ce liquide varie en raison directe de leur vulnérabilité ; Bizzozero (1), dans des recherches en faveur desquelles il a réclamé la priorité, bien vainement, car elles sont notoirement postérieures à celles de M. Hayem, a fait également jouer à ces éléments, qu'il désigne improprement sous le nom de *plaquettes*, le rôle essentiel dans la coagulation ; il affirme qu'il suffit de les ajouter à un liquide coagulable, mais ne coagulant pas spontanément, pour en déterminer la coagulation ; le plasma reste cependant coagulable quand il est filtré et par conséquent privé de ses hématoblastes ; mais ceux-ci, avant d'en être séparés, ont eu le temps de s'altérer et ils ont laissé dans le sang la substance qui paraît jouer le rôle de ferment et amener la coagulation (Hayem).

Les diverses causes de thrombose que nous allons énumérer agissent très vraisemblablement en amenant l'altération des hématoblastes. On peut en distinguer quatre ordres différents qui sont les altérations de la paroi, le ralentissement de

(1) Bizzozero, *Sur un nouvel élément du sang et son importance dans la thrombose et la coagulation* (*Arch. ital. de biologie*. 1882).

la circulation, l'obstruction du vaisseau par une embolie, les modifications dans la constitution du sang.

Les altérations des membranes et surtout celles de l'endothélium favorisent puissamment la coagulation du sang. Zahn a vu (1), dans ses expériences, une simple piqûre de la paroi amener la formation d'un thrombus. La cause la plus fréquente de la thrombose artérielle est l'altération de la paroi avec ses conséquences, la destruction de l'endothélium et le rétrécissement du vaisseau ; le sang est souvent aussi coagulé dans les veines variqueuses ; dans ces diverses circonstances il est très probable que l'altération de la paroi entraîne celle des hématoblastes. On peut voir cependant l'ulcération de la tunique interne exister sans formation de caillots.

Le ralentissement du cours du sang joue également un rôle important dans la genèse des thromboses ; on les observe souvent dans le cours des affections cardiaques et chez les sujets dont la circulation est ralentie par le fait d'une maladie adynamique ou d'une cachexie. La stase est la première condition de la formation de caillots dans les anévrysmes, dans les diverticules des cavités cardiaques (auricules, anfractuosités de la paroi, anévrysmes partiels) ; nous verrons bientôt qu'elle participe en même temps que l'altération de la paroi et une modification dans la constitution du sang à la genèse des thromboses dites *marastiques*.

La thrombose peut être le résultat d'un obstacle direct au cours du sang ; il en est ainsi dans les cas où un vaisseau se trouve comprimé par une tumeur, un os déplacé ou un appareil ; les embolies constituées par le passage dans la circulation de corps solides ont la même action ; elles peuvent provenir du cœur, des veines, ou des artères ; ce sont le plus souvent des fragments de caillots ou de thrombus détachés par le courant sanguin, quelquefois des fragments de valvules ulcérées, ou des produits pathologiques provenant de l'inflammation de la paroi, tels que des plaques calcaires ou de la bouillie athéromateuse ; la pénétration dans les vaisseaux de produits cancéreux ou tuberculeux, ou d'éléments normaux tels que la graisse de la moelle osseuse peut être également la source d'embolies ;

(1) Zahn, *Bulletin de la Suisse Romande*. 1881.

des recherches récentes ont montré que ces embolies graisseuses, provoquées par les lésions de la moelle des os, sont fréquentes dans les cas de fracture.

Les corps solides qui se trouvent ainsi lancés dans la circulation suivent nécessairement le cours du sang et arrivent par conséquent, quel qu'en soit le point de départ, dans les artères de la grande ou de la petite circulation, ou encore, s'ils naissent des radicules de la veine porte, dans la portion artérieuse de ce vaisseau. Les embolies pulmonaires peuvent venir du cœur droit ou des veines de la circulation générale ; les embolies qui se font dans les artères des autres organes tirent leur origine soit des veines pulmonaires, ce qui paraît être rare, soit des cavités gauches du cœur, soit des troncs artériels ; elles s'arrêtent dans les vaisseaux qui ne peuvent les laisser passer, ou au niveau d'une bifurcation ; elles peuvent alors n'interrompre qu'incomplètement le cours du sang ; quand elles sont de très petit volume, elles traversent les artérioles sans s'y arrêter.

Des modifications encore indéterminées dans la constitution du sang paraissent également en favoriser la coagulation dans l'intérieur des vaisseaux. C'est à elles que l'on rapportait naguère presque exclusivement la formation des thromboses chez les cachectiques cancéreux ou tuberculeux et chez les convalescents de fièvres graves ; on admet aujourd'hui que les altérations de la paroi ont une part dans leur production, à laquelle contribuent également les différentes causes qui ralentissent la circulation.

L'affaiblissement cardiaque, chez les cachectiques, est une des conditions qui concourent à amener les coagulations veineuses, particulièrement celles qui se forment au niveau des petits sacs valvulaires. O. Weber, dans le même ordre d'idées, attribue une influence prépondérante à l'inertie musculaire chez les sujets qui ne quittent plus leur lit. On sait, en effet, que la contraction des muscles est la force qui concourt le plus efficacement à faire progresser le sang veineux dans ces organes ; si elle vient à manquer, il y a stase dans les capillaires et tendance à la coagulation ; c'est pour cette raison que ces thromboses cachectiques débutent souvent par les veines profondes. Il ne faudrait pas cependant les rattacher exclusivement à cette cause, car on les voit se produire dans des vaisseaux qui ne sont nullement soumis à l'influence des contractions musculaires, par exemple dans les sinus de la dure-mère ; il faut se garder de méconnaître l'importance de l'altération du sang.

L'hydrémie cachectique peut compter parmi les causes de la thrombose ; l'expérimentation a montré en effet que la coagulabilité du sang varie en raison inverse de sa densité (1). En élevant celle-ci par l'addition de sulfate de soude, on rend impossible la coagulation ; mais si l'on ajoute ensuite de l'eau en quantité suffisante pour faire tomber la densité au-dessous du chiffre normal, le liquide se prend en masse (2). Un abaissement d'un millième suffit pour que le sang devienne couenneux.

Ces thromboses marastiques se forment toujours, d'après Lancereaux (3), dans les parties du système vasculaire où le liquide sanguin a le plus de tendance à la stase, c'est-à-dire à la limite d'action des forces d'impulsion cardiaque et d'aspiration thoracique, et cette condition se réalise, pour les troncs veineux de moyen calibre, vers la racine des membres et, pour les vaisseaux céphaliques, à la base du crâne. La coagulation commence d'ordinaire au niveau d'un éperon ou dans un nid valvulaire.

Nous devons mentionner une dernière cause indiquée par Recklinghausen (4) comme susceptible de produire la thrombose ; nous voulons parler de la pénétration dans le sang de substances ayant la propriété d'en provoquer la coagulation ; la transfusion du sang peut donner lieu, quand il a séjourné hors du vaisseau ou lorsqu'il provient d'un animal différent, à la formation de thromboses qui prennent rapidement une extension assez considérable pour amener la mort ; on a cru d'abord que ces coagulations étaient dues à l'introduction dans la veine de fibrine coagulée, mais Panum a démontré que les mêmes accidents se produisent alors même que le sang a été défibriné avec le plus grand soin, s'il appartient à un animal différent ; ils se sont manifestés plusieurs fois chez l'homme à la suite de transfusion de sang de mouton. Il se fait alors une dissolution des globules rouges et l'hémoglobine passe dans les

(1) J. Renaut, *De la phlegmatia alba dolens* (*Revue mensuelle de médecine et de chirurgie*. 1880.

(2) Hewson's *Works*. 1770. *On the properties of blood.*

(3) Lancereaux, *Traité d'anatomie pathologique*, Paris, 1875.

(4) Recklinghausen, *loc. cit.*

urines. Panum (1) a constaté en pareil cas, chez le chien, l'existence dans les reins d'infarctus hémorrhagiques. Recklinghausen a trouvé les mêmes lésions chez un jeune soldat, atteint d'ulcère simple, auquel on avait pratiqué la transfusion directe de sang de mouton ; les artères rénales contenaient dans presque toutes leurs branches des coagulations blanchâtres qui tantôt les oblitéraient, tantôt en tapissaient les parois ; leur disposition montrait qu'elles avaient dû se former sur place ; il n'existait rien de semblable dans aucun autre organe ; les conditions particulières dans lesquelles se fait la circulation rénale avaient dû provoquer ces thromboses artérielles. Köhler (2) a constaté récemment que l'injection dans les artères d'un chien du sérum de son propre sang amène la formation de thromboses dans les veines. Peut-il se développer chez l'homme une dyscrasie semblable à celle que l'on provoque artificiellement par la transfusion du sang ? Il est impossible de l'affirmer. Il est probable que les actions mécaniques nécessaires à l'opération suffisent pour amener une altération des hématoblastes.

Le thrombus une fois formé tend à s'étendre : s'il siège dans une veine, il remonte souvent jusqu'au tronc dans lequel le vaisseau se déverse ; il s'y prolonge, y gêne la circulation et peut y provoquer une coagulation secondaire. Dans une artère, le sang se coagule en amont de l'obstacle et le caillot peut ainsi se propager dans les collatérales qui naissent au-dessus.

On a cru longtemps que le thrombus était formé simplement de sang coagulé ; les recherches récentes de Zahn, de Pitres (3) et de Hayem (4) ont montré qu'il en est autrement et que les hématoblastes et les globules blancs entrent dans sa constitution pour une part prédominante.

Lorsque l'on pique une veine, il se produit une hémorrhagie qui s'arrête rapidement ; on voit alors, à sa surface, une couche de sang coagulé, et dans sa cavité, au niveau du point lésé, une petite masse blanchâtre, qui est formée d'hématoblastes (thrombus blanc de Zahn, caillot lymphatique de Jones) ; c'est elle qui

(1) Panum, *Virchow's Archiv*, XXV.
(2) Köhler, *Ueber Thrombose, Transfusion und sept. Infection und deren Beziehung z. Fibrinferment*. Diss. Dorpat, 1877.
(3) Pitres, *Arch. de physiologie normale et path.* 1876.
(4) G. Hayem, *Comptes rendus de l'Académie des sciences.* 1883.

empêche l'hémorrhagie de continuer, car on peut enlever le caillot extérieur sans en provoquer le retour. Pitres a montré que le thrombus blanc ne renferme que peu ou point de fibrine en établissant, au moyen d'ingénieuses expériences, que sa forma-- tion n'est pas retardée par l'action de l'eau sucrée, du sulfate de soude et des autres substances propres à retarder la coagulation de cette substance. L'augmentation du thrombus blanc se fait par l'adjonction de nouveaux leucocytes.

Les thrombus qui se forment dans les parties du système vasculaire où la circulation n'est pas complètement arrêtée présentent d'ordinaire les caractères que nous venons d'indiquer ; assez souvent cependant, ils renferment une quantité plus ou moins considérable de globules rouges, et constituent alors des *thrombus mixtes ;* dans les cas enfin où la stase est complète, c'est un thrombus rouge qui se forme ; on y retrouve les éléments du sang dans des proportions peu différentes de celles qui constituent l'état normal ; mais un coagulum semblable est toujours en rapport par une de ses extrémités avec le sang qui continue à circuler, et il présente dans cette partie les caractères d'un thrombus mixte, c'est-à-dire qu'on y trouve des globules blancs en quantité considérable.

ARTICLE II. — CARACTÈRES ET TRANSFORMATIONS DES THROMBUS.

Les thrombus ainsi formés sont adhérents à la paroi ; leur surface est inégale et irrégulière et leur coloration tantôt brune, tantôt grisâtre. Ils sont stratifiés ; on trouve dans les thrombus rouges et dans les mixtes la fibrine disposée en couches concentriques que séparent les globules (1). On a cru, à tort, que cette stratification indiquait le dépôt de couches successives, car MM. Bouley et Renaut l'ont observée dans des caillots compris entre deux ligatures. Leur aspect varie suivant qu'on les examine à une époque plus ou moins éloignée de leur formation ; ils se modifient rapidement ; les globules blancs qu'ils renferment deviennent granuleux, et se dissocient ; les globules rouges s'altèrent également et se décolorent.

(1) Damaschino, *Recherches sur les altérations anatomiques de la phlegmatia alba dolens* (*Union médicale* et *Mémoires de la Société médic. des hôpitaux.* 1880).

La consistance des thrombus est assez faible au début et l'on conçoit qu'ils puissent facilement se fragmenter, être entraînés en totalité ou en partie par la circulation et constituer ainsi des embolies.

Les thrombus veineux présentent ordinairement à leur extrémité centrale une disposition qui favorise singulièrement la production de cet accident : ils n'oblitèrent plus complètement le vaisseau et se prolongent le long de la paroi ; quand le caillot s'est développé dans une veine collatérale, il gagne en s'amincissant le tronc principal ; on conçoit que son extrémité puisse être facilement entraînée par le courant sanguin ; le détachement du fragment peut être provoqué par une violence extérieure ou une contraction musculaire.

Assez souvent le thrombus subit dans sa partie centrale un véritable ramollissement; on le trouve, quand on l'incise, rempli d'un liquide puriforme dans lequel on reconnaît des leucocytes altérés au milieu d'amas de granulations, et assez fréquemment de bactéries; si le liquide est encore coloré par les produits de transformation de l'hémoglobine, il présente l'aspect d'une bouillie brunâtre ou ocreuse; l'existence d'une infection septique favorise singulièrement ce ramollissement. D'autres fois le thrombus se dessèche et s'incruste de sels calcaires; telle est l'origine des phlébolithes.

Dans la plupart des cas, il se fait dans le thrombus un travail d'organisation auquel il ne semble prendre par lui-même aucune part. De jeunes cellules et des vaisseaux se montrent d'abord à la périphérie du coagulum, puis envahissent peu à peu sa partie centrale en s'interposant entre ses éléments (1). L'origine de ces éléments n'est pas déterminée; les nouveaux globules blancs peuvent provenir soit des vasa-vasorum de la paroi, soit des capillaires qui pénètrent dans le thrombus, soit du sang avec lequel il se trouve en contact; il ne semble pas que les éléments mêmes du coagulum puissent s'organiser. En même temps la paroi vasculaire s'enflamme et s'épaissit; cette lésion, que Cruveilhier considérait comme initiale, est le plus souvent, sinon toujours, consécutive à la coagulation.

Au bout d'un laps de temps qui varie de quelques jours à

(1) Damaschino, *loc. cit.*

quelques semaines, une néoformation conjonctive s'est peu à peu substituée au thrombus ; le vaisseau est transformé en un cordon de tissu conjonctif. Il peut être complètement oblitéré et la circulation se rétablit alors partiellement par le fait de la dilatation des vaisseaux de la paroi ; d'autres fois le tissu de nouvelle formation se rétracte, s'applique sur un côté de la paroi et permet au sang de circuler ; dans certains cas enfin, il se creuse de lacunes et forme une sorte de tissu caverneux à travers lequel la circulation peut également se faire.

ARTICLE III. — ACTION PATHOGÉNIQUE DE LA THROMBOSE.

L'action pathogénique de la thrombose diffère suivant que le coagulum siège dans les *veines* ou dans les *artères*.

Les désordres locaux produits par l'oblitération d'une *veine* de petit calibre n'ont aucune importance, car la circulation se rétablit rapidement par l'intermédiaire des anastomoses.

Il n'en est pas habituellement de même quand c'est dans une veine volumineuse, et surtout dans la veine principale d'un membre, que le cours du sang est interrompu ; dans ces conditions, on voit d'ordinaire se produire de l'œdème ; nous avons dit quel en est le mécanisme et quelles influences doivent s'ajouter au trouble circulatoire pour en amener la production. Lorsque ces influences font défaut, l'œdème n'apparaît pas (page 296 ; M. Rendu a publié récemment plusieurs observations de thromboses fémorales sans hydropisie (1). Il n'en est pas ainsi quand le caillot s'est propagé du tronc principal à l'ensemble de ses ramifications ; le rétablissement de la circulation par voie anastomotique n'étant plus possible, il se fait une transsudation de sérosité, les téguments se cyanosent et la circulation collatérale ne s'établit pas rapidement ; quelquefois il se fait des hémorrhagies capillaires sous l'influence de la stase ; on les observe surtout dans les thromboses des sinus et dans celles de la veine porte ; les veines deviennent douloureuses ; le tissu cellulaire s'enflamme et s'indure à leur périphérie ; cette périphlébite peut devenir suppurative si le thrombus est de nature infectieuse.

(1) Rendu, *Bulletins de la Société des hôpitaux*. 1881.

Les conséquences de ces obstructions sont quelquefois fort sérieuses ; elles peuvent être le point de départ d'embolies ; c'est là une cause relativement fréquente de mort rapide. Le thrombus a plus de tendance à se fragmenter et à se laisser entraîner par le courant sanguin chez les cachectiques et chez les vieillards que chez les individus jeunes. Il est tout à fait exceptionnel de voir la *phlegmatia alba dolens* amener la mort de femmes en couches. De redoutables accidents sont, au contraire, à craindre lorsque l'on constate les signes d'une oblitération veineuse chez un sujet atteint de cancer ou de tuberculose. Les thromboses ayant pour point de départ une varice oblitérée doivent être également considérées comme des causes possibles d'embolie.

Les désordres locaux provoqués par ces oblitérations complètes peuvent présenter également un caractère grave. Les tissus dont la nutrition se trouve compromise par la réduction des échanges interstitiels et la compression qu'exerce l'épanchement sanguin deviennent parfois le siège de diverses altérations de nature d'abord inflammatoire, et bientôt gangréneuse.

Les thromboses *artérielles* ont une action toute différente. Comme les veineuses, elles peuvent se propager peu à peu aux différentes branches d'un tronc vasculaire ; le caillot remontant en amont de l'obstacle jusqu'à la première collatérale, la circulation se trouve gênée dans celle-ci et peut également s'y interrompre : il en résulte une nouvelle extension du caillot, et le même phénomène peut se reproduire plusieurs fois. Les choses se sont certainement passées ainsi dans un fait de thrombose basilaire que nous avons observé avec notre maître, M. Millard (1). L'évolution de la maladie a permis de suivre les progrès de l'extension du caillot.

Lorsque l'oblitération se produit dans l'artère principale d'un membre ou dans l'une de ses grosses branches, elle amène la gangrène si la circulation ne peut se rétablir par voie anastomotique ; quand l'oblitération est incomplète, il y a seulement anémie locale.

Lorsque la thrombose se produit dans une branche de plus petit volume, ses conséquences varient suivant que le vaisseau émet ou non des collatérales au-delà de l'obstacle. Dans le pre-

(1) Hallopeau, *Note sur un cas de thrombose basilaire* (*Archives de physiologie*. 1878).

mier cas, la circulation se rétablit par voie anastomotique, et la coagulation ne persiste que dans le segment vasculaire compris entre le point où la circulation s'est arrêtée, et l'origine de la collatérale ; dans le second cas, l'artère est dite *terminale* (Cohnheim), et son oblitération a pour effet une nécrose qui survient directement ou après formation d'un infarctus hémorrhagique. Cohnheim a pu observer ces phénomènes en suivant sous le microscope les troubles produits dans la circulation de la langue de la grenouille par la pénétration dans ses artères de fragments de cire qu'il avait introduits dans l'aorte.

Le premier effet de l'oblitération est la stase du sang dans tous les capillaires qui émanent de l'artère intéressée, et l'abaissement de la tension dans les veines correspondantes ; mais ces veines s'anastomosent avec des vaisseaux dans lesquels la circulation continue à se faire librement et où la tension est normale ; dans ces conditions il s'établit, dans le département vasculaire correspondant à l'artère oblitérée, un reflux qui s'étend jusqu'à ce vaisseau ; bientôt les parois des capillaires laissent transsuder les éléments du sang qui les distend, ils s'infiltrent dans les interstices du tissu, et l'infarctus hémorrhagique est constitué. C'est ordinairement une hémorrhagie par diapédèse, et non par rupture, comme on le croyait autrefois. Cohnheim attribue cette dilatation des capillaires et la facilité avec laquelle ils laissent passer les globules rouges à un trouble produit dans leur nutrition par le ralentissement de la circulation ; peut-être faut-il invoquer également un désordre dans l'innervation des vaso-moteurs qui accompagnent l'artère oblitérée. Jaschkowitz et Bochefontaine ont reconnu que la section des nerfs spléniques produit en même temps qu'une dilatation vasculaire la formation de petits infarctus. Ces phénomènes de congestion que l'on observe à la suite des ligatures d'artères (celles des reins principalement) ne peuvent s'expliquer que par un trouble dans l'innervation vaso-motrice ; on peut se rendre compte, en partie, par un mécanisme analogue, de la congestion consécutive à une embolie.

L'infarctus se présente généralement sous la forme d'un cône dont le sommet correspond à l'artère oblitérée et dont la base est tournée vers la périphérie de l'organe, où elle forme souvent une saillie nettement appréciable. Au bout de peu de temps, les

éléments comprimés par l'épanchement sanguin et privés des
matériaux que doit leur apporter la circulation, s'atrophient
et se dissocient d'autant plus rapidement que leur structure est
plus délicate ; c'est ainsi que, dans les infarctus encéphaliques les
plus récents, on trouve les cellules et les tubes nerveux en voie
de dégénération : c'est la mort physiologique, la *nécrobiose*. Cependant le sang extravasé subit les métamorphoses régressives
que nous avons indiquées précédemment. Un travail de phlegmasie lente dont les leucocytes paraissent être les agents se fait
dans l'infarctus ; on voit s'y développer des vaisseaux et du
tissu conjonctif de nouvelle formation, l'infarctus se décolore
peu à peu et prend une teinte jaunâtre ou grisâtre, sa consistance augmente, il se rétracte graduellement et, au lieu d'une
saillie, forme une dépression à la surface de l'organe. Il n'est
pas rare de voir le travail phlegmasique s'étendre aux parties
voisines et particulièrement à la plèvre dans l'infarctus pulmonaire et au péritoine dans l'infarctus sphénique. Dans certains
cas, la lésion produite par l'embolie est purement mécanique :
c'est quand la présence de valvules dans les veines qui s'anastomosent avec celles du territoire privé de sang artériel empêche la formation du courant rétrograde.

Les organes dans lesquels la présence d'artères terminales
favorise la formation de l'infarctus sont surtout le rein, la
rate, l'encéphale, l'intestin, la rétine et le poumon ; encore
faut-il admettre le plus souvent, pour ce dernier, l'intervention
d'un second élément pathogénique, la stase veineuse, car les
capillaires y sont reliés par des anastomoses assez nombreuses
et assez larges pour que, si cette condition n'existe pas, la circulation puisse se rétablir dans le territoire de l'artère obstruée ;
les terminaisons de la veine porte dans le foie peuvent être
assimilées à des artères terminales et leur oblitération donne
lieu à des infarctus dont la circulation de l'artère hépatique
gêne cependant la formation.

Dans les autres organes l'oblitération des artères, quand
elle n'amène pas la gangrène de tout un membre ou d'une
partie d'un membre en y interrompant la circulation, n'entraîne pas généralement de conséquences fâcheuses, car, ainsi
que nous l'avons dit plus haut, la circulation se fait suffisamment par les anastomoses ; on n'y observe que des embolies

capillaires dont le seul effet appréciable est une petite hémorrhagie, si ce n'est dans les cas où elles sont douées de propriétés septiques et dans ceux où elles sont assez multipliées pour gêner les fonctions de l'organe, comme il arrive pour l'embolie graisseuse.

Nous avons supposé jusqu'ici que l'action des embolies était purement mécanique, comme celle des boulettes de cire que l'on fait circuler avec le sang dans un but expérimental.

Mais il est loin d'en être toujours ainsi : souvent l'embolie est douée de propriétés spécifiques qu'elle communique au thrombus et la marche des phénomènes change alors du tout au tout. En général, l'infarctus subit des modifications en rapport avec la nature de l'embolie qui lui a donné naissance. Celle-ci provient-elle d'un foyer de suppuration? Le foyer se termine par un abcès. Le point de départ des accidents est-il une gangrène? L'infarctus subira la transformation gangrèneuse.

Il semble d'ailleurs que ces lésions spécifiques puissent modifier l'évolution de l'infarctus alors même que celui-ci est d'origine mécanique ; on peut dire, croyons-nous, que *toute lésion, même accidentelle, qui survient chez un sujet atteint d'une maladie septique, tend elle-même à devenir septique par le fait de l'infection générale qu'a subie l'organisme.*

On a expliqué par ces embolies septiques la formation des abcès métastatiques dans l'infection purulente. Elles seraient dues à la désagrégation des caillots contenus dans les veines du foyer, et à la pénétration dans le sang de leurs fragments.

On objecte à cette théorie la présence d'abcès métastatiques en divers organes alors qu'il n'y en a pas dans le poumon ; comment les corpuscules septiques pourraient-ils passer des veines du foyer dans la grande circulation sans s'arrêter dans le poumon ? C'est, a-t-on répondu, grâce aux dimensions plus considérables de ses capillaires ; on conçoit, sans invoquer le mécanisme de la thrombose, que les corpuscules infectieux puissent, après avoir traversé le poumon, devenir, dans les différents organes où la circulation les transporte, le point de départ d'une irritation phlegmasipare et consécutivement d'un abcès.

Les embolies graisseuses (fig. 85), qui occupent surtout les poumons, mais peuvent également se produire dans l'encéphale,

le cœur et les reins, tuent parfois, lorsqu'elles s'arrêtent en grand
nombre dans les capillaires du poumon (fig. 86), par asphyxie
ou par anémie cérébrale; elles donnent lieu à la formation de
petits infarctus hémorrhagiques; l'injection d'huile dans les
veines produit ces accidents que l'on observe également dans les
fractures et les plaies des os. On a attribué, à tort croyons-nous,
aux embolies graisseuses les accidents rapportés au choc traumatique; ces embolies peuvent pas-
ser inaperçues; c'est exceptionnellement qu'elles donnent lieu à des
thromboses (1); elles coïncident cependant assez souvent avec des ecchymoses sous-pleurales.

Mentionnons enfin les embolies
pigmentaires, auxquelles on a fait
jouer un rôle important dans la pathogénie des accidents pernicieux de
l'intoxication palustre. Frerichs a
constaté que les corpuscules mélaniques développés dans la rate sont

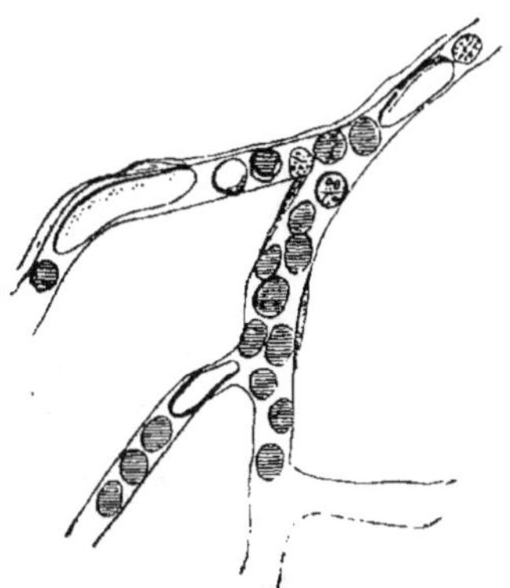

Fig. 88. — Gouttes de graisse
dans des capillaires sanguins.
Grossissement : 400 (Perls).

transportés dans le foie par le sang
de la veine porte et y déterminent
une phlegmasie; il a attribué à leur
présence dans les capillaires de l'encéphale les troubles graves
que présente souvent l'innervation dans cette maladie. On lui
objecte que leur volume n'est pas assez considérable pour oblitérer les capillaires.

Dans la leucémie, les amas que forment les globules blancs
agglomérés constituent de véritables embolies qui peuvent
obstruer les vaisseaux et donner lieu à des infarctus hémorrhagiques.

Les bulles d'air qui pénètrent parfois dans le sang lorsqu'on ouvre les veines de la région cervicale constituent des
embolies qui tuent rapidement, soit en obstruant les artères
pulmonaires, soit en produisant la distension du cœur droit.
L'air qui se dégage dans les vaisseaux qui cessent brusquement
d'être soumis à l'action d'une forte pression joue également le

(1) Déjerine, *Recherches expérimentales et cliniques sur l'embolie graisseuse
dans les altérations osseuses* (*Mémoires de la Soc. de biologie*, 1879).

rôle d'embolie et peut occasionner ainsi, soit la mort subite par syncope ou anémie bulbaire, soit une paraplégie par infarctus médullaire, soit des ecchymoses par trouble de la circulation cutanée.

On voit, par ces exemples, combien le rôle de l'embolie en pathologie est considérable et quel service a rendu Virchow en le mettant en relief ; il le devient encore davantage, si l'on rapporte à ce processus la migration dans l'organisme des éléments des

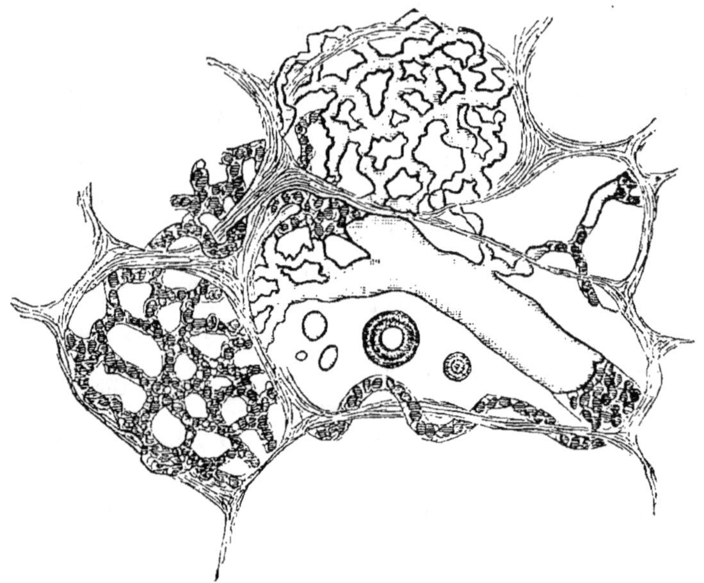

Fig. 89. — Embolie graisseuse dans les poumons huit jours après une fracture de jambe ; les capillaires de l'alvéole situé en bas de la figure sont remplies de sang, ceux de l'alvéole situé en haut et l'artère qui s'y distribue sont remplis de graisse. Grossissement : 250 (Perls).

tumeurs (fig. 90), ainsi que celle des parasites, des microbes et des autres agents infectieux organisés, car on est alors amené à le faire intervenir pour expliquer la généralisation des tumeurs, les métastases pyémiques, l'explosion des accidents secondaires après l'apparition du chancre induré, le développement des nodosités secondaires après l'inoculation des tubercules ou des produits de la morve, l'éruption générale qui succède dans l'inoculation variolique à l'éruption locale, enfin, toutes les modalités de l'infection généralisée, en ne faisant exception que

pour les cas peu fréquents où l'agent qui la produit peut être
considéré comme soluble. Si ce point de vue est exact, il
serait important de connaître les conditions qui favorisent le
passage dans le sang des particules infectieuses, et de plus celles
qui influent sur leur trajet à travers les lymphatiques et les interstices des tissus et en déterminent la localisation. En cherchant
dans cette direction, on arriverait sans doute à trouver que,
*dans certains tissus, la pénétration des particules dans les vaisseaux
se fait plus facilement, et avec elle la généralisation de la maladie.*

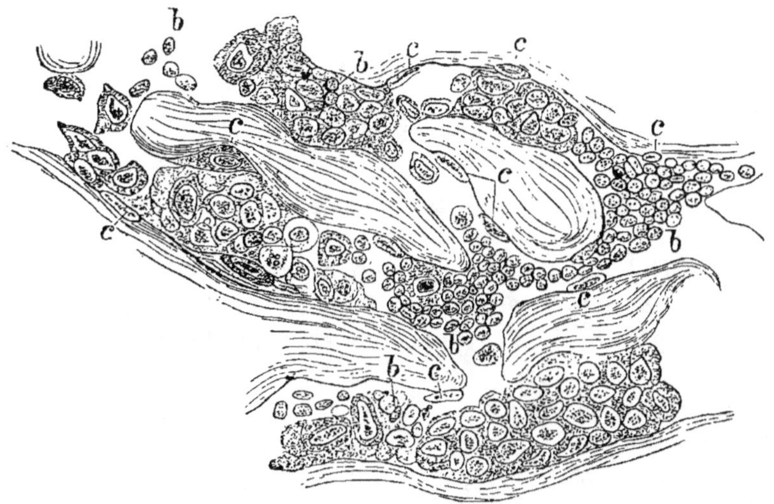

Fig. 90. — Embolies carcinomateuses dans les capillaires de la choroïde ; les
vaisseaux sont dilatés et renferment en même temps des globules rouges (*b*)
et des cellules épithéliales à gros noyaux ; *c*, noyaux·des capillaires. Grossissement : 320 (Perls).

C'est vraisemblablement pour cette raison que la diphthérie nasale se complique plus souvent que la diphthérie pharyngée
d'accidents infectieux, que les abcès des os donnent lieu plus
souvent que les autres à l'infection purulente, et, par contre,
que les tubercules de la peau ont tendance à s'y localiser.

Dans la généralisation des infections caractérisées par la formation de néoplasies nodulaires (la tuberculose, la syphilis, la
morve), il faut tenir compte de la propagation directe et continue par les parois lymphatiques ; mais la propagation à distance suppose nécessairement le transport de particules infec-

tieuses ; les conditions mécaniques dans lesquelles il se produit pourraient peut-être contribuer à expliquer les localisations secondaires, et montrer par exemple pourquoi la tuberculose pulmonaire complique presque toujours celle des autres organes. Il en est de même pour les néoplasies cartilagineuses, cancéreuses et sarcomateuses dont les éléments ont la propriété de se multiplier dans les tissus où ils sont transportés, comme le feraient des entozoaires. L'embolie intervient enfin, comme nous l'avons dit, dans les migrations parasitaires.

CHAPITRE VII

DE LA MORTIFICATION

ARTICLE 1er. — CONSIDÉRATIONS GÉNÉRALES.

La mortification est un phénomène physiologique ; constamment des éléments se détruisent en même temps que d'autres se développent ; il en est certainement ainsi des cellules épidermiques et épithéliales qui s'éliminent par exfoliation à la surface des téguments ; il en est de même des globules rouges, et peut-être, bien qu'on ne puisse l'affirmer, de tous les éléments de nos tissus ; à l'état pathologique, on observe également des mortifications élémentaires ; elles accompagnent tous les processus destructifs parmi lesquels il faut ranger les inflammations, les atrophies, les dégénérescences et beaucoup de néoplasies, et doivent être décrites avec eux.

Nous avons étudié déjà avec l'infarctus, sous le nom de *nécrobiose*, un de ces modes de mortification. Nous savons que, dans les parties où elle se produit, les éléments, troublés dans leur nutrition, frappés de métamorphoses régressives et hors d'état de remplir leurs fonctions aussi bien que de se régénérer, peuvent être considérés comme morts pour l'organisme ; la mortification n'y est cependant pas complète ; il continue à s'y produire des échanges nutritifs, et les cellules conjonctives y pénètrent et souvent s'y multiplient ; des vaisseaux de nouvelle formation s'y développent ; frappée de déchéance par la perte des fonctions qui lui sont propres, la partie atteinte continue à vivre de la vie végétative ; ses éléments nobles sont repris par la circulation, elle s'atrophie, mais elle ne se sépare pas de l'organisme.

Nous n'avons pas à revenir sur ces faits.

La mortification nécessite une description particulière quand la partie atteinte se détruit en masse. Elle prend le nom de *gangrène* ou de *sphacèle* quand elle s'accompagne de la fermentation spéciale qu'impliquent ces dénominations. Les parties mortifiées sont souvent désignées sous la dénomination d'*eschares*. Nous proposons d'appeler *escharification aseptique* la mortification produite rapidement par les agents physiques et chimiques, pour la distinguer de la gangrène dont elle diffère notablement ; enfin nous réservons, conformément à l'usage, le nom de *nécrose* à la mortification des os.

ARTICLE II. — CAUSES ET PATHOGÉNIE.

La vie d'une partie de l'organisme, considérée isolément, a pour conditions, d'une part la persistance de l'activité propre de ses éléments cellulaires, première cause des échanges nutritifs, d'autre part leur irrigation permanente par un sang suffisamment riche en matériaux assimilables. Il résulte de là que la mortification peut reconnaître pour causes un *trouble dans la constitution des éléments anatomiques, un trouble dans la circulation et une altération du sang*.

Nous allons voir ces conditions se réaliser isolément ou simultanément dans les différentes circonstances étiologiques que nous passerons en revue.

§ 1. — Mortifications de cause traumatique.

Les *contusions* violentes, l'action de la *chaleur* et du *froid* portés à un degré excessif, celle de l'*électricité* et des *caustiques*, produisent la mortification en détruisant directement les éléments des tissus et aussi en altérant les vaisseaux et en produisant la coagulation du sang qu'ils renferment en même temps que celle des liquides interstitiels.

La *compression* peut de même suffire à produire l'escarrification ; elle agit à la fois en gênant directement la nutrition des éléments et en y entravant la circulation ; c'est ainsi que l'application d'un appareil trop serré en est assez souvent la cause ; mais le plus ordinairement elle n'a cette grave conséquence que chez les sujets qu'une *fièvre*, une *maladie générale* ou un *trouble de l'innervation* ont rendus plus vulnérables en abaissant la tension vasculaire et en altérant la composition du sang ou les tissus ; c'est ainsi que le séjour au lit, inoffensif chez un sujet sain, amène souvent la formation d'eschares dans les régions sur lesquelles porte le poids du corps chez les sujets dont la nutrition est compromise par une maladie générale ou une maladie du système nerveux. Dans ce dernier cas, la gangrène affecte d'ordinaire les parties paralysées, et l'on peut admettre théoriquement que sa production est favorisée soit par le désordre de l'innervation vaso-motrice, soit par la cessation ou la perversion de l'influence que le système nerveux exerce normalement, suivant un mécanisme encore indéterminé, sur la nutrition des tissus (Vulpian).

Certaines lésions nerveuses et certaines violences semblent agir en frappant pour ainsi dire de *stupeur* les éléments cellulaires, en paralysant leur activité et en les privant momentanément de leurs propriétés vitales. On a invoqué cette cause pour expliquer la rapidité avec laquelle la gangrène survient parfois dans les grands traumatismes.

§ 2. — Mortifications par trouble de la circulation.

La vie cesse nécessairement dans les parties où les échanges nutritifs ne peuvent plus se produire. Il faut citer en première ligne, parmi les causes qui agissent suivant ce mécanisme, les *oblitérations artérielles :* chaque fois que le rétablissement de la circulation ne peut se faire dans une mesure suffisante par la voie des anastomoses, la partie se mortifie et il se produit soit une nécrobiose, soit une gangrène si le foyer peut subir l'influence de l'air atmosphérique. Toutes les causes de thrombose artérielles, l'*embolie*, l'*inflammation chronique*, la *compression*, peuvent amener ainsi la mortification des tissus. La gangrène qui survient sans cause apparente chez les vieillards et que l'on décrit sous les noms de *gangrène sénile, gangrène spontanée, gangrène sèche*, est liée ordinairement à une oblitération par thrombose de l'artère rétrécie par l'athérome. L'obstacle à la circulation veineuse peut, quand il est complet, avoir le même résultat, mais le fait est beaucoup plus rare.

Nous avons déjà mentionné la part qui revient à l'effacement des capillaires dans la production de la gangrène par compression ; cette même cause agit avec plus de puissance quand les parties sont soumises à une constriction énergique, comme il arrive dans l'étranglement intestinal ; l'action mécanique de l'anneau constricteur sur les éléments doit contribuer dans ce cas à produire la mortification des tissus.

L'inflammation peut aboutir à la gangrène, sans doute en amenant la stase du sang dans les capillaires et les veinules chez des sujets prédisposés par une maladie générale, et en offrant un terrain favorable au développement de l'agent infectieux qui paraît intervenir constamment dans la production de cet état morbide ; ce sont surtout les inflammations de nature septique, telles que l'érysipèle, le phlegmon diffus et l'anthrax, qui présentent cette complication.

Les *troubles de l'innervation* paraissent le plus souvent produire la gangrène par l'intermédiaire du système vasculaire. L'excitation des vaso-constricteurs, quand elle est intense et persistante, peut amener l'effacement complet de la lumière des artérioles et empêcher ainsi l'afflux du sang dans une partie. L'importance de cette cause a été mise en lumière par le regretté Maurice Raynaud (1) dans son beau travail sur la gangrène symétrique des extrémités, affection qui survient surtout chez des névropathes et dont le développement est précédé par l'algidité et la cyanose (asphyxie locale) que produit le tétanisme des artérioles.

Il n'est pas rare de voir survenir des gangrènes précoces et à marche rapide dans les affections du système nerveux central. Elles sont fréquentes dans les myélites aiguës. MM. Viguès (2) et Joffroy les ont observées dans des cas de lésions unilatérales de la moelle ; elles siégeaient, comme l'anesthésie, du

(1) M. Raynaud, *De la gangrène symétrique des extrémités.* Thèse de Paris, 1862.

(2) Viguès, *Journal de physiologie.* 1863.

côté opposé à la moitié intéressée. Charcot (1) a insisté sur le développement rapide d'eschares du côté paralysé dans les cas d'hémorrhagie et de ramollissement du cerveau.

Ces faits montrent que les troubles de l'innervation modifient directement la nutrition des parties et favorisent ainsi la production de la gangrène.

§ 3. —Mortifications dans les maladies générales.

Nous avons déjà mentionné la fréquence de ces altérations dans la convalescence des *fièvres* et des maladies *adynamiques*. Parmi les affections générales qui en amènent le plus souvent le développement il faut encore citer en première ligne le *diabète*. On ne doit pas invoquer ici la cachexie, car on voit la lésion se développer chez des diabétiques qui ont toutes les apparences de la santé ; ce serait à tort également qu'on la considérerait comme une conséquence directe de la glycémie, car elle peut survenir chez des diabétiques qui n'ont plus de sucre dans l'urine ; sans doute les modifications que présente, chez ces malades, la constitution chimique des tissus favorisent le développement de l'agent infectieux qui, selon toute apparence, prend part à la production de la gangrène.

Les gangrènes cachectiques surviennent le plus souvent à l'occasion d'un léger traumatisme, tel qu'une compression, ou d'une affection cutanée accidentelle qui n'offre par elle-même aucune gravité et ne semble agir qu'en ouvrant une porte à l'infection. Le ralentissement de la nutrition, l'insuffisance de la circulation, les troubles que la maladie provoque dans la constitution des éléments, expliquent suffisamment le développement de l'altération.

La pénétration dans le sang de certains poisons et de certains virus peut être une cause de gangrène ; nous citerons parmi eux l'ergot de seigle, le charbon, le venin des serpents, le miasme contage de la peste, et d'après Reimer (2), le chloral donné longtemps à de fortes doses. On n'en connaît qu'imparfaitement le mode d'action. Dans l'ergotisme, les expériences de Holmes (3)

(1) Charcot, *Archives de physiologie.* 1868.
(2) Reimer, *Allgem. Zeitsch. f. Psychiatrie.* XXVIII.
(3) Holmes, *Archives de physiologie norm. et path.* 1870.

et de Wernich (1) indiquent qu'il ne s'agit pas, comme on le croyait, d'un tétanisme des artérioles, car la tension vasculaire y est amoindrie au lieu de s'y trouver augmentée comme elle devrait l'être dans cette hypothèse. Dans le charbon, on peut invoquer l'obstruction des capillaires par les microbes ou une action sur les vaisseaux et les éléments d'une substance chimique que sécréteraient ces parasites.

§ 4. — Des gangrènes secondaires.

La présence dans une partie du corps d'un foyer gangréneux provoque souvent la production de foyers semblables en d'autres points de l'organisme. Le plus ordinairement c'est dans le poumon qu'ils apparaissent, et l'on peut alors invoquer le mécanisme de l'embolie pour en expliquer la formation ; d'autres fois c'est une phlegmasie développée sous une autre influence qui se termine par gangrène (2).

Comme nous l'avons indiqué déjà (page 195), diverses raisons conduisent à penser que l'intervention d'un agent venu du dehors est nécessaire à la production de la gangrène ; en effet, elle affecte de préférence les parties qui se trouvent en rapport direct ou indirect avec l'air extérieur, c'est-à-dire le tégument externe, le tube digestif et l'appareil respiratoire ; elle ne se développe dans les centres nerveux que si une ulcération profonde ou une plaie en a ouvert l'enveloppe ostéo-fibreuse ; on ne l'observe guère dans le foie, les reins, la rate, non plus que dans les os ; elle est ordinairement envahissante et on peut en arrêter les progrès par l'action des antiseptiques et du fer rouge ; nous verrons enfin que les foyers gangréneux renferment constamment une quantité prodigieuse de micro-organismes dont la

(1) Wernich, *Virchow's Archiv*, LVI.

(2) Nous en avons observé en 1880 à l'hôpital Tenon un remarquable exemple : l'application trop prolongée du courant galvanique chez un jeune homme atteint de paralysie saturnine avait déterminé la formation d'une eschare à la partie supérieure de la jambe gauche ; quelque temps après nous vîmes se développer un phlegmon dans la partie symétrique de l'autre membre, et bientôt ce phlegmon se compliqua de gangrène ; nous avons admis que la lésion initiale avait provoqué par action réflexe une phlegmasie secondaire, et que celle-ci s'était compliquée de gangrène par le fait de la présence dans l'organisme d'un premier foyer gangréneux (l'observation a été communiquée à la *Société de biologie*, en 1880).

présence constitue, d'après Lancereaux (1), la caractéristique de l'altération. Si les eschares produites par les agents physiques et chimiques en diffèrent, c'est sans doute parce que ces éléments n'y trouvent pas un milieu favorable à leur développement.

ARTICLE III. — ANATOMIE ET PHYSIOLOGIE PATHOLOGIQUES.

Nous avons à étudier successivement, dans cet article, l'état des parties atteintes de mortification, les accidents d'infection locale et générale qui peuvent en être la conséquence, et le travail d'élimination qu'elle provoque.

M. Raynaud fait remarquer avec raison que l'état des parties mortifiées diffère toujours essentiellement de l'état cadavérique par le caractère des altérations histologiques, aussi bien que par les décompositions chimiques qui s'y produisent. Il doit être étudié dans le cas d'escharification et dans le cas de gangrène.

Dans l'escharification aseptique, dans celle, par exemple, qui est produite par l'action d'un caustique, les éléments cellulaires sont détruits; le sang est coagulé; les parties sont sèches ou ramollies suivant la nature du caustique ; il n'y a pas de décomposition putride; l'altération est purement locale, et s'il se développe parfois un peu de fièvre, c'est secondairement, sous l'influence du travail d'élimination, quand la lésion est très considérable.

Les caractères de l'eschare varient suivant la nature de l'agent qui l'a produite.

Dans la cautérisation avec le fer rouge, elle est légèrement concave, sèche et dure, son aspect rappelle celui de la corne ; elle résonne comme elle lorsqu'on vient à la frapper ; sa couleur est jaune-ambrée ; elle est d'ordinaire peu profonde.

Les caustiques chimiques ont été divisés par M. Mialhe (2) en caustiques liquéfiants et caustiques coagulants ; ceux-là produisent une eschare molle, ceux-ci une eschare sèche et dure ; les premiers désorganisent les tissus en absorbant rapidement l'eau, en se combinant aux matières grasses pour former des

(1) Lancereaux, ouvrage cité.
(2) Mialhe, *Traité de l'art de formuler*, Paris, 1843. — U. Trélat et Ch. Monod, article CAUTÉRISATION du *Dictionnaire encyclopédique des sciences médicales*.

savons et en s'unissant aux acides organiques; ils empêchent la coagulation du sang; les seconds produisent la coagulation immédiate du sang et des albuminoïdes. Il faut citer surtout, parmi les caustiques liquéfiants, les alcalins tels que la potasse, la soude, l'ammoniaque et leurs dérivés; parmi les coagulants, les acides et les sels métalliques.

Les courants électriques amènent également la mortification des tissus; l'eschare qui se produit au pôle négatif est molle et rappelle celle qui résulte de l'action des alcalis, l'eschare du pôle positif est sèche, jaunâtre et semblable à celles que produisent les acides.

Dans les os, la partie nécrosée peut conserver sa forme ordinaire; elle semble avoir subi une macération; assez souvent sa surface est érodée.

La gangrène proprement dite peut se présenter sous deux formes différentes, la gangrène *sèche* et la gangrène *humide*.

La gangrène *sèche* est le plus souvent consécutive à une oblitération artérielle; elle affecte les extrémités des membres, le nez et les oreilles; les liquides des tissus qu'elle atteint s'évaporent ou sont résorbés; les parties s'indurent et prennent l'aspect qu'offrent les momies.

La gangrène *humide* se manifeste dans les régions où l'eschare peut être envahie par les liquides des parties voisines; on l'observe surtout dans les cas où l'altération est consécutive à une inflammation, alors que les vaisseaux et les interstices cellulaires ne sont pas tout d'abord oblitérés par des coagulations.

Perls considère la gangrène sèche comme *aseptique ;* nous croyons que c'est à tort; dans les deux formes de gangrènes, il se développe des produits putrides d'une nature spéciale; leur odeur en fournit un témoignage suffisant. Si les accidents généraux d'infection sont plus rares dans la forme sèche, c'est surtout à cause des conditions dans lesquelles elle se développe; les communications avec les vaisseaux des parties restées vivantes y sont nulles; il n'y a pas de circulation et, par conséquent, pas de possibilité d'infection par le sang.

Dans certains cas, la stase veineuse qui, au début, donne aux parties une coloration violacée fait défaut, de même que la couleur noire qui d'ordinaire survient rapidement; les parties sphacélées deviennent pâles, elles se décolorent entièrement; c'est la gangrène blanche de Quesnay (1), la cadavérisation de Cruveilhier (2); il ne se développe pas de bulles à la surface; cette forme se produit quand tous les vaisseaux se trouvent obstrués dès le début.

Le plus souvent la mortification, quelle qu'en soit la forme, s'accompagne, dans sa phase initiale, de *douleurs* tantôt sourdes, tantôt violentes et déchirantes. Celles-ci se manifestent surtout quand la lésion occupe le tégument externe; elles sont plus intenses dans la gangrène dite sénile ou spontanée que dans les autres formes; elles sont fort peu marquées dans les cas où l'eschare se produit dans le cours d'une maladie adynamique, au niveau des parties qui supportent le poids du corps. Elles font généralement défaut dans les gangrènes viscérales.

Les divers modes de sensibilité sont, dès le début, émoussés dans les parties où se produit le sphacèle et, dès que leur mortification est complète, on peut les irriter et les brûler sans que le malade en ait conscience. Les sujets peuvent cependant continuer à y percevoir des sensations, ordinairement douloureuses; celles qui partent des cordons nerveux, dans les points où le sphacèle cesse de les atteindre, sont rapportées à la périphérie en vertu de la même loi physiologique qui fait éprouver aux amputés de la cuisse des sensations dans les orteils.

En même temps que la sensibilité disparaît, la température s'abaisse dans les parties malades; les téguments, s'il s'agit d'une gangrène superficielle, prennent une coloration d'abord d'un rouge sombre, puis violacée et bientôt noire.

Dans la gangrène sèche, les parties atteintes semblent s'affaisser, se rétracter et s'atrophier; l'épiderme se détache aisément; l'odeur gangréneuse est généralement peu marquée; au bout d'un certain temps, l'aspect des parties rappelle, comme nous l'avons dit, celui des momies. Les éléments des tissus se rétractent; il semble que le protoplasma cellulaire se coagule (Weigert); les noyaux des cellules disparaissent (c'est là un caractère histologique de la gangrène); les éléments résistants des tissus, tels que les fibres conjonctives et élastiques, restent intacts en apparence, tandis que les cellules se dissocient; les

<hr>

(1) Quesnay, *Traité de la gangrène*. 1749.
(2) Cruveilhier, *Traité d'Anatomie pathologique*. Paris, 1849-1864, 5 vol. in-8. — *Anatomie pathologique du corps humain*. Paris, 1830.

parties sont infiltrées par une matière colorante bleuâtre, en partie diffuse, en partie déposée sous forme de granulations qui constituent des infarctus pigmentaires; on y trouve aussi des cristaux d'hématoïdine.

Dans la gangrène humide, les parties restent tuméfiées; leur coloration devient moins rapidement noire que dans la forme sèche, elles sont d'abord grisâtres et violacées; leur tuméfaction est due à leur infiltration par un liquide séro-sanguinolent qui souvent vient former des bulles à la surface; souvent il se fait dans les interstices des tissus un développement de gaz hydrogènes carboné, phosphoré et sulfuré : la gangrène est dite alors *emphysémateuse*. La température peut au début rester élevée, si la gangrène se développe dans un foyer inflammatoire; dans le cas contraire, elle s'abaisse de suite. Au bout de peu de jours, les parties sphacélées se ramollissent, elles subissent des altérations chimiques et elles finissent par se dissocier et tomber en partie, laissant à nu les tendons, les os et les articulations; l'odeur est alors d'une fétidité épouvantable; il se dégage de l'ammoniaque, des acides gras volatils ainsi que des acides caprylique, butyrique et valérianique, témoins de la décomposition putride.

Les altérations que permet de constater l'examen microscopique sont analogues, mais non identiques à celles qui se produisent chez le cadavre : les cellules s'infiltrent de granulations, leur noyau disparaît, elles perdent leur transparence; d'abord plus éclatantes, elles pâlissent bientôt, leurs couleurs s'effacent et disparaissent; les fibres musculaires cessent d'être striées; elles se segmentent en courts cylindres qui, d'abord éclatants, se ternissent ensuite, deviennent granuleux et se dissocient; les éléments ne sont plus représentés que par des gaines de sarcolemme renfermant des masses granuleuses et beaucoup de graisse. Les nerfs résistent plus longtemps; ils deviennent le siège des mêmes altérations qui s'y produisent quand on les a sectionnés et aboutissent à la dégénérescence graisseuse.

Les éléments du sang s'altèrent très rapidement; la coloration anormale qu'ils communiquent aux parties est le premier signe de la gangrène; les globules rouges se détruisent; les parties s'infiltrent de corpuscules noirâtres qui ont été décrits par Valentin sous le nom de *corpuscules gangréneux* et dérivent de la matière colorante du sang altérée. On n'y retrouve pas la réaction de l'hémoglobine, mais on sait avec quelle facilité s'altère cette substance.

On voit dans les tissus gangrénés une grande quantité de granulations graisseuses ; elles proviennent en partie, mais non exclusivement, de la graisse contenue normalement dans les éléments du tissu et mise en liberté par leur destruction ; elles se forment d'autre part aux dépens du protoplasma des cellules épithéliales et osseuses ainsi que des fibres musculaires ; elles se rencontrent en quantité dans des foyers gangréneux formés aux dépens de tissus qui normalement n'en renferment pas, par exemple, dans celui du poumon ; on ignore comment elles s'y développent. On y trouve en même temps des produits de transformation de la graisse tels que des acides gras libres ou cristallisés, de la cholestérine et des savons ammoniacaux.

Le tissu conjonctif subit dans sa substance intercellulaire des modifications remarquables. Au début, ses fibrilles deviennent plus nettes et se dessinent mieux ; ce changement est dû à une altération chimique de la substance intermédiaire qui devient transparente et se gonfle de telle sorte que les fibrilles se trouvent dissociées. Ce gonflement est dû principalement à l'absorption d'eau par la substance conjonctive (Recklinghausen)(1) ; c'est d'abord seulement dans le tissu lâche qu'il se produit, mais il s'étend plus tard aux faisceaux de fibres et aux tendons. Il est probable que les produits chimiques de nouvelle formation, et particulièrement les alcalis, les sels d'ammoniaque, et aussi les ferments figurés ou solubles contribuent à produire le ramollissement d'abord de la substance interstitielle, puis des fibrilles du tissu conjonctif et leur dissociation. Mais, nous le répétons, le rôle principal, d'après Recklinghausen, revient à l'absorption d'eau ; une expérience bien simple démontre que le tissu conjonctif a la propriété d'absorber beaucoup d'eau et de se gonfler sous cette influence : elle consiste à placer dans de l'eau distillée la cornée qui, comme on le sait, est formée surtout de substance conjonctive : en peu d'heures elle a triplé de volume (Donders).

Les tissus denses, qui se laissent difficilement pénétrer par les

(1) Recklinghausen, *Handbuch der allgemeinen Pathologie des Kreislaufs und der Ernährung*. Stuttgart, 1883.

liquides, résistent longtemps au sphacèle ; on retrouve dans les eschares des fibres élastiques et de l'épiderme ; le sarcolemme et les gaines de Schwann représentent encore les muscles et les nerfs alors que la substance active de ces éléments a disparu.

Comme produits chimiques anormaux, nous devons encore signaler, dans les foyers gangréneux, des cristaux de phosphate ammoniaco-magnésien, plus rarement des cristaux de tyrosine et des globules de leucine. Demme (1) y a rencontré de l'acide urique, du sulfate et du carbonate de chaux, et du carbonate d'ammoniaque ; ils n'y existent qu'exceptionnellement. C'est surtout dans le liquide émané du foyer gangréneux que ces substances ont été recherchées. Dans le foyer lui-même, Virchow a fait voir qu'il se développe, par l'action de l'acide nitrique, une couleur rosée qu'il a nommée *érythroprotéide ;* elle prend également naissance dans les substances albuminoïdes en putréfaction (Scherer) (2). Les parties atteintes de gangrène renferment enfin des microbes en quantité. Nous avons indiqué déjà quelle est leur importance dans la genèse de cette altération ; ils sont de nature diverse et l'on n'a pu encore différencier ceux qui se développent secondairement dans les tissus gangrénés comme dans un milieu favorable de ceux qui peuvent intervenir dans la production de la gangrène elle-même. Pasteur ne considère pas cette altération comme liée à la présence de microbes ; nous avons vu cependant que l'on peut invoquer des arguments puissants en faveur de cette hypothèse, et particulièrement la nécessité du contact avec le milieu ambiant pour que la mortification devienne gangréneuse (Voyez page 195) ; nous sommes convaincu qu'il y a des recherches à faire dans cette direction.

Les organismes inférieurs que l'on rencontre le plus souvent dans le foyer gangréneux sont des saccharomycètes (dans le noma), des sarcines (dans l'intestin et le poumon gangrénés), des mucédinées analogues à l'oïdium (sur les eschares cutanées et muqueuses), et enfin, en beaucoup plus grand nombre, des schizomycètes ; ils pénètrent dans les interstices du foyer ; ce sont des vibrions ou des bactéries qui souvent renferment des spores.

(1) Demme, *Die Veränderung der Gewebe durch Brand.* Francfort, 1847.
(2) Scherer, *Canstatt's Jahresbericht.* 1846.

Il nous paraît très probable que c'est à la pénétration d'une variété de ces microbes dans les lymphatiques et les capillaires du voisinage et par suite dans la circulation générale qu'il faut attribuer l'extension progressive du foyer aux parties qui l'avoisinent et la formation des foyers secondaires qui se localisent le plus souvent dans le poumon.

Relativement à sa marche, la mortification présente des différences essentielles suivant qu'elle se localise ou qu'elle s'étend. Celle que nous appelons *aseptique* est toujours locale; on n'a aucune crainte de voir s'étendre une eschare formée par l'application de pointes de feu ou de tout autre caustique.

Les gangrènes sèches, ainsi que nous l'avons indiqué plus haut, ont également peu de tendance à se propager; au contraire, les gangrènes humides sont éminemment infectieuses; elles gagnent de proche en proche les parties voisines; souvent elles ne s'arrêtent que sous l'influence d'une thérapeutique chirurgicale active; souvent aussi elles donnent lieu à la formation de foyers secondaires.

Dans la gangrène sèche, il ne se produit d'habitude aucune réaction générale, la matière septique ne pénétrant pas dans la circulation générale. La gangrène humide s'accompagne au contraire d'une réaction fébrile qui prend souvent le caractère adynamique et peut amener rapidement ou lentement la mort du malade; il faut en distinguer la fièvre de suppuration qu'entraîne parfois la phlegmasie liée au travail d'élimination.

ARTICLE IV. — ÉLIMINATION.

Toute partie mortifiée tend à s'éliminer; c'est dans les mortifications simples, affectant des parties superficielles, que ce travail peut être le plus facilement étudié. Si l'on suit attentivement les phénomènes qui se produisent après la formation d'une eschare, on voit, au bout de quelques jours, les téguments qui l'entourent rougir, se tuméfier, devenir le siège d'un travail phlegmasique; bientôt apparaît, à la périphérie de la partie sphacélée, une dépression qui se creuse chaque jour davantage, donne lieu à une sécrétion purulente et amène peu à peu le décollement de l'eschare; celle-ci finit par se détacher, au bout d'un laps de temps variable, et l'on trouve à sa place

tantôt une cicatrice, tantôt une surface couverte de bourgeons
charnus. Diverses circonstances peuvent prolonger ce travail
d'élimination ; on conçoit, par exemple, que, dans les cas où la
gangrène a envahi toute une partie d'un membre, les aponévroses, les tendons et les os, bien que nécrosés, maintiennent
l'adhérence des parties jusqu'au moment où la chirurgie intervient ; de même l'élimination d'un séquestre enclavé dans un
os sain ne peut s'accomplir qu'avec une grande difficulté. Dans
la gangrène humide, les progrès de l'infection sont assez rapides
pour que le plus souvent l'élimination n'ait pas le temps de se
faire.

DEUXIÈME SECTION

PROCESSUS CARACTÉRISÉS PAR DES TROUBLES DE LA NUTRITION

PREMIÈRE CLASSE — TROUBLES PASSIFS

CHAPITRE PREMIER

DE L'ATROPHIE

ARTICLE I. — CAUSES ET PATHOGÉNIE.

De même que la mortification, ce processus est, pour un certain nombre d'organes, un phénomène physiologique ; on sait
que le thymus, relativement volumineux au moment de la
naissance, disparaît au bout de peu de temps ; de même les
ovaires s'atrophient chez la femme après la ménopause ; le retour rapide de l'utérus à ses dimensions normales après l'accouchement est encore un exemple d'atrophie physiologique.
On peut dire que chez le vieillard tous les organes sont plus ou
moins atrophiés ; Cohnheim (1) suppose que la puissance de

(1) Cohnheim, ouvrage cité, p. 294.

régénération immanente à leurs éléments en vertu de la loi d'hérédité ne persiste pas indéfiniment et qu'il vient un moment, variable pour chacun d'entre eux, où elle s'épuise.

Nous avons indiqué, dans le chapitre précédent, les conditions nécessaires à l'intégrité de la nutrition; nous avons vu que, si elles ne sont plus réalisées, les organes et leurs éléments peuvent être frappés de mort; on conçoit que dans les cas où le désordre est moindre il y ait simplement atrophie; ajoutons que nombre de causes capables d'amener l'atrophie ne produisent pas la mortification.

L'atrophie peut être générale ou partielle.

L'*inanition* amène, lorsqu'elle est portée à un haut degré, l'atrophie de tous les organes; les médecins qui exercent dans l'Inde peuvent malheureusement de nos jours encore en observer les effets. Certaines maladies telles que le rétrécissement de l'œsophage et du pylore, les vomissements incoercibles et les gastro-entérites de la première enfance, donnent lieu à une véritable inanition dont on peut journellement étudier les effets.

Chossat (1) a reconnu que, chez les animaux privés d'aliments, la graisse disparaît en premier lieu et presque entièrement (91 p. 100); l'atrophie porte ensuite surtout sur le sang, les muscles et les viscères abdominaux; le squelette et l'encéphale sont les parties qui résistent le mieux.

On observe de même une atrophie générale dans le cours des maladies fébriles de longue durée; elle s'y produit avec une rapidité d'autant plus grande que l'énergie des combustions y présente une augmentation plus considérable et qu'il y a simultanément défaut de recettes alimentaires.

Les *obstacles à la circulation artérielle*, en réduisant l'apport de matériaux nécessaires aux échanges interstitiels, paraissent devoir entraîner l'atrophie; ils interviennent vraisemblablement, en même temps que la *compression directe*, dans la genèse des dégénérescences cellulaires qui suivent, dans les diverses formes de sclérose, la prolifération du tissu connectif; rappelons à ce sujet que Buchwald et Litten ont pu produire l'atrophie des reins en liant la veine émulgente.

(1) Chossat, *Recherches expérimentales sur l'inanition.* Paris, 1843.

On peut admettre, en physiologie générale, que l'*existence de l'organe est liée à celle de la fonction ;* on voit ainsi, chez les différents mammifères, les diverses parties du squelette et du système musculaire se développer outre mesure ou diminuer d'importance suivant le travail qu'ils ont à remplir ; l'atrophie du muscle peaucier chez l'homme, son développement chez le cheval, le volume de la mamelle chez la femme, son hypertrophie pendant la grossesse et l'allaitement, son existence à l'état rudimentaire chez l'homme en sont des exemples. Ces faits conduisent à penser que l'inaction prolongée d'un organe doit en amener l'atrophie, et l'on a expliqué ainsi la diminution de volume que subissent les muscles des membres condamnés pendant longtemps au repos, leur atrophie dans le moignon. La même cause enraye le développement des organes; chez un enfant condamné au repos par une coxalgie, les os de tout le membre du côté malade restent moins volumineux que ceux du côté opposé.

Il ne faut pas cependant exagérer l'importance de cet ordre de causes ; le repos, même prolongé, ne produit à lui seul qu'une atrophie peu prononcée ; quand les organes diminuent rapidement de volume, c'est qu'une autre influence intervient et agit directement sur leur nutrition ; cette influence est d'habitude un trouble de l'innervation.

Elle a été mise d'abord en évidence par les célèbres expériences de A. Waller ; ce physiologiste a montré que la section des racines antérieures produit l'atrophie de leur bout périphérique, que celle des racines postérieures a pour conséquences l'atrophie de leur bout central si elle est faite au-dessus du ganglion intravertébral et celle de leur bout périphérique si elle est pratiquée au-dessous. Plus tard, Türck (1) a démontré que les lésions de la capsule interne provoquent une dégénérescence atrophique du faisceau moteur.

En 1864, MM. Luys et Cornil signalaient l'atrophie des cornes antérieures chez un sujet atteint de paralysie infantile, et

____

(1) Türck, *Zeitsch. der Ges. d. Wiener Aertze.* IX. — Luys et Cornil, *Comptes rendus de la Société de biologie.* 1863. — Hayem, *Recherches sur l'anat. path. des atrophies musculaires.* 1877. — Vulpian et Prévost, *Paralysie infantile, lésions des muscles et de la moelle (Comptes rendus de la Société de biologie,* 1865).

en 1866, MM. Vulpian et Prévost constataient, dans la même maladie, l'altération des cellules motrices de la moelle. Depuis lors, les nombreux travaux de MM. Charcot, Vulpian, Hayem et de leurs élèves ont montré qu'il y a là une loi pathologique qui peut être ainsi formulée : toute lésion destructive des cornes antérieures et des faisceaux moteurs donne lieu à l'atrophie des muscles innervés par ces éléments ; réciproquement, toute paralysie accompagnée d'une atrophie prononcée des muscles se rattache à une lésion de ces mêmes cellules ou de ces mêmes cordons nerveux ; il a été démontré par les travaux français, et particulièrement par ceux de Cruveilhier, Luys et Cornil, Vulpian, Charcot, Hayem, Joffroy, Gombault, Pierret, que l'atrophie musculaire progressive se rattache également à une lésion de ces organes, et les efforts de Friedreich (1), pour substituer à cette théorie celle d'une affection primitive des muscles qui pourrait entraîner à sa suite une altération secondaire de la moelle, sont restés infructueux ; les faits dans lesquels on voit une myélite amener l'atrophie des muscles, quand elle envahit la substance grise antérieure (2), ne permettent pas de révoquer en doute l'origine spinale de cette altération.

L'influence des lésions des nerfs périphériques est également démontrée par les faits cliniques. Fernet et Landouzy ont établi que l'inflammation chronique du nerf sciatique donne lieu à l'atrophie des muscles qu'il anime ; le professeur Jaccoud a fait connaître les atrophies musculaires produites par l'atrophie des racines nerveuses (3), et Joffroy a de même récemment décrit une atrophie musculaire liée à une lésion des nerfs périphériques.

Ce ne sont pas seulement les muscles dont la nutrition peut être troublée dans ces conditions. Charcot a établi qu'il se produit assez souvent, dans l'ataxie locomotrice progressive, une atrophie des os assez prononcée pour donner lieu à des fractures multiples ; l'atrophie unilatérale de la face et la

(1) Friedreich, *Ueber die Progressive Muskel-Atrophie*. Berlin, 1873.
(2) Charcot et Joffroy, *Sur deux cas d'atrophie musculaire progressive* (*Archives de physiologie*, 1869). — Hallopeau, *Étude sur les myélites chroniques diffuses* (*Archives de médecine*, 1871-1872). — Hayem, *sur un cas d'atrophie musculaire, avec lésion de la moelle* (*Archives de physiologie*, 1869).
(3) Jaccoud, *De l'atrophie nerveuse progressive*, in *Leçons de clinique médicale*, 1867. — Joffroy, *Archives de physiologie*, 1883.

sclérodermie dont elle semble n'être qu'une variété (1) se rattachent également, selon toute vraisemblance, à un trouble de l'innervation.

Les lésions des extrémités nerveuses semblent réciproquement donner lieu à de l'atrophie des parties centrales. M. Vulpian a trouvé, dans des cas d'amputation ancienne, une atrophie de la partie de la moelle où aboutissaient les nerfs du membre amputé (2) ; on sait d'autre part que l'atrophie du nerf optique est une conséquence de l'atrophie rétinienne ; M. Vallat a démontré enfin que les arthropathies provoquent l'atrophie des muscles circonvoisins.

On est loin d'être d'accord sur le mécanisme par lequel se produisent, dans ces diverses circonstances, les troubles de nutrition. On ne peut invoquer le repos prolongé ; les parties qui y sont soumises ne s'atrophient que très légèrement si leur innervation n'est pas troublée ; et d'autre part, les muscles, dans l'atrophie musculaire progressive, restent susceptibles de se contracter tant qu'ils ne sont pas entièrement détruits. On peut, dans certains cas, faire intervenir un trouble de l'innervation vaso-motrice ; il en est ainsi par exemple dans la sclérodermie et l'atrophie unilatérale de la face ; la sclérodermie s'accompagne souvent de troubles très prononcés dans l'innervation des vaisseaux cutanés ; Seeligmüller et Nicati (3) ont vu plusieurs fois la section du sympathique cervical provoquer secondairement un amaigrissement de la moitié correspondante de la face ; Brunner, dans un cas d'hémi-atrophie faciale, a constaté une dilatation de la pupille qui indiquait une irritation persistante du sympathique (4).

Pour les muscles, on peut admettre que les filets moteurs et leurs cellules d'origine exercent sur la nutrition de ces organes une influence dont la suppression entraîne l'atrophie (Vulpian).

La cause prochaine de l'atrophie des nerfs est mieux connue ; elle est énoncée dans la loi de Waller : une fibre nerveuse, pour rester vivante, doit rester en relation avec ses cellules d'origine.

---

(1) Hallopeau, *Note sur un cas de sclérodermie avec atrophie des os et arthropathies multiples* (*Comptes rendus de la Société de biologie.* 1873).
(2) Vulpian, *Archives de physiologie normale et pathologique.* 1869.
(3) Nicati, *La paralysie du nerf sympathique cervical.* Zürich, 1872.
(4) Brunner, *Petersb. med. Zeitsch.* 1871.

Par conséquent, la section des nerfs périphériques, leur compression et les altérations de leurs noyaux d'origine entraînent nécessairement leur dégénérescence et leur atrophie.

Il existe entre certains organes des relations de nature indéterminée, en vertu desquelles la destruction de l'un entraîne celle de l'autre. Telle est l'influence du testicule sur le larynx et les follicules pileux de la barbe, telle est celle de l'ovaire sur la mamelle.

Certaines *intoxications* provoquent de graves lésions trophiques ; la plus importante est l'intoxication saturnine ; son action, d'après des recherches récentes, semble s'exercer primitivement sur les nerfs (1).

Faut-il admettre une atrophie par *abus de la fonction* ? les exemples d'amyotrophie consécutive au surmènement semblent plaider en faveur de l'affirmative, mais les recherches anatomo-pathologiques ont dénoté, dans ces cas, l'existence de lésions que l'on a considérées comme inflammatoires; l'atrophie ne serait alors qu'une conséquence indirecte de l'abus fonctionnel.

Nous devons mentionner enfin les atrophies congénitales. Elles occupent le plus souvent une moitié du corps et semblent être d'ordinaire en relation avec une lésion de l'encéphale; elles peuvent cependant n'intéresser que les membres ; on leur attribue alors une origine spinale (2).

ARTICLE II. — ANATOMIE ET PHYSIOLOGIE PATHOLOGIQUES.

Virchow a établi une distinction entre l'*atrophie* proprement dite et l'*aplasie :* les éléments sont dans celle-là diminués de volume, dans celle-ci de nombre. L'aplasie s'observe surtout dans les cas où le développement de l'organe est enrayé ; elle peut-être aussi la conséquence de l'atrophie si cette dernière aboutit à la disparition complète de l'élément.

L'atrophie est fréquemment accompagnée d'une altération du contenu cellulaire consistant en une dégénérescence grais-

(1) Westphal, *Ueber eine veränderung des Nervus radialis bei Bleilähmung.* (*Arch. f. Psychiatrie und Nervenkrankheiten*, 1874).
(2) Lancereaux, *Traité d'anatomie pathologique.* Paris, 1875.

seuse, pigmentaire ou calcaire. Souvent aussi elle coïncide avec une multiplication des éléments nucléaires.

Elle a été l'objet de recherches intéressantes dans les nerfs et dans les muscles. Si l'on examine le bout périphérique d'un

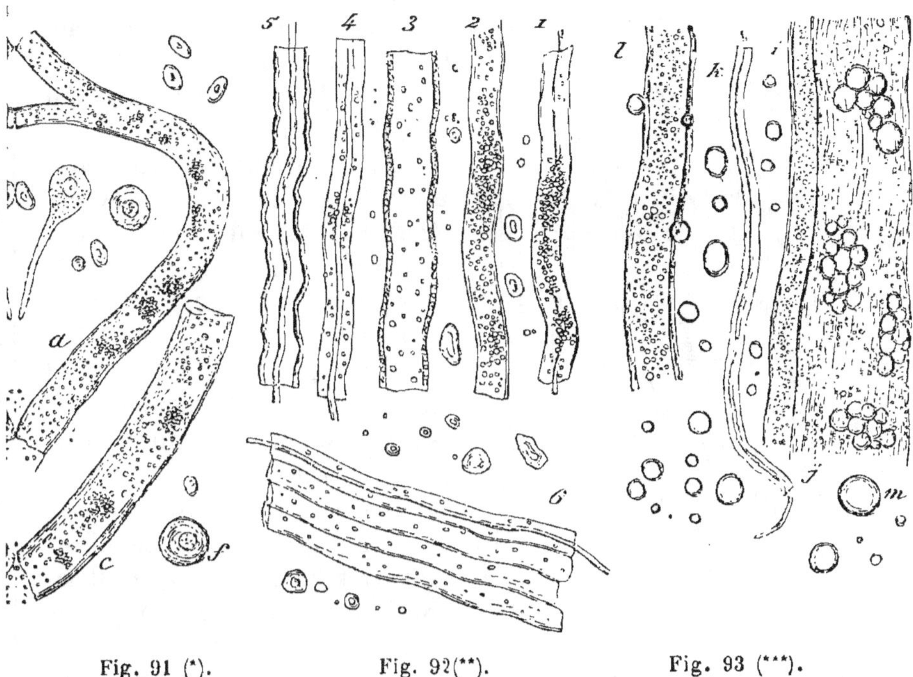

Fig. 91 (*).   Fig. 92(**).   Fig. 93 (***).

nerf dont on vient de pratiquer la section, on reconnaît bientôt que les noyaux situés à la face interne de la gaine de Schwann se tuméfient, se divisent et s'entourent d'un protoplasma finement granuleux. La gaine de myéline se fragmente en forme de petites masses arrondies ; on voit apparaître de

(*) *ac*, éléments des racines motrices au niveau des cornes antérieures de la moelle. Le cylindre-axe est invisible. La membrane limitante est chargée de granulations et de vésicules graisseuses. — *f*, myélocyste à l'état normal.

(**) 1, 2, 3, 4, 6, tubes nerveux provenant des racines antérieures des paires cervicales atrophiées. — 5, tube nerveux pris sur le nerf médian avec la membrane limitante plissée d'une manière très sensible.

(***) *i*, *k*, *l*, grand sympathique, prolifération fibro-conjonctive et graisseuse. Le tissu fibreux est composé de faisceaux ondulés très élégants (*j*); tout le champ du microscope est rempli de vésicules graisseuses (*m*), qui s'échappent des tubes à la moindre pression.

jeunes cellules que Ranvier (1) rattache à la prolifération des éléments préexistants, tandis que Tizzoni (2) et Rumpf (3) les considèrent comme des globules blancs migrateurs ; le cylindre-axe se segmente et disparaît en partie ; le tube n'est plus représenté que par la gaine de Schwann rétractée ou contenant une substance finement granuleuse et par places des fragments de cylindre-axe (fig. 91, 92 et 93). Ranvier, reconnaissant aux altérations initiales un caractère de suractivité formatrice, admet que l'influence nerveuse régularise la nutrition ; si elle vient à être supprimée, l'activité nutritive prend un caractère désordonné.

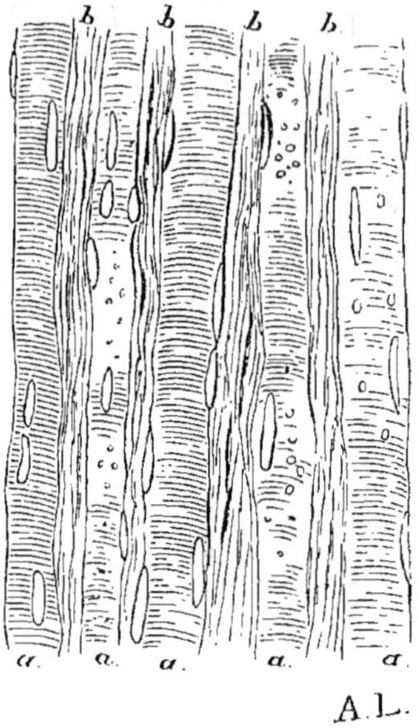

L'atrophie des muscles peut être simple ou coïncider avec des phénomènes d'irritation et de régénération.

Dans le premier cas, l'on constate que les fibres élémentaires sont très amincies ; leur striation a disparu ; elles sont remplies de granulations graisseuses et pigmentaires ; parfois on trouve leur protoplasma partagé en fragments qui peuvent être arrondis et simulent des éléments cellulaires.

Fig. 94. — Fibres musculaires atteintes d'atrophie simple avec épaississement du tissu interstitiel (*).

Si le processus est en même temps irritatif, les noyaux du sarcolemme se multiplient, de nouvelles cellules musculaires apparaissent dans la gaine, en même temps que le tissu connectif interstitiel prolifère (fig. 94) et, dans certains cas, par exemple dans les paralysies infantiles et pseudo-hypertrophiques, se surcharge de graisse. Dans l'atrophie du tissu

(1) Ranvier, *Leçons sur l'histologie du système nerveux*. 1878.
(2) Tizzoni, *Sulla patologia del tessuto nervoso*. 1878.
(3) Rumpf, *Unters. des physiol. Institut z. Heidelberg*, II.

(*) *aa*, fibres musculaires à divers degrés d'atrophie avec multiplication des noyaux. — *bb*, fibres de tissu conjonctif. Grossissement 300 diamètres.

graisseux, on peut reconnaître la disparition des gouttelettes graisseuses dans les cellules ; le tissu perd sa couleur jaunâtre et prend un aspect gélatineux ; les cellules sont de moindres dimensions.

Les atrophies des glandes peuvent se présenter sous des formes diverses : les cellules peuvent être simplement diminuées de volume ; leur protoplasma est tantôt sain, tantôt granuleux ou chargé de pigment.

Le rôle de l'atrophie en pathologie est considérable, car, si la partie qui en est le siège est nécessaire au fonctionnement de l'organisme, elle provoque bientôt des troubles graves de la santé. C'est ainsi que, dans les affections cardiaques, l'atrophie du muscle entraîne une asystolie persistante, que l'atrophie des cellules du foie dans la cirrhose et l'ictère grave, que celle des reins dans les cas où ces organes sont atteints de sclérose sont bientôt incompatibles avec la vie.

L'atrophie peut être, dans une certaine mesure, réparable si les causes qui l'ont provoquée cessent d'agir, mais il faut pour cela que l'altération des éléments n'ait pas dépassé une limite qu'il est difficile de préciser. On voit souvent les atrophies provoquées par le plomb persister indéfiniment, alors même que toute trace d'intoxication a disparu depuis longtemps.

CHAPITRE II

DES DÉGÉNÉRESCENCES

ARTICLE I. — DE LA DÉGÉNÉRESCENCE GRAISSEUSE.

La graisse est un des éléments qui font normalement partie de l'organisme sain ; on la trouve constamment dans le tissu cellulaire sous-cutané, entre les faisceaux musculaires, dans les glandes sébacées et dans les mamelles ; l'épithélium de l'intestin, les chylifères et aussi le foie, au moins pendant la digestion, en contiennent également. A l'état pathologique, on peut la rencontrer dans deux conditions bien différentes : tantôt elle est *infiltrée* dans les éléments des tissus sans que ceux-ci présentent d'autre altération et soient troublés dans leurs fonctions, il y a seulement surcharge graisseuse des organes, c'est l'état que M. Lancereaux désigne sous le nom d'*adipose* (fig. 95); tantôt la graisse apparaît sous forme de fines gouttelettes dans les éléments en voie de régression, c'est la *dégénérescence* graisseuse, la *stéatose* de M. Lancereaux (fig. 96).

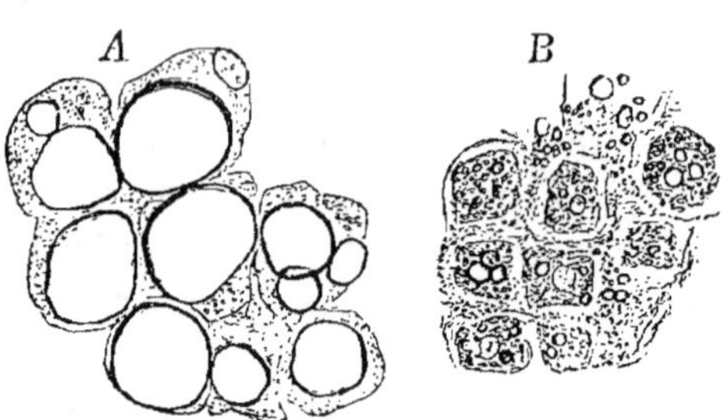

Fig. 95 et 96. — A, infiltration graisseuse des cellules du foie. — B, dégénérescence graisseuse des cellules du foie. Grossissement 250 (Perls).

On doit considérer comme une infiltration graisseuse le dépôt qui se forme dans le tissu cellulaire des parties en voie d'atrophie. Si l'on examine, chez un adulte atteint de paralysie infantile, un muscle malade depuis l'enfance, on peut le trouver transformé presque entièrement en une masse graisseuse, bien qu'il présente des dimensions normales; ce n'est pas là une dégénération, car on retrouve épars dans cette masse des faisceaux de fibres musculaires qui sont en état d'atrophie simple; il en est de même dans la paralysie pseudo-hypertrophique. On peut également trouver des glandes lymphatiques représentées par une masse de tissu graisseux (1).

Il faut de même considérer comme un simple dépôt la graisse qui, dans certains cas, infiltre exclusivement les cellules hépatiques. Kœlliker a montré que, sous l'influence d'une alimentation riche en matières grasses, celles-ci se déposent pendant quelques heures dans ces éléments; on conçoit aisément que, chez les sujets dont la circulation veineuse est gênée, ce dépôt devienne persistant; il est probable que souvent la surcharge graisseuse du foie que l'on observe chez les tuberculeux et chez certains cardiaques n'a pas d'autre origine. On a dit, pour distinguer ces

(1) Lancereaux, *loc. cit.*

infiltrations des dégénérescences, que la graisse s'y présentait sous forme de gouttes plus volumineuses, mais la valeur de ce signe est loin d'être absolue, car dans l'ictère grave la graisse de dégénérescence peut offrir le même aspect.

La *dégénérescence graisseuse* est certainement l'indice d'un trouble grave de la nutrition ; elle est susceptible de disparaître si les conditions dont elle a été le résultat cessent d'exister, mais plus souvent elle aboutit à la destruction de l'élément ; c'est un mode de mortification. On doit en admettre l'existence chaque fois que l'élément chargé de granulations est atrophié et hors d'état de remplir ses fonctions ; il en est ainsi par exemple des tubes nerveux sectionnés et des cellules du foie dans l'ictère grave.

Les causes de dégénération graisseuse sont générales ou locales. Parmi les premières, nous mentionnerons surtout les fièvres graves, les cachexies, l'anémie pernicieuse, l'ictère grave et la sénilité ainsi que les intoxications par l'alcool, le chloroforme, l'éther, l'iodoforme, l'arsenic, le plomb et le phosphore.

Parmi les secondes, il faut citer les inflammations, les troubles de la circulation, les nécrobioses et les sections nerveuses. Dans les inflammations, la dégénération se manifeste aussi bien dans les épithéliums, les cellules glandulaires et les enthothéliums des vaisseaux et des séreuses que dans les globules blancs ; il ne faut pas cependant considérer comme voués à une destruction prochaine et morts au point de vue physiologique tous les éléments chargés de granulations graisseuses que l'on peut rencontrer dans un foyer d'inflammation ou de nécrobiose. Ceux que Gluge a décrits sous le nom de *corps granuleux*, et qui ne sont autres que des globules blancs infiltrés de graisse, peuvent encore changer spontanément de forme ; ils sont donc vivants et l'on peut considérer comme vraisemblable qu'ils jouent un rôle utile en s'incorporant les granulations graisseuses qui proviennent de la destruction d'autres éléments.

Il faut au contraire considérer comme essentiellement dégénérative la transformation graisseuse que subissent en masse les éléments inflammatoires ainsi que les néoplasies tuberculeuses et syphilitiques et qui aboutit à la formation de masses caséeuses.

Pour pénétrer le mode de production de cette dégénération,

il faudrait avoir des notions suffisantes sur la nature des modifications chimiques qui se produisent sous l'influence de la nutrition dans les éléments cellulaires, et nous n'en sommes pas là. On possède cependant un certain nombre de données intéressantes sur ce sujet.

On peut émettre relativement à l'origine de l'adipose et de la stéatose les hypothèses suivantes : 1° la graisse est introduite en excès dans l'organisme ; 2° elle s'y produit en excès ; 3° elle n'y est qu'incomplètement brûlée.

L'introduction d'une quantité exagérée de graisse par l'alimentation peut contribuer à produire l'obésité ; elle amène la présence passagère de graisse dans les cellules hépatiques ; mais c'est là une cause dont l'action est susceptible d'être, d'une manière générale, négligée en ce qui concerne les dégénérescences graisseuses. La production dans les tissus d'une quantité exagérée de graisse peut être attribuée à un trouble dans l'évolution des matières hydro-carbonées et dans celle des matières albuminoïdes. La graisse est un produit de dédoublement. Les abeilles nourries exclusivement avec du miel continuent à faire de la cire, elles transforment donc une matière sucrée en matière grasse. D'autre part, on sait que les vaches produisent quotidiennement par la sécrétion lactée plus de graisse que leurs aliments n'en contiennent (1). Le lait continue à en renfermer beaucoup, alors même que l'animal n'en reçoit plus avec sa nourriture et est alimenté presque exclusivement avec des albuminoïdes (Pettenkofer et Voit) (2). Il a été constaté par Hoppe-Seyler que la quantité de graisse contenue dans le lait retiré de la mamelle peut augmenter le premier jour aux dépens de la caséine et des autres albuminoïdes.

Il faut attacher moins d'importance à la transformation en matières grasses des parties molles du corps après la mort (gras de cadavre), car il ne s'agit plus en pareil cas de graisse libre, mais d'acides gras combinés à l'ammoniaque et à la chaux ; il en est de même des matières grasses qui se développent pendant la putréfaction de diverses substances organiques, telles que la fibrine, le pus et la caséine.

(1) Béclard, *Traité de physiologie*. — Kuss et M. Duval, *Cours de physiologie*.
(2) Pettenkofer et Voit, *Zeitsch. f. Biologie*, IX. — Hoppe-Seyler, *Medic. Untersuchungen*.

On n'a pas réussi encore à faire chimiquement de la graisse avec des matières protéiques; Hoppe-Seyler admet avec raison que cette substance ne se développe que chez les êtres vivants. Il est certain néanmoins qu'à l'état pathologique la graisse peut se former aux dépens des albuminoïdes dont elle paraît être un produit de dédoublement lorsqu'ils sont incomplètement comburés. Dans la plupart des cas de stéatose, on peut constater cette insuffisance de combustions; c'est ainsi que, dans l'intoxication phosphorée, la présence dans l'urine de produits azotés anormaux dénote que les albuminoïdes ne subissent plus leurs transformations régulières, et, d'autre part, l'anoxémie est portée à un haut degré; Bauer (1) a constaté chez un chien, au troisième jour de cette intoxication, une diminution par rapport au jour précédent de 45 p. 100 dans l'absorption de l'oxygène et de 47 p. 100 dans l'élimination de l'acide carbonique. Dans l'ictère grave, l'urine contient de la leucine, de la tyrosine et de l'acide urique, produits de l'oxydation incomplète des albuminoïdes; on peut invoquer dans les fièvres graves l'intervention des mêmes causes; il est d'observation que l'alcoolisme diminue l'activité des combustions; de même dans la leucémie et l'anémie pernicieuse, il y a nécessairement anoxémie et insuffisance de combustions. Dans les scléroses et les nécrobioses consécutives aux oblitérations vasculaires, la réduction du champ circulatoire doit diminuer également les oxydations.

Cohnheim attribue de même la dégénérescence graisseuse si rapide des fibres utérines après l'accouchement à l'anémie de l'organe.

On a invoqué aussi la sclérose des artères nourricières (H. Martin) (2) pour expliquer les dépôts de graisse qui se font constamment chez les vieillards dans les couches profondes de la tunique interne des artères, et l'anoxémie qu'entraîne l'inertie pour se rendre compte de la dégénérescence que subissent les muscles paralysés.

Faut-il donc admettre, avec Liebig, comme un fait démontré que la formation de la graisse est liée à l'insuffisance des oxydations? nous ne le pensons pas; Recklinghausen fait remar-

---

(1) Bauer, *Sitz. Ber. d. Münchener Akad.*
(2) H. Martin, *Revue de médecine.* 1881.

quer avec raison que dans beaucoup de cas d'anémie très prononcée la stéatose fait défaut ; il rappelle que fréquemment il n'y a pas de traces de dégénération graisseuse chez des sujets morts de phthisie ou de cancer ; les anémies provoquées par les grandes hémorrhagies ne s'accompagnent elles-mêmes qu'exceptionnellement de cette altération ; il y a donc, en dehors de l'anoxémie, une condition qu'il reste à déterminer. Recklinghausen, formulant à ce sujet une nouvelle hypothèse, se demande si la dégénération graisseuse n'est pas due à la présence en excès d'acide carbonique dans les tissus ; il a montré qu'en plaçant quelques gouttes de sang de grenouille dans une atmosphère qui renferme de 20 à 30 p. 100 de ce gaz, on voit bientôt des gouttelettes graisseuses apparaître dans les globules blancs du sang et s'y multiplier rapidement sans que ces éléments éprouvent d'autres altérations appréciables. Comment

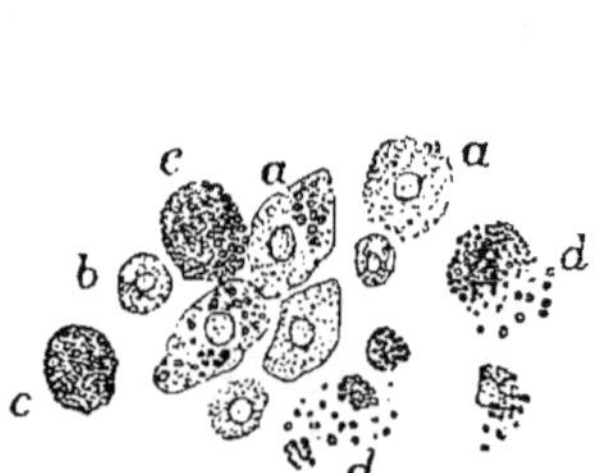

Fig. 97. — Cellules épithéliales (*a*) et lymphatiques (*b*) d'une alvéole pulmonaire en voie de dégénérescence graisseuse ; les corps *c* sont des amas de granulations graisseuses qui se dissocient en *d*. Grossissement 250 (Perls).

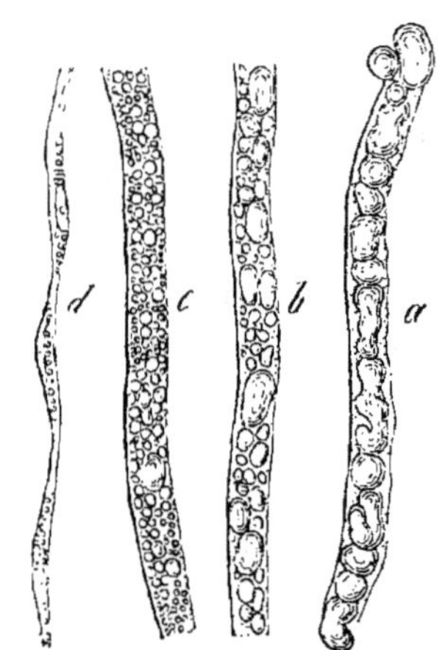

Fig. 98. — Dégénérescence graisseuse des fibres nerveuses à double contour telle qu'on la rencontre dans le bout périphérique d'un nerf cérébro-spinal sectionné (*).

agit en pareil cas l'acide carbonique ? Amène-t-il la formation de la graisse en dédoublant l'albumine du globule, ou dégage-

(*) *a*, après une demi-semaine. — *b*, après deux semaines. — *c*, après quatre semaines. — *d*, après deux mois. Grossissement 300.

t-il des savons graisseux, des acides gras qui, en se combinant avec la glycérine du protoplasma, produisent de la graisse? On ne peut en décider actuellement.

Beaucoup d'organes renferment de la lécithine, corps très voisin de la graisse; on a émis l'hypothèse qu'elle pouvait, en se transformant, lui donner naissance. Cohnheim explique ainsi la dégénérescence graisseuse des nerfs sectionnés et séparés de leurs centres trophiques.

Les éléments en voie de dégénération graisseuse renferment en quantité plus ou moins grande des granulations généralement fines, et fortement réfringentes, qui ont la propriété de

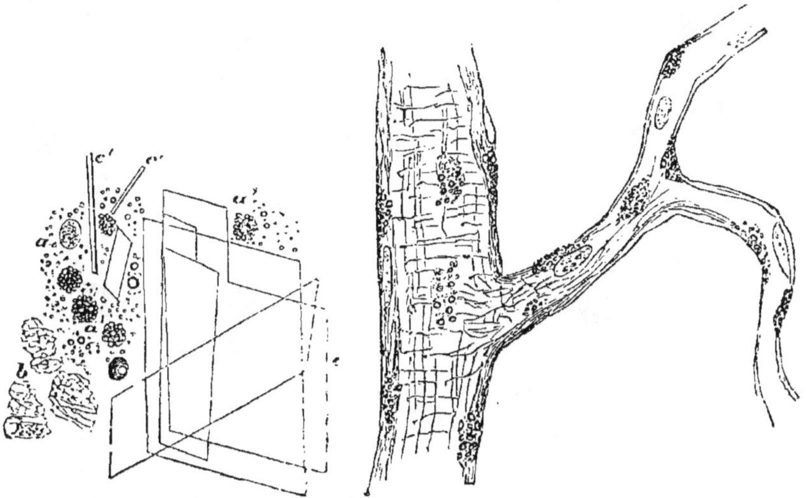

Fig. 99. — Bouillie athéromateuse d'un foyer artériel (*).

Fig. 100. — Petite artère et capillaires en voie de dégénérescence graisseuse. Grossissement 250 (Perls).

résister à l'action de l'acide acétique et d'être dissoutes par l'éther et l'alcool; elles peuvent occuper toute l'épaisseur des cellules et en masquer le noyau (fig. 97). Quand les éléments

(*) $a'a'$, graisse liquide provenant de la métamorphose graisseuse des cellules de la tunique interne (a) qui se transforment en globules granuleux ($a'a'$), puis se décomposent et forment des gouttelettes huileuses libres (détritus graisseux). — b, amas amorphes granuleux, et plissés du tissu ramolli et liquéfié. — cc', cristaux de cholestérine. — c, grandes tables rhomboïdales. — — $c'c'$, aiguilles rhomboïdales fines. Grossissement 300 diamètres (Virchow).

sont détruits, les granulations se réunissent en gouttes huileuses ; elles se transforment en cristaux d'acide margarique et de cholestérine (fig. 99).

Dans les nerfs en voie de dégénération, la gaine de myéline, au bout de huit à quatorze jours, s'est dissociée en masses irrégulières, qui présentent les réactions de la graisse, diminuent graduellement de volume et finissent par disparaître entièrement (fig. 98).

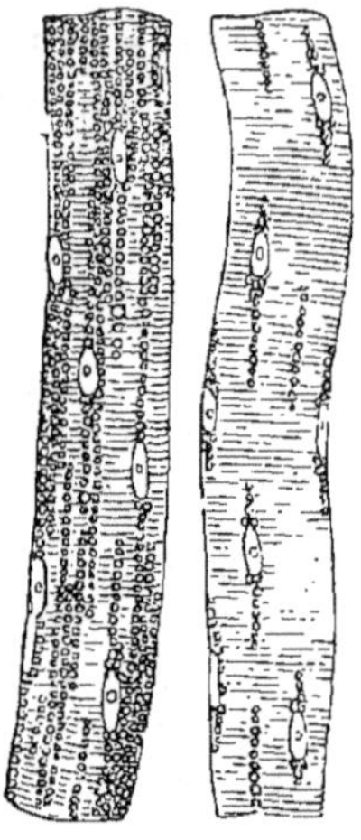

Fig. 101. — Dégénérescence graisseuse des fibres musculaires striées. Grossissement 300.

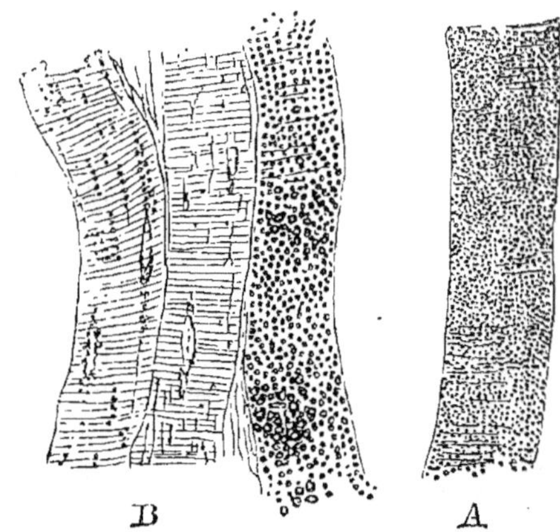

Fig. 102. — A, granulations albumineuses. — B, dégénérescence graisseuse : la fibre du milieu est normale, la dégénérescence est au début dans la fibre située à gauche et très avancée dans la fibre située à droite. Grossissement 250 (Perls).

Dans l'athérome, on voit des taches jaunâtres sous la membrane interne ; les cellules endothéliales et celles de la couche sous-jacente sont infiltrées ; elles se détruisent et laissent à leur place une bouillie jaunâtre dans laquelle on peut reconnaître des granulations graisseuses, des tablettes de cholestérine, et des cristaux de margarine (fig. 99).

Lancereaux (1) appelle stéatose la simple dégénération graisseuse des artères (fig. 100), il réserve le nom d'athérome à celle qui se développe dans les foyers d'artérite.

(1) Lancereaux, *Traité d'anatomie pathologique*, 1875.

Dans les muscles (1), la graisse se dépose d'abord sous la forme de petites granulations brillantes disposées suivant l'axe des fibres, souvent aux extrémités des noyaux qu'elles semblent prolonger; plus tard ces granulations deviennent plus volumineuses, elles remplissent tout le contenu de la fibre, et en masquent la striation (fig. 102).

La dégénérescence graisseuse des organes entraîne leur inertie fonctionnelle, et l'on conçoit quelle en est la gravité quand il s'agit de viscères tels que le foie et le rein dont le fonctionnement régulier est nécessaire à la vie.

ARTICLE II. — DES DÉGÉNÉRESCENCES CIREUSE, MUQUEUSE, COLLOIDE, ET AMYLOIDE.

§ 1. — Tuméfaction trouble.

On trouve fréquemment, dans les autopsies, des altérations plus ou moins notables dans l'aspect ou dans la constitution chimique du contenu cellulaire; leur origine, leur nature et leur importance sont le plus souvent très difficiles à déterminer en raison de l'incertitude de nos connaissances en chimie physiologique.

Nous ne ferons que mentionner ici l'altération connue sous le nom de *tuméfaction trouble :* les cellules qui en sont le siège présentent un aspect granuleux ; elles ont perdu leur transparence ; les granulations qu'elles renferment sont de nature protéique. Cet état se rencontre dans les maladies les plus différentes; on n'en connaît pas la signification ; il ne peut servir, comme on l'a prétendu, à caractériser l'inflammation.

§ 2. — Dégénérescence cireuse.

La dégénérescence *cireuse*, signalée par Zenker dans les muscles des typhiques, n'a également qu'une importance très secondaire ; ces organes présentent, quand ils en sont atteints, une coloration d'un gris rougeâtre qui les fait ressembler à de la

____

(1) Hayem, article Musculaire (pathologie) du *Dictionnaire encyclopédique.* — Straus, article Muscles du *Nouveau Dictionnaire de médecine et de chirurgie pratiques.* Paris, 1877, tome XXIII.

chair de poisson ; leurs éléments ont perdu leur striation, leur substance est divisée en blocs irréguliers.

Cette altération est toujours consécutive à la mort de l'organe; elle doit donc être considérée comme cadavérique. On l'observe dans la plupart des maladies fébriles de longue durée, dans le tétanos et dans les muscles qui ont été lésés par une violence extérieure.

On peut la produire expérimentalement en provoquant le tétanos d'un muscle, ou en y enrayant pendant vingt-quatre heures les actes nutritifs; l'expérience peut être faite facilement sur la langue en la liant à la base. Perls pense qu'il se produit, dans ces circonstances, une modification dans la distribution des éléments qui composent les fibres musculaires; les parties connues sous le nom de *disdiaclastes* se confondent en une masse homogène, bien qu'irrégulièrement fragmentée. Cette altération peut affecter les muscles lisses aussi bien que les muscles striés (Maier-Perls). Nous allons voir que Recklinghausen la rattache à la dégénérescence *hyaline*; il en est de même de la dégénérescence *colloïde*.

§ 3. — Dégénérescence muqueuse.

La dégénérescence *muqueuse* peut affecter le tissu conjonctif, les cartilages, les os et les éléments des tumeurs ; elle s'accompagne le plus souvent de ramollissement; les parties qui en sont atteintes offrent les réactions de la mucine. Il ne faut pas considérer comme une dégénérescence la présence de cette même substance en quantité exagérée dans les éléments des muqueuses enflammées, car elle appartient à leur constitution normale.

§ 4. — Dégénérescence hyaline.

Recklinghausen (1) a décrit récemment sous le nom de dégénération *hyaline* l'envahissement des tissus par une substance qui se rattache au groupe des *colloïdes* décrit par Laennec, groupe qui comprend également les substances amyloïde et mu-

(1) Recklinghausen, *loc. cit.*

queuse. C'est, d'après cet auteur, un produit albuminoïde qui présente des réactions très analogues à celles des autres corps albumineux et cependant se colore plus fortement par le carmin, le picro-carmin et l'éosine ; les acides ont peu d'action sur lui; de plus, quand on traite par une solution d'ammoniaque des parties qui en contiennent, tous les éléments s'éclaircissent, à l'exception de la substance hyaline qui se tuméfie et perd de son éclat; mais on la reconnaît surtout à ses caractères physiques, à l'homogénéité de sa constitution, à l'intensité de son pouvoir réfringent ; elle se rapproche de l'amyloïde par ces mêmes propriétés, sa consistance ferme, sa résistance à l'action de l'eau et des solutions ammoniacales et acides ; il faut recourir au réactif iodé pour l'en distinguer ; souvent elle se creuse de cavités que remplit un liquide séreux, souvent aussi elle est disposée en travées, analogues à celles que forme la fibrine.

Ses caractères chimiques ne sont pas complètement déterminés ; il est possible qu'elle soit formée par l'union de plusieurs composés. Comme les substances muqueuse et amyloïde, elle provient du protoplasma cellulaire, et est insoluble dans les liquides interstitiels ; elle se trouble quand on la chauffe, mais non quand on la traite par un acide.

Elle a été décrite (1) sous le nom de substance colloïde ; on la trouve dans les kystes du corps thyroïde, dans le tissu de cicatrice, dans les tumeurs de l'œil, dans les tumeurs des muqueuses, et particulièrement dans celles des voies urinaires, des trompes et de l'utérus, dans les inflammations aiguës et chroniques des reins, des glandes sudoripares et des ovaires, dans les tumeurs du tissu conjonctif, des ganglions lymphatiques et du thymus, dans les tubercules et les sarcomes, dans les myxômes du plexus choroïde, les lymphangiomes, et les carcinomes épithéliaux, dans les inflammations diphthériques et dans les thromboses intra-vasculaires, anévrysmales et cardiaques ; enfin Recklinghausen lui rattache également la dégénération cireuse des muscles et il la signale dans les fibres nerveuses hypertrophiées.

Il semble, au premier abord, qu'il s'agisse là de produits différents, mais Recklinghausen reconnaît dans chacun d'eux les ca-

______
(1) Heckel, *Ann. des Charitékrankenhauses*. 1853.

ractères de la substance hyaline. Ils se forment tous dans des organes riches en cellules et en protoplasma ; ce fait permet d'admettre avec vraisemblance qu'ils naissent du protoplasma cellulaire ; dejà Meckel a émis l'opinion que les cylindres hyalins de la néphrite résultent de la fusion des cellules épithéliales détachées de la paroi ; Tourtual a expliqué de même la formation de masses gélatineuses dans le goître; d'autres auteurs cependant les considèrent comme des produits exsudés. Pour ce qui est de la dégénérescence cireuse des muscles, il n'est pas douteux qu'elle ne se fasse aux dépens de leur protoplasma. D'une manière générale, la transformation du protoplasma cellulaire en substance hyaline a pour conséquences immédiates la disparition des interstices des cellules et de leurs noyaux et la fusion de ces éléments en une masse homogène.

On ne peut actuellement déterminer exactement en quoi consiste la dégénérescence hyaline ; Recklinghausen, à qui nous empruntons ces détails, incline à penser qu'elle est due à une concentration des liquides des tissus et du protoplasma par la diminution de la quantité d'eau qu'ils renferment et en même temps à l'issue de masses de protoplasma hors des cellules sous l'influence d'un excès de pression ; des troubles de l'innervation peuvent avoir la même action ; on trouve une quantité de masses hyalines dans la salive de la glande sous-maxillaire dont la sécrétion est provoquée par l'excitation du sympathique.

La résistance de la substance hyaline à l'action des divers modificateurs donne à penser qu'elle ne doit pas disparaître aisément des parties où elle s'est déposée ; elle peut cependant, quand elle est de nouvelle formation, être dissoute par une digestion artificielle ; il est possible que, dans certaines circonstances, elle disparaisse du tissu vivant.

Nous avons vu qu'elle offre les plus grandes analogies avec l'amyloïde ; peut-être ces deux substances représentent-elles les degrés différents d'une même transformation du tissu.

§ 5. — Dégénérescence amyloïde.

La dégénérescence dite *amyloïde* survient le plus souvent sous l'influence de troubles dans la nutrition générale. Elle semble pouvoir provoquer par elle-même, lorsqu'elle affecte des organes essentiels à la vie, des troubles graves des fonctions. Ses causes les plus fréquentes sont la phthisie pulmonaire, la syphilis et les suppurations prolongées, surtout celles qui proviennent des os; viennent ensuite l'intoxication palustre, la leucémie, la goutte et la dysenterie; elle est beaucoup plus rare dans le cancer. Ajoutons enfin que, d'après Cohnheim, elle peut se développer en l'absence de tout état pathologique antérieur. On la reconnaît facilement à l'aide de la solution d'iode iodurée : si l'on touche, avec ce réactif, un organe atteint de dégénérescence amyloïde, il prend, dans les points affectés, une coloration brunâtre qui devient violette ou bleue si on le traite ensuite par l'acide sulfurique dilué. L'altération est généralement disséminée en petits foyers qui se détachent alors nettement.

Cornil (1) et Jürgens ont montré que le violet d'aniline colore en rouge-violet les parties qui renferment la substance amyloïde, tandis qu'il donne une teinte bleue aux parties saines. Elle présente une grande résistance aux actions chimiques; insoluble dans l'eau, elle ne se laisse attaquer par la solution

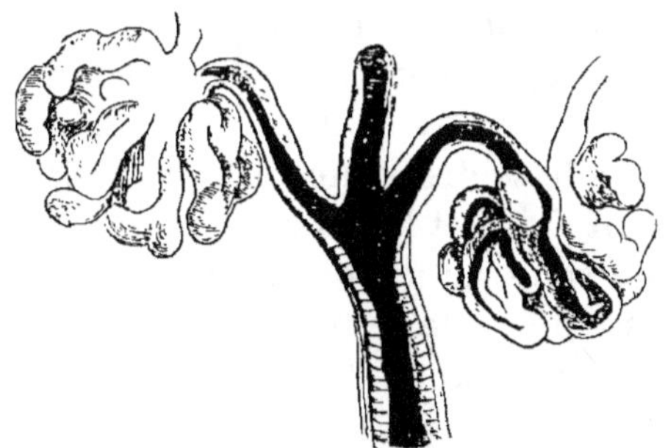

Fig. 103. — Glomérules de Malpighi du rein affecté de dégénérescence amyloïde.
Grossissement 300.

alcaline ou acide que si on la soumet à la coction. Aussi admet-on qu'elle persiste indéfiniment dans l'organisme, une fois qu'elle s'y est développée.

Les organes envahis par l'amyloïde sont ordinairement aug-

(1) Cornil, *Société de biologie.* 1875. — Jürgens, *Virchow's Archiv*, LXV.

mentés de volume et de consistance. Leur coupe paraît brillante et transparente, et on a souvent comparé leur aspect à celui du jambon fumé. C'est dans les reins (fig. 103), le foie, la rate, et aussi dans les ganglions lymphatiques et la muqueuse intestinale qu'on observe le plus souvent cette dégénérescence. On la rencontre également dans le cartilage, dans le coagulum de l'hématocèle, dans certaines tumeurs de l'œil et dans les tumeurs sous-muqueuses de la base de la langue et de l'épiglotte.

Elle peut être localisée ou étendue à un grand nombre d'organes. On l'a rattachée, à tort, dans ce dernier cas, à une dyscrasie produite par une des maladies générales que nous avons vues lui donner naissance. Les recherches entreprises pour retrouver dans le sang la substance amyloïde ont toujours été infructueuses. Il est beaucoup plus probable qu'elle se développe dans les tissus eux-mêmes. Elle est toujours locale, et, si elle se manifeste simultanément dans plusieurs organes, c'est qu'une même cause générale produit, dans chacun d'eux, un même trouble de la nutrition.

Ce ne sont pas toujours, dans les différents organes, les mêmes parties qui sont atteintes. Souvent l'altération est limitée aux vaisseaux et y occupe surtout la tunique moyenne et particulièrement les fibres lisses. Dans les reins et dans le foie, elle peut intéresser également les cellules (Böttcher-Kyber)(1).

La substance dite amyloïde offre les réactions des matières protéiques, dont elle se distingue surtout par la coloration que lui communiquent l'iode et le violet d'aniline.

Relativement à son origine, deux hypothèses ont d'abord été formulées : dans l'une, elle se forme en dehors des éléments, souvent sans doute dans un foyer de suppuration, et elle y pénètre par voie d'infiltration, comme le font, dans d'autres circonstances, les sels de chaux ; dans l'autre, elle résulterait d'une transformation que subiraient, sous l'influence d'une nutrition défectueuse, les albuminoïdes des tissus. Perls fait remarquer que cette dernière est la plus vraisemblable, car si la matière amyloïde était apportée dans les tissus par le mouvement nutritif, on devrait la retrouver dans le sang, tandis que l'on n'a pu jusqu'ici l'y découvrir ; ajoutons qu'elle devrait en

____

(1) Böttcher, *Virchow's Archiv*, LXXII. — Kyber, *Stud. über amyloïde Degen. (Arch. f. mikroscop. Anat.* VIII.) — *Virchow's Archiv*, LXXXI.

outre affecter primitivement les parties les plus internes des tuniques vasculaires, ce qui n'a pas lieu. Recklinghausen propose une interprétation différente des faits : une substance homogène sortirait des cellules et, au contact du liquide interstitiel émané du sang, formerait des agglomérats, des travées ou des réseaux. Ce serait une sorte de coagulation dans laquelle interviendraient à la fois les parties constituantes des tissus et le sang. L'importance du rôle que jouent les éléments cellulaires ressort clairement de ce fait que l'amyloïde n'affecte qu'un certain nombre d'organes : jamais elle n'intéresse l'épiderme, les membranes glandulaires, les poumons, les os, ni le système nerveux.

On n'est pas nettement fixé sur le rôle qu'il convient d'attribuer à la dégénérescence amyloïde en physiologie pathologique. Dans quelle mesure est-elle compatible avec le fonctionnement régulier des organes ? A quels troubles peut-elle donner lieu ? Il n'est qu'un organe pour lequel la question semble jugée : c'est le rein. Et encore faut-il remarquer que la dégénérescence amyloïde de cet organe coïncide souvent avec son altération graisseuse et une phlegmasie interstitielle plus ou moins prononcée. D'autre part, I. Straus(1) a démontré récemment qu'elle peut exister chez des sujets dont les urines ne sont pas albumineuses. Il a été impossible jusqu'ici d'assigner une symptomatologie aux affections amyloïdes du foie, de la rate, des ganglions lymphatiques et de l'intestin. Il est probable qu'il faut tenir compte, à cet égard, du siège variable de l'altération et du degré auquel elle est portée.

On trouve fréquemment, surtout chez les vieillards, dans la prostate, l'épididyme et les centres nerveux, des corps qui sont dits *amyloïdes* parce qu'ils donnent, avec l'iode et l'acide sulfurique, les réactions de l'amidon. Ils n'en sont pas cependant, d'après Robin, exclusivement formés, car ils présentent les réactions des corps azotés. On n'a pas de notions sur leur origine, et leur importance en pathologie paraît à peu près nulle.

(1) I. Straus, *Comptes rendus de la Société des hôpitaux*, et *Union médicale*, 1881.

CHAPITRE III

DES CONCRÉTIONS

Les matières inorganiques qui entrent dans la constitution de l'organisme à l'état de sels solubles peuvent, dans des conditions très variées, se précipiter et former des masses solides dont la présence est assez souvent l'origine de troubles morbides. Nous étudierons successivement, sous le nom de *concrétions interstitielles*, celles qui se déposent dans l'intimité des tissus, et sous le nom de *concrétions calculeuses* celles qui se développent dans les conduits glandulaires aux dépens des liquides qu'ils renferment.

ARTICLE I. — DES CONCRÉTIONS INTERSTITIELLES (DÉPOTS, PÉTRIFICATIONS, INCRUSTATIONS, CRÉTIFICATION).

On observe *deux espèces principales* de concrétions interstitielles ; l'une est caractérisée par ses *bases*, l'autre par *son acide ;* la première comprend les concrétions formées de *sels de chaux* et de *magnésie*, la seconde les *dépôts uratiques*.

§ 1. — Concrétions calcaires et magnésiennes.

D'après M. Talamon (1), la *calcification* ne se produit jamais que dans un tissu conjonctif préalablement modifié. Cette modification consiste en un épaississement stratifié qui le transforme en un tissu fibroïde à substance fondamentale amorphe avec cellules plates disséminées ; c'est ainsi que, d'après Cornil et Ranvier, les *séreuses calcifiées* sont constituées par des lames parallèles de tissu conjonctif, entre lesquelles se trouvent des cellules plates. Les plaques ainsi formées se laissent infiltrer par les sels calcaires et représentent des carapaces solides; on

(1) Talamon, *De la calcification* (*Revue mensuelle de médecine et de chirurgie*. 1877).

les rencontre dans les plèvres, le péritoine et la tunique vaginale (1); elles sont fréquentes autour de la rate.

Les parois des bourses muqueuses, quand elles sont envahies par la calcification, présentent la même structure, c'est-à-dire qu'elles sont surchargées d'une substance amorphe qui espace les éléments figurés, représentés par des cellules plates isolées, qu'elles ont pris une disposition stratifiée et qu'elles ne renferment pas de vaisseaux (Talamon); il en est de même des corps étrangers des articulations et des séreuses, de la tunique interne des artères et des corpuscules de Pacchioni. Talamon a montré que partout où il se produit une calcification on retrouve le même tissu.

Dans l'*endartérite*, les cellules de la tunique interne se multiplient et il se forme, au-dessous de l'endothélium, une substance intercellulaire, résistante, presque amorphe, qui donne bientôt à la membrane une consistance cartilagineuse. Les plaques ainsi constituées peuvent devenir athéromateuses, se caséifier et se métamorphoser de molécule à molécule en une matière crayeuse plus ou moins friable, ou bien elles se transforment directement en plaques calcaires saillantes ou déprimées (2); il en est de même dans l'endocarde.

On voit beaucoup plus rarement se déposer des concrétions calcaires dans les parois des veines variqueuses; dans l'intérieur de ces vaisseaux, on trouve parfois des concrétions appelées *phlébolithes,* qui sont, d'après Rokitansky, des coagulations sanguines calcifiées.

Les corps étrangers intra-articulaires et ceux des séreuses péritonéale et inguinale s'incrustent fréquemment de calcaires; il en est de même des fœtus qui se développent en dehors de l'utérus; tantôt la calcification occupe seulement leur membrane d'enveloppe, tantôt le fœtus lui-même s'incruste en totalité ou en partie.

Les dépôts calcaires sont très rares dans les fibres musculaires striées; on les observe au contraire assez souvent dans les fibres lisses qui constituent en partie la tunique moyenne des artères et aussi dans les lio-myomes utérins.

(1) Cornil et Ranvier, *Manuel d'histologie pathologique*, 2ᵉ édition, Paris, 1881.
(2) Vulpian, Cours inédit de la Faculté, 1872, cité par Talamon.

La calcification des éléments nerveux doit être considérée comme très exceptionnelle; Förster l'a signalée (fig. 104); Virchow (1) et Friedländer l'ont observée à la suite de traumatismes crâniens. Dans la phthisie, le poumon peut devenir le siège de concrétions calcaires; ce sont les faits de ce genre qui avaient conduit Bayle à décrire une phthisie calculeuse. Ces concrétions

Fig. 104. — Calcification des cellules nerveuses de la moelle. Grossissement 240 (Förster).

se déposent le plus souvent dans des masses tuberculeuses; c'est un mode de guérison de la phthisie. D'autres fois c'est un infarctus qui s'est chargé de sels de chaux. D'autres fois enfin, d'après Talamon, les dépôts se font dans des noyaux de pneumonie chronique. Le corps thyroïde, les testicules et l'ovaire, deviennent parfois le siège de ces concrétions. Dans les testicules, elles peuvent occuper la séreuse enflammée ou se former dans des masses tuberculeuses en voie de régression. Des dépôts calcaires se font assez souvent chez les vieillards dans les canalicules urinifères.

Dans l'œil, le corps vitré et le cristallin se chargent parfois de ces mêmes concrétions; elles caractérisent plusieurs variétés de cataractes (2).

On trouve quelquefois le placenta calcifié; les dépôts se font dans les villosités choriales, par suite, d'après M. Ch. Robin (3), de l'oblitération fibreuse de leur cavité; certaines femmes sont prédisposées à ces dépôts placentaires, et il s'en produit chez elles à chaque grossesse.

Parmi les tumeurs susceptibles de s'incruster, il faut citer les *psammômes* qui sont précisément caractérisés par ces dépôts calcaires; aussi Cornil et Ranvier les décrivent-ils sous le nom de sarcomes *angiolithiques* (fig. 105 et 106). Les enchondromes, les lymphadénites, les lipomes, les cancers et les cancroïdes, peuvent aussi se calcifier, ces derniers très exceptionnellement.

(1) *Virchow's Archiv*, t. IX. 1856.
(2) Robin, *Archives d'ophthalm.*, t. V.
(3) Robin, *Société de biologie*. 1854.

Nous avons déjà mentionné les lio-myomes utérins ; les dépôts
se font tantôt à leur surface, tantôt dans leur épaisseur ; ces

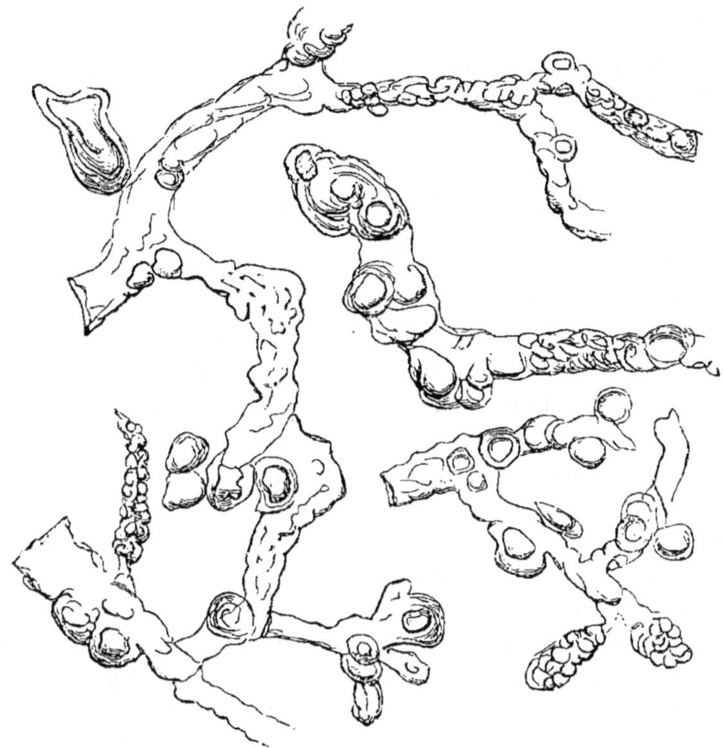

Fig. 105. — Pétrification d'un psammôme cérébral, capillaires calcifiés.
Grossissement 250.

tumeurs peuvent se transformer en masses calcaires; c'est

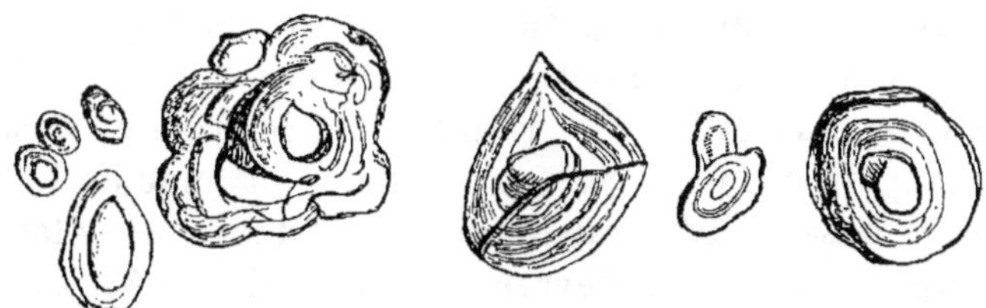

Fig. 106. — Grosses concrétions stratifiées.

surtout chez les vieilles femmes qu'elles présentent ces incrustations.

Des concrétions calcaires se déposent très fréquemment dans les parois des kystes hydatiques ; deux conditions sont, d'après Talamon, nécessaires à leur production : la première est que l'hydatide ait cessé de vivre, la seconde est que la vieillesse du sujet ou quelque autre cause favorise les dépôts. Talamon tend à croire qu'ils se forment dans la membrane anhiste quand elle a perdu sa vitalité.

Les kystes séreux peuvent s'incruster de sels comme les membranes séreuses dont ils ont la structure.

Le mode de formation des dépôts ne paraît pas être toujours identique.

Dans certains cas, il est dû manifestement à la *pénétration dans la circulation d'une quantité exagérée de sels calcaires ;* il se produit une *dyscrasie calcaire métastatique* (Talamon) ; il en est ainsi dans les faits de carie ou de cancer des os où l'on constate l'incrustation calcaire des parois artérielles, en même temps que des dépôts dans la muqueuse gastrique et dans les poumons ; Virchow a même voulu étendre cette théorie et expliquer la crétification des artères chez les vieillards par l'activité anormale que présenterait chez eux la dénutrition du système osseux, mais ces faits ne sont pas comparables aux précédents, car, lorsque la calcification est consécutive à la carie, les sels se déposent dans les parties de la tunique interne qui sont en rapport avec le courant sanguin, tandis que, dans la crétification sénile, l'incrustation se fait dans les couches profondes de la même membrane.

On a invoqué, pour expliquer la précipitation des sels calcaires, l'augmentation de l'alcalinité du sang (*dyscrasie calcaire chimique*) ; on sait en effet que les phosphates, solubles quand ils sont acides, se précipitent quand ils deviennent neutres, et l'on a dit à ce sujet que si les incrustations sont si fréquentes dans les artères et si rares dans les veines, c'est parce que le sang de ces dernières est surchargé d'acide carbonique ; Cohnheim observe avec raison que, si cette théorie était vraie, les artères pulmonaires devraient être le lieu d'élection de la pétrification, puisque le sang qui les parcourt est celui qui renferme le moins d'acide carbonique ; et il se trouve au contraire qu'il ne s'y fait pour ainsi dire jamais d'incrustations.

La condition commune à toutes les parties qui deviennent le

siège de cette altération est un *ralentissement de la nutrition* (1);
il existe dans les parois artérielles des vieillards, par le fait de la
sclérose des vasa-vasorum ; il existe de même dans les vieux exsudats, dans les lithopédions et dans l'enveloppe des entozoaires.

Cohnheim (2) suppose que les sels calcaires n'interviennent
dans la nutrition que s'ils sont unis à une certaine quantité de
matière protéique, et que, dans les cas où cette matière protéique vient à ne plus être assimilée en proportions suffisantes,
ils se précipitent ; c'est ainsi qu'agirait le ralentissement de la
nutrition dans les circonstances que nous avons indiquées.

Il ne faut pas ranger parmi les calcifications les dépôts
calcaires qui se produisent chez les vieillards, dans les cartilages
costaux ; ces organes sont le siège d'une véritable ossification
qui semble le terme naturel de leur évolution, et l'ossification
diffère essentiellement de la simple calcification : tandis que
celle-ci est un trouble passif de la nutrition coïncidant avec
la déchéance physiologique du tissu, celle-là est au contraire
le résultat d'un processus actif ; il n'y a plus seulement un
dépôt de sels calcaires dans le tissu interstitiel, il se fait une
néoformation de tissu osseux ; les cartilages sont cependant

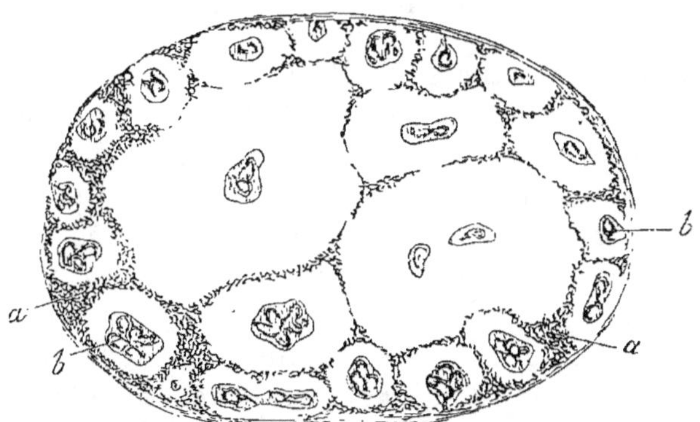

Fig. 107. — Infiltration calcaire d'un cartilage. Coupe transversale de a couche
de prolifération d'une épiphyse cartilagineuse d'un os rachitique. Grossissement 10.

susceptibles de subir la calcification simple, la figure 107 en
témoigne.

(1) Ch. Bouchard, *Maladies par ralentissement de la nutrition*, 1881.
(2) Cohnheim, *loc. cit.*, p. 528.

Pour ce qui est des capsules d'enveloppe des entozoaires, on peut attribuer leur calcification, comme celle de la sénilité, à leur faible vascularisation et au peu d'activité qu'y présentent les phénomènes nutritifs ; mais il faut se demander également si ces dépôts calcaires ne seraient pas formés par l'entozoaire lui-même ; il en est certainement ainsi pour les grains calcaires que contiennent constamment les cysticerques ; Maas et Waldeyer ont de même reconnu que les calculs salivaires ont pour noyau un amas de bactéries(1). Une partie des pierres de l'organisme serait donc, comme une partie des pierres de l'océan, l'œuvre de micro-organismes.

Les accidents provoqués par les calcifications sont surtout prononcés quand elles occupent les artères et les valvules du cœur ; elles contribuent, comme l'athérome qui les a précédées, à rétrécir le calibre des vaisseaux, à en diminuer l'élasticité, et à favoriser la formation des thrombus. On a vu des plaques calcaires se détacher de la paroi et former ainsi des embolies.

La calcification des cartilages est, d'après Talamon, la cause prochaine des arthropathies séniles.

§ 2. — Concrétions uratiques.

On sait que la lésion essentielle de la goutte est le dépôt dans les articulations et souvent aussi dans les tissus périarticulaires, les tendons et les cartilages, d'urates de soude, sous forme de cristaux et de granulations amorphes. Ces dépôts surviennent le plus souvent chez des individus prédisposés, sous l'influence d'un écart de régime ou sans cause apparente. L'introduction dans l'organisme d'une quantité de matériaux azotés hors de proportion avec ses besoins et ses dépenses paraît exercer une influence dominante sur la genèse et la production des accidents, mais elle ne suffit pas à expliquer les phénomènes, car on voit assez souvent le mal éclater chez des sujets qui n'ont pas commis d'excès.

La présence d'une quantité anormale d'acide urique dans le sang pendant les accès ne peut rendre compte des dépôts uratiques qui se font dans les articulations ; cette proposition res-

(1) Maas et Waldeyer, *Rostock Naturforsch. Versammlung.* 1872.

sort clairement des faits suivants énoncés par M. Bouchard (1) : La totalité du sang d'un goutteux contient au maximum un gramme d'acide urique ; or, dans les premiers jours d'un accès, il peut y en avoir par les urines une élimination quotidienne de un ou deux grammes et les tophus formés pendant cette période représentent une somme d'acide urique qui dépasse plusieurs grammes ; on ne peut donc attribuer la formation de ces concrétions au dépôt de l'acide urique préexistant dans le sang ; elle implique nécessairement la production dans l'organisme d'une quantité anormale de cet acide au moment de l'accès ; s'il traverse le sang, il n'y séjourne pas.

M. Bouchard montre également que l'on ne peut expliquer, comme le voulait Garrod, l'accès de goutte par le défaut d'excrétion et la rétention de l'acide urique. On parvient, il est vrai, à provoquer chez les oiseaux des dépôts uratiques en leur liant les uretères, mais rien de comparable n'existe d'ordinaire chez les goutteux : ils ne présentent que très tardivement des altérations des reins, et M. Bouchard a constaté que l'on avait admis à tort une diminution au moment des accès dans la quantité d'acide urique éliminée par ces organes ; il ajoute que le plus grand excès possible d'acide urique dans le sang ne constitue qu'une masse minime comparée à celle que représente l'ensemble des éliminations et des dépôts.

La formation d'une quantité exagérée d'acide urique sous l'influence d'excès alimentaires ne suffit pas à rendre compte des dépôts tophacés ; le rein étant normal, l'excès d'acide devrait s'éliminer par l'urine ; pourquoi est-il retenu dans le sang ? Il se produit chez les malades atteints de leucémie et de cirrhose une quantité d'acide urique bien supérieure à celle que l'on trouve chez les goutteux, et cependant il ne se forme pas chez eux de concrétions.

Bouchard rattache la rétention dans le sang et dans les tissus de l'acide urique formé ou non en quantité exagérée à la diminution de l'alcalinité du sang, à la prédominance des acides : Garrod a trouvé de l'acide oxalique dans le sang des goutteux ; Todd y signale de l'acide lactique ; Proust, Rayer et Gallois ont reconnu que l'oxalurie y est presque constante ; cette prédomi-

(1) Bouchard, *Maladies par ralentissement de la nutrition.* Paris, 1882.

nance des acides amène la précipitation à l'état libre ou à l'état d'urates acides de l'acide urique.

Cet excès d'acides doit amener l'élimination d'une quantité exagérée de phosphates. Beneke assure qu'elle se produit, et le professeur Bouchard (1) montre avec raison que la présence chez les goutteux d'un excès d'acide urique et d'urates acides dans les urines, celle des mêmes urates dans les tissus, l'élimination par l'urine d'acide oxalique que l'on trouve également dans le sang en quantité appréciable et la déperdition de phosphates sont les caractères d'un état dyscrasique à prédominance acide. L'urate acide étant moins soluble que l'urate neutre filtre plus difficilement à travers les reins et tend à s'accumuler dans le sang. Si certains tissus élaborent des acides, l'acide urique devra s'y fixer à l'état d'urate acide, et cela d'une manière d'autant plus persistante que ces tissus seront moins vasculaires (Bouchard); il en est probablement ainsi pour les tissus fibreux.

Il y a donc dans la goutte *formation exagérée* ou *destruction trop lente* des acides organiques. C'est là, pour M. Bouchard, un des caractères qui appartiennent à ce qu'il appelle la *nutrition retardante*.

Ces dépôts uratiques donnent lieu souvent, dans les tissus où ils se développent, à des phlegmasies secondaires.

ARTICLE II. — DES CONCRÉTIONS CALCULEUSES.

Les concrétions calculeuses peuvent se former dans la plupart des canaux d'excrétion aux dépens des liquides qui les traversent; les plus communes sont celles des voies *biliaires* et des voies *urinaires;* viennent ensuite les calculs *salivaires*. Leur composition et leur mode de développement diffèrent assez notablement pour qu'il soit nécessaire de les étudier séparément.

§ 1. — Concrétions biliaires (2).

Les concrétions biliaires sont ordinairement formées surtout de cholestérine qui s'accumule autour d'un noyau brun ou noi-

---

(1) Ch. Bouchard, *loc. cit.*

(2) Fauconneau-Dufresne, *Traité de l'affection calculeuse du foie.* Paris, 1851. — Frerichs, *Traité des mal. du foie.* 3ᵉ édition, Paris, 1877. — E. Bes-

râtre constitué le plus souvent par un mélange de chaux et de cholépyrrhine, exceptionnellement d'un corps étranger que vient recouvrir une craie constituée soit par du carbonate de chaux, soit par un mélange de chaux et de cholépyrrhine.

La détermination de la cause qui amène la précipitation de la cholestérine est un des problèmes les plus délicats de la physiologie pathologique; nous ne pouvons qu'exposer les hypothèses les plus vraisemblables, sans formuler une solution positive.

La cholestérine est maintenue en dissolution dans la bile par les sels alcalins qu'elle renferme ; on peut concevoir qu'elle se précipite 1° quand ses proportions augmentent, 2° quand les sels de la bile s'altèrent.

La cholestérine paraît être formée par le foie, en partie aux dépens des graisses d'alimentation, en partie aux dépens des graisses de l'organisme dont elle représente un des produits de désassimilation; on a trouvé qu'elle était contenue en plus grande quantité dans le sang des veines jugulaires que dans celui des autres veines; il s'en produit donc dans l'extrémité céphalique, sans doute aux dépens de la substance cérébrale.

Ces faits conduisent à penser qu'un excès de cholestérine peut se former, 1° quand une trop grande quantité de graisse est introduite dans l'organisme, 2° quand le mouvement de désassimilation des graisses est trop actif, 3° quand ces substances ne sont pas suffisamment brûlées.

D'une autre part, on peut admettre que l'alcalinité de la bile est susceptible de diminuer dans certaines conditions; il semble que l'inflammation des voies biliaires, et plus particulièrement celle de la vésicule, puisse, en décomposant les sels, avoir ce résultat et précipiter ainsi la cholestérine.

Il en est de même des dyscrasies acides qui résultent d'une production exagérée des acides organiques ou de leur combustion insuffisante. M. Bouchard signale aussi la présence de chaux en quantité exagérée dans la bile comme susceptible d'amener la précipitation de la cholestérine et la formation de calculs en s'emparant des acides gras pour donner naissance à

nier, article BILE du *Dictionnaire encyclopédique.* — Jaccoud, article BILE du *Nouveau Dictionnaire de médecine et de chirurgie pratiques,* Paris, 1866, tome V, et *Traité de pathologie.*

des savons insolubles et en se combinant avec les acides biliaires.

On conçoit enfin que la stagnation de la bile dans la vésicule
doive favoriser la formation des calculs ; cette cause peut expliquer en partie leur grande fréquence dans le cours et à la suite
de la grossesse (1).

Il faut tenir compte aussi des modifications que subit la nutrition générale chez la femme enceinte et de la dyscrasie qui en
résulte. M. Bouchard admet en effet que la lithiase biliaire se
développe seulement chez les individus dont la nutrition est
ralentie, chez ceux qui sont atteints de ce vice nutritif dont l'une
des conséquences est d'empêcher la destruction des acides, de
permettre leur accumulation dans l'organisme, de diminuer
l'alcalinité des humeurs, de soustraire la chaux aux éléments
anatomiques et de la livrer aux liquides d'excrétion ; la bile
devient moins alcaline, les savons et les sels biliaires sont dé-
composés par la chaux, et la cholestérine se dépose.

C'est, d'après lui, en retardant la nutrition que la vie sexuelle de
la femme et la vieillesse causent fréquemment la lithiase biliaire.

A côté des calculs formés de cholestérine, on en trouve qui
sont composés presque exclusivement de matière colorante.

§ 2. — Concrétions urinaires.

L'urine conservée dans un vase après son émission laisse déposer des sédiments composés d'abord d'acide urique, puis
d'oxalate de chaux et enfin de phosphates calcaires et ammo-
niaco-magnésiens.

La formation des sédiments uriques est la première en date ;
elle est le résultat de la fermentation acide qui se produit rapidement après l'émission du liquide ; l'acide urique, chassé de sa
combinaison avec la soude par les acides acétique et lactique,
se dépose sous forme de cristaux et de granulations amorphes :
en l'absence même de fermentation, le phosphate acide de soude
décompose les urates pour leur prendre leur base et se transformer en phosphate neutre ; il en résulte un dépôt d'acide
urique, car ce corps est insoluble dans l'eau non chauffée ; cette

(1) Hallopeau, *Société clinique*. 1880. — H. Huchard, *Union médicale*, 1833.

transformation des phosphates acides en phosphates neutres a en outre pour conséquence la précipitation de l'oxalate de chaux qui était maintenu en dissolution par le phosphate acide.

Au bout d'un laps de temps variable, la fermentation acide fait place, sous l'influence d'un ferment, à la fermentation alcaline ; ce ferment est le plus souvent un agent figuré, tantôt une torulacée (Pasteur et van Tieghem) (1), tantôt un bacille qui peut acquérir un grand développement et constituer des chaînes de 10 à 20 articles (Bouchard).

L'urée se transforme en carbonate d'ammoniaque, et il se forme des cristaux de phosphate ammoniaco-magnésien et de phosphate de chaux.

Ces mêmes cristaux isolés et combinés constituent la presque totalité des calculs urinaires, car les concrétions de cystine et de xanthine ne se rencontrent que très exceptionnellement. Il en est pour lesquels les choses se passent le plus souvent comme dans le verre à expériences : ce sont les concrétions de phosphate ammoniaco-magnésien et de phosphate de chaux ; elles sont ordinairement le résultat d'une fermentation ammoniacale qu'a provoquée la présence de l'un des ferments signalés plus haut ; ils sont d'habitude introduits par le cathétérisme ; Bouchard admet aussi que les éléments jeunes des bacilles peuvent, par leurs mouvements propres, s'introduire dans l'urèthre et pénétrer dans la vessie. D'autres fois l'urine devient alcaline et ammoniacale sous l'influence d'une maladie générale ou d'un vice d'alimentation. L'abus des eaux alcalines peut augmenter l'alcalinité du sang, communiquer cette réaction à l'urine et y provoquer des dépôts phosphatiques, car les phosphates acides seuls sont solubles ; de même, dans les cas où la vessie est enflammée, le plasma sanguin alcalin fournit sur les points où l'urine arrive à son contact un précipité phosphatique (Bouchard).

Souvent l'inflammation est provoquée par la présence de calculs d'acide urique ; c'est alors à leur surface que se font les dépôts formés tantôt de phosphate de chaux, tantôt de phosphate ammoniaco-magnésien.

(1) Pasteur, *Comptes rendus de l'Acad. des sciences.* 1860. — Van Tieghem, *Note sur les ferments ammoniacaux de l'urine* (*Comptes rendus de l'Acad. des sciences.* 1864).

Les calculs phosphatiques sont donc presque toujours secondaires ; on trouve le plus souvent dans leur partie centrale un noyau urique ou oxalique.

L'origine des gravelles urique et oxalique est beaucoup plus difficile à déterminer. La présence d'acide urique dans les tubes urinifères est fréquente chez les nouveau-nés à l'état d'urate d'ammoniaque ou de soude, et Virchow la considérait comme physiologique.

Parrot a montré que ces concrétions se forment dans les cas de troubles graves de la digestion, lorsque la quantité d'eau contenue dans l'organisme devient insuffisante. On conçoit qu'elles puissent, en s'éliminant, devenir le point de départ de calculs ; c'est peut-être une des causes qui rendent si fréquente chez les enfants la formation de pierres dans la vessie.

La lithiase urique de l'adulte paraît liée à un trouble de la nutrition générale ; elle a d'incontestables rapports étiologiques avec la goutte, et le problème est le même que pour cette maladie. L'abus des aliments azotés et l'insuffisance des combustions que produit le défaut d'exercice contribuent certainement à la produire.

L'urine concentrée et chargée de phosphates acides dissout moins bien l'acide urique ; l'excès d'acidité de ce produit dérive, d'après Bouchard, de l'insuffisance des mutations nutritives et il se trouve ainsi conduit à rattacher encore la gravelle urique au retard de la nutrition.

L'étiologie de la lithiase oxalique est encore plus obscure ; rien ne prouve qu'elle soit due, comme on l'a dit, à une alimentation trop riche en acide oxalique ; ce corps n'augmente pas dans l'urine chez les sujets atteints de cette forme de gravelle (Fürbringer) (1). Elle reconnaît pour cause un trouble de la nutrition ; on l'observe dans les cas où les aliments ne peuvent arriver dans l'organisme au terme normal des oxydations.

§ 3. — Concrétions salivaires.

Nous avons vu qu'il peut se former des concrétions aux dépens de la *salive ;* on en a rencontré dans les conduits des glandes

(1) Fürbringer, *Deutsches Archiv für klin. Med.* 1874.

qui la sécrètent ; ce liquide renferme une proportion considérable de matériaux peu solubles. Waldeyer et Klebs pensent que les micrococcus et les bactéries qui pullulent dans la cavité buccale contribuent à les précipiter.

§ 4. — Action pathogénique des concrétions calculeuses.

Quelles que soient la nature et l'origine des calculs, ils donnent lieu à des accidents tout à fait comparables.

Quand ils siègent dans les canalicules glandulaires, ils peuvent être tolérés si les canaux qu'ils obstruent sont trop peu volumineux pour qu'il y ait arrêt de l'excrétion ; parfois cependant ils sont l'origine de formations kystiques et de phlegmasies localisées ; c'est ainsi qu'il se produit une *angiocholite calculeuse*.

Leur présence dans les conduits d'excrétion se traduit par des phénomènes douloureux qui doivent être rapportés, d'une part à l'irritation de la muqueuse par les aspérités que présente la surface du calcul, d'autre part aux *contractions réflexes* qui se produisent dans le conduit, contractions qui ont pour but l'expulsion de la pierre et sont par conséquent un acte de défense : telles sont les causes prochaines des coliques néphrétiques et hépatiques.

Si l'obstruction du conduit est complète, il y a en outre rétention du produit, d'où l'ictère dans la colique hépatique et la diminution ou la suppression de la sécrétion urinaire dans la colique néphrétique. Les calculs urinaires n'occupent d'habitude qu'un seul des uretères ; l'excrétion urinaire semblerait donc devoir toujours continuer à se faire par le conduit demeuré libre ; cependant il n'en est pas nécessairement ainsi ; c'est que la présence du calcul paraît provoquer un *trouble dans l'acte même de la sécrétion* et exercer sur elle une *action d'arrêt*, soit directement, soit par l'intermédiaire des vaso-constricteurs.

Dans les cas où l'oblitération persiste, l'accumulation du liquide en amont de l'obstacle amène nécessairement la dilatation des conduits sus-jacents ainsi que de leurs ramifications dans la glande et ultérieurement leur phlegmasie ; M. Charcot a pu ainsi provoquer par la ligature de l'uretère une véritable cirrhose rénale qu'il a rapportée à une irritation de l'épithélium.

La présence de calculs dans les réservoirs (vessie, vésicule biliaire) peut donner lieu égalemeut à de la douleur, mais elle est beaucoup moins intense que dans le cas précédent et ne revêt pas les mêmes caractères ; ces calculs deviennent beaucoup plus volumineux que ceux des conduits, car leur accroissement n'a d'autre limite que la résistance des parois du réservoir ; leur action pathogénique se traduit surtout par des phénomènes de phlegmasie consécutifs à l'irritation de la muqueuse et ultérieurement par des hémorrhagies, des ulcérations, des perforations et quelquefois des phénomènes d'infection liés à la résorption des liquides septiques ou du produit d'excrétion (infection urineuse).

CHAPITRE IV

DES TROUBLES DE PIGMENTATION

Tous les tissus de l'organisme sont colorés, et un certain nombre d'entre eux doivent leur coloration à la présence d'un pigment qui se montre sous forme de granulations généralement très fines. A l'état pathologique, cette coloration peut être *augmentée* ou *diminuée;* elle peut être *modifiée* par un pigment anormal.

A. On peut attribuer à l'*intensité plus grande de la coloration normale* la couleur brune des muscles et la couleur orange du tissu graisseux dans le cas d'atrophie ; Cohnheim admet que, dans ces conditions, les éléments contiennent la même quantité de pigment tout en diminuant de volume et conséquemment se foncent davantage.

Il est probable que la mélanodermie est due de même le plus ordinairement à un accroissement de la pigmentation normale. Le corps de Malpighi renferme constamment, si ce n'est chez les albinos, une certaine quantité de pigment qui varie suivant les races et les individus ; chacun sait qu'elle augmente sous l'influence de la lumière solaire et du grand air. A l'état pathologique, la mélanodermie s'observe dans la maladie d'Addison, la tuberculose, la phthisie et la sclérodermie, et nombre d'autres maladies : elle coïncide souvent avec le vitiligo ; on n'a pu déterminer encore par quel mécanisme elle se produit ; il est peu vraisemblable que son pigment provienne de l'hémoglobine, car il ne contient pas de fer. M. Brown-Séquard a fait autrefois des expériences tendant à établir que les capsules surrénales servent à la destruction des pigments normaux et que, par conséquent, ceux-ci doivent s'accumuler quand ces organes sont altérés; mais les résultats qu'il avait annoncés n'ont pas été confirmés.

L'hypothèse la plus vraisemblable est celle qui rattache la coloration anormale de la peau à un trouble de l'innervation. On sait en effet que, chez les animaux, la production du pigment est sous la dépendance des actions nerveuses ; les expériences de M. P. Bert sur le caméléon (1) et celles de G. Pouchet (2) sur les chabots le prouvent clairement ; d'autre part, on trouve constamment, dans la maladie d'Addison, des lésions des plexus solaire et cœliaque ou des capsules surrénales, et ces derniers organes sont si riches en éléments nerveux que l'on peut, sans paradoxe, les rattacher à l'appareil de l'innervation ; les troubles nerveux constituent d'ailleurs les symptômes les plus caractéristiques de cette maladie.

La sclérodermie, qui paraît être une trophonévrose, s'accompagne fréquemment de troubles de pigmentation.

Leloir (3) a constaté récemment une atrophie des fibres nerveuses dans des parties atteintes de vitiligo; les taches noires et les taches blanches que présente souvent la peau des lépreux sont dues également à une névrite.

B. Les pigments *formés d'une substance étrangère à la constitution normale des tissus* peuvent provenir de la matière colorante du sang, de la bile, d'organes pigmentés tels que la choroïde et la pie-mère, de parasites, ou de corps étrangers.

La matière colorante du sang, épanchée hors des vaisseaux, subit des transformations que nous avons étudiées précédemment ; elle se présente alors sous la forme soit de granulations amorphes, soit de cristaux d'hématoïdine ; elle pénètre dans les éléments ; elle diffuse dans le plasma interstitiel en changeant de couleur ; un des caractères des pigments d'origine hématique est, d'après Perls, de contenir du fer ; ils peuvent persister indéfiniment dans les tissus.

(1) P. Bert, *Comptes rendus de la Société de biologie.* 1875.
(2) G. Pouchet, même recueil.
(3) Leloir, Thèse de Paris, 1881.

Dans les foyers hémorrhagiques, les globules rouges pénètrent dans les globules blancs, s'y altèrent et donnent lieu à la formation de granulations pigmentaires (Preyer).

L'inflammation s'accompagne d'une extravasation sanguine qui communique aux parties une coloration anormale; elle devient sombre dans les cas chroniques. Dans certains néoplasmes, tels que ceux de la syphilis, le dépôt de pigment formé aux dépens du sang extravasé est la règle et sert au diagnostic.

Nous n'avons pas à insister ici sur les pigmentations biliaires; elles seront étudiées ultérieurement (V. *Ictère*).

La mélanémie (1) de l'impaludisme, caractérisée par la présence dans le sang et les tissus de granulations pigmentaires, est généralement considérée comme d'origine hématique.

Faut-il admettre que le miasme paludéen peut, dans certains cas, provoquer dans le sang une altération qui diminue la résistance des globules rouges et en favorise la destruction? ou doit-on penser que les violentes congestions de l'impaludisme ont pour résultat la destruction d'un plus grand nombre de

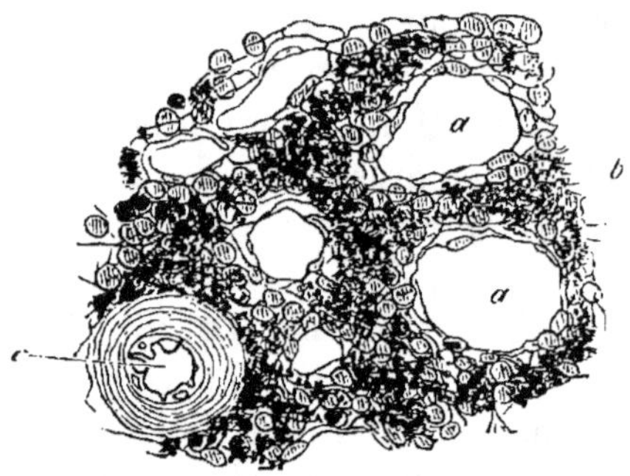

Fig. 108. — Mélanose de la rate. Coupe pratiquée dans le centre de l'organe (*).

globules rouges, lorsqu'elles surviennent chez des individus misérables, mal nourris, exposés aux froids humides, affaiblis par des maladies antérieures, placés en un mot dans les condi-

(1) H. Meckel, *Deutsche Klinik*. 1850. — Heschl, *Ueber Pigment Bildung nach Intermittens, Arch. f. path. Anat.* 1849-1853. — Hallopeau, article MÉLA-NÉMIE du *Nouveau dictionnaire de méd. et de chir. pratiques.*

(*) *a*, veines liénales caverneuses. — *b*, cordons inter-vasculaires avec leur pigment. — *c*, branche de l'artère liénale. Grossissement 300.

tions où se développent le purpura cachectique ou le scorbut?
il est d'observation que la plupart des cas de mélanémie
palustre surviennent chez des sujets profondément délibités.
Beaucoup d'auteurs admettent que le pigment anormal se
produit d'abord dans la rate, où il forme des îlots noirâtres dont
la partie centrale est la plus colorée et se trouve à l'état de granulations libres ou contenues dans des cellules (fig. 108); M. L.
Colin pense qu'il prend naissance dans le sang (1).

Le pigment de la mélanémie palustre se rencontre généralement dans le sang, dans les parois vasculaires et dans l'intimité des tissus. Il se présente sous des formes diverses ; on peut
trouver dans une goutte de sang : 1° des granulations punc-
tiformes ; 2° des granulations agglomérées en petites masses
rondes, ovales, ou irrégulières par une substance hyaline ; 3° des
blocs irréguliers dont le diamètre peut atteindre 50 μ; 4° des
leucocytes remplies de granulations ; 5° de petits cylindres pigmentés qui semblent avoir été moulés dans la cavité des capillaires. Leur couleur varie du jaune clair au brun sombre en
passant par toutes les nuances intermédiaires; la résistance du
pigment aux acides varie avec l'intensité de la coloration.

Dans les vaisseaux, le pigment occupe les cellules connec-
tives sous-jacentes à la tunique interne. Les viscères et particulièrement le cerveau, les reins, le foie, présentent une coloration qui varie du gris au brun sombre; les granulations
sont accumulées dans les petits vaisseaux qu'elles oblitèrent
parfois.

Parmi les pigmentations qui ne proviennent pas du sang, il
faut citer, en première ligne, celle des tumeurs *mélaniques ;*
ces néoplasmes ont presque constamment pour point de départ
la couche pigmentaire de la choroïde, quelquefois la pie-mère,
rarement la peau ou la conjonctive oculaire. Chacune de ces
membranes renferme, à l'état physiologique, des granulations
pigmentaires analogues à celles des tumeurs, et, comme elles,
d'un brun foncé. Il n'y a aucune raison de penser que la matière
colorante déposée dans leurs cellules provienne du sang ; il est
vraisemblable qu'elle s'y développe en vertu des lois de leur
évolution normale, comme le font l'hémoglobine dans les globules

____

(1) L. Colin, *Traité des fièvres intermittentes.* 1870.

sanguins de l'embryon, et la chlorophylle dans les cellules des feuilles. On peut attribuer la même origine au pigment des tumeurs mélaniques. Plusieurs auteurs, parmi lesquels Rindfleisch et Gussenbauer, ont soutenu cependant qu'il provient du sang ; des globules rouges s'extravaseraient, s'incorporeraient aux cellules du néoplasme et s'y transformeraient en pigment ; ils invoquent à l'appui de leur opinion la fréquence des hémorrhagies dans ces tumeurs, la ressemblance que présentent les plus grosses granulations pigmentaires avec les globules rouges au point de vue de la forme et du volume et la présence dans ces tumeurs de cellules renfermant des globules rouges. L'analyse chimique permet de juger la question : tandis que les pigments d'origine hématique contiennent toujours du fer, celui des tumeurs mélaniques n'en présente pas de traces, au moins dans la plupart des cas. Les analyses de Perls paraissent à cet égard tout à fait démonstratives (1).

On ignore complètement l'origine et la nature de la pigmentation brune que Virchow (2) a constatée dans les cartilages et les disques intervertébraux d'un vieillard et décrite sous le nom d'*ochronose*.

La coloration bleue que prend dans certains cas la suppuration est rapportée à la présence d'un parasite. Il en est de même de la couleur noirâtre que revêt parfois la muqueuse linguale. Les granulations que renferment les cellules conjonctives dans les plaques jaunes du xanthelasma doivent être, d'après Balzer, considérées comme des microbes ; ce sont des micrococcus arrondis ou un peu allongés (3).

Le dépôt dans les tissus de substances étrangères à l'organisme peut leur communiquer une coloration anormale ; celle que produit le nitrate d'argent en est un exemple remarquable. D'autres fois, un organe seul est affecté ; tel est le poumon dans l'*anthracosis;* on sait que, chez les ouvriers exposés par leur profession à inspirer incessamment des poussières de charbon, cette substance pénètre dans la muqueuse bronchique et particulièrement dans les glandes qu'elle renferme, puis dans les lymphatiques et les ganglions ; on a trouvé

(1) Perls, *Virchow's Archiv.* XXXIX.
(2) Virchow, *Arch. f. path. Anat.* XXXVII.
(3) Balzer, *Parasitisme du Xanthelasma* (*Bulletin de l'Acad. de méd.* 1882).

les mêmes parties colorées en bleu par l'indigo et en rouge par l'oxyde de fer (Zenker). Ins (1) a provoqué expérimentalement les mêmes altérations chez des chiens en les laissant environ trois heures par jour, pendant plusieurs semaines, dans une atmosphère chargée de grès pulvérisé; il s'est convaincu que les globules blancs sont les vecteurs des corpuscules étrangers. Ces *pneumokonioses* donnent lieu au développement d'une bronchite chronique et d'une sclérose pulmonaire.

DEUXIÈME CLASSE — DES TROUBLES ACTIFS

Il peut se développer, dans la plupart des tissus, des troubles nutritifs qui ont pour résultat l'augmentation du nombre ou du volume de leurs éléments; l'inflammation peut avoir cette action; le plus souvent pourtant les néoformations dont elle est l'origine sont destinées seulement à suppléer par un tissu de remplissage aux pertes subies par les organes; il n'en est pas ainsi dans les processus dont nous devons nous occuper maintenant, les *régénérations*, les *hypertrophies* et les *néoplasies*.

CHAPITRE PREMIER

PROCESSUS DE RÉGÉNÉRATION

La régénération est un phénomène physiologique, en ce sens qu'à l'état normal il se produit constamment, dans la plupart des tissus, de jeunes éléments destinés à remplacer ceux qui se détruisent ou s'éliminent.

On sait, par exemple, qu'il se fait incessamment une déperdition de cellules épidermiques à la surface de la peau et à la surface des muqueuses; il n'est pas douteux que des cellules nouvelles ne viennent se substituer aux anciennes, puisque la

(1) Ins, *Arch. f. exper. Path.* 1876.

membrane ne subit pas d'altération. Pendant toute la période d'accroissement les néoformations doivent nécessairement l'emporter sur les destructions.

Les pertes anormales résultant de traumatismes ou de lésions destructives peuvent être réparées complètement ou incomplètement.

Chez certains animaux, tels que la méduse, le lézard, le triton, l'axolotl et les crustacés, on peut voir une partie du corps se reformer, après avoir été presque entièrement détruite. Chez l'homme, la restauration est limitée aux tissus; on voit une plaie se fermer, les parties d'un os fracturé se réunir, un nerf sectionné se régénérer, mais rien de plus.

Pour Cohnheim, dans bien des cas, le travail de régénération ne diffère pas de celui qui se produit constamment à l'état normal; s'il paraît plus actif, c'est que les pertes constituant l'usure normale sont momentanément suspendues.

Si, par exemple, l'abrasion des couches les plus superficielles de l'épithélium cornéal se répare rapidement, c'est qu'au niveau du traumatisme l'usure normale ne se produit plus; Cohnheim suppose qu'il en est de même pour la régénération des tubes nerveux après leur section; quoi qu'il en soit de cette théorie, elle ne peut être appliquée à la cicatrisation des plaies.

Tous les tissus ne sont pas aptes à la régénération; quand, par exemple, un muscle est divisé par un instrument tranchant, la cicatrice qui se forme contient du tissu conjonctif et des vaisseaux, mais on n'y trouve jamais de fibres musculaires; de même les cicatrices glandulaires ne renferment pas d'éléments épithéliaux; les papilles dermiques de nouvelle formation sont rudimentaires; on chercherait en vain, au niveau des cicatrices laissées par les ulcérations typhoïdes, des glandes de Lieberkühn.

On peut poser comme règle qu'*un groupe d'éléments ne peut se régénérer que s'il persiste dans la partie lésée des éléments de même nature ou du moins provenant du même feuillet embryonnaire.* Le cristallin ne peut se reproduire que si sa capsule est conservée. L'épiderme ne se régénère qu'aux dépens de l'épiderme; l'épithélium ne naît que de l'épithélium; de même, on ne peut voir une végétation conjonctive naître d'une formation épithéliale.

Il y a là une véritable *spécificité* des éléments anatomiques. C'est ainsi qu'à la surface d'une plaie qui a détruit toute l'épaisseur du derme, la régénération de l'épiderme se fait surtout à la périphérie, selon toute vraisemblance par prolifération des cellules des parties saines. Les expériences de Reverdin sont à cet égard particulièrement démonstratives : on sait que ce pathologiste, en transportant au milieu d'une membrane de bourgeons charnus des cellules prises dans l'épiderme sain, a pu créer ainsi un nouveau centre de formation épidermique ; son procédé, fécond en applications pratiques, a été très justement désigné sous le nom de *greffe épidermique* (1).

On a objecté que, dans une plaie en voie de cicatrisation, il se forme assez fréquemment des îlots épidermiques sans communication avec l'épiderme sain ; mais on peut admettre que, dans ces cas, les cellules épidermiques ont été transportées par les objets de pansement ou qu'il restait dans la plaie des organes épidermiques, tels que les glandes sudoripares et sébacées ou les follicules pileux. On peut interpréter ainsi les expériences dans lesquelles J. Arnold (2) a vu, chez le chien, des îlots d'épiderme se produire à la surface de plaies profondes, séparées des parties saines par des cautérisations qui avaient détruit le derme dans toute son épaisseur.

A l'état physiologique, la muqueuse utérine se régénère après l'accouchement, mais elle n'a pas été entièrement détruite, il reste dans la paroi des culs-de-sac glandulaires dont l'épithélium sert à la génération des nouveaux éléments.

Klebs (3) dit avoir constaté directement que, dans l'inflammation de la membrane interdigitale des grenouilles, la régénération des cellules épidermiques se fait exclusivement aux dépens des éléments de même nature ; des observations analogues ont été faites sur la cornée par Eberth (4) et A. Hoffmann (5) ; on peut constater que les nouvelles cellules apparaissent sur les bords de la plaie ; elles naissent des couches profondes, et sont d'abord aplaties, de forme variable,

(1) Reverdin, *De la greffe épidermique* (*Arch. gén. de méd.*, 1872).
(2) J. Arnold, *Virchow's Arch.* XLVI.
(3) Klebs, *Archiv f. experim. Path.* 1875.
(4) Eberth, *Virchow's Arch.* LI.
(5) A. Hoffmann, *Virchow's Archiv.* LI.

brillantes et dépourvues de noyau ; elles se colorent fortement par l'acide osmique. D'où viennent ces éléments ? Arnold les faisait dériver du sang ; Eberth et A. Hoffmann ont reconnu qu'elles sont primitivement en rapport avec les cellules épithéliales dont elles semblent naître par bourgeonnement ; Klebs les considère comme des cellules épithéliales qui se tuméfient, perdent leur noyau et se divisent ; un nouveau noyau apparaît dans chacun des nouveaux éléments. Heller et Recklinghausen admettent aussi que les cellules épithéliales peuvent devenir migratrices, mais il n'est pas prouvé pour eux que ces cellules migratrices puissent se fixer.

La puissance de régénération des tissus épidermiques est considérable. On peut voir les ongles tomber et se reproduire un grand nombre de fois, aussi longtemps que leur matrice est intacte, et les poils repousser tant que leurs follicules ne sont pas détruits.

Si l'on met à part les nerfs et les os, on peut dire que les cicatrices ne sont le plus souvent formées que de tissu conjonctif que vient recouvrir, quand la surface d'une membrane est intéressée, un vernis épidermique ou épithélial.

Les éléments du tissu conjonctif de nouvelle formation proviennent soit des métamorphoses des globules blancs exsudés, soit de la prolifération des cellules plates (Cornil et Ranvier). Les globules blancs semblent pouvoir, d'après les observations de Ziegler et de Cohnheim, se transformer d'abord en cellules d'apparence épithélioïde, puis en cellules à noyaux multiples et en cellules vaso-formatives ; celles-ci se creusent de cavités et envoient des prolongements qui se mettent en rapport avec des prolongements analogues émanés des parois capillaires.

Ces derniers, en s'anastomosant, contribuent puissamment à la genèse du nouveau réseau ; d'abord pleins, ils se creusent bientôt de canalicules qui se mettent en communication avec les vaisseaux ; l'endothélium n'y apparaît qu'ultérieurement (Arnold)(1). Faut-il admettre également, avec Billroth (2) et O. Weber, que les cellules de l'exsudat peuvent, en se rangeant en séries parallèles et en s'aplatissant, former des capillaires ? ce mode de formation ne paraît pas avoir été jusqu'ici directe-

(1) Arnold, *Virchow's Archiv.* LIII et LIV.
(2) Billroth, *Ueber die Entwicklung des Gefässe.* 1856.

ment constaté et il est en contradiction avec ce que l'on sait maintenant relativement à la formation des vaisseaux dans l'embryon (1).

Pour ce qui est des fibrilles de la substance conjonctive inter-cellulaire, Aufrecht les fait provenir des cellules, tandis que Rollet les rapporte avec Virchow à une sorte de condensation de cette substance.

La régénération des nerfs présente de remarquables particularités qui ont été surtout bien étudiées par MM. Vulpian (2) et Philipeaux, Cornil et Ranvier (3).

Quand un nerf a été sectionné, il subit, au bout de peu de jours, des modifications profondes dans son bout périphérique : le premier phénomène est, d'après Cornil et Ranvier dont nous résumons la description, une tuméfaction des noyaux et du protoplasma qui les entoure ; bientôt après la myéline se segmente et le cylindre refoulé par le protoplasma est lui-même divisé; les noyaux se multiplient en même temps que des cellules lymphatiques pénètrent dans l'intérieur des tubes nerveux ; la myéline est bientôt réduite en fines granulations; des cellules lymphatiques pénètrent également dans le segment central, mais en s'arrêtant au premier étranglement.

Au bout de douze à dix-huit jours, les deux bouts du nerf divisé sont réunis par un tractus cicatriciel ayant l'aspect d'un filet nerveux sans myéline.

La régénération commence dans le bout central peu de temps après la section : les cylindres-axes s'hypertrophient, se divisent, se multiplient, bourgeonnent et pénètrent dans le tractus cicatriciel; plus tard les fibres nouvelles ainsi formées s'entourent d'une enveloppe de myéline et d'une gaine de Schwann.

Au bout d'un laps de temps plus ou moins long suivant l'étendue de la perte de substance, les fibres nouvelles pénètrent dans le segment périphérique et s'y prolongent.

Ainsi donc, d'après Ranvier : « Les tubes nerveux de nouvelle formation développés dans l'intérieur des tubes dégénérés ne résultent pas d'une genèse sur place, mais ils proviennent de bourgeons de cylindres-axes du segment central qui, pour-

(1) Ranvier, *Traité d'histologie*. 1876.
(2) Vulpian, *Physiologie du système nerveux*.
(3) Cornil et Ranvier, *Traité d'histologie pathologique*. 2ᵉ édition.

suivant leur développement, atteignent le cordon cicatriciel d'abord, puis le segment dégénéré et s'étendent soit dans l'intérieur des anciens tubes nerveux, soit entre ces derniers. L'enveloppe de myéline et la gaine de Schwann se développeraient seules sur place.

La régénération des os se fait dans des conditions différentes suivant qu'il s'agit d'une fracture simple, d'une fracture avec plaie ou d'une résection.

Dans le premier cas, il se fait aux dépens du périoste, de la moelle et des parties molles qui entourent le point lésé, une exsudation ou néoformation d'éléments cellulaires dont l'origine n'est pas déterminée; l'exsudation a lieu à la fois autour du point lésé et entre les fragments; au bout de huit ou dix jours, la partie périphérique se transforme en tissu cartilagineux, puis du dixième au quinzième jour, d'après Ranvier, commence l'ossification qui se fait suivant le même mode que dans les os en voie de formation; les travées osseuses partent constamment de l'os ancien; bientôt l'exsudat compris entre les fragments se transforme en tissu cartilagineux, puis en tissu osseux; plus tard le cal périphérique se résorbe peu à peu.

Dans le cas de plaie, il se fait d'abord une néoformation de tissu embryonnaire qui s'ossifie sans passer par l'état de cartilage. M. Ollier a mis en relief l'importance que joue le périoste dans la régénération du tissu osseux en montrant que, transporté dans le tissu cellulaire, il peut encore engendrer de la substance osseuse. On obtient, en le conservant, la régénération de fragments d'os très considérables; cependant le tissu de nouvelle formation ne répond pas complètement au type physiologique.

La moelle osseuse peut également concourir à la régénération de l'os ; Guyon (1) a obtenu, en la transplantant, des néoformations osseuses, et Philipeaux, Vulpian (2) et Peyraud (3) sont arrivés au même résultat.

Les muscles peuvent se régénérer. Le plus souvent les plaies

(1) Guyon, *Journ. d'anat. et de physiol.* 1869.
(2) Philipeaux et Vulpian, *Comptes rendus de la Société de biologie.* 1879.
(3) Peyraud, *Étude expérim. sur la régén. des tissus cartil. et osseux* (*Comptes rendus de l'Acad. des sciences.* 1869).

de ces organes guérissent par la formation d'un tissu de cicatrices ; cependant Markowsky a constaté qu'une section sous-
cutanée de ces organes pouvait ne laisser d'autre trace qu'une
légère dépression, sans néoformation conjonctive ; Dubreuil (1)
est arrivé aux mêmes résultats. Dans les cas de fractures anciennes des membres, on ne trouve pas dans les muscles de
cicatrices conjonctives, bien qu'ils aient dû être lésés par les
fragments.

On a rapporté également à une régénération le retour des
muscles à l'état normal après une maladie qui les a profondément altérés. Zenker (2) considère comme des éléments de régénération les cellules fusiformes à striation transversale que
l'on trouve sous le périmysium des muscles à la suite de la
fièvre typhoïde ; Markowsky (3) constate la présence des mêmes
éléments dans des muscles en voie de régénération et les
considère, bien à tort, comme des fibres musculaires résultant de la transformation de globules blancs migrateurs. La
plupart des auteurs et particulièrement Peremeschko (4), Hoffmann (5), Aufrecht (6), Rindfleisch (7) et Hayem admettent que
la régénération se fait par l'intermédiaire des anciennes fibres,
par suite du développement de leurs éléments cellulaires ; les
noyaux musculaires se multiplient en effet dans les fibres en
voie de régénération.

Ce processus a été bien étudié par M. Hayem (8) : « On trouve
d'abord, dit-il, à l'intérieur des gaines de sarcolemme et
souvent à côté de débris du contenu strié, des cellules complètement analogues à des éléments embryonnaires. Ce
sont les cellules musculaires qui en se modifiant et en se
multipliant ont fourni ces nouveaux éléments. Ces cellules
embryonnaires, d'abord arrondies et légèrement anguleuses,
deviennent bientôt fusiformes. Leur protoplasma qui, au début

(1) Dubreuil, *Gaz. hebdom.* 1865.
(2) Zenker, *Ueber der Veränd. de wilkürl. Muskeln in Typhus abdomin.* 1864.
(3) Markowsky, *Wiener med. Wochens.* 1848.
(4) Peremeschko, *Virchow's Archiv.* XXVII.
(5) E. Hoffmann, *Virchow's Archiv.* XL.
(6) Aufrecht, *Deutsches Archiv f. klin. Medic.* XXII.
(7) Rindfleisch, *Traité d'histologie pathologique,* trad. par M. F. Gross,
Paris, 1873.
(8) G. Hayem, article MUSCULAIRE (PATHOLOGIE) du *Dictionnaire encyclopédique des sciences médicales.*

de cette évolution, était finement granuleux, prend des caractères spéciaux. Les granulations plus marquées s'alignent en effet suivant des plans réciproquement perpendiculaires qui représentent en quelque sorte une ébauche de la striation.

« Plus tard ces éléments, auxquels conviendrait le nom de *corps myo-plastiques*, s'allongent sous la forme de petites bandes irrégulières, terminées à chacune de leurs extrémités par une pointe mousse et qui contiennent habituellement un ou plusieurs chapelets de noyaux formés par la division du noyau primitif.

« Il est fréquent de voir autour du noyau du corps myo-plastique ou des noyaux multiples de la bande une petite quantité de protoplasma plus pâle et plus finement granuleux que celui de la partie de l'élément où se dessine déjà la striation. A ce moment, le sarcolemme se dissout; les éléments deviennent libres; ils ne tardent pas à ressembler plus ou moins nettement aux jeunes fibres musculaires de l'embryon. »

Peut-être les cellules du périmysium prennent-elles part également à la formation des fibres nouvelles.

Weismann et Neumann ont soutenu récemment que ces éléments peuvent se développer aux dépens du protoplasma contractile; ils ont montré que, dans le muscle en voie de régénération, un certain nombre de fibres se divisent à leurs extrémités et émettent des sortes de bourgeons qui pénètrent dans le tissu de nouvelle formation. Il n'est pas prouvé, d'après Gussenbauer (1), que ces bourgeons ne représentent pas, au contraire, des fragments de fibres dégénérées. La régénération par multiplication et transformation des noyaux des fibres musculaires paraît donc seule bien établie.

On ne possède actuellement aucune donnée certaine sur la régénération des glandes.

CHAPITRE II

DES HYPERTROPHIES

On dit qu'un organe s'hypertrophie quand il présente dans toutes ses parties un accroissement anormal, sans que ses élé-

(1) Gussenbauer, *Langenbeck's Arch. f. Chir.* XII.

ments soient dégénérés ou envahis par des substances étrangères à leur composition. L'hypertrophie est toujours la conséquence d'une exagération dans l'activité du mouvement
nutritif, avec prédominance de l'assimilation sur la désassimilation. Sa cause la plus habituelle est la suractivité fonctionnelle ; les muscles en sont le siège le plus ordinaire ; chacun
sait que ces organes augmentent de volume sous l'influence
d'un exercice exagéré ; les hypertrophies professionnelles en
fournissent un témoignage frappant ; il en est de même de
l'hypertrophie dont le cœur devient le siège lorsqu'un obstacle
au cours du sang vient augmenter son travail et de celle que
présentent les parois vésicales, lorsque l'émission de l'urine se
fait avec difficulté ; on peut dans ce cas observer l'augmentation
du volume des éléments ou l'augmentation de leur nombre.
Hepp (1) a trouvé aux fibres musculaires du cœur hypertrophié un diamètre quatre fois supérieur à celui des fibres du
cœur sain. Dans l'hypertrophie physiologique de l'utérus gravide, on constate que les fibres lisses sont de 7 à 11 fois plus
longues et 4 fois plus larges qu'à l'état normal (Kölliker).

On peut considérer également comme une hypertrophie
vraie l'épaississement que subit l'épiderme dans les points où il
subit des frottements ou des pressions réitérées ; il semble que,
sous l'influence de ces excitations fréquemment renouvelées
la nutrition des cellules s'active ainsi que leur tendance à se
multiplier. Le développement plus considérable du cerveau
chez la moyenne des sujets cultivés paraît indiquer de même
que cet organe peut augmenter de volume sous l'influence
d'une grande activité fonctionnelle. Les anthropologistes ont
trouvé que les crânes des Parisiens contemporains présentent
en moyenne des dimensions supérieures à celles des crânes
des Parisiens du moyen âge.

On constate souvent l'augmentation de volume du corps
thyroïde, du foie, de la rate et des glandes lymphatiques ; mais
le plus souvent elle est due soit à une inflammation chronique, soit à une congestion, soit à l'accumulation d'une substance anormale telle que la graisse et la matière amyloïde, et
la véritable hypertrophie des glandes doit être considérée

(1) Hepp, *Die path. Veränd. d. Muskelfaser*. Dissert. Zürich. 1856.

comme rare. On observe cependant parfois l'hypertrophie de la mamelle ; nous en avons eu récemment sous les yeux un remarquable exemple chez une jeune femme hystérique.

Chez certains sujets il se produit, presque toujours dans la première enfance, une hypertrophie d'une partie du corps ; c'est le plus souvent un doigt qui augmente de volume ; d'autres fois c'est tout un membre ou une moitié du corps ; l'hypertrophie porte alors sur tous les éléments de la partie atteinte ; les os et les parties molles s'accroissent simultanément ; on voit, très exceptionnellement, cet accroissement gigantesque se manifester dans l'adolescence ou à l'âge adulte. Dans certains cas, chez les jeunes sujets, une lésion osseuse, telle qu'une fracture ou une carie, provoque un allongement du membre affecté.

La cause de ces hypertrophies n'est pas déterminée ; dans les cas où elles ont pour siège une moitié de la face ou du corps, on peut invoquer l'influence d'un trouble de l'innervation ; la même interprétation peut être appliquée aux hypertrophies des membres, car on les a vues coïncider avec des troubles de l'innervation sensitive, sécrétoire et circulatoire, tels que des sueurs abondantes, de la salivation, des anesthésies, des hyperesthésies, et une hyperthermie locale.

CHAPITRE III

DES TUMEURS (1)

ARTICLE 1er. — ÉTUDE GÉNÉRALE.

§ 1. — Définition.

Le mot *tumeur* n'est plus employé aujourd'hui dans son sens littéral ; on ne s'en sert plus pour désigner indifféremment toute espèce de saillie anormale : il s'applique exclusivement à certaines catégories de néoplasies dont la détermination est encore l'objet de divergences entre les auteurs.

(1) Virchow, *Pathologie des tumeurs*. — Broca, *Traité des tumeurs*. — Robin, Laboulbène, Cornil et Ranvier, Lancereaux, Cohnheim, Perls, ouvrages cités. — Rindfleisch, *Die Elemente der Pathologie*. Leipzig, 1883.

Pour nous, les tumeurs doivent être définies des *néoplasies persistantes, produites par la multiplication d'un groupe limité d'éléments sous l'influence d'un trouble immanent dans leur activité nutritive.* Nous en séparons : 1° les néoplasies inflammatoires, qui sont d'origine exsudative, tendent à rétrocéder et sont provoquées par une irritation accidentelle ; 2° les néoplasies infectieuses, qui, considérées isolément, tendent également à dégénérer et à disparaître et doivent être considérées comme des inflammations (V. page 287) ; 3° les néoplasies parasitaires, dans lesquelles les éléments cellulaires de l'organisme ne sont intéressés que secondairement et aussi suivant le mode inflammatoire ; 4° les kystes par rétention, et enfin 5° les hyperplasies que provoquent les irritations locales (durillons, verrues, papillomes et condylomes). On nous objectera que nous faisons entrer dans notre définition une part d'hypothèse en admettant que les éléments cellulaires des tumeurs sont *primitivement* atteints dans leur activité nutritive ; mais cette hypothèse nous paraît devoir être acceptée par exclusion, car nous ne voyons pas quelle autre on pourrait formuler alors que ces néoplasmes se développent d'ordinaire indépendamment de toute provocation apparente aussi bien que de toute modification appréciable de la santé générale. Nous verrons bientôt que, pour Cohnheim, le trouble dans l'activité nutritive des éléments cellulaires remonte à l'évolution embryonnaire.

§ 2. — Division.

Plusieurs divisions ont été admises dans l'étude des tumeurs. Virchow distingue des tumeurs *histioïdes, organoïdes, tératoïdes* et *mixtes ;* les premières sont formées par les éléments d'un même tissu ; plusieurs tissus se trouvent réunis dans les secondes ; les tératoïdes rentrent dans la catégorie des malformations. Ces distinctions méritent d'être conservées sans avoir une importance capitale.

Lebert partageait les tumeurs en deux grandes classes, les tumeurs *homœomorphes* et les tumeurs *hétéromorphes,* suivant qu'elles étaient, on non, formées d'éléments appartenant à la constitution normale de l'organisme ; on sait aujourd'hui qu'il n'y a pas de véritable hétéromorphie ; les éléments des tumeurs peuvent être tous ramenés, malgré des altérations souvent profondes, au type physiologique ; il faut donc renoncer à la division de Lebert.

Virchow reconnaît des tumeurs *homologues* et des tumeurs *hétérologues*. Celles-là sont constituées par les mêmes éléments que le tissu dans lequel elles se développent, celles-ci par des éléments différents. Cette division est également fort contestable, car, malgré les apparences, jamais une tumeur ne renferme d'éléments étrangers à la constitution du tissu dans lequel elle naît *primitivement*. Si un enchondrome se développe dans le poumon ou dans la parotide, c'est qu'il y avait dans ces organes du tissu cartilagineux. Le carcinome, que Virchow considérait comme le type de la tumeur hétérologue parce qu'il se rencontre le plus souvent dans le tissu conjonctif et qu'il renferme de l'épithélium, se développe en réalité, d'après la grande majorité des observateurs, aux dépens de tissus épithéliaux et n'envahit le tissu conjonctif que secondairement. La *permanence des espèces* est vraie en pathologie comme en histoire naturelle : les tumeurs épithéliales naissent des épithéliums, et les tumeurs conjonctives des tissus conjonctifs; s'il se produit des transformations, c'est entre tissus d'un même groupe, d'une même famille.

On peut donc admettre que toute tumeur est due à la végétation d'un tissu normal ; et il en résulte que c'est dans l'anatomie normale qu'il faut chercher la base d'une division rationnelle de ces produits morbides. On appelle *fibrome* la tumeur née du tissu fibreux, *adénome* celle qui naît d'une glande, etc.

Quand la structure d'une tumeur est complexe, ce qui est le plus fréquent, on la caractérise par l'élément qui y domine ou plutôt par celui qui paraît l'avoir constituée primitivement. Il y a des carcinomes dont la masse est en grande partie formée de tissu connectif, ce n'en sont pas moins des épithéliomes.

Nous partageons, avec Rindfleisch (1) et Lancereaux (2), *les tumeurs en deux grandes classes suivant que le tissu générateur pro-*

(1) Rindfleisch, *Traité d'histologie pathologique*, traduit par Gross. Paris, 1873.

(2) **Lancereaux**, *loc. cit.*

vient du feuillet moyen ou des feuillets interne et externe de l'embryon.

Les premières sont les plus nombreuses : ce sont les fibromes, les lipomes, les myxomes, les gliomes, composés de tissus fibreux, graisseux ou muqueux ou de névroglie, les sarcomes, caractérisés par la prédominance des éléments cellulaires et leur union intime avec la substance interstitielle, et présentant, suivant la forme de ces éléments et leurs combinaisons diverses avec les autres néoplasies conjonctives, des variétés que l'on désigne sous les noms de sarcomes fusocellulaires, giganto-cellulaires, globo-cellulaires, fibro-sarcomes, myxo-sarcomes, sarcomes alvéolaires, etc. Les autres tissus de substance conjonctive peuvent être également le point de départ de tumeurs ; tels sont les *ostéomes*, les *enchondromes*, les *léiomyomes* et les *rhabdomyomes* (formés de fibres musculaires lisses ou striées), les *névromes* et les *angiomes*.

Parmi les tumeurs d'origine épithéliale on distingue moins de variétés ; les plus importantes sont l'*adénome* et le *carcinome* : les éléments conjonctifs qu'elles renferment y sont nettement isolés des épithéliums. L'adénome est une tumeur glandulaire formée d'éléments semblables à ceux de la glande dans laquelle elle se développe. Le carcinome est composé d'un stroma de tissu conjonctif circonscrivant des alvéoles dans lesquels sont contenus des éléments épithéliaux. Virchow admet que ces tumeurs se développent aux dépens du tissu conjonctif, et cette manière de voir est également celle de Cornil et Ranvier ; mais depuis les travaux de Thiersch et de Waldeyer, la grande majorité des auteurs, et particulièrement Cohnheim, Rindfleisch, Lancereaux et Malassez, les rangent parmi les épithéliomes. Il faut reconnaître cependant que certains sarcomes présentent une structure à peu près identique à celle du carcinome ; leurs éléments d'apparence épithéliale sont probablement de grandes cellules plates de tissu conjonctif.

§ 3. — Genèse et étiologie.

Les tumeurs sont quelquefois *héréditaires*, mais moins souvent qu'on ne l'a dit. Elles se développent plus fréquemment chez des sujets qui ont atteint l'âge de 40 ans, bien qu'elles ne soient pas rares chez les enfants. Les traumatismes sont, dans un nombre de cas relativement faible (14 p. 100, d'après une statistique de Langenbeck) (1), l'occasion de leur développement; ils n'en sont pas la cause véritable. On voit souvent les néoplasmes survenir sans aucune provocation apparente et dans des organes qui ne sont soumis à aucune irritation; c'est ainsi par exemple que le cancer utérin peut se développer chez les vierges. Les émotions morales ont paru assez souvent provoquer ou favoriser la production du carcinome, et ce fait donne à penser que le système nerveux peut quelquefois jouer un certain rôle dans son développement, sans que l'on sache rien de positif à cet égard.

Tous les auteurs sont d'accord pour affirmer que les tumeurs proprement dites ne sont pas parasitaires; ce n'est pas à dire que leur multiplication et leur reproduction en divers points de l'organisme ne les rapprochent des néoplasies infectieuses, mais elles en diffèrent en ce sens que leur puissance de régénération semble être inhérente aux éléments mêmes qui les constituent et non à un agent virulent ou parasitaire qui serait venu du dehors. Dans les tumeurs parasitaires on trouve d'habitude, outre le parasite, dont la structure est complexe, une enveloppe conjonctive produite par l'inflammation qu'a provoquée la présence dans les tissus de l'élément étranger; cette enveloppe peut s'indurer, s'incruster de sels calcaires, mais elle représente toujours le produit d'une inflammation chronique; rien de semblable dans la grande majorité des tumeurs; si les sarcomes offrent de l'analogie avec une néoplasie inflammatoire, les fibromes, les myomes, les enchondromes sont formés d'un tissu d'une organisation plus élevée, et toutes les générations secondaires qui en émanent présentent la même structure.

On a tenté d'inoculer les tumeurs, et l'on a presque constamment échoué. Un fragment de cancer introduit sous la peau d'un animal peut proliférer pendant quelques jours, mais bientôt il s'atrophie et au bout de 15 à 20 jours il n'en reste plus trace (Cohnheim). Langenbeck a cependant trouvé des noyaux cancéreux dans le poumon d'un chien, dans les veines

(1) Cohnheim, ouvrage cité, p. 632.

duquel il avait injecté du suc cancéreux, mais rien ne prouve que le chien ne fût pas lui-même préalablement atteint de cancer ; la même objection peut être opposée à une observation analogue de Lebert et Follin ; le seul fait dans lequel les résultats de l'inoculation paraissent avoir été positifs appartient à Goujon (1) ; il s'agissait d'un cancer épithélial pris sur un cochon d'Inde et inoculé à un animal de même espèce.

Mais, en présence des succès des greffes animales, peut-on s'étonner qu'un produit pathologique soit susceptible d'être transplanté d'un individu à un autre ?

Après avoir exposé ces quelques données pour la plupart négatives, sur l'étiologie des tumeurs, nous devons faire connaître une théorie que Cohnheim a proposée récemment pour en expliquer le développement et qui nous paraît mériter au plus haut degré l'attention, comme tout ce qui sort de la plume de cet éminent pathologiste.

D'après lui, toute tumeur reconnaît pour cause première un trouble dans l'organisation embryonnaire, dans le plan initial de l'évolution. Il ne peut en fournir la preuve directe, mais il invoque à l'appui de sa proposition une série de faits d'une incontestable valeur : il rappelle d'abord quelle est l'importance du rôle que jouent les prédispositions immanentes dans l'évolution de l'individu, et il cite à ce sujet l'évolution des organes génitaux, dont le développement tardif, à l'époque de la puberté, ne peut s'expliquer que par l'hypothèse d'une prédisposition immanente à leur tissu ; il invoque ensuite les faits bien constatés et assez fréquents dans lesquels des tumeurs se sont développées chez plusieurs membres d'une même famille, soit dans la ligne paternelle, soit dans la ligne maternelle ; ces faits témoignent, pour lui, d'un trouble dans la disposition immanente qui détermine l'évolution (idée directrice de Bernard), au même titre que les cas héréditaires d'organes supplémentaires.

Dans l'hypothèse de Cohnheim, un groupe d'éléments embryonnaires ne participe pas à l'évolution de l'individu ; sa puissance de multiplication n'est pas mise en jeu ; elle reste latente jusqu'au moment où, sous une influence le plus souvent indéterminée, elle se manifeste et donne lieu à la formation

(1) Cité par Lancereaux, ouvrage cité, p. 428.

d'une tumeur ; on peut dire qu'il y a là une *hétérochronie*. C'est aussi, dans beaucoup de cas, une *hétérotopie ;* on voit souvent en effet les tumeurs se développer dans des points où des tissus d'origine différente viennent se réunir ; dans l'œsophage, le siège ordinaire de l'épithéliome est le point où l'œsophage primitif est en connexion avec le conduit aérifère. La même tumeur se développe dans la partie du rectum où l'épithélium intestinal s'unit au prolongement anal du feuillet externe. Le cancer utérin se manifeste surtout à l'orifice externe du col, là même où l'épithélium pavimenteux du sinus uro-génital se continue avec l'épithélium cylindrique des conduits de Müller. On voit de même enfin le cancer de l'estomac affecter le plus souvent les points où son épithélium se continue avec celui de l'œsophage et de l'intestin. Cohnheim pense qu'il y a, dans ces différents cas, une inclusion du tissu embryonnaire.

Cette hypothèse acquiert un haut degré de vraisemblance pour les tumeurs dont la structure diffère de celle des tissus où elles se développent. Si les os deviennent le siège d'enchondromes, c'est parce qu'il y reste des dépôts de tissu cartilagineux embryonnaire. Les enchondromes de la parotide proviennent de fragments de cartilage de Meckel inclus dans la glande. Les mêmes tumeurs se développent dans le testicule parce que, pendant la période embryonnaire, des cellules cartilagineuses des vertèbres primitives se sont trouvées englobées dans cet organe situé au-devant du rachis. Les adénomes de l'aisselle proviennent, selon toute vraisemblance, de glandes mammaires accessoires que l'on trouve souvent dans cette région. On peut s'expliquer l'enchondrome du poumon par la persistance d'îlots de cartilage embryonnaire.

On comprend enfin facilement, dans cette hypothèse, comment un grand nombre de tumeurs sont formées d'éléments embryonnaires.

Tels sont les principaux arguments que Cohnheim développe à l'appui de sa manière de voir ; ils nous semblent d'une valeur incontestable, particulièrement pour certaines catégories de tumeurs, telles que les enchondromes ; mais on ne peut se dissimuler que plusieurs faits restent inexpliqués.

Pour quelle raison la puissance de germination de ces dépôts embryonnaires, après être restée latente pendant de longues années, vient-elle se manifester au moment même où l'activité de la nutrition diminue dans tout l'organisme? Comment ces dépôts donnent-ils lieu à des formations beaucoup plus volumineuses que l'organe même dont ils devaient constituer une petite partie? L'hypothèse nous paraît impuissante à rendre compte de ces particularités.

§ 4. — Évolution des tumeurs.

On n'a pas de renseignements précis sur le mode de production des éléments des tumeurs. On retrouve ici en présence la théorie du blastème générateur et celle de la prolifération cellulaire. Celle-ci paraît la plus vraisemblable.

Les tumeurs se vascularisent, et c'est là une condition nécessaire à leur développement. Leurs vaisseaux diffèrent des types normaux ; leur structure est, d'après Lancereaux (1), en rapport avec celle du tissu dont est formée la néoplasie ; ils ont des parois très minces quand la tumeur est composée de tissu embryonnaire, et des parois épaisses s'il s'agit d'un tissu adulte.

Les vaisseaux volumineux à parois capillaires se rompent souvent et donnent lieu ainsi à des hémorrhagies interstitielles qui amènent instantanément une augmentation de volume de la néoplasie.

Les tumeurs renferment aussi des vaisseaux lymphatiques ; on a démontré la communication des alvéoles cancéreux avec les radicules lymphatiques.

Les tumeurs peuvent subir différentes espèces de dégénérescences ; on trouve souvent leurs cellules infiltrées de graisse, de matières colloïdes, muqueuses ou pigmentaires, quelquefois de sels calcaires.

Leur développement est ordinairement progressif ; il est cependant susceptible de s'arrêter ; on peut même voir certaines tumeurs diminuer de volume (cancer atrophique), mais elles ne disparaissent jamais.

Les limites des tumeurs sont souvent mal tracées ; elles empiètent sur les tissus voisins en se propageant dans les interstices cellulaires et le long des vaisseaux lymphatiques. Elles

(1) Lancereaux, *loc. cit.*

envahissent aussi fréquemment les ganglions auxquels ceux-ci se rendent.

Il peut se faire à distance des dépôts secondaires qui ultérieurement augmentent de volume et forment de nouvelles tumeurs : c'est ainsi qu'on peut le mieux s'expliquer la récidive des tumeurs après leur ablation. Dans certains cas, les nodosités secondaires ne se développent que plusieurs années après l'enlèvement de la tumeur initiale (1).

Lorsque les lymphatiques envahis par le néoplasme sont en rapport avec une cavité séreuse, il peut s'y former un semis de nodosités tout à fait comparables, par leur aspect, aux granulations tuberculeuses (carcinose miliaire).

Ce n'est pas seulement au voisinage des tumeurs initiales, mais dans tout l'organisme qu'il peut se développer des néoplasies secondaires. On attribuait autrefois l'apparition des nouvelles tumeurs à la même cause qui avait provoqué celle de la tumeur initiale, et l'on admettait que cette cause était une prédisposition générale qu'on appelait *diathèse*. L'expression *diathèse cancéreuse* est encore employée par beaucoup de médecins ; il faut y renoncer.

La première tumeur paraît se développer en raison d'une prédisposition purement locale, et c'est elle qui engendre directement les tumeurs secondaires. Nous ne voulons pas nier cependant que plusieurs tumeurs de même nature ne puissent se développer chez un même sujet indépendamment les unes des autres ; mais il semble bien que ce soit l'exception, et il n'est nullement nécessaire, même en pareil cas, d'invoquer une diathèse dont rien ne prouve l'existence.

Voici d'ordinaire comment les choses se passent : les éléments de la tumeur pénètrent dans la cavité des vaisseaux sanguins ou lymphatiques situés dans sa masse ou à sa périphérie ; de là ils sont transportés, quelquefois avec des caillots dont ils ont provoqué la formation, dans la circulation veineuse, puis dans différents organes (fig. 87) : c'est dans ces organes que se développent les néoplasmes secondaires. Leur structure est identique à celle de la tumeur initiale.

(1) Nous avons vu, avec M. Jaccoud, une tumeur du médiastin se manifester 20 ans après l'ablation d'une tumeur du sein chez une femme dont la santé avait été bonne dans l'intervalle.

Deux hypothèses ont été émises pour expliquer leur formation : dans l'une, le fragment de néoplasme, apporté par la circulation dans un organe sain jusque-là y détermine, par une sorte d'action de contact, le développement d'une néoplasie semblable ; dans l'autre, de beaucoup la plus vraisemblable, c'est le fragment même qui prolifère et forme une nouvelle tumeur.

Au point de vue pratique, on distingue avec raison des tumeurs *bénignes* et des tumeurs *malignes*. Celles-ci ont tendance à s'accroître rapidement, à s'ulcérer et à se généraliser ; celles-là restent stationnaires, isolées et ne s'ulcèrent pas. Parmi les tumeurs d'une même structure, les unes peuvent être malignes et les autres bénignes. En général, la malignité est en raison directe de la quantité d'éléments cellulaires que renferme la tumeur, de sa vascularité et de sa tendance à envahir les parties voisines et à se multiplier.

§ 5. — Symptômes.

Les tumeurs peuvent provoquer des accidents *locaux* et des accidents *généraux*.

Les accidents locaux sont surtout des phénomènes de compression dont l'importance varie essentiellement suivant le siège et le volume de la tumeur, et des phénomènes d'inflammation.

Les accidents généraux peuvent résulter secondairement des troubles fonctionnels locaux que produit la tumeur ; il en est ainsi par exemple dans les cas de cancer de l'œsophage ou du pylore ; les hémorrhagies et les pertes de matériaux consécutives aux ulcérations contribuent à produire l'anémie et la cachexie. Dans les cas où les tumeurs sont volumineuses et se multiplient rapidement, la quantité de substances assimilées qu'elles absorbent constitue pour l'organisme une perte difficile à réparer.

Ces différentes causes d'affaiblissement et de détérioration expliquent suffisamment le développement de la cachexie qu'entraînent les tumeurs malignes, et point n'est besoin pour s'en rendre compte d'invoquer, avec Rindfleisch, une intoxication purement hypothétique par les produits émanés de la tumeur.

ARTICLE II. — ÉTUDE DES DIFFÉRENTES VARIÉTÉS DE TUMEURS.

Après ces notions générales sur l'histoire des tumeurs, nous devons esquisser les principaux traits qui caractérisent au point de vue biologique leurs différentes variétés.

§ 1ᵉʳ. — Tumeurs développées aux dépens des tissus nés du feuillet moyen.

A. Tumeurs conjonctives. — a. *Sarcomes*. — Ces tumeurs sont formées, d'après Virchow, de substance conjonctive, mais elles

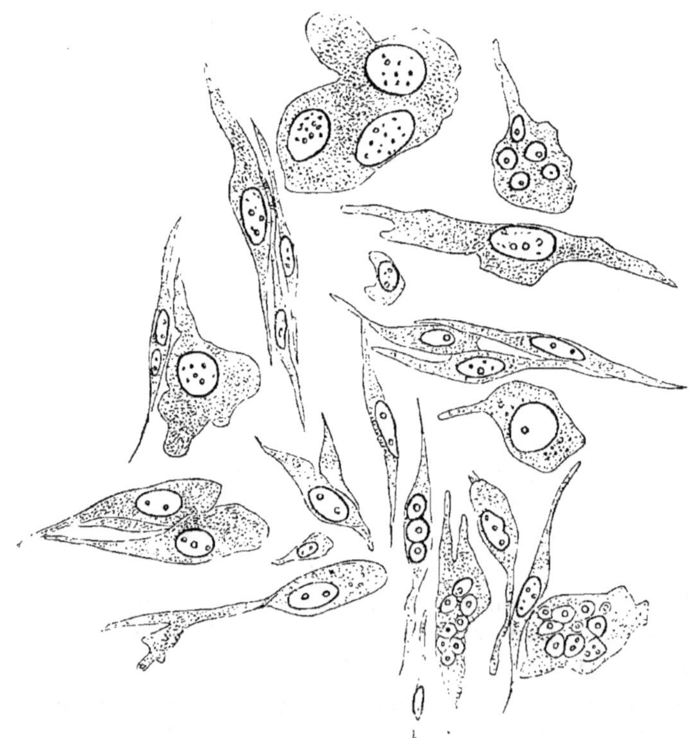

Fig. 109. — Cellules fusiformes d'un sarcome.

diffèrent des types physiologiques de tissu conjonctif par la grande abondance de leurs éléments cellulaires; pour Cornil et

Ranvier, elles sont constituées « par du tissu embryonnaire pur, ou subissant une des premières modifications qu'il présente pour devenir un tissu adulte » ; Lancereaux les appelle *fibromes embryonnaires*. On en distingue plusieurs variétés qui diffèrent par la forme et le mode de disposition de leurs cellules.

Dans le sarcome dit *fuso-cellulaire* (sarcome fasciculé de Cornil et Ranvier), les éléments allongés et pourvus de noyaux ovalaires se terminent par des prolongements déliés (fig. 109); ils se groupent le plus souvent en faisceaux que sépare une substance amorphe peu abondante (fig. 110) ; ces tumeurs renferment des vaisseaux à parois embryonnaires.

Le sarcome *globo-cellulaire* est composé de cellules rondes et peu volumineuses que sépare une substance amorphe ou vaguement fibrillaire ; quelquefois des cellules fusiformes groupées en faisceaux s'interposent entre les cellules rondes et donnent au tissu une apparence alvéolaire ; cette variété se développe souvent dans les os.

Dans le *sarcome alvéolaire*, les interstices qui séparent les faisceaux de cellules fusiformes sont remplis par des amas de

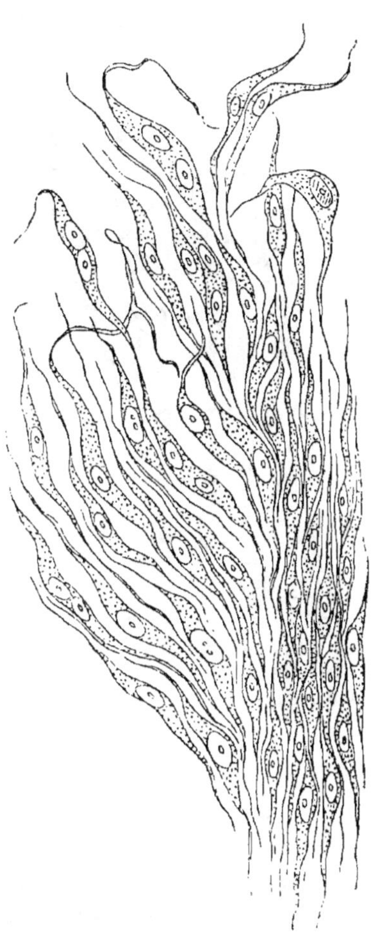

Fig. 110. — Sarcome fuso-cellulaire à grandes cellules (d'après Virchow).

cellules arrondies et la tumeur présente alors un aspect très analogue à celui du carcinome ; mais un examen attentif montre que les alvéoles, au lieu d'être vides comme ceux du carcinome quand on en a éloigné les cellules, sont cloisonnés par un fin réseau fibrillaire (fig. 111).

Le *sarcome giganto-cellulaire* de Virchow est caractérisé par la présence de grandes cellules à noyaux multiples (fig. 112).

Dans le sarcome *mélanique*, les cellules sont infiltrées de pigment.

Le sarcome se combine souvent avec diverses formes de néoplasies conjonctives pour former des tumeurs mixtes que l'on dé-

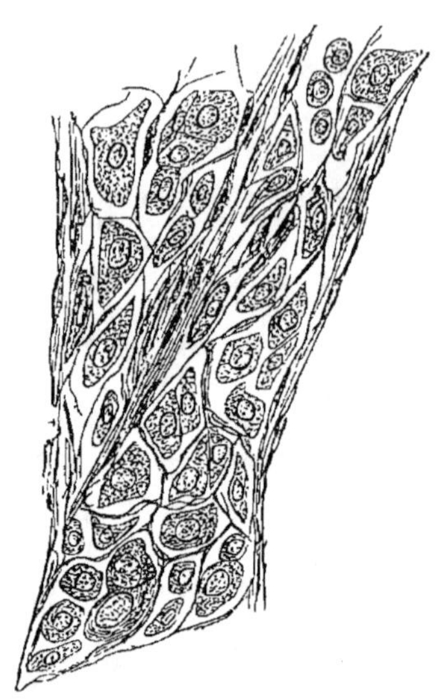

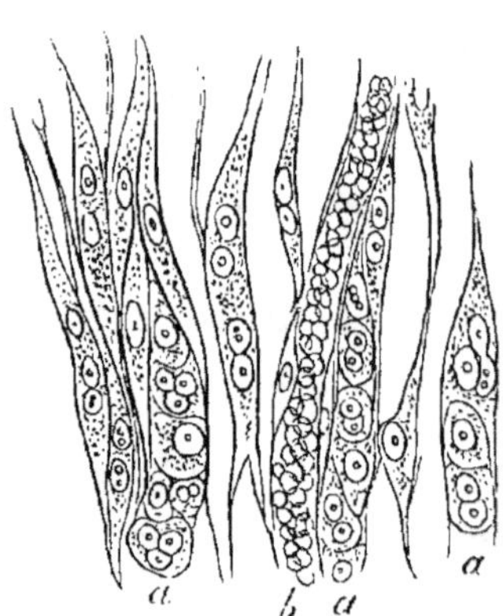

Fig. 111. — Sarcome alvéolaire. Grossissement 250 (collection de Giessen).

Fig. 112. — Sarcome à grandes cellules. Des cellules fusiformes de grandeur colossale placées parallèlement sont entremêlées de cellules globuleuses. Grossissement 300.

signe sous les noms de *fibro-sarcomes*, *myxo-sarcomes*, *chondro-sarcomes*.

Ces sarcomes se développent aux dépens des diverses variétés de tissu conjonctif; leur structure est dans une certaine mesure en rapport avec leur origine : c'est ainsi que les sarcomes du périoste sont ordinairement *fuso-cellulaires* et ceux des os *globo-cellulaires* ou riches en cellules géantes ; les sarcomes *mélaniques* proviennent le plus ordinairement de la choroïde, quelquefois de la pie-mère.

Ces tumeurs peuvent subir la dégénérescence muqueuse (*sarcome muqueux*), graisseuse, ou calcaire; il peut s'y former des kystes sanguins.

Certaines variétés de sarcomes sont bénignes, d'autres malignes; les premières restent isolées et ne récidivent que sur place; les secondes ont la même puissance de généralisation que le cancer; parmi celles-ci il faut ranger surtout les sarcomes à petites cellules et les mélano-sarcomes; « un sarcome est d'autant plus grave, disent Cornil et Ranvier (1), que son organisation est moins élevée. »

b. *Fibromes*. — Les *fibromes* sont formés de tissu conjonctif fibrillaire; ils renferment des cellules qui peuvent être allongées et fusiformes ou petites et arrondies; leur type est, d'après Lancereaux, le tissu cicatriciel; on y trouve des vaisseaux et des nerfs. On en distingue deux variétés, le fibrome dur et le fibrome mou; la structure du premier rappelle celle des tendons; le second présente l'aspect du tissu cellulaire sous-cutané. Ces tumeurs se développent surtout chez les sujets âgés, dans les tissus cellulaires sous-cutané et sous-muqueux ainsi que dans les tendons, les aponévroses, les nerfs et les ovaires. Ceux des muqueuses peuvent revêtir la forme de polypes. On a souvent rangé à tort, parmi ces tumeurs, des néoplasies inflammatoires ou irritatives; telles sont par exemple la plupart des productions appelées fibromes *papillaires*.

Les fibromes s'accroissent lentement; ils n'ont aucune tendance à rétrograder. Ils peuvent s'enflammer, subir la dégénérescence graisseuse ou muqueuse, se calcifier et s'ulcérer. Ils sont souvent multiples, mais ils ne se généralisent pas.

c. *Myxomes*. — Le tissu muqueux ne se rencontre après la naissance que dans le cordon ombilical et dans le corps vitré; dans l'embryon, le tissu sous-cutané, qui deviendra plus tard le tissu conjonctif, se présente d'abord sous la forme de tissu muqueux composé de cellules et d'une substance interstitielle gélatiniforme dans laquelle on trouve de la mucine.

Les *myxomes* se développent chez l'adulte dans le tissu cellulo-adipeux; on en a observé dans les centres nerveux et aussi dans les nerfs.

Les tumeurs placentaires connues sous le nom de *môles hydatiques* sont formées de tissu muqueux.

Les myxomes, dans leur forme typique, sont composés d'une

______

(1) Cornil et Ranvier, *loc. cit.*

substance fondamentale presque homogène renfermant un petit nombre de fibrilles et de cellules rondes, fusiformes ou étoilées, c'est le *myxome hyalin* (fig. 113). Le plus souvent on trouve en

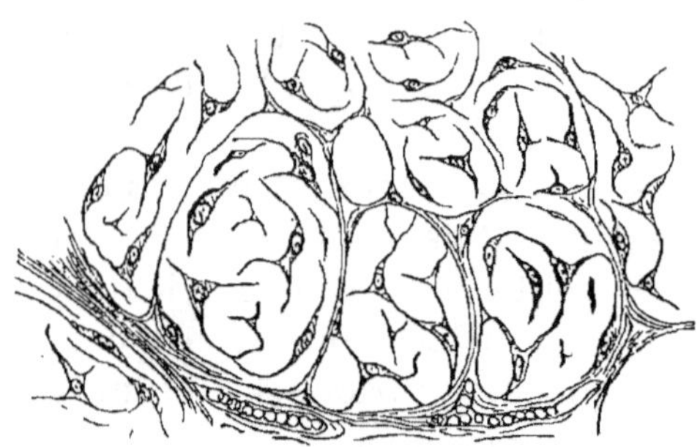

Fig. 113. — Myxome hyalin développé dans le tissu conjonctif sous-cutané des environs de l'angle de la mâchoire inférieure : Grossissement 300.

même temps que le tissu muqueux, soit du tissu conjonctif embryonnaire, soit du tissu fibreux, graisseux ou cartilagineux ; la tumeur est mixte et prend, suivant les cas, le nom de *myxome sarcomateux, fibreux, cartilagineux* ou *lipomateux*.

Les myxomes comme les fibromes peuvent s'enflammer et s'ulcérer ; ils peuvent même se gangréner (Cornil et Ranvier). On les a vus se généraliser, mais c'est un fait exceptionnel.

d. *Endothéliomes*. — Nous croyons devoir, avec Lancereaux (1), distinguer ces tumeurs des sarcomes parmi lesquels on les range fréquemment ; leur structure en effet n'est pas embryonnaire ; elles sont constituées par la prolifération d'éléments conjonctifs arrivés à leur plein développement. Elles se développent souvent aux dépens de l'endothélium qui tapisse la dure-mère. Leurs éléments offrent beaucoup d'analogie avec les cellules épithéliales et l'on ne peut être surpris que Ch. Robin les ait décrites sous le nom d'*épithélioma ;* il en a vu se développer aux dépens du péritoine ; Lancereaux pense qu'elles peuvent se rencontrer partout où existent des cellules endothéliales et il est porté à croire que bien souvent elles ont été décrites sous le nom de sarcomes fuso-cellulaires.

Elles sont composées de grandes cellules plates, souvent al-

(1) Lancereaux, *loc. cit.*

longées et pourvues d'un ou deux noyaux (fig. 114). Elles se disposent assez souvent en globes concentriques au milieu desquels on trouve un grain calcaire (d'où le nom de *psammomes* que leur a assigné Virchow). Cornil et Ranvier attribuent la

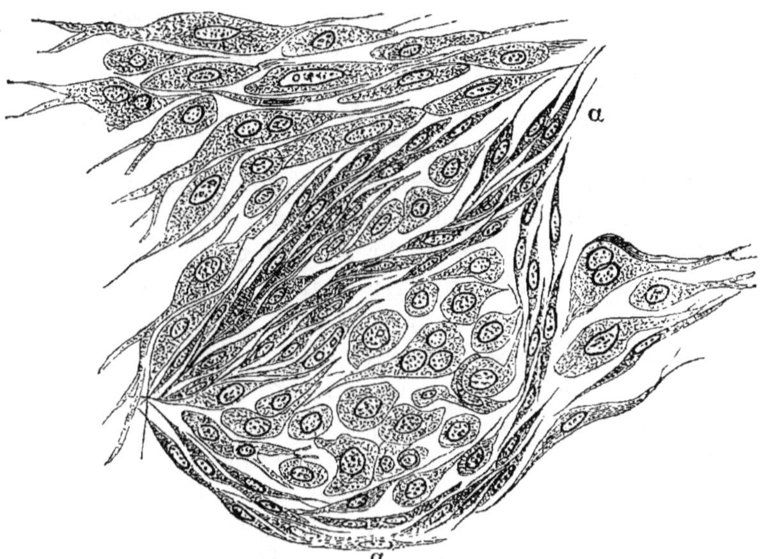

Fig. 114. — Endothéliome de la dure-mère. Disposition alvéolaire.
Grossissement 250.

formation de ces globes calcifiés à un bourgeonnement des tuniques vasculaires et désignent les tumeurs sous le nom de *sarcomes angiolithiques*. Un fait d'Eppinger montre qu'elles peuvent se généraliser (1).

e. *Tumeurs perlées.* — Décrites sous ce nom par J. Cruveilhier et sous celui de *chotestéatome* par J. Müller, elles se rencontrent surtout à la base du cerveau, dans l'épaisseur de la pie-mère. Elles peuvent atteindre un diamètre de plusieurs centimètres ; elles semblent formées par l'union de plusieurs nodosités ; sur une coupe, leur surface paraît brillante, et on y distingue des couches concentriques ; l'examen histologique montre qu'elles sont formées de cellules plates ; elles ont été classées parmi les tumeurs épithéliales, mais il est plus probable, en raison de la

(1) Eppinger, *Prager Vierteljahrs.* 1875.

région où elles se développent et de leur structure, qu'elles sont
de nature endothéliale.

f. *Gliomes.* — Les *gliomes* sont formés d'un tissu réticulé
analogue à celui de la névroglie et renfermant comme elle de
nombreux noyaux arrondis ou ovalaires ; ils contiendraient
aussi, d'après Klebs, des éléments nerveux, si bien qu'il les
appelle des névrogliomes. Ils se développent dans le cerveau,
la moelle, la rétine et les nerfs optiques ou acoustiques ; il faut
leur assimiler, d'après Birch-Hirchfeld (1), certaines tumeurs des
capsules surrénales. Le gliome est de nature bénigne, ce qui
ne l'empêche pas de donner lieu, par la compression qu'il exerce
sur les centres nerveux, aux plus redoutables accidents.

g. *Lipomes.* — Les *lipomes* présentent une structure tout à
fait comparable à celle du tissu graisseux ; ils se développent
surtout dans le tissu cellulaire sous-cutané, quelquefois au-
dessous des membranes muqueuses ou séreuses ; ils peuvent acquérir des dimensions considérables. Leur accroissement n'est aucunement en rapport avec l'état général de la
nutrition ; un individu peut maigrir en même temps que son
lipome grossit. Ces tumeurs sont souvent multiples, mais elles
ne se généralisent pas et récidivent rarement.

B. **Tumeurs cartilagineuses.** — *Enchondromes.* — On peut
trouver dans les *enchondromes* toutes les variétés de tissu cartilagineux (2), c'est-à-dire le cartilage hyalin, le fibro-cartilage et
le cartilage à cellules ramifiées ; elles existent souvent simultanément, de telle sorte que le produit morbide ne répond à aucun
type normal. Assez fréquemment le tissu cartilagineux est uni
à diverses variétés de tissu conjonctif ; aussi Virchow admet-il
l'existence de chondro-fibromes et de chondro-sarcomes ; d'autres fois le cartilage se trouve avec du tissu ostéoïde. Ces tumeurs ne se développent jamais dans les cartilages ; on observe
dans ces derniers des hyperplasies irritatives connues sous le
nom d'*ecchondroses*, mais elles ne peuvent être considérées
comme des tumeurs. Les os en première ligne, puis le testicule
et la parotide sont les parties où les enchondromes naissent le
plus ordinairement ; plus rarement ils proviennent de la peau
ou du poumon.

(1) Cité par **Samuel**, *Handbuch der Allgemeinen Pathologie.* Stuttgart, 1880.
(2) Laboulbène, *Traité d'anatomie pathologique*, Paris, 1879, page 934.

Virchow croit que, dans les os, ils se développent aux dépens d'îlots de cellules qui n'ont pas pris part au développement de l'organe ; il est donc pour ces tumeurs d'accord avec Cohnheim.

Les enchondromes peuvent s'infiltrer de sels calcaires ; cette altération débute par le centre.

Ces tumeurs sont ordinairement, mais non constamment bénignes, car on les voit parfois se généraliser.

C. **Tumeurs osseuses**. — *Ostéomes*. — Les néoformations de tissu osseux se développent le plus souvent sous l'influence d'une maladie infectieuse, d'une inflammation ou d'une irritation locale ; on observe cependant parfois de véritables ostéomes ; leur structure est celle du tissu osseux ; on distingue l'ostéome *compact*, l'ostéome *spongieux* et l'ostéome *éburné*.

Ces tumeurs se rencontrent le plus souvent dans le système osseux, quelquefois dans la dure-mère, les aponévroses et les muscles. Elles ne se généralisent pas.

D. **Tumeurs musculaires**. — *Myômes*. — Les fibres musculaires striées et lisses peuvent constituer les éléments fondamentaux de tumeurs que l'on appelle *rhabdomyomes* et *léiomyomes*.

a. Les *rhabdomyomes* n'ont été observés que très exception-

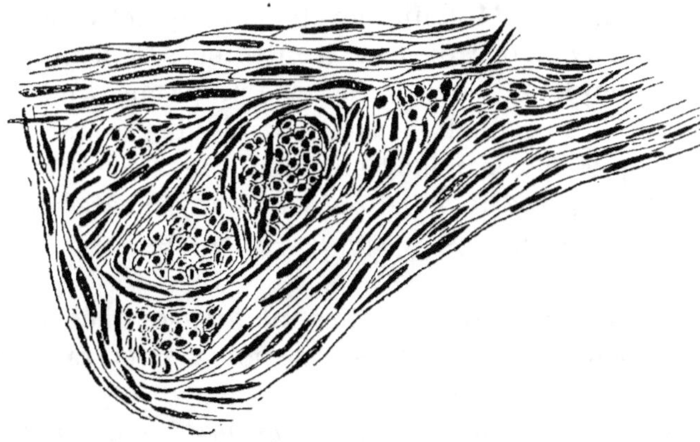

Fig. 115. — Léiomyome ; noyaux colorés par le carmin ; ceux dont la forme est ronde représentent la section transversale de ceux qui sont allongés. Grossissement 250 (Perls).

nellement ; on en a trouvé dans la langue et dans le cœur chez des enfants nouveau-nés.

b. Les *léiomyomes* se rencontrent au contraire très fréquemment dans l'utérus et la prostate, quelquefois dans le tube digestif ou dans les parties des téguments externes qui sont riches en fibres lisses.

Ils sont formés d'éléments très analogues aux fibres muscu-

Fig. 116. — Cellules musculaires d'un léiomyome isolées par la potasse.

laires lisses (fig. 115 et 116) ; une enveloppe conjonctive les circonscrit ; le plus souvent on trouve aussi entre leurs éléments propres des tractus conjonctifs. Ce sont donc, à proprement parler, des *fibro-myomes*. Ces productions sont d'habitude pauvres en vaisseaux ; quelquefois cependant elles renferment des capillaires dilatés et des espaces lymphatiques qui, en convergeant, peuvent former des cavités kystiques (myomes caverneux et kystiques).

Ces tumeurs, considérées en elles-mêmes, sont bénignes ; on les a vues cependant se généraliser. Lancereaux en rapporte un exemple dans son atlas (1).

E. **Tumeurs vasculaires**. — a. *Angiomes*. — Les angiomes sont des tumeurs constituées par des vaisseaux de nouvelle formation ; on en distingue deux variétés : l'angiome *capillaire* et l'angiome *caverneux*.

(1) Lancereaux, *Atlas d'anatomie pathologique*.

L'angiome *capillaire* se rencontre très fréquemment chez les nouveau-nés sous forme de petites taches plus ou moins saillantes. Il siège habituellement à la tête ; souvent il occupe les muqueuses. L'examen histologique montre qu'il est formé principalement de capillaires à parois épaisses, diversement contournés et séparés par une quantité variable de tissu conjonctif.

L'angiome *caverneux* est le plus ordinairement sous-cutané ; mais il peut occuper également les viscères et particulièrement le foie ; il apparaît dans les premiers temps de la vie ; il semble, dans beaucoup de cas, se développer aux dépens d'un angiome simple. Sa structure est alvéolaire. Les cavités remplies de sang représentent des capillaires, car elles communiquent avec les artères et les veines ; leurs parois sont formées de tissu fibreux et tapissées par un endothélium semblable à celui des veines (Cornil et Ranvier). La plupart de ces tumeurs peuvent être distendues et grossies par le sang qui s'y accumule, soit qu'il y afflue en plus grande quantité, soit qu'un obstacle s'oppose à son écoulement par les veines.

b. *Lymphomes.* — Les *lymphomes* sont des tumeurs constituées par l'hyperplasie du tissu des ganglions lymphatiques. Il faut se garder de les confondre avec les phlegmasies de ces organes et avec les néoplasies infectieuses qui s'y développent fréquemment ; il faut également, suivant nous, en distraire les adénopathies multiples de la leucémie, car il ne s'agit pas là de tumeurs qui se généralisent, mais d'affections simultanées des ganglions qui se produisent sous une influence générale, peut-être de nature infectieuse (Cohnheim). De même les néoformations de tissu lymphoïde, qui se développent dans la peau et ont été décrites par les dermatologistes sous le nom de *mycosis fongoïdes*, ne peuvent être considérées comme des tumeurs, par cette raison que le plus souvent elles disparaissent spontanément au bout d'un laps de temps variable.

Les véritables lymphomes se développent primitivement dans les ganglions lymphatiques pour se généraliser ensuite. Ils sont formés de tissu adénoïde semblable à celui de ces organes ; on y voit un réticulum infiltré par de nombreuses cellules très analogues aux globules blancs, et beaucoup de vaisseaux. Dans certains cas, les cloisons sont épaisses et les trabécules plus volumineuses ; la tumeur prend alors le nom de lympho-sarcome ; elle a plus de tendance à se généraliser.

On a observé des lymphomes du foie, de la rate, de l'intestin et de la peau, mais, nous le répétons, on a compris sous ce nom des néoformations adénoïdes qui n'ont pas les caractères des tumeurs et qu'il importe d'en distinguer.

Les lymphomes dégénèrent et s'ulcèrent rarement.

§ 2. — Tumeurs provenant des feuillets externe et interne du blastoderme.

A. Tumeurs épithéliales. — Ces tumeurs peuvent se développer aux dépens des épithéliums de revêtement ou à ceux des épithéliums glandulaires. Leur structure peut être analogue à celle du tissu d'où elles proviennent ou en différer.

On décrit sous le nom d'*épithéliomes* un certain nombre de productions que nous nous refusons à considérer comme des tumeurs : telles sont le molluscum contagiosum, les cors, les verrues et l'icthyose ; ce sont là des néoplasies nées sous l'influence d'irritations réitérées, d'un agent spécifique, ou d'un vice congénital dans la nutrition de la peau et non des tumeurs telles que nous les avons définies.

a. *Adénomes.* — Les *adénomes* sont, comme leur nom l'indique, des néoformations de tissu glandulaire. On distingue des adénomes *acineux*, des adénomes *tubulés* et des adénomes *kystiques*.

Les *adénomes acineux* se rencontrent surtout dans la mamelle, dans les glandes sébacées et sudoripares (Broca et Verneuil), dans la parotide, dans le voile du palais et dans le pharynx ; ils se composent de culs-de-sac glandulaires que remplissent des cellules analogues à celles de l'organe dans lequel ils se développent ; ils sont entourés de tissu connectif.

Généralement de petit volume, ils s'accroissent lentement, ne s'ulcèrent pas et ne se généralisent pas ; leurs éléments peuvent subir la dégénérescence graisseuse ou colloïde.

Les adénomes *cylindriques* se développent surtout aux dépens des muqueuses des fosses nasales et de l'utérus ; on les rencontre aussi dans le tube digestif. Les tubes glandulaires y sont souvent, d'après Cornil et Ranvier, trois à quatre fois plus grands que dans les glandes de ces organes. Kelsch, Kiener et Sabourin (1) ont décrit sous le nom d'*adénome du foie* une néoplasie qui coïncide avec une cirrhose annulaire et avec une thrombose de la veine porte ; elle se présente sous la forme de nodules dans lesquels on trouve des pseudo-canalicules biliaires dissociés par la cirrhose et aboutissant à de larges espaces remplis de cellules épithélioïdes ; beaucoup de rameaux de la veine porte sont obstrués par les mêmes éléments : s'il s'agit là de véritables tumeurs, on peut dire qu'elles diffèrent de toutes les autres par leurs rapports avec les lésions phlegmasiques et leurs ramifications dans l'ensemble des canaux portes.

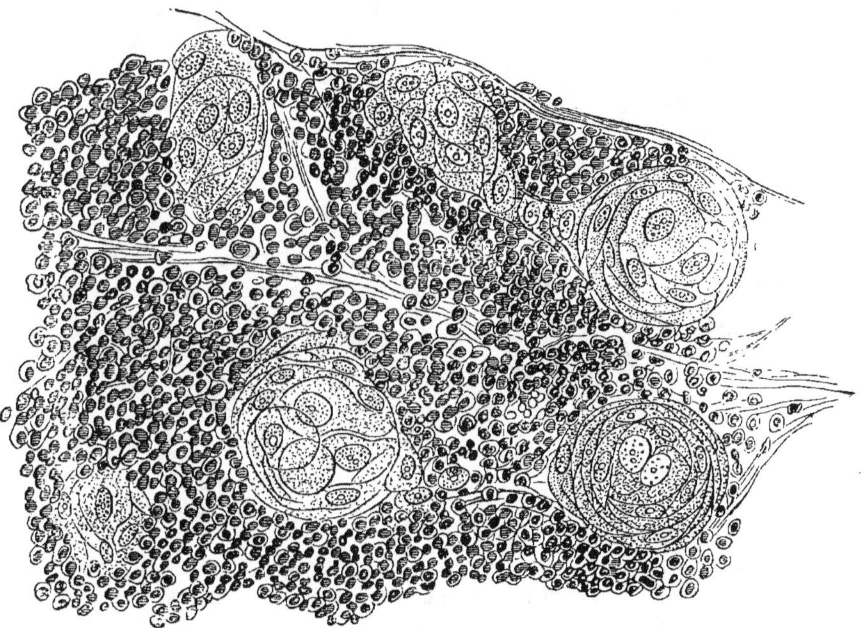

Fig. 117. — Carcinome épithélial du clitoris. On voit des amas de cellules épithéliales déposés dans le tissu conjonctif qu'infiltrent de petites cellules. Grossissement 250 (Perls).

Nous devons dire cependant que M. Sabourin a décrit également dans le rein des adénomes à cellules tantôt cubiques,

(1) Sabourin, *Essai sur l'adénome du foie*, thèse de Paris, 1881. — Merklen, *Sur un cas de cirrhose atrophique avec adénome généralisé du foie* (*Revue de médecine*, 1883).

tantôt cylindriques dont il rattache le développement à l'inflammation chronique de l'organe.

Les adénomes peuvent se transformer en *kystes* remplis de matière colloïde. Ces tumeurs sont bénignes comme les précédentes.

b. *Épithéliomes atypiques (cancroïdes et carcinomes)*. — Nous les diviserons, avec Lancereaux, en *épithéliomes pavimenteux, cylindriques et glandulaires* (1).

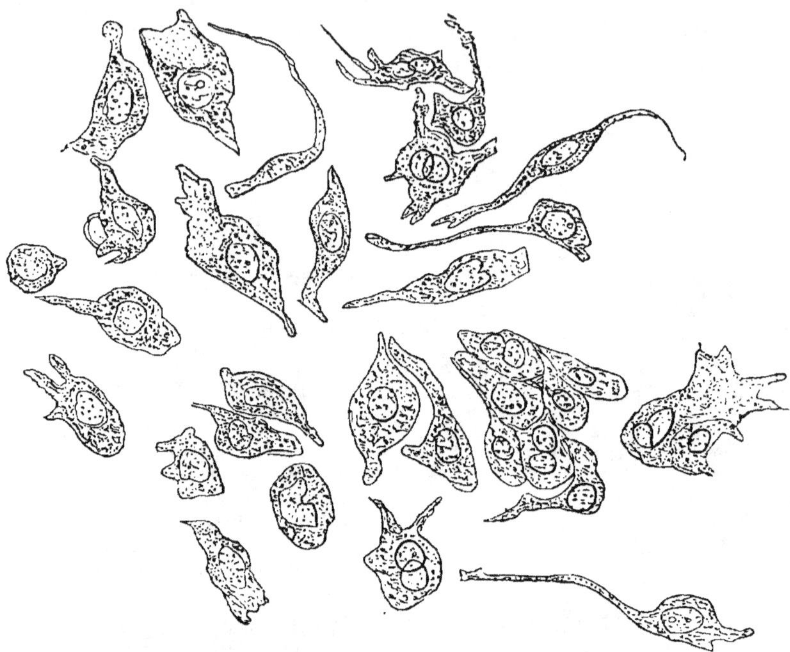

Fig. 118. — Cellules d'un carcinome épithélial de la vessie.
Grossissement 250 (Perls).

a'. — L'épithéliome *pavimenteux* est la tumeur connue sous le nom de *cancroïde ;* on l'observe surtout aux lèvres, à la langue, dans l'œsophage, au col de l'utérus et dans la vessie. Elle se compose de lobules que sépare un stroma conjonctif fibreux ou embryonnaire.

On trouve, à la périphérie de ces lobules, des cellules cylin-

____

(1) Nous distinguons ces tumeurs des précédentes pour nous conformer à la description qu'en donnent la plupart des auteurs, sans nous dissimuler ce qu'il y a d'arbitraire dans cette séparation.

driques, plus au centre des cellules dentelées, semblables à celles de l'épiderme, et de distance en distance un globe épidermique formé lui-même de cellules épidermiques agglomérées en couches concentriques ; la forme et les dimensions des cellules sont très variables. Ces tumeurs prennent souvent un aspect corné. Elles se développent par bourgeonnement des couches profondes de l'épiderme ou des épithéliums. Les néo-formations pénètrent dans le tissu sous-jacent et s'y développent; elles ont tendance à s'ulcérer et à s'étendre ; quelque-

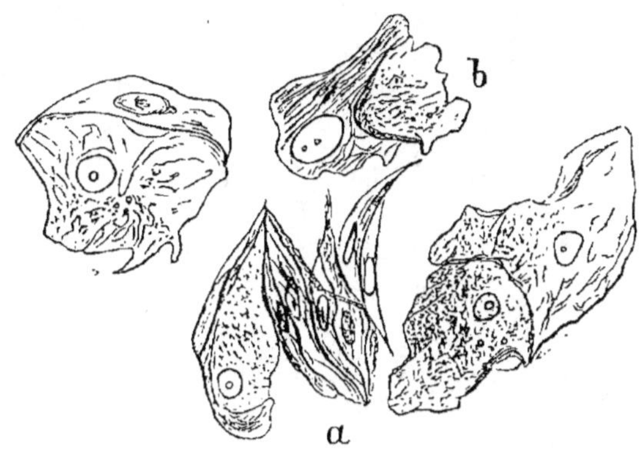

Fig. 119. — Épithélium plat d'un carcinome du corps thyroïde (*).

fois cependant leur accroissement est extrêmement lent ; leur marche paraît subordonnée au degré de résistance que les tissus ambiants opposent à leur envahissement ; leur généralisation est exceptionnelle. Elles subissent souvent la dégénérescence graisseuse ou colloïde, quelquefois la dégénérescence muqueuse.

On ne les observe guère que chez les vieillards ; elles se développent souvent chez l'homme à la lèvre inférieure et l'on a admis qu'elles pouvaient être le résultat de l'irritation provoquée par le contact de la pipe ou du cigare, mais on a souvent confondu avec elles de simples proliférations épithéliales qui restent toujours localisées et doivent en être distinguées. D'après Lancereaux, il peut se développer dans la choroïde des

(*) *a*, cellules superposées. Grossissement 250 (Perls).

épithéliomes mélaniques dont la malignité égale celle des sarcomes de même origine.

b'. — L'épithéliome *cylindrique* se rencontre dans les organes recouverts d'un épithélium de cette forme, tels que la muqueuse gastrique, certains conduits glandulaires, et la vésicule biliaire ; on peut en obtenir des préparations très analogues à celle que donne la muqueuse normale ; leur structure est alvéo-

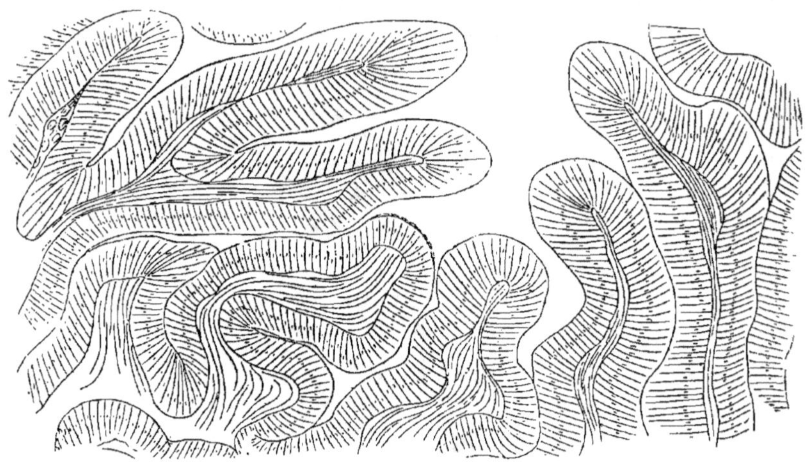

Fig. 120. — Coupe d'un cancer épithélial cylindrique de l'estomac.
Grossissement 300.

laire. Ces tumeurs ont une marche envahissante ; leurs éléments se propagent suivant les interstices conjonctifs ; elles amènent par compression l'atrophie des fibres musculaires, perforent les vaisseaux, s'étendent aux ganglions voisins et souvent à d'autres organes ; comme les cancroïdes, elles peuvent subir la dégénérescence muqueuse et colloïde ; elles s'ulcèrent souvent, et ont une grande puissance de généralisation (fig. 120).

c'. — L'*épithéliome glandulaire hétéromorphe* constitue la grande majorité des tumeurs connues sous le nom de *carcinomes*, c'est du moins, depuis les travaux de Thiersch et de Waldeyer, l'opinion de la plupart des auteurs (1). Il faut reconnaître

(1) **M.** le professeur Sappey, dans une récente communication à l'Académie des sciences, a émis l'opinion que les cellules cancéreuses sont des globules blancs dégénérés ; il faut attendre des recherches de contrôle pour se prononcer définitivement sur les vues toutes personnelles du savant maître.

cependant que les sarcomes peuvent offrir la plus grande res-

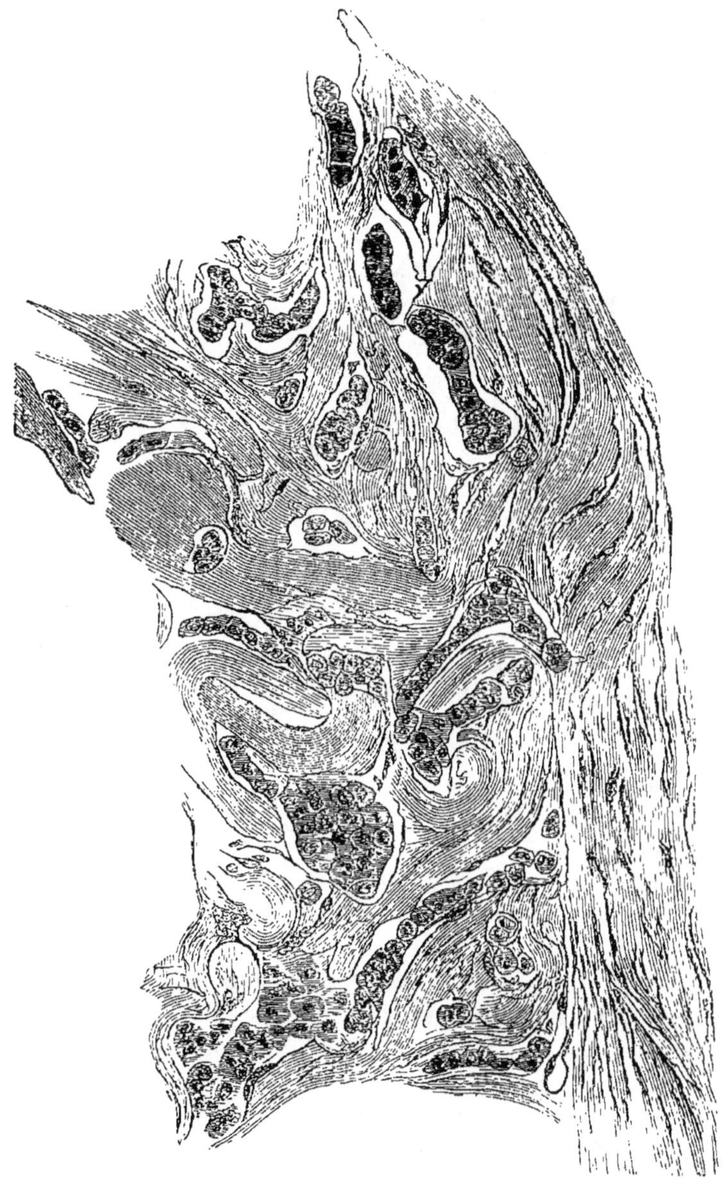

Fig. 121. — Carcinome de la mamelle; les interstices du tissu conjonctif sont
remplis de cellules carcinomateuses. Grossissement 250 (préparation de
Perls, traitée par l'hématoxyline).

semblance avec ces épithéliomes quand ils sont formés d'alvéoles renfermant des amas de cellules endothéliales.

L'épithéliome glandulaire naît sans doute des mêmes éléments que l'adénome, mais tandis que, dans celui-ci, les acini
se reproduisent avec leur structure normale, dans celui-là, les
bourgeons épithéliaux pénètrent dans les fentes lymphatiques
et les interstices du tissu conjonctif qui prolifère, prend part

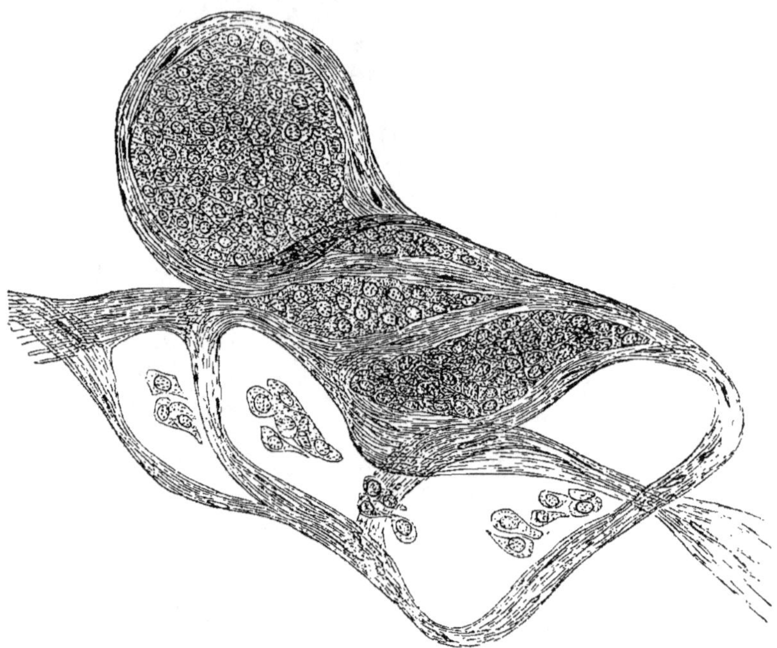

Fig. 122. — Carcinome, les cellules des alvéoles situées à droite ont été
enlevées avec le pinceau. Grossissement 250 (Perls).

à la constitution de la tumeur et forme les parois d'alvéoles
dans lesquels sont incluses les cellules épithéliales ; le stroma
peut être constitué par du tissu fibreux ou du tissu embryonnaire (fig. 121 et 122).

Les cellules prennent les formes les plus variées : généralement de grandes dimensions, elles peuvent être polygonales,
arrondies, fusiformes ou en raquette, contenir un ou plusieurs
noyaux, des granulations graisseuses ou de la matière colloïde;
de nombreux vaisseaux circulent dans le stroma.

On distingue diverses variétés de ces tumeurs. Quand le

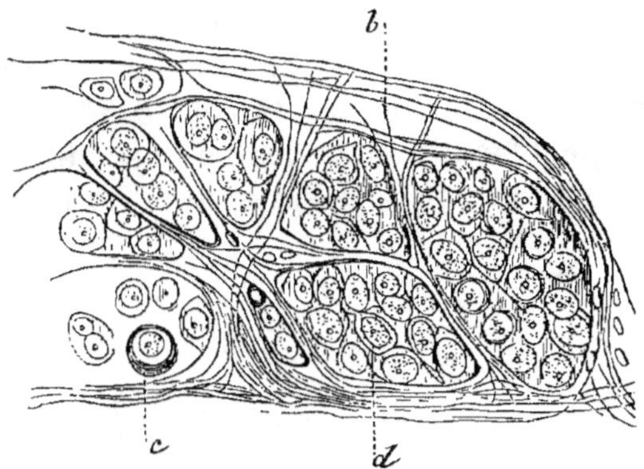

Fig. 123. — Trame et cellules du carcinome (*).

stroma très développé circonscrit des alvéoles petits et renfer-

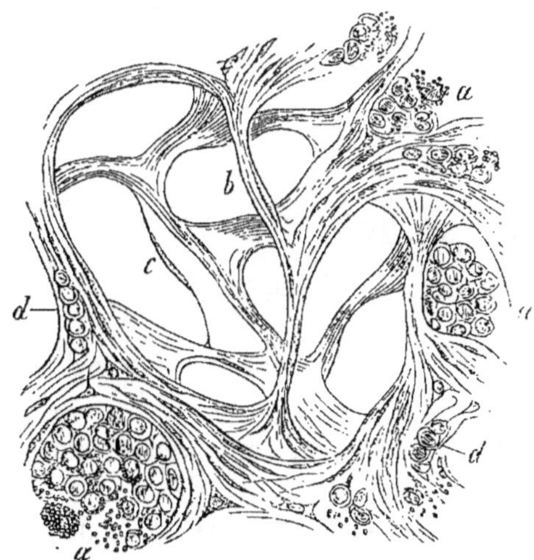

Fig. 124. — Stroma d'un carcinome glandulaire mou (**).

mant peu de cellules, le néoplasme s'appelle *squirrhe*; il prend

(*) *b*, cloisons formées de tissu conjonctif. — *d*, cellules. — *c*, une cellule vésiculeuse (d'après Cornil).

(**) *a*, coupes de cylindres celluleux cancéreux. — *b*, faisceaux du stroma. — *c*, cellule fusiforme étendue transversalement d'un faisceau à l'autre, le long de laquelle se dépose la substance fondamentale servant à la formation d'un nouveau faisceau de stroma. — *d*, infiltration de cellules globuleuses dans l'intérieur des faisceaux du stroma. Grossissement 300.

le nom d'*encéphaloïde* lorsqu'un stroma très mince circonscrit de larges alvéoles remplis de cellules.

Si les vaisseaux sont très abondants, le carcinome est dit *télangiectasique* ou *hématode ;* souvent ces vaisseaux, bien que de calibre considérable, ont la structure des capillaires ; on conçoit qu'ils se rompent facilement et donnent lieu ainsi à la formation de foyers hémorrhagiques. Assez souvent la rupture se fait au niveau d'une dilatation.

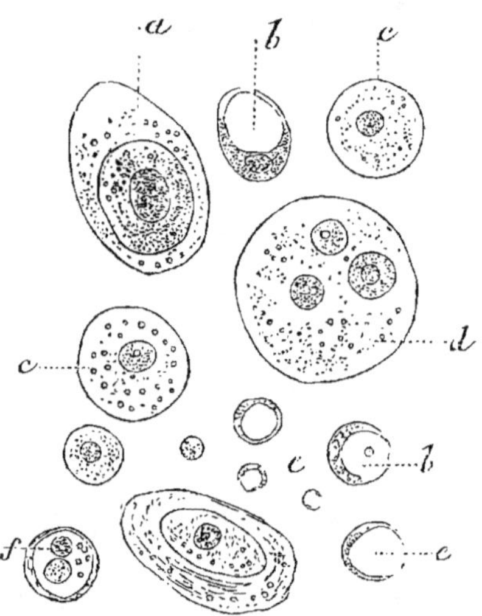

Fig. 125. — Éléments du cancer colloïde (*).

Dans le *carcinome colloïde*, les alvéoles sont remplis d'une masse gélatiniforme (fig. 125 et 126).

D'après Lancereaux, ces tumeurs diffèrent suivant l'organe dans lequel elles se développent primitivement. Elles ont une marche envahissante : détruisant les tissus qui les entourent, elles se propagent par l'intermédiaire des lymphatiques aux ganglions qui les avoisinent ; leurs cellules sont souvent vésicu-

(*) *a*, cellule vésiculeuse contenant elle-même une cellule dans son intérieur. — *b*, cellule vésiculeuse vide. — *c*, cellule vésiculeuse contenant un noyau sphérique. — *d,* cellule distendue contenant trois cellules dans son intérieur. — *ee*, cellules vésiculeuses en voie d'atrophie. Grossissement 300 (d'après Cornil).

leuses ; elles pénètrent dans les vaisseaux ; puis elles sont
transportées par les lymphatiques ou les veines en différentes
parties de l'organisme, et y deviennent le point de départ de nouvelles néoplasies (V. page 319). Elles ont tendance à s'ulcérer
rapidement par le fait de la dégénérescence et de la nécrose
de leurs éléments.

Les plus riches en éléments cellulaires sont celles qui se

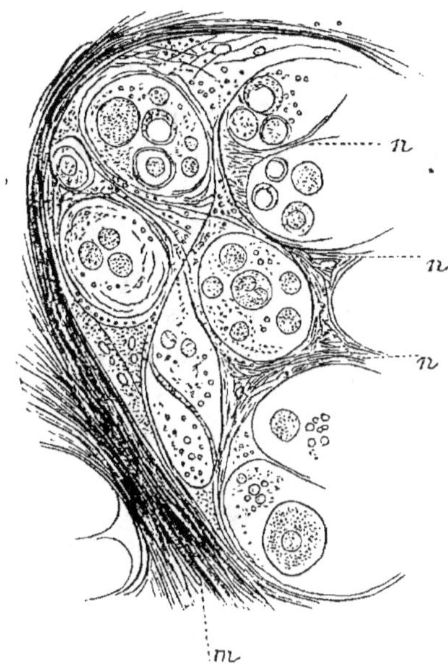

Fig. 126. — Cancer colloïde (*).

généralisent et s'ulcèrent le plus vite ; il y a un contraste à ce
point de vue entre l'encéphaloïde et le squirrhe : celui-ci, composé surtout d'éléments conjonctifs rétractiles, peut amener
l'atrophie des organes dans lesquels il se développe. L'infiltration
du tissu morbide dans les tissus ambiants est dans le cancer un
phénomène précoce et qui explique la récidive presque constante de ces productions après leur ablation.

B. **Tumeurs nerveuses.** — *Névromes.* — Ces tumeurs sont

(*) *m*, cloison fibreuse. — *n*, cloisons amincies et colloïdes circonscrivant
les alvéoles dans lesquelles se trouvent des cellules colloïdes. Grossissement
200 (d'après V. Cornil).

rares. Dans les centres nerveux on peut observer des hétérotopies de substance blanche ou de substance grise. Hayem a étudié un *cérébrome* qui avait les dimensions d'une orange et occupait le centre de l'hémisphère droit.

Les tumeurs qui se développent sur le trajet des nerfs périphériques sont pour la plupart des fibromes ou des myxomes ; on en rencontre cependant qui renferment des fibres nerveuses, et on en distingue deux variétés suivant que ces fibres ont, ou non, une gaine de myéline. Ordinairement circonscrits, les névromes se présentent quelquefois sous la forme d'épaississements multiples, de telle sorte que l'on a sous les yeux un réseau analogue à celui que forment les veines dans un varicocèle ; c'est le névrome plexiforme de Verneuil ; il est ordinairement congénital. On y a constaté la présence de fibres à myéline.

Les névromes sont quelquefois très multipliés ; on en trouve alors de toutes dimensions, les uns formant des tumeurs de 15 à 20 centimètres de diamètre, tandis que les autres paraissent de simples épaississements des cordons. Ces névromes multiples se développent souvent sous une influence héréditaire ; dans certains d'entre eux, on a pu constater une néoformation de cellules ganglionnaires (Soyka) (1).

C. **Tumeurs kystiques.** — Les kystes sont des productions difficiles à classer ; ils ne peuvent être tous considérés comme de véritables tumeurs ; une bourse séreuse enflammée et remplie de liquide (hygroma) ne constitue pas un néoplasme ; un conduit glandulaire est comprimé par la prolifération ou la rétraction du tissu qui l'entoure et il se dilate au-dessus de l'obstacle ; ce n'est pas encore là une véritable tumeur. Nous n'aurons donc à nous occuper ici ni des kystes rénaux et salivaires, ni des concrétions produites par la rétention de la matière sébacée dans les follicules pileux. Les autres sont de nature diverse et souvent complexe ; nous en énumérerons les principales variétés.

a′. — Les *loupes* sont produites par la distension des follicules pileux ; elles atteignent des dimensions considérables ; leur cavité est remplie d'un sébum dans lequel on trouve de

(1) Soyka, *Prag. Vierteljahrsch.* 1877.

nombreuses cellules épidermiques plus ou moins altérées.

b'. — Les kystes *dermoïdes* présentent à leur surface interne une organisation très analogue à celle de la peau : cette surface est formée par une membrane conjonctive que recouvre un épiderme stratifié ; le contenu, analogue au sébum, renferme souvent des poils, des dents parfois en grand nombre, des plaques osseuses, des cellules épidermiques, quelquefois même des fibres musculaires et de la substance cérébrale.

Ces kystes siègent le plus souvent, soit au pourtour de l'orbite, soit au cou, soit dans l'ovaire ou le testicule, soit au périnée. Le développement des kystes orbitaires peut s'expliquer par une inclusion du feuillet externe dans le feuillet moyen. Celui des tumeurs ovariennes a été rapporté à une inclusion fœtale : deux ovules étant fécondés simultanément, l'un d'eux évoluerait incomplètement et se trouverait englobé dans la masse de celui qui se développerait.

Waldeyer admet pour ces tumeurs le mécanisme de la parthénogenèse ; un ovule non fécondé se développerait spontanément et irrégulièrement ; il n'apporte d'ailleurs aucune preuve à l'appui de son hypothèse.

c'. — Les kystes *proligères* se produisent dans l'ovaire ; ils sont généralement de grandes dimensions et toujours multiloculaires. Waldeyer a montré qu'ils se développent aux dépens de l'épithélium qui recouvre la glande. D'après Malassez et de Sinéty, il naît de cet épithélium des bourgeons analogues à ceux qui constituent chez l'embryon les tubes de Pflüger, ils végètent, deviennent creux et forment des culs-de-sac revêtus de cellules polymorphes ; ces culs-de-sac se remplissent de liquide et leur cavité s'agrandit plus ou moins rapidement. — Leur paroi présente une surface villeuse ; elle est doublée extérieurement d'une couche de tissu conjonctif ; des bourgeons épithéliaux nés de sa surface interne pénètrent dans son épaisseur et se transforment en kystes secondaires. Le liquide kystique contient des cellules épithéliales plus ou moins altérées.

d'. — Des cavités kystiques se développent au milieu des tumeurs épithéliales ou sarcomateuses ; il en est ainsi souvent des kystes des testicules et de la mamelle (1).

(1) Brissaud, *Anatomie pathologique de la maladie kystique des mamelles* (*Archives de physiologie*, 1884).

TROISIÈME PARTIE

DES TROUBLES FONCTIONNELS (SYMPTÔMES)

Les processus morbides donnent lieu à des troubles fonctionnels de nature diverse qui peuvent se produire : 1° dans l'organe affecté, 2° dans d'autres organes reliés au premier par des connexions physiologiques, 3° dans tout l'organisme. Subordonnés à la lésion, ils naissent, se développent et disparaissent avec elle.

On voit assez fréquemment survenir des troubles fonctionnels sans altération appréciable des parties, mais il n'en faut pas conclure qu'ils ne soient liés à aucune lésion ; tout démontre, en effet, que le fonctionnement de nos organes est en relations étroites avec leur constitution matérielle et ne peut varier qu'avec elle ; c'est une loi physiologique. Si, dans des cas qui sont loin d'être rares, on ne peut arriver à découvrir la lésion, il faut en accuser l'insuffisance de nos moyens d'investigation et se garder de conclure qu'elle n'existe pas.

Nous avons vu que les symptômes constituent avec les processus morbides (lésions en évolution) les *éléments* des maladies. Nous les étudierons successivement dans les différents appareils (1).

(1) Il ne faut pas confondre avec les symptômes les phénomènes physiques que l'on utilise pour le diagnostic sans qu'ils aient aucune importance dans l'histoire de la maladie ; tels sont les bruits perçus par l'auscultation du cœur et du poumon : un bruit de souffle est un *signe* dont la valeur est souvent considérable, ce n'est pas un *symptôme*, car c'est une conséquence purement physique de la lésion sans aucune importance pour le fonctionnement de l'organe ; l'étude de ces phénomènes n'appartient pas à la pathologie générale, mais à la séméiotique.

CHAPITRE PREMIER

TROUBLES DANS LES FONCTIONS DE L'APPAREIL
DE LA CIRCULATION

ARTICLE 1ᵉʳ. — TROUBLES DANS LES FONCTIONS DU CŒUR.

Nous aurons à considérer successivement : 1° *l'accélération des contractions du cœur ; 2° leur ralentissement ; 3° leur irrégularité, leur inégalité et leur intermittence ; 4° l'accroissement de leur énergie (palpitations) ; 5° les troubles que peut présenter la circulation du sang dans les cavités ; 6° la lipothymie et la syncope.*

§ 1ᵉʳ. — Accélération des battements du cœur.

On peut attribuer théoriquement ce trouble fonctionnel : 1° à l'excitation directe ou réflexe des ganglions auto-moteurs et à celle des nerfs accélérateurs ou de leur origine spinale ; 2° à la paralysie des nerfs modérateurs. Ce dernier mécanisme ne paraît intervenir que très exceptionnellement, et c'est presque constamment à une excitation que le symptôme doit être rapporté, mais on ne peut déterminer quel en est le siège ; nous ne pouvons indiquer que les conditions dans lesquelles elle se produit.

La fréquence des contractions cardiaques est susceptible de varier sous des influences purement physiologiques ; on sait que l'exercice musculaire l'augmente dans des proportions souvent considérables ; elle s'accroît de même momentanément sous l'influence des émotions, de la digestion, etc.

Parmi les causes qui l'accroissent à l'état pathologique, il faut signaler, en premier lieu, l'augmentation de la température organique ; le rapport qui unit les deux phénomènes est assez constant pour que l'on ait pris, jusqu'à ces derniers temps, la fréquence du pouls comme mesure de la fièvre ; il faut reconnaître cependant que la mesure n'était pas bonne, non seulement parce que dans certaines maladies, telles que les méningites, l'excitation des nerfs vagues empêche les contractions cardiaques de s'accélérer malgré la fièvre, mais aussi parce qu'il en est d'autres, telles que la fièvre typhoïde, où l'on peut observer de l'hyperpyrexie avec une fréquence médiocre du pouls et, au contraire, une accélération considérable des contractions cardiaques avec une chaleur relativement peu élevée. M. Marey, se basant sur les lois de la mécanique et sur les faits observés dans les tuyaux en caoutchouc, avait annoncé que le cœur bat d'autant plus vite qu'il se vide plus facilement et il en avait conclu que l'abaissement de la tension artérielle augmente la fréquence des contractions cardiaques, comme son élévation la diminue (1). M. Vulpian (2) a montré au contraire que, chez l'animal vivant, le phénomène inverse se produit par le fait des relations nerveuses qui existent entre le cœur et les vaisseaux. Si donc l'on voit les contractions du cœur devenir plus fréquentes à la suite des hémorrhagies et dans l'anémie, ce n'est pas à cause de l'abaissement de la tension, mais bien plutôt, sans doute, par suite de l'action excitante qu'exerce l'altération du sang sur les ganglions auto-moteurs ou les nerfs accélérateurs.

Dans l'hystérie, le cœur bat souvent plus vite qu'à l'état normal ; ses contractions s'accélèrent plus facilement que chez les sujets sains sous des influences accidentelles.

Il est une autre névrose dans laquelle l'accélération des contractions cardiaques est la règle, nous voulons parler de celle que l'on désigne sous le nom de goître exophthalmique.

Nous devons mentionner enfin les affections cardiaques et surtout l'insuffisance mitrale parmi les causes d'accélération du pouls. On ne sait pas exactement par quel mécanisme elle se produit dans ces circonstances : on ne peut l'expliquer par l'asphyxie, car on l'observe dans des cas où l'hématose se fait régulièrement ; il est probable qu'il faut en chercher la cause dans la modification des impressions que le sang circulant dans les cavités cardiaques exerce sur les nerfs centripètes de leurs parois et la perturbation des réflexes auxquels donnent lieu normalement ces impressions.

L'augmentation de fréquence des contractions cardiaques ne paraît entraîner par elle-même aucune conséquence fâcheuse ;

(1) Marey, *Physiol. de la circulation du sang*, Paris, 1863.
(2) Vulpian, *Leçons sur l'appareil vaso-moteur*, Paris, 1875.

il est même certain que son rôle est le plus souvent utile ; dans
la fièvre, par exemple, et dans l'exercice forcé, on conçoit que
l'activité plus grande des combustions entraîne une activité plus
grande de la circulation. Ce n'est pas à dire que le symptôme
n'ait parfois une signification pronostique défavorable : il en est
ainsi par exemple dans la fièvre typhoïde où il indique un état
grave, alors même que la température n'est pas hyperpyrétique ;
il en est de même chez les jeunes enfants.

§ 2. — Du ralentissement des contractions cardiaques.

L'expérimentation physiologique possède dans l'excitation
du nerf vague un moyen sûr de provoquer ce trouble fonctionnel ; la même cause intervient, à l'état pathologique, dans les
cas où ce nerf se trouve comprimé par un néoplasme, soit dans
son trajet à travers le cou et le médiastin, soit dans son trajet
intra-crânien ; la lésion des origines du nerf dans le bulbe,
et son excitation réflexe par les altérations de parties non déterminées de l'encéphale ont la même action (pouls lent de la
méningite, pouls cérébral). Traube a expliqué également par
l'excitation du pneumo-gastrique le ralentissement des contractions cardiaques que provoque la digitale ; mais cette explication n'est pas généralement admise, car on a vu l'action
de ce médicament persister après la section du nerf vague ;
Vulpian admet qu'elle s'exerce sur le muscle cardiaque.

Il n'est pas rare de voir, en clinique, se produire le ralentissement du pouls alors que l'on n'a aucune raison de supposer
une lésion du pneumo-gastrique ; ce phénomène se produit
quelquefois dans la convalescence ; on l'observe de même
après la défervescence, dans la pneumonie et l'érysipèle. Blot
l'a constaté dans l'état puerpéral ; chez environ le quart des
femmes en couches, le chiffre des pulsations tombe passagèrement à 40 par minute. Le ralentissement du pouls est constant
dans l'ictère ; on a constaté que, chez les animaux, l'injection
dans le sang des sels biliaires suffit à le produire : ici encore il
ne faut pas invoquer une action sur le pneumo-gastrique, car
le phénomène se produit alors même que l'on a pratiqué la
section de ce nerf. Outre la digitale, la pilocarpine, l'aconit,

la nicotine et aussi les composés cyaniques produisent le ralentissement des contractions du cœur.

Ce symptôme a été également signalé dans la cyanose, dans la myocardite et dans la dégénérescence graisseuse du cœur; Cornil en a communiqué à la Société de biologie une observation démonstrative. Les mélancoliques ont parfois le pouls très lent.

Le ralentissement du pouls, quand il est permanent, semble pouvoir entraîner des conséquences très graves. Il n'est pas rare de le voir coïncider avec des troubles importants de l'innervation cérébrale, et particulièrement avec des accès épileptiformes. On s'explique bien ces accidents par l'insuffisance que doit présenter en pareil cas l'irrigation bulbaire; mais on peut se demander, d'autre part, si le ralentissement du pouls n'est pas lui-même la conséquence d'une lésion bulbaire qui produirait en même temps les accès convulsifs; il est probable que les deux hypothèses peuvent se réaliser. Chez une de nos malades de l'hôpital Tenon, nous avons trouvé une compression du pneumo-gastrique qui nous a paru expliquer d'une manière suffisante l'ensemble des accidents (1).

Le ralentissement du pouls a, dans ces circonstances, une signification fâcheuse; il en est de même lorsqu'il se produit dans une affection fébrile accompagnée de phénomènes cérébraux, car il est alors l'indice à peu près certain d'une altération des méninges.

§ 3. — De l'intermittence, de l'irrégularité et de l'inégalité des contractions cardiaques.

Dans l'*intermittence* cardiaque, bien décrite par Lasègue (2), il se produit une pause après une série de battements réguliers; la contraction qui la suit est ordinairement plus énergique. Cette pause s'accompagne d'une sensation pénible que les malades rapportent parfois au creux épigastrique ; elle coïncide aussi souvent avec des bâillements et du malaise gastrique, à

(1) L'observation a publiée été par M. Stackler, dans la *Revue de médecine*, 1881.
(2) Lasègue, *Archives de médecine*. 1872.

tel point qu'on peut se demander si le symptôme n'a pas pour point de départ un désordre dans les fonctions de l'estomac.

Les contractions *inégales* sont celles qui n'ont pas toutes la même énergie ; elles présentent souvent une *irrégularité* caractérisée par leur succession à intervalles différents ; le désordre peut se produire sous les formes les plus diverses ; assez souvent une contraction forte est suivie presque immédiatement d'une contraction faible ; l'irrégularité est quelquefois assez considérable pour qu'on puisse dire, avec Bouillaud, qu'il y a *folie du cœur*.

L'irrégularité est ordinairement provoquée par une lésion cardiaque ; c'est dans l'insuffisance mitrale qu'on l'observe .le plus souvent ; on l'a signalée également dans l'endocardite. Elle peut être, comme l'intermittence simple, sous la dépendance d'une affection gastro-intestinale ; on l'observe parfois chez des sujets névropathes ; elle constitue, comme le ralentissement du pouls qu'elle précède d'habitude, un des symptômes des affections cérébrales et surtout de la méningite ; elle a été enfin signalée dans la dernière période des fièvres adynamiques.

Elle s'accompagne le plus ordinairement d'insuffisance dans l'intensité des contractions et constitue un des éléments de l'asystolie.

§ 4. — Des palpitations.

Chacun connaît les sensations particulières et pénibles que produisent les contractions cardiaques quand leur intensité s'exagère sous l'influence d'un exercice violent ; ce sont les palpitations ; elles peuvent être perçues avec les mêmes caractères sans que l'énergie cardiaque soit accrue, car certains individus les ressentent alors que les battements du cœur ne sont pas perceptibles par la palpation.

Elles peuvent survenir en l'absence de toute provocation apparente ou sous l'influence de causes qui, chez l'individu sain, sont insuffisantes à les produire ; elles constituent alors un phénomène pathologique ; les battements sont parfois assez forts pour être visibles à travers les vêtements ; ils sont en outre d'ordinaire accélérés ; on peut cependant observer des palpitations avec des contractions lentes dont l'énergie paraît compenser le peu de fréquence.

A la sensation pénible que provoquent les battements s'ajoutent assez fréquemment un malaise précordial qui donne lieu à une véritable angoisse, quelquefois de la dyspnée et une constriction pénible à la gorge.

Ces palpitations reviennent par accès dont la durée est essentiellement variable, tantôt sous l'influence d'une émotion ou d'une fatigue passagère, tantôt sans cause occasionnelle appréciable.

Elles paraissent dues le plus souvent à une excitation directe ou réflexe des ganglions auto-moteurs ou des nerfs accélérateurs.

Dans d'autres circonstances, les excitations sont normales, mais les organes de l'innervation cardio-motrice deviennent anormalement excitables et réagissent avec une intensité exagérée.

On a admis des palpitations dites paralytiques qui seraient dues à la prédominance d'action des nerfs accélérateurs par suite de la paralysie des modérateurs ; rien ne prouve que les choses se passent jamais ainsi.

Au point de vue pathogénique, on peut distinguer des palpitations organopathiques, toxiques, dyscrasiques, réflexes et névropathiques.

Les palpitations *organopathiques* sont provoquées le plus souvent par une maladie du cœur ; elles sont plus fréquentes dans l'insuffisance mitrale que dans les autres affections cardiaques. Elles ne sont pas en relation directe avec l'hypertrophie, car on ne les observe pas d'ordinaire dans l'insuffisance aortique, malgré l'augmentation de volume énorme que présente souvent le cœur dans cette affection.

Les lésions de voisinage, et surtout les épanchements pleuraux et les tumeurs abdominales qui ont pour effet de déplacer le cœur ou de gêner ses mouvements, s'accompagnent assez fréquemment de palpitations.

Parmi les substances *toxiques* qui donnent lieu à ce symptôme, il faut citer en première ligne le thé et le café ; viennent ensuite les boissons alcooliques et l'opium. Il est peu de personnes qui puissent prendre tous les jours trois tasses de thé ou de café sans éprouver ces accidents.

Le tabac a les mêmes effets, et Stokes rapporte que les collégiens et les soldats se donnent à volonté des palpitations en avalant du tabac. Ce même auteur accuse le sulfate de quinine de provoquer également ce trouble fonctionnel; nous devons dire que nous n'avons jamais rien observé de semblable, bien que nous prescrivions fréquemment ce médicament à doses élevées.

On sait que le sang devient, quand il ne renferme pas la proportion normale d'oxygène, un excitant pour le système nerveux; on peut s'expliquer ainsi la fréquence des palpitations dans toutes les anémies, et particulièrement dans la chlorose (palpitations *dyscrasiques*).

On mentionne généralement la pléthore parmi les causes de palpitations; faut-il appeler ainsi la surcharge de substances assimilables que subit le sang après un repas trop copieux? Nous devons encore mentionner, parmi les palpitations dyscrasiques, celles qui sont liées à la goutte; elles sont au nombre des troubles fonctionnels qui précèdent et annoncent l'explosion d'un accès, se produisent surtout la nuit et cessent au moment où les douleurs se font sentir.

Bouillaud a également décrit des palpitations dans le rhumatisme; mais elles nous paraissent être alors constamment sous la dépendance d'une complication organique.

Les palpitations *réflexes* sont au nombre des plus fréquentes; on les observe surtout dans les différentes maladies de l'estomac et du foie. M. Barié les a récemment étudiées sous le nom de palpitations gastro-hépatiques; chez les dyspeptiques elles se produisent après chaque repas, pendant les premières heures de la digestion; les excitations transmises par les filets stomacaux du pneumo-gastrique peuvent en rendre compte; l'action mécanique de l'estomac distendu par les aliments peut aussi contribuer à les provoquer.

On a encore signalé la présence de vers dans l'intestin parmi les causes qui les produisent.

Stokes a admis l'existence de palpitations d'origine hépatique : la mise en lumière par M. Potain de l'influence perturbatrice qu'exercent les lésions hépatiques sur les fonctions cardiaques par l'intermédiaire des vaso-moteurs du poumon excités à distance est venue confirmer l'observation du clinicien anglais.

Les affections utérines semblent pouvoir également provoquer des palpitations réflexes.

Les palpitations *névropathiques* s'observent dans l'hystérie, la chorée, le goître exophthalmique, l'hypochondrie et aussi chez les adolescents et chez les individus fatigués par les excès de plaisirs ou de travail.

Les palpitations constituent par elles-mêmes un symptôme pénible qui conduit bien des sujets à l'hypochondrie.

§ 5. — Des troubles dans la circulation intracardiaque.

Les lésions valvulaires ont pour résultat de modifier le cours du sang dans les cavités du cœur. Elles en produisent l'accumulation dans les cavités situées en amont et en entravent l'écoulement dans les cavités situées en aval.

Les insuffisances et les rétrécissements tendent donc également à augmenter la tension veineuse et à diminuer la tension artérielle. Ces résultats peuvent cependant ne pas se produire si les parois des cavités se contractent avec une énergie suffisante pour *compenser* l'influence de l'obstacle.

Quelques exemples feront mieux comprendre comment les choses se passent. Supposons un rétrécissement de l'orifice aortique : le sang tend à s'accumuler dans le ventricule gauche ; mais les parois de cette cavité se contractent avec une énergie plus grande qu'à l'état normal et l'obstacle est compensé ; de même, dans l'insuffisance aortique, le sang, refluant du vaisseau dans le ventricule, le distend et le dilate, et l'hypertrophie des parois lutte contre l'obstacle ; dans l'insuffisance et le rétrécissement mitral, c'est l'oreillette gauche qui s'hypertrophie en premier lieu, puis, la stase s'étendant progressivement à la circulation pulmonaire et au cœur droit, on voit se produire l'hypertrophie du ventricule droit.

Les lésions de l'orifice mitral retentissent plus vite que celles de l'orifice aortique sur la circulation générale, car l'oreillette gauche et le cœur droit ne luttent pas contre l'obstacle avec la même puissance que le ventricule gauche, et les conséquences de l'insuffisance sont beaucoup plus graves que celle du rétrécissement.

Dans l'insuffisance aortique, les troubles de la circulation diffèrent de ceux que l'on observe dans les autres lésions d'orifice ; les stases veineuses ne se produisent que tardivement ; le phénomène dominant est le trouble de la circulation artérielle dans laquelle la tension, considérablement accrue pendant un instant, au moment de la systole, par le fait du volume considérable que présente l'ondée sanguine et de la force d'impulsion que lui imprime le ventricule hypertrophié, s'abaisse presque aussitôt au-dessous de la normale par suite du reflux dans le ventricule d'une partie de cette ondée ; il y a donc, à chaque révolution cardiaque, une oscillation considérable de la tension, d'où le caractère bondissant du pouls radial et la production du pouls capillaire apparent au milieu du front et sous les ongles.

Les considérations qui précèdent s'appliquent surtout aux lésions du cœur gauche ; les lésions du cœur droit sont rarement primitives ; leurs conséquences mécaniques sont les mêmes que celles du cœur gauche ; le rétrécissement de l'artère pulmonaire, affection ordinairement congénitale, produit la stase dans le cœur droit avec hypertrophie de ses parois et gêne de la circulation veineuse ; il en est de même de l'insuffisance tricuspide qui est presque toujours consécutive à une lésion du cœur gauche ou à un obstacle à la circulation à travers le poumon.

Les troubles de la circulation cardiaque aboutissent constamment, quand le cœur s'affaiblit, aux troubles de la circulation générale que nous allons étudier dans le paragraphe suivant.

§ 6. — **De l'affaiblissement des contractions cardiaques (asystolie).**

Pour que le cœur se contracte avec une énergie suffisante, il faut :

1° Que ses éléments musculaires présentent leur structure normale ;

2° Que son appareil d'innervation fonctionne régulièrement ;

3° Qu'il y circule en quantité suffisante un sang pourvu de ses qualités physiologiques.

On peut donc grouper les causes qui l'affaiblissent sous trois chefs principaux :

1° Altérations du muscle cardiaque ;

2° Troubles de l'innervation cardiaque;

3° Obstacles à la circulation du sang dans le cœur et altérations du sang.

Parmi ces causes, celles du premier groupe sont les plus importantes ; dans la grande majorité des cas, l'asystolie provient d'une dégénérescence du muscle, et voici d'ordinaire comment elle se produit : sous l'influence d'un obstacle au cours du sang, soit dans le cœur lui-même (insuffisance ou rétrécissement), soit dans le système vasculaire (emphysème et atrophie pulmonaires, anévrysmes de l'aorte, athérome artériel, mal de Bright), le cœur se trouve soumis à un travail forcé qui a pour but de maintenir la circulation dans ses conditions normales. Le plus souvent il y parvient d'abord, et ses éléments, sous l'influence de ce fonctionnement exagéré, s'hypertrophient ; mais il vient un moment où ils cessent de suffire au travail qui leur est imposé ; les capillaires qui s'y distribuent ne sont plus qu'incomplètement perméables; leur nutrition s'altère par le fait de la dilatation et ils subissent une dégénérescence. C'est dans la majorité des cas, d'après M. Juhel Rénoy (1), une désintégration coïncidant avec une prolifération conjonctive ; la désintégration est, d'après MM. Renaut et Landouzy, caractérisée par ce fait que le ciment unissant les éléments musculaires a disparu et que ceux-ci se trouvent libres, séparés par le trait scalariforme d'Eberth. C'est plus rarement une dégénérescence graisseuse ; pourtant celle-ci a été constatée par Wagner (2) dans 28 cas de lésions valvulaires sur 75 qu'il a étudiés. Il faut aussi tenir compte des troubles que peut subir l'innervation. Le cœur est vaincu dans la lutte; ses contractions deviennent insuffisantes; il y a asystolie.

L'altération du muscle peut se produire dans d'autres conditions : elle peut être de nature inflammatoire (myocardite) et se développer sous l'influence du rhumatisme, d'une fièvre grave ou de l'état puerpéral ; la dégénérescence graisseuse s'observe dans les cachexies ; dans certains cas, il se développe, sans lésions valvulaires, une sclérose cardiaque qui a pour conséquence l'atrophie des fibres musculaires.

(1) Juhel Rénoy, *Revue critique* (*Archives générales de médecine*). 1883.
(2) Wagner, *Die Fettmetamorphose des Herzfleisches in Beziehung zu deren Krankheiten, Verhandl. des medic. Gesells. zu Leipzig.* 1864.

Enfin, l'asystolie peut survenir passagèrement sous l'influence de fatigues exagérées ; il n'y a pas alors de lésions profondes du muscle cardiaque, mais seulement sans doute l'altération réparable que le surmènement produit dans cet organe et peut-être aussi dans son appareil d'innervation.

La péricardite, dans ses formes aiguës et chroniques, s'accompagne habituellement de faiblesse cardiaque.

L'asystolie d'origine nerveuse reconnaît parfois pour cause un empoisonnement ; elle peut être ainsi le résultat de l'intoxication par la digitale à haute dose, le jaborandi, le cyanure de potassium, le chloroforme et les autres poisons du cœur.

Elle fait partie du syndrome que nous appelons le *collapsus algide* et appartient comme lui à la symptomatologie de l'empoisonnement par le tartre stibié et du choléra.

L'affaiblissement des contractions cardiaques a pour conséquences l'augmentation de la tension veineuse et l'affaiblissement de la tension artérielle.

Le ralentissement de la circulation et l'excès de tension veineuse se traduisent ordinairement par des congestions, quelquefois par des phlegmasies chroniques de tous les viscères, et il en résulte des troubles graves dans les fonctions de ces organes.

Dans le cœur lui-même, il se forme souvent des coagulations dont les auricules sont le siège ordinaire et qui peuvent être le point de départ d'embolies (Vulpian) ; du côté du poumon, on observe la congestion, surtout dans les parties déclives, l'exhalation de sérosité dans les alvéoles, les petites bronches et les plèvres (œdème du poumon et hydrothorax), quelquefois des hémorrhagies qui résultent plus souvent d'infarctus que de la stase veineuse.

Dans le foie, la congestion donne lieu à l'augmentation du volume de l'organe, à la dégénérescence pigmentaire des cellules centrales des lobules et souvent à la prolifération du tissu interstitiel (Talamon).

Dans les reins, le ralentissement de la circulation amène l'albuminurie en même temps que l'abaissement de la tension artérielle produit l'anurie : les centres nerveux sont le siège de troubles qui portent plus spécialement sur les fonctions intellectuelles.

Le tissu cellulaire sous-cutané devient le siège, dans les parties déclives, d'une infiltration œdémateuse souvent considérable.

L'insuffisance cardiaque, passagère dans les fièvres, dans les cas de surmènement et dans les intoxications, devient permanente dans les affections organiques du cœur, sinon dès le début, du moins au bout d'un certain temps. Le sang, sous l'influence des troubles viscéraux que nous avons énumérés, s'altère et le muscle cardiaque souffre de plus en plus dans sa nutrition. Dans ces conditions, l'insuffisance cardiaque se termine nécessairement par la mort.

§ 7. — De la lipothymie et de la syncope.

Le syndrome que l'on appelle *lipothymie* est caractérisé par une sensation de défaillance qu'accompagne un affaiblissement plus ou moins prononcé des mouvements cardiaques et respiratoires ; dans la *syncope*, la perte de la connaissance est complète et le pouls ne peut plus être perçu. Il n'y a entre ces deux états qu'une différence d'intensité. On dit généralement que la syncope est l'arrêt du cœur ; nous verrons bientôt que cette proposition est sujette à contestation.

Ces accidents s'observent dans des circonstances très diverses : ils peuvent survenir dans les maladies du cœur, et on leur attribue généralement la mort subite qui emporte parfois les sujets atteints de ces affections. On les considère comme fréquents surtout dans l'insuffisance aortique et dans les myocardites.

L'anémie, quelle qu'en soit la cause, donne lieu souvent à la syncope ; on voit alors assez fréquemment la perte de connaissance survenir au moment où le malade passe brusquement de l'attitude assise ou couchée à l'attitude verticale. De là, la règle, formulée par Piorry, de faire coucher les individus menacés de syncope. L'inanition, la fatigue et les excès prédisposent à cet accident. C'est également à l'anémie que l'on rapporte les syncopes qui se produisent alors que l'on vide trop rapidement le péritoine ou la plèvre distendue par un épanchement considérable : on conçoit que le sang, affluant en abondance dans les vaisseaux des organes brusquement décomprimés, n'arrive plus en quantité suffisante dans les autres parties de l'arbre circulatoire. Ainsi agissent également les ventouses Junod et les pédiluves irritants chez les anémiques. Il n'est pas rare de voir la syncope se produire pendant les saignées.

Cet accident s'observe également dans la convalescence des maladies adynamiques et chez les sujets épuisés par une affection chronique ; il survient parfois dans le cours des pyrexies graves et particulièrement dans celui de la fièvre typhoïde et de la variole ; on l'explique alors généralement par la myocardite qui se produit dans ces circonstances. Dieulafoy (1) a attribué la syncope qui entraîne parfois la mort des convalescents de fièvre typhoïde à une action sur l'innervation du cœur des excitations parties des cicatrices intestinales.

La syncope est en effet parfois d'origine réflexe ; c'est ainsi que la douleur provoquée par certaines blessures, par les coliques intestinales et calculeuses ou par les coups sur la régions épigastrique, peuvent la produire (2). Il en est de même des émotions violentes que provoquent la peur, le dégoût et quelquefois aussi le plaisir.

On a cité encore l'helminthiase et la dyspepsie parmi les causes de cet accident.

Certains sujets sont atteints de syncope sous l'influence d'impressions inoffensives pour la plupart des autres, telles que l'odeur de certaines fleurs, la vue d'objets répugnants, la dansè, etc., il faut admettre chez eux une véritable idiosyncrasie. On l'observe surtout, mais non exclusivement, chez les névropathes et particulièrement chez les hystériques.

Les accidents de la lipothymie et de la syncope peuvent se produire graduellement ou soudainement ; dans le premier cas, le malade éprouve une sensation de défaillance, de l'obnubilation de la vue, des tintements d'oreille ; il s'affaisse ; son intelligence s'obscurcit ; il ne se rend plus compte qu'imparfaitement de ce qui se passe autour de lui ; sa face est pâle et couverte de sueur ; assez souvent il se produit des nausées.

Si l'on prend le pouls, on constate que ses battements sont affaiblis, mais non ralentis. Dans la syncope, ils cessent com-

____

(1) Dieulafoy, *De la mort subite dans la convalescence de la fièvre typhoïde.*
(2) On sait depuis Goltz que la percussion de la région épigastrique amène l'arrêt du cœur des grenouilles.

plètement d'être perceptibles, en même temps que les mouvements respiratoires, d'abord faibles et superficiels, se suspendent également ; c'est l'image de la mort. Dans certains cas, les bruits du cœur cessent entièrement pendant un laps de temps relativement considérable (Parrot) ; le plus souvent cependant le bruit systolique reste perceptible, bien que très affaibli, dans la région de la pointe. Au bout de quelques minutes, les battements du cœur reparaissent, d'abord avec peu d'intensité, puis avec plus de force ; les mouvements respiratoires recommencent ; le malade reprend peu à peu conscience de lui-même ; l'accident laisse à sa suite une sensation de fatigue et un état de stupeur qui d'habitude se dissipent rapidement.

La syncope est une cause relativement fréquente de mort subite, surtout dans l'insuffisance aortique et dans les fièvres ; elle peut entraîner la formation de caillots dans le cœur.

La physiologie des troubles qui la caractérisent n'est que très incomplètement faite ; nous avons vu qu'ils intéressent concurremment le cœur et l'encéphale. Depuis F. Hoffmann on considère comme primitifs les troubles de la circulation. On admet que les contractions cardiaques, en s'arrêtant, produisent l'anémie du cerveau et par suite la perte de connaissance. Nous ne contestons pas que dans un certain nombre de cas les choses ne doivent se passer de la sorte ; quand un convalescent de fièvre grave ou un malade atteint d'une affection cardiaque meurt subitement, il est probable que c'est par arrêt du cœur ; mais il est beaucoup moins certain que les syncopes que l'on observe le plus souvent, celles qui surviennent chez les sujets nerveux, sous l'influence de la chaleur, de certains parfums ou d'une émotion, et qui ont surtout servi de modèle à la description classique du syndrome, reconnaissent le même mode de production.

Plusieurs de leurs caractères ne s'expliquent pas suffisamment par l'arrêt des contractions cardiaques. Il en est ainsi par exemple de la pâleur de la face ; ordinairement l'asystolie a pour conséquence la congestion et non l'anémie des téguments ; elle produit de plus la dyspnée avec congestion pulmonaire et non l'apnée. On peut voir d'ailleurs, d'après Spring, la connaissance persister avec un affaiblissement considérable des battements du cœur, tandis que dans la lipothymie la sensation de défaillance est le phénomène initial. Ce n'est donc pas sans raison que cet auteur se refuse à rattacher tous les phénomènes des syncopes à un arrêt du cœur ; il croit à un trouble de l'innervation vasomotrice, sans en spécifier la nature. Un spasme réflexe des artérioles encéphaliques pourrait rendre compte de la pâleur de la face et des troubles psychiques.

L'arrêt du cœur peut être attribué, lorsqu'il se produit dans le cours d'une myocardite, à la paralysie musculaire, bien que l'on ne comprenne pas bien pourquoi en pareil cas l'arrêt est subit. Le trouble de l'innervation qui en est la cause prochaine dans les syncopes réflexes ne peut être déterminé ; on ne peut invoquer une excitation du nerf vague, car les contractions ne sont pas ralenties, mais affaiblies. L'hypothèse la plus vraisemblable nous paraît être celle d'une *action d'arrêt sur les ganglions auto-moteurs*, mais ce n'est qu'une hypothèse.

Il résulte de cet exposé que l'on confond probablement sous le nom de syncope des états différents, et que l'arrêt du cœur qui amène la mort dans la variole ou la fièvre typhoïde ne se produit pas suivant le même mécanisme que celui qui survient accidentellement chez les névropathes et les anémiques.

ARTICLE II. — TROUBLES DANS LES FONCTIONS DES ARTÈRES.

Les artères ont pour fonctions de transformer par leur élasticité le mouvement intermittent que le cœur communique à l'ondée sanguine en mouvement continu et surtout de régler par leur contractilité la quantité de sang qui pénètre dans chaque viscère.

Quand l'élasticité est affaiblie, comme dans le cas d'artérite chronique, l'impulsion cardiaque se fait sentir beaucoup plus loin qu'à l'état normal dans l'arbre artériel et peut favoriser les ruptures vasculaires.

Les modifications dans l'état de contraction des artères ont une tout autre importance. Il est généralement admis que les parois de ces vaisseaux reçoivent deux ordres de nerfs, les vaso-constricteurs et les vaso-dilatateurs.

L'excitation des vaso-constricteurs diminue l'afflux du sang dans la partie où se distribue le vaisseau et en produit ainsi l'anémie ; les combustions y étant moins actives, la température s'y abaisse; le sang y arrivant sous une tension moindre tend à stagner dans les veines et communique aux tissus une teinte cyanique ; les sécrétions y sont amoindries et les fonctions moins actives. Cet état se produit le plus souvent par voie d'excitation réflexe; c'est ainsi que l'irritation violente de la muqueuse intestinale dans les empoisonnements par l'arsenic et par le tartre stibié de même que dans le choléra semble provoquer l'excitation des vaso-constricteurs dans les téguments et les principaux viscères. L'action du froid excite, surtout chez des sujets prédisposés, la vaso-constriction des extrémités et en produit le refroidissement et la teinte pâle et asphyxique avec des sensations douloureuses (onglée); l'excitation, en se prolongeant, peut aboutir au sphacèle (gangrène des extrémités de Raynaud). L'anurie des hystériques peut être vraisemblablement rapportée à l'excitation des vaso-constricteurs des reins.

Ces actions vaso-constrictives sont utilisées en thérapeutique ; c'est en effet, selon toute vraisemblance, en faisant contracter par action réflexe les artères du poumon, et en débarrassant cet organe du sang qui y afflue en excès, que l'irritation des voies digestives par l'ipéca et le tartre stibié agit favorablement sur les phlegmasies broncho-pulmonaires.

On sait, depuis Claude Bernard, que la paralysie des vaso-constricteurs produit la dilatation des vaisseaux avec ses conséquences, l'augmentation de la chaleur, l'injection et la tuméfaction des parties. Les mêmes phénomènes peuvent être produits par l'excitation de nerfs dits *vaso-dilatateurs*, excitation qui paraît agir sur les vaso-constricteurs par une action d'arrêt comparable à celle du pneumogastrique sur le cœur (1).

La paralysie des vaso-constricteurs s'observe dans la plupart des affections qui interrompent la continuité des conducteurs nerveux ; on a fréquemment l'occasion de l'étudier dans les hémiplégies; un examen attentif montre que le plus ordinairement les téguments des parties paralysées sont injectés, légèrement tuméfiés et plus chauds que ceux des parties symétriques.

Les excitations vaso-dilatatrices peuvent avoir les points de départ les plus variés : les rougeurs émotives, celles qui accompagnent les névralgies dentaires et le début de la pneumonie en

____

(1) Vulpian, *Leçons sur l'appareil vaso-moteur*. Paris, 1875.

sont des exemples; ces excitations semblent jouer le rôle principal dans les congestions et peut-être aussi dans les phlegmasies *a frigore*.

Les troubles vaso-moteurs peuvent être d'origine toxique ou infectieuse; on est en droit de leur rapporter les érythèmes médicamenteux; ainsi l'inhalation de quelques gouttes de nitrite d'amyle les produit à coup sûr avec une grande intensité dans l'extrémité céphalique. Ils interviennent pour une large part dans les éruptions des pyrexies.

La dilatation des artères, en augmentant l'afflux du sang dans un organe, y amène l'injection des capillaires et souvent une exsudation plasmatique et globulaire qui s'infiltre dans les tissus; elle favorise le développement de l'inflammation, si elle ne suffit pas à la produire; elle peut à la longue amener des troubles de la nutrition dont elle augmente l'activité.

Dans certains cas, la congestion provoquée par la paralysie des vaso-moteurs est assez intense pour qu'il se fasse des ruptures capillaires ou une diapédèse de globules rouges; c'est ainsi que l'on explique les hémorrhagies qui surviennent sous l'influence de troubles de l'innervation, les sueurs de sang décrites par M. Parrot (1), et, d'après M. Vulpian, les hémorrhagies supplémentaires que provoque la suppression du flux menstruel.

ARTICLE III. — TROUBLES DANS LES FONCTIONS DES CAPILLAIRES
ET DES VEINES.

Ces troubles, généralement secondaires, ont une importance capitale, car ils jouent le rôle essentiel dans la production de l'inflammation, de la congestion, des hémorrhagies et de l'œdème; nous les avons étudiés avec ces processus.

(1) Parrot, *Étude sur la sueur de sang et les hémorrhagies névropathiques* (*Gazette hebdomadaire*. 1859).

CHAPITRE II

TROUBLES DANS LES FONCTIONS DE L'APPAREIL RESPIRATOIRE

ARTICLE Ier. — TROUBLES DANS LES SÉCRÉTIONS NASALES.

A l'état normal, la muqueuse nasale sécrète un liquide qui, mélangé aux larmes, se solidifie souvent sous forme de concrétions peu volumineuses ; cette sécrétion s'exagère sous l'influence des irritations directes ou réflexes que subit la membrane, et en même temps, elle se modifie en devenant plus claire et plus ténue. L'inhalation de vapeurs ou de poussières irritantes d'une part, l'action du froid de l'autre, sont les causes les plus habituelles de cette hypercrinie. Quand elle est de cause réflexe, son point de départ est le plus souvent le sommet de la tête ; beaucoup de personnes ne peuvent rester tête nue dans un milieu frais sans qu'elle se produise ; chez d'autres, l'action directe des rayons solaires a le même effet ; c'est surtout chez les asthmatiques que l'on observe ces accidents ; ils se produisent brusquement et précèdent ou remplacent l'accès. Les spores des plantes odoriférantes des gazons semblent avoir la même action ; telles sont les poudres d'asarum, de marjolaine, de muguet et d'iris ; c'est à leur présence dans l'atmosphère que l'on rapporte généralement l'affection connue sous le nom de *coryza des foins* (1).

Cette hypercrinie s'accompagne souvent du réflexe qui porte le nom d'*éternuement ;* il débute par une sensation de chatouillement dont le siège est la muqueuse nasale ; puis survient une inspiration involontaire bientôt suivie d'une expiration brusque, explosive, pendant laquelle la voie buccale s'est fermée à la colonne d'air, de telle sorte qu'elle passe tout entière par les fosses nasales qu'elle balaye pour ainsi dire et débarrasse des mucosités qui y sont contenues. Ces hypercrinies ne sont pas nécessairement de nature phlegmasique ; elles peuvent, alors même qu'elles atteignent un haut degré d'acuité, ne durer

(1) Dieulafoy, *Manuel de pathologie interne*, Paris, 1880.

que quelques heures ; il semble qu'elles soient dues surtout à une excitation des nerfs sécréteurs et peut-être aussi des vaso-dilatateurs de la muqueuse nasale.

La phlegmasie de la pituitaire que l'on appelle le *coryza* se produit rarement sous l'influence directe des substances irritantes. Sa cause la plus ordinaire est le froid ; on la voit survenir également dans certaines maladies infectieuses, particulièrement dans la rougeole, dans la grippe, dans la diphthérie où elle offre des caractères spéciaux, et dans le typhus exanthématique. Ses caractères varient dans ces diverses circonstances. Dans la phlegmasie *a frigore*, le liquide, d'abord clair, ténu et abondant, se trouble, devient opaque et jaunâtre et prend bientôt les caractères du muco-pus ; il forme alors en se desséchant des croûtes épaisses qui obstruent les narines.

Les fosses nasales exhalent chez certains sujets une odeur fétide, c'est le symptôme connu sous le nom d'*ozène* ; il est souvent sous la dépendance d'une affection scrofuleuse ou syphilitique du squelette ; on réserve plus particulièrement la dénomination d'*ozène vrai* pour désigner les cas dans lesquels il n'y a pas de lésions ulcéreuses de la muqueuse. On a reconnu, dans ces dernières années (1), que la maladie paraît alors caractérisée anatomiquement par la petitesse excessive des cornets ; les dimensions du sinus se trouvant agrandies, le courant d'air expiratoire n'est plus assez puissant pour amener l'expulsion des mucosités nasales, d'où l'altération de ces produits et leur fétidité ; on trouve, en même temps, la muqueuse enflammée, mais on tend généralement à considérer cette altération comme une conséquence de la petitesse congénitale des cornets ; la disparition de l'odeur quand on rétrécit artificiellement le sinus à l'aide d'un tampon (Gottstein) peut être invoquée en faveur de cette théorie.

M. Lœwenberg (2) a constaté la présence, dans tous les cas d'ozène vrai qu'il a examinés, de gros micrococcus agglomérés par deux, ou multiples de deux.

(1) R. Calmette, Analyses des travaux de Michel, Zaufal et Gottstein, etc. *Revue des sciences médicales.* 1880.
(2) Communication orale.

ARTICLE II. — DE L'ÉPISTAXIS.

Cette hémorrhagie est de toutes la plus fréquente; elle a le plus souvent pour siège les vaisseaux capillaires; quelquefois cependant, alors même qu'elle survient sans traumatisme, elle provient d'une artériole. Le sang s'écoule par les orifices antérieurs et postérieurs des fosses nasales; il a tendance à se coaguler, mais, dans le cas d'hémorrhagie abondante, les caillots qui commencent à se former se trouvent incessamment entraînés; quand le sang est dégluti, il provoque assez souvent le vomissement; l'écoulement peut être assez abondant pour amener un état d'anémie profonde et même la mort si l'on n'intervient pas.

Le mode de production de l'hémorrhagie ne peut être déterminé avec précision dans tous les cas. Elle est assez souvent d'origine *traumatique;* les déchirures de la muqueuse et les contusions du nez en sont fréquemment la cause.

D'autres fois on peut invoquer une *augmentation de la tension vasculaire.* Dans les affections cardiaques et pulmonaires, elle reconnaît pour cause la stase dans la circulation veineuse; chez les brightiques, la tension artérielle est augmentée en même temps que, dans bien des cas, les parois vasculaires sont altérées. Ces deux causes concourent à produire l'épistaxis comme d'autres hémorrhagies. Les épistaxis, qui, chez certaines femmes, paraissent remplacer le flux menstruel, peuvent être rapportées à une augmentation de la masse du sang; cette même cause peut rendre compte de leur grande fréquence chez les adolescents; comme nous l'avons indiqué déjà, on peut supposer avec vraisemblance que le développement des éléments du sang est, chez ces sujets, relativement plus rapide et plus actif que celui du système vasculaire, d'où une disproportion entre le contenant et le contenu, une augmentation relative de la masse du sang et une tendance aux hémorrhagies; Grandidier explique par ce même mécanisme les hémorrhagies des hémophiles. Chez les leucémiques, l'obstacle mécanique est local; il est constitué par la formation dans les veinules ou les artérioles de conglomérats de globules blancs qui amènent des troubles locaux de la circulation et sans doute aussi des changements dans la texture des vaisseaux.

Les épistaxis que l'on observe au début des pyrexies peuvent s'expliquer par un *trouble dans l'innervation vaso-motrice,* ou par une *modification dans la nutrition des petits vaisseaux ;* il en est de même pour les épistaxis de la maladie de Werlhoff. Le trouble dans la nutrition des vaisseaux paraît jouer le rôle dominant dans la genèse des hémorrhagies du scorbut et dans celles qui surviennent sous l'influence des maladies du foie. Nous rapportons à la même cause les épistaxis abondantes qui chez les vieillards précèdent souvent les thromboses et les hémorrhagies des artères encéphaliques ; elles ont vraisemblablement pour siège des artérioles dont les parois altérées se laissent facilement déchirer.

ARTICLE III. — DES ALTÉRATIONS DE LA VOIX.

L'émission normale des sons ne peut se faire que : 1° si la colonne d'air expirée arrive librement dans le larynx, 2° si les cordes vocales peuvent vibrer normalement, 3° si l'appareil de transmission constitué par le pharynx, la bouche et les fosses nasales peut vibrer pour renforcer le son laryngé et lui donner son timbre.

La faiblesse de l'expiration, telle qu'on la rencontre dans les cas d'adynamie extrême et de paralysie des muscles inspirateurs et expirateurs, produit l'affaiblissement de la voix.

Les vibrations des cordes vocales peuvent être entravées par toutes les altérations que subit la muqueuse laryngée, depuis la légère tuméfaction qu'entraîne l'hypérémie jusqu'au boursouflement de l'œdème glottique, aux altérations destructives de la syphilis et de la tuberculose, aux exsudations diphthériques et aux tumeurs cancéreuses et polypeuses.

Dans l'hypérémie laryngée, la voix est altérée dans son timbre et dans sa tonalité ; elle est rauque, enrouée, impure, parce que le timbre dépend de la nature du corps vibrant et que la texture des cordes vocales est changée par l'inflammation ; toute corde vibrante, enduite d'une substance visqueuse, donne nécessairement des sons impurs, voilés, et les cordes vocales, recouvertes du produit de la sécrétion inflammatoire, sont précisément dans ces conditions (1); la voix est altérée dans sa tonalité ; ordinairement plus grave, elle devient par instants plus aiguë pour s'éteindre ensuite immédiatement.

Dans la laryngite glanduleuse, le boursouflement de la muqueuse produit de même l'altération de la voix qui est impure, rauque et éraillée; dans la diphthérie laryngée, les malades deviennent complètement aphones, la fausse membrane qui recouvre les cordes vocales s'opposant à leur vibration ; dans la phthisie laryngée, la voix est également rauque et enrouée au début, éteinte plus tard. Ces mêmes troubles fonctionnels peuvent se produire sans lésions des cordes vocales, par le fait du boursouflement des replis thyro-aryténoïdiens supérieurs. Peter et Krishaber rapportent que des malades devenus complètement aphones et arrivés à la période ultime de la phthisie laryngée peuvent parfois émettre par instants des sons perceptibles à distance; l'examen direct permet de reconnaître que ces individus font vibrer des lambeaux de muqueuse flottant dans la cavité du larynx.

Les troubles de la voix peuvent encore se produire alors que la muqueuse laryngée est complètement intacte, par l'effet de troubles dans la contraction des muscles et dans leur innervation. Peter et Krishaber ont décrit sous le nom d'*asynergie vocale* un trouble de la phonation résultant du défaut de contraction coordonnée et suffisante des muscles phonateurs ; elle se produit chez les individus soumis aux fatigues vocales et indique quelquefois le début d'une affection laryngée ; elle se traduit par une modification dans les intonations.

Le nasillement est une modification que subit le timbre de la voix dans les cas de lésion sous-glottique des conduits respiratoires. Krishaber (2) en distingue deux variétés.

Dans la première, l'air passe en quantité trop considérable à travers les fosses nasales dont l'obturation, nécessaire pour la prononciation de toutes les lettres de l'alphabet sauf *m* et *n*, ne peut alors s'accomplir ; elle a pour causes les malformations et les perforations de la voûte palatine et du voile du palais, ainsi que les paralysies de ce dernier organe. Dans la deuxième variété,

(1) Peter et Krishaber, article LARYNX du *Dictionnaire encyclopédique.*
(2) Krishaber, *Annales des maladies de l'oreille et du larynx.* 1874.

les narines sont constamment imperméables et le passage de l'air pour la prononciation des consonnes *m* et *n* ne peut point s'accomplir ; ses causes sont le coryza, les polypes du nez et l'étroitesse cicatricielle ou congénitale des fosses nasales.

La voix prend un timbre guttural particulier (pharyngophonie de Krishaber) quand les fosses nasales sont oblitérées, au niveau de la cavité pharyngo-buccale, par les amygdales hypertrophiées et les tumeurs proéminant dans cette région.

L'aphonie peut résulter de la paralysie des muscles constricteurs de la glotte ; on l'observe dans la paralysie des récurrents ; elle était complète dans un cas où ces nerfs avaient été sectionnés ; elle survient également parfois chez des hystériques ; elle peut être enfin occasionnée par une affection utérine ou gastrique (1) ; il s'agit alors sans doute d'une excitation paralysante. Dans deux cas, Krishaber a vu des aphonies persistantes disparaître sous l'influence de la galvanisation préthyroïdienne.

ARTICLE IV. — DE LA TOUX.

La toux est l'acte par lequel l'organisme tend à expulser les mucosités ou les corps étrangers qui ont pénétré dans le larynx ou la partie sous-jacente des voies aériennes ; c'est un phénomène réflexe ; l'excitation initiale, ordinairement perçue sous forme de chatouillement, de chaleur et de douleur sur le trajet des voies aériennes, provoque d'abord une inspiration profonde et l'occlusion de la glotte, puis une série d'expirations convulsives et bruyantes. Le point de départ du réflexe se trouve le plus souvent dans la sphère de distribution du laryngé supérieur [Rosenthal (2)], mais il peut siéger ailleurs. Chez les animaux, on provoque la toux en excitant mécaniquement la muqueuse laryngée au-dessous de l'orifice glottique ; les contacts les plus légers sont ceux qui la provoquent le plus sûrement, surtout s'ils portent sur la partie postérieure de l'organe (Cohnheim) ; l'excitation de la muqueuse trachéale et celle de la muqueuse bronchique produisent les mêmes effets (3) ; en

---

(1) Dechambre a réuni plusieurs de ces faits dans son article APHONIE du *Dictionnaire encyclopédique.*

(2) Rosenthal, *Die Athembewegungen,* etc. 1862.

(3) Nothnagel, *Zur Lehre vom Husten (Virchow's Archiv,* XLIV).

dehors des voies respiratoires, nous devons citer, parmi les parties dont l'excitation peut provoquer la toux, le conduit auditif externe, qui reçoit des filets du rameau auriculaire du nerf vague, la base de la langue à laquelle se distribue un filet du laryngé supérieur, la paroi postérieure du pharynx (Koths) (1), le voile du palais, les nerfs pneumo-gastriques et glosso-pharyngiens et enfin le plancher du quatrième ventricule, immédiatement au-dessous du cervelet, des deux côtés du raphé.

A l'état pathologique, la toux est provoquée plus facilement ; l'inhalation d'un air humide ou chargé de poussière suffit à la produire, tandis qu'elle est sans action sur les individus sains ; elle peut même être alors amenée par l'excitation de parties qui à l'état normal ne lui donnent pas lieu ; il en est ainsi par exemple de la plèvre ; on peut chez les animaux l'exciter sans déterminer la toux, tandis que dans la pleurésie ce symptôme est fréquent (2) ; il est vrai qu'il se produit souvent dans cette maladie une congestion pulmonaire et bronchique qui peut être le point de départ du réflexe. M. Peter (3) admet de même que, chez les phthisiques, l'excitation des terminaisons du nerf vague dans la muqueuse de l'estomac peut amener la toux (toux gastrique) ; l'éruption des dents donne lieu assez souvent au même phénomène (toux dentaire) ; chez certaines personnes, l'impression du froid sur la peau suffit à la provoquer ; Haller (4) toussait chaque fois qu'il entrait dans un lit froid et humide.

L'intensité de la toux n'est pas en rapport avec la gravité des lésions ; MM. Peter et Krishaber (5) font remarquer que les altérations les plus superficielles sont celles qui la suscitent le plus sûrement ; chaque fois qu'elle est provoquée par la présence de corps étrangers ou de produits pathologiques dans les voies aériennes, elle dure jusqu'à leur expulsion ou jusqu'au moment où les forces des malades sont épuisées ; elle prend alors un caractère quinteux et convulsif ; les secousses expiratoires se renouvellent coup sur coup, cessent momentanément par l'effet de la fatigue pour reprendre ensuite ; elles durent dans

---

(1) Koths, *Experim. Unters. über dem Husten* (*Virchow's Archiv*, LX).
(2) Brücke, cité par Cohnheim.
(3) Peter, *Leçons de clinique médicale*, t. II.
(4) Haller, *Elementa physiologiæ*, t. III.
(5) Peter et Krishaber, article cité.

la coqueluche jusqu'au moment où le mucus visqueux qui embarrasse le larynx a pu être expulsé.

La toux est un acte défensif et utile ; c'est un signe fâcheux, quand elle vient à cesser alors que les sécrétions pathologiques continuent à se produire ; on peut le considérer, dans la broncho-pneumonie, comme l'avant-coureur d'une fin prochaine. L'insensibilité du larynx chez les aliénés rend plus fréquente et grave chez eux la pénétration de corps étrangers dans les voies aériennes.

Il ne faut pas méconnaître néanmoins que la toux peut donner lieu par elle-même à des accidents quand ses secousses sont trop violentes et trop prolongées.

La contraction énergique des muscles expirateurs, coïncidant avec l'occlusion de la glotte, a pour effet de transformer la pression négative, qui existe normalement dans la cavité thoracique, en pression positive et de faire ainsi obstacle à l'afflux du sang veineux ; il en résulte une augmentation de la tension dans tout l'appareil veineux et dans les capillaires et elle peut être portée à un degré tel qu'il en résulte des ruptures ; on connaît les ecchymoses conjonctivales qui se produisent pendant les quintes de coqueluche ; on peut s'expliquer par la congestion des centres nerveux les étourdissements, les troubles de la vue et même les convulsions qui surviennent parfois dans les mêmes circonstances ; la pression intra-abdominale est augmentée simultanément et peut donner lieu à la production de hernies en même temps qu'à des vomissements.

La transmission de l'excitation aux filets gastriques du nerf vague se traduit souvent par le même symptôme, mais c'est surtout dans l'appareil respiratoire que les effets de toux peuvent donner lieu à des altérations graves : la glotte étant fermée au moment des secousses expiratoires, l'air contenu dans les alvéoles et dans les bronches atteint un haut degré de tension et exerce ainsi une pression sur les parois qui le contiennent ; celles-ci résistent d'ordinaire dans tous les points où elles sont soutenues par la paroi thoracique ; mais dans ceux où elles se trouvent en rapport avec des parties molles, au sommet du poumon, au niveau de son bord antérieur, à la périphérie de sa base, elles se laissent dilater et il se produit de l'*emphysème* pulmonaire ou des *bronchiectasies ;* si le poumon est préalablement altéré, il peut survenir, sous l'influence de la toux, des déchirures dont la conséquence est un pneumo-thorax.

Les *caractères* de la toux varient essentiellement suivant les conditions dans lesquelles elle se produit. Elle se manifeste d'ordinaire sous forme d'accès caractérisés par une série d'expirations convulsives; si plusieurs accès se suivent à de très courts intervalles, la toux est dite quinteuse ; bruyante dans la laryngite striduleuse, elle est éteinte, aphone, dans tous les cas où les cordes vocales ne peuvent vibrer, comme dans les laryngites ulcéreuses et dans le croup ; Trousseau (1) a décrit dans la phthisie laryngée une toux éructante; la toux est rauque et aboyante dans la laryngite chronique, sèche et brève au début de la pneumonie et dans la pleurésie ; chez les asthmatiques, elle consiste souvent en une simple secousse expiratoire connue sous le nom de *hem ;* la toux de la coqueluche est caractérisée par la longueur et le nombre des quintes, ainsi que par l'inspiration profonde et sifflante qui leur fait suite, et l'expulsion d'un mucus très visqueux. On observe quelquefois chez les hystériques une toux persistante, sans lésion appréciable de l'appareil respiratoire; Lasègue (2) a montré qu'elle a pour caractères de cesser complètement pendant le sommeil et de rester identique à elle-même aussi longtemps qu'elle dure, de telle sorte que, chez la même malade, elle a constamment le même timbre et se produit sous forme d'accès composés d'un même nombre d'expirations; elle peut se prolonger pendant des années.

ARTICLE V. — DE L'EXPECTORATION.

§ 1. — Son mode de production.

Ce mot sert à désigner l'expulsion des matières contenues dans les voies respiratoires. Ces matières peuvent être constituées : 1° par les produits de sécrétion ou d'exsudation des bronches ou du poumon, ou par des débris de leur tissu ; 2° par des corpuscules venus du dehors et introduits dans les bronches avec la colonne d'air inspiré; 3° par des produits hétérologues

(1) Trousseau et Belloc, *Traité de la phthisie laryngée.* Paris, 1837.
(2) Lasègue, *Archives générales de médecine.* 1864.

développés dans le poumon (hydatides, cellules cancéreuses) ;
4° par des produits venant d'un autre organe qui se trouve en
communication anormale avec les bronches (bile, urine, hydatides hépatiques).

On peut, avec Spring, distinguer trois modes d'expectoration
suivant que les crachats sont expulsés avec *toux*, sans *toux* ou
par *flots*.

L'expectoration avec toux est *facile* ou *difficile*, suivant que
les crachats, plus ou moins visqueux et consistants, adhèrent
plus ou moins à la muqueuse.

Dans l'expectoration sans toux, il suffit que le malade ren-
force brusquement l'impulsion de la colonne d'air expiré pour
que les crachats soient expulsés ; il en est ainsi fréquemment
pour les crachats perlés des emphysémateux et aussi dans les
cas de bronchorrhée et d'hémoptysie.

Dans l'expectoration par flots, les matières arrivent en telle
abondance dans le pharynx et la bouche qu'elles remplissent ces
cavités, et sortent involontairement comme si elles étaient
vomies ; il en est ainsi dans les vomiques, constituées par l'é-
vacuation d'abcès pulmonaires ou pleuraux et dans les hémoptysies très abondantes.

Il importe surtout de considérer dans l'expectoration la nature du produit expulsé ; elle peut être *séreuse, albumineuse, muqueuse, fibrineuse, muco-purulente, purulente, fétide, pseudo-membraneuse* ou *sanguinolente ;* elle peut contenir des *hydatides*, des
substances *alimentaires*, de la *bile* ou de l'*urine*.

§ 2. — Caractères des crachats.

A. Les crachats *séreux* sont liquides, légèrement filants, un
peu troubles, ordinairement abondants ; ils renferment relativement peu de matière solide ; on y trouve cependant des globules blancs, des cellules épithéliales, de la résine et des sels ;
on les rencontre dans certaines formes de catarrhe bronchique.

B. L'expectoration *albumineuse* se produit parfois à la suite de la
thoracentèse ; elle doit être attribuée, selon toute vraisemblance,
à l'afflux du sang en quantité considérable, au moment de la
décompression, dans les capillaires du poumon dont les parois
altérées par l'anémie locale que provoquait l'épanchement

laissent plus facilement s'accumuler le sérum ; elle est ordinairement très abondante, de couleur citrine ou rosée ; le liquide se prend en masse par l'acide nitrique et par la chaleur ; l'analyse chimique a montré dans un cas qu'il renfermait, pour 1000 grammes, 93^{gr},6 de matières albumineuses et 6^{gr},7 de sels (1). On y trouve au microscope des globules blancs et rouges en abondance.

C. Les crachats *muqueux* se rencontrent au début de la bronchite aiguë, dans l'asthme nerveux et, d'après nos observations, dans une variété de bronchite chronique qui se produit surtout chez les asthmatiques et les arthritiques et conduit à l'emphysème. Les crachats du début de la bronchite aiguë sont transparents, très visqueux et pauvres en éléments cellulaires, de couleur grisâtre, assez souvent aérés et adhérents à la muqueuse ; ils sont difficiles à détacher et provoquent de violents efforts de toux. On y voit au microscope un petit nombre de leucocytes et quelques cellules d'épithélium vibratile ; ce sont les crachats crus des anciens. Dans l'asthme, les crachats, ordinairement grisâtres, perlés et opalescents, sont remarquables par leur grande consistance ; ils forment de petites masses à demi solides ; on y trouve des leucocytes plus ou moins déformés et des cellules épithéliales.

Leyden (2) y signale, en outre, une quantité de cristaux octaédriques inclus dans des masses granuleuses ; il croit que les angles de ces cristaux peuvent exciter mécaniquement la muqueuse et amener, par action réflexe, la contracture des petites bronches qu'il considère, à tort, comme la cause prochaine de l'asthme.

Les mêmes crachats se rencontrent dans une forme de bronchite que nous avons observée chez des asthmatiques, en dehors des accès, et chez des arthritiques ; l'expectoration se produit sans efforts de toux ; elle augmente à la suite des fatigues vocales, des impressions de froid, de l'inhalation de poussières irritantes ; c'est, suivant nous, une forme atténuée, larvée et prolongée de l'asthme (3) ; le même trouble névro-sécrétoire

---

(1) Observation de Fernet. Thèse de Foucart. 1875.
(2) Leyden, *Virchow's Archiv*, p. 54.
(3) Ces lignes étaient écrites quand M. le professeur Sée a fait sa belle leçon sur l'asthme chronique.

qui, lorsqu'il se produit d'une manière aiguë et dans la totalité de l'arbre bronchique, donne lieu à l'accès d'asthme, se limite dans ces cas à une portion restreinte de la muqueuse; il naît sous l'influence des mêmes causes, donne lieu à la même expectoration, et affecte les mêmes sujets que l'asthme nerveux auquel nous l'avons vu succéder. On perçoit souvent d'une manière persistante, chez les sujets qui en sont atteints, des râles souscrépitants fins à la base des poumons.

D. Les crachats *muco-purulents* succèdent, dans la bronchite, aux crachats muqueux dont ils sont une transformation ; ils en diffèrent par leur couleur jaunâtre, par leur opacité, et par leur richesse en leucocytes ; ils marquaient pour les anciens la période de coction de la bronchite. La proportion relative de mucus et de pus y varie suivant la période et la forme de la maladie. Recueillis dans un vase, ils peuvent se présenter sous des aspects différents. Souvent ils forment de petites masses jaunâtres contenues dans une quantité notable de sérosité ; celles qui sont aérées nagent à la surface. D'autres fois les crachats se confondent d'abord en une seule masse qui bientôt se sépare en plusieurs couches ; les parties purulentes tombent au fond ; au-dessus se forme une couche de liquide séreux qui tient en suspension quelques flocons aérés ; la surface est mousseuse. Il n'est pas rare enfin de voir les crachats former des masses arrondies, à contours ronds ou déchiquetés ; ils sont dits alors *nummulaires;* c'est surtout dans les cas de cavernes qu'on les rencontre, mais on peut les observer aussi dans les bronchites chroniques et c'est à tort qu'on les a considérés comme caractéristiques de la tuberculose au troisième degré.

On trouve souvent dans les crachats des phthisiques des fibres élastiques dont l'importance est grande au point de vue du diagnostic, car elles indiquent une destruction partielle du parenchyme pulmonaire ; il faut attacher une valeur plus grande encore aux *bacilles* que l'on rencontre exclusivement dans les crachats des tuberculeux (1); dans les cas douteux, ils peuvent servir à affirmer le diagnostic, mais l'on ne doit pas attribuer à leur absence une valeur négative *absolue ;* nous avons vu en effet qu'ils manquent dans la tuberculose zoogléique décrite

(1) G. Sée, *Bulletin de l'Académie de médecine*, 1883.

par Malassez; il faut reconnaître cependant que cette forme paraît ne se produire qu'exceptionnellement et que par conséquent l'on peut conclure de l'absence de bacilles à l'absence *probable* de tubercules.

On a signalé dans les cas de cancer du poumon la présence de grandes cellules épithéliales parmi les éléments figurés des crachats, mais c'est là un fait exceptionnel.

Les crachats composés exclusivement de pus se rencontrent surtout dans les cas de vomique d'origine pleurale ou pulmonaire ; le pus est réuni en une seule masse ou forme des agglomérats séparés suivant qu'il est rejeté en abondance ou par petites quantités ; cette dernière circonstance se présente dans le cas où la communication des bronches avec la collection purulente est étroite ; assez souvent l'expectoration se produit sous la forme d'une vomique le premier jour et de crachats purulents les jours suivants.

Les crachats muco-purulents sont très riches en matières inorganiques ; les recherches de Bamberger et Kussmaul ont montré que leurs cendres renferment des chlorures, des sulfates et des phosphates de potasse, de soude, de chaux et de magnésie, ainsi que de l'oxyde de fer en quantité minime ; parmi ces éléments, les plus abondants sont le chlorure de sodium et le phosphate de potasse. D'après Renk (1), les crachats des phthisiques en contiendraient beaucoup plus que ceux des malades atteints de bronchite chronique. C'est là, comme l'ont montré cet auteur et G. Daremberg (2), une déperdition considérable pour l'organisme et une des causes qui amènent si rapidement la dénutrition chez ces sujets.

On trouve souvent des bactéries dans les crachats muco-purulents : les observations de Fürbringer ont montré qu'on peut également y rencontrer des spores et du mycélium d'Aspergillus qui trouvent dans les parties malades du poumon un terrain favorable à leur développement (3).

Le pus est, suivant les cas, crémeux et louable ou séreux et

____

(1) Renk, *Ueber die Mengen der Auswurfs bei verschiedenen Erkranckungen des Respirations Organes (Zeitsch. f. Biologie. 1875).*

(2) G. Daremberg, *De l'expectoration dans la phthisie pulmonaire. 1876.*

(3) Fürbringer, *Beobacht. über Lungenmycose (Virchow's Archiv, t. LXVI).*

fétide. Les crachats fétides se rencontrent surtout dans deux affections, la gangrène pulmonaire et la bronchite dite *fétide*.

Dans la gangrène, ils sont d'un gris verdâtre ou brunâtre, fluides, d'une odeur fétide et nauséabonde, assez intense pour infecter la chambre où se trouve le malade et en rendre parfois le séjour insupportable ; si on les recueille dans un vase, ils se séparent bientôt en trois couches : la couche supérieure, recouverte d'écume, d'une couleur verdâtre, est formée de muco-pus aggloméré en masses plus ou moins étendues ; la couche moyenne, transparente et fluide, renferme de l'albumine, quelques flocons muqueux y flottent ; le sédiment, verdâtre ou brunâtre, est formé de pus dans lequel on voit des amas noirâtres et très fétides ; ce sont des débris de tissu pulmonaire ; la coloration de la masse est souvent foncée en raison des extravasations sanguines qui se produisent fréquemment en pareil cas. Au microscope, on trouve dans la couche inférieure des leucocytes plus ou moins altérés et des cristaux de phosphates ; les masses qu'elle renferme sont composées surtout d'un détritus granuleux dans lequel on reconnaît des corpuscules pigmentaires et des fibres élastiques ; les masses jaunâtres sont formées de graisse et d'une quantité énorme de ces cristaux d'acide margarique que l'on trouve dans toutes les matières organiques en décomposition. On y voit enfin, également en grande quantité, des vibrioniens. Leyden et Jaffé y décrivent des granulations et des bâtonnets mesurant de 3 à 6 μ de longueur sur 1 μ de diamètre et animés de mouvements rapides ; ils y signalent en outre de petits filaments quelquefois articulés ; les granulations prennent, sous l'influence de l'iode, une couleur pourpre ou violette. Ces auteurs admettent qu'il s'agit là d'un leptothrix pulmonaire analogue au leptothrix buccal.

L'expectoration des bronchites fétides est muco-purulente ; comme celle de la gangrène, elle se sépare en trois couches dans le crachoir ; la plus inférieure, d'un jaune grisâtre ou verdâtre, est formée de muco-pus disposé tantôt en masse homogène, tantôt en amas isolés ; la couche moyenne est séreuse, trouble et jaunâtre ; la plus superficielle est formée d'écume et de muco-pus ; l'odeur de ces crachats est d'une fétidité comparable à celle de la gangrène, quoique ordinairement moins prononcée ;

elle est due, d'après Gregory (1), à la méthylamine et à l'acide butyrique.

On y trouve, au microscope, les mêmes cristaux de graisse et les mêmes organismes que dans la gangrène ; ces éléments ne sont spéciaux à aucun processus, car Leyden et Jaffé ont montré qu'ils se développent rapidement dans les crachats exposés à l'air ; ces exsudats fétides s'observent le plus souvent dans le cas de bronchectasie ; ils indiquent parfois une gangrène des extrémités bronchiques.

E. Les crachats *fibrineux* appartiennent en propre à la pneumonie lobaire ; on connaît leur coloration qui les fait comparer, suivant les cas, à la rouille, aux confitures d'abricots et au jus de pruneau ; on sait qu'ils sont très visqueux, adhérents au vase et aérés ; très riches en albumine et en mucine, ils renferment des globules blancs et des globules rouges et en outre des concrétions fibrineuses qui proviennent des petites bronches et en reproduisent le moule. Nous avons vu (page 200) que, d'après Friedländer, on y trouve des micrococcus accouplés deux à deux ou en chaînettes, mais dépourvus de la capsule qui, d'après cet auteur, les caractériserait ; c'est cependant l'exsudat pneumonique lui-même que l'on a sous les yeux, mélangé avec une quantité variable d'exsudat bronchique.

Il n'est pas très rare de voir la fibrine se coaguler dans l'intérieur des canaux bronchiques et former ainsi des concrétions ramifiées ; elles font obstacle à la pénétration de l'air dans les parties malades et modifient ainsi les phénomènes stéthoscopiques ; cette variété de phlegmasie pulmonaire a été décrite par Grancher sous le nom de *pneumonie massive*.

F. Les moules fibrineux dont nous venons de parler ne sont pas considérés comme de véritables *pseudo-membranes*. Celles-ci peuvent se développer dans le cours de la diphthérie et dans les inflammations chroniques des bronches ; la bronchite pseudo-membraneuse complique souvent la diphthérie laryngée. Disposées en couches assez régulièrement stratifiées, les concrétions sont formées d'une substance fibrino-albumineuse qui englobe des leucocytes, des cellules épithéliales et des microbes ; dans la forme chronique de la bronchite pseudo-membraneuse,

---

(1) Laycock, *Med. Times*. 1857.

elles présentent une disposition arborescente et semblent se prolonger jusque dans les alvéoles; elles peuvent être rejetées par fragments qui mesurent jusqu'à 22 centimètres de long (1); ils sont généralement blancs ou légèrement rosés; leur surface présente une série de petites anfractuosités ; on y reconnaît les couches concentriques : on n'y distingue une lumière centrale que dans des cas exceptionnels; M. Grancher, qui a pu faire l'examen d'une de ces membranes (2), admet qu'elles sont composées d'une substance muco-albumineuse dans laquelle on distingue des formes tubuleuses représentant des moules glandulaires; ces fausses membranes réduisent le champ respiratoire et produisent la dyspnée ; elles ne semblent pas avoir de caractère infectieux et se distinguent par ce caractère, aussi bien que par leur structure, des concrétions diphthériques.

G. Les crachats *hémoptyiques* sont d'origine bronchique ou alvéolaire. Les hémorrhagies dont ils sont l'indice peuvent se produire sous l'influence des différents ordres de causes que nous avons passés en revue dans le chapitre consacré à l'étude des hémorrhagies en général (3). Les plus fréquentes sont celles qui surviennent dans le cours de la tuberculose pulmonaire ; elles semblent être provoquées, dans la première période de cette maladie, par les congestions actives que provoque la présence des granulations ; celles qui surviennent tardivement résultent le plus souvent de la rupture d'artérioles dans une caverne ; Rasmussen a démontré que ces vaisseaux, dans ces circonstances, sont fréquemment le siège de petites dilatations anévrysmales au niveau desquelles leur résistance est fort amoindrie ; une violente secousse de toux est parfois la cause de l'accident ; le sang des crachats hémoptyiques peut encore provenir d'infarctus hémorrhagiques, de ruptures capillaires dans les parois des bronches dilatées ou de congestions pulmonaires. Chez les cardiaques, l'hémorrhagie peut être favorisée par l'excès de tension dans la petite circulation, mais sa cause la plus habituelle est un infarctus produit par une embolie dont

_____

(1) P. Lucas-Championnière, *De la bronchite pseudo-membraneuse chronique.* 1876.
(2) Grancher, cité par Lucas-Championnière.
(3) Page 289.

le point de départ est dans la circulation veineuse ou dans les cavités droites du cœur, assez souvent dans l'auricule.

L'hémoptysie peut survenir périodiquement à l'époque des règles qui sont alors supprimées ou ne viennent qu'incomplètement ; le fait est rare, mais il en existe des exemples incontestables. Il n'en est pas de même des hémoptysies qui remplaceraient un flux hémorrhoïdal ; nous craignons que les auteurs qui les ont signalées n'aient été guidés par les théories humorales en honneur autrefois plutôt que par l'observation des faits.

L'hémoptysie est au nombre des hémorrhagies qui se produisent du côté de divers organes dans certaines maladies générales, le scorbut, l'hémophilie, les pyrexies hémorrhagiques, etc. ; elle peut encore résulter d'un traumatisme tel qu'une contusion du thorax.

On voit enfin cette expectoration survenir sans cause appréciable, particulièrement chez de jeunes sujets ; il est alors très difficile de décider si elle est ou non symptomatique d'une tuberculose, et l'observation ultérieure du malade peut seule décider la question ; ces hémorrhagies peuvent être rapprochées des épistaxis que l'on observe dans les mêmes conditions et recevoir la même interprétation (Graves) (1).

Le sang expectoré peut être pur ou mêlé aux produits de sécrétions broncho-pulmonaires ; dans le premier cas, il est rejeté par petites fractions ou en masses. Quand l'hémorrhagie est abondante, elle est annoncée par une sensation de chatouillement et souvent de chaleur derrière le sternum ; le sang arrive à flots dans le pharynx et dans la bouche où il produit une sensation analogue à celle que donne le passage des matières provenant de l'estomac, de telle sorte que les malades croient réellement vomir du sang ; il n'est pas rare d'ailleurs que l'excitation de l'isthme du gosier par le liquide expulsé provoque de véritables vomissements.

Ordinairement d'un rouge vif, fluide et aéré, le sang expectoré peut se présenter sous forme de masses noirâtres ; il en est ainsi dans l'infarctus et dans les hémorrhagies alvéolaires et d'une manière générale chaque fois que le sang séjourne

(1) Graves, *Leçons de clinique médicale*, ouvrage traduit par Jaccoud, 1863.

dans le poumon un certain temps avant d'être expulsé.

Dans l'hémoptysie symptomatique de la tuberculose, il arrive souvent que les crachats, d'abord rutilants et formés de sang pur, se mélangent ensuite de mucosités en même temps qu'ils prennent une teinte brune ou noirâtre ; c'est que le sang extravasé dans les alvéoles et les petites bronches n'est pas immédiatement expulsé en totalité ; une partie séjourne dans ces cavités et s'y modifie en même temps que son contact irrite la muqueuse et quelquefois provoque une phlegmasie qui est ordinairement de courte durée, mais qui semble pouvoir dans certains cas, et peut-être sous l'influence de conditions diathésiques, prendre un caractère grave et devenir le point de départ d'une broncho-pneumonie à marche chronique ; c'est la phthisie *ab hemoptoe* de Morton ; Niemeyer en avait singulièrement exagéré la fréquence ; aujourd'hui, au contraire, on tend, en raison des progrès de la doctrine qui considère la phthisie comme constamment tuberculeuse, à dénier à l'hémoptysie toute influence sur son développement, et M. Peter (1) fait remarquer à juste titre que les cardiaques ne deviennent jamais phthisiques à la suite de leurs hémoptysies; mais on peut se demander si les cardiaques sont comparables aux jeunes sujets chez lesquels on a signalé surtout la phthisie *ab hemoptoe;* et nous ne pouvons méconnaître que Weber, Burdon-Sanderson et plus récemment M. Jaccoud (2) ont publié des faits favorables à la doctrine de Morton.

ARTICLE VI. — DE LA DYSPNÉE.

La *dyspnée* est caractérisée par une augmentation morbide dans l'intensité ou la fréquence des mouvements respiratoires ; elle s'accompagne généralement d'une sensation pénible toute particulière. Les mouvements respiratoires sont sous la dépendance d'un centre d'innervation que l'on peut localiser aux environs du bec du calamus ; ce centre fonctionne automatiquement ; le sang en est l'excitant physiologique chaque fois qu'il renferme une quantité exagérée d'acide carbonique et insuffisante d'oxygène ; il est en outre influencé par les exci-

(1) Peter, *Leçons de clinique médicale.* Paris, 1873.
(2) Jaccoud, *Clinique de Lariboisière*, 1873.

tations centripètes que lui transmettent le nerf vague et d'autres nerfs sensitifs.

Pour que l'hématose se fasse régulièrement, il est nécessaire que les globules rouges se trouvent à de fréquents intervalles en rapport avec l'oxygène de l'air dans les alvéoles pulmonaires. La dyspnée, provoquée par l'insuffisance de l'hématose, se produira donc chaque fois qu'il y aura obstacle à l'afflux de l'air dans les alvéoles ou du sang dans les capillaires pulmonaires, et chaque fois que l'un de ces fluides présentera une altération capable d'empêcher l'absorption par l'hémoglobine d'une quantité suffisante d'oxygène.

Pour que l'air pénètre dans les alvéoles en quantité suffisante, il faut : 1° que les conduits respiratoires soient libres ; 2° que les muscles inspirateurs produisent l'ampliation thoracique ; 3° que le poumon reprenne son volume normal au moment de l'expiration.

Tous les obstacles au passage de l'air dans les fosses nasales, dans le pharynx, dans le larynx et les bronches produisent la dyspnée ; il en est de même des exsudats alvéolaires quand ils occupent une partie étendue du poumon ; nous citerons particulièrement, dans cet ordre de causes, la diphthérie, l'œdème laryngé, le spasme glottique et les bronchites généralisées.

L'inspiration a pour agents actifs le diaphragme, les intercostaux externes, les sterno-mastoïdiens et les scalènes. Certaines causes peuvent rendre inefficaces ou pénibles les contractions du diaphragme ; nous citerons la distension de l'abdomen par une tumeur, par du liquide ou par des gaz ; dans ces conditions, la respiration devient forcément costo-supérieure comme elle l'est normalement chez la femme. La douleur provoquée par la péritonite, la pleurésie, la pneumonie ou la névralgie intercostale gêne de même l'ampliation du thorax, et est ainsi une cause de dyspnée.

Les altérations des muscles inspirateurs rendent leurs contractions insuffisantes ; cette cause joue sans doute un rôle dans la dyspnée des cachectiques et des convalescents de maladies adynamiques ; dans l'atrophie musculaire progressive, on observe parfois l'atrophie des muscles intercostaux ; les malades ne respirent plus alors qu'à l'aide du diaphragme et des muscles inspirateurs auxiliaires, particulièrement des scalènes. Ces muscles peuvent être paralysés ; on observe, dans les myélites dorsales, la paralysie des intercostaux à laquelle s'ajoute, dans les myélites cervicales, la paralysie du diaphragme.

La rétraction des poumons dans les cas d'hydrothorax abondant et de pneumothorax est encore une cause qui empêche l'ampliation inspiratoire.

A côté de la dyspnée par insuffisance de l'inspiration, nous devons mentionner celle qui résulte d'un obstacle à l'expiration. Cet acte physiologique s'accomplit chez l'individu sain sans l'intervention d'aucune contraction musculaire ; la cessation de l'action des muscles inspirateurs jointe à la rétractilité du tissu du poumon suffit généralement pour faire reprendre à cet organe ses dimensions ordinaires. Dans le cas d'emphysème, sa puissance de rétractilité diminue en raison de l'atrophie de ses fibres élastiques : l'air tend à rester emprisonné dans les alvéoles ; l'expiration devenant difficile, les malades contractent instinctivement leurs muscles expirateurs auxiliaires ; il y a en même temps insuffisance relative de l'inspiration, car l'ampliation normale du thorax n'introduirait qu'une quantité d'air insuffisante dans les alvéoles qui restent distendus ; la dyspnée est donc en pareil cas inspiratoire et expiratoire. Dans l'asthme, la réplétion des bronches par un mucus que l'air traverse difficilement a le même résultat.

Une autre cause de dyspnée expiratoire est la contracture du diaphragme qui maintient en inspiration forcée la partie inférieure du thorax (1).

On peut, chez les animaux, ralentir la respiration et la rendre plus profonde en sectionnant le nerf vague, l'accélérer en l'excitant faiblement, la suspendre en l'excitant fortement ; cette dernière action n'est donc pas, comme l'avait cru Rosenthal, particulière au laryngé supérieur (Bert).

Il est difficile de savoir dans quelle mesure ces données sont applicables à la pathologie humaine. Dans les cas où l'on a pu observer une paralysie du pneumogastrique, les désordres étaient trop complexes pour que l'on pût décider si la lésion retentissait directement sur la respiration.

L'innervation du centre respiratoire paraît troublée dans

(1) G. Sée, Art. ASTHME, du *Nouveau dictionnaire de médecine et de chirurgie pratiques*. Paris, 1865, tome III.

diverses formes d'encéphalopathies ; c'est ainsi du moins que la dyspnée semble devoir être expliquée dans l'urémie, dans certains cas d'hémorrhagie cérébrale et aussi dans l'hystérie.

Les obstacles à l'afflux du sang provoquent la dyspnée comme les obstacles à l'afflux de l'air ; ce trouble s'observe fréquemment dans les maladies du cœur ; la compression du poumon chez les pleurétiques, l'atrophie des capillaires alvéolaires chez les emphysémateux, réduisent le champ de la circulation pulmonaire et font ainsi obstacle à l'hématose ; le sang chargé d'acide carbonique et insuffisamment oxygéné excite le centre bulbaire et augmente de la sorte l'intensité et le nombre des mouvements respiratoires (1).

Dans le choléra, la dyspnée peut être produite par l'affaiblissement des contractions cardiaques, par l'obstacle que l'épaississement du sang oppose à sa circulation, et peut-être aussi par le spasme des artérioles pulmonaires ou bulbaires.

Toutes les causes qui appauvrissent le sang en hémoglobine, la chlorose, les maladies adynamiques, les cachexies, la leucémie, agissent dans le même sens.

Il en est de même de la *fièvre* qui, en augmentant les combustions, nécessite une hématose plus active. Fick (2) a démontré expérimentalement que l'élévation de la température excite par elle-même le centre respiratoire ; on voit ainsi, dans la pneumonie, la dyspnée diminuer beaucoup au moment de la défervescence, bien que l'obstacle mécanique à l'hématose reste le même.

Les dyspnées d'origine hématique ne sont pas nécessairement permanentes ; la quantité d'oxygène introduite dans le sang par chaque inspiration peut suffire pour les besoins de l'organisme lorsque la dépense est peu considérable, c'est-à-dire lorsqu'il est à l'état de repos ; mais, dès que la consommation d'oxygène augmente sous l'influence de l'exercice musculaire, l'hématose n'est plus assurée par la respiration normale, les mouvements respiratoires s'accélèrent, il survient de la dyspnée ; ces phénomènes s'observent journellement chez les convalescents, les cachectiques et les chlorotiques ; à un degré moindre, il faut un exercice violent pour les produire.

(1) Hardy et Béhier, *Traité de pathologie interne*, t. I, 2e édition.
(2) Fick, *Würzburger Verhandlungen*. 1871, 156-169.

L'altération de l'air peut amener la dyspnée plus rapidement que celle du sang ; les troubles de la respiration sont au premier plan parmi les accidents de l'asphyxie oxycarbonée, de l'air confiné et du mal des montagnes.

La dyspnée peut se présenter à l'observation sous des formes diverses ; nous avons signalé déjà la forme inspiratoire et la forme expiratoire ; celle-ci est le plus souvent mixte en ce sens que la difficulté de l'expiration, en gênant l'hématose, produit secondairement une difficulté de l'inspiration, alors même que l'obstacle ne porte pas simultanément, comme c'est la règle en pareil cas, sur les deux temps de la respiration.

Le trouble des mouvements respiratoires peut consister en une augmentation de leur nombre ou de leur intensité.

Dans les dyspnées de cause encéphalique, la respiration est souvent profonde et ralentie ; dans la dyspnée de cause abdominale, dans la péritonite aiguë par exemple, elle est superficielle et très accélérée.

La dyspnée prend le nom d'*orthopnée* quand elle rend impossible le décubitus dorsal ; elle constitue alors un symptôme des plus pénibles ; les malades font appel à toutes leurs puissances inspiratrices ; ils cherchent autour d'eux un point d'appui pour aider la contraction des muscles inspirateurs qui s'insèrent à l'humérus et à l'omoplate.

L'orthopnée exige la persistance d'un certain degré de force et de conscience (Traube) (1), et c'est un signe fâcheux quand, dans une maladie adynamique ou fébrile, elle fait place au décubitus dorsal malgré la persistance des lésions thoraciques.

La dyspnée est une réaction physiologique utile ; elle lutte contre tous les obstacles à l'hématose que nous avons énumérés précédemment ; Filehne (2) a contesté l'utilité de celle qui se produit dans les affections cardiaques en faisant remarquer que l'afflux de l'air en plus grande quantité ne peut rien contre l'obstacle apporté à l'hématose par la stase du sang dans les veines pulmonaires ; mais Cohnheim observe avec raison que les mouvements respiratoires normaux favorisent la circu-

(1) Traube, *Die Symptom der Krankheit. der Respirations und Circulations apparats.* 1867, p. 10.
(2) Filehne, *Arch. f. exper. Path.* X et XI.

lation pulmonaire, et qu'il en est de même *a fortiori* des mouvements dyspnéiques.

ARTICLE VII. — PHÉNOMÈNE DIT DE « CHEYNES-STOKES ».

Cheyne (1) a décrit le premier, en 1814, cette modification du rhythme respiratoire qui a été surtout étudiée depuis, au point de vue clinique par Stokes (2), au point de vue physiologique par Traube et Filehne. Si l'on observe un malade qui en est atteint, on voit que, par instants, la respiration s'arrête complètement pendant plusieurs secondes (jusqu'à 40, d'après Bernheim) (3) ; puis les mouvements réapparaissent ; d'abord très faibles et superficiels, ils augmentent successivement d'intensité, au point de devenir souvent plus forts et plus fréquents qu'à l'état normal ; puis, subissant une modification inverse, ils décroissent graduellement pour s'arrêter de nouveau complètement ; la durée de la période comprise entre deux pauses varie de 15 à 75 secondes ; elle peut se modifier chez le même malade d'un jour à l'autre.

Le nombre de mouvements respiratoires compris dans la série graduellement ascendante et descendante ne s'élève guère au-dessus de 30 (Bernheim) ; dans certains cas, la pause succède immédiatement aux inspirations profondes ; les phases croissantes et décroissantes font alors défaut. D'après M. Biot (4), le nombre des pulsations artérielles et leur tension diminue pendant l'apnée ; le même auteur a noté, au moment de la pause, une contraction de la pupille qui se dilate au contraire pendant la période de dyspnée. On a signalé encore, pendant la pause, l'obnubilation plus ou moins complète de l'intelligence, et, au moment où elle se termine, des phénomènes convulsifs, mais c'est là un fait exceptionnel.

Le phénomène s'observe surtout dans l'apoplexie cérébrale et dans les maladies du cœur ; nous l'avons constaté égale-

<hr>

(1) Cheyne, *Dublin Hospital Reports*, vol. 11, p. 217.
(2) Stokes, *Traité des maladies du cœur et de l'aorte.*
(3) Bernheim, *Gazette hebdomadaire de médecine et de chirurgie.* 1873, p. 496.
(4) Camille Biot, *Sur la respiration de Cheyne-Stokes.* Paris, 1878.

ment chez des urémiques et aussi dans la grande hystérie (1).
Filehne (2) a pu le produire chez le lapin par une injection
de 0,5 à 0,1 de chlorhydrate de morphine.

La cause prochaine des accidents paraît être une diminution
de l'excitabilité du centre respiratoire (Traube) (3) coïncidant,
d'après Filehne, avec un trouble dans l'innervation des artères
cérébrales. En effet, la diminution de l'excitabilité du centre
respiratoire peut expliquer la pause, mais non la période de
dyspnée.

Voici, selon Filehne, comment les choses se passent : au
moment de la pause, le sang se surcharge d'acide carbonique
et s'appauvrit en oxygène ; il excite le centre vaso-moteur, produit la contraction des artères de l'encéphale et l'anémie du
centre respiratoire, qui se trouve ainsi assez vivement excité
pour entrer en action ; mais bientôt, sous l'influence des grands
mouvements respiratoires, le centre vaso-moteur cesse d'être
excité, et le sang artériel afflue en abondance dans le centre
respiratoire. La cause qui avait mis ce dernier en état d'activité cessant d'exister, les mouvements respiratoires s'affaiblissent, puis s'arrêtent.

Filehne a constaté chez des animaux morphinisés des modifications de la tension artérielle concordant avec sa théorie ;
il a démontré de plus que l'on peut, chez l'homme, faire cesser
le phénomène en paralysant les vaisseaux par l'inhalation de
nitrite d'amyle. Il a observé aussi chez de jeunes enfants, au
moment de la pause, un affaissement de la grande fontanelle,
indiquant une diminution de l'afflux sanguin dans les vaisseaux
de l'encéphale.

ARTICLE VIII. — DE L'ASPHYXIE.

On est d'accord aujourd'hui pour désigner sous ce nom,
contrairement à sa signification étymologique (absence de

____

(1) Hallopeau, *Des accidents convulsifs dans les maladies de la moelle épinière*, p. 58.

(2) Filehne, *Arch. f. experim. Pathol.* X, p. 442. — *Sur la physiologie du
phénomène de Cheynes-Stokes (Revue mensuelle*, 1878). *Berlin, klin. Wochens.*
1878.

(3) Traube, *Gesamm. Abhandl.* II et III.

pouls), l'ensemble des accidents qu'entraîne l'insuffisance de l'hématose, quelle qu'en soit la cause (1).

Comme la dyspnée qui en est le signe avant-coureur, elle peut être produite : 1° par un obstacle à l'arrivée de l'air dans les alvéoles ; 2° par un obstacle à l'afflux du sang dans les capillaires du poumon ; 3° par une altération de l'air ou du sang. Nous ne reviendrons pas sur l'énumération des causes qui peuvent entraver la respiration ou la circulation dans une mesure suffisante pour gêner l'hématose.

Parmi les altérations de l'air, il n'en est qu'une qui provoque l'asphyxie, c'est la diminution de l'oxygène ; la présence de principes anormaux, tels que l'hydrogène sulfuré, peut amener la mort, mais c'est en produisant un véritable empoisonnement, et non par asphyxie. Peut-être convient-il cependant de faire une exception pour l'oxyde de carbone, qui, en se combinant avec l'hémoglobine, rend le globule sanguin impropre à l'hématose et tue ainsi par asphyxie ; l'altération de l'air agit alors par l'intermédiaire d'une altération du sang. M. Ch. Richet (2) a démontré récemment que, dans le tétanos, la consommation énorme d'oxygène qui résulte des contractions musculaires est une cause d'asphyxie.

Dans les fièvres graves, et particulièrement dans la variole, les globules sanguins, frappés d'une sorte de paralysie, n'absorbent qu'une quantité d'oxygène bien inférieure à la normale, (Brouardel), et il en résulte une insuffisance de l'hématose qui peut contribuer à produire l'asphyxie.

L'insuffisance de l'hématose produit une double altération du sang qui s'appauvrit en oxygène en même temps qu'il se charge d'acide carbonique. Or Brown-Sequard (3) a montré que l'acide carbonique est un excitant pour les tissus, particulièrement pour le tissu nerveux, et que l'oxygène est nécessaire à l'intégrité de leur nutrition et au maintien de leur excitabilité. Nous allons voir, conformément à cette double proposition, l'asphyxie se caractériser par des phénomènes d'excitation et

<hr>

(1) Articles de M. P. Bert dans le *Nouveau dictionnaire de médecine et de chirurgie pratiques*. Paris, 1865, tome III, et de M. Maurice Perrin dans le *Dictionnaire encyclopédique*. Cohnheim, ouvrage cité. *Traités de physiologie* de Beaunis, de Béclard et de Kuss et Duval.

(2) Ch. Richet, *Physiologie des muscles et des nerfs*. Paris, 1881.

(3) Brown-Sequard, *Journal de physiologie*.

par des phénomènes d'épuisement ; mais nous devons indiquer préalablement quel y est l'état du sang.

Ce liquide ne renferme plus qu'une quantité insuffisante d'oxygène, quelquefois même il n'en renferme plus du tout (Sestchenow) ; il contient en même temps une proportion anormale d'acide carbonique. Il présente une coloration foncée qu'il doit à la disparition de l'oxygène et qui communique aux téguments une teinte cyanique. Cl. Bernard a reconnu que le sang asphyxié perd en partie la propriété d'absorber l'oxygène.

Sous l'influence de l'asphyxie, il se produit une dyspnée plus ou moins violente suivant que l'hématose est plus ou moins compromise ; chez les animaux dont on obture brusquement les voies aériennes, on voit apparaître rapidement des convulsions des muscles expirateurs et des muscles des membres, puis, au bout d'une minute, survient une période de résolution, les mouvements d'inspiration deviennent de plus en plus faibles, des convulsions toniques se produisent dans les extenseurs, et la mort survient.

La contractilité musculaire diminue par l'effet de l'asphyxie, et cependant cet état morbide donne lieu à des convulsions qui sont liées, selon toute vraisemblance, à une excitation des centres moteurs cérébro-spinaux. Ces convulsions s'étendent aux muscles de la vie organique et amènent ainsi des évacuations involontaires ; Thiry a montré qu'il se produit également des spasmes vasculaires ; si l'on examine les vaisseaux de l'oreille d'un lapin chez lequel on provoque l'asphyxie, on les voit se rétrécir au point de s'effacer complètement. Les centres d'innervation des vaso-constricteurs sont donc excités comme ceux des nerfs moteurs.

Concurremment avec ces phénomènes d'excitation, on observe des phénomènes de paralysie ; l'intelligence s'obscurcit ; il se produit des vertiges, des tintements d'oreille, des troubles de la vue ; la température s'abaisse, la sensibilité diminue graduellement d'abord aux extrémités inférieures, puis dans le reste du corps.

Les désordres les plus importants sont ceux qui se produisent du côté du cœur, car ce sont eux qui amènent la mort. Ses contractions se ralentissent, s'affaiblissent, deviennent irrégulières et finissent par s'arrêter, quelquefois après avoir passé par une phase d'accélération. La cause de l'arrêt doit être cherchée dans l'action du sang altéré sur le muscle cardiaque ou sur ses ganglions auto-moteurs.

On a beaucoup discuté pour savoir si les accidents de l'asphyxie sont dus à l'excès de l'acide carbonique ou à l'insuffisance de l'oxygène dans le sang : on sait aujourd'hui que l'une et l'autre altération peuvent augmenter l'intensité des mouvements respiratoires. La respiration d'un chien devient plus profonde et plus fréquente si on lui fait respirer un mélange gazeux qui renferme un excès d'acide carbonique avec la proportion normale d'oxygène, et le même phénomène est produit par la respiration d'un mélange dans lequel il n'y a pas d'acide carbonique et où l'oxygène est en quantité moindre que dans l'air atmosphérique, même si l'on a soin d'absorber constamment l'acide carbonique exhalé et d'empêcher ainsi son accumulation dans le sang.

Néanmoins la part la plus importante dans la production des phénomènes asphyxiques doit être attribuée au manque d'oxygène. Pflüger (1) a pu élever à 50 p. 100 la production d'acide carbonique dans le sang d'un chien qui respirait en même temps une quantité suffisante d'oxygène sans produire d'autre accident que de la dyspnée. On n'observe pas dans l'empoisonnement par l'acide carbonique les violentes convulsions de l'asphyxie.

L'asphyxie de cause pathologique a le plus souvent une évolution lente ; ce n'est guère que dans le cas d'obstruction des voies aériennes par un corps étranger ou de spasme glottique qu'elle peut survenir brusquement ; le plus souvent l'organisme se défend et tend à compenser par l'énergie plus grande des mouvements respiratoires l'insuffisance de l'hématose.

Cette dyspnée compensatrice exige une dépense de force musculaire relativement considérable, de telle sorte que le résultat de la lutte ne dépend pas seulement de la nature et de la persistance de l'obstacle, mais aussi de l'énergie que le malade peut déployer pour augmenter ses puissances inspira-

____

(1) Pflüger, *Archiv.*

trices. On conçoit qu'un enfant ou qu'un vieillard succombe plus rapidement qu'un adulte, et que l'existence de la fièvre ou d'une maladie adynamique diminue singulièrement les chances de résistance.

Dans les bronchites généralisées, il faut que les malades puissent, non seulement contracter énergiquement leurs muscles respiratoires, mais encore expulser les produits de sécrétion qui encombrent les voies aériennes ; aussi la cessation de l'orthopnée, de la toux et de l'expectoration doit-elle être considérée dans ces maladies comme d'un pronostic funeste, si les signes locaux et la fièvre persistent.

Les phénomènes de l'asphyxie disparaissent d'ordinaire assez rapidement quand la cause qui les produisait a cessé d'exister ; on sait que l'on peut rappeler parfois à la vie des noyés en état de mort apparente. Signalons, en terminant, ce fait que les jeunes animaux opposent à l'asphyxie une remarquable résistance ; elle existe à un degré moindre, chez les enfants nouveau-nés.

CHAPITRE III

TROUBLES DES FONCTIONS DIGESTIVES

§ 1. — De la polyphagie.

L'augmentation de l'appétit ne peut pas être considérée comme un trouble morbide, mais bien comme une sensation instinctive toute physiologique, quand elle est provoquée par un besoin de réparation, comme dans l'inanition ainsi que chez les sujets surmenés, les convalescents de fièvre typhoïde, les diabétiques, les femmes enceintes et ceux qui sont atteints d'une maladie capable d'empêcher l'absorption, comme peuvent le faire la communication de l'intestin avec le côlon et l'oblitération du canal thoracique.

Il n'en est plus de même quand la sensation qui pousse à l'ingestion d'une quantité exagérée d'aliments est une dépravation de l'instinct provoquée par l'hystérie, la chlorose, l'aliénation mentale ou la présence de vers dans l'intestin ;

c'est dans ce cas surtout qu'on lui donne le nom de *boulimie* (1).

Le boulimique ingère souvent des quantités énormes d'aliments, et quand il ne peut assouvir sa faim, il devient allotriophage, c'est-à-dire qu'il se jette avec avidité sur tous les objets qu'il trouve, quelque répugnants qu'ils soient ; la polyphagie se complique alors de *pica ;* le malade éprouve un malaise qui augmente à mesure qu'il reste plus longtemps sans manger ; il exhale ordinairement une odeur fétide, et présente fréquemment des troubles gastriques caractérisés surtout par des éructations et des douleurs dans la région de l'estomac ; on trouve chez lui les signes d'une dilatation gastrique. La boulimie entraîne parfois la mort par indigestion ou par entérite.

§ 2. — De la malacia et du pica.

On appelle ainsi deux formes très voisines de dépravation de l'appétit ; dans la *malacia*, les sujets ont un désir morbide d'aliments excitants ou de haut goût tels que le vinaigre, le poivre, les fruits verts et les condiments excitants. Dans le *pica*, la dépravation du goût est plus prononcée ; elle pousse les malades à manger des substances non alibiles, par exemple de la terre, du plâtre, des cendres, des animaux répugnants, tels que des rats et des couleuvres, et même des cadavres et des matières fécales.

Ces sensations accompagnent souvent la boulimie ; on les observe surtout chez les femmes enceintes, les chlorotiques, les hystériques et les aliénés. Il existe dans les pays chauds une forme d'anémie dans laquelle ce symptôme est assez prononcé et assez constant pour qu'il ait servi à la qualifier, c'est la *géophagie*, que l'on appelle plus communément *anémie intertropicale* et *cachexie aqueuse ;* on sait aujourd'hui qu'elle est liée au développement, en grande quantité, dans l'intestin, d'entozoaires, les *anchylostomes*.

§ 3. — De l'anorexie.

Ce symptôme s'observe dans des états morbides de nature très diverse ; on ignore quelle est la nature intime du trouble

(1) Les auteurs ne sont pas d'accord à ce sujet : pour Spring, ce qui distingue la boulimie de la voracité, c'est le besoin de manger persistant après l'ingestion des aliments.

dont il est l'expression, de même que l'on ignore quels sont la cause prochaine et le siège de la faim; notre tâche se bornera donc à énumérer les circonstances dans lesquelles l'anorexie se produit.

Elle est presque constante dans l'état fébrile; on voit cependant quelquefois des tuberculeux conserver partiellement leur appétit alors même qu'ils ont la fièvre; de même certains typhiques demandent à manger avant que leur température ne soit revenue au chiffre normal.

Parmi les affections de l'estomac, il en est deux, le catarrhe aigu et le cancer, qui s'accompagnent habituellement d'une perte complète de l'appétit; la règle n'est cependant pas absolue pour le cancer, et il ne faudrait pas se fonder sur l'absence d'anorexie pour nier l'existence de cette maladie; dans les autres affections de l'estomac, particulièrement dans la gastralgie et l'ulcère simple, l'appétence est ordinairement conservée.

La gastrite alcoolique s'accompagne habituellement d'anorexie. Ce symptôme peut être d'origine toxique; nous l'avons signalé dans l'intoxication mercurielle (1); il présente alors cette particularité qu'il se produit au commencement de chaque repas pour cesser à la fin, de telle sorte que les sujets intoxiqués n'ont d'appétit qu'au dessert.

L'opium et la belladone sont au nombre des substances qui diminuent l'appétit.

L'anorexie est fréquente dans l'aliénation mentale, surtout chez les mélancoliques et certaines hystériques; nous avons vu de ces malades périr d'inanition.

On distingue plusieurs degrés dans l'anorexie : elle peut être partielle et n'exister que pour certains aliments; d'autres fois il y a simplement diminution de l'appétit; il faut distinguer enfin la suppression du désir du dégoût absolu qui existe parfois.

L'anorexie est toujours un symptôme fâcheux quand elle existe en dehors d'un état fébrile.

---

(1) Hallopeau, *Le mercure, action physiologique et thérapeutique.* Paris, 1878.

§ 4. — De l'exagération de la soif.

Ce phénomène est la conséquence naturelle des pertes d'eau que subit l'organisme dans le cas de fièvre, de diarrhée, de sueurs profuses, de polyurie, d'hydropisies ou d'hémorrhagies.

La sécheresse de la bouche suffit à le provoquer; c'est ainsi qu'il est produit communément par l'exercice de la parole ou du chant, ainsi que par l'inhalation d'un air sec ou chargé de poussière.

Les agents qui irritent les muqueuses buccale et gastrique, tels que les condiments épicés et les boissons alcooliques, amènent également la soif. Parmi les affections du système nerveux, c'est surtout l'hystérie qui donne lieu à ce symptôme.

On l'observe parfois en l'absence de tout autre phénomène morbide que la polyurie; il paraît dépendre alors d'un trouble de l'innervation, mais l'on ignore s'il porte primitivement sur la sécrétion urinaire ou sur la sensation de la soif, si les malades boivent beaucoup parce qu'ils urinent beaucoup ou si, inversement, ils urinent beaucoup parce que la soif leur fait ingérer une quantité excessive de liquides; la première hypothèse est la plus vraisemblable.

§ 5. — De la salivation.

L'exagération de la sécrétion salivaire est presque toujours un phénomène réflexe. Le plus ordinairement l'excitation initiale porte sur la muqueuse buccale; c'est ainsi que toutes les variétés de stomatite, celles que provoquent les aliments irritants comme celles de la variole et du scorbut, peuvent s'accompagner de salivation; ce symptôme est particulièrement prononcé dans la stomatite mercurielle. C'est surtout en irritant la muqueuse buccale que l'éruption des dents le produit; on l'observe aussi cependant dans l'odontalgie et dans la névralgie du trijumeau.

D'autres fois le réflexe part de l'estomac : la salivation est un accompagnement fréquent de la dyspepsie et de la gastralgie.

Villemin (1) mentionne, d'après Griffith, le tartre stibié parmi

(1) Villemin, article Salivation du *Dictionnaire encyclopédique*.

les poisons qui peuvent donner lieu à la salivation ; dans le cas
où il est introduit par la bouche, la production de ce trouble
fonctionnel s'explique tout naturellement par les ulcérations
qui se développent souvent en pareil cas sur la muqueuse buccale ; mais, dans le fait de Griffith, c'est à la suite de frictions avec
une pommade stibiée qu'il s'était manifesté. Villemin cite également un cas de ptyalisme d'origine saturnine.

Ce symptôme est fréquent dans l'accès de *manie aiguë;* il semble que, dans ce cas, le fait essentiel ne soit pas l'exagération
de la sécrétion salivaire, mais un trouble psychique produisant
le crachotement. Il faut citer enfin la grossesse et l'hystérie
parmi les causes de ptyalisme. Nous ne mentionnons qu'avec
beaucoup de réserves la salivation supplémentaire signalée par
Royer-Collard après la suppression des règles.

La quantité de salive éliminée peut être très considérable ;
elle atteint parfois plus de 3 kilogrammes. Ce liquide exhale dans
certains cas une odeur fétide due probablement aux produits
morbides avec lesquels il est habituellement mélangé. Dans ces
conditions, les forces du malade diminuent ; il survient de la
dyspepsie ; la nutrition générale est en état de souffrance ;
Spring rapporte que Wrigth a perdu 11 livres de son poids en
une semaine à l'époque où il faisait ses recherches sur la salive.
Il ne faut pas croire à la salivation quand il n'y a qu'écoulement involontaire de salive par suite d'une plaie ou d'une paralysie des lèvres.

§ 6. — De la dysphagie.

L'obstacle à la déglutition peut siéger dans la bouche, l'isthme
du gosier, le pharynx et l'œsophage ; on peut distinguer ainsi,
d'après le siège, quatre variétés de dysphagie.

La dysphagie buccale peut résulter d'une tumeur de la langue
ou de la mâchoire ; elle peut être également produite par une
paralysie des muscles de la langue et des parois de la bouche,
muscles dont la contraction est nécessaire à la propulsion du
bol alimentaire, et par le trisme.

Les rétrécissements scrofuleux ou syphilitiques, les tumeurs,
les affections douloureuses, la paralysie du voile du palais et
du pharynx, quelle qu'en soit l'origine, s'opposent souvent au

deuxième temps de la déglutition. La paralysie s'observe surtout dans les affections cérébrales et bulbaires ainsi que dans les fièvres. Toutes les causes qui peuvent entraver l'occlusion de l'arrière-cavité des fosses nasales ont la même action ; nous citerons surtout la perforation, l'anesthésie et la paralysie du voile du palais qui ont pour effet le reflux des aliments dans les cavités nasales.

La paralysie du pharynx peut avoir pour conséquences le passage du bol alimentaire dans le larynx, l'obstruction de ce conduit et l'asphyxie rapide ; cet accident n'est pas rare dans la paralysie diphthérique.

Dans l'hydrophobie rabique, il se produit un spasme pharyngé qui empêche absolument la déglutition.

La dysphagie œsophagienne peut, comme les précédentes, reconnaître pour cause un obstacle mécanique tel qu'un rétrécissement cicatriciel ou syphilitique, une dégénérescence ou une compression par une lésion de voisinage (anévrysme de l'aorte, abcès prévertébral, cancer du médiastin), une paralysie ou un spasme.

On peut admettre théoriquement que la paralysie du pneumogastrique entraîne celle de l'œsophage ; si l'on pratique chez un lapin la section de ce nerf, on trouve ce conduit rempli d'aliments. Cette paralysie s'observe rarement, si ce n'est au moment de l'agonie.

Le spasme de l'œsophage est beaucoup plus fréquent ; il compte parmi les manifestations de l'hystérie et on l'observe également chez beaucoup de névropathes ; d'autres fois il est de nature réflexe et provoqué par une lésion superficielle de la muqueuse.

La dysphagie entraîne naturellement, quand elle s'oppose à l'ingestion des aliments, l'inanition avec toutes ses conséquences.

§ 7. — Des dyspepsies (1).

Pour que la digestion s'accomplisse régulièrement, il faut que le bol alimentaire, convenablement mastiqué et insalivé, subisse

(1) G. Sée, *Des dyspepsies gastro-intestinales, clinique physiologique.* 1881. — Damaschino, *Leçons sur les maladies des voies digestives,* Paris, 1880.

dans l'estomac l'action du suc gastrique, qu'il soit pour ainsi dire brassé par les mouvements de la tunique musculeuse, débarrassé de ses peptones au fur et à mesure de leur formation par l'absorption gastrique, et qu'il passe ensuite dans l'intestin pour y être de nouveau modifié par les sucs pancréatique et intestinal ainsi que par la bile. Il suffit qu'un de ces actes physiologiques ne s'accomplisse pas régulièrement pour que la digestion soit troublée, pour qu'il y ait *dyspepsie* gastrique ou intestinale (G. Sée), suivant la partie des voies digestives où le trouble se produit.

Les troubles de la sécrétion du suc gastrique peuvent résulter d'une lésion de la muqueuse ; dans les différentes formes de gastrite, qu'elles soient fébriles, toxiques ou urémiques, sa quantité est diminuée et sa réaction modifiée ; il continue à contenir de la pepsine (Leube et Kussmaül), mais il ne renferme plus la quantité normale d'acide chlorhydrique ; quelquefois même il est alcalin, et par suite, il devient impropre à la digestion ; il en est ainsi dans les états fébriles qui presque constamment s'accompagnent de catarrhe gastrique. La sécrétion du suc gastrique est également insuffisante dans les anémies et les cachexies.

Certaines substances, telles que l'alcool, font perdre au suc gastrique ses propriétés peptiques ; il en est de même de la bile qui, en précipitant le mucus et les peptones, entraîne la pepsine.

Le mucus gastrique, dans le cas de catarrhe, empêche la digestion en formant autour des aliments comme une enveloppe qui les soustrait à l'action du suc gastrique.

L'introduction dans l'estomac d'aliments indigestes trop abondants est une cause fréquente de dyspepsie. Il faut tenir compte à cet égard des idiosyncrasies : beaucoup de sujets ne peuvent digérer ni l'oignon ni l'ail ; chez d'autres, c'est l'abus soit des farineux, soit des condiments, soit des boissons alcooliques qui donne lieu à des digestions pénibles.

Les contractions péristaltiques de la tunique musculeuse peuvent être insuffisantes quand les éléments de cette membrane sont altérés par le fait d'une maladie adynamique, d'une cachexie, d'une phlegmasie de l'estomac ou de sa distension habituelle par une quantité exagérée d'aliments ; d'autres fois leur action est entravée par l'adhérence anormale de l'estomac à l'un des organes qui l'entourent, ou par le développement dans ses parois d'une tumeur volumineuse. Il en résulte que le mélange des parcelles alimentaires avec le suc gastrique est incomplet, que la sécrétion de ce liquide n'est plus excitée comme à l'état normal par leurs contacts réitérés avec les différentes parties de la muqueuse et enfin qu'elles ne sont plus propulsées en temps utile dans le duodénum; l'insuffisance des mouvements de l'estomac entraîne donc l'insuffisance de la sécrétion du suc gastrique en même temps que son mélange incomplet avec la masse alimentaire.

La stagnation des aliments dans la cavité gastrique ne résulte pas seulement de l'atonie de la musculeuse, elle provient souvent d'un obstacle mécanique. Elle a pour conséquence la fermentation des matières contenues dans l'estomac; il s'y produit de l'acide lactique, de l'acide butyrique, assez souvent aussi de l'acide acétique; on y trouve en même temps des organismes inférieurs de diverse nature, et particulièrement le champignon de la levûre de bière, diverses variétés de bactéries et la sarcine. On pourrait penser que ces acides servent à activer la digestion: il n'en est rien, car leur pouvoir digestif est presque nul.

Les obstacles à la circulation veineuse retentissent sur la digestion en retardant l'absorption des peptones; il a été reconnu que la présence de ces produits gêne l'action de la pepsine; à l'état normal ils sont résorbés au fur et à mesure qu'ils se produisent; il n'en est plus ainsi dans les cas où il existe un obstacle à la circulation veineuse et c'est là encore une cause de dyspepsie.

Les différentes causes de troubles digestifs que nous venons d'énumérer coïncident fréquemment; on peut même dire que le plus souvent l'un entraîne l'autre; la paresse de la musculeuse retarde la digestion, favorise la stagnation des matières dans l'estomac et la fermentation qui en résulte provoque à son tour une gastrite, cause nouvelle de dyspepsie; les digestions en devenant de plus en plus insuffisantes amènent la dilatation de l'estomac; Cohnheim dit avec raison qu'il y a là un cercle vicieux.

Certaines dyspepsies semblent reconnaître pour cause un

trouble de l'innervation ; M. Germain Sée admet que ce trouble porte sur les vaso-moteurs de la muqueuse gastrique. C'est peut-être à cette cause qu'il faut attribuer les dyspepsies réflexes que l'on observe dans les affections utérines.

Il est des cas où le mode de production de la dyspepsie ne peut être déterminé, telle est celle par exemple qui annonce souvent l'apparition de l'accès de goutte, telle est également celle qui alterne chez les herpétiques avec les affections cutanées.

La dyspepsie se traduit par des sensations pénibles dans la région de l'estomac, quelquefois par des douleurs qui prennent rarement un caractère aigu ; ces sensations commencent peu de temps après l'ingestion des aliments et persistent pendant plusieurs heures ; il se produit souvent des éructations nidoreuses ; les malades sont alourdis, souvent ils ne peuvent résister au sommeil ; certains d'entre eux éprouvent des vertiges et de la céphalalgie ; leur respiration est assez souvent gênée par suite du météorisme.

Les troubles de la digestion, quand ils sont très prononcés et persistants, compromettent la santé générale ; la réparation alimentaire ne se fait plus dans des proportions suffisantes ; il survient de l'amaigrissement, de l'anémie et quelquefois un état de cachexie qui peut aboutir à la mort ; mais, dans ces cas fort exceptionnels, des lésions secondaires, consistant surtout en une gastrite chronique avec dilatation, se sont développées.

C'est à tort que l'on a accusé la dyspepsie de favoriser le développement de la tuberculose et du cancer de l'estomac.

La dyspepsie intestinale se traduit surtout par le météorisme, des coliques et, suivant les cas, de la constipation ou de la diarrhée.

§ 8. — Du vomissement.

A. *Son mécanisme.* — Le vomissement est l'*expulsion violente par la bouche des matières contenues dans l'estomac.* Il reconnaît pour causes prochaines, d'une part, la contraction spasmodique du diaphragme et des muscles des parois du ventre produisant l'accroissement de la pression intra-abdominale ; d'autre part, un abaissement de la pression thoracique (1) qui est, d'après Arnozan, la condition nécessaire au passage des aliments de l'estomac dans l'œsophage ; cet abaissement est dû à la contraction spasmodique des muscles inspirateurs. Arnozan et Frank (1), dans une série d'expériences très bien conduites, en ont démontré la réalité, et fait voir qu'il précède constamment l'expulsion des matières ; leurs tracés sont tout à fait démonstratifs.

L'ensemble de ces actes physiologiques se produit sous l'influence de l'excitation directe ou réflexe d'un centre d'innervation que les auteurs s'accordent à localiser dans le bulbe, tout près du centre respiratoire. Les contractions des fibres musculaires lisses de l'estomac ne sont pas nécessaires à la production du vomissement ; Arnozan considère de même comme très douteuse l'intervention des fibres longitudinales striées qui produiraient, en se contractant, la dilatation de la partie inférieure de l'œsophage et, par suite, l'ouverture du cardia ; il a constaté, après MM. Sappey (2), Cornil et Ranvier, qu'il n'y a plus de fibres striées au niveau du cardia ; la différence de pression entre l'abdomen où elle est positive et le thorax où elle est négative explique suffisamment, d'après lui, le passage des matières à travers le cardia qui ne leur oppose qu'une médiocre résistance ; si elles ne franchissent pas l'orifice pylorique, c'est parce qu'il est entouré d'un puissant sphincter et surtout parce que la pression est la même dans le duodénum que dans l'estomac.

L'expulsion des matières est habituellement favorisée par les contractions antipéristaltiques de l'œsophage ; elle est plus facile chez les enfants du premier âge, alors que l'estomac occupant encore la même position que chez le fœtus fait suite à l'œsophage et que son grand cul-de-sac n'est encore que fort peu accentué.

On appelle *vomituritions* des efforts identiques à ceux du vomissement, mais non suivis de résultats. Arnozan croit qu'ils restent stériles parce qu'ils ne sont pas accompagnés des inspirations forcées qui, dans le vomissement, amènent l'abaisse-

(1) Arnozan, *Etude expérimentale sur les actes mécaniques du vomissement.* (Thèse de Paris, 1880).
(2) Sappey, *Traité d'anatomie descriptive*, 2ᵉ édition.

ment de la pression thoracique et le passage des matières dans l'œsophage.

B. *Ses causes.* — Le vomissement, ne pouvant se produire que par le concours d'actes physiologiques multiples, suppose l'intervention d'un centre d'innervation qui les coordonne ; ce centre peut être excité directement ou indirectement, mais son excitation directe ne peut guère être admise qu'hypothétiquement et dans des cas exceptionnels.

L'excitation initiale porte souvent sur la muqueuse gastrique ; ses lésions, lorsqu'elles sont étendues comme dans les diverses variétés de gastrites parmi lesquelles il faut comprendre l'affection nommée *embarras gastrique*, s'accompagnent. le plus souvent de vomissements. C'est en excitant cette membrane et les filets du nerf vague qui s'y distribuent que certains ingesta, parmi lesquels nous citerons les boissons alcooliques, les poisons irritants, l'ipéca et les trichines, donnent lieu au vomissement ; il suffit de l'introduction dans l'estomac d'une quantité exagérée d'aliments pour en amener le rejet.

Le vomissement peut s'observer également dans les cas où la muqueuse présente une lésion limitée, comme dans le cancer et dans l'ulcère simple, mais il est loin d'être un symptôme constant de ces affections : le cancer le produit surtout lorsqu'il siège au cardia ou au pylore et s'oppose ainsi mécaniquement au passage des aliments ; il n'est pas rare de voir cette maladie rester silencieuse et ne se révéler que par des troubles de la santé générale, quand la tumeur occupe la grande courbure ou la grosse tubérosité.

Le vomissement est dit mécanique, lorsqu'il résulte d'un obstacle au cours des matières ; il survient tardivement si l'obstacle siège au niveau du pylore et de l'intestin grêle ; les matières s'accumulent quelquefois pendant plusieurs jours ; elles s'altèrent et finissent par être rejetées par le fait en partie de la réaction que suscite la distension de l'estomac, en partie de l'irritation que provoquent les produits de décomposition ; les choses se passent de même dans la dilatation de l'estomac où la rétention des matières provient, non plus d'un obstacle mécanique à leur passage, mais d'un défaut de propulsion dû à l'état de paresse et d'atonie de la tunique musculeuse.

Les irritations violentes des parois intestinales donnent lieu à des vomissements : c'est ainsi que ce symptôme s'observe dans les diverses variétés d'étranglement et dans le choléra ; l'irritation du péritoine a la même action, témoins les vomissements de la péritonite. Il faut encore citer, dans cet ordre de causes, les excitations des voies biliaires et des conduits excréteurs du rein (vomissements de la lithiase biliaire et rénale) ainsi que les névralgies de diverse nature qui siègent dans les plexus intra-abdominaux et particulièrement dans le plexus solaire (crises gastriques de l'ataxie, maladie d'Addison).

Chacun sait que la titillation de la luette fait vomir ; les lésions qui intéressent cet organe et les parties voisines de l'isthme ont souvent le même effet. Parmi les organes dont les affections peuvent être une cause de vomissements réflexes, nous devons compter encore l'utérus et ses annexes ; il nous suffira de rappeler la fréquence de ces accidents dans la grossesse.

Diverses affections des voies respiratoires donnent lieu à des vomissements. Ils marquent souvent le début de la pneumonie ; les quintes de toux, quand elles sont violentes, les provoquent fréquemment ; on sait quelle en est la fréquence dans la coqueluche ; on les attribue alors d'habitude à l'effort, mais s'il en était ainsi, les efforts violents que nécessitent souvent la défécation, l'expulsion de l'urine et le soulèvement d'un fardeau les produiraient de même et il n'en est rien ; il est plus probable que l'excitation périphérique dont la toux est le résultat agit simultanément sur le centre nerveux dont l'excitation produit le phénomène ; l'excitation de l'isthme du gosier et de l'orifice supérieur du larynx par les matières expectorées semble pouvoir de même donner lieu au vomissement.

Souvent le réflexe provocateur du vomissement a pour point de départ les centres nerveux ; on connaît la fréquence des crises gastriques dans le *tabes ;* le vomissement appartient à la symptomatologie de la plupart des affections *cérébrales ;* il existe habituellement dans la migraine ; il constitue avec la céphalalgie et le vertige le signe le plus fréquent des tumeurs intra-crâniennes ; il est de même presque constant dans les méningites ; il accompagne assez souvent l'ictus apoplectique ; il s'observe enfin communément dans les affections cérébelleuses et bulbo-protubérantielles ; il s'agit vraisemblablement dans ces diverses circonstances presque toujours de vomissements réflexes.

L'impression produite par la vue d'objets répugnants et certaines odeurs donnent lieu au vomissement chez les sujets prédisposés; il en est de même de certains mouvements, tels que ceux de la valse, de la locomotion en voiture ou en chemin de fer et de l'escarpolette. Dans ces diverses circonstances, le vomissement coïncide avec des vertiges et un trouble de la circulation capillaire que révèle la pâleur extrême de la face. Le mal de mer est un phénomène de même ordre ; on n'en connaît pas la cause prochaine ; on ignore si l'excitation du centre vomitif est due à l'ébranlement de ses éléments par les mouvements anormaux que subit le corps, à un trouble de circulation ou à l'excitation d'une autre partie du système nerveux.

Le vomissement peut être rapporté assez fréquemment à une altération du sang ; elle agit vraisemblement en excitant le centre nerveux qui y préside ; tel est celui qui marque le début des fièvres éruptives (on pourrait cependant invoquer également dans ce cas un trouble de circulation); tels sont les vomissements d'origine toxique qui ne sont pas dus à une action directe sur la muqueuse gastrique ; nous citerons en première ligne ceux que produit l'apomorphine; l'ipéca et l'émétine font vomir quand on les introduit dans le sang, mais leur effet ne se produit plus si l'on a préalablement coupé les pneumo-gastriques; c'est que ces substances agissent au moment où elles s'éliminent par la muqueuse gastrique et excitent les ramifications des pneumo-gastriques qui s'y distribuent ; on peut en dire autant de l'urée, et expliquer le vomissement urémique par le passage de cette substance dans l'estomac, sa transformation en carbonate d'ammoniaque et son action irritante sur la muqueuse. Il n'en est pas de même de l'apomorphine : Chouppe a constaté que cette substance continue à agir alors que l'on a interrompu, par la section des pneumo-gastriques, les communications nerveuses entre la muqueuse de l'estomac et le centre vomitif du bulbe.

L'action du tartre stibié paraît mixte; elle s'exerce à la fois sur la muqueuse et sur le centre bulbaire (1). Parmi les poisons qui peuvent agir sur le centre vomitif, nous mentionnerons encore l'éther, le chloroforme et l'oxyde de carbone, bien

(1) Voy. Grasset, *De la médication vomitive*. Thèse d'agrégation. 1875.

que l'on puisse également supposer qu'ils ne l'influencent que par l'intermédiaire des nerfs centripètes.

M. Marotte a signalé l'*inanition* comme une cause de vomissements incoercibles. Telle est pour lui l'origine de ceux que l'on voit survenir dans la convalescence des maladies graves, sans qu'aucune altération appréciable de l'estomac puisse les expliquer (1).

C. *Ses caractères.* — Le vomissement est précédé d'un ensemble de troubles fonctionnels qui sont péniblement ressentis. Les malades éprouvent une anxiété épigastrique avec sensation de défaillance, de vertige et d'éblouissement; ils pâlissent; leur visage se couvre de sueurs visqueuses ; leur respiration ralentie est souvent suspirieuse ; ils salivent abondamment ; le malaise augmente; il survient des mouvements de déglutition qui souvent introduisent de l'air dans l'estomac, puis une inspiration profonde immédiatement suivie d'une expiration forcée ; c'est à ce moment que les matières contenues dans l'estomac sont rejetées.

Cependant, la face s'est injectée comme pendant l'effort, et parfois il se produit des vertiges, de l'obnubilation des sens, du tremblement des membres ; et il peut se faire une émission involontaire d'urines et de matières fécales. Les nausées souvent se renouvellent à de courts intervalles et sont suivies de nouveaux vomissements qui, dans certains cas, se reproduisent pendant plusieurs heures et même pendant plusieurs jours ; il en est ainsi dans les crises gastriques de l'ataxie et de l'hystérie.

L'intensité du malaise varie beaucoup suivant que le vomissement est facile ou difficile ; et cette condition dépend elle-même de la cause qui a amené le trouble fonctionnel, du mode de réaction du malade et de l'état de réplétion ou de vacuité de l'estomac.

Le vomissement laisse après lui un mauvais goût dans la bouche, une sensation pénible sur le trajet de l'œsophage et à l'épigastre et de la douleur au niveau des muscles qui ont concouru à le produire.

Les effets dont il s'accompagne ont pu, dans des cas très exceptionnels, occasionner la rupture d'anévrysmes, des hémor-

(1) Marotte, *Etudes sur l'inanition dans les maladies aiguës* (*Bulletin général de thérapeutique.* 1854).

rhagies viscérales, la formation de hernies et même la perforation de l'estomac ; dans le cas où les vomissements se répètent pendant plusieurs jours consécutifs, comme chez les ataxiques, les malades tombent dans un état d'asthénie profonde.

Le vomissement s'accompagne de troubles complexes de la circulation ; pendant qu'il se produit, on peut noter l'accélération des contractions cardiaques et la petitesse du pouls ; l'accélération serait due, d'après Harnack, à l'excitation réflexe des nerfs accélérateurs.

La pâleur et aussi les vertiges semblent devoir être attribués à l'excitation des petits vaisseaux ; Chouppe a cependant nié cette action par les raisons suivantes : en observant directement chez la grenouille, pendant le vomissement, les vaisseaux de la membrane natatoire et de la langue, on ne les voit pas se contracter et la tension artérielle n'augmente pas comme elle le fait dans les cas où il y a excitation des vaso-constricteurs ; ces raisons ne nous paraissent pas concluantes ; on n'est pas en droit de conclure en pareille matière de la grenouille à l'homme ; le défaut d'élévation de la tension artérielle peut d'ailleurs s'expliquer par un affaiblissement concomitant des contractions du cœur et il est possible que les phénomènes d'excitation vaso-constrictive soient localisés.

Certains vomitifs, tels que le tartre stibié, entraînent à leur suite un ralentissement passager des battements du cœur et aussi des mouvements respiratoires.

Ces médicaments provoquent par cela même un abaissement momentané de la température périphérique.

Les matières vomies peuvent provenir de l'estomac ou des cavités qui se trouvent en communication naturelle ou accidentelle avec la sienne.

Les aliments contenus dans l'estomac sont toujours rejetés en premier lieu ; leur aspect varie suivant qu'ils y ont séjourné plus ou moins longtemps ; ils contiennent souvent des microphytes et la sarcine qui, d'après Bamberger, se rencontre surtout dans le cas d'affection organique ; lorsqu'il existe un obstacle au passage des aliments à travers le pylore, les vomissements peuvent renfermer des substances ingérées plusieurs jours auparavant.

Les aliments sont souvent en voie de décomposition partielle lorsqu'ils ont séjourné dans l'estomac dilaté ; c'est dans ce cas surtout qu'on y trouve en abondance des organismes inférieurs.

Le mucus se rencontre dans la plupart des vomissements sous forme de matière filante et visqueuse ; il est surtout abondant dans le cas de gastrite chronique.

Les vomissements pituiteux, formés de matières aqueuses d'un goût acide et désagréable, paraissent constitués, en partie par un produit de sécrétion anormale, en partie, d'après Frerichs, par de la salive. Ils surviennent souvent le matin chez les alcooliques.

La bile peut refluer du duodénum dans l'estomac et se mêler à son contenu qu'elle colore en jaune verdâtre ; ce phénomène est si fréquent que l'on a considéré son absence comme un signe de rétrécissement pylorique.

Le vomissement de sang peut se produire dans des conditions très différentes : dans des cas exceptionnels, il résulte d'une gastrite suraiguë ; les stases dans la circulation de la veineporte, quelle qu'en soit la cause, peuvent donner lieu à l'hémorrhagie gastrique ; le même accident s'observe dans les maladies générales hémorrhagipares et particulièrement dans les fièvres hémorrhagiques, la fièvre jaune, le scorbut et l'hémophilie ; on le voit de même se produire chez les hystériques ; d'autresfois il paraît constituer une hémorrhagie supplémentaire des règles.

Les lésions traumatiques de l'estomac peuvent également lui donner naissance, mais le plus souvent il est symptomatique d'un carcinome ou d'un ulcère simple ; il présente dans les deux cas des différences essentielles : dans le carcinome, le sang s'écoule en petite quantité à la surface de l'ulcération ; il subit l'action du suc gastrique qui le colore en noir et il communique cette même coloration à la masse des vomissements ; dans l'ulcère simple, l'hémorrhagie résultant le plus souvent de l'ulcération d'un petit vaisseau est beaucoup plus abondante et le sang est rejeté en masse et coagulé. Dans certains cas, le sang provient d'une simple érosion hémorrhagique (Balzer).

Les vomissements de pus sont tout à fait exceptionnels ; ils proviennent presque constamment d'un foyer développé en dehors du viscère et ouvert dans sa cavité.

Les vomissements fécaloïdes résultent toujours d'un obstacle

au cours des matières dans l'intestin ; leur odeur est caractéristique ; ils sont presque toujours liquides ; les concrétions solides ne
se forment que dans le gros intestin et peuvent difficilement
franchir la valvule iléo-cœcale ; il y en a cependant des exemples. Les vomissements fécaloïdes peuvent s'observer dans tous
les cas d'obstruction intestinale ; ils ne surviennent d'habitude
que tardivement. Jaccoud (1) et Dieulafoy les ont vus se produire
chez une hystérique.

Les entozoaires contenus dans l'intestin peuvent exceptionnellement être rejetés par les voies supérieures.

§ 9. — De la régurgitation.

Le rejet par la bouche des matières ingérées peut se produire
sans nausées et sans efforts ; il prend alors le nom de *régurgitation*. C'est un phénomène très analogue à la rumination ; il est
physiologique chez les enfants à la mamelle et chez certains sujets, ordinairement des aliénés ou des hystériques, qui prennent l'habitude dégoûtante de ramener leurs aliments dans leur
bouche pour les avaler ensuite une seconde fois ; la régurgitation peut s'observer également à la suite de l'ingestion d'une
quantité exagérée d'aliments ; d'autres fois elle est liée à l'éruc-
tation et les aliments semblent entraînés par les gaz.

Dans le cas de rétrécissement de l'œsophage, les aliments que
le malade essaye d'ingérer sont régurgités, soit immédiatement,
soit au bout d'un laps de temps variable, quand une dilatation
s'est formée au-dessus du point rétréci ; ils sont alors d'une fétidité repoussante.

Le mécanisme de la régurgitation n'est pas nettement déterminé ; il est probable que les malades chez lesquels elle se produit arrivent à exécuter volontairement les mouvements qui,
dans le vomissement, se font automatiquement ; nous ferons
remarquer que les physiologistes font intervenir l'abaissement
de la pression thoracique dans la rumination au même titre que
Frank et Arnozan la font intervenir dans le vomissement.

Nous devons une mention spéciale à une forme particulière de
régurgitation dans laquelle les matières rejetées sont aqueuses,

____

(1) Jaccoud, *Traité de pathologie interne*. 5e édition.

abondantes, et ordinairement acides ; elle s'accompagne souvent de douleurs violentes à l'épigastre et sur le trajet de l'œsophage et prend dans le nom de *pyrosis;* cet accident appartient surtout à la gastrite alcoolique ; on peut l'observer dans la grossesse, l'hystérie, l'hypochondrie et aussi dans les affections organiques de l'estomac. On a constaté dans le liquide ainsi rejeté la présence des éléments de la salive (Frerichs) et des acides lactique, butyrique et acétique.

§ 10. — Des douleurs gastriques.

La sensibilité de l'estomac n'est que rarement mise en jeu à l'état physiologique ; on peut lui rapporter avec vraisemblance, mais non avec certitude, la sensation de plénitude qui chez certains sujets suit souvent les repas copieux ; l'ingestion de matières dures ou irritantes provoque de la douleur ; nous connaissons un jeune homme qui ne peut ingérer une amande sans éprouver, peu de temps après, une vive douleur à l'épigastre. Il n'est pas rare que les purgatifs donnent lieu à une sensation pénible dans la même région, mais c'est déjà là un phénomène morbide, car le purgatif produit une altération passagère de la muqueuse de l'estomac.

A l'état pathologique, la région de l'estomac devient souvent le siège de vives douleurs, mais il est dans bien des cas difficile de déterminer avec précision quel en est le siège ; on confond, sous le nom de *gastralgies*, les crampes provoquées par les contractions spasmodiques de la tunique musculeuse de l'estomac, les névralgies du plexus solaire, et les douleurs qui ont la muqueuse pour point de départ ; c'est pour cette raison que nous étudions dans leur ensemble les douleurs gastriques.

La muqueuse en est bien manifestement le siège, chaque fois qu'elles se produisent dans le cours soit d'une gastrite par intoxication, soit d'un ulcère ou d'un cancer de l'estomac.

La plupart des agents irritants donnent lieu à de la douleur quand ils pénètrent dans l'estomac ; il en est ainsi du sublimé, de l'acide arsénieux, des acides, des alcalis, de l'alcool, etc., ces douleurs sont continues et augmentent par la pression.

Le cancer de l'estomac est le plus ordinairement indolent, et quand il provoque de la douleur, elle est sourde et discontinue dans l'ulcère simple, les douleurs sont au contraire d'une grande intensité, et se font sentir simultanément à l'épigastre et dans le point correspondant de la région dorsale ; la douleur épigastrique correspond d'habitude exactement au siège de la lésion. Elle n'est pas continue ; souvent elle est réveillée par la digestion, vraisemblablement par suite du contact des aliments avec la partie malade et des mouvements qu'ils provoquent ; elle atteint parfois un haut degré d'acuité.

Les douleurs gastriques sont fréquentes dans la chlorose et considérées alors comme des névralgies cœliaques ; il ne faut pas oublier cependant la fréquence de l'ulcère simple chez les sujets atteints de cette maladie.

Parmi les maladies générales qui donnent lieu aux mêmes troubles fonctionnels, il faut citer l'intoxication palustre ; on en décrit une forme gastralgique. Dans la tuberculose, les douleurs peuvent se rattacher à une inflammation de la muqueuse, à la présence d'un *ulcus rotundum*. Rien de plus commun que les douleurs à l'épigastre chez les hystériques, mais rien de moins connu ; on ignore quel en est le siège exact et l'on ne peut faire à ce sujet que des hypothèses.

Les mêmes considérations sont applicables aux crises dites gastriques qui se produisent dans diverses maladies du système nerveux central et particulièrement dans l'ataxie, et aux douleurs de la maladie d'Addison.

Dans certains cas, la douleur gastrique a un point de départ périphérique, et elle est alors le plus souvent symptomatique d'une affection utérine ou péri-utérine ; les femmes chez lesquelles elle survient dans ces circonstances sont presque toutes des hystériques.

Rien de plus variable que les douleurs gastriques ; celles-ci ne se produisent qu'au moment de l'ingestion des aliments, celles-là semblent apparaître spontanément et sans provocation appréciable ; les unes sont calmées, les autres exagérées par la pression ; il y en a de continues et d'intermittentes ; les malades les comparent tantôt à celles que produit une pression ou une constriction, tantôt à une brûlure, tantôt à un déchirement ; nul doute qu'elles ne soient de nature diverse, et c'est sans doute pour cette raison qu'on les a décrites sous les dénominations de gastralgie, gastrodynie, cardialgie, crampes d'estomac, crises gastriques; mais il est trop souvent impossible d'en préciser le siège et le mode de production.

§ 11. — De la constipation.

a. *Définition*. — La constipation est caractérisée par *la rareté des évacuations alvines et l'endurcissement des matières fécales*.

Il est difficile de tracer des limites précises entre cet état, lorsqu'il est peu prononcé, et l'état physiologique, car rien n'est plus variable que la fréquence des selles chez les divers individus; tandis que certains sujets ont régulièrement deux garde-robes par jour, d'autres ne vont à la selle que trois fois par semaine et ne s'en portent pas plus mal; il n'y a donc constipation que dans les cas où les évacuations deviennent plus rares et plus dures qu'elles ne l'étaient auparavant chez le même individu, et dans ceux où leur rareté occasionne des accidents.

b. *Causes*. — La régularité de l'expulsion des matières suppose l'intégrité des *sécrétions*, des *mouvements* et de la *sensibilité* de l'intestin, le fonctionnement normal des *centres nerveux* qui président aux mouvements de défécation, et la *perméabilité* du tube digestif.

Le chyle est de consistance fluide dans l'intestin grêle; c'est seulement dans le cæcum que son résidu se solidifie par suite de la résorption de ses parties liquides; la lubréfaction de la muqueuse par son produit de sécrétion facilite le cheminement du bol fécal à travers les diverses parties du gros intestin et son expulsion. On conçoit que l'induration des matières puisse résulter soit de l'insuffisance de la sécrétion muqueuse, soit d'une résorption plus active qu'à l'état normal des liquides qu'elles contiennent; ces deux causes interviennent concurremment pour produire la constipation que l'on observe dans les fièvres.

D'après Spring, la rareté des évacuations peut s'expliquer chez les diabétiques et les nourrices par la diminution des sécrétions; chez les convalescents, par l'augmentation de la résorption. C'est sans doute aussi en réduisant les sécrétions que les préparations de tannin et les divers astringents produisent la constipation; on a attribué la même action à l'opium, mais on peut supposer que ce médicament agit en même temps en diminuant la sensibilité de la muqueuse et concurremment l'activité des réflexes.

L'usage prédominant d'aliments qui laissent peu de résidu comme la viande, le lait, les œufs, le fromage, favorise nécessairement la constipation.

M. Villemin insiste avec raison, dans son excellent article (1), sur l'importance qu'ont les troubles de la sensibilité de la muqueuse intestinale dans la pathogénie de la constipation. Parmi les différents actes qui se succèdent pour aboutir à l'évacuation des matières, le premier en date est souvent l'excitation de la muqueuse du gros intestin par son contenu; alors même que la défécation se fait volontairement, sans avoir été sollicitée par le besoin, la propulsion des matières par les premiers efforts a pour effet de solliciter par action réflexe les contractions des muscles de l'intestin et du petit bassin; on conçoit donc que la constipation soit l'effet de toute cause qui rend inexcitable la muqueuse intestinale ou s'oppose à la transmission des excitations génératrices des réflexes. C'est la *constipation par anesthésie*. On l'observe chez les hystériques, chez certains paraplégiques et dans l'aliénation ; l'abus des lavements, en émoussant la sensibilité de la muqueuse rectale comme les attouchements répétés émoussent celle de la luette, peut également la produire (2). La diminution de la sensibilité peut de même entrer pour une part dans la constipation des vieillards et des sujets épuisés par les excès.

L'*atonie* des fibres musculaires de l'intestin est une des causes les plus fréquentes de constipation ; la distension prolongée du réservoir par les matières peut la produire ; on l'observe à la suite des diarrhées intenses et des purgations réitérées. On sait, d'une manière générale, que l'inflammation des membranes muqueuses ou séreuses a pour conséquence la parésie des tuniques musculaires qu'elles recouvrent; on peut s'expliquer de la sorte la constipation liée à la péritonite, mais ici, un autre élément intervient et joue le rôle prédominant, nous voulons parler de la *douleur ;* les malades, pour l'éviter, s'abs-

(1) Villemin, article CONSTIPATION du *Dictionnaire encyclopédique des sciences médicales.*
(2) Villemin, *loc. cit.*

HALLOPEAU. — Pathologie générale.   31

tiennent instinctivement de contracter les muscles abdominaux; il est possible aussi que les phlegmasies de la séreuse amènent la *paralysie des ganglions nerveux* qui siègent dans la paroi intestinale, et par suite la distension passive de la tunique musculaire ; le météorisme qui les accompagne est en faveur de cette hypothèse.

Toutes les affections douloureuses de l'abdomen provoquent la constipation, surtout quand la douleur est augmentée par l'effort; on l'observe ainsi dans les phlegmasies péri-utérines, dans la pérityphlite, dans l'adénite inguinale, dans la cystite, dans les fistules et les fissures anales. Chez les convalescents et chez les vieillards, la constipation par atonie musculaire est fréquente.

Le même trouble est produit par toutes les causes qui paralysent les muscles des parois abdominales et du petit bassin ; il appartient ainsi à la symptomatologie des myélites et des encéphalopathies paralysantes.

L'afflux de la bile dans l'intestin contribue à provoquer les contractions de ses parois ; on a observé que sa suppression entraîne le ralentissement des mouvements péristaltiques ; elle doit donc pour cela même entraîner la constipation, et en effet ce trouble fonctionnel appartient à la symptomatologie des affections hépatiques.

L'atonie intestinale peut être produite par les altérations de la paroi, telles que les infiltrations cancéreuses et la dégénérescence des fibres lisses dans les fièvres graves. Le spasme des fibres circulaires a été considéré comme une cause de la constipation ; c'est lui qui s'opposerait à l'expulsion des matières dans la colique saturnine (Bamberger) et dans la méningite.

Toutes les causes qui font obstacle au passage des matières dans l'intestin produisent par cela même la constipation ; on peut les diviser en causes *extrapariétales, intrapariétales* et *cavitaires.*

Parmi les causes *extrapariétales,* nous citerons les tumeurs qui compriment l'intestin, telles que l'utérus gravide dégénéré ou dévié, les phlegmons du petit bassin, les kystes de l'ovaire, l'étranglement par brides péritonéales ou par l'engagement de l'intestin dans un orifice naturel ou artificiel ; le volvulus et l'invagination produisent de même l'arrêt des matières.

Les tumeurs développées dans les parois, en faisant saillie dans la cavité de l'intestin, peuvent donner lieu à une constipation opiniâtre.

Les causes cavitaires enfin sont représentées par tous les corps volumineux tels que les amas de bactéries, les bézoards, les calculs biliaires et surtout les masses de matières durcies qui peuvent séjourner dans l'intestin.

Aux causes qui précèdent, on en pourrait ajouter d'ordre *psychique :* chez les sujets les mieux portants, la défécation nécessite assez souvent un effort ; si la volonté et l'énergie que nécessite cet effort font défaut, la constipation survient ; c'est là certainement une de ses causes les plus communes.

On a pu voir que l'action d'un certain nombre de causes est mixte et peut rentrer dans plusieurs des catégories que nous venons d'étudier ; d'autres fois le mode de production de la constipation reste indéterminé : c'est ainsi que, dans la colique de plomb, on a invoqué l'arrêt des sécrétions, le spasme de l'intestin et l'action de la douleur ; de même, dans la méningite, le spasme de l'intestin n'est nullement démontré ; il est également difficile de préciser pour quelle raison le défaut d'exercice donne lieu au trouble qui nous occupe ; on peut supposer cependant que c'est en supprimant l'affluence adjuvante que la marche exerce sur la progression du bol fécal.

c. *Caractères cliniques.* — La constipation donne lieu surtout à des accidents locaux, à des troubles digestifs et à des troubles de l'innervation.

Les masses indurées peuvent léser mécaniquement les parois de l'intestin et produire ainsi, soit des hémorrhagies ordinairement peu abondantes, soit de l'entérite ; il n'est pas rare que les personnes qui souffrent de cette incommodité rendent, à la suite d'une débâcle, des matières membraniformes, dont l'aspect rappelle tantôt celui du tænia, tantôt celui de vermicelle, tantôt celui des membranes diphthériques. Lorsque l'entérite occupe l'extrémité inférieure de l'intestin, elle peut déterminer une sorte de blennorrhée rectale.

Les veines du rectum sont comprimées par les masses fécales et il en résulte une sensation de pesanteur anale et quelquefois la production d'hémorrhoïdes. Spring admet que la compression exercée par les matières sur les organes contenus dans le petit bassin peut donner lieu à de la spermatorrhée, à de la cystite du col, à de la leucorrhée, et même à de l'œdème des membres, à de la sciatique et à un certain degré de paralysie des membres inférieurs ; ces conséquences graves doivent être bien exceptionnelles, et nous n'avons pour notre part jamais rien observé de semblable.

Souvent la constipation est bien tolérée et ne provoque aucun phénomène anormal, si ce n'est au moment des débâcles qui s'accompagnent de violentes coliques et parfois de vomissements et d'état syncopal.

Parmi les accidents qu'elle produit, il faut citer ceux qui résultent de l'effort, et parmi eux les hémorrhagies et les hernies. Certains sujets éprouvent une sensation de pesanteur dans le bassin, d'autres accusent de l'inappétence et de la dyspepsie ; mais les sensations qu'ils éprouvent dépendent surtout de leur état psychique ; la constipation que beaucoup de sujets supportent sans en souffrir et sans y penser devient chez d'autres la source de préoccupations constantes qui les conduisent à l'hypochondrie ; ils deviennent tristes et irritables, ils accusent des vertiges, de l'insomnie, des malaises et de la dyspepsie ; leurs évacuations sont l'objet incessant de leurs occupations, ils abusent des purgatifs, des lavements et des aliments laxatifs.

Nous n'avons pas à nous occuper ici des accidents qu'entraîne l'arrêt complet des matières.

§ 12. — De la diarrhée.

a. *Définition.* — On appelle ainsi l'*évacuation de fèces liquides.* On voit, d'après cette définition, qu'il n'y faut pas comprendre, comme on le fait souvent, les évacuations liquides non fécaloïdes. Les selles peuvent être hémorrhagiques, purulentes ou simplement muqueuses sans qu'il y ait diarrhée.

b. *Causes.* — Nous avons vu précédemment que le chyle est encore liquide quand il passe de l'iléon dans le cæcum, et que c'est seulement dans le gros intestin qu'il prend d'ordinaire une consistance ferme par suite de la résorption partielle de l'eau qu'il renferme. Il faut, pour que cette résorption ait lieu, qu'il séjourne durant un laps de temps suffisant dans cette partie du tube digestif et aussi que la circulation en retour s'accomplisse régulièrement dans la muqueuse. On conçoit donc que la diarrhée doive résulter d'une activité trop grande des mouvements péristaltiques du gros intestin et, en fait, telle semble être la cause la plus fréquente de ce trouble fonctionnel ; les réflexes qui produisent ces mouvements et qui ont pour centres les ganglions situés dans les parois mêmes de l'intestin ont le plus souvent pour point de départ la muqueuse intestinale anormalement excitée soit par une phlegmasie, une ulcération ou un néoplasme, soit par le contact de substances irritantes ; ils semblent aussi pouvoir acquérir une intensité anormale sous l'influence de troubles psychiques (diarrhée émotive), de troubles de la sensibilité cutanée (diarrhée *à frigore* des arthritiques), et de la pénétration dans le sang de matières putrides. Le défaut de résorption des liquides du chyle peut être invoqué dans les cas de stase veineuse dans l'intestin (diarrhée cardiaque), dans celui d'altération amyloïde des vaisseaux (Cohnheim) et dans les phlegmasies de la muqueuse ; mais dans la plupart de ces circonstances il se produit concurremment un accroissement de l'activité des mouvements péristaltiques.

La diarrhée a été souvent attribuée à une exagération de la sécrétion des glandes intestinales ou à l'exsudat d'un liquide séreux à la surface de la muqueuse ; dans ces conditions le mouvement d'absorption qui produit l'induration des matières doit être remplacé par un mouvement d'exhalation. Sans nier que les choses puissent se passer ainsi, on peut dire que l'importance de cette cause a été exagérée. Thiry (1) a démontré que les sécrétions de la muqueuse n'augmentent pas sous l'influence des drastiques ; Radziejewsky (2) est arrivé à la même conclusion et il pense que les purgatifs agissent surtout, si ce n'est exclusivement, en augmentant l'activité des mouvements péristaltiques ; tout au plus peut-on admettre que les sels neutres, en raison de leur pouvoir osmotique élevé, produisent une inversion des phénomènes de diffusion et un appel de liquides dans la cavité intestinale, et encore y a-t-il en pareil cas augmentation des péristaltiques. Dans la dysenterie, il se fait un exsudat qui est expulsé sous forme de selles liquides, mais cet exsudat ne se mêle pas aux matières stercorales, il n'y a pas

(1) Thiry, *Wien. akadem. Sitzungsber.* 1864.
(2) Radziejewski, *Archiv f. Anat. und Physiologie.* 1870.

de diarrhée et, s'il y a expulsion de fèces, c'est sous forme solide. La *cause prochaine de la diarrhée est donc, dans la grande majorité des cas, une activité exagérée des mouvements péristaltiques.*

Nous avons indiqué déjà la plupart des causes qui amènent la diarrhée ; il faut y ajouter les suivantes.

Elle se produit dans l'indigestion sous l'influence de l'irritation que les aliments exercent par leur surabondance ou leur qualité irritante sur la muqueuse intestinale ; on sait que les légumes verts, les fruits, les viandes faisandées et le laitage donnent lieu à cet accident chez beaucoup de sujets ; il faut tenir grand compte, à ce point de vue, des idiosyncrasies ; le lait, par exemple, qui constipe la plupart des sujets est pour d'autres un laxatif d'un effet certain ; il est des personnes qui ne peuvent manger de gibier ou de certains légumes sans être dérangées.

Les entérites aiguës et chroniques s'accompagnent souvent de diarrhée ; nous avons constaté chez beaucoup de sujets, à la fin du siège de Paris, l'existence d'une entérite ulcéreuse qui avait été provoquée par l'usage de mauvais aliments et probablement surtout du pain noir ; ces sujets avaient eu pour la plupart une diarrhée incoercible. Chez les enfants du premier âge, la diarrhée est le résultat habituel d'une alimentation défectueuse ; elle est alors provoquée le plus ordinairement par une entérite.

La présence de certains entozoaires peut en être la cause ; M. Normand a démontré que la diarrhée de Cochinchine est liée au développement dans l'intestin, en quantité innombrable, de parasites qu'il appelle *anguillules* (fig. 26 et 27).

La diarrhée est un des symptômes habituels des affections ulcéreuses de l'intestin ; elle est due alors vraisemblablement à l'exagération des réflexes sous l'influence de l'irritation que provoque le contact des matières fécales avec la surface dénudée ; ce serait une erreur de l'attribuer à une exsudation séreuse qui se ferait au niveau de l'ulcération, car il suffit d'une lésion de fort peu d'étendue pour la produire ; nous n'avons trouvé récemment, chez un tuberculeux qui avait eu pendant plusieurs semaines une diarrhée rebelle à tous les moyens de traitement, que deux ulcérations de petites dimensions.

Les grandes chaleurs et les vicissitudes atmosphériques sont des causes de diarrhée ; certains arthritiques ne peuvent sortir le soir sans en être immédiatement atteints ; ici encore, il s'agit vraisemblablement d'une action réflexe sur les muscles de l'intestin.

La diarrhée est un des symptômes habituels d'un certain nombre de maladies infectieuses, et plus particulièrement de celles qui présentent des déterminations du côté de l'intestin, telles que la rougeole, la fièvre typhoïde, le choléra, la grippe, l'érysipèle, l'endocardite ulcéreuse, etc. ; elle peut cependant se produire en l'absence de toute lésion apparente de la muqueuse digestive, c'est ainsi qu'elle survient sans entérite dans l'infection puerpérale et la septicémie ; on a signalé également une diarrhée palustre ; on peut l'observer soit comme manifestation principale d'une fièvre larvée, soit dans l'intoxication chronique.

c. *Caractères cliniques.* — La fréquence des évacuations diarrhéiques est très variable, elles sont parfois presque incessantes ; lorsqu'elles se renouvellent très souvent, elles s'accompagnent bientôt d'une sensation pénible de cuisson dans la région anale, et on peut voir s'y développer une éruption érythémateuse ; l'expulsion des fèces étant facile ne donne pas lieu d'ordinaire à des douleurs très vives.

Les matières fécales peuvent être plus ou moins fétides ; elles sont expulsées seules ou mélangées soit avec du sang, soit avec du mucus, soit avec des pseudo-membranes, soit avec du pus. Elles renferment parfois des aliments non digérés et ayant conservé leur aspect naturel ; sans doute la rapidité des mouvements et par suite celle du cours des matières a été accrue, non seulement dans le gros intestin, mais aussi dans toute l'étendue du tube digestif.

La *coloration* des matières dépend surtout de la quantité de bile qu'elles renferment et de la forme sous laquelle s'y trouve ce produit ; dans le cas où son afflux est complètement interrompu, les matières sont décolorées et grisâtres.

La diarrhée, lorsqu'elle est abondante et qu'elle persiste, provoque bientôt des troubles graves de la nutrition ; ils ont été bien étudiés chez les enfants par Parrot sous le nom d'*athrepsie ;* on peut les observer également chez les adultes et les vieillards ;

ils peuvent par eux-mêmes entraîner la mort et c'est à eux qu'il faut attribuer surtout la grande mortalité qui s'est produite à la fin du siège de Paris et dans les mois qui ont suivi. Quand l'accélération du mouvement des matières ne commence que dans le gros intestin, elle ne peut avoir de graves inconvénients, car c'est plus haut que se fait l'absorption des éléments nutritifs; mais le plus souvent, le chyle lui-même ne séjourne pas assez longtemps dans l'intestin grêle et les évacuations sont constituées par les substances qui devaient être absorbées et devenir les éléments de la réparation des tissus; on ne saurait donc s'étonner que, dans les cas où la diarrhée se prolonge, les malades maigrissent rapidement, que leur teint s'altère et que leurs forces baissent.

Il n'est pas rare de voir la diarrhée chronique se compliquer de tuberculose; il est vraisemblable qu'elle y prédispose en diminuant la résistance des sujets; mais on peut se demander également si les ulcérations développées dans l'intestin ne forment pas une porte d'entrée ouverte au contage tuberculeux.

§ 13. — De la gastrorrhagie et de l'entérorrhagie.

a. *Causes.* — Les hémorrhagies de l'intestin et de l'estomac peuvent résulter : 1° d'une lésion de la muqueuse ; 2° d'un trouble de la circulation ; 3° d'une maladie générale qui agit par l'intermédiaire d'une altération du sang ou des vaisseaux.

1° *Hémorrhagies par lésions de la muqueuse.* — Son inflammation peut donner lieu à un exsudat mêlé de sang ; il en est ainsi particulièrement dans la dysenterie et dans les gastrites toxiques. Les ulcérations qui se développent dans la tuberculose, dans la fièvre typhoïde, dans l'entérite chronique et dans le cancer, sont autant de causes d'entérorrhagie ; cet accident peut également se produire au début de l'invagination. Les ulcères simples de l'estomac et du duodénum provoquent souvent des hémorrhagies très abondantes ; s'accroissant par une véritable digestion de la muqueuse, ils entament les parois des artères qui ne sont pas oblitérées, car il n'y a pas d'inflammation. Les ulcérations dont l'intestin peut devenir le siège à la suite des grandes brûlures sont parfois le point de départ d'entérorrhagies ; il en est de même des déchirures que produisent les corps étrangers et les contusions de l'abdomen. Bamberger admet une hémorrhagie par rupture de varices de la muqueuse intestinale.

2° *Hémorrhagies par troubles de la circulation.* — Toutes les causes qui amènent la stase du sang dans la muqueuse gastro-intestinale peuvent y provoquer des hémorrhagies, mais c'est surtout dans les cas où l'obstacle siège dans la circulation porte que l'on observe ces accidents ; ils comptent parmi les manifestations fréquentes de la cirrhose du foie et ils peuvent se produire au début de cette maladie, alors que ses autres symptômes n'ont pas encore paru ; on les voit survenir également dans les cas de thrombose de la veine porte.

La suppression des règles peut donner lieu à des hématémèses supplémentaires.

3° *Hémorrhagies de cause générale.* — Les hémorrhagies multiples qui caractérisent certaines formes de fièvres (scarlatine, variole, rougeole hémorrhagiques) et certaines maladies générales (le scorbut, le purpura), se produisent assez souvent du côté de l'intestin ou de l'estomac.

b. *Caractères cliniques.* — Le sang exhalé dans la cavité de l'estomac est le plus souvent rejeté par vomissement ; il peut cependant passer en partie dans l'intestin et colorer les fèces.

Le sang de l'hématémèse n'est rouge que lorsque l'hémorrhagie, très abondante, a provoqué immédiatement les efforts de vomissement, car l'action des sucs digestifs altère rapidement l'hémoglobine et lui donne une coloration brune ou noirâtre ; on compare d'ordinaire le sang ainsi altéré à du marc de café ou à de la suie délayée et on lui donne le nom de *melæna*.

Quand l'hémorrhagie est abondante, les extrémités se refroidissent, la face pâlit et se couvre de sueurs, il survient des vertiges avec tendance à la syncope, le pouls est petit, on observe en un mot tous les symptômes des grandes pertes de sang ; ils se produisent plus facilement dans le cas d'hématémèse, par l'effet de l'impression que produit la vue du sang et des troubles vaso-moteurs auxquels donne lieu par elle-même la nausée.

L'hémorrhagie de l'intestin peut rester interne, même lorsqu'elle est assez abondante pour amener la mort.

§ 14. — Des coliques intestinales.

On appelle *coliques* les douleurs qui se produisent dans les réservoirs ou les conduits excréteurs lorsque leurs parois se contractent spasmodiquement. On les distingue, suivant leur siège, en coliques hépatiques, néphrétiques, utérines et intestinales.

La colique *intestinale* survient chaque fois que l'activité des péristaltiques est accrue ; elle accompagne presque constamment la diarrhée et se produit par conséquent dans toutes les affections qui donnent lieu à ce trouble fonctionnel (voy. p. 483) ; elle se manifeste aussi dans la constipation, surtout au moment des débâcles ; elle est fréquente dans le météorisme et est alors soulagée par les évacuations gazeuses ; elle se produit avec violence dans toutes les variétés d'obstruction intestinale. Il ne nous paraît pas démontré que la douleur abdominale connue sous le nom de colique de plomb soit une véritable colique intestinale ; l'affaissement qu'y subit le ventre semble indiquer un spasme de l'intestin, mais on peut l'expliquer également par un spasme des muscles des parois ; ce point de physiologie pathologique n'est pas élucidé.

Les douleurs de coliques donnent lieu à une sensation toute particulière de constriction ; elles sont intermittentes et se déplacent pendant le moment même où elles se produisent ; la pression continue et régulière les apaise le plus souvent, le froid les augmente, ainsi que l'ingestion des aliments ; les applications chaudes les calment ; on voit souvent, pendant les accès, les anses intestinales se dessiner et se mouvoir ; quand elles sont violentes, elles donnent lieu à des troubles généraux comparables à ceux de la nausée ; les malades pâlissent, leurs traits s'altèrent et expriment la souffrance ; il survient souvent des vertiges avec état syncopal.

§ 15. — Du météorisme (1).

On appelle ainsi la distension de l'intestin par des gaz ; le nom de *tympanite* employé souvent pour désigner le même état n'a

(1) N. Gueneau de Mussy, *Clinique médicale*, Paris, 1874.

pas une signification identique, car on l'applique également à la distension de l'abdomen par l'accumulation des gaz dans la cavité péritonéale.

A l'état normal, on trouve des gaz dans toute l'étendue du tube digestif ; dans l'estomac ils semblent en partie provenir de l'extérieur et être introduits avec les aliments ; ils ne présentent pas cependant la même composition que l'air atmosphérique, car l'oxygène est rapidement résorbé par les parois, tandis que l'azote et l'acide carbonique séjournent ; la proportion de ces derniers gaz est même souvent augmentée par le fait de la fermentation.

Dans l'intestin grêle, on trouve de l'azote, de l'acide carbonique et de l'hydrogène ; le gros intestin renferme en plus de l'hydrogène protocarboné et souvent des traces d'hydrogène sulfuré : ces gaz proviennent des fermentations que les aliments subissent dans les intestins.

Le météorisme peut résulter : 1° d'une production excessive de gaz ; 2° d'une atonie des parois intestinales qui ne résistent plus comme à l'état normal à l'expansion des gaz qu'elles renferment ; 3° d'un obstacle au cours des matières.

La production d'une quantité excessive de gaz est fréquente dans les dyspepsies ; elle peut résulter d'une alimentation trop riche en substances hydrocarbonées. Le catarrhe gastro-intestinal, la dilatation de l'estomac et, d'une manière générale, toutes les causes qui favorisent les fermentations lactiques et butyriques donnent lieu à une production anormale de gaz. Le météorisme s'observe dans toutes les maladies qui diminuent la tonicité des fibres musculaires de l'intestin. Non seulement, en pareil cas, les parois n'ont plus leur résistance physiologique, mais la résorption des gaz ne peut plus se produire comme à l'état normal, car elle n'est plus favorisée par la pression des parois. Cette atonie de l'intestin s'observe dans les différentes affections qui en altèrent la structure, et en particulier dans les inflammations ; elle est habituelle dans la fièvre typhoïde et aussi dans les typhus, dans la pneumonie, dans les pyrexies adynamiques, dans la fièvre puerpérale et dans la péritonite ; on la voit se produire après l'évacuation du liquide ascitique dans les cas où l'intestin a été longtemps comprimé. C'est une manifestation assez fréquente et souvent rebelle de l'hystérie (1). On l'observe de même chez nombre d'hypochondriaques. Les obstructions de l'intestin produisent le météorisme, moins sans doute en s'opposant à l'expulsion des gaz par l'anus qu'en amenant l'atonie des parois épuisées par des contractions incessantes.

La conséquence la plus importante du météorisme est ordinairement une gêne notable de la respiration produite par le refoulement du diaphragme ; s'il existe concurremment une affection du poumon et du cœur, l'asphyxie peut en résulter.

Le météorisme donne lieu en outre à des troubles de la digestion et à des douleurs abdominales (coliques venteuses).

Nous l'avons vu récemment, dans notre service, contribuer à maintenir une occlusion de l'intestin produite vraisemblablement par une flexion ; les évacuations étaient complètement supprimées depuis trois semaines ; il semblait qu'il n'y eût plus d'autre ressource qu'une intervention chirurgicale ; il a suffi cependant d'une ponction capillaire de l'intestin pour amener le rétablissement du cours des matières : il nous a paru évident que la compression exercée par la masse des intestins distendus était la cause principale de l'obstruction.

Le météorisme est partiel dans le cas d'obstruction, car il ne se produit que dans les parties de l'intestin situées au-dessus de l'obstacle ; il constitue alors un signe important pour la localisation de la lésion.

§ 16. — Incontinence des matières fécales.

Ce trouble résulte le plus souvent d'une paralysie du sphincter ; il peut également provenir d'une anesthésie de la muqueuse rectale. On l'observe dans les affections du système nerveux central et dans les maladies adynamiques. Il peut aussi être le résultat de la destruction du muscle par un cancer.

(1) On ignore par quel mécanisme il se produit dans cette névrose ; peut-être faut-il invoquer un spasme des artérioles des parois intestinales en produisant l'atonie et gênant en même temps la résorption des gaz par l'obstacle qu'il apporterait à la circulation veineuse ?

CHAPITRE IV

TROUBLES DANS LES FONCTIONS DU FOIE (1)

Nous ne pouvons traiter qu'imparfaitement cette partie de notre sujet, par cette raison que la connaissance de la physiologie pathologique suppose celle de la physiologie normale, et que le rôle du foie dans l'organisme n'est que très incomplètement élucidé. On sait que cet organe sécrète la bile, on sait qu'il s'y forme du sucre et de l'urée, mais il est probable que ses fonctions sont plus complexes ; traversé par le sang qui revient de l'intestin, il imprime, selon toute vraisemblance, des modifications essentielles et incomplètement connues aux matériaux absorbés par les radicules de la veine-porte ; les troubles profonds que ses altérations entraînent dans la nutrition ne peuvent s'expliquer autrement ; mais la nature de ces modifications nous échappe. On voit, dans les affections qui entraînent la destruction des cellules hépatiques, survenir rapidement un état de cachexie profonde, l'appétit disparaître, les forces baisser, la sécrétion urinaire se réduire considérablement comme si la nutrition s'arrêtait, sans que la diminution de la sécrétion biliaire et le trouble de la fonction glycogénique puissent rendre compte de ces phénomènes. Nous serons donc forcé de laisser dans l'ombre, faute de notions suffisantes, une partie des désordres que peuvent entraîner les lésions hépatiques.

Nous considérerons successivement les troubles qui surviennent dans la circulation et la sécrétion de la bile, dans la formation de la matière glycogène et du sucre, et dans la formation de l'urée.

(1) Jaccoud, *Leçons de clinique médicale*. 2ᵉ volume. — Bamberger, Cohnheim, ouvrages cités. — Rendu, article FOIE du *Dictionnaire encyclopédique*. — Straus, *Les ictères chroniques*. Paris, 1878. — Mossé, *Les ictères graves*. Thèse de Paris. — J. Simon, article FOIE, du *Nouveau dictionnaire de médecine et de chirurgie pratiques*.

§ 1er. — Troubles dans la circulation et la sécrétion de la bile.

Le ralentissement et l'interruption du cours de la bile comptent parmi les accidents que l'on observe le plus fréquemment ; la compression des voies biliaires par les tumeurs qui se développent dans le foie, au niveau de son hile, dans le pancréas et dans le duodénum, et leur obstruction par des calculs, par leurs produits de sécrétion dans les cas où elles sont enflammées ou par les mucosités duodénales, en sont les causes les plus habituelles. Les troubles qui en résultent sont de deux sortes : les uns sont dus à la suppression de l'influence que la bile exerce sur les fonctions digestives ; les autres à la résorption de ce liquide en quantité exagérée.

La bile joue un rôle essentiel dans la digestion des graisses ; elle les émulsionne et rend ainsi possible leur pénétration dans les radicules lymphatiques ; elle la facilite en outre par l'action physique qu'elle exerce sur la paroi, action comparable à celle du savon et qui permet son imbibition plus complète par les sucs digestifs ; Steiner (1) a montré qu'une membrane imbibée d'eau ne laisse passer l'huile que sous une forte pression, tandis qu'elle lui est perméable sans pression si elle est imprégnée de bile. Il en résulte que, dans le cas où la bile ne parvient plus en quantité suffisante dans l'intestin, l'absorption des graisses ne peut plus se faire qu'imparfaitement ; elles restent dans l'intestin et sont expulsées avec les fèces auxquelles elles donnent une couleur grisâtre et un brillant comparable à celui de l'argile.

La bile concourt également à la digestion des albuminoïdes, bien qu'elle n'ait pas d'action directe sur ces substances : elle les précipite ainsi que la pepsine, et c'est là un fait important pour la digestion intestinale, car Kühne (2) a montré que la pepsine digère le ferment pancréatique et en annihile ainsi l'action. On conçoit donc que, dans les cas de rétention de la bile, la digestion des albuminoïdes soit profondément troublée.

(1) Steiner, *Arch. f. Anat. und Physiol.* 1873 et 1874.
(2) Kühne, *Verhandl. d. Heidelb. Naturforsch. Gesellsch.* 1876.

La bile ralentit les fermentations ; quand elle manque, les gaz se produisent en plus grande quantité dans l'intestin, et la fétidité des matières augmente.

On conçoit que ces troubles digestifs aient une influence considérable sur la nutrition ; les chiens, dont on enlève toute la bile à l'aide d'une fistule, ne peuvent être maintenus en bon état que si on leur fait ingérer une quantité relativement énorme de viande. Le plus souvent, l'on voit, chez l'homme, l'ictère chronique par rétention donner lieu, au bout d'un certain temps, à de la dyspepsie, à de l'anorexie et à de l'amaigrissement.

La résorption de la bile se fait surtout par les lymphatiques ; Fleischl, chez des animaux auxquels il avait lié le canal cholédoque, l'a trouvée dans ces vaisseaux alors que le sang n'en contenait pas encore. Ce n'est guère qu'au bout de vingt-quatre heures qu'on peut en constater la présence dans ce liquide. Elle pénètre ensuite dans la plupart des tissus : ceux qui sont privés de vaisseaux, la cornée, les cartilages et les nerfs, gardent leur coloration normale. On a noté également que la bile ne colore ni les larmes, ni les sucs gastrique et pancréatique.

Dans l'ictère récent, la coloration des téguments est franchement jaune ; plus tard elle peut varier. La matière colorante, déposée dans les cellules profondes de l'épiderme, s'altère, et souvent l'on observe des teintes vertes ou noirâtres ; dans l'ictère chronique, des particules de pigment se déposent dans les cellules des viscères et probablement dans celles du foie.

Dans l'ictère par rétention, l'urine renferme de la bile ; elle prend alors souvent, mais non constamment, une teinte vert-bouteille quand on la traite par l'acide nitrique. La bile renferme plusieurs pigments distincts de la biliverdine, et en particulier de la bilirubine, qui donne à l'urine une teinte rouge-rubis quand on y verse le même réactif. Cette coloration s'observe souvent dans l'ictère par rétention (1) ; il ne faut pas en conclure à l'existence d'un ictère hæmaphéique (2).

Il y a lieu de considérer séparément, au point de vue de leur

____

(1) Lécorché et Talamon, *Etudes médicales*, 1881.
(2) Gubler appelait ainsi l'ictère qui se développe aux dépens de la matière colorante du sang.

action pathogénique, les divers éléments qui entrent dans la constitution de la bile.

La *matière colorante* paraît inoffensive ; peut-être, cependant, faut-il lui attribuer le prurit qui accompagne le plus souvent l'ictère et amène le développement d'une éruption.

Les vues de Flint, qui a voulu rendre la *cholestérine* responsable des accidents de l'ictère grave, n'ont pas été confirmées ; cette substance paraît être sans action fâcheuse sur l'organisme.

La résorption des *acides biliaires* a pour effet le ralentissement du pouls ; Röhrig (1) a démontré qu'il est dû à une action du cholate de soude sur les ganglions intra-cardiaques et non, comme on aurait pu le supposer *a priori*, sur les pneumo-gastriques, car elle s'exerce alors même que ces nerfs ont été sectionnés.

On a attribué également à l'action de ces acides les accidents qui caractérisent l'ictère grave, c'est-à-dire les hémorrhagies multiples, les accidents convulsifs ou comateux et la dégénérescence graisseuse des tissus ; ils exerceraient une action toxique sur les centres nerveux en même temps qu'en dissolvant les globules sanguins ils produiraient des hémorrhagies multiples ; c'est la théorie fort contestée de la *cholémie*. L'action dissolvante des sels biliaires sur les globules rouges n'est pas démontrée ; si Von Dusch a provoqué des hémorrhagies en les injectant dans le sang, d'autres auteurs ont constaté que cet effet n'est pas constant, et Huppert en conclut que la dissolution globulaire doit être rapportée à l'action du véhicule dans lequel les sels sont dissous.

Il est difficile de croire que la bile soit toxique, car elle est normalement résorbée pour la plus grande partie. Bidder et Schmidt ont calculé, d'une part, la quantité de soufre qui est contenue dans la totalité de la bile sécrétée en vingt-quatre heures, d'autre part, celle qui est éliminée dans le même laps de temps, et ils ont reconnu que celle-ci ne représente que les trois cinquièmes de celle-là : ce fait montre que deux cinquièmes de la bile sécrétée rentrent dans la circulation. Leyden soutient que les accidents de l'ictère grave se produisent quand

____

(1) *Archiv der Heilkund*, t. IV.

un trouble, dans les fonctions des reins, vient enrayer l'élimination des acides biliaires par l'urine; Cohnheim objecte, avec raison, que, dans l'ictère bénin, ces produits ne passent dans l'urine qu'en faible quantité, et que d'autre part la sécrétion urinaire peut persister dans le cas d'ictère grave.

Mais l'argument décisif qui doit faire rejeter la théorie de la cholémie est celui qui a été formulé par M. Jaccoud : *Les accidents de l'ictère grave se produisent dans les cas où les éléments cellulaires du foie sont détruits, et où, par conséquent, il ne peut plus y avoir de bile sécrétée* (1).

Les accidents attribués à la cholémie doivent être, d'après notre savant maître, rapportés à l'*acholie :* dans les cas où la sécrétion biliaire se trouve suspendue, ses matériaux générateurs s'accumulent dans le sang et donnent lieu à des phénomènes d'intoxication. Nous ajouterons que, selon toute vraisemblance, les troubles de nutrition provoqués par la suspension des fonctions hépatiques ont une part, peut-être prépondérante, dans la genèse des accidents.

Les hémorrhagies peuvent s'expliquer par les troubles que l'insuffisance de la réparation alimentaire provoque dans la nutrition des parois vasculaires. Cohnheim fait remarquer, avec raison, que les accidents cérébraux observés en pareils cas ne diffèrent pas essentiellement de ceux qui caractérisent le délire d'inanition, et peuvent être avec vraisemblance rapportés à la même cause ; en effet, lorsque la bile cesse d'arriver dans l'intestin, l'absorption des graisses ne se fait plus, l'organisme fabrique de la graisse aux dépens des albuminoïdes dont il fait une énorme consommation ; mais nous savons que la digestion des albuminoïdes est elle-même entravée ; ce sont donc les albumines de l'organisme qui se détruisent ; on conçoit que, dans ces conditions, la nutrition soit profondément troublée, et qu'il en résulte des désordres graves dans les fonctions d'innervation.

Les auteurs admettent que la sécrétion de la bile peut être augmentée, et ils décrivent un ictère par *polycholie;* la bile, versée en quantité exagérée dans l'intestin, se résorberait en proportions plus grandes qu'à l'état normal. Il est possible

(1) Jaccoud, *Leçons de clinique médicale.* 2ᵉ volume, 2ᵉ édition.

HALLOPEAU. — Pathologie générale.

que les choses se passent ainsi parfois, mais on ne l'a jamais démontré.

§ 2. — Troubles dans la fonction glycogénique du foie.

Il est peu de questions qui, depuis vingt ans, aient été l'objet d'aussi nombreux travaux, et néanmoins il en est peu d'aussi obscures que celle de la fonction glycogénique du foie et de ses perturbations. On sait, depuis Bernard, qu'il se forme dans le foie de la matière glycogène ; mais lorsqu'il s'agit de déterminer quel est le rôle physiologique de cette matière, quelles transformations elle subit, quels troubles son évolution peut présenter à l'état pathologique, et quels rapports elle affecte avec le diabète, on se trouve en présence des assertions les plus contradictoires, et les éléments font défaut pour arriver à une conclusion précise.

En premier lieu, on peut contester que la production de la matière glycogène dans le foie doive être considérée comme une fonction ; les muscles, les globules blancs et la rate contiennent également cette substance sans qu'on leur attribue une fonction glycogénique ; elle fait partie de leur constitution comme les matières albuminoïdes et les sels que l'on y trouve.

Le glycogène hépatique provient de l'alimentation, car il disparaît pendant l'inanition ; il peut se former aux dépens des albuminoïdes ainsi que des matières féculentes et sucrées.

Cl. Bernard en a reconnu la présence dans le foie d'animaux qu'il avait nourris exclusivement de matières azotées après les avoir laissés à jeun pendant plusieurs jours, et plus récemment Wolfberg et Mering ont constaté le même fait. Le glycose, résultant de la digestion des matières féculentes et sucrées, se transforme également, d'après Bernard, en glycogène dans le foie.

La production de cette substance suppose l'intégrité des cellules ; elle cesse quand ces éléments sont dégénérés, par exemple, dans les cas d'intoxication par le phosphore ou l'arsenic (Salkowsky) (1) ; elle diminue dans les fièvres et après la ligature du canal cholédoque.

(1) Salkowsky, *Centralblatt*, etc. 1865.

Que devient le glycogène hépatique? on sait que, pour Bernard, il se transforme en sucre, et que la glycémie pathologique doit être attribuée à un trouble dans la fonction glycogénique du foie ; on oppose à cette manière de voir de sérieuses objections.

En premier lieu, il n'est pas démontré qu'à l'état physiologique le glycogène hépatique se transforme en sucre et que le sucre du sang en provienne. Bernard a trouvé du sucre dans le liquide obtenu par la décoction du tissu hépatique, mais cela ne prouve pas qu'il s'en forme à l'état normal ; l'apparition du sucre au bout de 24 heures dans un morceau de foie qui a été préalablement lavé à grande eau n'est pas plus démonstrative. Cl. Bernard avait cru reconnaître que le sang des veines hépatiques renfermait du sucre en quantité notable, tandis qu'il n'y en avait pas de trace dans le sang de la veine-porte, et il en concluait légitimement qu'il se produit du sucre dans le foie ; mais l'expérience faite par d'autres physiologistes n'a pas donné les mêmes résultats, et les recherches d'Abeles (1) et de von Mering (2) ont montré que le sang de la veine-porte contient autant de sucre que celui des veines sus-hépatiques et même davantage pendant la digestion des matières féculentes.

Il n'est donc pas démontré que le glycogène hépatique se transforme directement en sucre ; on ne peut méconnaître cependant que les probabilités sont en faveur de cette hypothèse.

Le diabète provoqué artificiellement, soit par la piqûre du quatrième ventricule, soit par l'inhalation d'oxyde de carbone ou de nitrite d'amyle, soit par l'action de l'éther, du chloral, de la strychnine et d'autres substances, est très vraisemblablement d'origine hépatique, car il cesse de se produire chez les animaux dont le foie a été extirpé, ou ne contient plus de glycogène. On a attribué ce diabète artificiel à une congestion hépatique ; mais dans combien de circonstances le foie n'est-il pas congestionné sans qu'il y ait de sucre dans les urines! n'est-il pas plus vraisemblable d'admettre avec Vulpian une action du système nerveux sur l'activité des cellules hépatiques?

Le diabète artificiel ne dure que quelques heures et rien ne

(1) Abeles, *Wien. med. Jahrb.* 1875.
(2) Von Mering, *Virchow's Archiv.* 1877.

prouve que les choses se passent de même dans le diabète persistant.

La présence du sucre dans le sang et même dans l'urine est
un phénomène constant à l'état physiologique ; le diabète n'est
donc que l'exagération d'un fait normal ; on peut se l'expliquer
par une production exagérée de sucre, soit dans le foie, soit
dans les autres organes qui renferment du glycogène (muscles, globules blancs, rate), soit par une combustion insuffisante
du sucre normal. Parmi les faits que l'on peut invoquer en faveur de la théorie hépatique du diabète, nous citerons l'azoturie ; nous verrons bientôt que le foie paraît être l'organe où
se forme la plus grande partie de l'urée ; l'excrétion de ce produit en quantité exagérée dans le diabète doit donc faire penser
que cette glande y est intéressée. On en a quelquefois constaté
l'altération chez les sujets diabétiques, mais c'est là un fait
exceptionnel ; le plus souvent on ne trouve aucune lésion capable d'expliquer la glycémie.

En résumé, les arguments que l'on peut invoquer en faveur
de la théorie hépatique du diabète sont : 1° la présence de glycogène en quantité considérable dans les cellules du foie ; 2° l'apparition de sucre dans le décocté de tissu hépatique ; 3° l'impossibilité de provoquer le diabète artificiel chez les animaux
dont le foie a été enlevé ; 4° l'existence de lésions hépatiques
dans quelques cas de diabète ; 5° l'azoturie diabétique ; nous ne
pouvons dissimuler qu'ils constituent de simples présomptions
et que la pathogénie du diabète est encore à découvrir.

§ 3. — Troubles dans les fonctions uropoïétiques du foie.

Murchison (1) et M. Brouardel (2) ont émis dernièrement l'o-
pinion que le foie est l'organe dans lequel se forme la majeure
partie de l'urée.

Murchison attribue en outre au foie la formation de l'a-
cide urique qui est éliminé par l'urine. Ses recherches l'ont
amené à conclure que la quantité d'urine sécrétée et éliminée
en 24 heures est sous la dépendance de deux influences princi-

(1) Murchison, *On functional derangement of the liver*. London, 1874.
(2) Brouardel, *L'urée et le foie*. 1874.

pales : 1° *l'état d'intégrité ou d'altération des cellules hépatiques;*
2° *l'activité plus ou moins grande de la circulation hépatique.*

M. Bouchardat (1) dit également que la production de l'urée paraît être directement ou indirectement influencée par le foie. La valeur des arguments que l'on invoque en faveur de cette manière de voir ne peut être méconnue : en analysant comparativement le sang de la veine-porte et celui des veines sus-hépatiques, Cyon a trouvé que ce dernier contient une quantité notablement plus grande d'urée. Meissner considère, d'après ses expériences, le foie comme le principal lieu de formation de ce produit. Heynsius (2) et Gæthgens (3) admettent que les albuminoïdes se dédoublent dans le foie en urée et en matière glycogène.

M. Brouardel a constaté que, dans les cas où l'activité de la circulation hépatique est accrue, l'excrétion de l'urée augmente dans des proportions quelquefois énormes et qu'elle se réduit au contraire au minimum chaque fois que les cellules hépatiques sont gravement altérées.

M. Bouchardat, dans un cas d'ictère survenu sous l'influence d'une émotion morale, a reconnu que le malade avait excrété 38^{gr},6 d'urée en 24 heures; dans un fait analogue, il a trouvé le chiffre de 55 gr. Dans la congestion du foie, la suractivité de la circulation hépatique se traduit par une augmentation de la quantité d'urée éliminée. Au contraire, dans les cirrhoses, la quantité d'urée éliminée est représentée par un chiffre extrêmement faible, alors même que le malade continue à se nourrir; il en est de même dans l'intoxication phosphorée, dans la dégénérescence graisseuse du foie, dans ses affections chroniques; l'urée peut disparaître de l'urine chez les sujets atteints d'ictère grave : chez un homme atteint de fièvre intermittente hépatique, Regnard (4) a constaté qu'au moment de chaque accès le chiffre de l'urée baissait de 16 grammes à 4 ou 5 grammes. D'après Hammond, il en serait parfois de même dans les fièvres palustres; mais Lécorché et Talamon (5) ont

(1) Bouchardat, *De la glycosurie.* Paris, 1875.
(2) Heynsius, *Archiv f. die Hollandischen Beitr.*, etc. 1859.
(3) Gæthgens, *Ueber den Stoffwechsel einer Diabetiken*, etc. Dorpat, 1866.
(4) Regnard, *Soc. de biologie.* 1873, p. 739.
(5) Lécorché et Talamon, *loc. cit.*

trouvé d'autre part que, dans les maladies aiguës, ce n'est pas, contrairement à l'opinion, au moment de l'hyperpyrexie que l'urée augmente le plus, mais bien après la chute de la fièvre ; ils croient que la baisse de l'urée sous l'influence de l'accès fébrile n'est pas propre à la fièvre hépatique.

La théorie de Murchison et de M. Brouardel n'a pas été sans soulever de vives objections. M. Valmont (1) a constaté que, chez les cachectiques qui se nourrissent insuffisamment, l'excrétion de l'urée diminue dans des proportions considérables. MM. Lécorché et Talamon contestent la signification attribuée aux observations de M. Bouchardat ; l'azoturie aurait été produite dans ces cas par une perturbation générale dans la nutrition des tissus et non par un trouble des fonctions hépatiques ; la polyurie signalée dans la congestion hépatique ne serait qu'un phénomène critique ; d'après ces auteurs, la clinique ne permet pas de croire que la formation de l'urée soit une fonction du foie ; c'est un phénomène de désassimilation qui se produit dans cet organe comme dans tous les autres. Ces critiques nécessitent de nouvelles recherches.

MM. Lécorché et Talamon sont disposés à admettre pour l'acide urique ce qu'ils contestent pour l'urée. Ils ne considèrent pas comme démontrée l'exactitude de l'opinion qui en fait un produit d'oxydation intermédiaire entre l'urée et les autres matières albuminoïdes. Dans tous les cas de lésions hépatiques, on le trouve en excès dans l'urine, aussi bien dans les cirrhoses et dans le cancer que dans la lithiase biliaire ; son chiffre retombe à la normale dès que la glande recommence à fonctionner régulièrement ; l'acide urique serait ainsi un produit spécial de la désassimilation du foie.

§ 4. — Des douleurs hépatiques.

Il est douteux que le parenchyme hépatique soit par lui-même le siège des douleurs ; celles qui accompagnent les affections du foie peuvent s'expliquer soit par une lésion de la capsule de Glisson et de son revêtement péritonéal, soit par une lésion des conduits biliaires.

(1) Valmont, *Etude sur les variations de l'urée dans quelques maladies du foie.* Thèse de Paris, 1879.

Les douleurs hépatiques les plus communes sont celles que provoque la présence de calculs dans les voies biliaires ; elles sont liées vraisemblablement à la contraction spasmodique des conduits biliaires et aussi à l'irritation de leur muqueuse par les concrétions; comme toutes les coliques, elles sont paroxystiques ; siégeant d'ordinaire dans l'hypochondre droit, elles présentent souvent des irradiations vers l'épigastre et vers l'épaule.

Des douleurs analogues peuvent-elles se produire, en l'absence de calculs, sous l'influence d'une irritation directe ou à distance des plexus hépatiques? Leur apparition constante chez quelques sujets sous l'influence de certains aliments plaide en faveur de cette hypothèse, sans qu'on puisse la considérer comme démontrée.

Les malades atteints d'une lésion limitée du foie accusent souvent une sensation de tension dans l'hypochondre ; la toux, la pression, les efforts et la digestion l'augmentent ; elle devient aiguë lorsque la lésion atteint le péritoine ; elle s'accompagne souvent d'irradiations dans l'épaule ; les mouvements du deltoïde sont pénibles ; il s'agit là vraisemblablement d'une sensation associée, d'une synesthésie (Vulpian). .

CHAPITRE V

TROUBLES DANS LES FONCTIONS DU PANCRÉAS

Cette physiologie pathologique est peu connue. Il ne semble pas que l'oblitération du canal de Wirsung ait de bien graves conséquences ; il est probable que les sucs gastrique et intestinal peuvent suppléer en grande partie à l'action du suc pancréatique quand celui-ci fait défaut; le seul phénomène que l'on observe en pareil cas est l'état graisseux des selles (stéatorrhée).

Lancereaux a trouvé plusieurs fois des lésions du pancréas chez des diabétiques (1) et Huppert explique leur action de la manière suivante : A l'état normal, le suc pancréatique dé-

(1) Lancereaux, *Notes et réflexions sur deux cas de diabète sucré avec altération du pancréas (Bulletin de l'Académie de médecine. 1877).*

double les graisses en glycérine et en acides gras qui s'unissent à la matière glycogène pour former les acides biliaires ; quand le suc pancréatique fait défaut, le dédoublement ne se produit pas et le glycogène se transforme en sucre.

CHAPITRE VI

TROUBLES DANS LES FONCTIONS DES REINS (1)

Constamment en activité, chargés d'éliminer la plus grande partie des produits anormaux qui pénètrent dans l'organisme et des matériaux de désassimilation qui s'y forment, les reins comptent parmi les organes qui sont le plus souvent intéressés et dont les lésions ont les conséquences les plus graves ; il est peu de maladies dans lesquelles leur sécrétion ne soit plus ou moins troublée.

Il ne faudrait pas cependant rapporter à un désordre dans les fonctions des reins toutes les modifications que peut présenter l'urine ; dans bien des cas, ces organes, jouant un rôle purement passif, laissent simplement filtrer les produits anormaux que renferme le sang. La plupart des substances étrangères à la constitution de l'organisme sont éliminées par les reins, sans que ces organes cessent de fonctionner normalement ; il en est de même de beaucoup de produits pathologiques. La présence dans l'urine de la matière colorante de la bile, d'un excès d'urée ou d'acide urique, ou de glycose n'implique pas une maladie des reins ; cet organe est de même passif dans l'hémoglobinurie : une certaine quantité de globules rouges ayant été détruits dans le sang, le rein élimine simplement la

(1) Cohnheim, Jaccoud, ouvrages cités. — Lancereaux, article REIN, du *Dictionnaire encyclopédique*. — Potain, *Du rhythme cardiaque appelé bruit de galop (Mémoire de la Société des hôpitaux* et *Union médicale*. 1875). — H. Rendu, *Des néphrites chroniques*. Paris, 1878. — Bouchard, Gull et Sutton, Mahomed, *Actes du congrès de Londres*, 1881. — Debove et Letulle, *Recherches anatomiques et cliniques sur l'hypertrophie cardiaque de la néphrite interstitielle. Arch. gén. de méd.* 1880. — Bouchard, *Note sur les albuminuries de la fièvre typhoïde et sur une néphrite qui survient dans cette maladie (Gaz. médic.* 1880). — Ribbert, *Ueber die Eiweissausscheidung durch die Nieren, Centralblatt*, etc. — Lépine, *Revue de médecine*, 1882. — Bartels, *Ziemssen's Handbuch*, 1875. — E. Wagner, *Der Morbus Brightii. Ziemssen's Handbuch*, 1882.

matière colorante que l'on trouve simultanément dans le sérum (Kuessner) (1) ; ce symptôme se distingue de l'hématurie par l'absence d'hématies dans l'urine.

Il importe donc, quand on constate une modification dans la constitution de l'urine, de déterminer si elle est due à une altération du sang ou à un vice dans le fonctionnement des reins.

Leurs fonctions peuvent être troublées par le fait d'un désordre dans leur circulation ou d'une lésion de leur tissu. Nous passerons successivement en revue les différentes altérations que peut présenter l'urine dans ces circonstances, en indiquant quelle en est l'origine, quels en sont les caractères et quelles en sont les conséquences.

<h3 style="text-align:center">ARTICLE Ier. — DE LA POLYURIE.</h3>

La quantité d'urine excrétée dans un temps donné varie, d'après Ludwig, en raison de l'élévation de la tension dans les glomérules et aussi, d'après Heidenhain (2), en raison de la rapidité du courant sanguin.

La tension dans les glomérules ne suit pas nécessairement les oscillations de la tension artérielle ; on sait que l'activité des circulations locales est sous la dépendance du système vaso-moteur, il est donc possible que l'excitation des vaso-moteurs qui animent les vaisseaux glomérulaires y réduisent la circulation, alors que la tension est élevée dans les artères.

Les expériences d'Eckhard, de Cl. Bernard et de Vulpian ont montré que les vaso-constricteurs des reins, et sans doute aussi leurs vaso-dilatateurs sont contenus en grande partie dans les nerfs splanchniques : la section de l'un de ces nerfs produit la congestion du rein correspondant, son électrisation en produit l'anémie (3) ; c'est sans doute à l'excitation réflexe des filets vaso-constricteurs qu'il faut rapporter l'anurie qui accompagne souvent l'accès de colique néphrétique ; l'anurie des hystériques peut s'expliquer par le même mécanisme ; il en serait de même, d'après Cohnheim, de la diminution de l'excrétion urinaire dans la colique de plomb et dans l'éclampsie puerpérale.

<hr>

(1) Kuessner, *Deutsch. med. Wochensch.* 1879.
(2) Heidenhain, *Bresl. artzl. Zeitsch.* 1879.
(3) Vulpian, *Leçons sur l'appareil vaso-moteur.* 1875

Les troubles dans l'innervation des reins sont également, selon toute vraisemblance, la cause de la polyurie provoquée par la piqûre du quatrième ventricule, seulement, en pareil cas, ce ne sont plus les vaso-constricteurs, mais bien les vaso-dilatateurs qui sont excités. M. Vulpian pense qu'il se produit en même temps une excitation des nerfs sécréteurs ; les polyuries émotives, celles qui résultent des lésions traumatiques du crâne, et à plus forte raison celles qui sont provoquées par les lésions du quatrième ventricule (1) reconnaissent sans doute le même mécanisme.

D'autres fois la polyurie est due à une augmentation de la masse du sang (2) ; elle peut résulter ainsi de la polydipsie. MM. Charles Richet et Moutard-Martin l'ont produite récemment en injectant dans les veines une quantité notable de sucre dissous dans de l'eau : un chien, qui, en trois heures, avait excrété 28 centimètres cubes d'urines, en rendit 364 centimètres dans la demi-heure qui suivit l'injection intra-veineuse de 44 grammes de sucre interverti, dissous dans de l'eau ; ces auteurs pensent que c'est surtout par le sucre qu'il contient que le lait est diurétique ; cette substance favorisant la dyalise, le sang qui en est chargé attire à lui une plus grande quantité d'eau, la pression s'élève dans les glomérules, et la polyurie se produit.

Parmi les causes pathologiques de la polyurie, il faut compter, outre les névroses que nous avons signalées et les traumatismes crâniens, l'hémorrhagie cérébrale (3), le diabète, l'azoturie, la fièvre récurrente et la néphrite interstitielle ; elle constitue souvent le symptôme dominant de cette dernière maladie dans laquelle elle paraît due à l'augmentation de pression que provoquent l'hypertrophie du cœur et les altérations des artères ; on l'observe également dans la dégénérescence amyloïde. MM. Lecorché et Talamon (4) l'ont vue constamment se produire au déclin des congestions hépatiques et de l'ictère catar-

---

(1) Dans deux cas de polyurie, M. Hayem a trouvé une dégénérescence gélatiniforme de l'épendyme du quatrième ventricule et des parties sous-jacentes ; elle était liée à une hyperplasie connective.

(2) Cuffer, article POLYURIE du *Nouveau dictionnaire de médecine et de chirurgie.*

(3) A. Ollivier, *Archives de physiologie normale et pathologique.* 1870.

(4) Lecorché et Talamon, *loc. cit.*

rhal. M. Lacombe (1) enfin a décrit une polyurie *essentielle* qui selon toute vraisemblance est liée à un trouble de l'innervation.

ARTICLE II. — DE L'ALBUMINURIE (2).

Ce phénomène n'est pas toujours pathologique. Senator pense que constamment l'urine normale renferme de légères traces d'albumine ; c'est là un fait sans intérêt, car ces traces ne sont pas appréciables par les réactifs usuels. Il est au contraire important de savoir que, chez des sujets sains, l'on peut trouver passagèrement plus d'un gramme d'albumine par litre ; ce fait a été mis récemment en évidence par M. Lépine (3). Ce professeur rappelle que déjà Vogel dit avoir vu, pendant des années, des albuminuries légères sans signes d'affection rénale. Ultzmann a constaté l'albuminurie chez 8 jeunes gens forts et bien portants ; chez l'un d'eux, elle était beaucoup plus prononcée la nuit que le jour ; en 1873, M. Gull (4) affirmait que les enfants débiles et anémiques sont souvent albuminuriques à l'époque de la puberté. Plus récemment, M. Leube (5) a constaté que, sur 119 soldats, 5 présentaient de l'albumine dans l'urine du matin et que 14 autres devenaient albuminuriques après l'exercice. Moxon (6) rapporte 19 cas d'albuminurie intermittente chronique chez des enfants débilités. Certains sujets ne deviennent albuminuriques qu'après une fatigue musculaire ou un repas copieux. M. Lépine cite encore Führbringer, Bull, Marcacci et J. Munn comme ayant fait des observations analogues ; il en a lui-même de personnelles et il conclut de ces

(1) Lacombe, *De la polydipsie*. Thèse de Paris, 1841.

(2) Bright, *Report of med. cases*. London, 1827-1831. — Johnson, *The med. chir. Review*. 1836. — Rayer, *Traité des maladies des reins*. Paris, 1840. — Cornil, thèse 1864. — Gubler, art. ALBUMINURIE du *Dictionnaire encyclopédique*. — Féréol, *Union médicale*, 1867. — Devilliers et Regnault, *Arch. gén. de méd*. 1848. — Jaccoud, *Des conditions pathogéniques de l'albuminurie*. Paris, 1860. et Art. ALBUMINURIE, du *Nouveau dictionnaire de médecine et de chirurgie pratiques*.

(3) R. Lépine, *Sur quelques travaux relatifs à l'albuminurie et à la pathologie rénale* (*Revue de médecine*. 1882).

(4) Gull, *Lancet*. 1873.

(5) Leube, *Virchow's Archiv*, p. 72. Nous empruntons ces citations au travail de M. Lépine.

(6) *Guy's hospit. reports*. 1878.

faits que, chez un nombre de sujets atteignant du vingtième au quarantième de la population, l'albuminurie se rencontre à certaines heures de la journée. Elle est liée probablement à une modification fonctionnelle au niveau du glomérule, peut-être à une perméabilité exagérée de sa membrane survenant sous une influence nerveuse (Führbringer et Leube) ou à un ralentissement de la circulation (Hoppe-Seyler et Bamberger); il résulte de ces faits que l'albuminurie ne doit être considérée comme pathologique que si elle coïncide avec des troubles de la santé.

On peut trouver dans l'urine diverses variétés d'albumine et des substances voisines telles que des peptones et des propeptones; l'albumine d'œuf filtre à travers le rein normal; MM. Estelle et Faveret, dans des expériences faites sous la direction de M. Lépine, ont constaté que la sérine et la globuline, prises sur un cochon d'Inde ou sur un chien et injectées dans les veines du même animal, passent en nature dans l'urine, sans doute parce qu'elles ont subi dans le cours de l'expérience une modification qui leur permet de filtrer.

La *propeptone*, connue encore sous le nom d'*hemi-albuminose* et de *paralbumine*, se rencontre souvent en petite quantité dans l'urine normale; elle s'y trouve en plus grande abondance dans diverses maladies et particulièrement dans les affections des os, surtout quand elles s'accompagnent de suppuration, dans la fièvre typhoïde et dans le cancer de l'estomac.

M. G. Sée a constaté récemment qu'un de ses malades, atteint de polyurie, excrétait chaque jour environ 8 grammes de peptones (1). Ces peptonuries et propeptonuries n'ont été étudiées jusqu'ici que dans un nombre de cas trop restreint pour que l'on puisse en faire l'histoire.

Le mode de production de la véritable albuminurie n'est pas toujours le même; elle peut être d'origine dyscrasique ou résulter d'une maladie du rein.

Les albuminuries d'origine dyscrasique paraissent être beaucoup moins fréquentes qu'on ne l'a pensé autrefois; dans les maladies où l'on peut invoquer une altération du sang, on trouve presque constamment une lésion rénale quand l'albu-

(1) G. Sée, *Polyurie peptonurique* (*Semaine médicale*. 1883).

mine passe dans l'urine ; les partisans de la théorie hématique soutiennent seulement que cette lésion est consécutive à l'altération du sang. Cette théorie a été formulée il y a plus de trente ans par M. Semmola et soutenue avec force par M. Jaccoud (1) ; le professeur de Naples l'a de nouveau exposée récemment dans une communication à l'Académie de médecine (2) ; il assure que les Brightiques ne rendent pas seulement de l'albumine par l'urine, mais aussi par toutes leurs sécrétions ; les fait-on suer, leur sueur est albumineuse ; la salive qu'ils rendent est également albumineuse, et il en est de même de leur bile ; il conclut de là que le mal de Bright n'est pas une affection rénale, mais bien un vice de nutrition, à marche lente, produit surtout par la suppression des fonctions de la peau et se caractérisant par une altération des substances albuminoïdes contenues dans le sang. Ces substances cessent d'être assimilables et sont éliminées par tous les émonctoires ; le rein n'est que l'un de ces émonctoires : forcé de se laisser ainsi traverser par une substance étrangère, cet organe devient malade consécutivement. Pour démontrer cette proposition, M. Semmola a fait une série d'expériences : il a rendu des animaux albuminuriques en leur injectant sous la peau du blanc d'œuf, des albumino-peptones, du sérum sanguin ou du lait ; au bout de quatre jours, on trouvait les reins congestionnés ; au dixième jour, on constatait une migration de leucocytes sous la capsule rénale ; vers le vingt-cinquième jour, il existait des lésions représentant la première période de la néphrite interstitielle.

Ces expériences établissent la possibilité d'une origine dyscrasique de l'albuminurie, mais elles ne prouvent pas qu'il n'y ait pas de lésions primitives des reins capables de la produire ; les cas bien authentiques de néphrites albumineuses survenues à la suite d'un traumatisme lombaire suffisent à en démontrer l'existence.

D'autre part, il n'est pas établi que la présence de l'albumine dans la sueur et la salive des Brightiques soit un fait constant : on ne conçoit pas bien comment l'élimination de traces d'albumine, substance non irritante, provoquerait les lésions

(1) Jaccoud, *Des conditions pathogéniques de l'albuminurie.* 1860.
(2) Semmola, *Recherches expérimentales et cliniques sur les albuminuries* (*Bulletin de l'Académie de médecine.* 1883).

profondes de la néphrite interstitielle, alors que le passage pendant des mois ou des années de quantités considérables de sucre ou de médicaments reste à cet égard inoffensif. Il faut attendre donc des recherches de contrôle pour apprécier en connaissance de cause les expériences que nous venons de rapporter.

Dans la grande majorité des cas, les conditions pathogéniques de l'albuminurie semblent bien être un trouble dans la circulation du rein et une altération dans sa structure. Elles ont été dans ces derniers temps l'objet de nombreuses recherches.

L'on s'est occupé, en premier lieu, de déterminer dans quelle partie du rein l'albumine sort des vaisseaux sanguins et l'on a reconnu que cette filtration s'opère exclusivement dans les glomérules.

Overberk a montré que, si on lie pendant quelques minutes seulement l'artère rénale, la sécrétion urinaire, d'abord complètement supprimée, reparaît au bout d'une demi-heure ou de trois quarts d'heure et renferme alors de l'albumine; or, si l'on jette dans l'eau bouillante le rein d'un animal auquel on a pratiqué cette opération, on trouve de l'albumine coagulée dans les glomérules en même temps qu'une altération de leur épithélium (1); de même MM. Browicz et Cornil ont constaté récemment que, 40 minutes après l'injection sous-cutanée de teinture de cantharides on trouve un exsudat albumineux dans les glomérules.

On a généralement, jusqu'à ces derniers temps, considéré l'augmentation de la tension vasculaire comme une des conditions qui donnent lieu le plus souvent à la filtration de l'albumine; il est reconnu aujourd'hui, depuis les travaux de M. Rüneberg, qu'elle n'est pas suffisante, et que même, dans bien des cas, il y a abaissement de pression en même temps qu'albuminurie; c'est ainsi que, dans l'expérience d'Overbeck citée précédemment, la pression est abaissée; dans l'asystolie, où l'albuminurie est fréquente, la tension artérielle est également amoindrie ; d'autre part, si l'on augmente la tension par la ligature de l'aorte au-dessus des rénales, on ne produit pas l'albuminurie : ce trouble fonctionnel peut donc coïncider aussi

(1) Expériences de **MM.** Ribbert, Posner et Litten cités par Charcot, *Leçons sur les conditions pathogéniques de l'albuminurie.* Paris, 1877.

bien avec un abaissement qu'avec une élévation de la pression, mais ni l'une ni l'autre de ces modifications ne suffisent à le produire; il faut, d'après Litten (1), Posner (2), Heidenhain (3) et Charcot (4), une autre condition, qui est la diminution de la vitesse du sang. Nous devons ajouter que, suivant Heidenhain, un autre élément, l'*altération de l'épithélium glomérulaire*, doit encore intervenir.

La présence de cet épithélium est la seule cause qui, à l'état normal, empêche l'albumine de filtrer avec les autres éléments du sérum; et son altération est la condition qui explique le mieux l'albuminurie. Nous avons vu précédemment qu'elle a pu être directement constatée après la ligature d'Overbeck; elle est constante dans la néphrite scarlatineuse.

Posner a réussi à fixer l'albumine dans son lieu d'excrétion en soumettant le rein à la coction, et Ribbert a obtenu le même résultat en plongeant l'organe dans l'alcool absolu; ils ont constaté que c'est bien le glomérule.

Plusieurs auteurs cependant, Kabierske, Browicz, Lassar et Litten, disent avoir trouvé, dans des cas de néphrite toxique provoqués chez des animaux par la cantharide, le pétrole ou les sels de chrome, les glomérules intacts, alors que l'épithélium des canaux contournés était profondément altéré; mais Cohnheim ne considère pas leurs observations comme démonstratives : dans les néphrites diphthériques et septiques de même que dans les néphrites *a frigore*, cet auteur a constaté une altération des glomérules; ajoutons enfin qu'elle existe aussi dans les néphrites chroniques.

L'albumine peut-elle provenir des capillaires qui entourent les canalicules ? L'épithélium leur forme une barrière qui paraît infranchissable, mais il peut s'altérer et vraisemblablement laisser filtrer l'albumine; il en est ainsi dans l'intoxication phosphorée, dans l'anémie pernicieuse, et dans le cas d'infarctus.

L'albumine peut se rencontrer dans la dégénérescence amyloïde du rein, mais elle est loin d'y être constante, les observa-

(1) Litten, *Centralbl.* 1880.
(2) Posner, *Virchow's Archiv*, t. LXXIX.
(3) Heidenhain, *Wien. med. Wochensch.* (cité par M. Lépine).
(4) Charcot, *Leçons sur les conditions pathogéniques de l'albuminurie.*

tions de M. Straus et de MM. Lecorché et Talamon sont concordantes à cet égard.

L'albumine que l'on trouve dans l'urine est le plus ordinairement de la sérine ; elle est assez souvent accompagnée de globuline et d'une substance analogue aux peptones. On a constaté que l'urine rendue après les repas renferme plus d'albumine, et M. Lépine a reconnu que cette albumine diffuse mieux que celle de l'urine du jeûne.

M. Bouchard distingue dans l'urine deux variétés d'albumine : l'une, qu'il appelle *rétractile*, est caractérisée par ce fait que le précipité obtenu par les acides s'agglomère en grumeaux sous l'influence de la chaleur ; l'autre, albumine *non rétractile*, reste diffusée dans la masse de l'urine.

Il résulte des considérations que nous venons d'exposer que, dans la grande majorité des cas, l'albuminurie est sous la dépendance d'une *lésion rénale :* tantôt cette lésion est primitive comme dans la néphrite *a frigore*, tantôt elle est consécutive à un trouble de la circulation ou à une altération du sang. Les obstacles à la circulation veineuse la produisent comme le fait la diminution de l'afflux artériel ; on la provoque sûrement en liant ou en comprimant la veine rénale ; elle doit donc apparaître dans le cas d'obstacles à la circulation cardio-pulmonaire, ou de compression de la veine-cave par une grossesse ou une tumeur abdominale.

Parmi les *dyscrasies*, il faut mentionner celles des fièvres, de la septicémie, du choléra, et certaines intoxications comme causes d'albuminurie ; dans les maladies infectieuses, l'élimination par les reins des éléments parasitaires donne lieu, d'après Bouchard (1), à une néphrite qui se caractérise par la présence dans l'urine d'albumine rétractile.

C'est sans doute par l'intermédiaire de la circulation que les *affections nerveuses* produisent parfois l'albuminurie. Claude Bernard a montré qu'on peut lui donner lieu en piquant le plancher du quatrième ventricule, et M. Ollivier (2) a constaté qu'en pareil cas on trouve les reins congestionnés ; il en est de même dans les albuminuries provoquées par d'autres lésions du système nerveux ; ainsi M. Vulpian a reconnu également

(1) Bouchard, *Communication au congrès de Londres*. 1881.
(2) A. Ollivier, *Archives générales de médecine*. 1874.

que la section du grand nerf splanchnique amène une forte congestion du rein avec polyurie et albuminurie ; ce fait démontre la possibilité d'une albuminurie par trouble de l'innervation vaso-motrice du rein (1).

Chez l'homme, différentes lésions du système nerveux peuvent être suivies d'albuminurie. Liouville l'a observée dans un cas de tumeur de la protubérance (2) ; elle se produit souvent dans l'apoplexie, dans la commotion cérébrale et dans l'état de mal épileptique ; M. Lépine l'a vue survenir chez une hystérique ; M. Teissier l'a signalée dans diverses affections chroniques des centres nerveux (3).

L'albuminurie, quand elle est abondante, entraîne une perte considérable de matériaux organiques et peut ainsi conduire les malades à la cachexie. Le sang, sous son influence, devient plus aqueux ; son sérum aurait, d'après la plupart des auteurs, plus de tendance à s'échapper des vaisseaux ; l'anasarque serait le résultat de l'hydrémie en même temps que de l'anurie. Nous devons dire que Cohnheim oppose à cette interprétation de sérieuses objections ; il a pu, avec Lichtheim, produire chez des animaux, par l'injection dans les veines d'une grande quantité d'eau légèrement salée, un état de pléthore hydrémique très prononcé, sans donner lieu à de l'œdème ; celui-ci ne se manifeste que dans les points où la peau a été altérée soit par le vernissage, soit par la chaleur.

Bartels, il est vrai, a démontré, par des observations soigneusement prises, que l'anasarque augmente chaque fois que l'excrétion urinaire diminue et *vice versa*, mais on ne peut en conclure que cette diminution de l'excrétion urinaire soit la cause de l'anasarque, car l'on pourrait aussi bien soutenir la thèse inverse, et dire que l'augmentation de l'anasarque amène l'oligurie ; il n'est pas rare de voir des hystériques ou des calculeux atteints d'anurie persistante être exempts d'œdème.

D'autre part, dans l'hypothèse qui rattache l'hydropisie à la pléthore hydrémique, on ne comprendrait pas comment l'anasarque occuperait, dans bien des cas, exclusivement le tissu cellulaire sans envahir les séreuses ; il y a enfin des néphrites

(1) Vulpian, *Leçons sur les vaso-moteurs.*
(2) Liouville, *Gaz. des hôpitaux.* 1873.
(3) Teissier, *Gaz. hebdomadaire.* 1877.

avec albuminurie très abondante qui évoluent sans trace d'œdème ; nous en avons nous-même observé récemment deux exemples remarquables. Cohnheim pense que l'anasarque est due, dans les néphrites *a frigore* et scarlatineuses, à une modification dans l'état des vaisseaux cutanés qui deviendraient plus perméables, et il rappelle à ce sujet les faits d'anasarque *a frigore* sans albuminurie ; dans les néphrites chroniques, il invoque l'insuffisance cardiaque qui fait suite à l'hypertrophie quand survient la cachexie et qui contribue également à produire l'oligurie ; c'est alors un œdème par stase comparable à celui des maladies du cœur.

Cette explication ne paraît pas plus satisfaisante que les autres, car l'anasarque des albuminuriques diffère beaucoup, dans ses localisations et son mode de développement, des hydropisies d'origine cardiaque ; le mieux est donc de déclarer que la lumière n'est pas encore faite sur cette question de physiologie pathologique.

L'albuminurie coïncide parfois chez les brightiques avec un symptôme qui a été signalé pour la première fois par M. Jaccoud (1) et que M. Dieulafoy (2) a étudié récemment sous le nom de *pollakiurie ;* il consiste en une fréquence anormale des mictions. Elle ne s'accompagne pas nécessairement de polyurie ; les malades qui en sont atteints urinent jusqu'à dix et douze fois dans chaque nuit ; elle peut être précoce ou tardive ; elle est douloureuse chez certains malades ; c'est un trouble de l'excrétion qui paraît dû à une excitabilité exagérée des plans musculaires de la vessie.

ARTICLE III. — DE L'URÉMIE.

L'insuffisance de l'excrétion urinaire donne lieu à un ensemble d'accidents que l'on désigne sous le nom d'*urémie ;* ils peuvent se présenter sous des formes très variées, et si l'on cherche à en pénétrer la cause prochaine, on reconnaît qu'elle est également loin d'être toujours identique.

Au point de vue clinique, on distingue en premier lieu, d'a-

(1) Jaccoud, *Traité de pathologie interne.*
(2) Dieulafoy, *Etudes sur quelques troubles de la maladie de Bright* (*Union médicale.* 1882).

près le siège des accidents, une forme *cérébrale*, une forme *respiratoire*, une forme *gastro-intestinale* et une forme *articulaire ;* la forme cérébrale peut elle-même différer dans son expression symptomatique ; le plus souvent elle est caractérisée par des accidents épileptiformes.

Les accès sont le plus habituellement précédés de phénomènes prodromiques ; c'est d'ordinaire une céphalalgie qui est accompagnée de somnolence et d'un notable degré d'hébétude ; la physionomie se modifie ; le regard devient fixe ; certains malades disent éprouver une sensation de vertige avec pesanteur dans les membres ; d'autres ont des troubles de la vue et de l'ouïe, des vomissements et des convulsions partielles ; beaucoup ressentent un prurit comparable à celui de l'ictère (Peter et Dieulafoy) ; ces troubles se prolongent pendant plusieurs heures ou plusieurs jours. L'accès débute le plus souvent par une perte de connaissance ; la sensibilité est amoindrie et disparaît entièrement, puis surviennent les contractions toniques, bientôt suivies de convulsions cloniques ; c'est le tableau de l'attaque épileptique. D'autres fois, les malades sont en proie à une agitation maniaque ou affectés d'un délire mélancolique ; plus rarement les convulsions sont tétaniformes (Jaccoud). Dans certains cas, elles gardent le caractère épileptiforme, mais ne s'accompagnent pas de perte de connaissance. On peut donc admettre, avec M. Jaccoud, trois variétés dans la forme convulsive de l'urémie : le type *épileptique*, le type *convulsif*, et le type *tétanique*. Certains malades ont un tremblement analogue à celui de la paralysie agitante (Charcot).

Bourneville a trouvé la température constamment abaissée pendant les accès convulsifs. Bartels a constaté, au contraire, que chez ses malades elle était notablement plus élevée qu'à l'état normal (1) et quelquefois hyperpyrétique (42°). Wagner considère également le refroidissement comme exceptionnel. Le pouls est habituellement ralenti pendant les heures ou les jours qui précèdent l'accès.

Dans l'intervalle des accès, les malades restent souvent dans le coma ; d'autres fois ils sont en proie à l'agitation maniaque ou affectés d'un délire mélancolique. Souvent des troubles

____

(1) Bartels, *Handbuch der Nierenkrankheiten*, 1875.

visuels persistent après les attaques ; c'est habituellement une amaurose ; les malades sont aveugles sans que l'examen du fond de l'œil y révèle aucune altération. Ce symptôme persiste d'ordinaire indéfiniment quand les malades survivent. Quelquefois c'est l'ouïe qui est affaiblie (Dieulafoy).

Le coma peut s'établir en l'absence de tout phénomène convulsif ; il se développe d'habitude graduellement. C'est au début une sorte d'hébétude, de torpeur, qui cesse momentanément sous l'influence des excitations ; plus tard, elle devient permanente, se prononce de plus en plus jusqu'au moment où la connaissance est complètement abolie.

Il faut admettre aussi une variété *délirante*. Nous avons observé dernièrement un fait dans lequel un délire tranquille a constitué, pendant plus de quinze jours, le symptôme le plus saillant de l'encéphalopathie ; plus rarement le délire est violent et comparable à celui de la manie aiguë (Lasègue).

La forme *respiratoire* est suffisamment caractérisée par une dyspnée que n'explique aucune lésion des poumons ni du cœur ; elle pourrait rentrer dans la forme encéphalique, car elle ne peut être rapportée qu'à un trouble dans l'innervation bulbaire.

La forme *gastro-intestinale* se traduit par des vomissements, de la diarrhée, la sécheresse de la langue et l'odeur ammoniacale de l'haleine ; nous verrons qu'elle est d'origine toxique.

La forme *articulaire*, décrite par M. Jaccoud, simule de tous points un rhumatisme vulgaire : elle complique la forme cérébrale : des douleurs vives, exagérées par la pression et limitées aux grandes jointures, la caractérisent.

L'urémie peut être chronique ; elle se traduit alors par des vomissements ou de la diarrhée, par de la dyspnée, par de la céphalalgie souvent accompagnée de vertiges, d'hébétude et quelquefois de légères convulsions ; on peut voir dans ces conditions apparaître sur la peau, ordinairement à la face seulement, quelquefois dans toutes les parties du corps, un dépôt pulvérulent formé d'urée ; il se manifeste le plus souvent à la suite de sueurs visqueuses.

Le mode de production des accidents urémiques a été l'objet de discussions qui ne sont pas encore épuisées ; ainsi que nous l'avons indiqué déjà, il ne semble pas être le même dans tous les cas.

La théorie *mécanique* de Traube attribue les accidents à un œdème cérébral ; cet œdème reconnaît plusieurs facteurs : c'est, en premier lieu, l'hydrémie qui favorise la filtration de la sérosité du sang ; c'est ensuite l'hypertrophie du cœur qui, en élevant la tension dans les artères, agit dans le même sens ; la sérosité épanchée comprime les capillaires de l'encéphale et en produit ainsi l'anémie, cause des convulsions. Traube aurait constaté plusieurs fois directement, chez des urémiques, l'existence de l'œdème cérébral. Munk a voulu apporter, à la théorie, l'appui de l'expérimentation, et il a provoqué des accès convulsifs chez des animaux en leur injectant de l'eau dans les carotides, après leur avoir lié ces vaisseaux ainsi que les jugulaires. Disons tout de suite que ces expériences n'ont aucune valeur, car les conditions y sont toutes différentes de celles dans lesquelles se produit l'urémie ; d'ailleurs Bidder assure que les injections d'eau ne produisent ces accidents que si elles quadruplent la tension. D'autre part, Voit a reconnu que le cerveau des animaux auxquels on a enlevé le rein, et celui des urémiques, ne renferment pas plus de liquide que le cerveau normal. La théorie de Traube ne peut donc être appliquée à la généralité des faits : on voit par exemple l'urémie se produire chez des brightiques qui n'ont pas d'hydropisie ; faut-il admettre alors un œdème cérébral ? Le plus souvent elle coïncide avec une insuffisance de l'excrétion urinaire et elle est alors, vraisemblablement, d'origine toxique ; les seuls cas où la théorie de Traube paraisse la plus vraisemblable sont ceux où le chiffre de l'excrétion de l'urée et des matières extractives reste normal pendant les accès (faits de Jaccoud).

Th. Frerichs rapportait les accidents à la *rétention de l'urée* et à sa transformation en carbonate d'ammoniaque : il a démontré que l'air expiré par les urémiques pouvait renfermer ce produit ; et, d'autre part, il a réussi à provoquer des convulsions chez des animaux en leur injectant dans les veines une solution du même sel. Cette théorie, accueillie d'abord avec faveur, paraît généralement abandonnée aujourd'hui. Hoppe-Seyler et Oppler (1) ont montré que les accidents toxiques

(1) Oppler, *Beiträge zur Lehre von der Urämie* (*Virchow's Archiv*, XI).

produits chez les animaux par le carbonate d'ammoniaque diffèrent de ceux de l'urémie par l'absence de phénomènes comateux ; d'autre part, le sang des animaux auxquels on a extirpé les reins ou lié les uretères ne renferme pas de trace de cette substance ; la transformation ne porte d'ailleurs que sur la quantité relativement faible d'urée qui s'élimine par l'estomac ; Kühne et Strauch (1) sont arrivés aux mêmes résultats. L'action du carbonate d'ammoniaque ne peut donc rendre compte que des phénomènes gastriques de l'urémie ; nous devons mentionner cependant l'opinion de Treitz (2) d'après laquelle le carbonate d'ammoniaque ainsi formé dans l'estomac serait absorbé et irait agir sur l'encéphale ; elle reste passible d'une objection capitale, l'absence de coma dans l'empoisonnement par ce produit.

Schottin a donné son nom à la théorie qui attribue l'urémie au *défaut d'excrétion des matières extractives* (3).

L'accumulation de l'urée dans le sang est généralement considérée comme inoffensive par elle-même ; on l'a constatée chez des sujets qui n'ont pas présenté de phénomènes urémiques ; il faut cependant que ce produit puisse s'éliminer librement. Dans une expérience de Voit et Oertel, un chien a pu absorber, sans en éprouver d'inconvénients, 18 gr. 4 d'urée par jour aussi longtemps qu'on l'a laissé boire autant qu'il voulait ; mais du jour où on l'a privé d'eau, il a été pris de vomissements, de convulsions, et il est tombé dans le coma ; or, chez un brightique, l'excrétion de l'urine est souvent entravée.

En résumé, aucune des théories invoquées pour expliquer l'urémie ne peut expliquer tous les faits; celle de Traube est la plus vraisemblable pour les cas, d'ailleurs exceptionnels, où l'urine est aussi riche ou plus riche en urée et en matières extractives qu'à l'état normal (Jaccoud); pour ceux au contraire où l'excrétion de ces produits ne se fait plus qu'incomplètement, les accidents doivent être imputés à leur rétention et aux troubles qui en résultent dans la désassimilation des albuminoïdes.

Les brightiques sont sujets aux inflammations viscérales et

----

(1) Kühne und Strauch, *Centralblatt.* 1864.
(2) Treitz, *Ueber uraemische Darmaffection* (*Prager Vierteljahrs.* 1859).
(3) Schottin, *Archiv f. physiolog. Heilkunde.* 1851-1853.

cutanées, et ces inflammations ont tendance à se terminer par suppuration ; on ne peut guère se rendre compte de ces faits que par l'action irritante des produits anormaux qui s'accumulent dans le sang.

ARTICLE IV. — DE LA NÉPHRORRHAGIE.

Ce symptôme, qu'il ne faut pas confondre avec l'hémoglobinurie (page 289), peut reconnaître pour cause une *altération du rein* lui-même, un *trouble de circulation*, ou une *maladie générale*.

a. L'urine est assez souvent sanguinolente dans les néphrites aiguës, particulièrement dans celles qui sont provoquées par l'ingestion de cantharides ou d'huile de térébenthine ou par l'action du froid. Nous avons vu que l'exsudation inflammatoire contient souvent des globules rouges en même temps que des globules blancs ; la proportion de ces éléments varie avec chaque cas particulier. La signification de ce symptôme n'est pas nécessairement fâcheuse ; nous l'avons observé chez des malades qui ont complètement guéri ; il est probable que, dans ces cas, le processus ne s'étendait pas à toute la masse du parenchyme rénal. Les traumatismes, le cancer et les infarctus des reins sont des causes fréquentes d'hémorrhagies.

b. Les néphrorrhagies par stase veineuse sont exceptionnelles ; celles que l'on observe dans les maladies du cœur sont dues le plus souvent à des infarctus.

c. Les maladies générales hémorrhagiques, telles que les pyrexies, la maladie de Wehrloff, le scorbut, ne donnent lieu que très rarement à une véritable hémorrhagie rénale ; le plus souvent le sang provient, en pareil cas, des voies d'excrétion (1).

Dans le cas de néphrorrhagie, on retrouve dans l'urine des globules sanguins le plus souvent altérés, quelquefois réduits à leur stroma ; on y voit également des coagulations fibrineuses dont la forme et les dimensions varient suivant qu'elles se sont développées dans les tubes de Bellini ou dans les voies d'excrétion. L'examen spectroscopique donne les raies caractéristiques de l'hémoglobine. Les urines sanguinolentes sont

____

(1) Bartels, ouvrage cité.

constamment albumineuses, et c'est souvent, en pareil cas, un problème délicat de décider si l'albumine vient exclusivement du sang épanché ou s'il y a à la fois hématurie et albuminurie ; il faut doser l'albumine et rechercher si la quantité que l'on en trouve est en rapport avec celle que devrait contenir le sang épanché ; on ne peut y parvenir que très approximativement, puisque l'on ne peut apprécier l'abondance de l'hémorrhagie que par le degré de coloration de l'urine. La coagulation du sang dans les tubes excréteurs peut faire obstacle à l'émission de l'urine et favoriser ainsi la production de l'urémie.

ARTICLE V. — DES TROUBLES DE LA CIRCULATION DANS LES
MALADIES DES REINS.

Les néphrites et, comme elles, la plupart des affections organiques des reins coïncident souvent avec des troubles dans les fonctions et dans la constitution du cœur et des gros vaisseaux. La nature de ces troubles, leur mode de production et leurs rapports avec les affections rénales sont des questions qui ont vivement sollicité dans ces dernières années l'attention des pathologistes et n'ont pu recevoir encore une solution définitive, malgré l'importance des travaux dont elles ont été l'objet.

Examinons d'abord les faits ; nous verrons ensuite quelles interprétations diverses ils peuvent recevoir.

Les affections rénales s'accompagnent souvent d'une hypertrophie du cœur que révèle au lit du malade le bruit de galop si bien étudié par M. Potain en même temps que l'augmentation de la matité précordiale ; elle porte principalement sur le cœur gauche ; on peut constater simultanément un accroissement de la tension artérielle ; le pouls radial offre, en effet, une résistance anormale, et d'autre part, le second bruit aortique ainsi que le bruit carotidien sont plus éclatants, plus clairs et d'une tonalité plus élevée qu'à l'état normal (Traube) ; cet excès de tension peut être constaté avant l'hypertrophie du cœur.

Tous les auteurs sont d'accord sur ces faits, mais les divergences commencent quand il s'agit de déterminer quels rapports existent entre les troubles circulatoires et l'affection rénale. Rayer et plus tard Reinhardt et Frerichs ont soutenu que l'affection cardiaque était primitive et produisait secondairement l'affection rénale. M. Potain objecte avec raison : 1° qu'on ne s'explique pas comment une lésion du cœur, incapable par elle-même d'entraver la circulation, entraînerait une altération du rein souvent grave et profonde ; 2° que l'on ne comprendrait pas, dans cette hypothèse, pourquoi le rein seul souffrirait de l'excès de tension produit par l'hypertrophie cardiaque ; 3° que dans certains cas, dans ceux par exemple où les accidents sont consécutifs à une hydronéphrose, à une cystite ou à une hypertrophie de la prostate, l'affection rénale est évidemment primitive.

La théorie qui, jusqu'à ces derniers temps, a prévalu est celle de Traube ; elle fait de la lésion rénale le point de départ des accidents, et rattache l'hypertrophie du cœur à l'excès de tension qui résulte, d'une part de la difficulté qu'éprouve le sang à passer des artères dans les veines rénales, de l'autre part de l'hydrémie produite par l'insuffisance de l'excrétion urinaire ; cette dernière cause ne peut intervenir, puisque dans la néphrite chronique il y a polyurie, mais l'influence de la première peut suffire à expliquer l'augmentation de la tension. Nous reviendrons plus loin sur cette théorie qui est peut-être encore la plus vraisemblable.

Une troisième hypothèse a été formulée par Gull et Sutton et a reçu, avec des variantes, l'adhésion de pathologistes d'une grande autorité : d'après ces auteurs, la lésion rénale et l'hypertrophie du cœur sont l'une et l'autre la conséquence d'une altération générale du système artériel qui consiste en une dégénérescence fibreuse des petites artères (1) et des capillaires ; ces lésions intéresseraient les vaisseaux du rein comme ceux de la pie-mère, des séreuses, des parenchymes, en un mot de tous les tissus. Georges Johnson considère également l'altération des artères comme primitive, mais elle consiste pour lui en une hypertrophie de leur tunique musculaire. Cornil et Ranvier regardent comme inflammatoires les lésions décrites par ces auteurs ; limitées d'abord à la tunique interne, elles en-

(1) Les mêmes auteurs pensent que cette altération fibreuse peut donner lieu à des symptômes rapportés à tort à l'urémie ; ils concèdent d'autre part que la maladie du rein peut devenir la cause d'altérations cardiaques (Congrès de Londres, 1881).

vahissent plus tard la moyenne et l'externe dont elles provoquent l'épaississement. C'est cet épaississement que Johnson a pris pour une hypertrophie, de même que l'infiltration de toutes les tuniques par l'exsudat phlegmasique a fait admettre par Gull et Sutton une dégénérescence (1). Debove et Letulle (2) admettent que l'hypertrophie cardiaque et la sclérose rénale ont l'une et l'autre pour origine une sorte de diathèse fibreuse. Pour M. Peter (3), la néphrite interstitielle n'est que la conséquence de l'artérite ; c'est une des altérations qu'entraîne à sa suite la dégénérescence athéromateuse des artères.

Plusieurs de ceux qui considèrent les lésions vasculaires comme la cause de l'hypertrophie du cœur et de la sclérose rénale attribuent la production de ces lésions à une altération du sang. Bright avait déjà émis la pensée que la rétention des matériaux excrémentitiels peut, chez les brightiques, amener l'hypertrophie du cœur en rendant plus difficile le passage du sang à travers les capillaires et en augmentant ainsi la tension artérielle ; Kirkes a soutenu la même opinion et il s'appuyait sur l'état de dilatation que présentent les gros vaisseaux chez ces malades ; mais, d'une part, il arrive souvent qu'il n'y a pas, en pareil cas, de rétention des produits excrémentitiels et, d'autre part, M. Potain a constaté que l'eau et le sérum du sang, chargés d'albumine, filtrent aussi librement à travers des tubes capillaires que l'eau ou le sérum pur. George Johnson pense que l'accumulation dans le sang de matériaux anormaux fait contracter les artérioles et augmente ainsi la tension vasculaire ; cette théorie ne peut s'appliquer aux cas dans lesquels il n'y a pas de rétention de l'urine et elle ne s'appuie d'ailleurs que sur une hypothèse ; elle a été néanmoins reprise, modifiée et développée récemment par Mohamed (4) : d'après cet auteur, le mal de Bright est d'origine hématique ; chargé de produits anormaux, le sang irrite la paroi des artères, en provoque la contraction, amène ainsi l'élévation de la pression sanguine, et se-

(1) Cornil et Ranvier, *Manuel d'histologie pathologique*, 2ᵉ édition.
(2) Debove et Letulle, *Archives de médecine*, mai 1880.
(3) Peter, *Bulletin de la société clinique*. 1879.
(4) Mohamed, *About Bright's chronic disease and its principal symptomes* (*The Lancet*. 1879). Mémoire analysé par H. Barth dans la *Revue des sciences médicales*.

condairement l'épaississement des artères, l'hypertrophie du cœur et la sclérose du rein qui devient malade au même titre que les autres viscères. Les phénomènes cardiaques et artériels dominent la scène; les symptômes rénaux peuvent manquer; le mal de Bright chronique se traduit exclusivement, en l'absence de complications, par une élévation de la tension artérielle; celle-ci amènerait ultérieurement les lésions rénales. Mohamed est conduit ainsi à décrire une diathèse brightique qu'il considère comme antérieure à l'affection rénale et comme pouvant évoluer sans elle et tuer le malade par hémorrhagie cérébrale, bronchite, ou affection cardiaque, sans qu'il y ait jamais eu d'albuminurie. C'est là sans contredit une manière de voir originale et séduisante comme toute tentative de généralisation, mais elle ne nous paraît pas d'accord avec les faits. Gull, Sutton et Rosenstein ont constaté les altérations des petites artères dans tous les cas d'hypertrophie cardiaque avec lésion rénale; or M. Potain fait remarquer avec raison qu'il s'en trouve dans le nombre quelques-uns où la maladie du rein est certainement primitive.

Sans doute c'est surtout dans la néphrite interstitielle que les troubles de la circulation sont le plus accentués, ils l'accompagnent presque constamment, si ce n'est chez les sujets affaiblis par l'âge ou par une cachexie; mais on les trouve également dans d'autres affections rénales.

Cohnheim affirme, d'après ses observations personnelles, que le cœur s'hypertrophie dans tous les cas de néphrite chronique, sauf dans le cas de cachexie; si des auteurs dignes de foi ont exprimé une opinion contraire, c'est qu'ils ont confondu, dans leurs statistiques, la néphrite avec la dégénérescence amyloïde qui n'entraîne pas les mêmes conséquences. On a vu également l'hypertrophie du cœur se produire dans l'hydronéphrose (Friedreich, Cohnheim), dans des cas d'atrophie rénale consécutifs à l'oblitération de l'artère (Roth), et dans la néphrite consécutive à la cystite chronique (Exchaquet); il est de toute évidence que, dans ces différents cas, les troubles de la circulation ont été consécutifs à l'affection rénale. Nous devons dire d'ailleurs que l'existence chez tous les brightiques d'une altération du système artériel n'est rien moins que démontrée; Ewald, qui a étudié sur ce sujet avec une grande compétence (1), a constaté seulement dans la plupart des cas d'hypertrophie du cœur une hypertrophie de la tunique musculaire des artérioles, et il considère cette lésion comme secondaire; Cohnheim est porté, par ses propres observations, à regarder même cette hypertrophie comme beaucoup plus rare que ne l'a dit Ewald; pour lui, le seul organe dont les artères soient habituellement malades dans la néphrite chronique est le rein; on trouve souvent leurs parois épaissies, mais rien n'autorise à considérer cette lésion comme primitive, c'est l'endartérite qui accompagne si souvent les inflammations chroniques (2).

Nous sommes donc amené à conclure, avec M. Potain, que l'opinion d'après laquelle l'affection du rein est l'origine et la cause indirecte de l'hypertrophie cardiaque est seule d'accord avec la majorité des faits. Il nous faut examiner comment on peut concevoir cette action de l'affection rénale sur le cœur.

Nous avons mentionné déjà la théorie purement *mécanique* de Traube ; d'autres, parmi lesquels on doit citer en première ligne l'illustre Bright, admettent que la rétention, dans le sang, de matériaux qui devraient être éliminés par l'urine, augmente l'énergie des contractions du cœur, et amène ainsi l'hypertrophie de ce viscère (théorie chimique); d'autres enfin pensent, avec Weitling, que les altérations rénales modifient par action réflexe l'action du cœur (3); M. Potain déclare qu'il serait fort tenté de se rattacher dans une certaine mesure à la théorie de l'influence réflexe, en admettant toutefois que cette influence s'exerce sur les capillaires et non directement sur le cœur ; il a vu deux fois une contusion violente de l'un des reins être suivie d'une anasarque limitée à la moitié correspondante du corps ; comment en comprendre la production autrement que par une action sur les vaso-moteurs ? ne devient-il pas dès lors vrai-

(1) Ewald, *Virchow's Archiv.* LXXI.

(2) Senator soutient que l'hypertrophie du cœur coïncidant avec les affections rénales peut se présenter sous deux formes très distinctes, l'hypertrophie excentrique et l'hypertrophie concentrique. La première appartiendrait à la néphrite parenchymateuse et serait produite par l'accumulation de l'urée dans le sang; la seconde coïnciderait avec la sclérose rénale qui n'en serait pas la cause, mais l'effet. Malheureusement pour la théorie, il n'est pas rare de voir une hypertrophie excentrique des plus prononcées coïncider avec une sclérose rénale.

(3) Gilewski, *Ueber die Muthmassliche Ursache der Hypertrophie im Morbus Brightii* (*Wiener med. Wochensch.* 1869).

semblable qu'une action analogue s'exerce aussi de la part du rein chroniquement enflammé et qu'elle est susceptible de contribuer aux modifications que la circulation périphérique subit en pareil cas ?

En résumé, l'hypertrophie cardiaque qui coïncide avec les affections rénales est provoquée par un accroissement permanent de la tension artérielle. Cet accroissement peut s'expliquer : 1° par l'obstacle que la lésion rénale oppose au cours du sang (1); 2° par une contraction des artérioles que provoquerait une action réflexe dont le rein serait le point de départ; 3° par l'accumulation dans le sang des produits de désassimilation. Il est possible que dans certains cas la maladie soit primitivement vasculaire, conformément aux théories de MM. Gull, Sutton, Peter, Debove et Letulle et Senator.

L'hypertrophie du cœur, quelle qu'en soit l'origine, est à son tour la cause de troubles fonctionnels ; elle contribue à produire la polyurie, en même temps qu'elle favorise les hémorrhagies.

ARTICLE VI. — DES TROUBLES DANS L'EXCRÉTION DE L'URINE.

§ 1. — De l'incontinence de l'urine.

A l'état normal, la tonicité du sphincter uréthral s'oppose à l'écoulement de l'urine, et l'émission de ce liquide n'a lieu qu'à des intervalles plus ou moins éloignés sous l'influence de la volonté.

Il n'en est plus de même quand le sphincter est détruit ou paralysé. Les traumatismes et les tumeurs qui intéressent le col de la vessie, les paralysies d'origine périphérique, spinale, ou cérébrale sont des causes relativement fréquentes d'incontinence; d'autres fois il semble qu'il y ait simplement atonie du sphincter; certaines personnes perdent leur urine au moment des efforts que provoquent le rire et la toux; l'atonie vésicale

---

(1) On a rejeté l'influence de cette cause par la raison que la ligature d'une grosse artère ne produit pas l'hypertrophie du cœur ; mais les conditions ne sont plus les mêmes, car en interrompant le cours du sang dans un membre, on diminue *ipso facto* la masse du sang en circulation.

est une des conséquences fréquentes de la lithiase ; on l'observe également dans les fièvres graves.

Il est une variété d'incontinence qui a vivement préoccupé les cliniciens ; c'est celle qui survient la nuit chez les enfants et les jeunes gens. C'est le plus souvent vers le matin que l'émission a lieu ; cette infirmité est aussi fréquente chez les sujets robustes que chez les individus débiles ; assez souvent l'accident peut tenir à la paresse ou à la frayeur qu'inspire l'obscurité ; mais cette cause ne peut être invoquée lorsque l'incontinence survient pendant le sommeil ; Trousseau l'a expliquée hypothétiquement par une exagération de la tonicité vésicale ; il est plus probable que, dans ces circonstances, l'émission de l'urine se produit automatiquement, par acte réflexe, tantôt inconscient, tantôt accompagnée de rêve : la volonté n'intervient pas seule dans l'acte de la miction ; une fois qu'il a commencé, qu'il est mis en train, si l'on peut dire ainsi, il continue à s'accomplir automatiquement, par voie réflexe ; on sait que les sujets qui ont de la difficulté à uriner y parviennent souvent en se titillant le prépuce ou l'extrémité de la verge ; cette fonction doit donc être considérée comme indépendante en partie de la volonté ; quand le besoin d'uriner se produit pendant la nuit, comme c'est la règle chez beaucoup de personnes, il faut que la sensation de plénitude vésicale soit assez intense pour interrompre le sommeil : or, on conçoit facilement que, chez les sujets qui dorment très profondément, la sensation n'ait pas l'intensité nécessaire pour éveiller la conscience, et que l'émission ait lieu automatiquement, par acte réflexe, sans que le *sensorium* en soit averti.

§ 2. — Rétention d'urine.

Pour que l'émission de l'urine se fasse dans des conditions normales, il est nécessaire : 1° que les voies d'excrétion soient perméables ; 2° que les parois vésicales se contractent avec une énergie suffisante.

L'excrétion peut être empêchée mécaniquement par un rétrécissement de l'urèthre ou une tumeur du petit bassin.

L'insuffisance des contractions peut être due :

1° A l'*atonie* des parois vésicales ; 2° à leur *paralysie ;* 3° à l'existence d'une *affection douloureuse de l'abdomen.*

L'*inertie* des parois s'observe quand l'organe a été distendu à l'excès ; elle peut être consécutive à l'inflammation de la muqueuse ; elle se produit aussi dans les fièvres graves et les autres maladies adynamiques.

La *paralysie* des parois peut être provoquée, comme celle du sphincter, par une affection des nerfs périphériques, de la moelle ou de l'encéphale.

Une affection douloureuse de l'abdomen peut avoir le même résultat si la douleur est aggravée par les contractions de la vessie et des parois abdominales au moment de la miction.

Dans certains cas, l'obstacle à l'excrétion ne siège pas dans la vessie, mais plus haut, dans l'uretère, et il est alors constitué le plus ordinairement par une concrétion calculeuse.

La rétention d'urine a des conséquences graves quand elle dure : l'urine distend les uretères, les calices, les bassinets et, si l'obstacle persiste, il peut se produire une hydronéphrose ; d'un autre côté, la sécrétion urinaire est ralentie par l'excès de pression qui se produit dans les bassinets et les tubes droits; elle finit par s'arrêter presque complètement, et, si cet état de choses persiste, les malades succombent à des accidents urémiques. Un autre inconvénient sérieux de la rétention d'urine est de nécessiter le cathétérisme qui trop souvent n'est pas pratiqué avec les précautions nécessaires et donne lieu à la fermentation de l'urine avec toutes ses conséquences.

ARTICLE VII. — DES DOULEURS NÉPHRÉTIQUES.

Les affections organiques des reins sont assez souvent complètement indolentes. Les sensations douloureuses qu'elles peuvent provoquer siègent d'ordinaire à la région lombaire et ne présentent que peu d'intensité. Il n'en est pas de même de celles qui sont provoquées par le passage des calculs ou d'autres corps solides à travers les uretères. Continues ou intermittentes, mais toujours paroxystiques, elles se font sentir à la région lombaire, dans le flanc et sur le trajet de l'uretère ; des réflexes les accompagnent ; les plus remarquables sont les vomissements, la contraction du crémaster produisant la rétraction du testicule, et les troubles de la circulation que dénotent la pâleur de la face, le refroidissement des extrémités, et la tendance à la syncope. Nous avons vu précédemment que l'excitation de la muqueuse peut donner lieu à la suspension momentanée de la sécrétion urinaire en agissant, soit sur les vaso-moteurs, soit sur les nerfs sécréteurs du rein.

Pendant les accès, les traits altérés expriment la souffrance et l'anxiété. La douleur peut être rapportée en partie à l'irritation de la muqueuse de l'uretère par le corps étranger avec lequel elle est en contact, mais elle paraît due surtout, comme celle qui caractérise les autres variétés de coliques (hépatiques, intestinales, utérines), à la contraction spasmodique des fibres lisses que renferme la paroi du conduit ; on ne peut guère s'expliquer autrement son caractère nettement spasmodique.

ARTICLE VIII. — DU TÉNESME VÉSICAL.

On appelle ainsi les contractions douloureuses fréquentes et involontaires dont la vessie est parfois le siège ; elles aboutissent le plus souvent, mais non constamment, à l'émission d'une petite quantité d'urine ; ce symptôme est le plus ordinairement produit par une irritation de la muqueuse vésicale ou rectale ; il est fréquent dans les diverses formes de cystites, dans la lithiase vésicale et dans la dysenterie.

CHAPITRE VII

TROUBLES DES FONCTIONS DE LA PEAU

La peau est à la fois un organe de protection, de sensibilité, de sécrétion et d'excrétion ; en même temps qu'elle concourt puissamment par l'intermédiaire de ses vaso-moteurs à la régulation de la chaleur organique et très accessoirement aux échanges gazeux, elle est intéressée directement ou indirectement dans la plupart des maladies générales, et ses altérations retentissent secondairement sur l'organisme.

On peut donc pressentir *a priori* que l'étude des modifications que subissent ses fonctions présente un intérêt considérable pour le pathologiste et l'on doit regretter d'autant plus qu'elles ne soient pas mieux connues.

Les notions que l'on possède actuellement sur la physiologie pathologique de cette partie de l'organisme sont si incomplètes que l'on ne peut interpréter d'une manière satisfaisante les effets très remarquables que produit la suppression de ses fonctions par le vernissage : Becquerel et Breschet ont montré que si l'on recouvre d'un enduit imperméable la surface cutanée d'un animal, il languit et meurt bientôt dans une sorte de collapsus général accompagné d'albuminurie; or la mort ne peut s'expliquer en pareil cas ni par la suppression de la sécrétion sudorale, qui semble n'éliminer qu'une proportion relativement faible de matériaux de désassimilation, ni par la suppression de la respiration cutanée, qui chez les animaux pilifères est très peu importante, ni par la suppression des excitations que les nerfs cutanés transmettent au centre respiratoire, ni même par une action réflexe sur les vaso-moteurs des viscères, analogue à celle que produisent les brûlures étendues : son mode de production reste indéterminé.

Nous ne nous occuperons dans cet article que des troubles de la sécrétion sudorale, nous réservant d'étudier ceux de la sensibilité et de la régulation thermique dans d'autres chapitres (1).

La sécrétion sudorale peut être *diminuée, accrue* ou *pervertie ;* nous étudierons successivement ces trois ordres de modifications.

ARTICLE Ier. — DE L'ANIDROSE

La sécrétion de la sueur est diminuée ou tarie dans les affections squameuses et dans les inflammations cutanées; il en est de même souvent après les pertes abondantes de liquides, dans le frisson fébrile et chez les cachectiques. On ignore dans quelle mesure la rétention des produits qui doivent être normalement éliminés par cette voie nuit à l'organisme (2). Peut-être joue-t-elle un rôle dans la production de certaines albuminuries ?

(1) Voyez *Troubles de l'innervation* et *Fièvre.*
(2) I. Straus, article SUEUR du *Nouveau Dictionnaire de médecine et de chirurgie pratiques.*

ARTICLE II. — DE L'HYPERIDROSE (1).

La sécrétion de la sueur est soumise à l'influence du système nerveux : si l'on coupe le sciatique d'un chat et si l'on excite son bout périphérique, on voit apparaître, au niveau des pulpes sous-digitales, des gouttes de sueur de plus en plus abondantes ; cette expérience, faite pour la première fois par Lüchsinger (2) et Ostroumow en 1876, a été répétée depuis par plusieurs physiologistes et constamment avec les mêmes résultats. On ne peut attribuer en pareil cas l'hyperidrose à une dilatation des vaisseaux, car M. Vulpian l'a vue coïncider avec leur resserrement. L'atropine arrête la sécrétion sudorale comme la sécrétion salivaire, et l'on sait qu'elle est sans action notable sur les vaisseaux des glandes. Les expériences que M. Vulpian a faites sur le cheval avec M. Raymond lui ont montré que le sympathique n'influence la sécrétion sudorale qu'indirectement, par l'intermédiaire de la circulation (3). Les nerfs excito-sudoraux naissent, d'après lui, avec les racines antérieures ; ils proviennent de centres multiples échelonnés dans la moelle ; l'excitation du bulbe produit une hypercrinie sudorale sur toute la surface cutanée (Nawrocki, Vulpian).

C'est par l'intermédiaire des nerfs excito-sudoraux dont l'activité est mise en jeu directement ou par voie réflexe que se produisent sans doute constamment les sueurs morbides ; nous allons voir que certains faits pathologiques peuvent faire présumer que ces nerfs n'ont pas tous une action identique et que les glandes sudoripares, comme les glandes salivaires, peuvent être excitées suivant deux modes différents.

Les sueurs morbides peuvent survenir dans des conditions très diverses, et nous sommes loin de pouvoir déterminer constamment quelle est la cause de l'excitation nerveuse qui leur donne naissance. Nous les étudierons successivement : 1° dans les affections du système nerveux ; 2° dans les mala-

---

(1) Bouveret, *Des sueurs morbides.* Thèse de concours 1880, excellent travail, dans lequel nous avons puisé une partie des matériaux qui nous ont servi à la rédaction de cet article.

(2) Lüchsinger, *Pflüger's Archiv*, XIII, p. 212. 1876.

(3) Vulpian et Raymond, *Comptes rendus de l'Académie des sciences.* 1879.

dies chroniques ; 3° dans les maladies fébriles ; 4° dans le collapsus algide ; 5° dans les intoxications. Nous nous occuperons ensuite des sueurs fétides et des sueurs colorées.

§ 1. — Des sueurs dans les maladies du système nerveux.

On les a notées exceptionnellement dans les névralgies ; elles sont alors l'effet d'un réflexe analogue à celui qui produit les convulsions, la rougeur de la pommette et l'hypercrinie conjonctivale dans le tic douloureux ; Notta (1) les a constatées dans un cas de névralgie sus-orbitaire. Debrousses-Latour dans un cas de névralgie faciale, Galliet dans un cas de sciatique, les ont vues également se produire ; les sudations coïncidaient alors avec les accès douloureux. Bouveret cite deux faits de Hamilton dans lesquels des névrites traumatiques ont donné lieu à des sueurs locales en même temps qu'à des accès douloureux ; Weir Mitchell et Debrousses-Latour ont fait des observations analogues ; il est possible que, dans ces cas, les sueurs aient été produites directement par l'excitation de leurs nerfs sécréteurs.

L'éphidrose est fréquente aux mains chez les femmes nerveuses. Kostremsky a publié l'observation d'un homme qui suait abondamment de la joue droite quand il mangeait un mets de haut goût. Frank a cité des cas d'éphidrose unilatérale, et Straus en a observé un récemment : sous l'influence d'une émotion, de la marche, du moindre mouvement, il se produisait chez son malade une sudation très prononcée de toute la moitié droite du corps.

Straus a montré que, dans la paralysie faciale d'origine périphérique, la sudation locale provoquée par l'injection d'une quantité minime de pilocarpine est retardée et quelquefois plus persistante. Il n'en est pas ainsi dans les paralysies d'origine centrale (2).

La paralysie du sympathique s'accompagne assez souvent de

<hr>

(1) Notta, *Mémoire sur les troubles qui accompagnent les névralgies* (*Archives de médecine.* 1854).

(2) I. Straus, *Des modifications dans la sudation de la face à l'aide de la pilocarpine comme nouveau signe différentiel des diverses formes de paralysie faciale* (*Gaz. médicale.* 1880).

sueurs dans le côté correspondant de la face et du cou. On a observé plusieurs fois, à la suite de traumatismes de la région parotidienne, des sueurs limitées à cette partie et survenant au moment des repas ; M. Bouveret en cite une observation qui lui est personnelle. A. Ollivier (1) a publié l'histoire d'un malade chez lequel l'éphidrose était circonscrite à la partie de la face qu'innerve le nerf maxillaire supérieur.

Des sueurs ont été notées dans diverses formes de myélite, sans que l'on puisse déterminer quelle est la partie de la moelle dont l'excitation ou la paralysie leur donne naissance.

Des sueurs profuses se produisent souvent dans les affections de l'encéphale, et particulièrement dans les grands traumatismes, les méningites et l'apoplexie. Il est peu probable qu'elles résultent directement de l'excitation de l'encéphale, car M. Vulpian a montré que l'on ne peut les provoquer expérimentalement en agissant sur cet organe ; il est vraisemblable qu'il exerce sur les centres d'innervation sudorale une action modératrice comparable à celle qu'il possède sur les centres moteurs de la moelle ; la production habituelle de sueurs pendant le sommeil chez beaucoup de sujets est en faveur de cette hypothèse ; on s'expliquerait ainsi l'apparition des sueurs dans les états pathologiques qui suspendent l'activité des fonctions cérébrales.

L'hémiplégie s'accompagne souvent de sueurs ; Senator a rapporté un cas de monoplégie brachiale accompagnée de spasmes et de sueurs localisées ; on trouva à l'autopsie une lésion des centres psycho-moteurs du côté opposé. Notons encore le *delirium tremens* et la paralysie générale parmi les affections qui donnent lieu à ce trouble fonctionnel.

Nous avons observé un cas de *délire émotif* dans lequel les accès s'accompagnaient de sueurs profuses (2). Ce trouble fonc-

(1) Ollivier, *Société de biologie.* 1873.

(2) M. L., musicien de talent, était atteint d'une singulière névrose : sous l'influence de certaines impressions, il était pris soudainement d'une vive agitation, ses téguments se couvraient, surtout à la face, d'une vive rougeur, on voyait la sueur perler sur son front et la diaphorèse était assez abondante pour l'obliger à changer de linge ; les causes les plus futiles amenaient ces accès ; c'était le plus souvent le bruit d'un fouet, le sifflement d'un gamin passant dans la rue, une parole désagréable ou même le réveil inopiné d'un souvenir pénible ; le malaise qu'éprouvait M. L. était tel que le plus ordinai-

tionnel n'est pas rare dans l'hystérie; il s'y produit parfois d'un seul côté du corps (hémidrose hystérique). L'hyperidrose est au nombre des troubles fonctionnels qui peuvent annoncer le début d'une attaque épileptique; on l'a vue constituer le phénomène le plus saillant d'un accès de petit mal (1) (J. Renaut).

§ 2. — Des sueurs dans les maladies chroniques.

Les maladies qui compromettent gravement la nutrition s'accompagnent souvent de sueurs profuses; on les observe dans les formes fébriles de la chlorose, dans les anémies pernicieuses, dans la leucémie, chez les polysarciques et quelquefois chez les diabétiques ; la débilité produite par le surmènement ou les excès y prédispose. Elles comptent parmi les symptômes les plus habituels de la phthisie; on les observe aussi bien dans les formes chroniques et torpides de la maladie que dans ses formes fébriles. On les désigne alors généralement sous le nom de *sueurs nocturnes;* M. Peter (2) fait remarquer avec raison que cette qualification n'est pas exacte, car il suffit que le malade se laisse aller à la somnolence pour qu'elles se produisent; c'est au réveil qu'elles ont lieu et l'on peut se demander si l'interruption du sommeil n'est pas provoquée par la sensation pénible qu'elles produisent. Elles se manifestent le plus souvent à la tête et sur la partie supérieure du tronc. On ne connaît pas le mode de production de ces sueurs; il est peu probable qu'elles soient le résultat d'un réflexe produit par l'irritation du poumon, car on ne les observe qu'exceptionnellement dans les affections de cet organe étrangères à la tuberculose; elles ne sont pas non plus liées à la fièvre; elles surviennent sous l'influence complexe du sommeil, d'un état de débilité constitutionnelle et des lésions tuberculeuses par un mécanisme qui est encore indéterminé.

Les sueurs qui se produisent dans le diabète et dans le mal de Bright méritent particulièrement d'attirer l'attention.

rement il le contraignait à abandonner momentanément toute occupation, fût-ce l'exécution en public d'un morceau de musique.

(1) Nous empruntons la plupart de ces citations au travail de M. Bouveret.
(2) Peter, *Leçons de clinique médicale*, t. II.

Dans le diabète, elles constituent un danger, en ce sens qu'elles entraînent une diminution de la sécrétion urinaire et qu'elles ne peuvent la compenser que très incomplètement au point de vue de l'élimination du principe nuisible, le sucre; un litre d'urine peut en contenir jusqu'à 140 grammes ; un litre de sueur en tient au maximum 10 grammes en dissolution; les sueurs peuvent donc contribuer à la rétention du sucre ; l'eau qui sort par les glandes de la peau est à peu près perdue pour la dépuration du sang (Bouchard) (1).

Les mêmes considérations sont applicables à la maladie de Bright; tandis que 20 grammes d'urée sont éliminés avec un litre d'urine, un litre de sueurs n'en contient que $0^{gr},10$ centigr. (Bouchard) ; si l'on considère que la diaphorèse entraîne la diminution de la sécrétion urinaire, on doit la considérer comme dangereuse pour les Brightiques, car le litre d'eau qui s'en va par la sueur laisse dans le sang une grande quantité d'urée qui n'y fût pas restée si ce même litre d'eau eût pris la voie du rein et non celle de la peau (2). Ce n'est pas à dire qu'il ne puisse être utile de stimuler avec prudence les fonctions cutanées de ces malades. Il est une circonstance où la diaphorèse est incontestablement utile, c'est quand elle survient chez un malade qui n'urine plus ; elle n'est plus alors la cause, mais bien le résultat de l'anurie; nous avons vu plusieurs fois, chez des malades atteints d'urémie, survenir des sueurs profuses qui étaient évidemment supplémentaires.

§ 3. — Des sueurs dans les maladies fébriles.

L'exagération de la transpiration n'est pas nécessairement liée à l'état fébrile; la peau peut rester sèche pendant toute la durée d'une affection pyrétique; pourtant la fièvre qui revient par accès, quelle qu'en soit la cause, se termine généralement par une abondante diaphorèse; on sait que la période terminale de l'accès de fièvre intermittente régulière porte le nom de *stade de sueurs;* les accès de fièvres symptomatiques ne diffèrent pas à cet égard de l'accès paludéen. Il est de même fréquent, dans toutes les maladies fébriles, quelle qu'en soit la nature, de

(1) Bouveret, *loc. cit.*
(2) Bouveret, *loc. cit.*

voir survenir des sueurs profuses au moment de la défervescence, en même temps qu'une exagération de la sécrétion urinaire; ce sont les sueurs que l'on appelait autrefois *critiques*. Elles se produisent également au moment où l'on abaisse artificiellement la température par une action médicamenteuse dans le cours d'un état fébrile ; nous les avons observées constamment au moment des défervescences provoquées chez les pneumoniques auxquels nous avons administré le chlorhydrate de kairine méthylique ; elles cessaient bientôt si l'on maintenait la température abaissée en donnant de nouvelles doses du médicament (1) ; ce fait prouve qu'elles ne sont pas la cause de la défervescence. On ignore quelle est la condition prochaine de ces sueurs. On sait, depuis les recherches thermométriques de Wunderlich, de Traube et de Hirtz, que la défervescence commence avant que la sueur n'apparaisse.

Dans un certain nombre de dyscrasies et de maladies infectieuses, la production des sueurs est tellement abondante et constante qu'elle suppose nécessairement une action de l'agent morbide sur les nerfs qui président à la sécrétion des glandes sudoripares. Il en est ainsi dans la suette miliaire, dans la variole discrète, dans la fièvre pernicieuse diaphorétique et dans le rhumatisme articulaire aigu.

§ 4. — Des sueurs dans le collapsus algide.

Dans les états pathologiques que nous venons de passer en revue, de même que dans les cas où la diaphorèse est provoquée par un exercice violent ou l'exposition à une température élevée, la sécrétion morbide coïncide avec une augmentation de la chaleur cutanée et le liquide est le plus souvent abondant et fluide ; la sudation peut coïncider avec un état inverse de la circulation et de la calorification cutanée ; elle fait alors partie du syndrome que nous désignons sous le nom de *collapsus algide* et que caractérisent le refroidissement de la peau, la diminution de son élasticité, sa coloration pâle ou cyanique, l'affaiblissement des contractions cardiaques, la petitesse du pouls,

____

(1) W. Filehne, *Berlin. klin. Wochens.* 1882-1883. — Hallopeau, *Sur un nouvel antipyrétique, le chlorhydrate de kairine* (*Bulletin de la Société des hôpitaux.* 1883).

un état syncopal et souvent des vomissements ; ce syndrome s'observe dans le choléra, dans l'étranglement intestinal et d'une manière générale dans les affections douloureuses de l'abdomen (1), ainsi que dans les empoisonnements par l'arsenic et le tartre stibié, souvent enfin pendant l'agonie ; la sueur est alors visqueuse et froide. Si l'on considère ce qui se passe pour la glande sous-maxillaire dont la sécrétion est visqueuse ou fluide suivant qu'on la provoque par l'excitation de la corde du tympan ou des filets sympathiques, on est conduit à penser que les glandes sudoripares sont également soumises à l'influence de deux ordres de nerfs dont les uns amènent la sécrétion de la sueur fluide, les autres celles de la sueur visqueuse.

§ 5. — Des sueurs d'origine toxique ou médicamenteuse.

Les deux variétés de sécrétion sudorale dont nous venons de parler peuvent être produites par l'introduction dans l'organisme de certaines substances ; l'émétique, l'arsenic, et les sels de cuivre provoquent le collapsus algide et avec lui la sécrétion de sueurs visqueuses ; la pilocarpine, le gaïac, les boissons chaudes, et l'opium donnent lieu à des sueurs fluides et abondantes ; ces agents agissent par l'intermédiaire des nerfs sudoraux. Rappelons qu'injectée à petites doses la pilocarpine donne lieu à des sueurs locales.

§ 6. — Caractères et rôle pathologique des sueurs morbides.

Nous avons vu que les sueurs morbides peuvent être générales ou locales, fluides ou visqueuses ; leur réaction est presque constamment acide ; M. Arm. Gautier (2) dit qu'on les trouve parfois alcalines dans le typhus et l'urémie et chez les sujets soumis à un traitement par les alcalins à haute dose ; leur acidité serait exagérée chez les rhumatisants, chez les goutteux et dans le rachitisme.

(1) Chaque fois que le sympathique est touché, dit le professeur Peter, il en résulte un ensemble de symptômes constants de la plus haute gravité, la petitesse du pouls, la pâleur du visage dont les traits s'altèrent, le refroidissement des extrémités, la sueur froide, la prostration des forces, l'extinction de la voix, la sensation d'une fin prochaine (*Clinique médicale*, II, p. 146).

(2) Gautier, *Chimie biologique*, t. II, 433. — Voyez aussi Engel, *Nouveaux éléments de chimie médicale et biologique*, 2ᵉ édition. Paris, 1883.

Leur constitution chimique n'a été qu'incomplètement étudiée; on y a trouvé un excès d'urée dans le choléra, dans l'urémie, et dans l'intoxication par le phosphore, du sucre dans le diabète et de la graisse dans la fièvre hectique (1).

Leur abondance est extrêmement variable; tantôt elles donnent lieu à une simple moiteur de la peau; tantôt elles sont tellement profuses que les vêtements et les draps des malades semblent avoir été trempés dans l'eau; on trouve tous les degrés intermédiaires.

L'odeur de la sueur avait beaucoup préoccupé les anciens auteurs : elle est fétide dans certaines infections putrides ; on l'a dit urineuse ou fécaloïde dans des cas de rétention de l'urine ou des fèces, musquée dans l'infection purulente. Sa fétidité paraît due le plus souvent à la décomposition de la leucine et de la tyrosine (Robin) (2).

Les sueurs, quand elles coïncident avec d'autres phénomènes critiques, ont parfois une signification favorable ; les partisans des anciennes théories humorales ont admis qu'elles pouvaient contribuer à éliminer les principes morbifiques et nous avons vu qu'en effet elles concourent, avec peu de puissance il est vrai, à l'excrétion de l'urée et de l'acide urique ; leur signification pronostique est fâcheuse quand elles coïncident avec les symptômes du collapsus algide. Dans les cas où elles sont très abondantes, elles peuvent contribuer, par les déperditions qu'elles font subir à l'organisme, à produire l'anémie et la cachexie.

Elles peuvent également provoquer des accidents locaux en irritant les téguments ; ce sont habituellement des érythèmes qu'accompagnent souvent des éruptions vésiculeuses, les *sudamina*.

ARTICLE III. — DE LA DYSIDROSE.

§ 1. — Des sueurs fétides.

Nous avons signalé déjà l'odeur désagréable que présentent parfois les sueurs dans certaines maladies ; il est une affection dont cette odeur constitue le caractère dominant, c'est la

(1) Bouveret, thèse, *Des sueurs morbides*. Paris, 1880.
(2) Ch. Robin, *Traité des humeurs*. 2e édition, Paris, 1874.

sueur fétide des pieds; on ignore à quelle cause elle est due ; elle semble purement locale : sous une influence indéterminée, la sécrétion des téguments qui recouvrent les parties inférieures et latérales des orteils s'exagère ; l'épiderme, comme macéré, prend une couleur blanchâtre et assez souvent s'ulcère; les parties exhalent une odeur d'une répugnante fétidité ; on n'a pu déterminer s'il s'agit d'une altération de la sueur elle-même, ou du produit des glandes sébacées.

Donné a trouvé cette sueur alcaline; d'après M. Ch. Robin, elle contiendrait de la leucine qui donnerait naissance, en se dé-composant, à du valérate d'ammoniaque ; M. Chevreul admet que les principes gras de l'enduit sébacé peuvent donner lieu, en présence d'un liquide aqueux, au dégagement d'acides vola-tils d'une grande fétidité.

La suppression de ces sueurs paraît avoir été dans quelques cas suivie d'accidents ; Trousseau et Pidoux, Hardy et Doyon en ont rapporté des exemples.

§ 2. — Des sueurs colorées, ou de la chromidrose (1).

Cette affection est, d'après la définition de Parrot, une névrose sécrétoire qui a pour siège habituel la peau de la face et pour matière un pigment bleuâtre. Signalée au siècle dernier par James Yonge et plus tard par Lecat, elle n'a été décrite mé-thodiquement qu'en 1857 par M. Leroy de Méricourt ; il en existe maintenant plusieurs observations qui présentent les caractères de l'authenticité.

La coloration, noirâtre ou bleuâtre, apparaît d'habitude en premier lieu aux paupières inférieures, puis elle s'étend le plus souvent sur les joues et le front, parfois sur la poitrine. La matière colorante, quelquefois onctueuse, adhère intimement à la peau et l'on a peine à l'en détacher ; sa constitution chimique n'a pu être déterminée ; Ordonez y a trouvé un peu de fer; elle est mélangée de débris épithéliaux enlevés en même temps

---

(1) J. Parrot et Hardy, article CHROMIDROSE, *Nouveaux Dictionnaires.* — Billard, *Sur un cas de cyanopathie cutanée,* etc., *Arch. gén. de méd.* 1831. — Leroy de Méricourt, *Sur la coloration partielle en noir ou en bleu de la peau de la femme (Archiv. gén. de médecine.* 1857) et *Mém. sur la Chromi-drose.* Paris, 1864.

qu'elle ; Kühne attribue sa coloration à la présence de vibrions ;
l'observation de Schwarzenbach qui lui a trouvé des réactions
analogues à celle de la pyocyanine, matière colorante des
suppurations bleues, est en faveur de l'opinion de Kühne, car
on sait aujourd'hui que le pus bleu doit sa couleur à la présence
de microbes.

La chromidrose survient le plus souvent chez des hystériques
et à l'occasion d'émotions. Parrot la considérait comme liée
à un trouble de l'innervation cutanée.

§ 3. — De l'hématidrose.

Ce phénomène morbide n'est pas à proprement parler un
trouble de la *sécrétion* sudorale, et l'expression de *sueurs de
sang* employée quelquefois pour le désigner est mal appropriée,
car il consiste essentiellement en une hémorrhagie des glandes
sudoripares. On doit à Parrot d'en avoir fait connaître la
nature et le mode de production (1).

L'hématidrose s'observe chez les hystériques ; son apparition
est précédée de troubles dans la sensibilité ou l'innervation
vaso-motrice dans la région où elle va se produire ; ce sont
tantôt des douleurs, tantôt des éruptions érythémateuses ; l'hémorrhagie se manifeste le plus souvent à la suite d'une vive
émotion ou d'un accès douloureux. Le liquide est plus ou moins
coloré suivant les cas ; il forme des gouttelettes ou il s'étale en
nappe ; Parrot y a trouvé des globules rouges.

L'hémorrhagie est constamment limitée à une surface peu
étendue ; elle siège le plus souvent dans le creux de la main, à
la plante des pieds, autour du mamelon et au front. Le flux
sanguin se produit par accès qui coïncident souvent avec les
époques menstruelles. C'est, pour Parrot, une manifestation de
l'hystérie comparable aux hémorrhagies gastro-intestinales qui
surviennent sous l'influence de cette névrose. C'est sans doute
une hémorrhagie par diapédèse, liée à un trouble dans l'innervation des petits vaisseaux que contiennent les parois des
glandes sudoripares.

(1) Parrot, *Gazette hebdomadaire*. 1859.

CHAPITRE VIII

TROUBLES DES FONCTIONS DE REPRODUCTION CHEZ L'HOMME

ARTICLE Ier. — DU PRIAPISME.

On appelle ainsi une érection prolongée, souvent douloureuse, et non accompagnée de désirs vénériens. La rigidité peut être générale ou partielle ; nous avons observé un malade chez lequel elle restait limitée au corps caverneux. Ce symptôme est le plus souvent provoqué par une phlegmasie de l'urèthre ou de la vessie ; c'est à lui que l'on attribue dans la blennorrhagie le phénomène de la corde. On peut le voir également se produire chez les sujets qui ont absorbé une certaine quantité de cantharides; Ricord pense cependant que dans ce cas on observe plutôt du satyriasis. Le priapisme compte enfin parmi les symptômes des maladies de la moelle ; il semble que les centres spinaux de l'érection reçoivent de l'encéphale une influence modératrice et qu'ils entrent plus facilement en activité chaque fois que, par le fait d'une lésion, ils se trouvent soustraits à cette action. Fait singulier, ce symptôme peut se produire chez des sujets devenus impuissants : un de nos malades, qui n'a plus, à l'état de veille, que des érections fort incomplètes, en est atteint presque toutes les nuits, il persiste quelques instants après le réveil, mais ne permet pas néanmoins de pratiquer le coït.

ARTICLE II. — DU SATYRIASIS.

Ce trouble est caractérisé par une excitation des fonctions génitales avec penchant à répéter souvent l'acte vénérien et faculté de le pratiquer. Il ne faut pas le confondre avec l'*éroto-manie* qui ne s'accompagne pas nécessairement de désirs sensuels et peut même coïncider avec l'impuissance.

Il peut être de cause cérébrale ; on l'observe chez les idiots, chez certains maniaques, et au début de la paralysie générale.

Nous l'avons déjà mentionné, avec le priapisme, parmi les accidents de l'empoisonnement par la cantharide ; l'opium, le haschich, le phosphore, peuvent également le provoquer. On l'a signalé aussi parmi les phénomènes initiaux de l'ataxie. Sa durée et son intensité varient avec la cause qui le produit; c'est chez les idiots qu'il est le plus persistant; il entraîne parfois à sa suite un état de stupeur.

ARTICLE III. — DE L'IMPUISSANCE.

Nous désignons sous cette dénomination l'impossibilité de pratiquer le coït faute d'orgasme vénérien. Par cette définition, nous séparons de l'impuissance les obstacles purement mécaniques qu'apportent à la copulation les cicatrices vicieuses, les vices de conformation et les tumeurs; elle ne doit pas être confondue avec l'anaphrodisie, car elle n'implique pas l'absence de désirs; nous verrons bientôt qu'elle diffère également de l'infécondité. Ce n'est pas toujours un phénomène morbide; on dit même généralement qu'elle est physiologique chez le vieillard; mais il ne faut pas prendre à la lettre cette proposition, car, chez nombre de sujets, l'activité génitale persiste, à un certain degré, jusqu'à l'âge le plus avancé.

On peut admettre, en thèse générale, que l'activité génitale est subordonnée à l'intégrité des testicules; il faut donc s'attendre à la voir disparaître chez les castrats et aussi chez tous les sujets dont les testicules sont atrophiés; on assure cependant que les eunuques auxquels on n'a enlevé que ces organes conservent en partie les attributs de la virilité, et cette assertion est confirmée par les observations des vétérinaires qui ont vu les animaux castrés entrer en érection et éjaculer un liquide certainement infécond (Bouley).

L'érection est sous la dépendance d'un centre spinal dont l'activité peut être mise en jeu soit par l'excitation directe des parties génitales, soit par des excitations psychiques; elle fera défaut chaque fois que le centre spinal ou les conducteurs nerveux qui le mettent en rapport avec les corps caverneux et le bulbe de l'urèthre seront paralysés. On l'observe aussi dans les myélites lombaires; elle est fréquente dans l'ataxie où elle succède parfois au priapisme.

On la voit quelquefois se produire chez des individus épuisés par des excès vénériens; les fatigues cérébrales et les émotions de toute nature semblent également pouvoir en être l'origine ; toutes les causes qui abaissent les forces, l'inanition, les cachexies, les maladies adynamiques peuvent à la longue la provoquer.

L'impuissance peut être d'origine toxique ; Biett et Charcot l'ont signalée dans l'arsénicisme, C. Paul et Siredey dans le saturnisme, Delpech dans l'empoisonnement par le sulfure de carbone ; on a accusé le bromure de potassium de la produire ; ce ne pourrait être qu'à dose excessive.

Nous devons signaler, à côté de l'impuissance, la *faiblesse génitale* qui la précède le plus souvent et en est comme le premier degré. Elle est caractérisée par des érections qui, bien qu'incomplètes, permettent d'accomplir le coït. Nous connaissons un sujet chez lequel les corps caverneux seuls peuvent devenir rigides et qui cependant remplit ses devoirs conjugaux.

CHAPITRE IX

TROUBLES DES FONCTIONS DE REPRODUCTION CHEZ LA FEMME

ARTICLE Ier. — DE L'AMÉNORRHÉE.

La menstruation est une des fonctions dont les conditions sont le moins nettement déterminées. On sait qu'elle est le plus souvent en rapport avec la maturation et la rupture d'une vésicule de Graaf, mais on sait également qu'elle n'est pas nécessairement liée à l'ovulation ; les faits dans lesquels elle a persisté après l'ablation des deux ovaires et particulièrement ceux de Kœberlé, de Lefort, de Terrier et de Pozzi ne peuvent laisser de doute à cet égard et ceux dans lesquels on a vu la grossesse survenir quatre ans après la cessation des règles (1) conduisent à la même conclusion. Si la physiologie normale du flux menstruel n'est qu'incomplètement faite, il doit en être *a fortiori* de même de sa physiologie pathologique.

Certaines femmes, en état de parfaite santé, cessent, sans cause appréciable, d'être réglées ; c'est à peine si cette ano-

____

(1) Barkes cité par de Sinety, *Traité de gynécologie.*

malie peut être considérée comme un phénomène morbide.

Souvent les règles ne s'établissent que tardivement et irrégulièrement ; après avoir paru quelquefois, elles cessent de se produire pendant plusieurs mois ; c'est surtout chez les chlorotiques que l'on l'observe ces anomalies ; elles paraissent liées, comme le trouble de l'hémopoïèse, à un vice dans l'évolution des ovaires.

Toutes les causes d'anémie, le séjour dans des lieux mal aérés, l'insuffisance de l'alimentation et les fatigues du corps et de l'esprit amènent souvent le même trouble de la menstruation.

Les règles peuvent se supprimer accidentellement, par le fait d'un refroidissement, d'une émotion morale, d'une fatigue ou d'un excès.

Elles manquent souvent dans la convalescence des maladies aiguës et dans les maladies chroniques, particulièrement dans la phthisie, ainsi que dans les cachexies paludéennes, saturnine et mercurielle.

L'aménorrhée succède habituellement à l'ablation des ovaires, mais il ne faudrait pas croire cependant que ce soit là un fait constant, car Goodman a constaté que, sur 27 femmes ayant subi l'opération de l'ovariotomie double, 10 ont continué à être réglées (1).

Les maladies des ovaires peuvent amener la cessation des règles ; on l'observe quelquefois dans le cas de kyste ; il n'est pas rare néanmoins de voir la menstruation persister alors que ces organes sont le siège d'altérations profondes.

Symptômes. — L'aménorrhée, nous l'avons indiqué déjà, peut être compatible avec un parfait état de santé.

Assez souvent cependant les femmes qui en sont atteintes éprouvent, au moment où les règles devraient se produire, une sensation de pesanteur dans le bassin, de la tension dans les aines, des coliques sourdes et des douleurs lombaires ; souvent il survient en même temps des sensations de chaleur à la face, des étourdissements, des vertiges, de la céphalalgie, et une sensation d'oppression ; à cet ensemble de symptômes peut s'ajouter une hémorrhagie qui est dite alors *supplémentaire ;* c'est le plus ordinairement une épistaxis, quelquefois une

____

(1) Goodman, *Annales de gynécologie.* 1874

hémoptysie, une hématémèse ou une entérorrhagie ; on a vu le flux sanguin se faire par une plaie, par les oreilles, par un alvéole dentaire ; son abondance est rarement considérable et il est loin de représenter la quantité de sang qu'aurait dû régulièrement fournir la muqueuse utérine.

Ces hémorrhagies supplémentaires peuvent se renouveler à chaque époque menstruelle ; elles ont ordinairement peu de gravité, mais lorsqu'elles se font par la muqueuse bronchique, il est toujours fort difficile de décider s'il s'agit d'une déviation du flux menstruel ou d'une hémorrhagie symptomatique d'un début de phthisie.

ARTICLE II. — DE LA DYSMÉNORRHÉE.

Les règles peuvent devenir douloureuses et difficiles dans des conditions très diverses. C'est un accident fréquent chez les hystériques où il coïncide avec l'ovarie, l'épigastralgie et les autres manifestations de la névrose ; d'autres fois la dysménorrhée paraît liée à un état congestif de l'utérus ; telle était du moins l'opinion d'Aran ; telle est aussi celle de Courty et de Siredey ; tous les obstacles mécaniques à l'écoulement du sang des règles produisent nécessairement la dysménorrhée ; il est des cas enfin où ce trouble est en relation avec l'exfoliation d'une partie de la muqueuse utérine (dysménorrhée membraneuse). Cette dernière variété est subordonnée, d'après Siredey (1), à une affection utérine (métrite interne, rétrécissement du col, etc.).

La dysménorrhée est surtout caractérisée par des douleurs qui d'ordinaire précèdent de quelques heures au moins l'écoulement sanguin ; elles siègent dans les reins et à l'hypogastre et s'accompagnent souvent de ténesme vésical et rectal ; le ventre se météorise ; les traits expriment la fatigue et la souffrance. Ces douleurs atteignent souvent un haut degré d'intensité, se reproduisent par accès et sont comparables à celles de l'accouchement ; elles arrachent parfois des cris aux malades ; elles cessent généralement avec l'expulsion des caillots ou du produit pseudo-membraneux ; c'est dans la dysménorrhée par rétention qu'elles persistent le plus longtemps.

(1) Siredey, article DYSMÉNORRHÉE du *Nouveau dictionnaire de médecine et de chirurgie pratiques*.

ARTICLE III. — DU VAGINISME (1).

Une hyperesthésie de la vulve et une contraction du *constrictor cunni* constituent cet état morbide. On l'observe le plus souvent chez les hystériques ; il peut être lié à une excoriation, à une inflammation, ou à une fissure de la muqueuse ; Simpson (2) y a trouvé un névrome chez une de ses malades ; on l'a observé également dans des affections de l'utérus. Il met un obstacle souvent absolu aux rapports sexuels ; le plus ordinairement l'extrémité de l'index ne peut être introduite ; il en est de même *à fortiori* du speculum des plus petites dimensions.

L'hyperesthésie peut être étendue à toute la vulve ou limitée à l'une de ses parties, le clitoris, l'hymen ou les caroncules ; la contraction spasmodique qui l'accompagne est elle-même douloureuse ; elle se produit le plus souvent à la partie inférieure du vagin, au niveau de la vulve, quelquefois à 4 ou 5 centimètres de son orifice. Elle apparaît le plus souvent après les premiers rapports. La femme éprouve une sensation de cuisson qui peut se renouveler à l'occasion des mouvements forcés, de la danse, et même de la marche. Le vaginisme lié à une phlegmasie de la muqueuse est passager parfois ; plus souvent il est persistant et dure pendant des années.

ARTICLE IV. — DE LA STÉRILITÉ (3).

On désigne sous ce nom l'inaptitude à procréer de sujets qui en apparence peuvent pratiquer physiologiquement les rapports sexuels.

Chez l'homme, elle se produit chaque fois que les spermatozoïdes ne se trouvent pas en quantité suffisante dans le liquide éjaculé et qu'ils sont altérés.

(1) Marion Sims, *Transact. of the obstetr. Society of London*, vol. III. — N. Gueneau de Mussy, *Clinique médicale*. — Gosselin, *De l'hyperesthésie vulvaire, clinique chirurgicale de la Charité*. 3ᵉ édition, 1878. — Martineau, *Du vulvisme (France médicale*. 1881).

(2) Simpson, *Clinic. lectur. in Med. Times and Gaz.* 1859, et *Clinique obstétricale et gynécologique*. Paris, 1874.

(3) Siredey et Danlos, article STÉRILITÉ du *Nouveau dictionnaire de médecine et de chirurgie pratiques*. — De Sinéty, article STÉRILITÉ, du *Dictionnaire encyclopédique*.

Toutes les causes qui s'opposent au cheminement du sperme dans les tubes séminifères, le canal déférent, les vésicules séminales ou les canaux éjaculateurs produisent par cela même la stérilité ; il en est de même de celles qui entravent la genèse des spermatozoïdes dans les testicules ; nous citerons l'atrophie de ces organes, qu'elle résulte d'une compression, d'un trouble circulatoire, d'une tumeur ou d'une inflammation. C'est sans doute par une action de même ordre que le séjour dans les pays chauds rend inféconds les Européens du Nord qui vont y vivre.

Chez la femme, la stérilité peut résulter d'un trouble dans les *fonctions de l'ovaire*, d'un trouble dans l'*imprégnation* de l'ovule, d'un trouble dans sa *migration* ou d'un obstacle à son *implantation* dans la matrice (Siredey et Danlos).

a. *Stérilité par troubles dans les fonctions de l'ovaire.* — Toutes les altérations de cet organe peuvent enrayer le développement des ovules et produire ainsi la stérilité ; nous citerons son évolution incomplète, ses inflammations, les tumeurs qui s'y manifestent, etc. Les ovules en pareil cas manquent ou ne sont pas susceptibles d'être fécondés.

b. *Stérilité par troubles de l'imprégnation ovulaire.* — Dans les conditions normales, l'ovule est imprégné par les spermatozoïdes, soit à la surface de l'ovaire, soit dans la portion la plus externe de la trompe ; il est douteux qu'il puisse l'être encore dans la partie interne de ce conduit et dans l'utérus, car il est alors entouré d'une couche de mucus qui ne permet pas aux spermatozoïdes de se mettre en rapport avec lui. On peut conclure de là que tout obstacle à la migration des zoospermes jusqu'à la partie externe de la trompe est une cause d'infécondité. Nous ne parlerons pas ici du vaginisme, ni des autres obstacles à l'accomplissement des rapports sexuels, car nous avons admis dans notre définition que ceux-ci peuvent se faire régulièrement ; mais l'obstacle à la migration des spermatozoïdes peut être situé dans l'utérus ; le plus souvent il est constitué par une étroitesse congénitale ou un rétrécissement acquis du col.

Dans le premier cas, cette partie présente presque constamment une forme conique et pointue ; son orifice externe est petit et à peine reconnaissable. Plus rarement l'atrésie siège à l'orifice interne. Le col rétréci est le plus souvent obstrué par un bouchon muqueux qui forme un obstacle bien difficilement franchissable aux spermatozoïdes. Il est produit par une métrite du col qui devient ainsi une cause importante de stérilité. Les changements de position de l'utérus, versions, flexions, abaissements, ne jouent, d'après Siredey et Danlos, qu'un rôle tout à fait secondaire dans la production de l'infécondité. Au contraire toutes les obstructions des trompes, quelle qu'en soit la cause, agissent comme le rétrécissement du col. L'obstacle au cheminement des spermatozoïdes peut être de nature chimique ; il est d'observation qu'ils meurent rapidement dans un milieu faiblement acide ; or le mucus vaginal peut présenter cette réaction et empêcher ainsi la conception.

c. *Troubles de la migration ovulaire.* — A l'époque menstruelle, le pavillon de la trompe vient s'appliquer à la surface de l'ovaire et l'ovule pénètre dans ce conduit.

Chaque fois que des conditions anormales viennent troubler ce mécanisme et que l'ovule se trouve dans l'impossibilité de pénétrer dans l'utérus, la gestation régulière devient impossible et si le spermatozoïde a pu cheminer jusqu'à l'ovule, c'est en dehors de l'utérus que l'embryon se développe. La péritonite chronique en fixant le pavillon dans une position anormale est ainsi une cause fréquente d'infécondité ; il en est de même des tumeurs pelviennes et surtout ovariennes.

d. *Stérilité par obstacle à l'implantation de l'ovule fécondé dans la matrice.* — Pour que l'ovule fécondé puisse s'implanter dans la muqueuse utérine et s'y développer, il faut, selon toute apparence, que cette membrane soit saine ; il est très probable que son inflammation est une cause fréquente de stérilité.

CHAPITRE X

DES TROUBLES DES FONCTIONS D'INNERVATION

ARTICLE I. — DU DÉLIRE.

§ 1. — Définition.

On peut le définir : *une perversion morbide et inconsciente* (1) *des fonctions psychiques.* On objectera que, dans les vésanies connues sous le nom de *folie du doute,* de *délire émotif,* de *monomanie homicide,* le malade a conscience de son état; mais nous ne croyons pas, malgré l'autorité de maîtres en aliénation, qu'il y ait lieu de leur appliquer le nom de *délire ;* l'individu qui en traversant une place publique est pris de terreur et cherche un appui (agoraphobie), le suisse d'église qui ne peut sans frayeur saisir sa hallebarde (émotivité) ont des troubles intellectuels, mais ils en ont conscience et dès lors n'ont pas de délire.

Le délire n'est pas toujours permanent et les malades peuvent dans les intervalles se rendre compte de leur état, mais cela ne prouve pas qu'ils en aient conscience ; les choses se passent alors comme pour le rêve dont on se souvient sans que cependant l'on en ait conscience au moment où il se produit ; nous verrons bientôt quels rapports existent entre le rêve et le délire.

§ 2. — Pathogénie et causes.

Le délire est un trouble de l'idéation ; c'est dans les circonvolutions où siègent les fonctions psychiques qu'il faut en chercher la cause matérielle. L'état des éléments nerveux se modifie sous l'influence des causes les plus diverses : les troubles de vascularisation, les lésions de nutrition, les altérations du sang, les variations de la température organique et enfin les affec-

(1) C'est J. P. Falret qui a indiqué que le délirant n'a pas conscience de son état.

tions des organes avec lesquels ces éléments se trouvent en connexions physiologiques peuvent en troubler les fonctions ; ces influences se font sentir souvent simultanément, de telle sorte qu'on ne peut les prendre pour base d'une classification.

Nous passerons en revue les différents états morbides qui peuvent donner lieu au délire.

C'est un symptôme fréquent dans les affections de l'encéphale ; la congestion de cet organe contribue vraisemblablement à le produire dans les fièvres, dans le coup de chaleur et dans le rhumatisme cérébral; faut-il le rapporter à cette altération dans toutes les maladies où on peut la constater? Par exemple chez les sujets qui succombent à la manie aiguë? nous ne le pensons pas; il faut prendre garde ici de prendre l'effet pour la cause : la congestion ne suffit pas en effet à rendre compte des faits observés et il est probable qu'elle est en pareil cas subordonnée à une altération, peut-être impossible à reconnaître, des cellules encéphaliques.

L'anémie favorise la production du délire; elle explique ce trouble fonctionnel quand il survient à la suite d'une hémorrhagie accidentelle; c'est à elle, en même temps qu'aux sensations anormales produites par l'inanition, qu'il faut attribuer le délire des affamés; c'est à elle en même temps qu'à la congestion passive, qu'il faut rapporter celui que l'on observe assez fréquemment dans la dernière période des maladies du cœur, et sans doute aussi celui qui se produit parfois à la suite des fièvres graves, bien qu'en pareil cas l'on doive également tenir compte des troubles que les éléments cellulaires ont pu subir dans leur nutrition.

L'anémie locale, produite par l'athérome des artères cérébrales, semble donner lieu plutôt à l'affaiblissement des fonctions psychiques qu'à leur perversion ; le délire n'est pas la règle dans le ramollissement nécrobiotique de l'encéphale ; il peut s'y produire cependant, et il est à supposer en pareil cas que la lésion agit à distance sur les circonvolutions non atteintes ou qu'elle provoque un travail phlegmasique.

Les inflammations des méninges sont une cause fréquente de délire; ce symptôme variera dans ses caractères suivant l'acuité et le siège du processus. Les tumeurs intra-crâniennes peuvent également le produire; mais ce n'est d'habitude qu'à une période avancée de leur évolution et lorsqu'elles se compliquent d'encéphalite ou de méningite.

Les fièvres comptent parmi les causes les plus fréquentes de délire ; cet accident peut en marquer le début, se manifester à la période d'état, ou survenir pendant la convalescence.

La pathogénie du délire initial est difficile à établir ; on peut invoquer l'action directe de l'agent infectieux sur les éléments nerveux ; on peut l'attribuer à la congestion cérébrale ou à une altération dans la constitution du sang. Brouardel a montré qu'au début des varioles graves, il y a une véritable anoxémie.

Même incertitude relativement à l'explication du délire qui survient dans la période d'état ou dans la convalescence ; les troubles de la circulation cérébrale, les altérations de la nutrition, ainsi que les modifications du sang peuvent en être la cause.

Ces mêmes remarques s'appliquent aux maladies infectieuses aiguës, telles que l'érysipèle, la septicémie, la diphthérie, etc. ; ici encore on peut invoquer dans certains cas la fièvre, d'autres fois une complication rénale, plus souvent peut-être une action directe de l'agent infectieux sur les fonctions psychiques.

Dans les phlegmasies, la réaction fébrile peut être assez intense pour expliquer le délire ; d'autres fois on peut l'attribuer à l'action sur les centres céphaliques de l'excitation produite par la lésion ; le trouble des fonctions de l'organe enflammé peut aussi retentir sur l'encéphale soit en y gênant la circulation (pneumonie, bronchite capillaire), soit en mettant obstacle à la désassimilation (néphrite).

Un certain nombre de poisons donnent lieu à des accidents délirants dont la forme diffère pour chacun d'eux. Nous mentionnerons l'alcool, la belladone, la jusquiame, le datura, l'opium, le haschich, le chloroforme, etc.

Le délire peut enfin ne s'accompagner d'aucune lésion appréciable ; il en est ainsi le plus souvent dans la folie non paralytique et dans les grandes névroses ; cela ne veut pas dire que les cellules cérébrales gardent alors leur intégrité ; elles peuvent s'altérer sans que leurs lésions soient appréciables par nos moyens d'investigation : une barre aimantée, disent MM. Ball et Ritti, ne diffère pas en apparence d'un morceau de fer doux et cependant elle présente des propriétés différentes ; le verre

trempé a de même des propriétés qui le distinguent du verre
ordinaire et cependant leur texture est la même; nous tenons,
pour notre part, comme certain que, chez les aliénés, les cellules nerveuses sont modifiées, car c'est une loi en physiologie
que la fonction est subordonnée à la texture ; si la lésion de
l'organe nous échappe en pareil cas, c'est parce que nos moyens
d'investigation sont insuffisants et ne nous permettent pas de
la découvrir.

Les diverses causes de délire que nous venons de passer en
revue ne le produisent pas chez tous les sujets avec la même
constance, la même acuité et les mêmes caractères. Les délires
toxiques même, qui sont les plus fixes dans leur forme, diffèrent chez les divers individus qui en sont atteints ; deux malades en proie au délire alcoolique présentent à côté de traits
communs des dissemblances notables dans les symptômes ; il
faut donc là, comme toujours, considérer comme un élément
d'une importance capitale le mode de réaction du sujet atteint.

§ 3. — Physiologie et caractères du délire.

De toutes les fonctions de l'organisme, celles de l'intelligence
étant les plus complexes et les moins bien connues, il est fort
difficile d'établir méthodiquement en quoi consistent les différents troubles qu'elles peuvent subir et particulièrement le délire.

Nous devons dire cependant que MM. Ball et Ritti ont fait à
cet égard une tentative qui montre tout au moins dans quelle
direction il faut chercher (1).

La vie psychique présente quatre séries de fonctions : la *sensation*, la *pensée*, le *sentiment* et l'*action*. Ces fonctions n'agissent pas isolément ; elles réagissent les unes sur les autres et
s'*associent* entre elles ; cette loi d'association est, d'après les
psychologues anglais, la plus générale de celles qui régissent
les phénomènes psychologiques ; M. Th. Ribot la compare, pour
sa compréhension, à la loi d'attraction dans le monde physique.

Les fonctions psychiques sont constamment actives ; tantôt

---

(1) Ball et Ritti, article Délire, du *Dictionnaire des sciences médicales*. Ce
travail est le plus considérable qui existe sur ce sujet; nous y avons trouvé
d'importantes indications pour la rédaction de cet article.

l'individu a conscience de leur activité, tantôt il l'ignore, et elle est pour ainsi dire *automatique*.

Or, il peut y avoir un état intermédiaire. Le travail n'est tout à fait conscient que s'il est dirigé par l'attention; il est tout à fait inconscient dans le rêve ; dans les états intermédiaires, les idées s'associent sans direction fixe et comme au hasard jusqu'au moment où l'attention intervient. Il en est donc de l'encéphale comme de la moelle dont les centres fonctionnent régulièrement et automatiquement sous la direction de l'encéphale qui n'intervient que de loin et d'une manière presque inconsciente ; l'individu qui marche dans la rue le fait automatiquement, l'intelligence n'intervenant que pour surveiller les mouvements et de temps en temps pour en modifier la direction ; de même les mouvements des doigts du pianiste et du violoniste se produisent automatiquement sous l'influence de centres spinaux ou mésocéphaliques. Ils ont acquis cette aptitude par le fait d'une éducation spéciale. Il y a de l'*automatisme spinal* dans tous nos actes, même les plus simples en apparence; il y a de même un *automatisme cérébral* chez l'homme le plus raisonnable. Les idées et les déterminations sont incohérentes, si ce n'est lorsque l'attention se trouve fixée (Esquirol) : *que si le sujet ne jouit plus de la faculté de diriger son attention, il rêve s'il est endormi, il a le délire s'il est éveillé.*

Dans le rêve, il y a exercice involontaire des facultés ; « les idées s'enchevêtrent pour former mille combinaisons, souvent les unes plus bizarres que les autres et auxquelles le rêveur assiste sans pouvoir ni les diriger ni les modifier (Ball et Ritti). » Ces idées incohérentes et contradictoires ne sont que le rappel de sensations et d'images perçues durant la veille.

L'automatisme cérébral est également le principal caractère du *délire ;* « plus j'observe les aliénés, dit Baillarger, plus j'acquiers la conviction que c'est dans l'exercice involontaire des facultés qu'il faut chercher le point de départ de tous les délires ». Il faudrait faire exception cependant, d'après les travaux les plus récents, pour ce que l'on a décrit sous le nom de délire avec conscience (agoraphobie, folie du doute avec délire du toucher), mais nous avons dit déjà que le nom de délire a été, suivant nous, appliqué à tort à ces vésanies, et l'on peut affirmer, d'une manière générale, que le grand caractère de ce symptôme est de s'ignorer lui-même (Ball et Ritti). Sous l'influence de l'action spontanée ou automatique des fonctions cérébrales, les idées s'*associent* irrégulièrement et les malades considèrent comme vraies ces conceptions morbides.

Le délire peut être *aigu* ou *chronique*.

A. *Du délire aigu.* — Il peut exister en l'absence de toute lésion appréciable ; plus souvent il est symptomatique d'une altération cérébrale, d'une phlegmasie, d'une fièvre ou d'une intoxication. On peut en distinguer trois variétés d'après l'intensité des troubles fonctionnels.

A son degré le plus faible, il consiste en rêvasseries qui se dissipent lorsque l'on excite l'attention du malade. Elles se produisent surtout le soir et la nuit et se traduisent par des paroles décousues et sans suite.

A un degré plus avancé, le malade divague constamment, il a des hallucinations, il prononce des paroles dépourvues de sens ; ses conceptions délirantes ont le plus souvent pour thème ses occupations ordinaires ; assez souvent il cherche à se lever, pour se diriger vers des objets qu'il croit voir ou se rendre à l'appel de voix qu'il entend (Ball et Ritti).

Dans les formes intenses, l'agitation est violente ; les traits sont altérés ; le malade en proie à des hallucinations, le plus souvent terrifiantes, interpelle des individus imaginaires ; il ne reconnaît plus les personnes qui l'entourent ; laissé libre, il se lève et parcourt au hasard la chambre où il se trouve ; s'il est attaché, il s'agite incessamment, crie, crache autour de lui et injurie ceux qui l'entourent ; sa sensibilité paraît complètement abolie ; il se produit des évacuations involontaires. Ce malade a les yeux brillants et égarés, les pommettes colorées, la face couverte de sueurs et le pouls fréquent. Ces accidents peuvent être passagers ou durer quelques jours.

La forme suraiguë s'observe surtout dans le cas de délire idiopathique (délire aigu des aliénistes), dans la méningite aiguë, au début des fièvres, et dans le rhumatisme cérébral.

Elle varie comme les autres formes suivant les circonstances dans lesquelles elle se produit.

Dans la variole, le délire peut se produire aux différentes périodes de la maladie. Celui qui accompagne l'invasion n'a pas de gravité, si ce n'est lorsqu'il persiste au moment où se fait l'éruption ; c'est tantôt un délire doux et tranquille, tantôt un délire violent. Pendant la période de suppuration, le délire peut être également tranquille, et il n'a pas alors de signification fâcheuse ; il n'en est pas de même quand il est violent et s'accompagne d'agitation ; les malades cherchent à se lever, et il n'est pas rare qu'ils se précipitent par la fenêtre.

Le délire est fréquent dans la fièvre typhoïde, mais c'est aller trop loin que l'y considérer, avec MM. Ball et Ritti, comme presque constant. Dans les formes moyennes, il ne se produit guère qu'au moment de la période d'état ; il est le plus souvent tranquille et doux, ordinairement nocturne ; commençant le soir par des paroles incohérentes et de l'agitation, il fait place le lendemain matin à la stupeur et la somnolence ; d'autres fois il est diurne ou persistant, et présente alors plus de gravité (Ball et Ritti).

Dans les formes cérébrales, on voit souvent se produire dès les premiers jours un délire furieux : le malade est en proie à des hallucinations terrifiantes ; il cherche à se lever ; ses yeux sont hagards ; sa face est rouge et animée ; c'est le tableau de la manie aiguë ; ces formes sont toujours graves, bien qu'elles puissent guérir.

Le délire de la convalescence peut être le prolongement de celui de la période d'état ou un délire nouveau dû à l'inanition ou aux modifications provoquées dans l'encéphale par la maladie ; il est assez souvent *partiel*, et est caractérisé par des idées fixes ; il peut être mélancolique, religieux ou ambitieux (1) ; sa durée varie de quelques jours à plusieurs semaines ; on l'a même vu persister sous forme de mélancolie (Griesinger).

La fièvre intermittente peut s'accompagner de délire dans sa forme régulière, lorsqu'elle est intense ; ce symptôme caractérise une de ses formes pernicieuses, et aussi une de ses formes larvées.

Dans le rhumatisme, le délire marque ordinairement l'invasion de l'encéphalopathie aiguë ; l'agitation et la loquacité des malades en sont souvent les phénomènes initiaux ; puis surviennent de l'exaltation, des hallucinations de la vue et de l'ouïe, des actes désordonnés ; mais ces phénomènes sont de

---

(1) Bucquoy et Hanot, *Quelques remarques cliniques sur le délire dans la fièvre typhoïde Archives gén. de méd.* 1881).

courte durée, car ordinairement, au bout de peu d'heures, les malades tombent dans le coma (1).

A côté de cette forme aiguë, il faut en distinguer une chronique qui revêt les caractères de l'agitation maniaque ou de la dépression mélancolique ; elle se manifeste d'habitude vers la fin de la maladie. Le délire aigu du rhumatisme se retrouve d'après Scudamore chez les goutteux.

Dans la phthisie pulmonaire, le délire éclate souvent à la dernière période de la maladie, quand la fièvre s'allume chez les sujets épuisés. « C'est, dit M. Ball, l'expression cérébrale de l'asphyxie, c'est la dernière manifestation d'un cerveau grisé par l'acide carbonique qui circule dans ses veines. Le caractère vague, flottant, mal défini de ce délire, les hallucinations de la vue qui l'accompagnent volontiers le rapprochent des délires toxiques (2). »

Les maladies du cœur donnent lieu souvent à du délire ; c'est le mode de réaction des circonvolutions contre les troubles que subit leur circulation artérielle et veineuse. Les malades atteints d'affection mitrale deviennent parfois violents, et se livrent à des actes agressifs contre les personnes qui les entourent ; dans l'asystolie, il se produit souvent des hallucinations ; ce sont surtout des visions nocturnes, qui sont parfois, mais non constamment, terrifiantes (3) ; on a observé aussi du délire des actes ; ordinairement ces accidents se reproduisent sous forme d'accès de courte durée ; les impulsions au suicide sont exceptionnelles.

Le délire d'inanition, qui peut se produire à l'état pathologique dans les affections du tube digestif et dans les fièvres de longue durée, se présente, d'après Becquet (4), sous deux formes différentes. Dans l'une, la forme bénigne, le délire est calme ; en proie à des hallucinations, le malade prononce des paroles sans suite ; ces accidents cessent assez souvent quand les malades commencent à se nourrir pour reprendre ensuite avec plus d'intensité. Dans la forme grave, l'agitation est conti-

(1) E. Besnier, article RHUMATISME, du *Dictionnaire encyclopédique*.
(2) Ball, *Phthisie et folie* (l'*Encéphale*, 25 juin 1881).
(3) Peter, *Leçons de clinique médicale*, t. I, 1873.
(4) Becquet, *Du délire d'inanition dans les maladies* (*Archives gén. de médecine*. 1866).

nuelle ; on trouve dans les récits de naufrage la description des accès de fureur auxquels se livrent parfois les affamés ; les malades peuvent tomber dans le coma au bout de quarante-huit heures et succomber rapidement.

Au moment de l'accouchement, il se produit parfois un accès passager de délire qui est ordinairement furieux et bruyant, et peut conduire au suicide ou à l'infanticide.

Parmi les délires toxiques, le plus fréquent est celui de l'alcoolisme. L'accès de délirium tremens est un épisode aigu de l'alcoolisme chronique ; il éclate souvent sous l'influence d'une affection intercurrente ou d'une violente émotion ; d'autres fois il se produit sans provocation : « c'est en quelque sorte le vase trop plein qui déborde spontanément » (1). Pendant la crise, la scène est désordonnée : « la face s'injecte, l'œil devient brillant, hagard ; la physionomie bouleversée revêt l'expression de l'étonnement, de l'inquiétude et de la terreur ; les lèvres, la langue, les muscles de la face, les membres sont pris de tremblement ; le malade s'agite, se démène, il parle sans cesse, d'une voix brève, saccadée, impérieuse ; il voit des êtres imaginaires qui l'entourent et le menacent, il les interpelle et se défend contre eux... » (2) ; l'insomnie est complète.

La conscience n'est pas entièrement anéantie, ou plutôt elle peut être réveillée ; en interpellant brusquement le malade, on peut fixer son attention et *interrompre* le délire. Les phénomènes dominants, dans ce délire, sont les hallucinations portant surtout sur la vue ; elles sont nombreuses, répétées et mobiles et provoquent une impression d'inquiétude et de terreur.

On dit généralement que la belladone et les autres solanées vireuses peuvent donner lieu à des accidents analogues à ceux du délirium tremens : dans deux faits que nous avons observés, la forme du délire était tout autre, les malades chantaient et avaient des hallucinations gaies.

L'action du haschich s'exerce, d'après Moreau de Tours, sur toutes les facultés à la fois ; elles sont exaltées en même temps que la volonté se trouve d'abord affaiblie, puis anéantie, et les

(1) A. Fournier, article Alcoolisme du *Nouveau dictionnaire de médecine et de chirurgie pratiques.*
(2) Fournier, *eod. loc.*

malades arrivent ainsi à l'état d'automatisme intellectuel.

B. *Du délire chronique.* — On l'observe surtout, mais non exclusivement, chez les aliénés ; les hystériques peuvent avoir un délire persistant sans être aliénées ; il en est de même des cardiaques et des femmes en état puerpéral. Ce délire peut être *général* ou *partiel.*

a. Le *délire général* se présente sous deux formes principales, le délire *maniaque* et le délire *mélancolique ;* quand ces deux formes se succèdent alternativement chez le même sujet, on a la *folie circulaire.*

a'. Dans le *délire maniaque,* toutes les facultés sont exaltées ; souvent il se produit des hallucinations des sens qui, bien que le plus souvent passagères, contribuent à exciter les idées délirantes. Au début, il semble n'y avoir qu'un certain degré d'excitation psychique ; mais bientôt les conceptions surviennent en foule et cessent d'être coordonnées ; ce sont alternativement des idées de grandeur, des idées religieuses, des idées érotiques qui se succèdent avec rapidité ; la loquacité est souvent intarissable ; les *sentiments* affectifs, quelquefois exaltés, sont plus souvent pervertis ou annihilés ; les conceptions délirantes poussent les malades à des *actes* déraisonnables ; ils ne peuvent rester en place, parlent, chantent, s'agitent et peuvent frapper, tuer ou voler.

b'. *Le délire général mélancolique* a pour caractère dominant la dépression persistante des fonctions psychiques ; les malades sont dans un état permanent de stupeur ; leur face est morne et sans expression ; ils gardent un silence absolu ou ne répondent qu'à voix basse et par monosyllabes ; immobiles, les yeux baissés et fixes, ils restent indifférents à ce qui les entoure, en proie à une tristesse que rien ne peut dissiper ; des conceptions délirantes les tourmentent ; ils se croient ruinés ou persécutés ; leurs sentiments affectifs sont amoindris ou pervertis ; l'existence leur est pénible et il n'est pas rare de les voir refuser toute espèce d'aliments ou recourir au suicide.

b. *Délire partiel.* — L'altération intellectuelle peut être limitée à certains ordres de conceptions : on peut toujours distinguer un trouble du sentiment et un trouble de l'intelligence, troubles constamment unis et coordonnés.

Faut-il admettre en outre, avec MM. Ball et Ritti, un délire *sensoriel* et un délire *des actes?* nous ne le pensons pas, car ce serait contraire à la loi d'association dont nous avons parlé précédemment et d'après laquelle les fonctions élémentaires de la vie psychique n'agissent pas isolément. Nous ne considérons les hallucinations et les illusions comme délirantes que si elles coïncident avec un trouble de l'intelligence, et, pour ce qui est des actes, ils ne sont que la conséquence des idées délirantes.

La *genèse* des conceptions délirantes partielles a été bien étudiée par J. P. Falret (1). Elles peuvent se produire en apparence spontanément et acquérir de suite leur maximum d'intensité ; mais elles disparaissent alors comme elles sont venues, elles sont passagères.

Plus ordinairement elles présentent une évolution dans laquelle on distingue trois périodes.

Pendant la période d'incubation, les malades se trouvent pendant un certain temps dans un état de trouble général, indéterminé ; des conceptions délirantes de nature diverse se développent dans leur esprit qui finit après une hésitation plus ou moins longue par se fixer sur certaines d'entre elles.

Dans la deuxième période, dite par Falret de *systématisation*, le délire est dominé par une idée maîtresse autour de laquelle viennent converger toutes les opérations intellectuelles ; il accumule les preuves en sa faveur.

Dans la troisième période, le délire est stéréotypé, la conception morbide immuable, l'aliéné l'exprime incessamment dans les mêmes termes et avec les mêmes mots.

Si l'on cherche à *classer* les conceptions délirantes, on voit qu'on peut les partager en un petit nombre de groupes répondant à un mode d'altération de nos sentiments : « Ces différentes variétés (2) restent presque toujours identiques dans le fond ; s'il existe des différences, elles ne sont que dans la forme ; la pensée est la même, c'est le moule dans lequel elle est jetée qui diffère. » L'éducation de l'aliéné, le milieu dans lequel il a vécu, la nature de ses occupations doivent être à cet égard pris en considération, mais cette distinction n'est pas toujours permanente, et les hommes les plus instruits, lorsqu'ils

(1) Falret, *Des maladies mentales.* Paris, 1863.
(2) Ball et Ritti, *loc. cit.* — A. Maury, le *Sommeil et les rêves.* Paris, 1861.

arrivent à l'état de démence, délirent sous la même forme que les individus les plus grossiers.

MM. Ball et Ritti admettent huit catégories de conceptions délirantes :

1° Idées de *satisfaction*, de *grandeur*, de *richesse*;

2° Idées d'*humilité*, de *désespoir*, de *ruine*;

3° Idées de *persécution*;

4° Idées *hypochondriaques*;

5° Idées *religieuses*;

6° Idées *érotiques*;

7° Idées de *transformation corporelle appliquées à l'aliéné lui-même ou aux personnes de son entourage*;

8° Idées *délirantes avec conscience*.

Nous adopterons cette classification en exceptant la dernière catégorie, car, ainsi que nous l'avons indiqué déjà, nous ne pouvons admettre en pathologie générale un délire avec conscience; il y a contradiction entre les deux termes.

Les idées de *satisfaction*, de *grandeur* et de *richesse*, peuvent être rapportées avec MM. Ball et Ritti à l'exagération maladive de tout ce qui se rapporte à la personnalité. Les sujets qui en sont atteints s'exagèrent leur beauté, leur force, leur courage, leur talent, leur situation sociale et leur fortune; ils se croient pape, empereur ou président de la république; ils possèdent des trésors.

L'individu en proie aux idées d'*humilité*, de *désespoir*, de *ruine*, est dans un état opposé à celui des précédents; profondément découragé, il s'imagine qu'il est incapable de rien faire, qu'il est ruiné ou déshonoré.

Les *persécutés* entendent des voix qui les insultent, les menacent ou les poursuivent; ils sont en butte aux machinations de la police ou de tel ou tel personnage important, de telle ou telle société politique; d'autres sont persécutés par des esprits invisibles.

Les *hypochondriaques* s'occupent exclusivement de leur santé, s'observent incessamment; ils considèrent comme morbides des sensations physiologiques; certains font fréquemment analyser leurs urines, particulièrement au point de vue de la spermatorrhée; ils s'imaginent avoir une maladie déterminée pour laquelle ils consultent de nombreux médecins; la plupart accusent des sensations sur le trajet de l'œsophage, à l'épigastre ou dans l'hypochondre droit ; à un degré plus avancé, les uns sont poursuivis par des odeurs fétides, d'autres s'imaginent qu'un animal leur ronge les entrailles, d'autres croient enfin que leurs voies digestives sont bouchées et ils refusent de manger. Les hypochondriaques sont toujours de profonds égoïstes ; occupés exclusivement de leur santé, ils négligent leurs affaires et font le malheur de leurs proches qu'ils arrivent souvent à convaincre de la réalité de leurs souffrances et transforment ainsi en *aliénés passifs*.

Le délire *religieux* est caractérisé soit par des hallucinations qui font voir ou entendre la Vierge, le bon Dieu ou les anges, soit par des idées mystiques : tel malade veut mourir pour soutenir sa foi, tel autre s'imagine qu'il est Dieu ou démon.

L'*érotomanie* est caractérisée par un amour maladif pour un être connu ou imaginaire ; l'aliéné qui en est atteint est absorbé par ce sentiment ; il entend la voix de l'objet aimé et lui adresse des paroles d'amour ; il se pare et cherche à s'embellir pour lui plaire. Cet état, purement psychique, peut ne s'accompagner d'aucune excitation génitale, et il n'a rien de commun avec le satyriasis qu'il n'est pas rare d'observer chez les aliénés.

MM. Ball et Ritti entendent par idées de *transformation corporelle* cette conception délirante d'après laquelle certains malades s'imaginent qu'ils ont changé de sexe, qu'ils sont transformés en animaux et que les personnes qui les entourent ont subi cette même transformation.

Les conceptions délirantes que nous venons d'énumérer conduisent les malades à des *actes* que l'on peut appeler délirants ; ils sont toujours secondaires et ne peuvent, conséquemment, suffire à caractériser le délire ; quand un aliéné tue ou met le feu, il agit sous l'influence d'un trouble psychique dont l'acte n'est que le résultat ; nous ne croyons donc pas que l'on doive admettre, avec MM. Ball et Ritti, un délire des actes ; ils sont subordonnés, en vertu de la loi d'association formulée plus haut, aux conceptions délirantes. On objectera que, dans certains cas, ils paraissent automatiques, et que leur soudaineté, leur violence et l'incapacité où se trouve le malade de dire pourquoi il a agi sont en faveur de cette hypothèse, mais il ne

faut pas se laisser tromper par les apparences. L'intention de
tuer suppose un travail intellectuel: une conception délirante
a dû nécessairement en être le point de départ, et si le malade
n'en a pas gardé le souvenir, c'est sans doute parce qu'elle a
été elle-même de courte durée ou parce que la mémoire est
obscurcie.

Les actes qui se manifestent sous l'empire du délire
sont de nature variée. MM. Ball et Ritti mentionnent l'agitation et les cris des malades atteints de délire maniaque,
l'inertie arrivant à l'immobilité complète des mélancoliques,
la tendance à briser et à déchirer, la manie de collectionner, le
vol, le suicide, l'homicide, l'incendie, les actes érotiques et
l'appétence irrésistible pour les boissons alcooliques, l'éther,
l'opium, le haschish. Tous ces actes ont pour caractère commun d'être involontaires, car ils résultent d'impulsions irrésistibles.

ARTICLE II. — DE LA DÉMENCE.

Ce mot sert à désigner la *perte* ou l'*affaiblissement des facultés intellectuelles;* elle est toujours *acquise* et se distingue ainsi
de l'idiotie dans laquelle le trouble de l'intelligence a toujours
existé. L'affaiblissement intellectuel des déments coïncide le
plus souvent avec un amoindrissement de leurs facultés morales et de leur volonté.

§ 1. — Genèse et causes.

Il est une variété de démence qui est pour ainsi dire physiologique, nous voulons parler de celle qui survient chez certains
sujets âgés ; il semble que les fonctions ne s'éteignent pas
simultanément dans tous les organes, et que celles de la vie
végétative puissent survivre à celles de la vie de relation. L'on
voit ainsi des sujets continuer à marcher, à manger, à faire
leurs fonctions organiques quand leurs fonctions intellectuelles et affectives ont en grande partie disparu ; chez un petit
nombre de sujets, cette décadence est précoce, et on peut l'observer dès l'âge de 60 ans. Cette démence *sénile* est *primitive*.

La *démence consécutive* peut survenir sous l'influence des di-

verses variétés de folie dont elle caractérise la période terminale (démence organique de Ch. Foville) ; elle se produit dans
les cas chroniques, dans ceux où il survient de fréquentes rechutes et surtout chez les sujets qui y sont prédisposés par une
influence héréditaire.

La démence est constante dans la paralysie générale, et on
l'observe d'habitude à une époque rapprochée du début de la
maladie.

Plusieurs névroses cérébrales peuvent également aboutir à
la démence. Nous mentionnerons, en première ligne, l'épilepsie : compatible pendant longtemps avec l'intégrité des fonctions
cérébrales, elle s'accompagne à la longue d'un affaiblissement
mental plus ou moins prononcé ; il peut en être exceptionnellement de même de l'hystérie et de la chorée ; il faut pour cela
que ces névroses revêtent leur forme la plus grave et soient de
très longue durée.

Les lésions cérébrales donnent lieu, le plus ordinairement,
à un certain degré de débilité intellectuelle : elles présentent, à cet égard, une notable différence avec les lésions du
mésocéphale et du bulbe dans lesquelles l'intelligence reste
intacte. Ce qui importe à cet égard est donc le siège de la
lésion : celles des circonvolutions sont les plus offensives.
Il faut aussi considérer l'étendue de l'altération. Quant à sa
nature, elle ne paraît avoir qu'une importance secondaire ;
un foyer d'hémorrhagie, un ramollissement et une tumeur au-
ront, à ce point de vue, la même signification s'ils ont des
dimensions égales et occupent un même point du cerveau.

Il faut admettre enfin une démence par intoxication alcoolique ; M. A. Foville y ajoute une démence par l'opium et la
morphine (1) et nos propres observations concordent, à cet
égard, avec les siennes.

§ 2. — Anatomie et physiologie pathologiques.

On peut admettre, *a priori*, dans la démence, une altération
des éléments cellulaires qui sont en rapport avec l'exercice des
fonctions cérébrales ; cette altération peut se développer en

____

(1) Foville, article DÉMENCE du *Nouveau Dictionnaire de médecine et de chirurgie pratiques* de Jaccoud. Paris, 1872, t. XI.

quelque sorte spontanément, par, l'*abus de la fonction;* c'est
ainsi que les choses doivent se passer dans la démence sénile ;
on a trouvé, chez des sujets qui en étaient atteints, le cerveau
atrophié. D'autres fois l'altération des cellules coïncide avec
celle des vaisseaux, des méninges et de la névroglie; il se
produit une *méningo-encéphalite diffuse* (paralysie générale).
Dans les cas de *lésions* en *foyer* ou de *tumeurs*, il s'agit le plus
souvent d'une action à distance sur les cellules psychiques ;
ces lésions, en effet, sont circonscrites et par conséquent peu
capables d'agir directement sur des éléments disséminés en
différentes parties de l'encéphale. Dans l'*épilepsie*, la production de troubles nutritifs sous l'influence des désordres
vasculaires qui accompagnent chaque attaque rend compte
des phénomènes. Dans les *intoxications*, enfin, on peut admettre une action du poison sur les cellules.

§ 3. — Symptômes.

Ils varient beaucoup suivant que la perte des facultés psychiques est complète ou incomplète. Marcé distinguait trois
périodes qui ne devaient pas nécessairement se succéder, et
dont chacune présentait d'importantes variétés. Le mieux nous
paraît être d'indiquer les caractères des troubles intellectuels
dans les différentes catégories de démence que nous avons
distinguées d'après l'étiologie.

La *démence sénile*, à un léger degré, peut permettre aux malades de continuer leur vie ordinaire ; ils s'habillent, prennent
leurs repas, sortent, lisent leur journal et jouent aux cartes
comme auparavant, et cependant on reconnaît, si on les examine, que leurs facultés psychiques sont singulièrement affaiblies ; ayant perdu en grande partie la mémoire, incapables
de soutenir une conversation, ni de prendre une décision, ils
vivent en quelque sorte automatiquement. On voit cependant
fréquemment des phénomènes d'excitation intervenir dans cet
état: ils portent souvent sur l'instinct génésique.

Chez les *paralytiques généraux*, on peut constater, dès le début de la maladie, un affaiblissement de l'intelligence, que
caractérisent des absences de mémoire, des paroles dénuées
de sens, et des actes inconscients : les malades ne peuvent

plus exécuter les travaux dont ils s'acquittaient auparavant sans difficulté ; ces accidents s'accentuent de plus en plus. Au début, les signes de démence peuvent être masqués par la violence des actes délirants, mais un examen attentif permet de les retrouver ; le délire lui-même en porte la marque ; il se manifeste par des propositions non motivées, contradictoires et souvent absurdes ; la démence s'accentue davantage à mesure que la maladie progresse, et il vient un moment où les malades en sont réduits à une existence purement végétative.

Dans la *vésanie*, la démence conserve l'empreinte du délire qui a caractérisé la maladie : chez les *maniaques*, elle ne paraît guère qu'au moment où la maladie a pris la forme chronique ; l'excitation intellectuelle est amoindrie, les mouvements sont moins tumultueux, les idées deviennent niaises et sans portée ; cependant on observe quelquefois encore des phases d'agitation. Dans la *mélancolie*, l'abattement et la tristesse persistent en même temps que la mémoire et les autres facultés s'affaiblissent ; de même dans l'*hypochondrie*, les douleurs imaginaires qui ont pendant longtemps constitué le phénomène dominant de la maladie persistent alors que la démence se développe et lui donnent une physionomie spéciale.

L'*épilepsie* peut, d'après M. Foville, se combiner avec presque toutes les formes de la démence.

Dans les cas de *lésions en foyer*, il n'y a généralement pas d'autres accidents qu'un affaiblissement intellectuel avec tendance au larmoiement et aux idées tristes.

Dans l'*alcoolisme*, il peut se produire graduellement une débilité intellectuelle progressive qui aboutit, par une pente insensible, à l'abattement et n'est pas subordonnée à une périencéphalite ; d'autres fois, d'après Morel, la démence se développe rapidement et entraîne bientôt la mort. Ordinairement la démence alcoolique débute par de l'amnésie, de l'apathie, de l'indifférence et un affaiblissement des sentiments moraux ; les malades se montrent insouciants et apathiques ; plus tard ils deviennent gâteux et peuvent arriver à la démence absolue.

Quelle que soit la nature de la démence, les malades qui en sont atteints présentent généralement, quand elle est arrivée à un certain degré, des allures particulières ; ils sont indifférents à tout ce qui les entoure ; leur regard s'est éteint ; leur physio-

nomie a une expression d'hébétude et ils oublient leurs affections les plus tendres et les sentiments les plus élémentaires
de pudeur : ils deviennent obscènes, malpropres, laissent parfois
aller volontairement l'urine et les matières fécales, s'en bar-
bouillent à plaisir, ramassent toutes les ordures qui leur tombent sous la main, en remplissent leurs chambres, leurs meubles,
leurs vêtements ou se les introduisent dans les narines, dans
la bouche ou dans le conduit auditif (1). Presque tous ont un
tic, une manie, une habitude : les uns passent des journées entières immobiles dans le coin d'une cour ; les autres se promè-
nent sans relâche dans une même allée ou se balancent sur un
siège d'une manière uniforme. De temps à autre, ces malades
peuvent, sous l'influence d'un accès de colère, éprouver des
impatiences irrésistibles sous l'influence desquelles ils frappent et brisent ce qui les entoure. Ces déments ne présentent
pas, d'habitude, de troubles organiques ; ils mangent avec vivacité et engraissent. A un degré plus avancé, la démence devient absolue, les malades n'ont plus que les fonctions de la vie
végétative ; ils ne parlent plus, n'ont plus conscience de leur
personnalité et se laisseraient mourir de faim si on ne les ali-
mentait artificiellement.

ARTICLE III. — DE L'ILLUSION (2).

Ce trouble psychique est caractérisé par *l'interprétation
fausse d'une sensation perçue*. Il se produit souvent chez des
sujets sains; il nous suffira de citer comme exemples les phos-
phènes, le mirage, l'apparence du bâton plongé dans l'eau ;
dans ces conditions, le sujet rectifie l'erreur de ses sens. Il n'en
est pas de même à l'état pathologique : les aliénés considèrent
comme vraie la sensation erronée qu'ils perçoivent.

Falret distingue deux groupes d'illusions sous les noms d'*illusions* de l'intelligence et d'*illusions internes*.

Dans les premières, le délire modifie la sensation ; sous son
influence, elle est altérée et ne donne pas une idée exacte de

(1) Marcé, *Recherches cliniques et anatomo-pathologiques sur la démence.*
Paris, 1861.
(2) Esquirol, *Des illusions chez les aliénés.* 1832. — Motet, article ILLUSIONS
du *Nouveau dictionnaire de médecine et de chirurgie pratiques.*

l'objet qui l'a fait naître : dans le second, la cause qui provoque la sensation anormale réside dans l'organisme.

Dans le délire et la manie aigus, les illusions sont très nombreuses et ont pour point de départ plusieurs sens à la fois ; les alcooliques en accès de *delirium tremens* appellent leurs chevaux, prennent pour leurs camarades les personnes étrangères qui les entourent ; des bruits légers sont perçus comme des détonations; ces illusions sont si complexes qu'on a peine à les analyser. L'étude de celles qui sont associées aux différents délires partiels donne des résultats plus nets ; elles ont le plus souvent pour point de départ la vue ou l'ouïe : les malades interprètent inexactement la forme, la couleur, la situation et les dimensions des objets ; ils méconnaissent la personnalité des sujets qui les approchent ; ils entendent des paroles injurieuses ou obscènes, le moindre bruit les effraye. Le tact peut être également l'origine d'illusions: certains malades se croient assez légers pour s'élever dans les airs. Il faut admettre enfin des illusions du goût et de l'odorat ; certains sujets refusent de manger parce qu'ils trouvent mauvais tout ce qu'on leur sert; d'autres renoncent au tabac pour le même motif.

Les illusions internes ont, comme les précédentes, un point de départ réel. M. Motet rapporte l'histoire d'un aliéné lypémaniaque qui, se croyant en butte à l'action de quatre puissantes machines électriques placées aux points cardinaux, restait assis sur son lit; les détails qu'il donnait sur la nature de ses sensations et les conditions dans lesquelles elles se produisaient montraient que ses sensations avaient pour point de départ les battements des artères. Le même auteur cite, d'après Falret, le cas d'une femme qui ressentait une grande pesanteur dans le bas-ventre et s'imaginait avoir un loup dans le corps : la sensation était produite par un prolapsus utérin et cessa ainsi que l'illusion dont elle avait été le point de départ sous l'influence d'un pessaire bien appliqué.

Les hypochondriaques ont le plus souvent des illusions internes : attentifs aux sensations obscures et vagues qui chez eux, comme chez tous les sujets, se produisent du côté des différents viscères, ils leur attribuent une signification qu'elles n'ont pas.

ARTICLE IV. — DE L'HALLUCINATION (1).

Une *sensation survenant sans que les organes des sens aient été excités d'une manière appréciable* constitue ce trouble psychique.

§ 1. — Causes et pathogénie.

L'hallucination ne s'observe pas exclusivement chez les fous ou les sujets en état de délire ; à l'état physiologique, le rêve offre avec elle les plus grandes analogies ; elle se produit assez fréquemment dans la période intermédiaire à la veille et au sommeil (période hypnagogique) ; elle peut survenir chez des sujets qui apprécient la fausseté de leur sensation ; elle peut même être considérée comme réelle par des hommes qu'à tout autre égard il est impossible de considérer comme des fous : il nous suffira de citer le Tasse, Luther et Pascal.

Le plus ordinairement cependant l'hallucination est associée au délire ; elle accompagne souvent celui de la fièvre ; on l'observe ainsi dans la variole, dans la pneumonie, dans l'érysipèle ; un jeune sujet atteint de cette dernière affection voyait son lit envahi par une quantité de souris et voulait prendre la fuite.

Les mêmes poisons que nous avons vus provoquer le délire, l'alcool, les solanées, l'opium et le haschish donnent lieu de même à des hallucinations ; celles de l'alcoolisme sont le plus souvent observées ; elles portent presque exclusivement sur la vue : les malades se croient entourés de leurs amis et transportés au lieu habituel de leur travail ; ils interpellent des personnages imaginaires ; d'autres fois ils luttent contre des animaux qui les menacent ; ces hallucinations sont plus multipliées à mesure que le jour tombe (Motet). Dans l'empoisonnement par le haschish, il s'opère une sorte de fusion entre l'état de rêve et l'état de veille ; on rêve tout éveillé.

L'inanition, les maladies adynamiques, les cachexies de toute

(1) A. Motet, article HALLUCINATIONS du *Nouveau dictionnaire* de Jaccoud. Paris, 1873, t. XVII. — Esquirol, *Dictionnaire en 60 volumes*. — Baillarger, *Des hallucinations, des causes qui les produisent et des maladies qui les caractérisent* (*Mém. de l'Académie de médecine*, Paris, 1846). — Marcé, ouvrage cité. — H. Schule, *Handbuch der Geisteskrankheiten*, 1878. — Kraft-Ebing, *Lehrbuch der Psychiatrie*. 1879. — A. Maury, ouvrage cité.

nature, toutes les causes d'anémie, donnent lieu à ces mêmes troubles fonctionnels; on les a signalés dans l'état puerpéral, l'hystérie et la chorée; leur importance est considérable dans l'épilepsie, en raison de leur violence et des actes qu'ils peuvent provoquer; ils peuvent précéder ou suivre l'accès; souvent ils sont liés au petit mal et sont alors plus persistants; c'est sous leur influence que l'épileptique assassine ou allume l'incendie.

Dans la folie, l'hallucination joue le plus souvent le rôle dominant. Elle prend un caractère de netteté et de précision qu'elle ne présente pas dans les états aigus.

§ 2. — Caractères cliniques.

M. Baillarger distingue deux variétés d'hallucinations : les *psycho-sensorielles* et les *psychiques*.

A. *Hallucinations psycho-sensorielles*. — Les plus fréquentes sont celles de l'*ouïe*. Certains malades entendent des bruits musicaux, ou le son des cloches, mais le plus ordinairement l'hallucination se produit sous la forme de voix graves ou aiguës, douces ou fortes; confuses au début, elles deviennent, à mesure que la maladie progresse, plus nettes et plus distinctes; elles sont rapportées d'abord à des êtres impersonnels, « puis à mesure que le délire s'accentue davantage, il se personnifie, c'est-à-dire que l'aliéné donne un nom aux imaginaires persécuteurs dont la voix se fait si souvent entendre; dans les cas les plus simples, il n'y a qu'un seul interlocuteur; dans d'autres, le nombre augmente; trois, quatre ou plus encore s'entretiennent avec l'aliéné, et il n'est pas rare de constater ce phénomène étrange de la contradiction dans le dialogue de ces voix, les unes disant la vérité, les autres proférant des mensonges » (A. Motet).

Souvent ces voix sont impératives et sous leur influence le malade commet des actes qu'il déclare ensuite vivement regretter. Les voix peuvent n'être perçues que par une seule oreille; nous verrons bientôt l'intérêt de ces faits. Les hallucinations de l'ouïe sont les plus persistantes et celles dont le pronostic est le plus fâcheux.

Les hallucinations de la *vue* sont en rapport avec la nature des idées délirantes. Elles se produisent souvent sous l'influence du délire mystique et consistent alors d'habitude en visions d'anges, de démons ou de lettres écrites dans le ciel ; tantôt les images sont nettes, tantôt ce sont des formes mal accusées. Ces hallucinations restent ordinairement les mêmes chez les mêmes sujets ; elles se produisent plus souvent dans l'obscurité ; leur persistance est moindre que celle des hallucinations de l'ouïe.

Les hallucinations de l'*odorat* sont moins fréquentes ; les malades sentent des odeurs le plus souvent fétides, quelquefois agréables ; nous connaissons un jeune homme chez lequel elles se sont produites plusieurs fois en même temps que des idées hypochondriaques sans qu'il y ait eu véritable folie. Elles coïncident généralement avec une altération du goût et sont habituellement associées aux troubles de l'ouïe et de la vue.

Les hallucinations du *tact* et de la *sensibilité générale* peuvent être fort diverses ; ce sont des sensations douloureuses, des décharges électriques, des piqûres d'aiguilles, des morsures d'animaux, etc. ; il faut en rapprocher les sensations que les hypochondriaques éprouvent souvent dans leurs viscères et qu'ils rapportent à la présence d'un animal ; les mêmes malades se sentent grandir ou rapetisser ; ils croient que leur cerveau se détache, que leurs nerfs se raccourcissent, etc.

Les hallucinations *génitales* comptent parmi les plus fréquents ; on les observe surtout, mais non exclusivement, chez les hystériques ; les malades s'imaginent avoir des rapports avec des êtres fantastiques qui s'introduisent près d'elles.

B. *Hallucinations psychiques.* — Ce sont des phénomènes auditifs sans caractère sensoriel ; des voix partent de l'intérieur du corps ; les malades qui ont eu des hallucinations de l'ouïe les en séparent nettement ; ce sont « des voix intérieures, le langage d'âme à âme, à la muette, le langage de la pensée. » M. Baillarger, le premier, les a bien décrites.

Les hallucinations peuvent être continues ou intermittentes, bilatérales ou unilatérales ; elles peuvent être ou non considérées comme vraies par le sujet suivant qu'il est atteint ou non d'aliénation.

§ 3. — Physiologie.

J. Müller a posé en loi que l'on ne peut provoquer par une excitation venue du dehors aucune impression qui ne puisse être également produite par une excitation des appareils sensoriels. Cette excitation interne peut donc nous rendre compte des troubles sensoriels de l'hallucination ; ils coïncident avec des troubles psychiques dont la cause est, d'après Baillarger, l'exercice involontaire de la mémoire et de l'imagination.

On a beaucoup discuté pour savoir sur quel point de l'appareil sensoriel portait l'excitation ; on sait aujourd'hui que les conducteurs centripètes ont pour la plupart un trajet fort compliqué par lequel ils s'avancent, à travers les centres ganglionnaires, jusque dans l'écorce cérébrale ; aussi l'origine dite réelle des nerfs n'en forme-t-elle pas la limite, et l'on n'est plus en droit de dire que chez un sujet dont le nerf optique est atrophié l'appareil sensitif de la vision est complètement détruit ; Ferrier (1) a montré que les prolongements intracérébraux de ce tronc nerveux gagnent l'écorce au niveau du pli courbe après avoir traversé un ou plusieurs centres ; il en est vraisemblablement de même pour les autres nerfs sensitifs.

MM. Luys et Ritti localisent les hallucinations dans les couches optiques, qu'ils considèrent comme une réunion des centres sensoriels destinés à recueillir les impressions apportées par les nerfs pour les transmettre ensuite à la périphérie ; M. Tamburini les fait siéger dans l'écorce ; M. Ball enfin, dans une conception plus générale, admet qu'il n'est pas un seul point des organes des sens, depuis leur partie la plus extérieure jusqu'à leur partie la plus profonde et la plus reculée dans le territoire cérébral qui, sous l'influence d'une altération quelconque, ne puisse devenir, chez un sujet prédisposé, la source d'hallucinations.

Il n'est pas prouvé cependant que les excitations des diverses parties d'un appareil sensoriel donnent lieu aux mêmes sensations, et le fait n'est même pas vraisemblable ; Ferrier admet que les centres sensitifs sont le substratum de la mémoire et de

(1) Ferrier, *De la localisation des maladies cérébrales*. Paris, 1880.

l'idéation sensitive correspondante ; il est possible que l'excitation secondaire de ces centres soit la cause qui transforme l'illusion en hallucination et donne à celle-ci des caractères de plus en plus complexes ; on ne doit plus, en tout cas, considérer, comme le faisait Marcé, les différences que présentent les hallucinations dans leur caractère comme la preuve qu'elles n'ont pas pour point de départ une excitation sensorielle. On peut se les expliquer par le siège variable qu'occupe cette excitation.

⌐ L'influence des excitations sensorielles sur la production des hallucinations a été mise en évidence par des faits cliniques. Ceux dans lesquels on voit ces troubles disparaître ou se produire en même temps que l'altération de l'un des organes des sens sont très frappants. Nous citerons en première ligne le célèbre cas de de Graefe dans lequel l'extirpation du globe oculaire atrophié fit disparaître des hallucinations de la vue ; Guépin (1) a observé un malade chez lequel une kératite ulcéreuse a provoqué des hallucinations ; Esquirol a fait cesser ces accidents en pratiquant l'occlusion des yeux et des oreilles ; leur fréquence chez les sourds et les aveugles doit être interprétée dans le même sens. Jolly a vu la galvanisation de l'oreille provoquer des hallucinations chez un sujet atteint d'une affection de cet organe ; Kœppe (2) a réussi quatre fois à faire disparaître des hallucinations de l'ouïe en guérissant une affection du conduit auditif ; dans un cas d'hallucinations unilatérales, Schule a trouvé à l'autopsie une lésion de l'oreille moyenne correspondante ; depuis lors, M. Régis (3) a observé deux faits analogues ; les malades, atteints d'otite moyenne avec écoulement purulent, présentaient du même côté des hallucinations de l'ouïe qui disparurent avec l'otorrhée sous l'influence d'un traitement purement local. Dans le cas où les organes des sens sont intacts, on peut invoquer une lésion des appareils qui les mettent en rapport avec les centres d'idéation ; Meynert (4)

---

(1) Guépin, *Étude philosophique sur l'œil et la vision*, cité par Schule.

(2) Kœppe, *Gehörstörungen und Psychosen* (*Allg. Zeitsch. f. Psych.* bd. XXIV).

(3) Régis, *Des hallucinations unilatérales* (*l'Encéphale*, 1881 et *Bulletin de la société médico-psychologique*).

(4) Meynert, *Viertel Jahrsc. f. Psych.* 1867.

en cite plusieurs faits : ainsi se trouve confirmée la proposition de M. Ball.

Les troubles purement sensoriels semblent pouvoir, dans certains cas, suffire à la production de l'hallucination ; tels sont particulièrement ceux dans lesquels le malade ne croit pas aux sensations fausses qu'il perçoit ; son intelligence reste alors intacte et il n'est nullement nécessaire d'invoquer un trouble de son imagination.

Il n'en est plus de même dans les hallucinations du rêve : la condition prochaine de ce symptôme paraît être alors la perte de la conscience ; il semble que, dans l'état de veille, l'*attention consciente* exerce une action d'arrêt sur les fonctions d'imagination et d'idéation sensorielle ; quand elle cesse d'exister, et c'est là le propre du sommeil, ces fonctions se trouvent exaltées comme dans tous les cas d'automatisme cérébral ; les centres sensoriels entrent en activité ; des idées souvent bizarres se produisent et s'associent sans aucune règle appréciable, et fréquemment le sujet a des hallucinations ; il en est de même dans l'état hypnagogique intermédiaire à la veille et au sommeil : l'exercice involontaire de l'intelligence et de la mémoire, indiqué par Baillarger comme l'une des conditions nécessaires à l'hallucination, est ici manifestement subordonné à la disparition de la conscience.

Le mode de production des hallucinations toxiques et fébriles paraît avoir de l'analogie avec le précédent ; la conscience n'est plus abolie, mais elle est obscurcie en même temps que l'imagination est excitée ; chez l'alcoolique par exemple, on observe le tableau de la cérébration inconsciente : le malade ne sachant où il est, ignorant quelles sont les personnes qui l'entourent, est en proie à des conceptions délirantes qu'accompagnent souvent des hallucinations ; il en est de même dans les fièvres ; dans l'empoisonnement par le haschisch, M. Moreau de Tours signale une diminution de l'attention et de la volonté coïncidant avec une surexcitation prodigieuse de l'imagination, de la mémoire et des centres sensoriels.

Il est probable enfin que les hallucinations des aliénés reconnaissent un mécanisme analogue ; M. Baillarger leur assigne pour causes, comme aux précédentes, l'exercice involontaire de la mémoire et de l'imagination, la suspension des impressions externes et l'excitation interne des appareils sensoriels ; les deux premiers de ces facteurs nous paraissent impliquer la cérébration inconsciente, car ils en sont le résultat habituel.

Il est difficile d'établir entre ces divers éléments un rapport de subordination ; les phénomènes peuvent s'expliquer par l'extension aux centres sensoriels d'impressions centripètes, ou au contraire par l'excitation initiale de ces organes ; l'origine périphérique paraît la plus vraisemblable, au moins dans la grande majorité des cas ; la marche des accidents en est la preuve, car presque toujours les malades éprouvent des illusions avant de devenir en proie aux hallucinations ; on peut interpréter dans le même sens les observations dans lesquelles on a vu l'hallucination survenir sous l'influence d'une lésion sensorielle et disparaître ensuite, aussi bien que les cas dans lesquels le symptôme est demeuré unilatéral ; il semble bien que, dans ces faits, l'excitation sensorielle ait été le phénomène initial et n'ait donné lieu qu'ultérieurement aux désordres psychiques. Ces considérations ne sont pas applicables à l'hallucination psychique dans laquelle on ne trouve aucune trace d'éléments sensoriels (1).

ARTICLE V. — DE L'APHASIE (2).

Prise dans son sens littéral, cette dénomination s'applique à tous les troubles du langage qui mettent un malade dans l'impossibilité de s'exprimer. Cette signification est celle que leur a attribuée M. Jaccoud ; notre savant maître distingue cinq formes d'aphasie qui sont l'hébétude, l'amnésie verbale, la logoplégie, la glosso-ataxie et la glosso-plégie. Malgré sa grande

(1) Motet, article HALLUCINATIONS, du *Nouveau dictionnaire* de Jaccoud, t. XVII, Paris, 1873. — Ball et Chambard, article SOMNAMBULISME du *Dictionnaire encyclopédique*.

(2) Broca, *Sur la faculté du langage articulé avec deux observations d'aphémie* (*Bull. de la Soc. anat.*, 1861). — Dax, congrès de Montpellier, 1836 — A. Voisin et J. Falret, articles APHASIE des *nouveaux dictionnaires*. — Jaccoud, *De l'alalie et de ses diverses formes* (*Gaz. hebdom.* 1864 et *Clinique médicale*. 1874. — Grasset, *Traité des maladies du système nerveux*, 2e édition, Montpellier, 1881. — Kussmaul, *Les troubles de la parole*, trad. par Rueff. Paris, 1884. — P. Marie, *De l'aphasie* d'après les leçons de M. Charcot, *Revue de médecine*. 1883. — Legroux, *Thèse d'agrégation*. 1875.

autorité, cette manière de voir ne paraît pas avoir été généralement adoptée et la plupart des auteurs réservent le nom d'*aphasie* aux troubles du langage qui sont indépendants d'un trouble de l'idéation et de l'articulation. On pourrait conserver le nom d'*alalie* pour désigner le symptôme décrit par M. Jaccoud.

Pour étudier l'aphasie, il est nécessaire, comme l'a fait Charcot, d'indiquer d'abord les différents actes qui interviennent dans la fonction du langage.

On distingue le langage parlé et le langage écrit.

Le langage parlé suppose la connaissance d'un grand nombre de sons dont chacun représente un signe et par conséquent la *mémoire auditive ;* le langage écrit suppose la connaissance de signes graphiques, dont le groupement représente également des signes et par conséquent la *mémoire visuelle*. Les mêmes considérations sont applibables au langage des gestes. La réunion de ces mémoires constitue ce que Charcot appelle la *phase passive de la faculté du langage*.

Dans la *phase active*, les mémoires partielles doivent entrer en communication avec les centres moteurs de coordination qui président à l'articulation des mots et à l'écriture. Charcot admet enfin que les sensations produites par les mouvements nécessaire à l'exécution de ces actes sont elles-mêmes emmagasinées dans la substance cérébrale et y forment deux autres mémoires partielles, la *mémoire des mouvements de la parole* et la *mémoire des mouvements de l'écriture*.

Ces notions nous permettent de comprendre le mode de production des différentes formes d'aphasie ainsi que des troubles désignés sous la dénomination de *cécité* et de *surdité verbale*.

L'aphasie peut résulter de la *rupture du rapport qui existe normalement entre le centre de la mémoire des mots (centre d'idéation verbale) et le centre d'expression verbale*.

Un malade, dont la physionomie est intelligente, comprend ce qu'on lui dit ; il n'a pas de paralysie appréciable des muscles des lèvres ni de la langue, et cependant il se trouve hors d'état de répondre aux questions qu'on lui adresse ; le plus souvent il fait effort pour parler et n'arrive qu'à articuler une ou quelques syllabes, toujours insignifiantes, sinon en elles-mêmes, du moins pour le malade, et toujours les mêmes chez le même sujet. Il est rare que le mutisme soit absolu, mais la répétition constante d'une même syllabe sans signification n'est-elle pas une sorte de mutisme? ces cas ne sont pas très rares. Nous avons observé à la Salpêtrière, dans le service de M. Vulpian, une malade qui ne proférait d'autre syllabe que *ta, ta, ta*, et la répétait indéfiniment; dautres aphasiques n'ont à leur disposition que l'une des syllabes *pan, tan, te*, etc.; ordinairement le mot un peu plus complexe comprend plusieurs syllabes sans signifier rien davantage; tels sont *coucici, saccon*, etc. Le mot ou la phrase que les malades répètent sans cesse peuvent avoir une signification, mais sans qu'ils s'en doutent en quoi que ce soit; c'est ainsi que certains aphasiques répètent à satiété les mots *oui* ou *non;* un malade de Trousseau disait incessamment *ah fort*, un autre *n'y a pas de danger*. Nous verrons bientôt que ces malades paraissent le plus souvent atteints d'un trouble dans la mémoire des mots, car ils ne peuvent nommer les objets qu'on leur présente; mais cette amnésie n'est qu'apparente, car si l'on nomme devant eux un objet qu'on leur présente, leur physionomie et leurs gestes témoignent qu'ils reconnaissent si cette dénomination est exacte ou non; de même, ils peuvent d'habitude distinguer un objet d'après son nom : ainsi donc, chez l'aphasique, on peut constater l'existence, non seulement de l'idée et de la phonation (les paroles articulées par ces malades le sont toujours avec une remarquable précision), mais aussi, le plus souvent, de la mémoire des mots; *leur transmission seule se trouve entravée;* l'amnésie verbale n'est qu'apparente; elle varie d'ailleurs suivant les diverses formes d'aphasie. Chez certains sujets cependant l'amnésie est complète; ils ne peuvent reconnaître les objets qui les entourent quand on les désigne par leur nom.

Il n'est pas rare de voir les malades, sous l'influence d'émotions, laisser échapper des interjections, des exclamations diverses et n'en garder ensuite nul souvenir; c'est que le centre d'innervation mésocéphalique de la parole semble pouvoir agir directement sous l'influence de réflexes et indépendamment des centres psychiques. Dans une autre forme, les malades peuvent répéter les mots que l'on prononce devant eux, mais ils restent incapables de les trouver spontanément, et ils les oublient de suite.

D'autres fois enfin l'aphasie reste incomplète, et à cet égard on peut en distinguer plusieurs variétés suivant le degré auquel elle est portée : tantôt le malade ne prononce qu'un petit nombre de mots, tantôt au contraire il peut construire ses phrases et ne commet d'autres fautes que de laisser échapper le nom de certains substantifs; ce sont en effet le plus souvent les noms de choses et surtout les noms propres dont le souvenir se trouve perdu. Le malade substitue des mots à ceux qui lui manquent (*paraphrasie*); souvent il commet des fautes de grammaire, ses phrases sont mal faites, il oublie le verbe et met le sujet à la fin de la phrase (*aggrammatisme*). D'autres fois l'aphasique altère les noms dont il se sert; tel était le malade de Trousseau qui terminait tous ses mots en *if*, et disait *bontif* pour bonjour, *ventif* pour vendredi. Dans les cas où le trouble s'atténue, on peut voir se succéder plus ou moins rapidement les divers degrés d'aphasie que nous venons d'énumérer. Dans l'aphasie incomplète, les malades se trompent souvent de mots; ce désordre est parfois si prononcé que le langage est tout à fait incompréhensible. Il n'est pas très rare de voir les aphasiques auxquels on vient d'apprendre le nom d'un objet appliquer ce même nom à tous ceux qu'on leur présente ultérieurement; si par exemple il s'agit du mot *verre*, le malade, après s'en être servi une première fois exactement, le répète pendant plusieurs minutes pour tout autre objet qu'on lui montre.

Souvent, après s'être impatienté pour prononcer les mots qu'on lui demande, le malade s'imagine les avoir trouvés, et c'est seulement en voyant par la physionomie de son interlocuteur qu'il n'en est rien, qu'il se désole et s'agite. Cependant il a conservé la mémoire des mots, puisqu'il reconnaît le nom des objets qui l'entourent lorsque l'on vient à le prononcer.

Le pouvoir d'*écrire* peut être *aboli*, *diminué* ou *conservé*. On a parfois une certaine difficulté à constater l'état de l'écriture en raison de la paralysie du bras qui existe d'habitude en pareil cas, mais cet obstacle mérite rarement d'être pris sérieusement en considération, car il est d'observation que, dans le cas d'aphasie, cette paralysie est d'ordinaire fort peu prononcée; on peut d'ailleurs en pareil cas, comme il s'agit d'une hémiplégie, mettre la plume dans la main du côté sain et obtenir ainsi, lorsqu'il n'y a pas d'agraphie, une écriture lisible, bien que grossièrement formée. Cette écriture est inclinée de haut en bas et de gauche à droite, par conséquent en sens inverse de celle de la main droite.

Le plus ordinairement la parole et l'écriture se modifient parallèlement ; celle-ci est annulée quand celle-là est presque abolie. Dans les cas qui doivent guérir, les malades recouvrent graduellement la faculté d'écrire en même temps que celle de parler : incapables au début de former des lettres, ils les dessinent bientôt de mieux en mieux ; puis ils les rassemblent en mots dans les premiers temps incompréhensibles, puis de plus en plus nets ; il n'est pas rare de les voir d'abord se substituer les uns aux autres de telle sorte que la phrase est dépourvue de sens ; au bout d'un certain temps, quelquefois d'un petit nombre de jours, les malades peuvent avoir recouvré l'intégrité de leur écriture ; un tracé publié par M. Grasset en fournit un remarquable exemple (1). On doit admettre que, dans ces cas, la lésion cérébrale a fait obstacle concurremment aux communications entre les centres de mémoire auditive et de mémoire visuelle avec les centres coordinateurs de la parole et de l'écriture, mais il n'en est pas toujours ainsi, et l'on peut voir ces communications être interrompues isolément.

Le plus ordinairement c'est la parole qui ne peut plus s'exécuter alors que le langage écrit demeure possible. Trousseau et Jaccoud en ont rapporté de remarquables exemples ; chez ces malades la mémoire des mots est entière, ils lisent mentalement, ils écrivent aussi bien que leur paralysie leur permet de le faire. Certains de ces aphasiques peuvent écrire sous la dictée seulement.

Chez d'autres sujets, les choses se passent inversement : les centres d'idéation verbale conservent leurs connexions avec les organes coordinateurs de la parole, mais les centres de mémoire visuelle cessent de communiquer avec celui de l'écriture, d'où l'impossibilité d'écrire sans aphasie proprement dite ; telle est du moins l'interprétation que, suivant nous, doivent recevoir

____

(1) Grasset, *Observ. d'aphasie complète suivie de guérison avec des spécimens de l'écriture du malade (Montpellier médical,* 1873).

les faits de Forbes, de Winslow et d'autres auteurs qu'a cités M. J. Falret (1).

Certains aphasiques conservent la faculté de chanter, bien qu'ils soient incapables de dire un seul mot; une malade que nous avons observée à la Salpêtrière, pendant notre internat dans le service de M. Vulpian, était hors d'état de nommer les objets qu'on lui présentait, et néanmoins elle chantait, en prononçant remarquablement bien les paroles, le premier couplet de la *Marseillaise*. Ces faits démontrent que le centre psychique où se déposent les souvenirs musicaux est distinct du centre d'idéation verbale, même pour les paroles qui leur sont associées.

Le langage *mimique* est le plus souvent, mais non constamment conservé. Certains aphasiques ne semblent qu'en apparence exprimer leur pensée par les signes *oui* et *non*, car on peut se convaincre en les observant qu'ils font ces gestes purement au hasard. Trousseau a fait voir que les gestes nécessaires à l'expression de certains sentiments continuent à se produire par action réflexe, mais que les malades sont incapables de les faire spontanément.

Pour le *dessin*, il faut admettre les mêmes variétés; il est des aphasiques qui, auparavant artistes de talent, sont devenus incapables de tenir un crayon; d'autres peuvent copier un modèle; d'autres enfin dessinent comme ils le faisaient avant d'être malades, mais ce ne peut être là qu'un fait très rare, en raison de l'hémiplégie qui coïncide presque constamment avec la suppression de la parole.

Il en est de même enfin du *calcul :* on voit des malades qui sont devenus incapables d'énoncer aucun chiffre, d'autres sont hors d'état d'en apprécier la valeur ; un petit nombre seulement peuvent compter sur leurs doigts les chiffres qu'ils sont incapables de prononcer.

L'intelligence est toujours assez bien conservée pour que l'on ne puisse s'expliquer par son altération le trouble de la parole, car autrement celui-ci ne peut être considéré comme une aphasie vraie, mais cela ne veut pas dire qu'elle reste intacte. La question est fort difficile à juger en raison des difficultés que

(1) J. Falret, *Arch. génér. de méd.* 1864.

l'abolition du langage apporte à l'appréciation de l'activité intellectuelle. Les aphasiques qui, après guérison, ont fourni des renseignements sur cette question, ne sont pas d'accord ; le professeur Lordat (1) assure qu'il restait capable de combiner les éléments d'une leçon ; le malade de M. Grasset a déclaré qu'il comprenait ce qu'on lui disait, qu'il avait les idées pour y répondre et qu'il ne lui manquait pour cela que les mots. Au contraire M. Spalding (2) a reconnu que ses idées avaient perdu de leur netteté. L'observation directe des malades suffit d'ailleurs à démontrer chez beaucoup d'entre eux un trouble considérable de l'intelligence ; tels sont ceux qui pendant plusieurs semaines lisent la même page d'un journal. Sazie, élève de M. Magnan (3), croit que l'état de l'intelligence peut être très divers chez les aphasiques, et il établit à cet égard trois catégories comprenant : la première, les malades qui ont conservé la presque totalité de leur intelligence ; la deuxième, ceux qui l'ont manifestement affaiblie ; la troisième, ceux qui sont en démence. Cette dernière nous paraît fort discutable, nous ne croyons pas qu'elle puisse être rattachée à l'aphasie, elle constitue une complication.

On décrit avec l'aphasie, bien qu'ils en soient distincts, les symptômes qui sont connus sous le nom de *surdité* et de *cécité verbales* (4). Les malades qui en sont atteints peuvent s'exprimer par la parole et par l'écriture, seulement les uns ne peuvent, malgré l'intégrité de l'ouïe, comprendre les mots qu'ils entendent, bien qu'ils puissent parler et qu'ils perçoivent les bruits les plus légers ; les autres ne peuvent, malgré l'intégrité de la vue et la conservation de la faculté d'écrire, lire l'écriture. Une malade de M. Giraudeau (5) lisait facilement les questions qu'on lui faisait par écrit et elle y répondait, mais elle ne comprenait pas les paroles qu'on lui adressait, bien

(1) Lordat, *Analyse de la parole, etc., pour servir à l'histoire de l'alalie et de la paralalie.* 1843.

(2) Spalding, *Archives de médecine.* 1866.

(3) Sazie, *Thèse de Paris.* 1880.

(4) Kussmaul, *loc. cit.* — Magnan, *Bulletin de la Société de biologie.* 1880. — Mademoiselle Nadine Skwortzoff, *Thèse de Paris*, 1881. — Marie, *loc. cit.* — Broadbendt, *Cerebral-Mechanisms of through and speech* (*Med. chir. Transact.* 1873).

(5) Giraudeau, *Revue de médecine*, 1882.

qu'elle entendît nettement le tic-tac d'une montre ; elle était atteinte de surdité verbale. Un malade de M. Charcot ne pouvait lire ce qu'il écrivait non plus que les imprimés. Quand il parvenait à lire un mot, c'était en figurant une à une les lettres qui le constituaient ou en les retraçant dans l'espace avec les doigts ; il les voyait nettement, mais ne pouvait les lire. M. Charcot formule l'interprétation physiologique de ces troubles en disant que, dans la *cécité verbale*, le malade a perdu la notion des signes du langage écrit au point de vue de la réception, tandis qu'il a conservé les phénomènes de réception auditive et ceux de transmission graphique et verbale ; dans la *surdité verbale* le malade a perdu, au point de vue de la réception, la notion des signes du langage parlé, tandis qu'il a conservé les phénomènes de réception visuelle et ceux de transmission graphique et verbale. Ces troubles fonctionnels coexistent le plus souvent avec des signes d'aphasie, mais ils peuvent également se produire isolément.

L'aphasie est presque toujours provoquée par une lésion nettement appréciable de l'encéphale ; le ramollissement en est de beaucoup la cause la plus fréquente, viennent ensuite les tumeurs cérébrales et l'hémorrhagie. On a observé exceptionnellement le même symptôme dans la fièvre typhoïde, dans la variole et dans l'infection puerpérale, sans qu'il ait été possible de déterminer quelle en était alors la condition prochaine ; Charcot a décrit une *aphasie de la migraine* qui se rattache certainement à une extension aux vaisseaux encéphaliques des troubles d'innervation qui caractérisent cette affection.

Quelle que soit la nature de la lésion, elle paraît occuper constamment les mêmes parties de l'encéphale qui sont la troisième circonvolution, la partie voisine de l'insula et les vaisseaux qui les relient au corps opto-strié ; dans la grande majorité des cas, c'est le côté gauche qui est intéressé. Ces propositions, très vivement discutées il y a peu d'années encore, comptent des adhérents de plus en plus nombreux. On le doit aux travaux successifs du professeur Bouillaud qui a localisé le langage dans la partie antérieure des hémisphères du cerveau, du Dr Dax qui le plaça dans l'hémisphère gauche, et enfin de Broca qui le fit siéger dans la troisième circonvolution du côté gauche. C'est vrai dans la grande majo-

rité des cas, et ceux qui semblent faire exception ne font au
contraire que confirmer la règle. Meynert a montré que les
parties de l'*insula* qui touchent à la troisième circonvolution
étaient parfois intéressées dans les cas d'aphasie, et Lépine a
observé un fait dans lequel la lésion était limitée à cette partie ;
il faut donc admettre que, chez certains sujets au moins, le
foyer dont la lésion produit l'aphasie est un peu plus étendu
que ne l'avait pensé Broca. D'une autre part on pouvait soupçonner *a priori* que les altérations des faisceaux blancs qui font
communiquer le foyer de l'aphasie avec les *tractus* sous-jacents
pouvaient donner lieu à ce trouble fonctionnel, et l'observation
est venue bientôt confirmer cette manière de voir ; Grasset a
réuni treize cas dans lesquels l'aphasie a été provoquée par la
lésion des faisceaux pédiculo-frontaux inférieurs droits, faisceaux qui sont sous-jacents à la troisième circonvolution.

Le siège de la lésion n'est pas toujours à gauche, et l'on possède maintenant un assez grand nombre de faits dans lesquels
elle portait sur la troisième circonvolution du côté droit ; mais,
chose remarquable, on a constaté presque constamment
(H. Jackson) (1) qu'il s'agissait en pareil cas de sujets gauchers.
Ces faits sont des plus importants au point de vue de la doctrine des localisations cérébrales ; ils montrent non seulement
que le lieu de rapport entre l'idéation verbale et l'expression
par le langage siège dans la troisième circonvolution, mais
aussi qu'il est localisé dans une moitié de l'encéphale, la même
où siège d'habitude la dextérité plus grande du membre supérieur et particulièrement son aptitude à écrire et à coudre ; c'est
une nouvelle preuve que l'*homme gauche* doit être différencié de
l'*homme droit*. On pourra certainement aller plus loin dans la
voie que nous venons d'indiquer ; une étude attentive des lésions permettra de déterminer en quels points siègent les lésions
qui donnent lieu aux différentes variétés passées en revue plus
haut et particulièrement à l'agraphie, à l'aphasie proprement
dite, etc.

Déjà Exner a cru pouvoir établir un rapport entre l'agraphie et les lésions de la frontale moyenne du côté gauche.

La surdité verbale a coïncidé plusieurs fois avec une lésion

____

(1) H. Jackson, *On aphasia with left Hemiplegia* (*Lancet*, 1880). — Grasset,
Traité des maladies du système nerveux. Montpellier, 1881.

de la première circonvolution temporale gauche, et la cécité verbale paraît due à une lésion du lobule pariétal inférieur gauche. M. Charcot fait remarquer que, dans un certain nombre de cas, des lésions siégeant dans cette même partie de l'encéphale paraissent avoir produit l'hémiopsie latérale droite; il y aurait juxtaposition de deux centres et en fait on a vu plusieurs fois la cécité verbale coïncider avec l'hémiopie latérale droite.

On a cherché à reproduire par l'expérimentation la démonstration que donne la clinique relativement à la localisation des troubles du langage; on ne pouvait en attendre que des résultats bien incertains puisque l'homme seul possède le langage articulé. Il est intéressant cependant de constater que Hitzig et Ferrier ont paralysé chez le singe les lèvres et la langue en détruisant la partie de l'encéphale qui représente chez lui la troisième circonvolution, et que M. Duret a vu chez le chien son extirpation lui faire perdre la faculté d'aboyer; il a réussi à suspendre et à rétablir alternativement cette fonction en pratiquant et en cessant successivement la compression de l'artère qui se distribue à cette partie.

L'aphasie, en raison du voisinage de la troisième circonvolution frontale et de la frontale pariétale ascendante, coïncide le plus souvent avec une hémiplégie qui siège presque toujours à droite; cette paralysie est d'ordinaire peu développée à la face; l'aphasie, en règle générale, est d'autant plus légère que la paralysie du membre inférieur prédomine davantage sur celle du membre supérieur.

Pour les cas très rares où l'on ne trouve pas de lésions, il faudrait admettre des troubles fonctionnels dans l'innervation de l'encéphale; on peut interpréter dans le même sens les faits absolument exceptionnels dans lesquels on a trouvé une lésion éloignée de la troisième circonvolution.

ARTICLE VI. — DES TROUBLES DU SOMMEIL.

Le cerveau éprouve chaque jour, comme tous nos organes, un besoin impérieux de repos; ce besoin se traduit d'ordinaire par de six à huit heures de sommeil; la durée de cette période varie suivant l'état physique et mental de l'individu.

Le cerveau, pendant le sommeil, subit dans sa configuration

des changements qui, bien qu'imparfaitement connus, méritent cependant l'attention. Caldwell, chez une femme dont la voûte crânienne avait été partiellement enlevée, a pu constater que cet organe restait inclus dans le crâne et sans mouvements pendant le sommeil, tandis qu'il venait faire saillie à la surface pendant la veille. Blumenbach a observé également, chez un malade, l'affaissement du cerveau pendant le sommeil et son expansion avec turgescence au réveil. Bruns a constaté positivement à l'aide d'un appareil enregistreur, chez une femme qui présentait une perte de substance osseuse, que les mouvements du cerveau étaient pendant le sommeil d'une amplitude moindre que pendant la période de veille.

Les physiologistes qui se sont occupés de cette question sont d'accord pour admettre que le sommeil coïncide avec une diminution notable dans l'activité de la circulation cérébrale ; et Durham en conclut que tout ce qui augmente l'activité de la circulation cérébrale tend à assurer la veille, et que tout ce qui diminue cette activité et en même temps n'altère pas la santé générale tend à amener le sommeil. M. Hénocque (1) fait remarquer cependant qu'il ne faudrait pas considérer cette anémie relative de l'encéphale comme la cause même du sommeil, car on peut provoquer cet état par l'action de substances notoirement vaso-dilatatrices, telles que l'opium et le chloroforme ; la condition prochaine du phénomène serait, d'après Pflüger, la diminution de la quantité de sang qui se trouve emmagasiné dans l'encéphale ou apporté par les vaisseaux ; il se produirait là, d'après Bertin, une sorte d'asphyxie du cerveau. Cette impuissance fonctionnelle est-elle due à l'encombrement des tissus par les matériaux de dénutrition ou à l'épuisement des matériaux nécessaires au jeu de l'organe ? Les deux hypothèses ont été vivement soutenues dans ces derniers temps ; peut-être les deux causes agissent-elles concurremment ?

Quoi qu'il en soit, le sommeil est un acte nécessaire, et sa mise en jeu régulière est indispensable au fonctionnement normal de l'organisme.

Sa durée peut être exagérée ou amoindrie. Le premier de ces

(1) Bertin, *Dictionnaire encyclopédique*, article SOMMEIL. — Blumenbach, *Psychological Journal*, col. V. — Mathias Duval, *Nouveau dict. de Jaccoud*, art. SOMMEIL, t. XXXIII, 1882. — A. Maury, ouvrage cité.

troubles est presque physiologique chez bien des sujets qui s'endorment après chaque repas sans préjudice d'un sommeil prolongé pendant la nuit. Il devient maladif quand il persiste presque constamment, se renouvelant spontanément dès qu'il n'est plus interrompu par une excitation ; on l'observe sous cette forme chez les polysarciques ; ils s'endorment non seulement quand ils essayent de travailler ou de lire, mais aussi dans le cours d'une conversation et à table ; on observe des phénomènes analogues dans certaines formes de néphrite chronique, mais ici il faut prendre garde de confondre le sommeil avec les états comateux qui présentent la particularité de persister, malgré toutes les excitations auxquelles peut être soumis le malade, et de s'accompagner souvent du trouble respiratoire que l'on appelle le *stertor*. Cette tendance invincible au sommeil ne paraît pas entraîner par elle-même de conséquences graves, mais elle est habituellement d'un pronostic fâcheux quand elle n'a pas été provoquée artificiellement.

L'insomnie est au contraire un symptôme des plus pénibles ; elle entraîne la fatigue cérébrale. Des conditions multiples peuvent la produire : elle est le résultat de la volonté chez les sujets qui se livrent à des travaux excessifs, soit manuels, soit cérébraux. Il faut ajouter le plus souvent, en pareil cas, une influence médicamenteuse, celle du café ou du thé.

L'insomnie s'observe assez fréquemment dans diverses maladies de l'encéphale et en particulier dans celles qui donnent lieu à la démence ; elle en est un des signes les plus fréquents. C'est également un symptôme des fièvres ; elle se produit au début des pyrexies exanthématiques, de la pneumonie, de la fièvre typhoïde où on la voit se prolonger ordinairement pendant toute la période d'état ; on l'a signalée dans les affections de l'estomac et d'une manière générale dans toutes les maladies qui s'accompagnent de douleurs. Nous devons mentionner enfin, parmi ses causes, les excitations cérébrales violentes ; nous l'avons vue se produire à la suite des épreuves d'un concours : elle survient à la suite des chagrins que provoquent des revers de fortune, l'amoindrissement de sa situation sociale ou la perte d'un être chéri.

L'insomnie peut se produire à des degrés très divers ; le plus souvent elle n'est que relative ; les malades ne donnent chaque

jour au sommeil qu'un laps de temps insuffisant ; il en est ainsi
chez les sujets contraints de se surmener ; l'insomnie consécutive à des excès de fatigue intellectuelle peut être beaucoup
plus opiniâtre ; nous l'avons vue, dans un cas, persister pendant
plus d'une semaine ; elle peut être d'une durée beaucoup plus
longue chez les aliénés.

Les sujets en proie à l'insomnie sont généralement dans un
état très prononcé d'excitabilité nerveuse ; toutes les sensations
leur deviennent pénibles ; ils tombent dans une sorte d'agitation
anxieuse ; leur appétit est le plus ordinairement troublé ; leur
teint pâlit ; leur regard, d'abord brillant, devient plus tard atone ;
il y a mélange de faiblesse et d'excitation ; les sujets tombent
dans un état de prostration qui semble pouvoir aboutir à une
terminaison fatale. Il importe de distinguer, à ce point de
vue, l'insomnie provoquée accidentellement par un surmènement intellectuel ou une émotion pénible, de celle qui se produit sous l'influence d'une maladie mentale ; la première est le
plus souvent passagère et la seconde durable.

ARTICLE VII. — DU VERTIGE.

On désigne sous ce nom un trouble dans lequel il semble que
les objets environnants tournent et que l'on tourne soi-même
dans une direction déterminée, variable suivant les cas, en
même temps que l'on se sent étourdi et que l'on a tendance à
perdre l'équilibre.

Les conditions dans lesquelles il a lieu montrent qu'il a pour
cause prochaine un désordre dans l'innervation encéphalique,
le plus ordinairement, si ce n'est toujours, d'origine périphérique. Il en est certainement ainsi quand il se produit, comme
il arrive souvent, sous l'influence d'une sensation visuelle ou
auditive.

Parmi les vertiges *visuels*, il faut citer en premier lieu celui
qui survient lorsqu'on regarde en bas d'un lieu élevé ; il se manifeste chez la plupart des sujets, bien que l'on réussisse le plus
souvent par l'habitude à s'en délivrer ; il est probable que le
trouble de la vision entre également pour une grande part dans
le vertige produit par le tournoiement rapide du corps, car les
jeunes gens qui s'exercent à la valse ferment les yeux pour éviter

l'accident ; il en est de même des vertiges qu'éprouvent certaines personnes lorsqu'elles sont transportées en voiture, d'arrière en avant. Il est des malades qui éprouvent une sensation de vertige extrêmement pénible dès qu'ils fixent un objet ou qu'ils cherchent à déplacer les yeux dans une direction quelconque ; c'est le vertige oculaire récemment décrit par Abadie (1).

L'existence du vertige *auditif* n'est pas moins certaine ; Ménière, qui l'a décrit le premier, a montré qu'il se développe sous l'influence d'une sensation purement subjective ; le malade entend un sifflement, un bourdonnement, un bruit quelconque, et immédiatement, il est pris d'une sensation de tournoiement tellement intense que souvent il tombe s'il n'est secouru ; le vertige se produit parfois en l'absence de la sensation auditive chez les sujets atteints d'une maladie de l'oreille.

Le vertige s'observe dans la plupart des maladies de l'encéphale ; il est surtout fréquent dans le cas de tumeurs ; la plupart des auteurs admettent qu'il est même un des symptômes habituels de l'anémie cérébrale et qu'il peut être ainsi provoqué par l'athérome artériel et par le rétrécissement aortique.

On doit à Trousseau une description détaillée des vertiges d'origine gastrique (2).

Chez la femme, l'appareil utéro-ovarien paraît être une cause relativement fréquente d'accidents vertigineux dont l'étude rentre dans celle de l'hystérie.

Nous devons mentionner encore, parmi les causes de vertiges, les affections fébriles et particulièrement les pyrexies exanthématiques et la fièvre typhoïde : une réaction intense n'est pas nécessaire à leur production, car nous les avons vus survenir avec intensité dans des cas très bénins de varioloïde.

Signalons enfin les vertiges que produisent, chez certains sujets, divers médicaments parmi lesquels nous citerons en première ligne le sulfate de quinine et le salicylate de soude.

Nous ne pouvons déterminer quelle est la cause prochaine des vertiges ; ceux qui ont pour point de départ une affection de l'oreille peuvent être rapportés à une lésion directe ou indirecte des canaux semi-circulaires, car l'expérimentation a dé-

(1) Abadie, *Du vertige oculaire* (*Progrès médical*, 1882).
(2) Trousseau, *Clinique médicale de l'Hôtel-Dieu*, 6ᵉ édition. Paris, 1882.

montré que les lésions de ces parties donnent lieu à des mouvements de rotation qui se font toujours dans le même sens pour le même canal, et on y localise le sens de l'espace ; mais l'obscurité reste complète pour les autres variétés de vertige ; il faut seulement se rappeler que la lésion de toutes les parties du cerveau peut donner lieu à des mouvements de rotation.

La sensation de vertige est susceptible de varier beaucoup suivant les conditions dans lesquelles elle se développe et les individus qu'elle affecte. Le plus souvent passagère, elle dure parfois des mois et même des années (cas de vertige de Ménière). A un léger degré, elle permet la station debout ; plus prononcée, elle peut amener une chute et sa violence est telle en certains cas que les malades perdent l'équilibre alors même qu'ils sont couchés ; cependant la situation horizontale atténue d'habitude les sensations pénibles.

C'est surtout dans les cas graves de vertige de Ménière que les accidents atteignent un haut degré d'intensité et deviennent lamentables. Les malades se sentent continuellement dans une situation instable, ils se calent avec des oreillers ou des coussins et néanmoins, même s'ils ont les yeux fermés, ils se sentent menacés d'une chute imminente ; ils sont en proie à une sensation de balancement, de mouvement gyratoire, tantôt autour d'un axe vertical, tantôt autour d'un axe transversal ; d'autres fois ils éprouvent une sensation d'élévation et d'abaissement qui leur fait croire à un mouvement d'escarpolette ou de tremplin ; d'autres fois ils se sentent enlevés brusquement en l'air, la tête en bas, et s'imaginent qu'ils restent un instant suspendus (1) ; ils ne se trouvent jamais en équilibre et éprouvent sans discontinuer un mouvement de va-et-vient et de tournoiement dans un sens ou dans l'autre.

Ce n'est guère que dans la maladie de Ménière que ces vertiges auditifs persistent d'une manière continue pendant plusieurs mois ; ce sont plus ordinairement des phénomènes passagers. Tantôt ils consistent en de simples sensations, tantôt ils s'accompagnent d'une perte d'équilibre avec chute. Celle-ci se fait toujours du même côté dans le mal de Ménière, exception-

(1) Féré et Demars, *Revue de médecine.* 1881.

nellement en arrière, d'ordinaire en obliquant en avant et du côté de l'oreille atteinte.

L'intelligence est ordinairement intacte ; le malade a conscience de ce qui lui arrive et c'est là un caractère qui peut servir à différencier le vertige du petit mal épileptique avec lequel il a été trop souvent confondu ; pourtant, dans certains cas, le malade tombe privé de sentiment et de mouvement.

ARTICLE VIII. — DE L'EXTASE.

On appelle ainsi un état cérébral dans lequel les malades sont tellement absorbés par la contemplation d'objets imaginaires qu'ils perdent momentanément la sensibilité et les mouvements volontaires. L'objet de la contemplation est le plus souvent, mais non constamment, une image religieuse ; cet état morbide se développe surtout chez les sujets dont le système nerveux est très excitable ; il est assez souvent une manifestation de l'hystérie ; on peut l'observer chez les névropathes ; il est beaucoup plus fréquent chez les femmes que chez les hommes, chez les jeunes gens que chez les vieillards. Toutes les causes d'anémie, et particulièrement l'insuffisance de l'alimentation et du sommeil, en favorisent l'apparition. On peut toujours invoquer, pour expliquer le développement des phénomènes, des troubles psychiques : la surexcitation religieuse et la vie ascétique en sont les causes les plus ordinaires ; l'accès lui-même est souvent provoqué par des méditations prolongées en l'absence de tout bruit et dans l'obscurité.

Si l'on examine un sujet en état d'extase, on constate qu'il est d'habitude dans une attitude fixe exprimant la passion dont il est animé ; la physionomie garde la même expression : s'il s'agit d'une extase religieuse, le malade semble dans un état de parfaite béatitude, ses regards sont constamment dirigés vers le ciel, assez souvent il se prosterne et se livre à des actes d'adoration ; d'autres fois, il cherche à éprouver les souffrances du Christ, il veut s'identifier avec lui et subir le crucifiement, après avoir parcouru toutes les phases de la passion. C'est dans ces conditions que l'on a vu se produire de ces stigmates qui ont été l'objet de discussions si prolongées ; tout en faisant la part de la simulation, on devait reconnaître que la paume des mains de ces extatiques était bien réellement excoriée. Maury pense qu'ils peuvent, sans en avoir conscience, se faire avec leurs ongles des excoriations profondes; Michéa (1) suppose qu'il se produit, chez certains de ces sujets, des sueurs locales et colorées analogues à celles qui ont été décrites par Parrot sous le nom d'*hématidroses*.

La sensibilité est abolie; on peut piquer, pincer et brûler les malades sans qu'ils perçoivent même de sensation ; cette insensibilité s'étend aux muqueuses ; les mouvements se réduisent à ceux qui sont en rapport avec l'hallucination ; le sens de la vue est aboli ; il en est de même, mais non constamment, de l'ouïe.

Ces accès coïncident assez fréquemment avec des manifestations hystériques ; ils représentent, dans la grande attaque, la phase dite des *attitudes passionnelles;* ils peuvent également accompagner la *théomanie* et la *démonomanie;* nous verrons bientôt qu'ils coïncident fréquemment avec la catalepsie.

Nous venons de montrer que l'extase se produit dans des conditions très diverses ; aussi ne pouvons-nous la considérer comme une maladie : c'est un syndrôme dont la cause prochaine est inconnue et que l'on ne peut rattacher jusqu'ici à aucune modification appréciable dans l'état des parties.

ARTICLE IX. — DE LA CATALEPSIE, DE LA LÉTHARGIE ET DU SOMNAMBULISME.

§ 1er. — Définition et causes.

On désigne sous le nom de *catalepsie* un trouble caractérisé par des accès pendant lesquels le sentiment et l'entendement sont suspendus en même temps que chaque partie du corps conserve l'attitude qu'elle avait au début ou qu'on lui a communiquée ultérieurement.

Il peut se produire primitivement sous des influences diverses. On peut aussi le provoquer artificiellement, particulièrement chez les hystériques ; il présente avec la léthargie des relations sur lesquelles nous aurons à insister.

(1) Michéa, *Des hallucinations*. Paris, 1846. — Maury, ouvrage cité.

Parmi les *causes* de la catalepsie primitive, il faut mentionner l'hérédité ; on l'a plusieurs fois observée chez les enfants d'une même famille ; elle se développe surtout chez les jeunes gens ; sa fréquence est à peu près égale dans les deux sexes, fait important qui suffit pour faire repousser l'opinion de ceux qui voudraient la rattacher exclusivement à l'hystérie ; les fatigues cérébrales, l'abus du travail intellectuel, les revers de fortune, les chagrins d'amour et les émotions vives sont cités comme ses causes les plus habituelles ; il faut noter aussi l'influence de la digestion ; dans un cas de Puel, l'accès survenait toujours après les repas, alors même que l'heure en était changée. Grasset invoque en outre l'influence des maladies générales parmi lesquelles il cite surtout la malaria et la goutte ; on a vu également l'affection se développer pendant la convalescence de diverses maladies aiguës, la pneumonie, le rhumatisme articulaire et la fièvre typhoïde, et aussi à la suite de traumatismes (Eulenburg).

La catalepsie provoquée fait partie des phénomènes de l'hypnotisme. On la produit le plus ordinairement en fatiguant la vue par la fixité des regards et la convergence des yeux ; dans les conférences de M. Charcot, la malade, placée devant une lumière de Drummond et invitée à la fixer, présente, au bout d'un laps de temps qui varie de quelques secondes à quelques minutes, les phénomènes de la catalepsie ; on obtient le même résultat en regardant fixement la malade et en l'invitant à vous fixer également ; les vibrations d'un diapason ou un bruit inattendu, tel que celui d'un gong, le produisent de même.

§ 2. — Symptômes.

Dans l'état cataleptique, le malade immobile, insensible aux excitations, fixe l'objet qu'on lui présente ; ses yeux sont largement ouverts ; il est complètement anesthésié : on peut le piquer ou le pincer violemment sans qu'il s'en aperçoive. Les muscles ne sont pas contracturés ; ils *gardent l'attitude qu'on leur communique*, alors même qu'elle semblerait devoir entraîner rapidement une fatigue intolérable ; si l'on élève par exemple le membre supérieur et qu'on le laisse dans cette situation, il s'y maintient pendant vingt minutes ou même une demi-heure sans présenter de tremblement ; et quand le malade le laisse retomber, c'est graduellement et lentement.

Chez certaines femmes, on peut provoquer le phénomène que Braid a appelé *suggestion ;* en plaçant les membres de la malade dans les attitudes qui répondent aux divers sentiments et aux diverses passions, on suscite une mimique qui exprime avec vivacité les mêmes sentiments ou les mêmes passions ; on peut ainsi faire exprimer à la malade la colère, l'humilité, l'orgueil, la tendresse, la prière, etc.; elle reste alors anesthésiée, mais l'état cataleptique n'existe plus, et le regard a perdu sa fixité.

Si l'on ferme les yeux d'un cataleptique ou si l'on enlève la lumière qui a produit l'accès, la catalepsie fait place à un autre état qui a été désigné sous les noms de *sommeil magnétique*, de *somnambulisme* et que M. Charcot nomme *léthargie*. Son début est brusque : la malade tombe, ses yeux se ferment, elle fait une inspiration sifflante accompagnée de quelques mouvements de déglutition, ses paupières sont le siège d'un frémissement continuel, ses globes oculaires se dévient dans une même direction, ses muscles sont en résolution avec cette particularité qu'il suffit de les exciter mécaniquement à travers les téguments pour en provoquer la contraction (*hyperexcitabilité musculaire*); de même l'excitation mécanique des nerfs provoque la contraction des muscles qu'ils animent ; il y a contraction simple ou contracture suivant que l'excitation est plus ou moins intense et prolongée.

La léthargie peut subir des modifications qui la rapprochent du somnambulisme. Si l'on appelle la malade, elle se lève, et on peut la faire écrire, coudre, exécuter différents ouvrages, bien que ses yeux restent fermés et que ses paupières continuent à être animées du même frémissement que précédemment ; elle répond aux questions qu'on lui pose; on fait cesser cet état en soufflant sur le visage ou en comprimant les ovaires (1). Quand la malade revient à elle, elle éprouve un spasme pharyngé et un peu d'écume apparaît aux lèvres.

Au lieu du retour à l'état normal, on peut provoquer de nouveau la catalepsie en soumettant la malade à l'influence d'une impression lumineuse, si bien qu'en soulevant et en abaissant

____

(1) Richer, *Études cliniques sur l'hystéro-épilepsie.* Paris, 1881.

alternativement les paupières, on détermine alternativement la production de l'un et de l'autre état; bien plus, en fermant l'un des yeux d'une malade en catalepsie, elle devient léthargique du côté correspondant tout en restant cataleptique du côté opposé.

Il peut survenir dans la léthargie des contractures de siège variable qui cessent lorsque l'on provoque le retour à l'état normal; si l'on amène au contraire la catalepsie, les contractures persistent aussi longtemps que cet état, et, dans le cas où la malade est réveillée, jusqu'au jour où l'on provoque de nouveau la léthargie (Charcot).

La pression sur le sommet de la tête d'une malade en état de léthargie amène la disparition de l'hyperexcitabilité musculaire et un somnambulisme plus parfait; le soulèvement des paupières supérieures ne produit plus alors la catalepsie; il n'y a plus de clignotement des paupières; les sens restent à un certain degré excitables, quelquefois même ils le sont plus qu'à l'état normal en même temps que l'intelligence est plus vive.

Quant la catalepsie a été produite par le soulèvement des paupières d'une femme mise en état de léthargie par la convergence des rayons visuels en strabisme interne et supérieur, il peut se produire chez elle, d'après Richer, toute une série de troubles psychiques. Si l'on place devant ses yeux un objet que l'on fait osciller, le regard se fixe bientôt sur lui; l'expression de la physionomie devient riante quand il est porté en haut, triste s'il est dirigé en bas. La cataleptique, lorsque son attention est attirée, devient susceptible d'exécuter une série d'actes inconscients. Certaines malades reproduisent exactement les gestes de l'observateur placé devant elle; on peut aussi leur faire exécuter les mouvements les plus variés et les plus compliqués. Les malades accomplissent ceux dont le début a été provoqué par l'observateur et qui sont indiqués par l'attitude donnée aux parties.

Si l'on place entre les mains d'une cataleptique un objet dont l'usage est connu d'elle, on la voit presque aussitôt sortir de son état de catalepsie pour se livrer automatiquement à l'acte auquel l'objet est destiné : si c'est un pardessus, elle le revêt et le boutonne avec soin; s'il s'agit d'un verre, elle boit; d'un balai, elle balaye, etc. (Richer). Vient-on, dans ces conditions, à abaisser l'une des paupières, tout le côté correspondant devient léthargique et cesse de se mouvoir, mais les mouvements continuent du côté opposé.

On peut provoquer chez les malades en catalepsie des hallucinations pendant lesquelles les symptômes de cet état disparaissent. Si l'on attire le regard de la malade vers le sol en lui disant qu'il est couvert de fleurs, elle cesse momentanément d'être cataleptique et se baisse pour cueillir ces fleurs ; si on lui montre un blessé, on la voit prendre un air de commisération, se baisser, s'agenouiller et faire le geste de rouler une bande ; si on l'invite à écouter la musique, elle entend aussitôt un concert imaginaire ; il suffit de lui dire qu'elle voit le paradis pour la jeter dans l'extase.

La réunion de l'extase et de la catalepsie a été souvent signalée.

L'hyperexcitabilité musculaire de la léthargie peut donner lieu à des contractures partielles qui l'ont fait confondre avec la catalepsie ; Richer propose d'appeler l'ensemble de phénomènes que produit sa mise en jeu *état cataleptiforme de la léthargie;* il diffère à beaucoup d'égards de la catalepsie, bien que les membres conservent un certain temps l'attitude qu'on leur donne ; l'occlusion des yeux, l'état convulsif des globes oculaires, le frémissement des paupières, ordinairement une certaine rigidité des membres et le peu de temps pendant lequel ils conservent leur attitude anormale l'en distinguent suffisamment.

La physiologie des différents troubles dont nous venons d'indiquer les caractères, en prenant surtout pour guide les descriptions de MM. Charcot et Richer (1), n'est pas faite ; on ne connaît pas la cause prochaine de la léthargie pas plus qu'on ne connaît celle du sommeil ; on ignore de même comment les muscles peuvent conserver pendant un laps de temps relativement considérable une même attitude ; Grasset, qui s'est occupé de cette question, dit qu'il s'agit là de la *force de situation fixe* de Bordeu ; l'existence de cette nouvelle force nous paraît bien difficile à démontrer ; admettons plutôt que la physiologie pathologique des troubles musculaires de la catalepsie reste à faire, comme celle de tous les phénomènes que nous venons de passer en revue.

(1) Richer, *Études cliniques sur l'hystéro-épilepsie.* Paris, 1881.

ARTICLE X. — DE L'APOPLEXIE.

Le syndrome que l'on désigne sous ce nom est caractérisé par la perte subite de la connaissance, la suppression de la sensibilité et des mouvements volontaires, la persistance de la respiration et de la circulation et l'absence de convulsions épileptiques. Il est provoqué constamment par une lésion intra-crânienne : la plus fréquente est l'hémorrhagie; viennent ensuite l'embolie, les tumeurs, les hémorrhagies méningées et peut-être la congestion cérébrale; faut-il ajouter à ces causes le mal de Bright, produisant l'apoplexie séreuse des anciens auteurs? Nous ne le pensons pas, car il n'y a plus ici la brusquerie du début qui caractérise l'attaque apoplectique; nous réservons donc le nom d'*apoplexie* aux accidents provoqués par les causes que nous venons d'énumérer; les autres rentrent dans le coma, état morbide dont la signification plus large s'applique à tous les cas dans lesquels les fonctions cérébrales se trouvent suspendues; l'individu qui tombe comme foudroyé au milieu de son travail et se trouve sans connaissance, privé de sentiment et de mouvement, a une attaque apoplectique; celui qui, atteint d'une hémiplégie dont les progrès s'accentuent graduellement, présente des troubles intellectuels qui aboutissent au bout de quelques jours ou de quelques heures à la perte de connaissance en même temps qu'à la résolution des quatre membres, tombe dans le coma sans que la dénomination d'apoplexie puisse être régulièrement appliquée à son état, car la soudaineté du début est un des caractères essentiels de ce syndrome.

Le phénomène initial de l'apoplexie est donc une chute, si le sujet est debout au moment où elle se produit; s'il est assis, il se renverse et il tombe s'il n'est soutenu; le début de l'attaque peut enfin passer inaperçu si elle survient pendant la nuit. La connaissance est complètement abolie; les excitations les plus vives ne peuvent être perçues; les yeux sont d'habitude fermés; la face est ordinairement, mais non constamment rouge et congestionnée; assez souvent elle se dirige avec fixité d'un même côté, et l'on peut supposer dès lors que la lésion siège dans l'hémisphère correspondant, bien qu'il n'y ait pas en ce moment de paralysie appréciable. Les quatre membres en effet sont dans un état de complète résolution; si on les soulève, ils retombent inertes sur le lit. Les mouvements réflexes y sont ordinairement supprimés, ce qui prouve que le choc cérébral retentit sur la moelle et en paralyse momentanément le pouvoir excito-moteur. Le plus souvent les malades n'urinent pas ou n'urinent que par regorgement; les mouvements respiratoires persistent, ils sont intenses, profonds et bruyants par suite de la difficulté qu'éprouvent les malades à chasser les mucosités qui s'accumulent dans la bouche et dans le larynx. Cet état peut durer quelques heures ou se prolonger pendant plusieurs jours; dans les cas graves, il s'accompagne au début d'algidité; la température rectale est abaissée d'un ou deux degrés; le pouls est lent; les extrémités sont froides; puis suit une seconde phase pendant laquelle la température s'élève rapidement et peut atteindre 42 degrés en même temps que la respiration et le pouls s'accélèrent proportionnellement jusqu'à la mort qui est proche.

Quand le malade ne meurt pas pendant l'apoplexie, la connaissance revient peu à peu en même temps que la mobilité dans les membres non paralysés; s'il s'est produit une hémiplégie, on peut alors constater que les membres d'un côté retombent plus lourdement que ceux du côté opposé, lorsqu'on les abandonne après les avoir soulevés; les réflexes ne sont plus les mêmes dans les deux moitiés du corps; nous avons reconnu que le réflexe plantaire peut rester pendant un certain temps aboli du côté paralysé, alors qu'il a reparu déjà du côté sain (1). Rosenbach (2) a étudié à ce point de vue les réflexes abdominaux et est arrivé à des résultats intéressants. On sait qu'il suffit de presser avec le doigt la paroi abdominale pour en provoquer la contraction réflexe; si les réflexes abdominaux manquent d'un côté, c'est qu'il existe une lésion de l'hémisphère opposé; leur retour chez un apoplectique a une signification favorable et leur disparition est d'un pronostic fâcheux; Rosenbach admet en outre que la diminution bilatérale de ces réflexes indique une lésion cérébrale diffuse, mais cette manière de voir ne nous paraît pas acceptable, car ces phénomènes appartiennent à la symptomatologie régulière du coma apoplectique.

(1) Hallopeau, *Note pour servir à l'étude physiologique de l'apoplexie* (*Bulletins de la Société anatomique.* 1873).
(2) Rosenbach, *Arch. f. Psych. und Nervenkrank.* VI, 845.

Nous ne ferons que signaler les convulsions qui accompagnent assez souvent l'apoplexie; elles ne lui appartiennent pas, non plus que les troubles trophiques qui se produisent assez souvent dans les membres paralysés.

Quelle est la cause prochaine de l'apoplexie? On a invoqué tour à tour, pour l'expliquer, la congestion et l'anémie de l'encéphale; dernièrement Duret a cru pouvoir s'en rendre compte par les oscillations du liquide céphalo-rachidien; cette interprétation ne nous paraît pas acceptable, car l'on voit assez souvent l'apoplexie se produire sous l'influence de foyers hémorrhagiques de trop petites dimensions póur produire un déplacement appréciable de ce liquide, et les expériences de Leyden ont fait voir que l'élévation de la pression n'amène d'accidents que si elle est très considérable. Pour nous, comme pour M. le professeur Jaccoud, la cause réelle des accidents est le choc que l'irruption brusque du sang fait subir à l'encéphale (1); la commotion se transmet directement à l'hémisphère dans lequel se fait la lésion; elle est communiquée à l'hémisphère opposé par les fibres commissurales qui relient les deux moitiés du cerveau; elle s'étend même à la moelle et en anéantit momentanément l'activité. L'apoplexie ainsi comprise est le résultat d'une action d'arrêt exercée par la lésion sur les fonctions de l'encéphale et souvent aussi de la moelle épinière.

ARTICLE XI. — DU COMA.

Ce syndrome offre beaucoup d'analogie avec l'apoplexie qui n'en est en réalité qu'une forme caractérisée par la soudaineté de son début. Il comprend tous les cas dans lesquels il y a perte de connaissance en même temps que paralysie du mouvement et du sentiment, alors que les fonctions de circulation et de respiration continuent à s'accomplir: ce dernier caractère le sépare de la syncope. On l'observe en réalité chaque fois que la mort a lieu par le cerveau. Il se produit fréquemment dans les affections cérébrales; quand l'abolition de la connaissance et des mouvements se fait graduellement et lentement, on dit qu'il y a coma

____

(1) Jaccoud, *Traité de pathologie interne.* — Jaccoud et Hallopeau, article ENCÉPHALE, du *Nouveau dictionnaire de médecine et de chirurgie pratiques.* 1870.

et non apoplexie; l'état de l'apoplectique est également le coma. Toutes les affections de l'encéphale sont susceptibles de le produire; il en est de même des affections méningitiques et des traumatismes crâniens; il s'observe encore dans l'épilepsie, dans l'intoxication palustre, dans les maladies du cœur et des poumons, dans les fièvres et dans les intoxications.

Ses caractères sont les mêmes que nous avons reconnus à l'apoplexie, avec cette différence que les réflexes ne sont pas intéressés; la connaissance est abolie; les membres sont en résolution, ils retombent comme des masses inertes sur le lit lorsqu'on cesse de les soutenir après les avoir soulevés. Lorsque la perte de la connaissance est incomplète, on dit qu'il y a torpeur ou somnolence, bien que les troubles psychiques qu'éprouvent les malades ne doivent pas être confondus avec le sommeil; le sujet paraît endormi, mais sa respiration est plus profonde qu'à l'état normal; on peut, quand on l'excite, en obtenir une réponse, mais il retombe bientôt dans son état d'inertie.

La cause prochaine des accidents n'est pas constamment la même que dans l'apoplexie; on ne peut plus, dans tous les cas, invoquer le choc produisant une action d'arrêt, une inhibition; il est probable que le coma peut résulter d'un trouble de la circulation; c'est ainsi qu'agit la compression en s'opposant à la réplétion des vaisseaux. Le coma qui marque souvent la fin des maladies du cœur et des poumons reconnaît sans doute la même origine; le sang n'arrive plus avec une tension suffisante dans les artères du cerveau et il n'est qu'incomplètement hématosé; c'est sans doute en comprimant les artérioles que l'œdème cérébral chez certains albuminuriques donne lieu au coma. Ce syndrome est d'autres fois d'origine toxique; il en est ainsi dans les empoisonnements par l'alcool, le charbon, le plomb, etc. Dans les fièvres et les maladies adynamiques, on peut rapporter les symptômes de paralysie cérébrale aux altérations profondes qu'ont subies les éléments des tissus en même temps que le sang.

ARTICLE XII. — DES PARALYSIES.

La paralysie est une *akinésie* complète ou incomplète résultant d'une perturbation dans l'innervation motrice (1).

(1) Jaccoud, *Les paraplégies et l'ataxie du mouvement*. Paris, 1864.

Pour qu'un mouvement se produise, il faut qu'une excitation partie d'un centre d'innervation soit transmise à un muscle et en détermine la contraction. L'excitation initiale peut se faire suivant des modes distincts. Elle part le plus souvent de l'encéphale, probablement des circonvolutions dites motrices, pour gagner par la portion sous-jacente du centre ovale et la capsule interne le faisceau moteur qui va ultérieurement constituer le faisceau latéral de la moelle, se mettre en rapport avec la substance grise des cornes antérieures et former enfin les nerfs moteurs ; d'autres fois l'excitation initiale a pour siège la terminaison d'un nerf sensitif ou viscéral ; elle peut être transmise d'abord à la moelle pour se réfléchir sur un nerf moteur, et donner lieu ainsi à un mouvement réflexe ; d'autres fois le centre de réflexion n'est plus la moelle, mais un ganglion du sympathique ; c'est ainsi que se produisent la plupart des actions vaso-constrictives, ainsi que les contractions viscérales.

La paralysie se manifeste chaque fois qu'une des actions nerveuses que nous venons de passer en revue ne peut s'accomplir.

Le siège, l'étendue et, dans une certaine mesure, les caractères de la paralysie des mouvements volontaires varient suivant le siège de l'altération qui la produit. Nous distinguerons à ce point de vue les paralysies d'origine corticale, les paralysies par lésion du centre ovale, celles qui sont liées à une altération du faisceau moteur dans son passage à travers la capsule interne, le pédoncule cérébral, la protubérance et le bulbe, les paralysies d'origine spinale et les paralysies périphériques.

Les paralysies d'origine corticale reconnaissent constamment pour cause une lésion des circonvolutions motrices qui sont les frontales et pariétales ascendantes et les lobules paracentraux. Elles revêtent la forme hémiplégique quand elles sont produites par une lésion unilatérale et étendue de ces parties ; elles sont partielles si la lésion est très circonscrite. On peut distinguer, comme l'a montré M. Charcot (1), parmi ces paralysies partielles ou monoplégies :

1° Les monoplégies brachio-faciales produites par les lésions de la moitié inférieure des circonvolutions ascendantes.

-----

(1) Charcot et Pitres, *Localisations cérébrales* (*Revue de médecine.* 1883).

2° Les monoplégies brachio-crurales, qui coïncident avec des lésions de la moitié supérieure des mêmes circonvolutions.

3° Les monoplégies faciales et linguales qui dépendent de lésions très limitées de l'extrémité inférieure des circonvolutious motrices et particulièrement de la frontale ascendante.

4° Les monoplégies brachiales produites par des lésions très limitées de la partie moyenne de la zone motrice et particulièrement de la frontale ascendante.

5° Les monoplégies crurales qui dépendent de lésions très limitées du lobule paracentral. Dans un fait que nous avons observé récemment avec M. Giraudeau, un gliome avait détruit le tiers supérieur de la pariétale ascendante et se prolongeait sur la moitié supérieure du lobule paracentral. Les troubles de la motilité avaient été pendant six mois limités au membre inférieur du côté opposé; ils n'avaient envahi le membre supérieur que 20 jours avant la mort (1).

Ces paralysies s'accompagnent souvent de convulsions.

Les paralysies par lésions du centre ovale offrent les mêmes caractères que les précédentes, elles sont dues à l'altération des faisceaux qui mettent en rapport les circonvolutions motrices avec la capsule interne.

La paralysie produite par la lésion du faisceau moteur dans son trajet à travers la capsule interne, le pédoncule et la protubérance, est l'hémiplégie vulgaire. Elle coïncide fréquemment avec de l'anesthésie et constamment avec une paralysie vasomotrice qui se traduit par la rougeur, l'injection, la tuméfaction et la chaleur plus grande des parties paralysées.

Les lésions de la protubérance et du bulbe donnent lieu à la paralysie alterne quand l'origine du facial non entre-croisé est intéressée en même temps que le faisceau moteur qui l'est déjà (2). Plus rarement la paralysie des membres alterne avec une paralysie du grand hypoglosse, de l'auditif, ou du moteur oculaire commun; dans ce dernier cas, il s'agit d'une lésion du pédoncule.

---

(1) Hallopeau et Giraudeau, *Contribution à l'étude des paralysies des membres inférieurs d'origine corticale* (Journal l'Encéphale, 1883).

(2) Millard, *Bulletins de la Société anatomique*. 1858. — Gubler, *De l'hémiplégie alterne*, etc. (*Gaz. hebdomadaire*. 1859).

Nous verrons ultérieurement que ces paralysies coïncident souvent avec des contractures.

Les paralysies d'origine spinale sont ordinairement bilatérales ; elles s'accompagnent de contractures chaque fois que les cordons latéraux sont intéressés et d'atrophie musculaire si les cellules des cornes antérieures sont détruites : les mouvements réflexes sont exagérés, excepté dans le cas où la substance grise qui est l'organe de ces mouvements est elle-même lésée. On observe quelquefois une hémiplégie spinale : on la reconnaît à l'absence d'hémiplégie faciale, et à la coexistence habituelle d'une hémi-anesthésie du côté opposé.

Les paralysies périphériques sont limitées à la sphère de distribution du nerf affecté ; elles s'accompagnent habituellement d'anesthésie, d'atrophie musculaire, de paralysie vaso-motrice, de troubles trophiques et de perte de la contractilité électro-musculaire ; les réflexes sont abolis.

Les paralysies liées à une lésion du grand sympathique n'ont été que très incomplètement étudiées, si ce n'est dans le système vasculaire où elles produisent la dilatation des artérioles et tous les phénomènes décrits par Claude Bernard dans son expérience célèbre (1).

La paralysie se produit chaque fois qu'une lésion intéresse les parties que nous venons d'indiquer ; d'autres fois elle survient sans que l'on puisse y constater la moindre altération, et l'on peut affirmer en pareil cas que les modifications matérielles sont fort peu importantes, car les phénomènes morbides peuvent disparaître instantanément, comme ils sont venus ; il en est ainsi dans l'hystérie ; il en est de même dans les cas où la paralysie survient à la suite d'une violence et semble le résultat du choc éprouvé par les éléments nerveux (paralysie par inhibition) ; M. Brown-Séquard considère ces paralysies par inhibition comme beaucoup plus fréquentes qu'on ne l'admet généralement. Pour lui, les lésions de l'encéphale peuvent les produire. Nous leur rattachons, pour notre part, celles qui sont provoquées par l'altération des parties des centres qui n'ont pas d'action sur la motilité, et, même dans le cas où le faisceau moteur est lésé, nous croyons que le trouble fonctionnel ne

____

(1) Claude Bernard, *Leçons sur le système nerveux.*

reste pas limité aux fibres directement touchées ; si ces vues
sont justes, les paralysies peuvent être mixtes, à la fois organiques et fonctionnelles : on s'explique ainsi comment les accidents initiaux des foyers cérébraux sont beaucoup plus prononcés que leurs symptômes permanents ; il y a, par exemple,
dans l'hémiplégie récente, une part de paralysie purement fonctionnelle liée au choc produit par la lésion et destinée à disparaître bientôt, tandis que le trouble lié à la destruction des
éléments nerveux doit persister indéfiniment.

La signification pronostique de la paralysie dépend de son
siège et aussi de la nature de la cause qui l'a produite. Elle est
grave quand elle atteint les muscles inspirateurs ; elle est fâcheuse quand elle intéresse les parois de la vessie ou les fibres
de son sphincter et donne lieu ainsi à la rétention de l'urine ou
à son incontinence.

Les paralysies hystériques sont moins graves que celles qui
sont liées à une altération appréciable, car elles peuvent disparaître soudainement sans laisser de trace ; le pronostic des
paralysies consécutives aux maladies aiguës et à la diphthérie
est de même ordinairement, bien que non toujours, bénin.

ARTICLE XIII. — DES CONVULSIONS.

On désigne sous ce nom les contractions involontaires des muscles de la vie de relation ; les contractions persistantes et anormales des muscles de la vie organique sont appelées *spasmes*.

On peut ramener à deux types élémentaires toutes les formes de convulsions que l'on observe : la convulsion *clonique* et
la convulsion *tonique*. Ils diffèrent uniquement par la durée de
la contraction qui est passagère dans le premier, persistante
dans le second ; on sait qu'à l'état physiologique les contractions musculaires sont, dans l'immense majorité des cas, des
phénomènes complexes, et que le mouvement le plus simple
est, en réalité, constitué par une série de secousses qui se succèdent avec une grande rapidité ; selon la théorie la plus accré-
ditée, chacune de ces secousses est le résultat d'une excitation
qui part de la substance grise centrale, et est transmise au muscle
par son nerf moteur. Si elles se succèdent très rapidement,
elles se fusionnent plus ou moins complètement de manière à

produire l'état de rigidité continue que les physiologistes nomment *tétanos*. On peut provoquer expérimentalement l'état tétanique en soumettant un muscle à une série d'excitations incessamment répétées à l'aide de l'instrument percutant de Heidenhain, d'un diapason ou de courants fréquemment interrompus. Les mouvements volontaires, considérés à ce point de vue, sont toujours tétaniques ; il en est de même, sans doute, le plus souvent, des convulsions pathologiques ; elles sont toniques ou cloniques, suivant qu'un nombre plus ou moins grand de secousses se succèdent sans interruption.

Il est possible cependant que, dans certains cas, les mouvements convulsifs soient produits par des secousses simples, répondant à une seule excitation, comme ceux que l'on obtient en sectionnant rapidement un filet nerveux ou en l'électrisant par des courants induits. En faveur de cette hypothèse, nous invoquerons les caractères qu'offrent les convulsions dans l'empoisonnement par la strychnine (1) : elles se présentent sous forme d'accès ; au début, les muscles sont en état de contraction tonique ; au bout de quelques instants, on remarque des oscillations, qui, d'abord très fréquentes, se ralentissent bientôt en même temps qu'elles augmentent d'amplitude, et finissent par constituer des convulsions cloniques. Si l'on prend, à l'aide d'un appareil enregistreur, le graphique de la contraction musculaire pendant ces accès, on y remarque une série de vibrations dont chacune répond à une secousse ; elles sont d'abord très fines et d'une grande fréquence, sans arriver à disparaître complètement comme dans le tétanos parfait, puis elles s'espacent davantage en même temps qu'elles s'accroissent progressivement.

On peut comprendre de la manière suivante la physiologie de ces accès : l'excitation d'un nerf périphérique met en jeu le pouvoir excito-moteur de la moelle, exalté par l'action de la strychnine ; sous cette influence, des excitations, des décharges nerveuses, pour ainsi dire, partent de la moelle et sont transmises aux muscles par les nerfs moteurs ; chacune d'elles provoque une contraction ; elles se succèdent d'abord avec une telle rapidité, que les secousses se fusionnent et produisent

(1) **Marey,** *Du mouvement dans les fonctions de la vie*. 1868.

ainsi la rigidité tétanique; mais bientôt, par l'effet de l'épuisement, elles se ralentissent; la fusion devient de moins en moins complète et enfin cesse d'avoir lieu, les secousses augmentent d'amplitude, et l'on voit apparaître les mouvements cloniques qui marquent la fin de l'accès. Tel est vraisemblablement le mode de production des convulsions strychniques; tel est aussi, sans doute, celui des accès convulsifs qui présentent assez d'analogie avec ceux que nous venons de décrire pour que l'on soit en droit de leur attribuer le même mécanisme physiologique.

La contraction musculaire ne se produit guère chez l'homme que sous l'influence de l'innervation. L'exécution d'un mouvement volontaire suppose qu'une excitation est partie des circonvolutions motrices; qu'elle a traversé avec le faisceau moteur la capsule interne, le pédoncule cérébral, la protubérance, le bulbe et la moelle; et enfin qu'elle a été transmise aux muscles par les nerfs périphériques. Il faut chercher dans l'excitation de ces diverses parties la cause prochaine des convulsions.

Les auteurs admettent que l'excitation directe des nerfs peut donner lieu à des convulsions; on peut citer à cet égard le tic non douloureux de la face, mais il faut toujours en pareil cas penser à la possibilité d'un phénomène réflexe dont le point de départ ne pourrait être déterminé.

Les convulsions d'origine spinale (1) supposent une exagération du pouvoir excito-moteur qui appartient à la moelle et lui permet d'intervenir activement dans l'exécution des mouvements. Il augmente constamment, quand on sépare la moelle de l'encéphale par une section transversale; sans admettre le centre modérateur des mouvements réflexes invoqué par Sestchenow, on peut attribuer à l'encéphale une action modératrice sur les fonctions de la moelle; celles-ci s'exaltent chaque fois que cette action ne peut plus se faire sentir, et il se produit aisément, dans ces conditions, des accidents convulsifs. Un certain nombre de poisons et particulièrement la strychnine, la brucine, la picrotoxine, la morphine, la thébaïne et la nicotine, impriment à la moelle une modification analogue et donnent lieu

____

(1) Hallopeau, *Des accidents convulsifs dans les maladies de la moelle épinière*. Paris, 1871.

à des convulsions ; il en est de même des méningites spinales et de certaines myélites, des tumeurs et des traumatismes rachidiens ; ces lésions peuvent agir en séparant de l'encéphale la partie de l'axe qui leur est sous-jacente ; elles peuvent aussi sans doute favoriser le développement des convulsions en irritant la substance grise.

Le bulbe est fréquemment le point de départ de convulsions. L'expérimentation physiologique montre en effet qu'il est l'organe des convulsions *épileptiques* qui ont pour caractères de se manifester constamment après une perte de connaissance, d'être le plus souvent généralisées, d'être successivement toniques et cloniques, et d'atteindre souvent un degré extrême de violence. On les a vues se produire chez des animaux auxquels on avait enlevé la protubérance et toutes les parties de l'encéphale situées au-dessus ; on ne peut plus, au contraire, les provoquer si l'on a détruit le bulbe.

Les circonvolutions peuvent être également le point de départ de convulsions que l'on appelle *épileptiformes*. Ces convulsions débutent d'ordinaire par un groupe de muscles isolé, se propagent peu à peu aux autres muscles de la même région et se généralisent avant que le malade ne subisse la perte de connaissance ; celle-ci manque souvent, le malade entend ce qui se passe et peut après l'accès rendre compte de ses sensations ; cette forme d'épilepsie, bien décrite par Bravais en 1827, a été rattachée par H. Jackson aux lésions de l'écorce cérébrale, d'où le nom d'épilepsie *jacksonnienne* sous lequel elle est connue. Hitzig et Ferrier l'ont reproduite chez les animaux ; ils ont vu que l'excitation de la zone motrice produit des convulsions ordinairement isolées.

Ces expériences ont également été pratiquées chez l'homme : dans un cas de cancroïde du pariétal, Bartolow n'a pas craint d'enfoncer dans l'écorce du cerveau les aiguilles d'un appareil faradique ; les premières excitations ont donné lieu à des contractions dans les membres opposés, puis est survenue une attaque épileptiforme avec perte de connaissance et état comateux qui a duré vingt minutes (Charcot).

Les lésions expérimentales anciennes donnent lieu aux mêmes accidents ; en clinique, ces convulsions peuvent survenir à l'occasion d'un traumatisme ou d'une lésion qui se développe brusquement; elles peuvent aussi se produire tardivement sous l'influence d'une lésion ancienne.

Les convulsions partielles d'origine corticale peuvent présenter les mêmes localisations que les paralysies mentionnées précédemment; elles débutent tantôt par l'un des membres et tantôt par la face.

On les observe dans les cas de lésions du centre ovale, mais celles de la capsule interne ne les produisent pas (1). Elles peuvent être provoquées par l'altération des parties non motrices de l'encéphale ; il faut admettre alors une excitation à distance des centres moteurs.

Dans certains cas, l'excitation des circonvolutions motrices donne lieu à des convulsions d'une autre forme; il s'agit de secousses cloniques se produisant dans les membres paralysés et se renouvelant, suivant un rhythme régulier, à intervalles égaux et rapprochés pendant plusieurs heures ; nous les avons observées en 1869, chez une aphasique du service de M. Vulpian ; elles revenaient à des intervalles variables sous forme de crises.

L'irrigation des centres par un sang altéré peut être la cause de convulsions ; on observe ainsi ces accidents chez les urémiques, dans les fièvres et dans certains empoisonnements.

Quelle que soit la cause prochaine du mouvement convulsif, il est le plus souvent provoqué par une excitation centripète, telle qu'une émotion, un traumatisme, ou toute autre lésion ; le tiraillement des filets nerveux par la rétraction des tissus de cicatrice peut avoir cette action ; dans ce cas, les excitations permanentes qui proviennent d'une lésion ancienne deviennent la cause des accidents; on voit par exemple les convulsions se manifester chez un individu dont le bras a été entamé par une brûlure et s'est recouvert d'une cicatrice ; elles se produisent d'abord dans le membre affecté, puis dans la moitié correspondante du cou et de la face, pour se généraliser lors des attaques suivantes : la circonscription initiale des mouvements anormaux au membre lésé semble bien indiquer que la cicatrice a été la cause même des accidents.

(1) Ferrier a vu l'excitation électrique des corps striés provoquer une contraction convulsive de tous les muscles du côté opposé, mais ces observations, faites sur des animaux, ne sont pas applicables à la pathologie humaine qui permet de constater tous les jours des faits contradictoires.

Il faut tenir grand compte, dans l'étiologie des convulsions, de la constitution du sujet, de son âge, de son sexe, des conditions dans lesquelles il vit, et de l'hérédité ; l'anatomie pathologique est souvent hors d'état d'en expliquer le développement.

Elles sont beaucoup plus fréquentes chez les enfants ; la dentition les produit souvent ; elles marquent assez fréquemment le début des fièvres éruptives ; d'autres fois elles reconnaissent pour cause la présence d'helminthes dans les voies digestives, et il suffit de chasser les parasites pour les voir également disparaître.

L'influence de l'hérédité sur le développement des grandes névroses est considérable ; les hystériques engendrent le plus souvent des hystériques (V. page 19).

Toutes les causes qui excitent les fonctions du système nerveux, telles que les altérations de la santé générale, le surmènement cérébral et les excès vénériens favorisent les convulsions.

Les convulsions, toniques ou cloniques, peuvent être localisées ou généralisées ; comme types de convulsions toniques localisées, on peut citer les crampes ; comme types de contractions cloniques, les mouvements du tic douloureux ; l'attaque épileptique offre un exemple de convulsions générales, d'abord toniques, puis cloniques ; le tétanos est caractérisé par des convulsions toniques généralisées. Dans les cas de paraplégie et d'hémiplégie, les phénomènes d'excitation sont subordonnés aux phénomènes de paralysie.

Lors d'une lésion des nerfs, les accidents sont limités aux muscles animés par les faisceaux malades ; les convulsions d'origine spinale se produisent soit dans les membres inférieurs, soit dans les quatre membres ; celles que provoque une altération du bulbe ou de la protubérance se généralisent ; celles qui résultent d'une altération du faisceau moteur dans son trajet encéphalique restent limitées à une moitié du corps ; les lésions corticales enfin peuvent donner lieu, comme les lésions périphériques, à des convulsions localisées, bien que non strictement restreintes au trajet d'un nerf.

La durée de ces accidents varie à l'infini, depuis la crampe qui cesse au bout d'un instant, jusqu'au tic facial qui peut persister pendant des années.

Assez souvent la convulsion est d'abord tonique et ne devient clonique qu'à la fin de l'accès ; il en est ainsi dans l'épilepsie ;

nous l'avons observée avec les mêmes caractères dans des cas où la lésion occupait la moelle ; ce phénomène s'explique aisément : nous avons vu que l'état tétanique est produit par un grand nombre de secousses qui se succèdent à des intervalles assez rapprochés pour se fusionner ; l'irritation nerveuse atteint alors son maximum d'intensité ; dans le cas de convulsions cloniques, au contraire, chaque mouvement est séparé par un intervalle de repos ; celles-ci semblent donc liées à un commencement de fatigue et l'on conçoit qu'elles se produisent quand le muscle ne peut plus se maintenir en état de contraction tonique.

Les convulsions toniques s'accompagnent de douleurs ; chacun connaît celle de la crampe ; les malades atteints de tétanos accusent de vives souffrances. Toutes les convulsions laissent après elles une sensation de fatigue et d'abattement.

La persistance ou la répétition fréquente et prolongée des contractions donnent lieu à des troubles dans la constitution chimique des muscles ; leur substance devient acide ; on y trouve un excès d'acide lactique et d'acide carbonique ; ce travail d'oxydation donne lieu à une élévation de la température plus considérable quand il s'agit d'une convulsion tonique, car le travail mécanique de la convulsion clonique représente une certaine quantité de chaleur transformée (Béclard) (1).

On peut voir, dans ces conditions, le thermomètre s'élever jusqu'à 41° et 42° ; il est peu probable que cette hyperthermie soit due au tétanisme général des muscles, car on a trouvé une augmentation de chaleur relativement insignifiante (1 degré) chez des sujets qui étaient dans ce même état de rigidité ; M. Peter (2) fait remarquer que l'hyperthermie débute en même temps que l'asphyxie, et il admet qu'elle lui est subordonnée : le sang veineux ne se trouverait plus refroidi pendant son passage à travers le poumon et la température s'élèverait progressivement, non parce qu'il y aurait du calorique produit, mais parce qu'il y en aurait moins de perdu.

(1) Béclard, *Traité de physiologie*. Paris, 1884.
(2) M. Peter, *Leçons de clinique médicale*. Paris, 1879.

ARTICLE XIV. — DES SPASMES.

Ce sont des contractions, morbides par leur énergie ou leur persistance, des muscles soustraits à l'influence de la volonté. Ces muscles sont contenus le plus souvent dans les parois d'un organe creux; c'est tantôt une cavité, tantôt un conduit tubulaire, tantôt un orifice; le spasme diminue les dimensions de la cavité et tend à en produire la déplétion; il réduit la lumière du conduit et il produit l'occlusion de l'orifice. Il se manifeste rapidement quand l'organe qui en est le siège est formé de fibres striées, comme la glotte par exemple, lentement quand la paroi est formée de fibres lisses.

Les spasmes que l'on observe le plus souvent sont : dans l'appareil digestif, celui de l'œsophage, qui vient si souvent compliquer les rétrécissements organiques de ce conduit et gêne la déglutition; chez les hystériques, ceux de l'estomac, et ceux de l'intestin qui peuvent en simuler l'obstruction ; dans l'appareil respiratoire, celui de la glotte; dans l'appareil hépatique, celui des voies biliaires qui a pour objet l'expulsion des calculs; dans l'appareil urinaire, celui des uretères qui a également pour but le cheminement des graviers, celui de la vessie, que provoquent les inflammations et les dégénérescences de sa muqueuse ainsi que les calculs, celui du col, cause de rétention d'urine, et enfin celui de la portion membraneuse de l'urèthre, obstacle au cathétérisme.

Dans le système vasculaire, le spasme des artérioles est un symptôme fréquent et d'une importance capitale; il a pour résultats la stase du sang dans les parties arrosées par ces vaisseaux et secondairement la suspension des échanges interstitiels, l'accumulation d'acide carbonique dans les globules, le refroidissement et la teinte violacée des parties, et enfin la suppression momentanée des fonctions de sensibilité, de sécrétion ou d'excrétion.

Le spasme est souvent douloureux; il est probable qu'il est la cause des accès que provoque la présence de calculs dans les voies biliaires et urinaires; chacun connaît la douleur de la crampe; les tétaniques accusent de vives souffrances dans leurs membres rigides; le ténesme vésical que l'on observe dans le

cas de calculs, dans la cystite et dans la dysenterie, est signalé
par tous les auteurs comme un symptôme des plus douloureux.

ARTICLE XV. — DES CONTRACTURES.

Cette dénomination s'applique à toute rigidité prolongée des
fibres musculaires. Cette rigidité peut s'observer dans des circonstances diverses ; elle peut être due à un état permanent de
contraction du muscle ; il en est ainsi dans le torticolis, dans le
tétanos, dans les contractions réflexes que provoquent les
arthropathies, elle ne diffère alors que par sa durée de la convulsion tonique ; d'autres fois la contracture ne paraît être qu'une
exagération de la tonicité normale : on sait qu'à l'état physiologique le repos du muscle n'est jamais complet ; l'organe est
soumis continuellement à une excitation qui vient de la moelle
et est transmise par les nerfs moteurs ; Brondgeest l'a démontré
en faisant voir que la section de ces nerfs produit le relâche-
ment du muscle ; Cyon, en montrant que la section des racines
postérieures a les mêmes effets, a par cela même établi qu'il
s'agit là d'un phénomène réflexe ; il n'exige pas d'intervention
active ; il fait partie du fonctionnement normal de l'organisme ; les contractures produites par l'exagération de ce phénomène physiologique sont tout à fait indolentes ; elles peuvent
persister pendant des années sans se modifier ; le muscle qui en
est le siège ne s'échauffe pas ; on n'y perçoit pas, à l'aide du
microphone, le bruit de roulement que cet instrument fait
entendre dans le muscle contracté (Brissaud et Boudet). On
observe, dans la paralysie agitante et dans diverses névroses, des
raideurs musculaires sur lesquelles Lasègue a le premier appelé
l'attention ; le malade en a conscience et elles deviennent appréciables lorsque l'on vient à imprimer aux parties des mouvements passifs.

On ne possède que des notions fort insuffisantes sur la nature
de la modification que subissent les muscles contracturés.
L'hypothèse la plus généralement accueillie est celle de Hermann,
d'après laquelle la rigidité de la contracture serait liée, comme
la rigidité cadavérique, à la coagulation de la myosine. Il faut
en tout cas que cette modification soit peu profonde, car elle

peut disparaître instantanément; l'histoire des contractures hystériques en fournit souvent la preuve.

Les auteurs qui se sont occupés de classer les contractures ont reconnu qu'elles peuvent avoir pour causes toutes les modifications des différents organes qui concourent à l'exécution de la contraction musculaire, et ils ont ainsi distingué des contractures par lésion des muscles, par lésion des nerfs périphériques, par lésion de la moelle, et par lésion de l'encéphale; ils ont admis également des contractures par altération du sang; c'est sans doute par l'intermédiaire du système nerveux que ces dernières se produisent. Le muscle se trouve en connexions si étroites, au point de vue physiologique, avec les nerfs et avec la moelle, qu'il est difficile de déterminer si la contracture peut s'y développer primitivement; aux auteurs qui la signalent dans la myosite, on peut répondre que l'inflammation des muscles est le point de départ de réflexes qui lui donnent lieu : il en est de même des myopathies rhumatismales telles que le torticolis : rien ne prouve que dans ces affections le muscle soit primitivement atteint.

Ch. Richet (1) doute également que les affections des nerfs donnent lieu à des contractures; l'excitation d'un tronc nerveux uniquement moteur provoque des contractions, mais non une contracture permanente; il semble que les nerfs soient impuissants à maintenir pendant longtemps les muscles en état de contraction.

La moelle paraît jouer le rôle essentiel dans la pathogénie du symptôme que nous étudions; et il doit en être ainsi puisque la contracture semble être liée à l'activité trop grande d'une fonction qui dépend de cet organe, la *tonicité*.

La contracture est un symptôme fréquent des myélites; on l'observe chaque fois que les cordons latéraux sont intéressés; elle tend également à se produire, chaque fois qu'une partie de la moelle est soustraite à l'action de l'encéphale, dans les muscles qu'elle innerve. On peut ranger parmi les contractures d'origine spinale celles du tétanos et de la tétanie, bien que l'on n'ait pas trouvé jusqu'ici de lésion capable de les expliquer.

(1) Ch. Richet, *Physiologie des muscles et des nerfs*. Paris, 1882.

Les contractures d'origine encéphalique peuvent être précoces ou tardives ; les premières se produisent quand la lésion atteint une des parties directement excitables de l'organe, c'est-à-dire les circonvolutions motrices, les pédoncules cérébraux, la protubérance ou le bulbe, les méninges ou la membrane ventriculaire ; ce sont de véritables convulsions toniques ; les secondes se développent lentement sous l'influence de l'altération secondaire que subissent les cordons latéraux de la moelle chaque fois que le faisceau moteur a été intéressé en un point quelconque de son trajet (Bouchard), et de l'augmentation d'excitabilité qu'elle provoque dans la substance grise de la moelle (Brissaud).

De huit à trente jours après le début de l'hémiplégie, on peut, d'après Charcot, provoquer des mouvements cloniques du pied paralysé en le portant dans la flexion forcée ; quelquefois le membre supérieur devient le siège d'une trépidation quand le malade veut le soulever ; le réflexe rotulien s'exagère, l'extension de la jambe produite par la percussion du tendon est plus rapide, plus ample et de plus longue durée.

La contracture permanente apparaît d'ordinaire six semaines environ après le début des accidents, quelquefois plus tard, rarement plus tôt ; elle ne se déclare pas brusquement, mais par gradation ; d'abord passagère, elle devient bientôt permanente ; elle occupe en premier lieu les membres supérieurs ; les doigts se fléchissent fortement en même temps que le coude se place en demi-flexion et l'avant-bras en pronation ; les parties opposent une résistance invincible au déplacement dans n'importe quel sens ; le coude ne peut être ni étendu ni fléchi ; les muscles antagonistes sont contracturés au même degré. Cette contracture est active ; elle coïncide avec une exagération de l'excitabilité faradique. Elle dure pendant des années, tandis que le sujet le plus vigoureux ne peut maintenir ses muscles en état de contraction pendant plus d'une demi-heure. M. Charcot, à qui nous empruntons ces détails, suppose que dans les contractures les fibres musculaires entrent en activité les unes après les autres ; M. Boudet (de Paris) a constaté qu'en appliquant le microphone sur les muscles en état de contracture on perçoit, au lieu du roulement régulier et sonore que donne la contraction physiologique, un bruit sourd, irrégulier et saccadé. Ces contractures diminuent pendant le sommeil et sous l'influence du repos au lit ; elles augmentent quand le malade se lève, fait un mouvement ou éprouve une émotion. Elles donnent lieu à des attitudes vicieuses.

C'est également à une augmentation de l'excitabilité de la moelle qu'il faut attribuer la contracture hystérique ; celle-ci peut prendre naissance au moment d'une attaque et constituer la première manifestation de la maladie ; elle vient souvent à la suite d'une excitation telle qu'une traction, un choc une friction vive, un effort, la faradisation, l'application d'un diapason (Richer) (1) ou d'un aimant ; elle peut occuper une partie de la face, les muscles de la mâchoire, la langue, les muscles d'un côté du cou, les membres d'un côté du corps, ou les membres inférieurs ; d'autres fois elle porte sur le sphincter vésical ; elle débute et cesse brusquement ; sa durée varie de quelques instants à plusieurs années ; la rigidité est considérable et l'on ne peut en triompher, même momentanément.

Diverses affections donnent lieu à des contractures réflexes ; nous mentionnerons en particulier les arthropathies, les inflammations et les ulcérations des muqueuses et les affections des muscles ; de toutes les excitations sensitives, c'est celle de la fibre musculaire elle-même qui est la plus apte à provoquer la contracture (2).

Les troubles de la circulation semblent, dans certains cas, pouvoir produire ce trouble fonctionnel ; les vétérinaires lui imputent la claudication intermittente du cheval; Charcot a vu dans un cas l'oblitération de l'humérale donner lieu à la contracture des muscles auxquels elle fournissait du sang.

L'ergotisme compte parmi ses symptômes les plus constants la contracture des extrémités.

Les contractures occupent souvent les muscles de la vie organique ; on leur attribue hypothétiquement certains troubles fonctionnels tels que l'ictère par contracture du canal cholédoque, la rétention d'urine par resserrement du sphincter vésical, la dysphagie par contracture de l'œsophage; lorsqu'elles occupent les vaisseaux, elles empêche l'afflux du sang dans la partie où ils se distribuent, d'où le refroidissement, la pâleur

(1) Richer, *Sur l'hystéro-épilepsie*. Paris, 1881.
(2) Ch. Richet, *loc. cit.*

livide, ou la coloration violacée due à la stase du sang dans les veinules.

Les contractures maintiennent les parties dans une attitude anormale; on ne peut le plus souvent les vaincre par la force, et, si l'on y parvient, on les voit se reproduire dès que cesse la violence ; les muscles qui en sont le siège peuvent encore se contracter sous l'influence des courants faradiques; elles cessent par le chloroforme. Les unes, celles qui semblent liées à une contraction persistante des muscles, sont douloureuses; les autres, celles qui paraissent liées à une exagération de la tonicité physiologique, sont indolentes.

ARTICLE XVI. — DE L'ATAXIE LOCOMOTRICE (1).

On décrit sous ce nom l'abolition complète ou incomplète de la coordination motrice; lorsqu'elle est peu prononcée, elle se traduit par des troubles légers de l'équilibre; les malades ont de la peine à se diriger dans l'obscurité ; ils trébuchent fréquemment en montant les étages, lorsqu'un obstacle imprévu s'oppose à leur progression, ou lorsqu'on les invite brusquement soit à s'arrêter, soit à changer de direction ; ils ne peuvent se maintenir debout sur un seul pied, et si on les invite à garder cette même attitude en rapprochant leurs pieds et en fermant les yeux, ils oscillent, chancellent et tombent si on ne les soutient ; ils ont besoin de voir où ils marchent. Certains malades se sentent poussés en avant par une force invincible. A un degré plus avancé, l'ataxie donne lieu à un désordre de plus en plus permanent des mouvements; la marche est plus pénible et plus difficile; les membres inférieurs, follement projetés en avant, retombent brusquement et le talon vient frapper violemment le sol ; il arrive un moment où la station debout devient impossible. Si on examine le malade couché, et si on l'invite à toucher avec son pied un objet placé au-dessus du

(1) Duchenne de Boulogne, *De l'ataxie locomotrice* (*Arch. de méd.*, 1858) et *De l'électrisation localisée*, 3e édition. Paris, 1872. — Jaccoud, *Les paraplégies et l'ataxie.* Paris, 1864. — A. Fournier, *De l'ataxie locomotrice d'origine syphilitique.* Paris, 1882. — Grasset, *Traité pratique des maladies du système nerveux*, 3e édition. Montpellier, 1881. — Hallopeau, article MOELLE ÉPINIÈRE (Pathologie médicale) du *Nouveau Dictionnaire de médecine et de chirurgie pratiques.* — Charcot, *loc. cit.*

lit, il ne peut y parvenir ; le membre soulevé avec violence et agité par de longues oscillations dépasse l'objet ou reste en deçà. Ces troubles sont toujours plus prononcés lorsque le malade a les yeux fermés. Les mêmes désordres peuvent se produire dans les membres supérieurs. Au début, le symptôme peut ne se traduire que par la difficulté de porter, les yeux fermés, l'une des mains sur la partie du corps que l'on indique ; plus tard, l'incoordination rend impossible tout travail manuel et l'écriture ; l'agitation provoquée par les mouvements volontaires peut devenir telle que les malades ne parviennent plus à porter leurs aliments à leur bouche et que l'on est contraint de les faire manger.

Ces désordres peuvent n'être accompagnés d'aucun affaiblissement apparent ; ils coïncident constamment avec un trouble de la *sensibilité* ; le plus souvent on peut constater un certain degré d'anesthésie plantaire ; les malades, quand ils marchent, n'ont plus nettement la sensation du sol ; il leur semble que leurs pieds posent sur du coton ; quand ils ont les yeux fermés, ils ne perçoivent pas le contact du doigt avec la plante du pied, ou, s'il le perçoivent, ils ne peuvent indiquer sur quel point il a porté.

Cette anesthésie peut manquer, mais il n'en est pas de même de la perte de la sensibilité que l'on peut appeler *inconsciente* ; nous désignons sous ce nom la propriété qu'a la moelle épinière de recevoir les excitations centripètes pour réagir, suivant la nature et l'intensité de ces excitations, sur les nerfs moteurs ; cette sensibilité joue un rôle essentiel dans la coordination motrice ; lorsque nous exécutons un mouvement, l'encéphale, organe de la volonté, en est le point de départ, mais la moelle intervient pour déterminer quels sont les muscles dont l'intervention est nécessaire, quels sont les antagonistes dont la tonicité doit augmenter pendant le mouvement, quelle doit être l'intensité de la contraction ; cette intervention de la moelle ne peut se faire dans des conditions satisfaisantes que si cet organe est renseigné, par les impressions centripètes, sur l'état des muscles, sur leur degré de contraction et sur la situation du membre. Or, ces impressions sont précisément celles dont la transmission est le plus constamment abolie ou affaiblie chez les sujets atteints d'ataxie ; on en a pour preuve l'abolition du réflexe

rotulien : on sait qu'à l'état normal la percussion du tendon
rotulien provoque une secousse dans la jambe qui se trouve
momentanément portée dans l'extension ; c'est là un phénomène réflexe produit par l'excitation des nerfs centripètes contenus dans le tendon et sans doute aussi dans le muscle ; il ne
peut plus être provoqué chez les ataxiques, soit parce que les
filets nerveux chargés de transmettre l'impression ont subi
une altération, soit parce que la partie de la moelle chargée de
la recevoir et de l'utiliser est elle-même lésée.

Le pouvoir excito-moteur paraît s'exercer, chez les ataxiques, dans des conditions très irrégulières ; certains muscles
sont en état de parésie, d'autres se contractent avec une violence inaccoutumée. MM. Debove et Boudet (1) ont montré récemment que la tonicité musculaire subit alors d'importantes
modifications ; ils ont constaté qu'au toucher les muscles présentent une consistance inégale, que le myophone y dénote de
grandes variations dans la tonalité et surtout dans l'intensité
du bruit musculaire, et que la secousse musculaire, étudiée à
l'aide d'appareils enregistreurs, présente dans les différents
muscles des variations considérables. Or, la tonicité n'est qu'un
des réflexes provoqués par les impressions inconscientes ; on
doit donc s'attendre à la voir se modifier chaque fois que les
impressions ne sont plus transmises ou réfléchies régulièrement.
Chez les ataxiques, elle peut être augmentée dans certains
muscles et diminuée dans d'autres ; il en résulte des attitudes
anormales qui paraissent liées, suivant les cas, à de la paralysie
ou à de la contracture ; c'est ainsi, selon toute vraisemblance,
qu'il faut interpréter les paralysies oculaires qui marquent souvent le début du *tabes ;* M. Pierret a insisté récemment sur ces
paralysies qui existent également dans les membres : « Dès qu'il
est fait une tentative de mouvement dans lequel un muscle
parésié est l'antagoniste d'un muscle sain, celui-ci l'emporte
sur l'autre et le mouvement dépasse le but. »

Ajoutons que cette contraction du muscle sain sera souvent
plus énergique qu'à l'état normal, en raison de l'augmentation que présente en pareil cas le pouvoir excito-moteur de la
moelle. L'équilibre entre les contractions musculaires se trouve

(1) Debove et Boudet (de Paris), *Comptes rendus de la Société de biologie.*
1880.

ainsi rompu ; les unes sont exagérées, les autres sont affaiblies ; il en résulte l'incoordination motrice (1).

En résumé, ce trouble paraît reconnaître pour causes prochaines, d'une part la paralysie des nerfs chargés de transmettre les impressions qui proviennent de la périphérie et particulièrement des muscles et qui doivent mettre en jeu dans la moelle les divers groupes cellulaires dont le concours est nécessaire à l'exécution des différents mouvements (2) ; d'autre part, une exagération de l'activité excito-motrice de la moelle. Les incitations motrices parties de l'encéphale ne sont transmises qu'à une partie des muscles dont la contraction est nécessaire à l'exécution du mouvement voulu, et elles y atteignent une intensité exagérée, sans que les malades en aient conscience (3).

ARTICLE XVII. — DE LA CHORÉE.

On désigne sous ce nom une maladie et un syndrôme ; celui-ci seul doit nous occuper. Il est constitué par des mouvements

---

(1) Jaccoud, *Les paraplégies et l'ataxie.* Paris, 1864.

(2) Vulpian, *Mal. du système nerveux.* — Erb, *Krankh. der Rückenmarks*, 1876.

(3) Les auteurs sont loin d'être d'accord sur le mode de production de l'ataxie. Vulpian et Leyden ont défendu la théorie qui l'attribue à l'anesthésie musculaire et cutanée ; Cl. Bernard et Vulpian ont montré que la section des racines postérieures produit chez la grenouille l'incoordination motrice. On a constaté chez l'homme que l'anesthésie de la plante des pieds par le chloroforme ou la glace occasionne un trouble de la marche ; le sujet en expérience oscille comme un ataxique (Heyd, Rosenthal). On oppose à cette théorie les faits dans lesquels l'anesthésie est presque nulle et l'ataxie très prononcée ; existe-t-il des observations d'ataxie dans lesquelles les réflexes achilléens et rotuliens soient conservés ainsi que la sensibilité cutanée ? Nous ne le pensons pas. On invoque d'autre part l'absence d'ataxie chez les hystériques atteintes d'une anesthésie complète ; mais, en pareil cas, les réflexes continuent à se produire, le trouble de la sensibilité est d'origine encéphalique, les relations entre la moelle et les muscles restent physiologiques.

Duchenne rapportait l'ataxie à un trouble de la coordination spinale ; Friedreich et Erb soutiennent aujourd'hui la même théorie, sans indiquer quel en est le mécanisme ; nous avons vu que, selon Pierret, les paralysies d'une partie des muscles sont la cause de l'incoordination. Onimus a observé au contraire des contractures partielles et il leur rapporte l'ataxie. Nous croyons que les troubles de la sensibilité et ceux des fonctions excito-motrices interviennent concurremment dans la production des phénomènes ; c'est la manière de voir qu'avait exprimée Jaccoud en disant : « Ataxie du mouvement signifie abolition du sens musculaire, perturbation dans les irradiations spinales et dans les actes réflexes. »

incessants, tantôt spontanés, tantôt volontaires et sans caractère convulsif ; il peut être généralisé, limité à une moitié du
corps ou localisé dans un certain nombre de muscles ; il peut
accompagner une hémiplégie et être, comme elle, symptomatique d'un foyer de ramollissement ou d'hémorrhagie cérébrale ;
d'autres fois l'on ne peut déterminer la nature de la lésion qui
l'engendre et l'on admet alors généralement qu'il s'agit d'une
névrose, bien que l'on ait nombre de fois trouvé en pareil cas
des altérations de l'enchépale ; en réalité, la chorée peut être
liée à des lésions de nature diverse ; celle qui constitue chez
les vieillards une maladie incurable diffère nécessairement de
celle qui chez les jeunes gens suit une évolution cyclique et de
l'hémichorée consécutive à une hémiplégie. Il est probable que
les altérations d'une partie de l'encéphale qui n'est pas encore
déterminée donnent lieu nécessairement à ce symptôme, comme
celles d'autres parties produisent l'hémiplégie, l'hémi-anesthésie
et l'aphasie. M. Raymond s'est efforcé de démontrer qu'elles occupent le faisceau qui, dans le pied de la couronne rayonnante,
se trouve en avant et en dehors des fibres sensitives, mais ses
observations remontent à une époque où l'on ne connaissait
pas encore l'influence de l'écorce cérébrale sur la motilité, et
d'autre part, elles sont en désaccord avec des faits bien observés
par Tuckwell (1), Meynert (2) et Golgi (3) ; c'est là une étude à
reprendre.

Les mouvements choréiques se produisent au repos et à
l'occasion des mouvements volontaires ; c'est une agitation constante ; la volonté est impuissante à l'apaiser ; il se produit incessamment des gesticulations, des mouvements machinaux,
indéfiniment variés et multiples ; les membres s'étendent, se
fléchissent et se contournent ; chaque mouvement paraît correspondre à un but ou à l'expression d'un sentiment ; mais il
est incomplet, et bientôt entravé par un mouvement différent.
La physionomie exprime alternativement et coup sur coup la
tristesse et la gaieté, la terreur et le chagrin. Dans les cas graves
tout mouvement volontaire devient impossible ; les malades ne
peuvent ni manger, ni s'habiller seuls, ni parler couramment ;

(1) Tuckwell, *Saint-Bartheiemy Hospital Rep.*, 1869.
(2) Meynert, *Allg. Wien. med. Zeit.*, 1865.
(3) Golgi, *Rev. clin.*, 1874.

au bout de quelques syllabes, il se fait une pause ; le trouble peut s'étendre au larynx ; les mouvements involontaires dominent alors ; la marche devient impossible ; les malades restent confinés dans leur lit, en proie à une agitation qui les épuise.

La physiologie du mouvement choréique n'est pas faite. On admet qu'il est dû à une lésion peu profonde ; la fonction subit un trouble, mais elle n'est pas abolie. Ce trouble a été comparé au délire : tandis que dans ce dernier il se fait une succession rapide d'idées incomplètement formées, il se produit dans la chorée une succession rapide de mouvements incomplets (1).

Plusieurs auteurs ont voulu rattacher la chorée à une maladie de la moelle ; Meynert et Elischer (2) ont trouvé des lésions dans cet organe. Cette manière de voir ne nous paraît pas acceptable : dans les maladies de la moelle, quel qu'en soit le siège, on n'observe jamais de mouvements qui rappellent ceux de la chorée ; les mouvements choréiques ne sont pas augmentés par les excitations qui mettent en jeu le pouvoir excitomoteur de la moelle ; d'ailleurs, les faits d'hémi-chorée étendue à la face suffisent à indiquer que le symptôme est dû à une lésion de l'encéphale.

On invoque en faveur de l'origine spinale de la chorée une expérience dans laquelle M. Chauveau a vu les mouvements persister après la section de la moelle au-dessous du bulbe ; mais il s'agissait de la chorée du chien, qui diffère complètement par ses caractères de la chorée humaine.

En faveur de l'origine cérébrale de la chorée, nous invoquerons encore sa coexistence avec des troubles de l'intelligence, et le caractère des mouvements qui semblent provoqués par les caprices d'une volonté incessamment changeante.

Relativement à la nature de la lésion, nous ne pouvons que mentionner la théorie anglaise qui la rattache à des embolies capillaires dans les masses grises de l'encéphale ; on se demande, si elle est vraie, pourquoi l'affection appartient surtout au jeune âge ; il est possible que l'encéphale d'un enfant réagisse dans ces conditions autrement que le fait celui d'un adulte. La question est à l'étude.

(1) Ziemssen, *Handbuch der Krankh. des Nervensyst.*, 1875. — Grasset, ouvrage cité.
(2) Elischer, *Virchow's Archiv. deutr.*, 1874.

ARTICLE XVIII. — DE L'ATHÉTOSE.

Hammond (1) a décrit sous ce nom, en 1851, un trouble de la motilité caractérisé par les mouvements incessants des doigts et des orteils (2); ils viennent d'ordinaire compliquer l'hémiplégie après quelques semaines ou quelques mois, et leur apparition coïncide avec le retour des mouvements volontaires; ils offrent de l'analogie avec les mouvements choréiques, bien qu'ils en diffèrent notablement; les doigts se meuvent lentement, comme avec effort, dans tous les sens; leurs mouvements sont continus; la volonté est presque sans action sur eux; les mouvements s'arrêtent d'ordinaire au poignet; ils se produisent de même dans les orteils, rarement à la face. On les a comparés à ceux des tentacules d'un poulpe; lents et exagérés, ils vont jusqu'aux limites extrêmes de l'excursion articulaire; ils se produisent isolément dans chaque doigt, et l'un d'eux peut se porter dans l'extension, quand les autres sont dans l'abduction ou la flexion forcée; ils persistent au repos, et même, en s'atténuant, pendant le sommeil. C'est seulement dans les cas légers que la volonté peut les suspendre pendant quelques secondes. Dans la moitié des cas, ils coïncident avec l'hémianesthésie et avec une paralysie vaso-motrice; ils sont certainement liés à une altération de l'encéphale dont le siège reste jusqu'ici indéterminé.

ARTICLE XIX. — DU TREMBLEMENT (3).

§ 1er. — **Causes et caractères cliniques.**

On désigne sous ce nom l'*agitation involontaire des parties du corps par des oscillations*. Nous examinerons successivement dans quelles circonstances ce trouble se produit, quelle forme il revêt et quel en est le mécanisme.

Toutes les causes qui abattent les forces peuvent, par cela même, donner lieu à un tremblement; on observe ce symptôme

---

(1) Hammond, *Traité des maladies du système nerveux*, trad par Labadie-Lagrave. Paris, 1879.
(2) Charcot, ouvrage cité. — P. Oulmont, *Thèse de Paris*.
(3) Fernet, Thèse d'agrégation. 1872.

chez les convalescents de maladies adynamiques, et particulièrement de fièvres graves, chez les sujets atteints de cachexie et chez les vieillards.

Le tremblement *sénile* apparaît à une période plus ou moins avancée de la vie ; il est loin d'atteindre tous les sujets âgés. Après avoir débuté lentement par les muscles du cou et ceux des membres supérieurs, il s'étend progressivement ; il manque lorsque l'individu est au repos, mais les contractions nécessaires à la station assise suffisent à le produire. Il affecte de bonne heure la tête et lui communique des oscillations tantôt latérales et tantôt antéro-postérieures (tremblements *négatif* et *affirmatif* de Sanders); quand il atteint les membres inférieurs, il rend la marche incertaine et oscillante.

Le tremblement est souvent d'origine *toxique ;* nous citerons, parmi les poisons qui peuvent lui donner naissance, l'alcool, le plomb, le mercure, le tabac, l'opium, les champignons, la caféine et divers alcaloïdes, la cicutine, l'aconitine et la colchicine. Il est la manifestation la plus constante de l'alcoolisme chronique ; il occupe alors surtout les extrémités des doigts et devient plus apparent lorsque l'on invite le malade à maintenir les mains dans l'extension ; chacun des doigts se trouve agité par des oscillations rapides et peu étendues ; le membre supérieur tout entier devient souvent le siège de secousses à l'occasion des mouvements volontaires ; dans le cas de délire aigu, la violence et la fréquence des secousses augmentent beaucoup.

Le tremblement mercuriel (1) se manifeste d'abord par une fine trémulation de la pointe de la langue et par de légères oscillations des doigts ; l'écriture devient hésitante ; à un degré plus prononcé, les mouvements volontaires sont troublés par des contractions énergiques ; si le malade cherche à exécuter un mouvement déterminé, si par exemple il veut boire, il ne parvient qu'avec difficulté à saisir son verre et à le porter à sa bouche, le membre soulevé décrit des oscillations d'autant plus brusques et plus amples que le but est plus près d'être atteint ; le mouvement est troublé par les contractions violentes des antagonistes et quelquefois par des secousses dans les groupes musculaires les plus voisins ou même dans tout le corps ; les

____

(1) Hallopeau, *Du mercure, action physiologique et thérapeutique*. Paris, 1878.

muscles soustraits à l'influence de la volonté peuvent également être intéressés; chez un de nos malades, des contractions violentes et spasmodiques des crémasters produisaient à chaque instant l'ascension des testicules. Au début les malades ont surtout de la peine à exécuter les menus ouvrages, ceux qui exigent des mouvements précis et délicats; plus tard, s'ils veulent écrire, les caractères qu'ils tracent sont irréguliers, car leur main est incertaine et inhabile; leur démarche est oscillante. Il vient un moment où le désordre est tel que l'on est obligé de donner à manger aux malades et de les habiller comme des enfants; le tremblement de la langue produit avec celui des lèvres une gêne de l'articulation assez considérable pour les empêcher de se faire comprendre. Ces mouvements augmentent sous l'influence des émotions morales et de la fatigue; ils peuvent diminuer pendant l'ivresse, et c'est là un fait important, car on peut en conclure que le tremblement alcoolique et le tremblement mercuriel résultent de troubles inverses de la contraction; nous verrons en effet plus loin que l'un est très probablement paralytique et l'autre convulsif.

Le tremblement saturnin est beaucoup plus rare que les précédents; il offre beaucoup d'analogie avec celui des alcooliques; il coïncide d'habitude avec un certain degré de paralysie (1).

Les tremblements produits par le tabac, le haschisch, l'opium, le camphre, les champignons, la fève de Calabar, la cicutine, l'aconitine et la colchicine n'ont été que mentionnés par les auteurs; on ne peut en donner actuellement la description.

Le tremblement est fréquent dans les *maladies du système nerveux central;* il est loin de s'y présenter toujours sous la même forme.

Dans la *paralysie agitante*, il débute d'ordinaire lentement par l'extrémité de l'un des membres; il gagne peu à peu en intensité, en persistance et en étendue. Quand la maladie est confirmée, il est à peu près incessant; cependant les malades peuvent, par un effort de volonté, l'arrêter momentanément, et il cesse souvent à l'occasion des mouvements volontaires. Il est peu étendu, rapide et régulier; aux mains, les oscillations

____

(1) Lafont, *Étude sur le tremblement saturnin*. Paris, 1869.

rhythmiques rappellent l'image de certains mouvements coordonnés ; elles sont comparables à celles qu'exige l'action de rouler une cigarette ou d'émietter du pain. La tête ne tremble pas, elle subit seulement les mouvements qui lui sont communiqués (1).

Dans la *sclérose en plaques*, le tremblement est très analogue à celui du mercurialisme ; comme lui, il ne se manifeste guère qu'à l'occasion des mouvement volontaires ; comme lui, il augmente d'intensité à mesure que le but est plus près d'être atteint.

Dans la *paralysie générale*, le tremblement est de même presque constant ; si l'on invite le malade à propulser la langue, le mouvement s'accomplit irrégulièrement et l'organe est agité par des ondulations de durée inégale et d'intensité variable qui qui se produisent tantôt dans un point, tantôt dans un autre (2) ; au bout de quelques instants les oscillations augmentent d'étendue et deviennent convulsives ; des mouvements analogues se produisent dans les muscles de la face lorsque le malade veut parler ; les mouvements de la main sont de même irrégulièrement exécutés ; l'écriture est le plus souvent modifiée.

L'hémiplégie ancienne s'accompagne parfois, quand elle est incomplète, d'un tremblement qui survient à l'occasion des mouvements volontaires et rappelle celui de la sclérose en plaques.

Dans les maladies de la moelle, le tremblement se manifeste le plus souvent sous la forme d'une trépidation convulsive que l'on peut provoquer en relevant brusquement la pointe du pied, mais qui se produit aussi spontanément quand le malade met pied à terre ou veut faire un mouvement.

Les contractions fibrillaires que l'on observe souvent dans l'atrophie musculaire progressive peuvent quelquefois donner lieu à de légers mouvements.

§ 2. — Physiologie pathologique.

Si l'on compare les diverses formes de tremblement que nous venons d'énumérer, on reconnaît qu'elles peuvent être partagées en deux groupes très distincts : dans l'un, les oscillations

(1) Charcot, *Leçons sur les maladies du système nerveux.*
(2) Fernet, *Des tremblements*. Thèse d'agrégation. 1872.

sont légères, et elles coïncident avec un affaiblissement de la motilité ; dans l'autre, les contractions qui produisent les oscillations ont un caractère convulsif ; celui-là comprend les tremblements de la paralysie agitante, de l'alcoolisme et du saturnisme, celui-ci le tremblement mercuriel et celui de la sclérose en plaques. On est conduit ainsi à admettre deux espèces de tremblements, le paralytique et le convulsif ; l'un et l'autre semblent se rattacher à un trouble dans la contraction des muscles.

On sait que la contraction musculaire normale résulte de la fusion d'un nombre relativement considérable de secousses (trente environ) : c'est un *tétanos physiologique ;* on peut concevoir de plusieurs manières la transformation de la contraction régulière en contraction tremblée. En premier lieu ce phénomène devra se produire si le nombre des excitations parties de la moelle et des secousses qui en sont le résultat devient insuffisant : le tétanos physiologique ne se réalise que si les secousses se succèdent assez rapidement pour se fusionner ; chacune des secousses non fusionnées donne lieu à une oscillation : le mouvement est tremblé. MM. Marey et Brouardel, dans une série d'expériences entreprises sur la demande de M. Fernet, ont constaté ce ralentissement des secousses dans la sclérose en plaques, le tremblement mercuriel et le tremblement saturnin.

Il doit également survenir du tremblement quand les secousses sont d'une intensité inégale par le fait d'une paralysie incomplète ou d'une excitation trop forte ; le tremblement sera paralytique dans le premier cas, convulsif dans le second.

Le tremblement qui se produit au repos peut s'expliquer d'une manière analogue ; ce n'est plus la contraction, mais la tonicité musculaire qui est en jeu ; les excitations qui normalement partent incessamment de la moelle pour donner aux muscles leur *tonus* ne sont pas d'égale intensité, et il en résulte une trémulation continue produite par la prédominance alternative des antagonistes ; c'est ainsi vraisemblablement qu'il faut interpréter le tremblement continu que l'on observe dans la paralysie agitante et chez les vieillards.

Quel qu'en soit le mode de production, le tremblement paraît se rattacher à un trouble dans les fonctions de la moelle ou du bulbe ; rien n'autorise à admettre avec Spring un tremblement lié à un trouble primitif dans la contraction des muscles ; les affections des nerfs périphériques ne donnent pas lieu à ce symptôme, non plus que celles du cerveau ; si, en effet, cet organe produit des mouvements par les incitations volontaires, il n'intervient en aucune manière dans leur exécution ; or, le tremblement est un trouble d'exécution ; et dans les cas d'encéphalopathie où il se manifeste, on trouve simultanément des lésions spinales ; il en est ainsi dans l'alcoolisme et la paralysie générale, il en est de même dans les cas de tremblement *post-hémiplégique*, qui peuvent être rapportés à la dégénération secondaire des cordons latéraux et de la substance grise.

Une expérience de M. Vulpian prouve que le tremblement toxique, produit chez les grenouilles par la nicotine, est sous l'influence du bulbe : persistant après l'ablation des autres parties de l'encéphale, il cesse lorsque l'on vient à séparer la moelle de cet organe.

ARTICLE XX. — DES TROUBLES DE LA SENSIBILITÉ.

§ 1. — De la douleur (1).

La douleur est une sensation de nature spéciale que peuvent provoquer la plupart des lésions de l'organisme ; phénomène psychique comme la sensibilité dont elle est un mode, elle doit nécessairement se produire dans un groupe cellulaire qui n'a pu être encore localisé et qui est vraisemblement le même que celui où sont perçues les sensations physiologiques ; il n'est pas prouvé que ce centre puisse être directement excité ; le plus souvent son action est mise en jeu par une excitation partie d'un point quelconque de l'organisme et transmise par les nerfs sensitifs.

Les caractères de la douleur changent suivant qu'elle est d'origine *cérébrale, spinale, nerveuse* ou *périphérique*.

Les douleurs d'origine *cérébrale*, sont tantôt vagues et étendues à une partie du crâne, le plus souvent à la région frontale, tantôt nettement localisées ; leur intensité varie à l'infini ; elles sont parfois persistantes et durent pendant des mois, mal-

(1) Dieulafoy, article DOULEUR, du *Nouveau Dictionnaire* de Jaccoud. — Laboulbène, *Des Névralgies viscérales*. 1860.

gré tous les moyens que l'on dirige contre elles ; elles paraissent alors liées le plus souvent à une lésion méningée. La substance des circonvolutions est insensible chez les animaux, et il est probable qu'il en est de même chez l'homme.

Les douleurs *spinales* ont des caractères analogues à ceux des précédentes quand elles sont dues à une lésion des méninges, avec cette particularité qu'elles augmentent par la pression et par les mouvements. Les lésions des cordons postérieurs donnent lieu à diverses variétés de douleurs ; les plus communes sont les douleurs fulgurantes ; elles se produisent instantanément, d'ordinaire en un point limité des membres et souvent se renouvellent à de courts intervalles pendant un laps de temps qui varie de quelques minutes à quelques heures. Quelquefois la douleur part du centre et parcourt rapidement le membre dans toute son étendue ; certains malades accusent une sensation de constriction ; leur membre leur semble étreint par un étau ; d'autres enfin comparent leurs sensations à celles que pourrait produire la pénétration d'une vrille dans un os.

Les douleurs qui ont pour point de départ les *cordons nerveux* ou leurs *racines*, ont pour caractère essentiel de siéger sur leur trajet ou dans les parties où ils se distribuent ; on y peut distinguer d'ordinaire un élément continu et des élancements qui reviennent par accès. Elles présentent leur maximum d'intensité en un certain nombre de foyers qui sont toujours les mêmes pour les mêmes faisceaux nerveux.

Les douleurs liées aux lésions des *plexus viscéraux* reviennent également par accès ; elles sont remarquables par leur intensité et l'état de prostration et de trouble profond dans lequel elles font tomber le malade.

Les douleurs *périphériques* varient suivant l'organe qui est affecté ; la douleur musculaire a des caractères qui lui appartiennent en propre et ne permettent pas de la confondre avec l'hyperesthésie cutanée non plus qu'avec les douleurs aiguës des dents ou des os. Ce fait suffit à montrer que les extrémités nerveuses ne réagissent pas comme les cordons nerveux ; elles sont pourvues d'appareils spéciaux qui varient dans chaque organe, et donnent lieu, lorsqu'elles sont excitées, à des impressions qui vont influencer différemment le centre encéphalique.

Les douleurs sont loin de se faire sentir toujours au niveau même de la partie lésée ; nous avons vu déjà les douleurs d'origine spinale siéger dans les membres ; des douleurs périphériques peuvent également être perçues loin du point où elles se produisent ; c'est ainsi que les malades ressentent à l'extrémité de la verge les douleurs provoquées par les lésions vésicales et que les douleurs d'origine hépatique s'étendent à l'épaule droite ; ces faits peuvent s'expliquer par la transmission à travers la moelle de l'excitation qui atteint ainsi un groupe cellulaire étranger au filet nerveux primitivement intéressé : c'est un mécanisme comparable à celui des réflexes.

La douleur, lorsqu'elle est intense, provoque des plaintes ou des cris ; ce sont là des réflexes que l'expérimentation permet de localiser dans le bulbe et la protubérance, car ils continuent à se produire chez des animaux auxquels on a enlevé tout l'encéphale à l'exception de ces parties ; mais il ne faut pas conclure de là que ces parties soient le siège des *sensations* douloureuses : l'anesthésie produite par la lésion de la capsule suffit à réduire à néant cette hypothèse.

La douleur amène une altération souvent profonde des traits, des troubles du caractère et des modifications dans la nutrition générale ; elle peut conduire les malades à l'hypochondrie et même au suicide.

Tous les changements dans l'état des différentes parties du corps peuvent être la cause de douleurs ; il en est ainsi des lésions traumatiques, de celles qui résultent du refroidissement ou de la brûlure, enfin de toutes les altérations organiques, quelle qu'en soit la nature.

L'acuité de la douleur dépend d'une part de la nature et du siège de la lésion qui la provoque, d'autre part de la sensibilité du sujet ; il y a à cet égard de grandes différences entre les individus : celui-ci ne peut supporter, sans accuser de vives souffrances, de légères atteintes, tandis que celui-là semble n'éprouver que des sensations tolérables alors qu'on le soumet à une opération qui d'ordinaire est très pénible. La force du sujet, sa constitution, son caractère et surtout sa race peuvent exercer à cet égard une influence prédominante ; il est d'observation que les races méridionales, dont la civilisation est très ancienne, supportent moins bien la douleur que celles du Nord.

§ 2. — De l'anesthésie (1) et de l'analgésie.

A l'état normal, les impressions reçues par les extrémités des nerfs sensitifs sont transmises par ces cordons, la moelle, l'isthme de l'encéphale et la capsule interne aux centres de perception situés dans le cerveau. A l'état pathologique, on voit l'altération de ces différentes parties produire un trouble de la sensibilité. Il peut porter sur les sensations *tactiles*, sur les sensations *douloureuses* et sur les sensations de *température*; le plus souvent elles sont modifiées simultanément, mais elles peuvent aussi l'être isolément : c'est ainsi que parfois les sensations tactiles persistent alors que les sensations douloureuses ne sont plus perçues. Ces faits sont difficiles à expliquer, mais ils ne démontrent pas l'existence de conducteurs spéciaux pour chaque mode de sensibilité ; ils reconnaissent vraisemblablement pour causes des modifications dans la texture des appareils nerveux destinés à la réception des impressions sensitives et dans leur mode de réaction.

On ignore encore quelles circonvolutions ont pour fonction de percevoir les sensations ; on est en droit de localiser la cause de l'anesthésie dans l'écorce de l'encéphale quand les signes de lésions des appareils conducteurs font complètement défaut et qu'il existe concurremment des désordres psychiques ; il en est ainsi par exemple dans les cas où elle se développe chez un aliéné ; elle est fréquente surtout dans la mélancolie, la manie et la paralysie générale ; on cite un lypémaniaque qui s'est brûlé volontairement les membres inférieurs et les a vus se carboniser sans accuser aucune souffrance (2) ; souvent on peut pincer ou piquer des paralytiques généraux sans qu'ils s'en aperçoivent ; il en est qui sont insensibles aux cautérisations par le fer rouge. C'est sans doute également à la paralysie momentanée des centres de perception qu'il faut attribuer l'anesthésie produite par les inhalations de chloroforme, et celle que l'on observe dans les états comateux.

Les anesthésies produites par des *lésions de la capsule interne* se reconnaissent à leur localisation : elles occupent constam-

(1) H. Rendu, *Des anesthésies spontanées.* 1875.
(2) *Arch. f. Psychiatrie*, XI. 1844.

ment la moitié opposée du corps, y compris souvent la face et les organes des sens. Il est très probable que les hémi-anesthésies semblables que l'on observe dans l'*hystérie* sont dues à une altération de la même partie.

L'hémi-anesthésie peut également être provoquée par la lésion de *l'un des pédoncules* ou *d'une moitié de l'axe bulbo-rachidien* ; elle siège constamment du côté opposé à la lésion : c'est dire qu'elle occupe les mêmes parties que la paralysie motrice quand l'altération siège au-dessous de l'entre-croisement des pyramides, et l'autre moitié du corps quand elle siège au-dessous. Dans la moelle, la transmission des impressions sensitives paraît se faire surtout par la *partie postérieure de l'axe gris.*

Les lésions des *racines postérieures* des *nerfs sensitifs* et des *nerfs mixtes* donnent lieu à des anesthésies qui, d'une manière générale, mais non rigoureusement sont limitées à leur sphère de distribution. Il faut tenir compte dans leur étude des anastomoses qui unissent les nerfs lésés aux nerfs restés sains et donnent lieu à la *sensibilité récurrente.* Indiquée par Magendie en 1834 dans les racines antérieures, l'existence de cette sensibilité y a été démontrée depuis par Cl. Bernard. Notre grand physiologiste a reconnu en effet qu'après la section des racines antérieures on peut provoquer·des sensations en excitant leur bout périphérique. Il faut donc admettre l'existence dans ces racines motrices de filets récurrents provenant des nerfs sensitifs ; la clinique devait démontrer que des filets semblables existent dans les nerfs périphériques.

En 1864, le professeur Laugier constatait, après une plaie du médian, la réapparition rapide de la sensibilité dans les parties animées par ce nerf ; il crut pouvoir l'expliquer par une réunion immédiate des parties sectionnées ; on sait aujourd'hui que cette réunion ne se produit jamais et que le bout périphérique d'un tube nerveux divisé doit nécessairement subir une dégénérescence incompatible pendant longtemps avec la conservation de ses fonctions.

On doit à M. le professeur Richet (1) d'avoir donné l'explication scientifique du fait observé par Laugier. Ayant sous les yeux, en 1867, un cas analogue, il montra que le retour de la

____

(1) Laugier, *Bulletin de la Société de chirurgie.* 1864. — A. Richet, *Union médicale*, 1867. — *Comptes rendus de l'Académie des sciences.* 1875.

sensibilité devait être attribué à des anastomoses unissant le bout périphérique des nerfs sectionnés aux nerfs restés sains ; il formulait ainsi pour les nerfs périphériques la loi de la sensibilité récurrente reconnue vraie par Cl. Bernard pour les racines antérieures ; depuis lors, MM. Arloing et Tripier (1) en ont complété la démonstration ; ils ont constaté qu'après la section de trois des collatéraux d'un doigt la sensibilité persiste dans toutes ses parties ; de même, après la section du médian, la sensibilité est conservée grâce aux filets récurrents du cubital et du radial. On sait que les tubes nerveux sensitifs subissent une dégénérescence quand ils sont séparés de leurs ganglions ; or, après la section d'un nerf, on peut reconnaître qu'il reste des fibres intactes dans le segment périphérique, tandis qu'un certain nombre de fibres dégénèrent dans les nerfs voisins. L'expérimentation est donc venue confirmer les faits acquis par l'observation clinique à la physiologie et à l'anatomie des nerfs sensitifs.

L'anesthésie par lésion *des extrémités nerveuses* peut se produire dans les cas où la membrane qui les reçoit s'altère ; c'est ainsi que, dans la lèpre et la sclérodermie, les parties atteintes deviennent insensibles. Un simple trouble de vascularisation, celui qui résulte de la contraction des artérioles et amène l'arrêt de la circulation dans les téguments a le même effet ; c'est ce que l'on observe dans l'asphyxie cutanée décrite par Maurice Raynaud.

L'anesthésie peut occuper, simultanément ou isolément, les téguments, les parties profondes et les organes des sens. L'anesthésie musculaire a une importance toute particulière, car elle engendre l'ataxie ; nous avons vu que la coordination des mouvements n'est possible que si des impressions venues des muscles indiquent dans quelle mesure ils se contractent ; du moment où elles font défaut, la locomotion devient désordonnée.

Il n'est pas nécessaire que les parties que nous venons d'énumérer soient profondément lésées pour qu'il se produise de l'anesthésie ; elles ne sont que le siège d'une modification peu profonde dans l'hystérie, car on sait que les troubles de la sen-

____

(1) Arloing et Tripier, *Comptes rendus de l'Acad. des sciences.* 1868 et *Archives de physiologie.* 1869. — Cartaz, *Thèse de Paris.* 1875.

sibilité qu'engendre cette névrose peuvent disparaître instantanément, en particulier sous l'influence de l'aimantation.

Certaines intoxications provoquent des anesthésies diversement localisées ; nous mentionnerons particulièrement celles que produisent le plomb, le sulfure de carbone, la vapeur de charbon et l'alcool ; elles peuvent être limitées à une partie ou affecter tout un côté du corps ; il semble qu'elles soient dues tantôt à une lésion périphérique, tantôt à une lésion centrale.

Les anesthésies qui surviennent dans la convalescence de plusieurs maladies aiguës, et particulièrement dans la diphthérie, sont très vraisemblement d'origine spinale.

ARTICLE XXI. — TROUBLES DES ACTIONS RÉFLEXES.

Tous les centres nerveux, depuis l'encéphale jusqu'aux ganglions contenus dans les viscères ou les membranes de revêtement, peuvent, sous l'influence d'excitations centripètes, devenir le point de départ d'excitations centrifuges qui donnent lieu à des contractions musculaires, à des paralysies ou à des troubles de sécrétion ou de nutrition.

Les contractions réflexes peuvent siéger dans les muscles de la vie de relation et dans ceux de la vie organique.

Les réflexes *cérébraux* sont ceux qui attirent le moins l'attention, car les actes auxquels ils donnent lieu sont le plus souvent considérés comme volontaires.

Les réflexes *bulbaires* peuvent se traduire par les convulsions généralisées, les troubles vaso-moteurs et la perte de connaissance qui caractérisent l'attaque épileptique. L'excitation initiale part quelquefois d'un viscère tel que l'intestin irrité par des helminthes ou d'une cicatrice ; dans ce derniers cas, on voit les réflexes s'étendre graduellement à de nouveaux muscles comme dans le schéma de Pflüger. Chez un malade que nous avons observé aux Incurables, dans le service de notre maître Archambault, une cicatrice étendue de l'avant-bras a été ainsi le point de départ de convulsions qui, d'abord limitées au membre affecté, se sont graduellement étendues aux muscles du cou et de la face du même côté, puis à ceux des membres inférieurs, pour enfin se généraliser. D'autres fois les convulsions sont limitées à un groupe de muscles ; il en est ainsi par exemple dans les tics de la face.

Les réflexes *spinaux* s'exagèrent chaque fois que la moelle ou une de ses parties se trouve soustraite à l'action modératrice qu'exerce sur elle la partie des centres nerveux située au-dessous ; on les trouve également accrus dans les myélites chroniques et dans les cas où la substance grise subit d'une façon persistante des excitations transmises par les nerfs centripètes ou par les faisceaux descendants ; ils peuvent affecter des caractères tout à fait semblables à ceux de la convulsion épileptique ; d'autres fois ce sont des contractions tétaniformes ou des mouvements rhythmiques.

Les réflexes *ganglionnaires* donnent lieu au spasme des muscles soumis à l'action des centres atteints et à des troubles de l'innervation vaso-motrice. C'est ainsi qu'en trempant une main dans l'eau froide, on provoque la contraction des artérioles de l'autre main ; la rougeur de la pommette dans la pneumonie ne peut s'expliquer que par une action réflexe sur les vasomoteurs ; il en est de même de la roséole pudique qui chez nombre de sujets se produit sur la poitrine quand on découvre cette partie, et de la stricture générale des vaisseaux dans le cas d'entérite aiguë ou d'étranglement interne. On ignore pourquoi l'excitation centripète se réfléchit tantôt sur les vaso-constricteurs, tantôt sur les vaso-dilatateurs, et produit ainsi des modifications diverses dans l'état des parties.

Les coliques hépatiques et néphrétiques sont dues à la contraction réflexe des canaux irrités par la présence de calculs ; la toux et les vomissements sont également des phénomènes réflexes ; il en est de même du ténesme vésical et de la polyurie.

Les réflexes jouent un rôle considérable en pathologie ; c'est par leur intermédiaire qu'agissent la plupart des causes morbifiques. Les actions vaso-dilatatrices en particulier semblent intervenir rapidement dans la genèse des phlegmasies. Nous avons vu deux fois l'irritation des téguments provoquer un travail phlegmasique dans la partie symétrique de l'autre moitié du corps (1). On connaît l'ophthalmie sympathique.

(1) Hallopeau et Neumann, *Contribution à l'étude des inflammations réflexes (Comptes-rendus de la Société de Biologie)*, 1878. — Hallopeau, *Sur un*

Au lieu d'être exagérés, les réflexes normaux sont parfois diminués ou abolis ; c'est ainsi que la paresse des réflexes gastriques engendre la dyspepsie et la dilatation de l'estomac, celle des réflexes intestinaux la constipation, celle des réflexes vésicaux la rétention d'urine ; c'est ainsi que l'inertie utérine empêche l'accouchement de se terminer ou produit l'hémorrhagie si elle survient après l'expulsion du délivre. L'asystolie est souvent un trouble des réflexes cardiaques, et le phénomène de Cheyne-Stokes doit être rapporté à un trouble des réflexes respiratoires.

ARTICLE XXII. — DES ACTIONS D'ARRÊT.

L'expérimentation physiologique a démontré que l'excitation de certains nerfs peut suspendre momentanément l'activité des centres auxquels ils aboutissent ; il est probable que des phénomènes semblables se produisent souvent dans les maladies ; nous avons cherché à établir que l'apoplexie est due à un arrêt dans l'activité psychique, et nous nous sommes appuyés sur l'abolition des réflexes spinaux pendant l'attaque provoquée par une hémorrhagie cérébrale ; ce dernier phénomène ne peut être en effet que le résultat d'une action d'arrêt, car il n'existe en pareil cas aucune lésion de la moelle ; la lésion cérébrale la paralyse en l'excitant, et il est très vraisemblable qu'elle agit par le même mécanisme sur les circonvolutions. Nous avons vu que M. Brown-Séquard va plus loin et qu'il considère comme des phénomènes d'arrêt les paralysies provoquées par les lésions cérébrales ; il y a certainement une part de vérité dans cette théorie, et lorsque l'on voit une hémiplégie prononcée s'améliorer en peu de jours au point de ne laisser que des traces légères, on peut vraisemblablement l'attribuer à un trouble apporté par la lésion dans les fonctions des centres nerveux correspondants plutôt qu'à l'altération matérielle subie par les conducteurs ; cela ne veut pas dire que les lésions des faisceaux moteurs ne donnent pas lieu à des paralysies. Ces questions sont encore à l'étude.

M. Brown-Séquard explique de même par l'inhibition la perte

cas de gangrène symétrique anormale (*Comptes-rendus de la Société de Biologie*), 1880.

de connaissance qui marque le début de l'attaque épileptique. Il faut rapporter aussi à ce mécanisme l'arrêt de la sécrétion urinaire pendant l'accès de colique néphrétique et l'arrêt du cœur dans la syncope provoquée soit par une émotion, soit par une violente douleur.

CHAPITRE XI

DE LA FIÈVRE (1)

ARTICLE 1er. — DE LA RÉGULATION THERMIQUE.

La température du corps humain, à l'état de santé, varie dans des limites restreintes, elle s'élève dans l'aisselle à environ 37°,2 et dans le rectum à 37°,6 ; elle est à peu près indépendante de celle du milieu ambiant chez l'homme qui vit dans de bonnes conditions hygiéniques, et se maintient aux environs des mêmes chiffres, quel que soit l'excès de chaleur que produise parfois l'exercice des fonctions et quelles que soient les variations de la chaleur atmosphérique ; c'est à peine si un travail musculaire excessif l'élève momentanément de quelques dixièmes de degré. Il faut donc qu'il y ait à l'état normal une compensation exacte des pertes de chaleur par l'augmentation de sa production, et réciproquement une compensation de la chaleur produite en excès par une augmentation des pertes ; on exprime ce fait en disant qu'il se produit dans l'organisme une *régulation de la température*.

Les oxydations qui sont les sources de la chaleur animale ont leur maximum d'intensité dans les muscles et dans les glandes ;

(1) Cohnheim, Perls, ouvrages cités. — Liebermeister, *Handbuch der Path. u. Ther. der Fiebers*, Leipzig, 1875. — Botkin, *De la fièvre*, 1872. — Hirtz, article Fièvre du *Nouveau Dictionnaire de médecine et de chirurgie pratiques*. — Lereboullet, article Fièvre du *Dictionnaire encyclopédique*. — Du Castel, *Physiologie pathologique de la fièvre*. Thèse d'agrégation. 1878. — Vulpian, *Leçons sur l'appareil vaso-moteur*. — Claude Bernard, *Leçons sur la chaleur animale, sur les effets de la Chaleur et sur la Fièvre*, Paris, 1876. — Lorain, *De la température du corps humain et de ses variations dans les différentes maladies*. Paris, 1877. — Jaccoud, *Traité de pathologie interne*. — Recklinghausen, *loc. cit.* — Rindfleisch, *Die Elemente der Pathologie*. 1883.

Ludwig et Spiess (1) ont démontré que le liquide sécrété par les glandes salivaires est plus chaud que le sang qui y afflue ; Cl. Bernard a reconnu qu'il en est de même pour la bile et l'urine. La production de chaleur dans les muscles qui se contractent a été mise en évidence par Hirn, Becquerel et Breschet (2) et Béclard ; Cl. Bernard a trouvé que le sang de la veine jugulaire du cheval est plus chaud pendant la mastication, et il a constaté également que, lorsque le rein est en fonction, la température de ses veines dépasse de 0,2 à 0,3 celle de ses artères et que le sang des veines hépatiques est de 0,2 à 0,4 plus chaud que celui de la veine porte ; le muscle cardiaque, en état de contraction, est plus chaud que le sang qu'il renferme ; ce fait a été démontré par Heidenhain et Körner (3).

C'est là une conséquence nécessaire de la théorie dynamique de la chaleur mise en évidence par Rumford, Robert Mayer, Joule et Hirn de Colmar (4). M. Béclard (5) a montré que la contraction des muscles produit plus de chaleur quand elle est statique, c'est-à-dire non accompagnée de travail mécanique, que lorsqu'elle accomplit un travail mécanique utile ; la partie de l'action musculaire non utilisée sous forme de travail mécanique extérieur apparaît sous forme de chaleur.

C'est pour cette raison que, dans le tétanos et dans l'état de mal épileptique, la température peut s'élever en peu de temps de plusieurs degrés, sous l'influence des contractions toniques des muscles.

Les pertes de chaleur se font surtout par les téguments et par la muqueuse pulmonaire, très accessoirement par l'élimination des produits de sécrétion.

Que si un exercice musculaire violent tend à produire l'hyperthermie, la circulation cutanée devient plus active et il se

<hr>

(1) Ludwig et Spiess, *Vergleichung der Wärme des Unterkieferdrusen Speichels und des gleichzeitigen Carotiden Blutes. (Sitzungsbericht der Wiener Akad. der Wissensch. 1857.)*

(2) Becquerel et Breschet, *Expériences sur les températures physiologiques et morbides (Annal. des sciences natur. 1875).*

(3) Heidenhain et Körner, *Beitr. z. Temp.-Topographie des Säugethierkorpers.* Breslau, 1870.

(4) Consulter pour cet historique le livre de M. Gavarret, *Sur les phénomènes physiques de la vie.* Paris, 1869 ; et Lorain, *De la température,* Paris, 1877.

(5) J. Béclard, *De la contraction musculaire dans ses rapports avec la température animale (Arch. gén. de méd. 1866).*

fait une abondante sécrétion sudorale en même temps que l'accélération des mouvements respiratoires contribue à maintenir la température en équilibre, en augmentant la déperdition de chaleur par la colonne d'air expiré et par l'évaporation pulmonaire. Luchsinger a constaté que l'élévation de la température du sang excite les nerfs sécréteurs de la sueur (1).

Le sang qui circule dans le derme et les capillaires des poumons tend à se refroidir. M. Vulpian (2) a montré que l'évaporation d'eau à la surface pulmonaire est d'autant plus grande que les mouvements respiratoires sont plus rapides et plus intenses ; de plus l'air fréquemment renouvelé refroidit plus la surface des bronches et celle des alvéoles. Ackermann (3) a reconnu que, chez un chien placé dans une atmosphère d'une température égale à la sienne, le nombre des respirations augmente à mesure que la température de l'animal s'élève : « C'est là, dit Lorain, une *dyspnée thermique* modératrice de la température centrale. » Goldstein (4) et Riegel (5) ont montré que cette dyspnée thermique a pour cause prochaine l'excitation du centre d'innervation respiratoire par le sang surchauffé ; quand on renouvelle l'expérience d'Ackermann sur un chien auquel on a sectionné la partie inférieure de la moelle cervicale, la respiration ne s'accélère plus. On a reconnu que les téguments abandonnent une quantité de chaleur d'autant plus grande que leur circulation est plus active (6) : « Lorsque, dit Marey, vous prenez la main d'un individu, si cette main est froide, c'est que cet individu se réchauffe, si elle est chaude, c'est qu'il se refroidit. »

La dilatation des artérioles cutanées doit donc contribuer à maintenir l'équilibre chaque fois que la production dans l'organisme d'une quantité de chaleur anormale ou l'élévation de la température atmosphérique tendent à élever la température du corps.

Inversement, quand le corps est soumis à une cause de re-

(1) Luchsinger, *Pflügers, Archiv.* XIV, p. 349.
(2) Vulpian, *Leçons sur l'app. vaso-moteur.* 1875.
(3) Ackermann, *Die Wärmeregulation in höheren thierischen Organismus* (*Deutsch. Arch. f. klin. Med.*).
(4) Goldstein, *Ueber Wärm. Dyspn.*, (*Wurzburg. Verhandl.* 1871).
(5) Riegel, *Zum Wärmeregulation* (*Virchow's Archiv*, 1874).
(6) Marey, *La circulation du sang dans l'état physiol. et dans les maladies.* Paris, 1861.

froidissement, la contraction des artérioles cutanées et la suspension de la sécrétion sudorale, la diminution de la perspiration cutanée et le ralentissement des mouvements respiratoires diminuent les pertes de chaleur en même temps que l'énergie plus grande des combustions en augmente la production dans les muscles, les glandes et sans doute dans tous les tissus parcourus par le sang. Liebermeister (1) a constaté que la température axillaire d'un homme placé dans un bain froid peut momentanément s'élever, et cependant les expériences calorimétriques montrent que l'homme sain perd trois fois plus de chaleur dans un bain froid que dans les conditions normales ; c'est qu'en même temps il exhale une quantité double d'acide carbonique. Contestés par Senator (2), Murri (3) et Riegel (4), ces faits ont été reconnus vrais en principe par Pflüger (5) et ses élèves, bien que ces auteurs n'aient généralement trouvé l'acide carbonique augmenté que dans la proportion de 50 p. 100; ils nous semblent démonstratifs malgré les objections qu'on leur oppose encore.

La régulation thermique est donc sous la dépendance d'actions réflexes qui ont pour point de départ les légères oscillations de la température et pour instruments les nerfs qui président à la sécrétion de la sueur, à la dilatation et à la contraction des petits vaisseaux de la peau, au ralentissement et à l'accélération des mouvements respiratoires et à l'activité des combustions organiques. Cl. Bernard (6) a admis une action directe du système nerveux sur la production de la chaleur; dans le cas de tendance au refroidissement, les centres thermiques entreraient en jeu et augmenteraient la quantité de chaleur produite dans les tissus, tandis qu'au contraire leur activité diminuerait chaque fois que la température tendrait à s'élever. M. Vulpian ne considère pas comme démontrée l'existence de ces fibres nerveuses qui influenceraient directement les processus thermiques ; elle ne lui paraît même pas vraisemblable (7). « Il n'est pas prouvé,

(1) Liebermeister, *Handb. d. Path und Ther. der Fiebers.* 1875.
(2) Senator, *Centralblatt.* 1871 et 1873. — *Virchow's Arch.* XLV.
(3) Murri, *Sulla teoria della febre.* 1874.
(4) Riegel, *Volkmann's klin. Vorträge*, nos 144, 145.
(5) Pflüger, *Pflüger's Archiv*, X, XII, XIV, XV, XVIII.
(6) Cl. Bernard, *Leçons sur la chaleur animale.* Paris, 1876.
(7) Vulpian, *Leçons sur l'appareil vaso-moteur.* Paris, 1875.

dit-il, que presque tous les effets observés sous l'influence des nerfs dits calorifiques ne soient pas le résultat des modifications vasculaires qui ont lieu au moment de leur excitation ou de leur paralysie.

La régulation thermique peut se trouver en défaut lorsque les causes d'échauffement et de refroidissement sont trop puissantes. La température centrale d'un mammifère maintenu dans de la glace peut tomber à 17°; elle s'élève au-dessus de 42°, si l'on place l'animal dans une atmosphère chauffée à 38° ou 40°.

La fièvre est caractérisée essentiellement par la *rupture de l'équilibre entre la production et les pertes de chaleur;* dans ce processus, la quantité de chaleur produite l'emporte sur la quantité de chaleur perdue et la température s'élève de 1 à plusieurs degrés. La fièvre est légère jusqu'à 38°,5, moyenne de 38°,5 à 39°,5, prononcée de 39°,5 à 40, intense de 40 à 41°, très intense au-dessus.

Nous avons à étudier successivement les *caractères* de la fièvre, sa *physiologie* et son *mode de production.*

ARTICLE II. — CARACTÈRES DE LA FIÈVRE.

Les modifications que subit la température dans une maladie fébrile peuvent être partagées en plusieurs périodes.

La première est appelée par Wunderlich le stade *pyrogénétique,* elle pourrait également être dite *ascendante ;* sa durée varie de quelques heures à plusieurs jours ; lorsqu'elle est courte, il se produit presque toujours un frisson ; ce mode de début appartient aux fièvres palustres, à la pneumonie, à la variole, à la scarlatine, à la fièvre récurrente et aux septicémies. Le frisson se produit également lorsque, dans le cours d'une maladie fébrile, la température, abaissée artificiellement et passagèrement par une intervention thérapeutique, s'élève de nouveau. Dans nos recherches sur l'action antipyrétique du corps introduit dans la thérapeutique par M. Filehne sous le nom de *chlorhydrate de kairine méthylique,* nous avons vu constamment, comme ce phy-

---

(1) W. Filehne, *Berlin. klin. Wochensch.* 1882-1883. — H. Hallopeau, *Sur un nouvel antipyrétique, le chlorhydrate de kairine (Bulletin de la Société des hôpitaux* et *Union médicale.* 1883). — Hallopeau et Girat, *Sur l'action physiologique du chlorhydrate de kairine (Bulletin de la Société de biologie.* 1883).

siologiste, les malades éprouver un frisson intense quand la suppression brusque du médicament permettait à la température de s'élever rapidement.

Pendant ce stade fébrile, les malades éprouvent une sensation de froid plus ou moins vive, leurs traits s'altèrent et semblent se rétracter ; la face et les extrémités pâlissent et se cyanosent ; les membres et souvent aussi le tronc et la tête sont animés de secousses qui se renouvellent à de très courts intervalles et produisent ainsi une sorte de tremblement général ; quand il affecte les muscles de la mâchoire, ce tremblement donne lieu au claquement des dents et le malaise est considérable ; la durée de ces accidents varie de quelques minutes à une ou deux heures.

Le frisson paraît dû à la contraction des artérioles cutanées et à l'écart qui en résulte entre la température de la peau et la température centrale. L'existence d'une augmentation de la chaleur du corps pendant ce stade de la fièvre, indiquée en 1756 par de Haen, puis tombée dans l'oubli, a été mise en relief en 1839 par M. Gavarret (1).

L'élévation lente et progressive de la température, telle qu'on l'observe dans la fièvre typhoïde, ne donne pas lieu ordinairement au frisson, et, si ce phénomène se produit, il est très passager et peu prononcé ; le maximum thermique n'est atteint alors qu'au bout de plusieurs jours ; chaque matin, il se fait un abaissement, ordinairement moindre que celui du jour précédent ; chaque soir, la chaleur s'élève plus que la veille. Cette marche appartient à la fièvre typhoïde, à la rougeole, aux phlegmasies broncho-pulmonaires et au rhumatisme articulaire.

Dans le deuxième stade, appelé *fastigium*, l'élévation thermique atteint son maximum.

La durée de cette période varie de quelques heures (fièvres palustres) à plusieurs semaines (fièvre typhoïde) ; la température est loin d'y être stationnaire : en premier lieu, elle présente le plus souvent l'oscillation diurne causée par l'abaissement du matin ; souvent aussi le maximum vespéral change d'un jour à l'autre et présente des élévations passagères ; tantôt la température oscille autour du chiffre qu'elle a atteint à la

____

(1) J. Gavarret, *Recherches sur la température du corps dans la fièvre intermittente* (l'*Expérience*, 1839).

fin du premier stade, tantôt elle présente le matin un tel abaissement que la fièvre peut être qualifiée de *rémittente*.

Le maximum peut rester le même pendant toute la durée de cette période ; d'autres fois il est graduellement ascendant ou descendant.

Lorsque la maladie se prolonge, les irrégularités dans la marche de la température s'accentuent davantage : après s'être abaissée, elle s'élève de nouveau et présente ainsi des oscillations sans cause appréciable ; c'est le stade *amphibole* de Wunderlich ; il se produit surtout dans la fièvre typhoïde ; on l'observe également dans les pneumonies catarrhales, les fièvres éruptives et le rhumatisme articulaire.

Les caractères du dernier stade diffèrent suivant que le malade doit guérir ou succomber. Dans le premier cas, la température revient à l'état normal, tantôt brusquement, en quelques heures, comme dans la pneumonie franche, la fièvre initiale de la variole, la rougeole et l'érysipèle de la face, tantôt lentement, par *lysis*, comme c'est la règle dans la fièvre typhoïde, où la courbe présente une série d'oscillations descendantes comparables aux oscillations ascendantes du début, mais d'une durée ordinairement plus longue ; on peut la voir, quand elle se prolonge, aboutir à des chiffres inférieurs à ceux de l'état physiologique ; d'autres fois la chute est lente, mais continue, sans ascension vespérale ; d'autres fois enfin la température devient normale le matin, et la fièvre n'est plus marquée que par une ascension vespérale de plus en plus faible.

Dans les cas où la maladie se termine par la mort, il y a lieu de distinguer un stade proagonique et un stade agonique. Dans le stade proagonique, tantôt la température s'élève graduellement, tantôt elle monte brusquement, tantôt son ascension est précédée d'une rémission plus ou moins considérable ; il n'est pas rare qu'elle s'abaisse pour se relever au moment de la mort. Souvent la température continue à s'élever pendant quelques heures après la mort, l'arrêt de la circulation cutanée diminuant les pertes par la peau en même temps que la cessation des mouvements respiratoires annihile l'évaporation pulmonaire et la déperdition qui lui est liée (1).

(1) Peter, *Des températures élevées excessives dans les maladies.*

On distingue plusieurs *types* de fièvre suivant que l'ascension thermique est *continue*, *subcontinue*, *rémittente* ou *intermittente ;* dans le type continu, la rémission du matin est faible et de courte durée ; plus prononcée dans le type subcontinu, elle atteint plus d'un degré dans la forme rémittente et arrive à la normale dans le type intermittent.

On peut voir par les considérations que nous venons d'exposer que la fièvre est un des phénomènes morbides des plus variables dans ses allures, et que sa durée, son intensité, sa marche et ses caractères diffèrent dans chacune des maladies où elle se produit. Nous n'avons à nous occuper ici que de ses caractères généraux.

L'élévation de la température est à juste titre considérée aujourd'hui comme le phénomène essentiel de la fièvre ; c'est elle qui la caractérise, qui la constitue ; c'est à elle que sont subordonnés les troubles que nous devons actuellement étudier. L'*accélération du pouls* a été regardée longtemps comme le meilleur signe de la fièvre et elle en est un des plus constants. On peut l'attribuer à l'élévation de la température, car elle se produit presque toujours quand la chaleur de l'organisme est augmentée. Liebermeister a conclu de ses observations qu'une élévation de 1 degré entraîne huit pulsations de plus à la minute. Il faut se garder de croire cependant que cette relation soit constante : il peut arriver, en premier lieu, que le pouls reste lent malgré une élévation considérable de la température ; il en est ainsi chaque fois que le pneumo-gastrique se trouve anormalement excité, dans son trajet ou à son origine, directement ou par voie réflexe comme dans la méningite. D'autres fois, sous des influences qu'on ne peut déterminer, l'accélération du pouls reste peu marquée, bien que la chaleur fébrile soit très intense ; il en est souvent ainsi dans la fièvre typhoïde où le pouls peut ne battre qu'environ 100 fois quand la température s'élève à 40° ; on ne voit qu'exceptionnellement, dans cette maladie, et seulement dans les cas très graves, le nombre des pulsations s'élever à 130 ou 140, tandis que le fait est fréquent dans la pneumonie. On peut dire, d'une manière générale, qu'à l'état physiologique la fréquence du pouls varie en raison inverse de la pression intra-vasculaire ; il semble en être souvent de même à l'état pathologique ; or dans la fièvre, la tension paraît pouvoir se modifier de manières très différentes ; Marey l'a trouvée abaissée chez les chevaux fébricitants ; il est possible que, dans une même maladie fébrile, la tension soit élevée au début et s'abaisse à la fin, alors que l'énergie cardiaque s'est affaiblie sous l'influence de l'hyperthermie et des troubles de la nutrition ; l'examen des tracés sphygmographiques des fébricitants montre que leur pouls présente souvent un dicrotisme très prononcé, et c'est là un signe d'abaissement de la tension. L'auscultation du cœur permet fréquemment d'y percevoir un léger bruit de souffle systolique (murmure fébrile) dont le maximum est à la pointe et que l'on peut rattacher avec vraisemblance à l'atonie des muscles tenseurs de la mitrale. Les contractions de cet organe, souvent énergiques au début, s'affaiblissent à mesure que l'état fébrile en se prolongeant diminue les forces et apporte dans la nutrition un trouble de plus en plus profond. Nous verrons plus loin quel rôle important revient dans la fièvre aux désordres de l'innervation vaso-motrice.

L'état de fièvre augmente la fréquence de la *respiration* ; c'est encore là une conséquence de l'élévation de la température. On observe le même phénomène chez les animaux que l'on a artificiellement échauffés. Fick et Goldstein (1) ont réussi à le produire en échauffant le sang destiné à l'encéphale au moyen d'applications chaudes sur la carotide. Cette accélération des mouvements respiratoires varie en raison directe de l'augmentation de la chaleur ; elle présente même l'accroissement vespéral. Du côté de *l'appareil digestif*, nous devons mentionner, comme troubles fonctionnels, la sécheresse de la langue, la soif ordinairement vive, l'anémie, le dégoût pour les aliments, le défaut de sécrétion du suc gastrique et la constipation, lorsqu'il n'y a pas de lésion intestinale.

La *sécrétion urinaire* est constamment modifiée : susceptible de varier beaucoup, elle est généralement augmentée pendant toute la durée de la fièvre, sans doute parce que les malades, tourmentés par la soif, ingèrent une quantité considérable de liquides ; elle peut cependant être diminuée et quelquefois la quantité d'urine excrétée dans les 24 heures est moitié moindre qu'à l'état normal. Les pertes par les voies respiratoires et par la peau d'une

____

(1) Goldstein, *Würzb. Verhandl.* 1871.

quantité d'eau exagérée expliquent cette diminution ; la sécrétion peut être aussi influencée par l'abaissement de la tension.

L'urine des fébricitants est généralement plus colorée qu'à l'état normal ; son poids spécifique est accru ; elle est plus riche en sels de potasse et très appauvrie en chlorure de sodium ; le chiffre des urates et celui de l'urée peuvent être augmentés ou diminués, mais ils ne doivent pas être considérés d'une manière absolue ; les fébricitants sont en effet· soumis à une diète plus ou moins rigoureuse et c'est là une condition qui amène une diminution considérable dans la quantité d'urée excrétée chaque jour. Chez une chienne privée d'aliments, Falk (1) a vu le chiffre de l'urée tomber de 54 grammes à 10 grammes le deuxième jour et à 8 grammes le troisième ; si donc, chez un fébricitant, ce produit est éliminé en proportions voisines de celles de l'état normal, on doit penser que sa sécrétion a été plus active. Cl. Bernard admet que les fiévreux excrètent de $1^{gr},50$ à $1^{gr},89$ d'urée par kilogr., au lieu de 0,59 à 0,53 ; il faut ajouter que l'urine des fébricitants contient un excès de matières extractives qui peuvent être considérées comme des matières albuminoïdes qui auraient été éliminées à l'état physiologique sous la forme d'urée (Hirtz) (2). Il n'y a pas cependant de rapport stable entre l'accroissement de l'excrétion de l'urée et l'élévation de la température : dans la pneumonie et dans la fièvre typhoïde, on voit souvent l'urée diminuer malgré la persistance de l'hyperthermie ; elle augmente habituellement au moment de la crise ; il semble que ce produit ou ses générateurs s'accumulent dans l'organisme pour s'éliminer en masse au moment où cesse le processus. On a considéré l'augmentation de la matière colorante et des sels de potasse comme le résultat de la destruction d'une certaine quantité de globules rouges.

La fièvre s'accompagne constamment de *troubles de l'innervation*. Son apparition est annoncée par une sensation pénible de malaise général, souvent aussi par de la céphalalgie, des bourdonnements d'oreilles, de l'insomnie et de l'agitation, ou au contraire par de l'abattement et de la prostration. Le délire tranquille ou violent est un symptôme assez fréquent de l'état fébrile.

(1) Falk, *Arch. f. exper. Path. und Pharm.* VII.
(2) Hirtz, article Fièvre, du *Nouveau Dictionnaire de médecine et de chirurgie pratiques.*

Ces désordres ne sont pas liés seulement à l'élévation de la température ; il faut tenir compte aussi, dans leur pathogénie, de la nature de la maladie qui provoque la fièvre et du mode de réaction du sujet. Le système nerveux d'un pléthorique ne réagira pas comme celui d'un individu débilité, celui d'un alcoolique comme celui d'un sujet sain ; de même qu'un typhique, un rhumatisant et un pneumonique ayant une même élévation de température ne présenteront pas des troubles identiques de l'innervation. Volkmann (1) a décrit sous le nom d'*aseptique* une variété de fièvre traumatique dans laquelle l'innervation générale resterait intacte ; les malades pourraient se lever, marcher et causer comme des individus sains, bien que leur température s'élève à près de 40°. En serait-il de même si elle arrivait à 41°? Nous ne le pensons pas ; abstraction faite de toute autre considération, l'hyperthermie produit par elle-même des troubles nerveux quand elle est intense et quand elle se prolonge un certain temps ; l'amélioration évidente que l'on amène chez les typhiques en abaissant artificiellement leur température suffit à démontrer l'exactitude de cette proposition.

Les troubles que la fièvre produit dans la *nutrition* et dans les fonctions digestives ont pour conséquence une perte de poids qui varie en raison, d'une part, de l'intensité et de la durée du processus, d'autre part, du mode d'alimentation des malades. L'importance de ce dernier élément paraît être considérable : on peut voir aujourd'hui des fièvres typhoïdes durer pendant longtemps sans amener une émaciation considérable si l'on fait ingérer chaque jour au malade plusieurs litres de lait ou de bouillon ; néanmoins il est démontré que la perte de poids provoquée par la fièvre est plus considérable que celle que détermine la diète absolue ; Wachsmuth (2) a vu chez des pneumoniques le poids du corps diminuer de 16 p. 100 dans les 24 heures. Il n'est pas rare que des sueurs profuses augmentent brusquement la perte de poids ; c'est surtout au début de la convalescence que ce phénomène s'observe ; Botkin en conclut qu'il y avait rétention d'eau dans l'organisme pendant la période fébrile.

Le *sang* est altéré chez les fébricitants ; Cl. Bernard l'a trouvé plus fluide et a constaté qu'il se coagule plus lentement ; la quan-

(1) Volkmann's *Vorträge*, n° 19.
(2) Wachsmuth, *Zur Lehre von Fieber* (*Arch. d. Heilk.* Leipzig, 1865).

tité de gaz que l'on peut en extraire diminue; Brouardel (1) y a trouvé l'acide carbonique réduit de plus d'un tiers dans la variole et MM. Légerot, Mathieu et Maljean (2) ont constaté que, dans toutes les fièvres, sa capacité d'absorption pour l'oxygène est amoindrie.

Parmi les éléments figurés du sang, les hématoblastes présentent des altérations qui ont été mises en lumière par M. Hayem (3).

Leur nombre va en s'abaissant pendant la période d'état; au moment de la défervescence, ils présentent au contraire une augmentation rapide et progressive, « fait capital et constant qui constitue le phénomène le plus saillant et le plus caractéristique de tous ceux que la numération des éléments du sang peut mettre en évidence. » On peut voir tripler en 48 heures le nombre de ces éléments; on en trouve un pour 6 ou 7 globules rouges, tandis que la proportion normale est de 1 à 18. C'est en général un ou deux jours après la chute de la température que se produit l'augmentation brusque de ces éléments; si la défervescence est complète, le nombre des hématoblastes atteint son maximum au bout de 2 ou 3 jours, puis diminue assez rapidement pour revenir à la normale après 8 à 10 jours; cette poussée hématoblastique ne peut être attribuée à l'alimentation, car elle commence le plus souvent alors que les malades sont encore à la diète. M. Hayem la considère comme une accumulation passagère de jeunes éléments destinés à devenir des globules rouges.

Les hématies diminuent également pendant la période d'état; c'est au moment de la défervescence qu'elles sont le moins nombreuses; leur quantité augmente dès le lendemain de la poussée hématoblastique, et cette augmentation persiste jusqu'à la fin de la convalescence; par contre, leur richesse en hémoglobine diminue au moment même où leur nombre commence à augmenter, et ce n'est qu'à l'époque de la guéri-

---

(1) Brouardel, *Sur l'analyse des gaz du sang dans la variole* (*Bull. de la Société des hôpitaux.* 1870).

(2) Mathieu et Maljean, *Étude clinique et expérim. sur les altér. du sang dans la fièvre traumatique et dans les fièvres en général* (*Bull. de la société de chirurgie,* 1876).

(3) Hayem, *Bulletin de l'Académie de médecine.* — Reyne, *De la crise hématique dans les maladies aiguës,* etc. Thèse de Paris, 1881.

son complète qu'elle revient au chiffre normal; cet abaissement est dû à l'apparition d'éléments nouveaux incomplètement développés. Les globules blancs ne présentent pas de modifications manifestes.

Quand la fièvre est de longue durée, on peut constater l'existence d'altérations dans la plupart des tissus. Les muscles présentent la dégénérescence cireuse, les cellules du foie et des reins sont le siège de modifications qui varient de la tuméfaction trouble à la dégénérescence graisseuse, mais il n'est pas certain que ces modifications soient liées directement au processus fébrile ; il est possible qu'elles soient provoquées par la cause même de la fièvre, telle par exemple qu'une infection septique. Litten (1) a essayé de résoudre la question en examinant les viscères d'animaux soumis pendant plusieurs jours à une température élevée ; il les a trouvés en voie de dégénérescence graisseuse ; mais les conditions dans lesquelles ont dû se faire les expériences diffèrent notablement de celles où se trouve un fébricitant ; le séjour dans un milieu trop chaud diminue l'absorption d'oxygène et l'élimination d'acide carbonique, tandis que les malades atteints de fièvre exhalent au contraire une proportion exagérée de ce gaz. Il faut bien reconnaître d'ailleurs que ces altérations viscérales sont loin d'être constantes et que, d'après Cohnheim, elles ne sont pas plus fréquentes chez les sujets morts à la suite d'une fièvre prolongée que chez les autres.

Ce n'est pas à dire que l'état fébrile ne puisse donner lieu par lui-même à l'altération des tissus, mais la nature intime de cette altération n'a pas été jusqu'ici déterminée avec précision. La fièvre peut tuer par consomption, lorsqu'elle se prolonge, par paralysie cardiaque et par hyperpyrexie ; il est d'observation que l'homme, non plus que les animaux supérieurs, ne peut vivre si sa température s'élève de 5 à 6 degrés au-dessus de la normale ; aussi chaque fois que l'on voit, dans le cours d'une maladie, le thermomètre atteindre à 42°, est-on en droit de porter un pronostic presque à coup sûr fatal dans un bref délai.

(1) Litten, *Virchow's Archiv*, LXX.

ARTICLE III. — PHYSIOLOGIE PATHOLOGIQUE.

Nous avons établi que le fait essentiel dans la fièvre est l'élévation persistante de la chaleur de l'organisme (1). Nous devons rechercher actuellement comment se produit cette élévation et quelles en sont les causes. L'hyperthermie peut s'expliquer, soit par un accroissement dans la production de chaleur au sein de l'organisme, soit par une diminution dans les pertes de calorique qui, à l'état physiologique, régularisent la température, soit enfin par l'action combinée de ces deux ordres de causes. De nombreuses expériences ont été entreprises dans ces derniers temps pour élucider cette question. Les unes ont eu pour objet de mesurer l'activité des combustions chez les fébricitants et d'apprécier ainsi la quantité de chaleur produite, les autres ont été faites dans le but de déterminer la quantité de chaleur perdue.

Les combustions étant la source unique de la chaleur animal, on peut arriver à reconnaître quelle a été la quantité de chaleur produite en recherchant et en dosant les produits d'oxydation comparativement chez l'homme sain et chez le fébricitant.

Les plus importants de ces produits sont l'urée, l'acide carbonique et l'eau.

L'augmentation du chiffre de l'urée excrétée chez les fébricitants peut être considérée comme démontrée dans la plupart des cas; Unruh (2) l'évalue en général à 50 p. 100; d'après Senator (3) elle dépasserait 100 p. 100. Si des auteurs ont pu le contester, c'est qu'ils n'ont tenu compte que du chiffre absolu; celui-ci peut être en effet moindre qu'à l'état physiologique et cependant plus élevé qu'il ne serait chez un sujet non fébricitant qui se trouverait soumis au même régime que le malade en observation. Il est reconnu que l'alimentation exerce une influence prédominante sur la production de

(1) H. Roger, *Des modifications que présente la température chez les enfants dans l'état physiologique et dans l'état pathologique (Arch. gén. de médecine, 1844).* — Wunderlich, *Eigenwärme.* 1868.

(2) Unruh, *Virchow's Archiv,* XLVIII.

(3) Senator, *Unters. ueber die fieberhaften Proces. und seine Behandlung.* Berlin, 1873.

l'urée; il faut donc comparer à ce point de vue l'excrétion
du fébricitant à celle d'un sujet soumis comme lui à la diète;
dans ces conditions, on la trouve presque constamment augmentée et souvent dans des proportions très considérables. Son
accroissement est-il parallèle à l'élévation de la température?
On peut répondre négativement : on voit, dans les fièvres de
longue durée, le chiffre de l'urée s'abaisser bien que la
température reste élevée ; P. Regnard (1) l'a trouvé considérablement diminué dans des cas de fièvre intermittente d'origine
hépatique; d'autre part, l'excrétion de cette substance augmente fréquemment au moment de la défervescence ; Brouardel
enfin a montré que les affections du foie exercent une influence
prédominante sur la génération de ce produit ; elle s'accroît
chaque fois que les fonctions de cet organe sont exaltées et diminue chaque fois qu'elles s'exercent avec moins d'activité. Elle
peut être très augmentée sans qu'il y ait de réaction fébrile ;
il en est ainsi dans le diabète, dans certaines formes d'azoturie
et dans la congestion du foie. L'augmentation de l'urée excrétée peut précéder le frisson initial ; le fait a été constaté en 1859
par Sidney Ringer (2) et depuis lors par Rosenstein (3) et
H. Hirtz (4) ; Naunyn (5) a pu également reconnaître chez des
chiens qu'il rendait fébricitants par l'injection sous la peau de
matières putrides, un accroissement antéfébrile de l'urée; il
correspond à ce qu'il appelle la *période latente* de la fièvre.

D'autre part cet accroissement peut persister, alors que la
réaction fébrile est terminée, au moment de la perturbation
critique ; Brouardel, Charcot et Chalvet l'ont démontré ; ajoutons enfin que divers auteurs, particulièrement Bartels (6),
Naunyn (7) et Schleich (8), ont vu l'excrétion de l'urée augmenter
dans des proportions considérables chez les animaux soumis à
un échauffement artificiel, et que par conséquent son accroisse-

(1) P. Regnard, *Rech. expér. sur les variations des combustions respiratoires.*
Paris, 1879.
(2) Sydney Ringer, *Medic. chir. transact.* 1859.
(3) Rosenstein, *Virch. Arch.* XLVII.
(4) H. Hirtz, *Essai sur la fièvre en général.* Thèse de Strasbourg, 1876.
(5) Naunyn, *Arch. f. Anat. u. Physiol.* 1870.
(6) Bartels, *Patholog. Untersuch. Greifswalder medicin. Beitr.* 1864.
(7) Naunyn, *Berlin. klinische Wochenschr.* 1849.
(8) Schleich, *Ueber das Verhalten der Harnstoffproduction bei künstlicher
Steigerung des Körpertemper.* (*Arch. f. experim. Path.*, 4ᵉ Band).

ment peut être l'effet et non la cause de l'hyperthermie.

Nous concluons de ces faits que l'élévation de la température chez les fébricitants ne peut être attribuée à un excès de combustion de matières protéiques, ou tout au moins que cette cause n'intervient que d'une manière tout à fait secondaire dans sa production. Le chiffre des matières extractives éliminées par l'urine augmente d'habitude en même temps que celui de l'urée : on l'a vu atteindre quatre fois la proportion normale ; la quantité de matière colorante s'accroît de même beaucoup dans ce liquide (J. Vogel).

L'augmentation de l'acide urique ne se produit que dans certaines fièvres, particulièrement dans celles qui s'accompagnent d'un trouble prononcé des fonctions de respiration (Ranke). Il faut noter enfin l'augmentation des phosphates et la diminution des chlorures.

Nous avons vu que l'*acide carbonique* est éliminé en quantité anormale par les fébricitants ; Liebermeister en a trouvé deux fois et demi de plus qu'à l'état physiologique dans l'air qu'ils expirent ; cet accroissement se manifeste dès le début du mouvement fébrile, il lui est constamment proportionnel et il cesse avec lui. P. Regnard a constaté de même qu'il se fait dans la fièvre une production anormale d'acide carbonique et en même temps une absorption d'oxygène relativement plus considérable. On n'a trouvé que très exceptionnellement une diminution de ce gaz dans l'air expiré, et seulement dans des cas où l'existence de troubles graves de la respiration permettait de présumer qu'il était retenu dans le sang.

Senator ne conteste pas la réalité de ces faits, mais il refuse à y voir la preuve d'une augmentation des combustions ; d'après lui, l'acide carbonique ne serait pas produit, mais seulement expulsé en excès, sous l'influence de l'accélération de la circulation pulmonaire et des mouvements respiratoires, de la production d'acides dans le sang (Zuntz) (1), de l'élimination d'une partie de l'acide carbonique fixe du sang qui devient moins alcalin et enfin de l'augmentation que présente la différence entre la température du corps et celle du milieu ambiant ; sans méconnaître l'influence de ces causes, on peut les

(1) Zuntz, *Pflüger's Archiv*, XII.

considérer comme n'étant que d'une importance secondaire ;
elles ne pourraient agir que passagèrement, alors qu'il est d'observation que le gaz s'élimine en excès pendant toute la durée
de la fièvre, quelque longue quelle soit; d'autre part Colasanti (1) a reconnu que l'absorption d'oxygène augmente dans
des proportions presque égales à celles dans lesquelles l'acide
carbonique est éliminé ; enfin Ewald a constaté que les urines
fébriles renferment un excès d'acide carbonique : ces faits prouvent que les combustions sont augmentées dans la fièvre et c'est
là, sans contredit, une des causes qui contribuent le plus puissamment à élever la température de l'organisme.

Aux dépens de quels matériaux se produisent les combustions
anormales ? La présence en excès dans l'urine de matières
azotées et aussi de phosphates indique qu'il se fait une consommation anormale d'albuminoïdes, probablement dans tous
les tissus ; Senator admet qu'elle est beaucoup plus considérable
que celle des substances hydrocarbonées, et il la considère
comme la source principale de la chaleur fébrile. Cependant
si l'on compare la quantité d'urée et la quantité d'acide carbonique qui sont éliminés simultanément, on peut s'assurer que
les albuminoïdes comburés sont loin de représenter tout le
carbone contenu dans l'air expiré; il faut donc que les matières
hydrocarbonées soient également brûlées en excès (2); il serait
intéressant de savoir s'il se produit dans la fièvre de l'eau par
combustion de l'hydrogène ; ce pourrait être là encore une
source de chaleur; mais nous ne sommes pas renseignés à cet
égard.

Des recherches récentes ont fourni des renseignements intéressants sur le siège des combustions exagérées qui se produisent dans la fièvre.

A l'état physiologique, on peut produire de la chaleur dans
l'organisme en provoquant la contraction des muscles ou en
excitant la sécrétion des glandes.

On a reconnu que ces mêmes organes contribuent à développer la chaleur fébrile. Heidenhain et Hörner ont constaté, à
l'aide d'explorations thermo-électriques, que, pendant la fièvre,
les muscles adducteurs à l'état de repos sont, contrairement à

(1) Colasanti, *Pflüger's Archiv*, XIV, p. 125.
(2) Recklinghausen, *loc. cit.*, p. 487.

ce qui passe chez les sujets sains, plus chauds que le sang artériel qui y afflue ; il se fait donc chez le fébricitant une production anormale de chaleur dans les muscles. On sait que le
repos des muscles n'est qu'apparent ; les analyses de Bernard ont
démontré qu'il coïncide avec des combustions locales énergiques ; tandis que le sang d'une artère pénétrant dans un muscle
contient 0,84 p. 100 d'acide carbonique, le sang de la veine
efférente en contient 2,50 à l'état de repos ; il faut paralyser le
muscle par la section de son nerf moteur pour faire tomber ce
chiffre à 0,50 ; l'énergie des combustions intra-musculaires est
donc sous l'influence de l'innervation. On a reconnu de plus
que la proportion de glycogène contenue dans les muscles
augmente considérablement quand ils se paralysent. On suppose, non sans vraisemblance, que le glycogène formé dans le
foie passe dans les muscles où il se brûle sous l'influence de
l'action nerveuse qui préside à la tonicité. Les poisons qui, comme
la strychnine, exagèrent cet état, y augmentent les combustions ;
ceux qui, comme le curare, l'amoindrissent, les diminuent.
Zuntz a constaté récemment que, chez des lapins soumis à
l'action du curare, l'infection provoquée par les matières putrides n'exagère ni l'absorption de l'oxygène, ni l'élimination de
l'acide carbonique, tandis que chez l'animal empoisonné par la
strychnine les combustions fébriles augmentent au contraire
notablement d'énergie.

L'ensemble de ces faits tend à établir que les muscles sont la
principale source de la chaleur fébrile et que les combustions
s'y accroissent sous l'influence d'un trouble de l'innervation.
Recklinghausen, qui considère cette théorie comme vraisemblable, fait remarquer qu'il doit sans doute se faire également dans
les glandes une production anormale de chaleur.

Par quels éléments s'exerce l'intervention du système nerveux ?
faut-il invoquer avec Bernard des nerfs spéciaux calorifiques ?
l'excitation des vaso-dilatateurs ne suffit-elle pas à expliquer les
phénomènes ? les nerfs moteurs et sécréteurs ne président-ils
pas à cette exagération de l'activité nutritive ? Chacune de ces
interprétations est soutenue par des physiologistes qui n'apportent à son appui aucun fait décisif.

L'excès de chaleur produit par l'exagération des combustions
suffit-il à rendre compte de l'élévation persistante que présente

la température des fébricitants ? Non, sans doute, car il peut se
faire chez l'individu sain une production égale de chaleur sans
que la température monte ; l'organisme réagit et règle sa chaleur en augmentant ses pertes par la peau et les voies respiratoires ; pourquoi n'en est-il pas de même chez le fébricitant ? Un
des pathologistes les plus distingués de l'Allemagne moderne,
Traube (1), a soutenu qu'il fallait chercher dans l'insuffisance
des pertes de calorique la cause de la chaleur fébrile : suivant
lui, la contraction des artères de la peau, en y diminuant
l'activité de la circulation, réduit la déperdition de chaleur
qui à l'état normal se fait par cette voie ; d'autre part, les vaisseaux renfermant moins de sang laissent transsuder une quantité
moindre de liquide ; l'évaporation à la surface de la peau et
dans les alvéoles pulmonaires diminue, et c'est encore là une
cause de refroidissement dont les effets se trouvent amoindris.
Lorain (2) fait remarquer que cette théorie ne tient pas compte
de beaucoup de phénomènes, tels que particulièrement l'exagération des quantités d'acide carbonique et d'urée éliminées ;
elle est même insuffisante, comme l'a fait remarquer Cl. Bernard,
pour expliquer le frisson initial de l'accès fébrile, car la chaleur
commence à augmenter avant ce frisson ; les expériences qui
l'ont définitivement renversée, dans les termes absolus où l'avait
formulée son auteur, sont dues à Liebermeister et à Kernig (3) :
ces auteurs ont trouvé qu'un fébricitant plongé dans un bain y
perd une plus grande quantité de chaleur qu'à l'état normal ;
de même Leyden (4), en plaçant un membre de fébricitant dans
un calorimètre, a constaté que la déperdition de chaleur dépas-
sait notablement la quantité physiologique ; Senator (5) est
arrivé à des résultats analogues en mesurant, également à l'aide
du calorimètre, la quantité de chaleur perdue par un chien fébricitant.

Il est donc reconnu que les pertes de calorique augmentent
dans la fièvre, même pendant le stade de frisson.

Ce même fait peut être opposé à la théorie de Marey (6) :

(1) Traube, *Allgem. medicin. Central Zeitung.* 1863.
(2) P. Lorain, *loc. cit.*, p. 579.
(3) Liebermeister, *Aus d. med. Klinik zu Basel.* Leipzig, 1868, p. 121.
(4) Leyden, *Deutsches Archiv f. klin. Medicin.* V, p. 291.
(5) Senator, *Untersuchungen*, etc. cap. I.
(6) Marey, *loc. cit.*

d'après ce physiologiste, il ne se ferait dans la fièvre qu'une augmentation peu importante de la chaleur centrale ; la température de la peau s'élèverait seulement, par le fait de la dilatation de ses vaisseaux, au voisinage du chiffre de la température centrale ; il se ferait un nivellement sous l'influence d'un mouvement plus rapide du sang. Quant au léger accroissement de la chaleur centrale, il serait dû surtout à la suppression presque complète des causes de refroidissement chez les malades, et particulièrement à celle de la sécrétion et de l'évaporation de la sueur. Les expériences de calorimétrie montrent au contraire que la production de chaleur pendant l'accès de fièvre est réelle et considérable ; il n'en faut pas moins tenir grand compte de l'interprétation formulée par M. Marey, car elle renferme, comme nous le verrons bientôt, une part de vérité.

Senator (1) admet également que la fièvre est due en partie à une rétention de la chaleur due à la contraction fréquemment renouvelée des artérioles cutanées. Il a, en effet, en comparant l'état des vaisseaux de l'oreille chez un lapin albinos à l'état de santé et chez le même animal en état de fièvre, constaté les faits suivants :

1° Immédiatement après l'injection sous la peau du dos de matières pyrétogènes, il se produit une forte contraction de tous les vaisseaux à laquelle succèdent bientôt un ou plusieurs mouvements de dilatation ; cette contraction a lieu aussi à la suite de n'importe quelle émotion, par exemple de la peur, et n'a rien de spécial.

2° Longtemps après l'injection, quand la température rectale s'élève de 1° à 5° au-dessus de la normale, on voit les vaisseaux de l'oreille demeurer souvent resserrés pendant des heures entières, et plus contractés qu'ils ne le sont à l'état normal ; de temps en temps, sans cause connue ou sous une influence extérieure telle que la peur, il survient des alternatives de resserrement et de dilatation d'une durée considérable ;

3° Après plusieurs jours de fièvre, les dilatations deviennent rares et peu marquées.

Senator conclut de ces observations que dans la fièvre « il n'y a ni paralysie ni tétanos *permanents* des vaisseaux », et qu'il se

____

(1) Senator, *loc. cit.*

fait à la surface de la peau et des muqueuses une série de phases alternatives de contractions et de dilatations vasculaires, capables d'amener une rétention de la chaleur.

Nous ne ferons que mentionner l'opinion de Hueter qui admet une diminution dans les pertes de la chaleur par suite de la présence dans les capillaires cutanés d'une quantité de bactéries assez considérable pour en oblitérer un bon nombre.

Il résulte des faits que nous venons d'exposer que la théorie d'après laquelle la fièvre serait due à la diminution des pertes de chaleur ne peut être admise dans les termes absolus où elle a été formulée par Traube, mais qu'elle ne peut être cependant repoussée sans réserves : en effet, il y a, chez le fébricitant, augmentation de la chaleur perdue, mais *cette augmentation n'est pas proportionnelle à celle de la production ;* pendant le frisson elle est lui très inférieure ; il en est de même dans la période d'état ; le plus souvent les sueurs profuses qui, à l'état physiologique, se produisent dès que le corps tend à s'échauffer, font défaut ; l'exploration de la température cutanée (1) à l'aide d'appareils thermo-électriques montre qu'elle subit pendant la période d'état de la fièvre des oscillations fréquentes et considérables ; ses variations ne sont pas en rapport exact avec celles de la température centrale ; elle peut présenter un abaissement notable alors que la chaleur interne est très intense ; il en est ainsi dans le stade de frisson ; dans le stade de sueur elle atteint le même chiffre que dans le rectum. Ces variations dépendent évidemment de l'état de la circulation cutanée, subordonnée elle-même à son innervation vaso-motrice ; à aucune période, les artères de la peau ne sont partout dilatées, une partie d'entre elles reste contractée et empêche ainsi la déperdition de la chaleur par la peau.

Peut-on dire, avec Liebermeister, que, dans la fièvre, la température du corps humain est réglée à un chiffre plus élevé qu'à l'état normal ? Non sans doute, car ses oscillations considérables impliquent au contraire un défaut de régulation : *excès de production, insuffisance des pertes,* tels sont les deux termes auxquels se réduisent nos connaissances à ce sujet.

(1) Jacobson, *Ueber die Temperature Vertheilung im Verlauf fieberhafter Krankheit (Virchow's Archiv.* LXV, p. 520). — Schuck, *Ueber d. Schwankungen d. Hauttemper.* Berlin, 1877.

ARTICLE IV. — MODE DE PRODUCTION.

Ceci posé, nous devons rechercher à quelle cause il faut rapporter le surcroît d'activité que présentent dans la fièvre les combustions organiques. Deux théories sont en présence : Dans l'une, qu'on soutenue particulièrement MM. Bergmann, Verneuil (1), Otto Weber, etc., il faut attribuer le phénomène à la pénétration dans le sang de matières dites pyrogènes ; dans l'autre, que Bernard a faite sienne et qui a été soutenue éloquemment par Chauffard, il est dû à un trouble dans l'innervation vaso-motrice et calorifique.

L'observation montre que très souvent la fièvre est d'origine infectieuse : les fièvres éruptives, la fièvre intermittente, la fièvre typhoïde ne peuvent s'expliquer que par la pénétration dans le sang de substances pyrogènes, très probablement, pour ne pas dire certainement, de microbes qui agissent soit directement, soit en donnant naissance à une matière septique.

Gaspard, le premier, a fait voir que l'injection de pus dans le sang, le péritoine, la plèvre ou le tissu cellulaire, provoque de la fièvre. O. Weber (2) et Billroth (3) ont étudié avec grand soin les accidents auxquels donne lieu l'injection dans les veines ou sous la peau de produits de suppuration ; mais comment ces matières pyrogènes augmentent-elles l'activité des combustions ? Est-ce directement en provoquant dans le sang une fermentation ? Est-ce indirectement en troublant l'innervation vasculaire ? La question ne peut être actuellement résolue.

La même difficulté se présente pour la fièvre traumatique. Elle n'est certainement pas toujours provoquée par la pénétration dans le sang de matières septiques, car on l'observe à la suite de lésions sans plaies des parties profondes, telles, par exemple, que la fracture du fémur ; on pourrait supposer en pareil cas qu'il se produit au niveau du foyer un trouble de nutrition qui aurait pour résultat la genèse de matières pyrogènes ; la même interprétation pourrait être donnée pour toutes les fiè-

(1) Verneuil, *Bull. de l'Académie de médecine*, 1871.
(2) O. Weber, *Experim. Stud. über Pyæmie, Septicemie und Fieber* (*Deutsche Klinik*, 1864-1865).
(3) Billroth, *Langenbeck's Archiv*. II, VI, XIII.

vres que provoquent les phlegmasies; mais on peut se demander également si en pareil cas la réaction générale n'est pas due à l'excitation des nerfs centripètes nés du point lésé et à une action à distance sur les centres d'innervation vasculaire et calorifique.

Une expérience de Cl. Bernard semble trancher la question en faveur de cette dernière interprétation (1).

Si l'on enfonce un clou dans le pied d'un cheval, après avoir préalablement sectionné tous les nerfs du membre, il ne se produit pas de réaction ; celle-ci est au contraire violente si l'on n'a pas pratiqué la section préalable. Malheureusement d'autres physiologistes, MM. Breuer et Chrobach (2), ont obtenu des résultats différents ; ils ont vu l'irritation de l'articulation du pied donner lieu à de la fièvre, alors même que tous les nerfs du membre ont été préalablement coupés ; il est vrai que l'on a pu leur objecter que leurs sections des nerfs avaient été incomplètes.

Il est plusieurs circonstances dans lesquelles l'élévation de la température peut être rapportée en toute certitude à un trouble de l'innervation ; nous mentionnerons particulièrement celle qui dans certains cas se produit par l'effet de la terreur, celle que l'on observe chez les épileptiques en état de mal, chez les aliénés en proie à l'agitation, et celle qui est provoquée par une lésion de la moelle cervicale ; elle peut, dans ce dernier cas, atteindre, en moins de 24 heures, le chiffre de 42° et même de 44°.

Tscheschichin (3) ayant reconnu que la section de la protubérance au devant du bulbe produit l'hyperthermie en conclut que la partie de l'encéphale située plus haut joue par rapport à la moelle et aux combustions le rôle d'un *centre modérateur* ; quand son action cesse de se faire sentir, les combustions deviennent plus actives et l'hyperthermie se produit.

Dans les conditions ordinaires, la section de la moelle cervicale produit, contrairement à ce qui devrait avoir lieu dans

(1) Cl. Bernard, *Physiologie et pathologie du système nerveux.* Paris, 1858.
(2) Breuer et Chrobach, *Zur Lehre von Wundfieber. Wien. medic. Jahrb.* 1868.
(3) Tscheschichin, *Zur Lehre von der Thierischen Wärme (Reichert's und Dubois Reymond's Archiv.* 1866).

l'hypothèse de Tscheschichin, un abaissement de la température; mais il faut tenir compte de la perte de calorique que
la paralysie des vaso-moteurs cutanés fait ainsi subir à l'organisme, et, si l'on maintient l'animal en expérience dans un milieu
chaud, l'opération donne lieu à de l'hyperthermie (Naunyn et
Quincke (1); néanmoins l'explication de Tscheschichin ne peut
être admise; Bruck et Günter ont reconnu en effet que la
simple piqûre de la protubérance a les mêmes effets que sa section, et d'autre part on a vu les lésions de la moelle dorsale
provoquer la même hyperthermie que celles de la moelle cervicale.

M. Vulpian (2) a émis l'opinion que cet effet des lésions
spinales doit être expliqué par l'exaltation des propriétés et
des fonctions propres de la substance grise de la moelle allongée et de la moelle épinière; c'est pour lui un effet d'irritation
nerveuse et non de paralysie.

Cet influence de la moelle s'exerce en partie par les vaso-
moteurs, surtout les vaso-dilatateurs, en partie par les autres
nerfs centrifuges qui ont une action sur les phénomènes
intimes de la nutrition et, par suite, sur la calorification.

Cl. Bernard avait d'abord rapporté l'hyperthermie fébrile
à la paralysie du sympathique produisant la dilatation des
petits vaisseaux; cette explication ne peut être admise, car
Schiff a montré que, si l'on provoque la fièvre chez un animal
auquel on a sectionné d'un côté le sympathique cervical, la
moitié de la tête où les vaso-moteurs sont paralysés s'échauffe et
se congestionne moins que l'autre. Dans ses derniers ouvrages,
Cl. Bernard a expliqué les phénomènes fébriles par une excitation des nerfs dilatateurs et de ceux qu'il appelle *thermiques ;*
leur suractivité, entraînant une cessation d'action des vaso-
contricteurs, donnerait lieu à une dénutrition exagérée et par
suite à la production de chaleur ; si l'existence de ces nerfs
thermiques n'a pas été acceptée par les autres physologistes,
celle des vaso-dilatateurs a été au contraire démontrée dans
plusieurs parties du corps, et il est bien probable qu'ils animent
toutes les ramifications de l'arbre artériel.

Schiff, et aussi Marey, dans un travail récent, rapportent à

<hr>

(1) R. Naunyn et Quincke, *Reichert's und Dubois-Reymond's Archiv.* 1869.
(2) Vulpian, *Leçons sur l'appareil vaso-moteur*, t. II, p. 248.

leur excitation les hyperémies actives qui se produisent chez les fébricitants.

Si nous cherchons à résumer les faits que nous avons exposés relativement à la nature et à la physiologie du processus fébrile, nous arrivons à formuler les propositions suivantes : *la fièvre est essentiellement caractérisée par une élévation durable de la température ; elle est liée surtout à une exagération des combustions organiques portant sur les substances albuminoïdes aussi bien que sur les substances hydrocarbonées ; cet excès de combustions dépend lui-même, dans beaucoup de cas, et peut-être dans tous, d'un trouble de l'innervation ; ce trouble est dû souvent à la pénétration ou à la formation dans le sang de matières pyrétogènes. L'exagération des combustions ne suffit pas à expliquer les phénomènes ; il faut faire intervenir en outre un trouble dans la régulation thermique ; les pertes de calorique ne sont pas chez le fébricitant proportionnelles à la production ; il y a donc, comme l'ont vu Marey et Taube, rétention dans l'organisme d'une partie de la chaleur qui s'y développe.*

CHAPITRE XII

DU COLLAPSUS ALGIDE

Nous décrirons, sous ce nom, un syndrome caractérisé par le refroidissement partiel ou général de l'organisme coïncidant avec la prostration des forces ; il peut être considéré comme l'opposé de la fièvre, et nous verrons plus loin qu'il est vraisemblablement lié à un trouble de l'innervation vaso-motrice inverse de celui qui se produit dans cet état morbide.

Le collapsus algide s'observe surtout dans les cas où les viscères abdominaux sont le siège d'une violente irritation : il se produit dans le choléra, dont il constitue la manifestation la plus caractéristique, dans les empoisonnements par le tartre stibié et l'arsenic, dans l'étranglement intestinal, dans les traumatismes de l'abdomen et dans certaines péritonites ; il fait partie souvent de l'ensemble de symptômes qui a été décrit sous le nom de *choc* traumatique ; il appartient enfin à certaines formes de fièvres intermittentes.

L'abaissement de la température débute d'ordinaire par les extrémités digitales et par la face ; il peut rester limité à ces parties ou s'étendre à toute la surface des téguments ; on l'a constaté également dans la cavité buccale ; la langue paraît froide au toucher et le thermomètre introduit dans la bouche peut rester à 12° au-dessous de la température normale ; la température rectale peut être abaissée de un ou deux degrés, plus souvent elle est normale, quelquefois elle s'élève à 38 ; mais il faut tenir compte de la modification que le refroidissement de la peau doit nécessairement apporter dans la régulation thermique ; les artérioles cutanées étant contractées, la circulation dans les capillaires qui en émanent est réduite au minimum et il en résulte un amoindrissement considérable dans la déperdition de chaleur par la peau ; si donc il continuait à se produire autant de chaleur dans l'organisme qu'à l'état normal, la température centrale devrait s'élever, et son maintien au chiffre physiologique doit être considéré comme l'indice d'une diminution dans l'activité des combustions.

Le pouls est petit, difficile à percevoir, quelquefois tout à fait impalpable ; les battements du cœur sont de même très affaiblis ; on ne sent pas la pointe et c'est à peine si l'on entend les bruits de cet organe. Les téguments sont pâles ou cyanosés et souvent couverts d'une sueur froide et visqueuse ; la peau a perdu son élasticité, les plis que l'on y fait y persistent un certain temps. Les traits s'effilent, les orbites s'excavent et s'entourent d'un cercle bistré ; le regard se trouble et devient atone ; les malades ont souvent une dyspnée que n'explique aucune lésion de l'appareil respiratoire. L'urine est excrétée en moindre abondance et souvent albumineuse ; il se produit fréquemment dans les muscles des crampes douloureuses. Les forces sont tellements prostrées que le malade ne peut se tenir debout et oscille comme un homme ivre s'il cherche à se lever ; il se sent d'ailleurs comme étourdi et en proie à des vertiges. Cet ensemble de symptômes est plus ou moins prononcé suivant les cas ; souvent le tableau est incomplet et le refroidissement des extrémités peut exister seul.

L'interprétation physiologique de ces différents troubles fonctionnels paraît soulever des difficultés moindres que celle de la fièvre, ou, tout au moins, il est une hypothèse qui peut en

rendre compte : c'est celle qu'a formulée M. Marey (1) et qui
explique l'ensemble des accidents par une contracture des
petits vaisseaux que provoque une excitation des vaso-contricteurs.

Le calibre des artères se trouvant rétréci, le sang ne circule
plus qu'en quantité insuffisante dans les capillaires et s'accumule dans les troncs veineux, d'où l'insuffisance de l'hématose
par suite du trouble de la circulation pulmonaire, l'asphyxie,
la cyanose des téguments, la contraction douloureuse des
muscles excités par le sang chargé d'acide carbonique, l'albuminurie par suite de la stase dans les veinules des reins, l'anurie par l'effet du spasme des artérioles rénales, les vertiges par
anémie de l'encéphale.

Ce syndrome serait donc lié à une excitation du centre d'innervation sympathique par les nerfs émanés de la partie lésée.
Dans le choléra, la viscosité du sang produite par la perte d'eau
peut aggraver les phénomènes, mais c'est là un élément dont
l'importance nous paraît avoir été singulièrement exagérée, car
il suffit que le spasme artériel fasse place à la dilatation pour
que les accidents cessent rapidement ; et d'autre part, une plaie
abdominale peut donner lieu au même syndrome en l'absence
de toute perte aqueuse.

Nous devons dire que les pathologistes, qui se sont occupés
de la question que nous venons d'étudier, ont, pour la plupart,
présenté une interprétation très différente des phénomènes.
Goltz, ayant trouvé chez des grenouilles tuées par la percussion
de la région épigastrique les veines de l'abdomen distendues et
dilatées, a rapporté à la paralysie de ces vaisseaux l'ensemble
des accidents.

M. Piéchaud (2) admet, en se fondant sur les expériences de
Franck, que le fait essentiel est une paralysie du cœur provoquée par l'excitation des nerfs centripètes, et sa réflexion
sur le pneumo-gastrique ou les ganglions auto-moteurs. Nous
ne contestons pas l'influence que peut exercer l'affaiblissement
des contractions cardiaques, il doit certainement contribuer à
produire la cyanose et l'hypothermie, mais nous ne croyons

(1) Marey, *loc. cit.*
(2) Piéchaud, *Que doit-on entendre par choc traumatique?* Thèse de Paris,
1880.

pas cependant qu'il suffise à rendre compte des faits ; il n'est pas rare en effet que les symptômes du collapsus soient limités à certaines parties, particulièrement à la face et aux extrémités ; ils y sont toujours plus prononcés que dans les autres régions ; ils ne peuvent donc s'expliquer par un trouble de la circulation générale, ils résultent nécessairement de troubles locaux dans la circulation et la calorification ; M. Ch. Richet arrive à une conclusion analogue quand il attribue l'hypothermie à la diminution des combustions interstitielles des tissus ; cette diminution est-elle due à une anémie provoquée par l'excitation réflexe des vaso-contricteurs ou, faut-il l'attribuer avec Ch. Richet (1) à un épuisement du système nerveux ? l'action réflexe sur la nutrition se produit-elle directement ou par l'intermédiaire des vaisseaux ? La question est à l'étude, mais nous avouons que la dernière interprétation nous paraît la plus vraisemblable ; c'est d'ailleurs la plus ancienne puisqu'elle a été formulé par Marey en 1863.

(1) Ch. Richet, Expériences relatées dans la thèse de Piéchaud.

QUATRIÈME PARTIE

DE L'AFFECTION ET DE LA MALADIE

CHAPITRE PREMIER

CLASSIFICATIONS PATHOLOGIQUE ET NOSOLOGIQUE

Nous appelons *affection l'ensemble des phénomènes morbides qui évoluent sous l'influence d'une même lésion, abstraction faite de sa cause;* elle répond au παθος des Grecs; chaque organe peut être le siège d'autant d'affections qu'il peut s'y développer de lésions; leur classification est donc des plus simples.

Nous distinguerons, par exemple, dans l'appareil respiratoire, la congestion, l'inflammation, la gangrène, l'embolie, les névroses, l'atrophie, les plaies et les néoplasies du poumon, des bronches et du larynx; de même dans l'appareil digestif, dans l'appareil urinaire et dans tous les autres.

Il y aurait lieu d'établir, dans ces différents groupes d'affections, un grand nombre de variétés : on sait, par exemple, que l'inflammation d'une même partie peut se présenter sous des formes très diverses sans que l'on puisse pénétrer la raison de ces différences; le fait est de toute évidence pour les inflammations cutanées qui comprennent l'érysipèle, l'ecthyma, l'eczéma, le pemphigus, l'impetigo, les dermatites exfoliatrices, les érythèmes papuleux et noueux, l'herpès, etc. ; il n'est pas douteux que les inflammations viscérales ne puissent revêtir des formes aussi différentes; c'est ainsi que la bronchite chronique des asthmatiques se distingue de celle qui conduit à la dilatation des bronches et de celles que provoquent les inhalations de poussières ; il y a des recherches intéressantes à faire dans cette direction.

Nous appelons *maladie* (νοσος) *l'ensemble des phénomènes qui évoluent sous l'influence d'une même cause initiale.* Cette cause, ordinairement complexe, demeure souvent, en partie au moins, indéterminée, de telle sorte que l'on ne peut arriver à une classification satisfaisante ; la cause *vraie* n'est pas seulement l'influence extérieure qui le plus souvent a été le point de départ des accidents ; il faut tenir compte aussi du mode de réaction de l'organisme ; c'est dans le *conflit* entre la cause externe et l'organisme que réside la *cause prochaine*, et la nature de ce conflit est loin d'être toujours connue. C'est donc seulement à titre d'essai que nous proposons la classification suivante :

Maladies traumatiques :	Traumatisme des téguments. — des os. — des viscères, etc.
Maladies a frigore......	Des poumons. Des articulations. Des reins, etc.
Maladies infectieuses....	Variole. Rougeole. Scarlatine. Choléra. Diphtérie. Septicémie. Érysipèle. Fièvre jaune. Malaria. Tuberculose, rage, morve, etc.
Maladies parasitaires...	Hydatides, gale, poux, teignes, etc.
Maladies d'inanition.....	Athrepsie. Scorbut. Rachitisme.
Maladies par ralentissement de la nutrition (Bouchard)...........	Obésité. Lithiases biliaire et urinaire. Rachitisme, ostéomalacie. Goutte, rhumatisme. Diabète.
Maladies d'excès et de fatigue.................	Certaines myélites, encéphalites, arthrites et myosites, etc.
Maladies diathésiques...	Goutte. Rhumatisme. Névropathies.
Maladies d'évolution....	Chlorose. Cancer. Tératomes.

| *Maladies par intoxica-tions*.............. | Hydrargyrisme.
Saturnisme.
Alcoolisme, etc. |
| *Maladies de cause incon-nue*................ | Goitre exophthalmique, maladie d'Addison, cirrhose hypertrophique du foie, dermatoses parmi lesquelles le psoriasis, le lichen plan, etc. |

Nos définitions n'établissent pas un antagonisme entre les affections et les maladies ; la pneumonie, considérée en elle-même, est une affection ; la pneumonie *a frigore* et la pneumonie infectieuse sont des maladies ; le prurigo est une affection, la gale et la phthiriase sont des maladies. Ce sont les mêmes faits considérés à un point de vue différent. Dans la maladie on comprend l'ensemble d'un processus morbide ; l'affection, est un ensemble de phénomènes subordonné à une lésion et considéré d'une manière abstraite.

CHAPITRE II

ÉVOLUTION DES MALADIES

En étudiant les processus morbides et les symptômes, nous avons fait connaître les éléments des *affections;* il nous reste à montrer qu'elle est l'*évolution* des *maladies*. Elle diffère suivant que la maladie est *aiguë* ou *chronique*.

ARTICLE 1. — ÉVOLUTION DES MALADIES AIGUES.

On peut leur distinguer une période d'*incubation*, une période d'*invasion*, une période d'*état* et une période de *déclin* à laquelle fait suite la *convalescence*.

§ 1. — Incubation.

La période d'*incubation* est celle qui s'écoule entre le moment où l'organisme subit l'influence de la cause morbifique et celui où se manifestent les premiers symptômes de la maladie ; elle est surtout prononcée dans les maladies infectieuses ; sa durée varie dans des limites assez restreintes pour chacune d'elles ; elle est d'environ 12 jours pour la rougeole, 10 jours pour la variole, de 12 à 20 jours pour les oreillons ; il semble que l'agent

infectieux doive, avant d'agir sur tout l'organisme, subir une élaboration, soit au point d'inoculation comme dans la vaccine et
la pustule maligne, soit peut-être dans le sang ; en quoi consiste
cette élaboration? s'agit-il d'une multiplication locale des microbes infectants? Le fait peut être considéré comme démontré
pour la pustule maligne, puisque sa destruction empêche les
accidents généraux ; on peut vacciner avec succès un sujet en
incubation variolique, preuve qu'à cette période la maladie n'est
pas encore généralisée à tout l'organisme et que par conséquent l'incubation y est locale.

Dans les maladies accidentelles que provoquent les traumatismes ou les modifications brusques du milieu ambiant, la
durée de l'incubation est beaucoup moindre et souvent nulle.

§ 2. — **Types des maladies**.

La maladie, une fois déclarée, peut être *intermittente, rémittente* ou *continue*.

L'*intermittence* s'observe surtout dans les affections liées à
l'infection palustre, mais elle peut également se présenter dans
le cours des septicémies, dans certaines inflammations, dans les
névralgies, dans l'hystérie, etc. Les accès se reproduisent souvent à des intervalles qui demeurent fixes ou se modifient régulièrement en s'accroissant ou en diminuant ; la cause continuant
à résider dans l'organisme, on peut s'expliquer cette marche,
dans les maladies infectieuses, par la production à intervalles
réguliers d'une nouvelle quantité de matière pyrétogène ou d'une
nouvelle génération de microbes ; dans les affections du système
nerveux, il faut invoquer l'épuisement que provoquent les douleurs ou les convulsions dans l'activité des centres.

La *rémittence* s'observe dans la plupart des maladies aiguës
d'une certaine durée ; à l'état physiologique, la température du
soir dépasse toujours de quelques dixièmes de degrés celle du
matin ; cette différence s'accentue beaucoup dans les maladies
fébriles, et il n'est pas rare de voir la rémission matutinale ramener la chaleur au voisinage de la normale, alors que le soir elle
atteint encore 40°. Il est de règle de voir, dans la fièvre typhoïde,
ces rémissions du matin s'accentuer davantage à mesure que
la maladie se prolonge, quand elle doit guérir.

Le type *continu* est celui que, dans nos contrées, affectent la plupart des maladies aigues.

§ 3. — Invasion.

L'*invasion* peut être *brusque* ou *graduelle :* tandis que, chez un pneumonique ou un varioleux, le thermomètre monte dès le premier jour à 40° ou au-dessus, la température d'un typhique ne s'élève que graduellement et n'atteint qu'au bout de trois jours au plus tôt son maximum ; de même chez un rhumatisant, la maladie peut débuter par des douleurs vagues dans un petit nombre de jointures pour se généraliser ensuite. Le début de la méningite tuberculeuse est, dans la plupart des cas, graduel et insidieux.

§ 4. — Période d'état.

La période d'état est celle dans laquelle la fièvre se maintient au voisinage de son chiffre le plus élevé ; sa durée est très variable ; de quelques heures seulement dans l'accès intermittent, elle peut se prolonger pendant des semaines chez un typhique. Certaines maladies ont une marche cyclique ; leur durée est à peu près constante, si bien que l'on peut dire, sauf le cas de complications imprévues : la fièvre tombera de tel à tel jour. Il en est ainsi pour la rougeole, pour la variole, pour la pneumonie franche, pour la goutte aiguë ; d'autres maladies au contraire ont tendance à se prolonger, soit que la maladie envahisse de nouvelles parties comme dans le broncho-pneumonie, dans la pleurésie, dans le rhumatisme articulaire aigu, soit que les affections secondaires qu'elle a provoquées se prolongent.

§ 5. — Période de déclin.

La période de *déclin* prend le nom de *crise* quand elle évolue rapidement et celui de *lysis* quand elle évolue lentement.

A. *Crise.* — Les anciens attribuaient à la crise une importance considérable ; ils la regardaient comme « le dernier combat livré par la nature médicatrice au principe morbifique » (1) ;

(1) Hecht, article CRISE du *Dictionnaire encyclopédique*. — Hirtz, article CRISE du *Nouveau Dictionnaire de méd. et de chir. pratiques*. — Chauffard, *Principes de pathologie générale*. Paris, 1862.

l'évacuation des humeurs peccantes par la peau ou les reins y jouait un rôle capital. La théorie a été abandonnée ; mais les faits cliniques restent, et une observation attentive a permis de constater dans la crise la plupart des phénomènes qui nous ont été signalés par les vieux auteurs.

Il y a lieu de distinguer dans la crise trois phases qui correspondent, la première (*procritique*) à sa préparation, la seconde, (*critique*) à sa réalisation, la troisième (*épicritique*) à son parfait achèvement.

a. *Phase procritique.* — La phase *procritique* est caractérisée par une légère rémission ; la température, s'il s'agit d'une maladie fébrile, s'élève un peu moins haut ; le malaise général est moins prononcé, la peau devient moite ; la durée de cette rémission est ordinairement de 12 à 24 heures ; elle est suivie d'une aggravation passagère ; la température remonte aux chiffres les plus élevés de la période d'état, et quelquefois les dépasse ; le malade est agité ; son malaise augmente de nouveau ; puis, au bout de quelques heures, la défervescence commence. La perturbation peut marquer le début de la crise, sans être précédée par la rémission.

b. *Phase critique proprement dite.* — La phase *critique proprement dite* est caractérisée par la chute rapide de la température ; le thermomètre peut descendre au chiffre normal ou même au-dessous en l'espace de quelques heures ; il en est ainsi non seulement dans l'accès intermittent, mais aussi dans beaucoup de pneumonies franches, d'érysipèles et de rougeoles ; d'autres fois le retour de la température normale n'est complet qu'au bout de 36, de 48 ou 60 heures ; l'ascension vespérale peut manquer le jour où se fait la défervescence. Les malades éprouvent dès ce moment une sensation marquée de mieux ; ils dorment ; leurs forces commencent à se relever ; l'aspect de leur physionomie devient plus favorable. Le pouls tombe à la normale ou au-dessous ; il n'est pas rare de le trouver à 50 pulsations par minute ; la langue redevient humide. C'est alors que l'on voit se produire assez souvent ces évacuations qui avaient attiré si vivement l'attention des anciens ; elles se font surtout par la peau et par les reins.

La sudation peut commencer dès le début de la crise, au moment même où la température commence à s'abaisser ou même avant (Hecht); elle ne peut être considérée comme la cause de la défervescence, car on l'observe souvent dans la période d'état; il en est ainsi par exemple dans le rhumatisme articulaire aigu; peut-être cependant contribue-t-elle à modérer la fièvre. Elle se produit dans les défervescences passagères provoquées par les médicaments aussi bien que dans les défervescences spontanées. On l'observe constamment quand la température s'abaisse sous l'influence de la kairine, et elle cesse d'avoir lieu si l'on empêche la chaleur de s'élever de nouveau en continuant l'usage du médicament. Elle est donc liée à la défervescence sans en être la cause.

On a considéré comme critiques les éruptions qui se produisent parfois au moment de la défervescence; cette interprétation ne peut plus être admise; le développement de ces affections cutanées paraît dû soit à la sudation, soit au trouble que la fièvre provoque dans la nutrition des téguments, soit à la pénétration dans le derme de matières septiques.

Les urines sont éliminées assez souvent en plus grande quantité et sédimenteuses.

On a admis, sans preuves, des diarrhées et des vomissements critiques; quant aux hémorrhagies, elles sont le plus souvent accidentelles, et, si elles peuvent favoriser la crise, elle ne doivent pas être considérées comme une de ses manifestations.

Le professeur Hayem (1) a signalé récemment, à la fin des maladies aiguës, une modification subite et profonde dans la constitution anatomique du sang; il admet que ce phénomène présente, par sa constance, par l'époque de son apparition, par son intensité, par sa durée éphémère, les caractères d'une véritable crise : c'est la crise hématique, caractérisée essentiellement par une accumulation passagère d'hématoblastes dans le sang. A l'état normal, on compte en moyenne un hématoblaste contre vingt globules rouges ; dans les maladies aiguës, le nombre des hématoblastes devenant relativement plus grand, cette proportion s'élève sensiblement ; elle est alors représentée par des chiffres qui varient entre 18 et 12; puis tout à coup, à un certain moment, le nombre des hématoblastes augmente rapidement, tandis que celui des hématies

____

(1) Hayem, *Comptes rendus de l'Académie des sciences.* 1883.

devient à peu près invariable ; en quarante-huit heures, le chiffre des hématoblastes est doublé, mais 24 heures plus tard il a déjà beaucoup diminué et il ne tarde pas à revenir d'une manière définitive à son point de départ. Il en résulte que, lorsqu'on représente les fluctuations dans le nombre des éléments sous une forme graphique, la courbe des hématoblastes prend l'apparence d'un pic à sommet très aigu.

La crise hématique débute vers la fin de la maladie, en général au moment où la température fléchit ; elle atteint presque toujours très exactement son fastigium le jour où la chaleur redevient pour la première fois la même qu'à l'état physiologique. Quels que soient le nombre initial des hématoblastes et celui des globules rouges, le rapport anormal constaté entre ces éléments à l'époque de la plus forte accumulation des hématoblastes est représenté presque toujours par le même chiffre, il est en moyenne de sept, il n'oscille que dans d'étroites limites comprises entre huit et six.

Ces modifications quantitatives dans la constitution du sang, observées à l'époque de la défervescence critique, peuvent être interprétées ainsi qu'il suit. Pendant le cours des maladies aiguës, la rénovation sanguine est entravée, elle est en tout cas moins active qu'à l'état sain ; mais au moment où le cycle morbide arrive à son terme, il se fait un effort de réparation qui débute par une production abondante de globules rouges nouveaux, c'est-à-dire d'hématoblastes. Bientôt ces éléments, encore imparfaitement développés, se transforment en hématies, et la proportion relative des hématoblastes et des globules rouges redevient progressivement normale. Ce n'est toutefois qu'au bout d'un temps relativement assez long que l'équilibre sanguin se rétablit complètement. L'augmentation dans le nombre des hématoblastes est suivie d'une multiplication notable des globules rouges ; ceux-ci atteignent en général leur minimum au début de la crise hématique, au moment où les hématoblastes commencent à s'accumuler dans le sang, puis ils se multiplient progressivement pendant le cours même de la crise et surtout au fur et à mesure que les hématoblastes retombent à leur chiffre initial ; mais ces globules de nouvelle formation sont moins riches en hémoglobine que les hématies normales et adultes. La crise hématique est en définitive un fait d'évolution ; elle représente l'effort de réparation sanguine qui survient à la fin des maladies aiguës.

c. Phase épicritique. — Dans la phase *épicritique*, la température peut rester un peu inférieure à la normale ; il en est de même de la fréquence du pouls ; la diaphorèse continue souvent à être abondante ; l'appétit revient, et les forces se relèvent ; les malades éprouvent une sensation de bien-être et de soulagement.

L'époque à laquelle commence la crise est soumise à des règles qui varient pour chaque maladie ; les anciens admettaient qu'elle débutait constamment les mêmes jours, et particulièrement les jours impairs ; cette manière de voir a été soutenue par Traube ; cet auteur affirme, par exemple, que, dans la pneumonie, la défervescence a lieu le cinquième, le septième ou le neuvième jour ; les observateurs qui ont entrepris de contrôler l'exactitude de ses assertions ne sont pas arrivés aux mêmes résultats.

On peut dire seulement que, dans cette affection, la défervescence a lieu presque toujours du cinquième au neuvième jour, comme, dans la rougeole non compliquée, elle se produit le troisième jour après l'éruption.

Dans les maladies à marche non cyclique, la crise peut avoir lieu au bout d'un laps de temps très variable ; il en est ainsi dans la pleurésie, dans le rhumatisme articulaire, dans la broncho-pneumonie et dans l'érysipèle ; il semble que, dans ces maladies, il se fasse une série de poussées successives par l'extension du processus à de nouvelles parties et que chacune d'elles, en amenant une recrudescence de la fièvre, retarde le début de la crise.

On s'est préoccupé de déterminer à quelle heure la crise commence le plus souvent. Les anciens pensaient que c'était le matin ou vers la fin de la nuit. Thomas, de Leipzig, a reconnu que les premiers indices de défervescence se manifestent d'ordinaire à la fin de la soirée, de neuf heures à minuit.

B. Lysis. — Dans la terminaison par *lysis*, la perturbation critique n'a pas lieu ou du moins elle ne se produit que d'une manière insensible ; la défervescence, au lieu de se faire en vingt-quatre ou quarante-huit heures, est graduelle, et ce n'est qu'au bout de quatre, cinq ou six jours qu'elle est complète ;

c'est peu à peu seulement que' l'état général s'améliore, que les forces se relèvent, et que les sécrétions reprennent leurs caractères normaux.

ARTICLE II. — ÉVOLUTION DES MALADIES CHRONIQUES.

Elle varie essentiellement avec la nature de la maladie ; il est nécessaire d'en distinguer à ce point de vue plusieurs espèces.

Dans certains cas, il s'est développé, dans le cours d'une affection aiguë, une lésion indélébile qui donnent lieu par elle-même à des accidents persistants : telle est l'altération qui trouble le jeu des valvules à la suite d'une endocardite aiguë, tel est le rétrécissement que peut subir l'œsophage après une brûlure, ou l'urèthre à la suite d'une blennorrhagie ; en pareil cas, l'organisme lutte contre l'obstacle, et tant que ses fonctions s'accomplissent avec une activité suffisante, la lésion ne donne pas lieu à des troubles appréciables ; mais il vient un moment où les organes qui compensent par un surcroît d'énergie les effets de la lésion se fatiguent ou s'altèrent, et alors commence une série d'accidents qui ne peuvent guère que s'aggraver, à moins que l'intervention chirurgicale ne puisse lever l'obstacle : c'est ainsi que la vessie se dilate dans le cas de rétrécissement de l'urèthre et que les cavités du cœur se distendent en amont de la lésion.

D'autres fois, il s'agit d'une inflammation qui tend incessamment à faire des progrès ; telles sont souvent les lésions du foie, du rein, et de la moelle épinière. Cette ténacité ne peut pas d'ordinaire s'expliquer par la persistance des causes qui ont provoqué le début de l'affection ; la cirrhose du foie continue à se développer alors que le malade qui en est atteint a renoncé à tout excès alcoolique, les myélites ont tendance à envahir incessamment de nouvelles parties en l'absence de toute provocation appréciable ; peut-être faut-il attribuer la marche envahissante de ces lésions à la disposition que présente le tissu cellulaire des organes qui en sont le siège.

Toute cause persistante d'irritation inhérente à l'organisme peut engendrer des troubles persistants ; nous avons vu l'épilepsie se manifester sous l'influence des excitations partant d'une cicatrice étendue; M. Brown-Séquard la provoque par la section des sciatiques; il est bien probable qu'elle a constamment pour point de départ une cause le plus souvent méconnue d'excitation susceptible d'être transmise au bulbe.

Certaines néoplasies ont tendance à augmenter indéfiniment de volume et à se multiplier en allant former par la voie des vaisseaux lymphatiques ou sanguins des dépôts secondaires; tels sont en première ligne les épithéliomes cancéreux et ensuite les sarcomes.

Dans les maladies infectieuses, la chronicité est due à la persistance et au développement dans l'organisme de l'agent spécifique; elles se traduisent alors le plus souvent par des accidents constants et tendent incessamment à s'aggraver : il en est ainsi pour la morve, la lèpre, la gale et les teignes; d'autres procèdent par poussées que séparent des périodes quelquefois prolongées de latence plus ou moins complète : telle est la syphilis, telle est la malaria.

Il n'est pas rare de voir des manifestations graves de la syphilis se produire chez des sujets qui ont eu vingt ou trente ans auparavant leur accident primitif et qui depuis longtemps ne présentaient plus d'accidents; même dans les premiers temps de cette maladie, alors que son développement est en pleine activité, on peut constater qu'il se fait une série d'éruptions à des intervalles relativement éloignés; il se produit ainsi une série d'affections dont chacune évolue et guérit en un laps de temps généralement assez court, si ce n'est dans les formes malignes; et encore si l'on étudie le mode de développement d'une lésion circonscrite tertiaire, on peut constater qu'elle est complexe et que les séries d'éléments éruptifs dont elle se compose guérissent successivement après avoir donné naissance à des éléments semblables. S'il s'agit, par exemple, d'un groupe d'ulcérations disposées en plaques, on voit que les plus anciennes sont cicatrisées; ce n'est donc pas, en pareil cas, l'affection qui est de longue durée, c'est la maladie.

Il est loin d'en être toujours ainsi; les ulcérations de la scrofule et de la tuberculose, par exemple, ont peu de tendance à la guérison et persistent pendant de très longues périodes; il en est de même des manifestations osseuses et pulmonaires de ces maladies; il en est de même aussi du cancer et d'une manière générale de toutes les tumeurs ; elles n'ont aucune tendance à la guérison spontanée.

Une dernière catégorie de maladies chroniques comprend celles qui sont engendrées ou entretenues par les diathèses : telles sont les affections osseuses, cutanées et ganglionnaires chez les scrofuleux, les affections cutanées et articulaires chez les arthritiques ; suivant que la puissance de la diathèse est plus ou moins grande, les manifestations sont graves ou légères, passagères ou persistantes ; il n'est pas rare de voir des arthropathies goutteuses et des affections cutanées persister pendant des années. Dans certains cas, la prédisposition peut être limitée à un organe ou à un tissu ; il en est ainsi dans ces psoriasis invétérés qui paraissent indépendants de toute influence diathésique.

Les maladies chroniques guérissent difficilement ; elles deviennent une fonction de l'organisme, une fonction morbide et une habitude également morbide (Peter) (1).

CHAPITRE III

DE LA CONVALESCENCE (2)

ARTICLE 1er. — CONVALESCENCE RÉGULIÈRE.

Lorsque les symptômes propres d'une maladie ont cessé de se produire et que ses lésions essentielles sont en voie de régression, le sujet n'est pas dans son état normal ; il faut un certain temps pour que les désordres se réparent, que les lésions s'effacent complètement, que les troubles de nutrition dont tous les tissus ont été le siège disparaissent, que les fonctions se rétablissent et que les forces se relèvent ; cette période est désignée sous le nom de *convalescence ;* on ne l'observe qu'à la suite

---

(1) **M. Peter**, *Leçons de clinique médicale*, t. II, p. 417.

(2) Fernet, article CONVALESCENCE, *Nouveau Dictionnaire de médecine et de chirurgie pratiques*, et Brochin, *Dictionnaire encyclopédique*. — Rathery, *Des accidents de la convalescence*. Paris, 1875. — Janets, *Considération sur la convalescence des maladies aiguës*. Thèse de Paris, 1866.

des maladies qui ont provoqué des troubles de la santé générale. On peut admettre qu'elle débute au moment où la défervescence est complète, bien que les lésions puissent persister encore un certain temps après.

Sous l'influence de la fièvre, de l'inanition, de la perte de matériaux organiques et de l'altération des organes hémato-poiétiques (G. Sée), il s'est produit de l'amaigrissement, une prostration des forces et une dégénérescence de tous les tissus; dans le cas où la maladie a été grave et de longue durée, le sujet est pâle et amaigri; sa voix est souvent affaiblie; le moindre effort musculaire lui est pénible; s'il veut se lever, il chancelle comme le ferait un homme ivre, la tête lui tourne et il tomberait s'il n'était soutenu; il a peine à rester longtemps assis.

On peut noter souvent un affaiblissement des facultés intellectuelles; la lecture ne peut être continuée que pendant quelques instants; la puissance d'attention est surtout atteinte (Brochin); certains malades ont perdu la mémoire.

La sensibilité psychique est accrue; les sujets s'émeuvent facilement; ils sont impatients et irritables; ils ont une grande sensibilité au froid; leurs sens sont impressionnables: c'est l'état de *faiblesse irritable*, décrit par les Anglais.

L'énergie des contractions cardiaques est diminuée, et cependant il se produit aisément des palpitations, péniblement ressenties; le premier bruit du cœur s'entend mal et souvent il est légèrement soufflant, par le fait de l'anémie; on entend également un souffle anémique dans les vaisseaux du cou. Le pouls est ordinairement mou, dépressible, ralenti, polycrote et irrégulier (Lorain); sa fréquence augmente beaucoup sous l'influence des moindres mouvements.

La voix est faible et la respiration un peu accélérée.

L'appétit revient d'ordinaire rapidement; la plupart des typhiques demandent à manger avant la défervescence; le goût est cependant altéré au début par le fait de l'altération que présente d'habitude la muqueuse linguale; mais, au bout de peu de jours, cette altération a d'ordinaire disparu.

L'urine est plus abondante que pendant la fièvre, pâle, limpide ou troublée par les phosphates et les carbonates terreux quand elle est alcaline, ce qui, d'après Gubler, serait la règle. Sa densité est amoindrie ; elle n'est, d'après Molé (1), que de 1014 à 1016 au début ; les chlorures qui avaient beaucoup diminué pendant la fièvre remontent au chiffre normal sous l'influence de l'alimentation et quelquefois même le dépassent ; les matières azotées tombent au-dessous de la moyenne normale. L'appétit génital se réveille. Les règles restent souvent suspendues jusqu'à la fin de la convalescence.

Les produits épidermiques ont souffert dans leur nutrition et présentent des altérations de nature diverse. La peau est souvent le siège d'une légère desquamation. L'ongle dont l'accroissement avait été suspendu pendant la maladie recommence à se développer et une dépression transversale, correspondant à l'arrêt de la nutrition, s'avance graduellement de la base vers le bord. Fernet compare avec raison cette altération à la rainure qui se produit sur les dents lorsque l'enfant a été atteint d'une maladie fébrile pendant leur développement.

Les cheveux tombent fréquemment, mais cette alopécie est généralement passagère.

Les forces se relèvent rapidement ; M. Braive a étudié à ce point de vue un certain nombre de convalescents de l'asile de Vincennes et il a reconnu qu'ils pouvaient soulever tous les cinq jours un poids plus lourd de 1 à 2 kilogr.

En même temps la nutrition générale s'améliore et le corps augmente de poids ; Arld, en soumettant à des pesées périodiques trente convalescents de fièvre typhoïde, a trouvé qu'ils augmentaient en moyenne de 4 livres par semaine. M. Braive a pesé tous les cinq jours quatre convalescents de fièvre typhoïde, de pneumonie ou de pleurésie ; il a constaté qu'à chaque pesée ils augmentaient de 3500 à 3800 grammes.

La marche et la durée de la convalescence varient beaucoup suivant la gravité qu'a présentée la maladie et le régime auquel ont été soumis les malades, suivant l'âge et la force des sujets et suivant les conditions dans lesquelles ils se trouvent.

Relativement à l'influence de la maladie, il faut tenir compte de l'intensité de la fièvre, de sa durée et de l'abondance des

---

(1) Molé, *Sur les signes précis du début de la convalescence.* Thèse de Paris 1870.

déperditions organiques. Une courte attaque de choléra peut laisser les malades dans un état d'adynamie plus profonde et exiger une convalescence aussi longue qu'une fièvre typhoïde ; les hémorrhagies abondantes nécessitent toujours une convalescence d'une longue durée, car les hématies ne se reproduisent que lentement.

L'influence du régime auquel ont été soumis les malades est considérable ; il y a une grande différence entre le typhique soumis à la diète ou nourri seulement avec du bouillon coupé et celui qui absorbe tous les jours plusieurs litres de lait ; ce dernier ne tombe qu'exceptionnellement dans l'adynamie et son amaigrissement est relativement peu prononcé.

ARTICLE II. — ACCIDENTS DE LA CONVALESCENCE.

On a pu voir, par ce qui précède, que le sujet convalescent d'une maladie grave est loin de se trouver dans des conditions normales ; dans tous ses tissus, il s'est produit des troubles de nutrition qui les mettent pour ainsi dire en imminence morbide ; des influences qui, à l'état normal, ne provoqueraient aucun désordre, un léger refroidissement, un traumatisme, une émotion, un écart de régime, sont la cause, chez le convalescent, d'accidents souvent fort graves ; il est donc plus *vulnérable* que le sujet sain. Ces accidents peuvent se développer du côté des différents appareils.

Les troubles que nous avons signalés dans les *fonctions intellectuelles* peuvent être plus accentués et constituer de véritables complications. Les malades le plus souvent accusent d'abord de l'insomnie, leurs nuits sont agitées, ils éprouvent un malaise général ; au bout de peu de temps ils ont du délire.

C'est tantôt un délire maniaque, continu ou intermittent, tantôt un délire partiel, ordinairement de forme ambitieuse, quelquefois mélancolique, tantôt un état de démence à forme stupide ; ces troubles sont le plus souvent passagers, mais ils peuvent persister ; après la fièvre typhoïde surtout, l'intelligence peut demeurer pendant longtemps affaiblie et troublée; certains sujets restent atteints de manie ou tombent dans un état de démence parfois incurable ; on doit cependant considérer la guérison comme la règle. Cette maladie est celle qui est le plus souvent suivie de désordres intellectuels ; viennent ensuite la variole, la scarlatine, le rhumatisme articulaire, l'érysipèle, l'état puerpéral et la pneumonie. Dans la convalescence de la chorée, on observe souvent des troubles psychiques, mais ils nous paraissent constituer un des éléments de la maladie plutôt qu'un accident de convalescence.

La cause prochaine de ces accidents ne peut être déterminée avec précision. L'on peut supposer qu'ils sont le plus souvent sous la dépendance des troubles que la maladie a provoqués dans la nutrition des cellules cérébrales ; ils peuvent également être produits parl 'anémie de l'encéphale ; Trousseau les rapportait à l'inanition ; on les a vus plusieurs fois disparaître sous l'influence de l'alimentation. Le délire d'inanition est ordinairement calme, tranquille et doux.

Il se produit assez fréquemment dans la convalescence des maladies aiguës et ,surtout des pyrexies, des troubles dans les *fonctions de la moelle* et aussi des *nerfs périphériques* (1). La maladie dans laquelle ils surviennent le plus souvent est la diphthérie ; mais ils ne peuvent y être considérés comme des accidents de convalescence ; ils constituent une manifestation tardive de la maladie elle-même et sont très probablement liés à la pénétration, d'abord dans les nerfs de la région affectée, puis dans la moelle, des éléments infectieux, autrement dit des microbes parasitaires.

Cette interprétation est moins vraisemblable pour les paralysies qui surviennent à la suite de la variole, de la fièvre typhoïde, du choléra, des entérites et de l'érysipèle , mais elle ne peut être cependant rejetée d'une manière absolue ; on admet généralement qu'elles résultent des troubles de nutrition que la maladie a provoqués durant sa période d'acuité et de l'état d'imminence morbide dans lequel se trouvent les centres nerveux (2). Assez souvent on peut reconnaître que les sujets chez lesquels ces désordres se produisent avaient une prédisposition héréditaire aux maladies du système nerveux.

Ces accidents débutent généralement au bout de quelques jours de convalescence, quand les malades commencent à mar-

---

(1) Landouzy, Thèse d'agrégation. 1880.
(2) Grasset, *Traité des maladies du système nerveux*, page 1054 et suivantes.

cher ; le plus souvent ils se présentent sous la forme d'une paraplégie ordinairement incomplète.

Les malades ne peuvent se tenir debout, mais, étant couchés, ils peuvent encore mouvoir leurs membres inférieurs ; leur sensibilité peut être également altérée ; ils éprouvent dans les membres une sensation d'engourdissement et de fourmillement et l'on peut constater que les contacts y sont perçus moins nettement qu'à l'état normal.

Depaul a observé une anesthésie très prononcée des extrémités inférieures chez un convalescent de variole.

D'autres malades présentent les symptômes de l'ataxie, de la sclérose en plaques ou de la chorée ; d'autres ont des tremblements ou une contracture des extrémités ; chez d'autres enfin, ce sont des troubles complexes qui rappellent ceux de la paralysie générale.

Assez souvent les muscles souffrent dans leur nutrition ; ils s'atrophient et cessent de réagir sous l'influence de l'électricité ; assez souvent aussi, la vessie et le rectum se paralysent simultanément.

Dans certains cas, les troubles, au lieu de rester limités, comme c'est la règle, aux membres inférieurs , s'étendent aux membres supérieurs ; il survient des accidents bulbaires et les malades succombent à une paralysie ascendante aiguë (Marotte et Liouville). D'autres fois, la paralysie reste limitée à la sphère de distribution d'un nerf, tel que le facial ou le radial ; on a constaté en pareil cas l'existence d'une névrite (Bernhardt).

Ces paralysies guérissent le plus souvent au bout de peu de temps ; elles peuvent cependant persister et même, quand elles s'étendent, amener la mort. Westphal, dans deux cas de paraplégie consécutive à une variole, a reconnu l'existence d'une myélite. Joffroy dans un fait analogue n'a trouvé que des lésions des nerfs. Il est possible enfin que certaines paralysies soient dues exclusivement à l'altération granulo-vitreuse que présentent les muscles en pareil cas .

Les *fonctions digestives* sont fréquemment troublées chez les convalescents ; l'appétit peut ne pas se réveiller, le plus souvent parce que la langue reste sale après la chute de la fièvre ; ordinairement il est exagéré, les malades absorbent des aliments trop

abondants ou d'une digestion difficile, et il en résulte de la dyspepsie, des douleurs épigastriques, des vomissements et surtout
de la diarrhée ; la muqueuse digestive reste, après la maladie,
prédisposée à l'inflammation ; il peut se développer, sous l'influence des écarts de régime, une gastrite ou une entérite chronique souvent fort rebelles ; on voit alors cesser l'augmentation
de poids qui se produisait depuis le début de la convalescence,
les traits s'altèrent de nouveau et la guérison est compromise.

L'appareil *respiratoire* est de même facilement vulnérable
chez les convalescents ; ils sont plus exposés que les sujets sains
à contracter une pleurésie ou une pneumonie sous l'influence
d'un refroidissement accidentel. A la suite de certaines maladies, telles que la fièvre typhoïde, la variole et la rougeole, il
reste dans le larynx des ulcérations qui peuvent devenir le
point de départ d'un œdème de la glotte. D'autres fois la lésion
occupe primitivement les cartilages, il y a d'abord périchon-
dite ; la muqueuse n'est intéressée que consécutivement (1).

Du côté du *cœur*, on observe, chez les convalescents, soit des
palpitations qui constituent un symptôme pénible mais sans
gravité, soit des *lypothymies* ou des *syncopes*. Hayem (2) a montré que le muscle cardiaque est constamment intéressé dans les
pyrexies ; son tissu jaunâtre et souvent ramolli se laisse déchirer facilement ; ses fibres musculaires sont remplies de granulations protéiques et graisseuses ; leurs noyaux se multiplient ;
les artérioles s'enflamment.

On conçoit qu'un organe ainsi altéré puisse soudainement
cesser de fonctionner ; c'est là une des causes de mort subite
dans les pyrexies ; pour la fièvre typhoïde, Dieulafoy (3) admet que
l'excitation des nerfs centripètes au niveau de plaques de Peyer
en voie de cicatrisation peut se transmettre au cœur par voie
réflexe et en déterminer l'arrêt.

On voit parfois survenir, dans le cours de la convalescence, des
hydropisies ; elles consistent le plus souvent en un œdème des
pieds et des malléoles et peuvent s'expliquer par l'altération du
sang et celle des parois vasculaires ainsi que par la parésie
cardiaque ; quand elles occupent les autres parties du corps,

(1) Charcot et Dechambre, *Gazette hebdomadaire.* 1859, p. 465.
(2) Hayem, *Arch. de physiologie.* 1870.
(3) Dieulafoy. Thèse de Paris.

elles sont ordinairement liées à une complication rénale.

L'*aménorrhée* est un fait habituel dans la convalescence.

Du côté de la *peau*, il faut mentionner l'apparition de furoncles, de pustules d'ecthyma, d'érysipèles et de plaques gangréneuses.

Les accidents que nous venons de passer en revue sont plus fréquents chez les vieillards que chez les jeunes gens, chez les sujets affaiblis par des maladies antérieures ou une mauvaise hygiène que chez les sujets sains, à la suite des pyrexies et des maladies de longue durée qu'après les inflammations franches. L'asthénie est le caractère de la convalescence (1); plus elle est prononcée, plus est long le retour à la santé.

ARTICLE III. — DES RECHUTES ET DES RÉCIDIVES.

Il n'est pas rare de voir certaines maladies recommencer une nouvelle évolution alors qu'elles semblaient terminées; les choses se passent comme si la cause morbide n'avait pas épuisé son action et si l'organisme était encore en état de réceptivité; il en est régulièrement ainsi dans la pyrexie à laquelle on a donné la dénomination significative de *fièvre récurente;* dans nos climats la fièvre typhoïde présente souvent des rechutes ; celles-ci peuvent même se reproduire plusieurs fois chez le même sujet.

La *récidive* est tout à fait distincte de ces rechutes; elle survient alors que le sujet est complètement guéri de sa première atteinte et souvent après un laps de temps considérable.

CHAPITRE IV

DE LA MORT (2)

Quelque définition que l'on donne de la vie, on peut dire que la mort en est la cessation. La vie est un phénomène complexe : tous les êtres vivants, à l'exception de certains pro-

---

(1) Rathery, ouvrage cité.

(2) Bichat, *La vie et la mort.* — Dieulafoy, article MORT du *Nouveau dictionnaire* de Jaccoud. — Bertin, article MORT du *Dictionnaire encyclopédique.* — Ferrand, *Étude sur la mort.* 1866.

listes, peuvent être considérés comme des agglomérats d'éléments qui ont chacun leur existence indépendante; « chaque animal représente une somme d'unités vitales (1) » dont chacune porte en elle-même les caractères complets de la vie et a son activité propre; à côté de ces vies partielles, il faut distinguer la vie générale à laquelle elles sont subordonnées; c'est celle-ci dont la cessation constitue à proprement parler la mort; à l'état physiologique, en effet, il se détruit nécessairement un certain nombre d'éléments; les cellules épithéliales, en particulier, sont en voie continue de destruction et de rénovation; ces morts partielles sont une des conditions de la vie.

Pour que la vie générale persiste, il est nécessaire, chez l'homme, qu'un certain nombre de fois par minute le sang soit lancé par le cœur dans les capillaires des poumons, qu'il s'y charge d'oxygène, et qu'il pénètre ensuite dans le bulbe pour y entretenir l'activité du centre respiratoire : qu'un de ces actes vienne à faire défaut, les battements du cœur s'arrêtent bientôt; le sang et la lymphe ne viennent plus fournir aux éléments les matériaux nécessaires à leur nutrition, ils meurent dans leur ensemble peu de temps après la suspension de la vie générale.

La mort est dite *naturelle* quand elle survient, sans maladie, par le fait des progrès de l'âge. Les organes ne fonctionnent qu'en s'usant; il vient un moment où ils deviennent impropres à l'entretien de la vie qui s'éteint doucement et sans lutte, mais c'est là un fait très exceptionnel; presque constamment, même dans la vieillesse la plus avancée, la mort est le résultat d'une maladie, elle est dite alors *accidentelle*. La plupart des auteurs qui ont étudié le mode de production sont arrivés à conclure avec Bichat qu'elle peut survenir par le *cœur*, l'*encéphale* ou le *poumon*. Nous verrons cependant que cette manière de voir a été dans ces derniers temps sérieusement contestée.

Toutes les causes qui amènent l'arrêt des contractions cardiaques provoquent par cela même la suspension de la vie; il faut citer la rupture du cœur, l'atrophie des fibres musculaires qui constituent ses parois, et l'excitation des nerfs modérateurs que lui fournissent les pneumogastriques; le refroidissement et

_____
(1) Virchow, *Pathologie cellulaire*. Édition revue par I. Straus, p. 17.

l'échauffement de l'organisme peuvent tuer également en amenant l'arrêt du cœur.

La mort peut être provoquée subitement par une lésion du bulbe, rapidement par une lésion du cerveau ; elle survient alors par l'intermédiaire du cœur ou du poumon, dont les fonctions sont entravées par le fait du trouble que subit l'innervation bulbo-protubérantielle. D'après le professeur Jaccoud (1), la perturbation fonctionnelle de l'encéphale peut également amener la mort dans les maladies générales : sous l'impression d'un sang altéré, l'excitabilité de cet organe s'affaiblit, il en résulte un trouble dans les fonctions bulbo-protubérantielles, et par suite la paralysie des vaso-moteurs du poumon, la congestion de cet organe, l'hypersécrétion bronchique et l'asphyxie : « l'innervation centrale a fait défaut et l'asphyxie s'est produite avec le même mécanisme, avec les mêmes lésions que chez les animaux dont on a coupé les nerfs vagues au cou. »

La mort est souvent déterminée par un trouble dans les fonctions des poumons et l'asphyxie qui en résulte ; c'est ainsi que tuent le plus ordinairement les maladies des voies respiratoires ; il en est de même des maladies qui altèrent assez profondément les globules rouges pour les mettre hors d'état de suffire à l'hématose ; M. Bertin admet que les choses se passent suivant ce dernier mécanisme dans la plupart des maladies générales.

Le plus souvent la cause de la mort est complexe ; l'arrêt du cœur entraîne l'asphyxie et la paralysie bulbaire ; celle-ci paralyse les mouvements respiratoires. Les poisons qui amènent l'asphyxie en rendant les globules rouges impropres à l'hématose provoquent secondairement des troubles dans les fonctions du cœur, du bulbe et du poumon. En réalité, l'on peut dire avec Dieulafoy (2) *qu'il n'y a que deux manières de mourir, par syncope et par asphyxie*, la première plus rapide, la seconde plus lente ; les lésions cérébrales et les altérations du sang ne tuent que par l'un ou l'autre mécanisme.

La mort peut être subite ou précédée par une période de transition que l'on nomme l'*agonie*.

(1) Jaccoud, article AGONIE du *Nouveau dictionnaire de médecine et de chirurgie pratiques*.
(2) Dieulafoy, article cité.

La mort subite ne s'observe que dans les cas de syncope ; celle-ci peut résulter d'une rupture du cœur, d'une altération de ses parois, d'une insuffisance aortique, d'une angine de poitrine ou d'une lésion soudaine du bulbe rachidien.

La dénomination d'agonie (de ἀγών, combat) a été donnée par les anciens à la période de transition qui précède la mort parce qu'ils la considéraient comme une lutte entre la vie et la mort ; MM. Jaccoud (1) et Parrot s'élèvent à juste titre contre cette conception : le début de cette période marque précisément la fin de la lutte ; « l'agonie n'existe que lorsque le combat est terminé. »

Il est difficile de déterminer avec précision le moment où elle commence ; la perte de connaissance et le stertor n'en constituent pas des signes suffisants, car ils peuvent se produire chez des sujets qui bientôt après reviennent à la santé ; il en est ainsi par exemple des épileptiques ; les mêmes symptômes peuvent être observés dans des cas d'apoplexie cérébrale qui ne se terminent pas d'une manière fatale.

Dans l'agonie, les désordres sont tels que la mort est certaine dans un bref délai ; une des fonctions essentielles à la vie est anéantie ou compromise à tel point que l'existence n'est plus possible ; les autres fonctions persistent un certain temps et ne s'éloignent que graduellement ; d'après Parrot (2), c'est le cerveau qui meurt le premier ; « l'agonie est le temps pendant lequel le moribond survit à la mort de cet organe. » Pour M. Jaccoud, l'agonie est une asphyxie lente, provoquée par une altération de l'appareil respiratoire, du cœur ou du cerveau ; les phénomènes et les lésions sont identiques à ceux de l'asphyxie (3).

Le tableau symptomatique est des plus saisissants : le malade est dans le décubitus dorsal, insensible aux excitations ; les membres sont dans la résolution ; il peut s'y produire quelques mouvements convulsifs ; la connaissance est abolie ou profondément obscurcie ; les yeux sont à demi clos ou complètement fermés ; les pupilles, ordinairement dilatées, restent insensibles à l'action de la lumière ; les cornées sont troubles et sans éclat ; tantôt la face se cyanose et se couvre de sueurs froides,

(1) Jaccoud, article AGONIE du *Nouveau dictionnaire*.
(2) Parrot, article AGONIE du *Dictionnaire encyclopédique*.
(3) Jaccoud, article cité.

tantôt au contraire elle prend une teinte pâle et terreuse ; les traits s'effacent, les joues retombent flasques et sans vie, le nez s'effile, le pouls devient irrégulier et se ralentit, après s'être accéléré ; la respiration s'embarrasse ; tantôt ses mouvements sont accélérés et superficiels, tantôt ils sont profonds et ralentis ; il se produit des évacuations involontaires ; la petitesse du pouls s'accentue de plus en plus ; les mouvements respiratoires ne se font plus qu'à des intervalles relativement éloignés, une dernière inspiration d'un caractère convulsif marque la fin de la vie ; les battements du pouls persistent encore quelques instants, puis ils s'arrêtent : tout est fini. Dans les cas où la mort survient après une maladie douloureuse ou une paralysie qui impriment au facies une expression pénible, on peut voir pendant l'agonie cette expression s'effacer et le sujet reprendre la physionomie qu'il présentait avant de tomber malade; les muscles étant en résolution des deux côtés, la grimace hémiplégique doit disparaître et aussi l'état de contraction que les affections douloureuses de longue durée produisent dans la face ; les assistants sont frappés par l'aspect de sérénité que prennent à ce moment suprême les traits du malade.

La température s'abaisse généralement de 1 à 2 degrés pendant cette période, mais ce n'est pas là un fait constant et on la voit au contraire quelquefois présenter une augmentation énorme qui persiste un certain temps après la mort.

La durée de l'agonie est variable ; on l'évalue en moyenne à 20 ou 30 heures, mais elle peut être beaucoup plus courte comme elle peut se prolonger davantage.

La dernière inspiration, bientôt suivie des dernières pulsations, marque la fin de la vie générale, c'est la mort de l'individu ; mais la vie partielle des parties élémentaires dure encore quelque temps. Ch. Robin a constaté, chez un supplicié, que, plusieurs heures après la mort, la percussion des muscles en provoquait la contraction ; des aliments introduits dans l'estomac ont été digérés ; Brown-Sequard a reconnu qu'en injectant du sang défibriné dans les carotides et les vertébrales d'une tête de chien préalablement séparée du corps, il se produit dans les traits de l'animal des contractions qui semblent volontaires et persistent aussi longtemps que l'injection ; sur un chien élevé dans son laboratoire, et soumis à cette expérience, ce physiologiste reconnut que les yeux se tournaient vers lui chaque fois qu'il appelait l'animal par son nom (1). Les cellules cérébrales et les fibres musculaires avaient donc conservé leur vitalité alors que celle de l'individu était éteinte. Les fibres musculaires semblent perdre leur activité fonctionnelle quand au bout de quelques heures elles deviennent rigides, mais ce n'est là qu'une apparence, car Brown-Sequard et James Kay ont montré que si l'on injecte du sang dans les vaisseaux d'un muscle en état de rigidité, l'organe reprend sa souplesse et recouvre en même temps sa contractilité; on ne peut donc affirmer la mort des éléments anatomiques qu'au moment où commence la putréfaction.

(1) Brown-Séquard, *Journal de physiologie.* 1858.

CINQUIÈME PARTIE

ÉTUDE GÉNÉRALE DE L'ART MÉDICAL

Nous nous sommes occupé jusqu'ici exclusivement de l'étude de la maladie considérée comme phénomène *biologique*, nous avons vu comment elle évolue ; il nous reste à indiquer quelles sont les règles générales auxquelles le médecin doit se conformer pour en reconnaître la nature, en prévoir l'issue et la bien traiter ; c'est à proprement parler *l'art médical*, qui comprend le diagnostic, le pronostic et le traitement.

CHAPITRE PREMIER

DU DIAGNOSTIC

Quand on se trouve en présence d'un malade, on doit chercher à déterminer successivement quels troubles fonctionnels il présente, à quelles lésions et quelle affection ils se rattachent et de quelle maladie ils dépendent.

§ 1. — Diagnostic des symptômes.

Le diagnostic des *symptômes* repose sur l'observation et l'analyse attentive des phénomènes morbides que l'on rapproche des phénomènes physiologiques pour reconnaître comment ils en dérivent : s'il s'agit par exemple d'une impuissance motrice des membres inférieurs, il faut rechercher si elle est due à la douleur que provoquent les mouvements, à l'asthénie générale, à l'atrophie des muscles ou à un trouble dans l'innervation spinale ; s'il s'agit d'une douleur, on doit en déterminer le siège, reconnaître si elle provient d'un muscle, d'une articulation, d'un nerf ou d'un viscère ; tous les appareils doivent être passés successivement en revue et examinés dans leurs fonctions.

§ 2. — Diagnostic de la lésion et de l'affection.

Pour faire le diagnostic de l'affection, il faut déterminer le *siège*, l'*étendue* et la *nature* de la lésion qui la caractérise. Le diagnostic du *siège* repose : 1° sur la nature des troubles fonctionnels qui permet le plus souvent de dire quel est l'organe lésé ; c'est ainsi qu'en pathologie nerveuse, l'aphasie permet de considérer comme très probable une lésion de la troisième circonvolution ou de la partie voisine du centre ovale ; que l'atrophie musculaire indique une lésion des cellules antérieures de la moelle ou des nerfs moteurs, etc. ; 2° sur les modifications physiques que la lésion produit dans les organes ; celles-ci sont révélées par *l'inspection, la palpation, la mensuration, la percussion et l'auscultation*. De nombreux instruments viennent en aide à nos sens pour rendre cet examen aussi complet que possible ; il est naturellement plus facile pour les parties accessibles à l'exploration directe ; le tégument externe peut être à ce point de vue placé au premier rang ; viennent ensuite l'abdomen et le thorax qui peuvent être explorés par la palpation et la percussion. Les centres nerveux échappent au contraire complètement à l'examen physique, et les troubles de leurs fonctions permettent seuls de dire dans quelle partie ils sont lésés.

L'*étendue* de la lésion peut être appréciée par le résultat de l'exploration directe et par la nature des symptômes, mais ce dernier élément ne doit être pris en considération qu'avec beaucoup de réserve : le coma se produit dans l'épilepsie sans lésion appréciable et il en est de même de l'angine de poitrine chez les fumeurs ; c'est donc surtout par les résultats de l'exploration directe que l'on peut arriver à reconnaître quelle est l'étendue de la lésion.

La *nature* de la lésion peut être indiquée par la simple inspection quand elle intéresse le tégument externe ou une cavité accessible à l'exploration physique ; dans le cas contraire, il faut tenir compte de la marche et de la nature des accidents.

Une réaction fébrile permet de conclure en faveur d'une phlegmasie ou d'une maladie infectieuse ; l'amaigrissement et le développement d'une cachexie indiquent l'existence soit d'une
maladie générale troublant la nutrition, soit d'une maladie locale de mauvaise nature telle qu'un cancer. Dans certains cas,
le produit morbide s'élimine graduellement et peut être reconnu ;
il en est ainsi dans la pneumonie, la gangrène et l'apoplexie pulmonaires, dans les diarrhées parasitaires, dans l'ictère, dans la
gravelle, etc. L'exploration par les mêmes moyens qui ont permis de déterminer le siège et l'étendue de l'altération conduit
de même souvent à en reconnaître la nature ; l'auscultation
permet aussi de déterminer s'il s'agit d'une phlegmasie ou d'une
néoplasie pulmonaire.

§ 3. — Diagnostic de la maladie.

Pour reconnaître enfin quelle est la *nature de la maladie*, il
faut se renseigner sur les commémoratifs et étudier le mode
d'évolution des accidents ; les antécédents personnels et héréditaires du sujet doivent être notés avec soin. Si l'on se trouve,
par exemple, en présence d'une ulcération et si le diagnostic
hésite entre une manifestation primitive ou tertiaire de la syphilis
et une lésion de nature tuberculeuse, l'histoire du malade, celle
de ses ascendants, l'examen des diverses traces qu'ont pu laisser
des affections antérieures, fournissent dans bien des cas les
renseignements les plus utiles et conduisent au diagnostic. Les
caractères mêmes des lésions, leur siège, leur évolution permettent souvent de déterminer à quelle maladie elles se rattachent :
ainsi, un îlot de syphilides tertiaires présente un aspect caractéristique ; il en est souvent de même d'une ulcération tuberculeuse
de la langue, d'une adénopathie scrofuleuse, d'une parotidite
ourlienne et d'un bouton de variole. Certains symptômes suffisent également à caractériser la maladie qui les produit, telle
est la toux de la coqueluche, et la rétraction du testicule dans
la colique néphrétique. Dans les affections fébriles, la marche
de la température doit être prise avant tout en considération ;
elle permet, par exemple, de distinguer un début de fièvre typhoïde d'un simple embarras gastrique et d'une phlegmasie
latente, une variole d'une varioloïde ; elle sert également au dia-

gnostic de la méningite tuberculeuse, des septicémies et de l'impaludisme.

CHAPITRE II

DU PRONOSTIC

Prévoir l'issue des maladies, leur durée, les désordres qu'elles laisseront après elles, tel est l'objet du pronostic ; ses signes se tirent des symptômes, de l'affection, de la maladie, de la constitution générale du sujet et aussi du milieu et des circonstances dans lesquelles il vit.

Certains symptômes sont graves par eux-mêmes: nous citerons le coma, l'hyperthymie, l'asystolie, la syncope, l'orthopnée, le phénomène de Cheyne-Stokes et le collapsus algide ; il suffit de constater que le thermomètre s'élève à 42° pour formuler un pronostic presque à coup sûr fatal dans un très bref délai. Il faut cependant toujours tenir grand compte des circonstances dans lesquelles le trouble fonctionnel se produit. La dyspnée, qui est d'un pronostic grave dans une broncho-pneumonie infantile et dans le croup, n'a pas cette signification quand elle se produit dans le cours d'un accès d'asthme ; le coma est grave s'il est provoqué par une hémorrhagie cérébrale ou un œdème albuminurique, il ne l'est pas dans l'attaque épileptique. Certains symptômes sont graves, non parce qu'ils compromettent l'existence, mais parce qu'ils sont en eux-mêmes extrêmement pénibles, tels sont les douleurs, particulièrement celles des névralgies, des myélites et des coliques calculeuses.

La nature de l'affection fournit des indications importantes au point de vue du pronostic. Une phlegmasie, toutes choses égales d'ailleurs, est plus grave qu'une congestion ; la signification pronostique d'une tumeur varie avec sa structure : bénigne, s'il s'agit d'un lipome, elle atteint une gravité extrême quand c'est un carcinome.

Le siège de la lésion n'est pas moins important à considérer : une bride cicatricielle qui n'entraîne ordinairement aucun accident quand elle siège dans la peau, est le point de départ de toute une série de troubles et de lésions quand elle inté-

resse une valvule du cœur ou la paroi d'un conduit membra-
neux tel que l'urèthre ou l'œsophage ; une même affection,
l'érysipèle, a une gravité très différente suivant qu'elle occupe
la face où elle reste ordinairement localisée, ou le tronc qu'elle
peut envahir dans toute son étendue; on a remarqué que la
diphthérie du nez est plus grave que celle du pharynx, sans
doute parce que la muqueuse pituitaire constitue pour le virus
infectieux une porte d'entrée plus facile que l'isthme du gosier ;
de même la tuberculose des os se généralise plus rarement que
celle des poumons et reste circonscrite à des parties plus limitées en raison de la structure du tissu dans lequel elle se développe. Un foyer de ramollisement cérébral a des conséquences
très diverses suivant le point qu'il intéresse : il peut passer inaperçu s'il occupe les régions silencieuses de l'encéphale ; il se
traduit par des paralysies lorsqu'il intéresse les faisceaux moteurs ou les circonvolutions qui leur donnent naissance. Il serait facile de multiplier ces exemples.

Il va de soi qu'il faut tenir compte également de l'étendue de
la lésion : toutes choses égales d'ailleurs, la gravité du mal
varie avec elle ; affection bénigne quand est elle limitée aux grosses
ramifications, la bronchite devient grave quand elle se généralise ; il en est de même pour une brûlure, une péritonite, etc.

Dans les maladies aiguës, la gravité est en rapport avec la
durée et l'intensité du mouvement fébrile, et, s'il s'agit d'une
maladie infectieuse, avec l'*activité* du contage et la *résistance* du
sujet.

Dans une même maison, une épidémie de variole ou de fièvre
typhoïde épargne certains habitants, en atteint d'autres légèrement et d'autres gravement ; la *réceptivité* pour le contage varie
donc d'un sujet à l'autre ; sur deux sujets exposés à une même
influence infectieuse, l'un contracte une maladie grave et l'autre
une maladie bénigne.

L'influence de l'*activité* du contage est mise en évidence par
les résultats des nombreuses inoculations varioliques qui ont
été faites au siècle dernier ; on avait soin de les pratiquer avec
le produit de varioles très bénignes et l'on n'obtenait, en règle
générale, que des infections également bénignes.

Si la syphilis, à en juger par les descriptions des contemporains, est moins grave aujourd'hui qu'à l'époque de son appa-

rition, c'est sans doute parce que l'activité de son virus s'est atténuée.

Dans les maladies *chroniques*, il faut distinguer celles dont les progrès sont incessants et inévitables et celles qui peuvent être enrayées ou même guéries. Le pronostic des premières, parmi lesquelles nous citerons la lèpre, la morve, la rage et le cancer, est nécessairement fatal; les inflammations chroniques des centres nerveux ne sont guère plus favorables, bien qu'elles tuent d'ordinaire plus lentement. Le pronostic des secondes est très variable; certaines, telles que les rhumatismes chroniques, sont pour ainsi dire indéfiniment compatibles avec l'existence; elles ne sont graves que par les souffrances et le genre de vie pénible qu'elles imposent aux malades; d'autres sont tantôt bénignes et tantôt malignes : telle est la syphilis qui, chez la plupart des sujets, guérit au bout de quelques années, tandis que, chez d'autres, elle tue, soit en désorganisant les centres nerveux, soit en amenant la cachexie. La tuberculose doit être comptée parmi les plus funestes, bien que dans certains cas elle puisse rester localisée et guérir complètement.

La vigueur de la constitution et la résistance plus ou moins grande du sujet influent puissamment sur le pronostic ; les individus débiles, mal nourris, mal développés, sont d'ordinaire plus gravement atteints que les sujets vigoureux. Certaines maladies semblent prendre un caractère plus grave quand elles se développent sous l'influence de l'hérédité; il en est ainsi pour la tuberculose, le rhumatisme, la goutte etc. ; un sujet âgé offre d'habitude moins de résistance qu'un adulte ou un enfant; la pneumonie lobaire qui guérit presque toujours chez celui-ci, est très grave et se termine le plus souvent par la mort chez le vieillard. On a de même observé que, d'une manière générale, la syphilis se traduit par des manifestations plus fâcheuses chez les sujets âgés que chez les jeunes gens. On sait quelle gravité peuvent prendre, chez les sujets atteints d'alcoolisme, les affections d'ordinaire les plus bénignes.

Il faut avoir égard enfin au milieu dans lequel vit le malade ; l'air confiné, l'humidité et le froid sont des conditions qui tendent à aggraver la maladie.

M. Peter a bien mis en lumière, dans ses leçons sur les tuberculeux, la dangereuse influence de la mauvaise hygiène à laquelle sont soumis les habitants des villes qui vivent dans des pièces trop petites, où l'air est pris sans cesse et repris par les voies aériennes (1). M. Potain a mis en relief l'influence du séjour dans les grandes villes sur le développement de l'anémie des jeunes gens (2).

CHAPITRE III

DE LA PROPHYLAXIE ET DE LA THÉRAPEUTIQUE

La médecine a pour but de prévenir les maladies et de les guérir, ou tout au moins de les soulager : elle prend dans le premier cas le nom de *prophylaxie* et dans le second celui de *thérapeutique*.

ARTICLE PREMIER. — PROPHYLAXIE GÉNÉRALE

Soustraire les sujets à l'influence des causes morbifiques et les mettre à même de leur résister lorsqu'ils ont à les subir, tel est l'objet de la prophylaxie ; nous devons indiquer par quels moyens elle peut arriver à ce résultat.

Nous avons vu que les causes morbifiques sont internes ou externes.

L'art est à peu près impuissant contre les causes internes héréditaires ; les prédispositions font partie de l'organisation ; lorsqu'elle existent, la prophylaxie peut seulement s'efforcer de les atténuer et d'éviter l'action des causes occasionnelles qui peuvent en provoquer la manifestation. Les fils de goutteux devront être soumis à un régime sobre et éviter les professions sédentaires ; les enfants des scrofuleux et des tuberculeux seront élevés de préférence à la campagne et au grand air ; les rhumatisants éviteront soigneusement l'action du froid humide. Malheureusement trop souvent la prédiposition est assez puissante pour donner lieu malgré tout à la manifestation morbide ; les fils de goutteux ont pour la plupart la goutte, et les aliénés engendrent souvent des aliénés.

(1) M. Peter, *Leçons de clinique médicale*, t. II, p. 55 et suivantes.
(2) Potain, article ANÉMIE du *Dictionnaire encyclopédique*.

Par contre, l'action des causes que nous appelons *intrinsèques dynamiques* (1) peut être évitée, puisqu'elles sont constituées par l'exercice défectueux des fonctions qui pèchent par excès ou par manque d'activité.

Il appartient à l'hygiène d'étudier les moyens propres à empêcher ou à atténuer l'action des causes physiques, mécaniques, chimiques ou animées.

L'habitation, le vêtement, l'alimentation et le genre de vie doivent différer dans les pays chauds et les pays froids ; l'hygiène indique les règles que l'on doit suivre à cet égard.

C'est elle qui détermine la quantité et la nature des aliments qui conviennent à un sujet ; elle astreint le nouveau-né à l'allaitement ; elle invite le goutteux à éviter une alimentation trop riche et à prendre de l'exercice. Elle fournit à chaque profession des indications spéciales. Elle évite les intoxications par les objets usuels, tels que les vases et les conduits de plomb, et par les boissons alcooliques ou aromatiques.

Son rôle est surtout important en ce qui concerne les maladies infectieuses ; elle peut les prévenir : 1° *en modifiant le milieu dans lequel se développe l'agent morbifique*, 2° *en détruisant cet agent*, 3° *en l'empêchant de se propager*, 4° *en s'opposant à sa pénétration dans l'organisme, et enfin* 5° *en rendant celui-ci réfractaire à son développement ou à son action.*

1° L'on sait dans quelles conditions se développent certains germes infectieux ; il en est ainsi par exemple des miasmes paludéens ; il est certain que le plus souvent ils naissent dans les marais et séjournent dans leur voisinage immédiat. Les villes qui comme Rome sont infectées par la *malaria* sans reposer sur un sol marécageux sont de rares exceptions. Il suffit donc, le plus souvent, de dessécher les marais des pays à fièvres pour les rendre salubres ; nous en avons fait l'expérience en Algérie ; en France même, on a réussi dans beaucoup de localités à faire disparaître les fièvres en creusant des canaux.

On peut de même prévenir l'apparition du typhus dans une accumulation d'hommes en les nourrissant bien et en évitant l'encombrement.

2° L'action directe sur l'agent infectieux est souvent possible,

____

(1) Page 47.

tout à fait indiquée, mais trop négligée dans nombre de cas. Il faut, par exemple, traiter énergiquement par les désinfectants les matières rejetées par les malades atteints de fièvre typhoïde et de choléra, car c'est par elles que, selon toute vraisemblance, ces maladies se propagent le plus souvent; on doit donc, au moment où elles sont excrétées, les soumettre à l'action de substances susceptibles d'y détruire l'agent infectieux, et aussi s'opposer à leur mélange avec les eaux potables des rivières, des ruisseaux ou des puits. On détruira ou l'on désinfectera de même les néo-membranes rendues par les diphthériques, les selles des dysentériques, les liquides provenant des plaies ou de l'utérus enflammé, le détritus de la pourriture d'hôpital, et les crachats des tuberculeux, en un mot, tous les produits susceptibles de transporter les germes morbifiques.

3° Pour éviter la propagation ou la persistance d'une épidémie, on doit également désinfecter les lieux qu'ont habités les malades, leurs lits, leurs vêtements, tous les objets qui se sont trouvés en rapport avec eux. Mais ces moyens sont le plus souvent insuffisants, et il faut, chaque fois que cela est possible, isoler en premier lieu les malades et aussi la population et le pays dans lequel la maladie s'est développée; on y parvient sûrement à l'aide des quarantaines quand elles sont bien faites. Nombre d'îles ont pu, grâce à elles, échapper à l'invasion du choléra; elles ont, cette année même, réussi à en préserver l'Europe; depuis longtemps elles empêchent la peste d'y pénétrer.

4° L'individu qui est dans un milieu infecté peut, à l'aide de certaines précautions, éviter l'absorption du contage. Si la maladie a pour moyen de transmission, comme cela paraît être la règle pour la fièvre typhoïde, l'eau alimentaire, on peut la prévenir presque à coup sûr en ne buvant que de l'eau bouillie ou importée d'une localité saine.

On prévient aujourd'hui presque toujours la septicémie à l'aide des pansements antiseptiques. Déjà Maisonneuve avait essayé d'empêcher l'infection par les plaies en employant les pansements phéniqués, et M. A. Guérin avait obtenu de remarquables résultats en s'opposant par le pansement ouaté à la pénétration des germes; aujourd'hui l'usage généralement adopté des pansements de Lister ou de pansements antiseptiques analogues rend très exceptionnelles les infections purulentes et putrides; MM. Tarnier et Pinard obtiennent les mêmes résultats chez les accouchées avec les solutions d'acide phénique et de sublimé.

5° Il est d'observation que les individus vigoureux, bien constitués, bien nourris et vivant dans de bonnes conditions hygiéniques, offrent une réceptivité moindre à l'égard d'un certain nombre de maladies infectieuses; on peut ainsi prémunir certains sujets contre la tuberculose, en leur prescrivant un séjour dans un lieu dont l'atmosphère est pure (1). On voit, dans les épidémies de choléra, la maladie présenter un caractère plus grave chez les sujets affaiblis par une maladie antérieure. Ce n'est pas là cependant une règle commune à toutes les maladies infectieuses, et souvent au contraire des sujets robustes sont violemment atteints par la fièvre typhoïde.

Mais la condition qui diminue le plus efficacement la réceptivité pour beaucoup de maladies infectieuses, c'est une première atteinte de ces maladies mêmes ou d'une maladie qui s'en rapproche assez par ses caractères pour qu'on puisse la considérer comme étant de la même famille. On peut ainsi, en inoculant une maladie virulente bénigne, préserver, au moins pour longtemps, le sujet d'une nouvelle atteinte.

Ce moyen prophylactique n'est jusqu'ici appliqué chez l'homme qu'à la variole. Autrefois on inoculait cette maladie elle-même en choisissant des cas bénins; on doit à Jenner d'avoir montré que l'inoculation du produit de la petite vérole des vaches, appelée *cowpox*, a la même action.

Beaucoup de sujets vaccinés restent indéfiniment réfractaires à de nouvelles inoculations; bon nombre d'autres recouvrent leur réceptivité au bout d'un certain nombre d'années; nous avons vu que les causes d'affaiblissement peuvent amener ce résultat; c'est peut-être ainsi qu'il faut s'expliquer la fréquence des cas dits intérieurs de variole dans les hôpitaux. On a cherché à faire pour les autres maladies infectieuses ce que Jenner a fait avec tant de succès pour la variole. Auzias Turenne préconisait la syphilisation; il ne doit avoir heureusement que rarement réussi à la produire, car il n'inoculait guère que des

(1) Jaccoud, *Curabilité et traitement de la phthisie pulmonaire*. Paris, 1881.

chancres mous, témoin le sujet chez lequel il a pratiqué plus de deux mille inoculations suivies d'ulcérations. Peut-être pourra-t-on plus tard reprendre dans des conditions plus sérieuses ces mêmes expériences en recueillant le contage sur des singes inoculés, si la maladie présente réellement chez ces animaux une grande bénignité, comme cela paraît ressortir des faits observés par Klebs et par Martineau.

Dans ces derniers temps, M. Pasteur et M. Toussaint ont réussi à atténuer le virus de plusieurs maladies infectieuses spéciales à certaines espèces d'animaux, et à le transformer ainsi en une sorte de vaccin dont l'inoculation confère une immunité durable. Ce résultat a été obtenu en premier lieu par M. Pasteur pour le virus du choléra des poules, en exposant longtemps au contact de l'air pur, dans un liquide de culture, le microbe qui en est l'agent essentiel; on a ainsi un produit dont l'inoculation engendre la maladie sous une forme bénigne et rend invulnérables à ses atteintes les animaux qui l'ont contractée. M. Pasteur a reconnu de plus que ce microbe affaibli peut donner par la culture des microbes également affaiblis, et pour ainsi dire, *domestiqués.* « Quel triomphe, s'écrie éloquemment M. Bouley, qu'un pareil résultat ! S'emparer du virus le plus énergique, le plus subtil, le plus efficace, aux doses les plus infinitésimales; le réduire à un degré déterminé d'action, le faire reproduire, avec son énergie réduite, dans une série de générations qui fait race dans l'espèce; l'accommoder ainsi aux usages de la prophylaxie par l'inoculation, de façon qu'on devient maître de vacciner contre une maladie mortelle et de vacciner à des degré divers, suivant qu'on veut donner d'emblée une immunité complète, ou ne la faire acquérir que graduellement ! Quel triomphe, et quelles espérances autorisées ! quelles perspectives ouvertes (1) ! »

Plus récemment, M. Toussaint a appliqué au charbon, par un procédé qui lui est propre, la méthode créée par M. Pasteur de l'atténuation des virus. En soumettant à une température de 55° le sang charbonneux défibriné, ce physiologiste en a diminué la virulence, si bien que son inoculation ne donne plus lieu qu'à une fièvre légère, bien tolérée par l'animal et suffisante pour lui conférer une immunité durable.

(1) H. Bouley, *Les progrès en médecine par l'expérimentation.* Paris, 1882.

Le même résultat a été obtenu par le mélange du sang charbonneux défibriné avec un dixième d'acide phénique. On n'a pu cependant employer en grand, comme moyen prophylactique, l'inoculation du virus charbonneux ainsi atténué. Il y a des cas où il reste assez actif pour tuer l'animal, et d'autre part l'immunité acquise n'a chez certains sujets qu'une durée de quelques mois ; c'est encore à M. Pasteur que revient l'honneur d'avoir trouvé un vaccin charbonneux susceptible d'être employé en grand par les agriculteurs. Pour l'obtenir, il maintient les bactéridies au contact de l'air pur à 42° ou 43° ; dans ces conditions, elles se multiplient par scission sans engendrer de spores, et leur virulence s'affaiblit ; reportées ensuite dans un liquide de culture moins chaud, elles produisent des spores qui ont exactement le degré de virulence des bactéridies mères ; on a ainsi un vaccin charbonneux qui permet de donner aux animaux une fièvre charbonneuse légère ; celle-ci guérit toujours et confère l'immunité contre la maladie (1).

MM. Arloing, Cornevin et Thomas (2) ont reconnu, d'autre part, que le microbe du *charbon symptomatique*, introduit dans le sang, ne s'y multiplie que dans de faibles proportions et rend cependant l'animal en expérience impropre à contracter cette maladie. Ces physiologistes ont réussi à atténuer l'activité de cet agent en le soumettant, après l'avoir préalablement desséché, puis hydraté, à une température de 85° à 100° ; ils ont pu s'en servir pour pratiquer avec succès des inoculations préventives.

L'inoculation prophylactique a été encore appliquée, en médecine vétérinaire, à cinq autres maladies, la *péripneumonie contagieuse des bêtes à cornes*, la *clavelée du mouton*, la *fièvre aphtheuse des ruminants*, la *maladie des chiens* et la *gourme du cheval*.

Pourra-t-on réaliser pour les grandes maladies infectieuses de l'homme ce qui a été fait pour celles que nous venons d'énumérer ? pourra-t-on parvenir à enrayer ainsi le développement des épidémies ? la question est à l'étude, et un avenir prochain en décidera.

---

(1) Pasteur, *Comptes rendus de l'Académie des sciences*. 1882.
(2) Arloing, Cornevin et Thomas, *Modifications que subit le virus du charbon symptomatique ou bactérien sous l'influence de quelques causes de destruction (Comptes rendus de la Soc. de biologie. 1882)*.

ARTICLE II. — THÉRAPEUTIQUE GÉNÉRALE.

Le médecin qui se trouve en présence d'un malade peut tenter d'agir sur la *cause* de sa maladie, si elle est inhérente à l'organisme, sur ses *lésions* et sur ses *symptômes*, c'est-à-dire qu'il peut avoir à répondre à trois ordres d'indications ; nous les passerons successivement en revue.

§ 1. — Indications fournies par les causes.

Elles n'existent que dans les cas où la cause est persistante ; celle dont l'action est momentanée et cesse du moment où la lésion a commencé à se développer échappe nécessairement à toute intervention thérapeutique ; il en est évidemment ainsi du refroidissement qui a déterminé la pneumonie ou la sciatique, du traumatisme qui a produit une contusion, une fracture ou une luxation, du coup de soleil qui a provoqué des troubles cérébraux ; la prophylaxie et l'hygiène permettent d'éviter l'action de ces causes, mais du moment où elle est produite, on n'a plus aucune prise sur elle.

L'action sur la cause *déterminante* a une importance capitale ; elle peut suffire à enrayer la maladie. S'il s'agit d'une maladie parasitaire, la destruction de l'animal ou du végétal qui s'est développé dans l'organisme a souvent pour résultat la disparition des accidents que provoquait sa présence ; il en est ainsi des accidents épileptiformes causés parfois par le tænia, des éruptions liées à la présence dans la peau de l'acarus scabiei, du tricophyton ou du microsporon, de la diarrhée provoquée par l'anguillule stercorale ; dans toutes les maladies infectieuses on doit tenter de même d'agir sur l'élément animé qui en est la cause prochaine ; on y réussit souvent dans la fièvre intermittente à l'aide du sulfate de quinine, dans le chancre simple à l'aide de la solution de nitrate d'argent ou du tartrate ferricopotassique, dans la pustule maligne à l'aide du fer rouge ou du sublimé en poudre. Il est d'observation que les *médicaments auxquels les cliniciens ont attribué la plus grande efficacité dans le traitement des maladies infectieuses sont précisément des parasiticides.* Nous citerons en première ligne le mercure et l'iodure de potassium employés dans la syphilis ; nous avons soutenu en 1878, contre l'opinion de maîtres éminents, que ces agents font disparaître les manifestations de la maladie, non par une action antiplastique et dénutritive qu'ils n'ont pas, mais en détruisant l'élément infectieux qui les détermine ou en faisant de l'organisme un milieu défavorable à son développement ; on sait qu'il suffit d'une très minime proportion de sublimé dans une solution pour empêcher la plupart des fermentations de s'y produire.

Si la maladie n'est pas guérie par ces médicaments, elle est toujours améliorée ; ne sait-on pas d'ailleurs qu'il faut plusieurs mois de traitement pour détruire les champignons d'une teigne ? faut-il s'étonner que les agents infectieux de la syphilis ne puissent être facilement détruits en totalité ? Le bacille de la tuberculose paraît être encore plus résistant ; M. Hipp. Martin a constaté récemment qu'il résiste à tous les parasiticides connus ; cependant c'est *encore à des agents de cette nature que les médecins ont recours pour traiter cette maladie ;* ce sont les sulfureux et les préparations arsenicales ; on est donc arrivé, par l'expérience clinique, à instituer pour cette maladie comme pour la syphilis la médication que les notions récemment acquises sur leur nature permettent de considérer comme la plus rationnelle ; ici encore l'empirisme a devancé la science.

La créosote, introduite dans la thérapeutique par MM. Bouchard et Gimbert *dans le but d'agir sur l'infectieux de la tuberculose,* paraît donner de bons résultats.

De même Liebermeister assure avoir enrayé l'évolution de la fièvre typhoïde au moyen du calomel, et les antipyrétiques qui semblent agir favorablement sur elle sont également des parasiticides.

On empêche le développement des pustules varioliques en les recouvrant d'un emplâtre mercuriel.

On ne peut se dissimuler qu'il est fort difficile d'aller détruire les microbes dans le sein de l'organisme ; les chirurgiens réussissent beaucoup mieux à les empêcher d'y pénétrer qu'à les poursuivre chez le sujet infecté. Néanmoins les résultats obtenus dans la fièvre intermittente et dans la syphilis permettent d'espérer que le problème n'est pas insoluble et que l'on arrivera à *tuer l'agent infectieux sans nuire au malade.*

Les poisons doivent être également détruits, expulsés au dehors ou transformés en substances inoffensives. On n'a d'action réelle sur eux que dans les cas où ils sont encore contenus dans les voies digestives ; on peut alors les expulser à l'aide de vomitifs ou de purgatifs ou en annihiler le pouvoir toxique en faisant ingérer au malade des substances qui forment avec eux des combinaisons inoffensives. Quand le poison a été absorbé et transporté dans les tissus, tous les efforts du médecin doivent tendre à en favoriser l'élimination, qui peut se faire surtout par la peau et par les reins.

Il faut se garder de croire que la disparition de la cause déterminante soit toujours suivie d'une guérison complète ; trop souvent des lésions irréparables se sont produites ; d'autres continuent à progresser après que l'influence pathogénétique a cessé de se faire sentir ; la cirrhose alcoolique persiste et s'aggrave alors que les malades ont depuis longtemps cessé tout excès ; le tremblement mercuriel et les paralysies saturnines peuvent durer indéfiniment ; il en est de même d'une hémiplégie syphilitique, bien que la néoplasie qui l'a produite n'ait eu qu'une existence temporaire : une artère a été oblitérée, un département du cerveau, privé de sang, s'est ramolli, c'est là une lésion définitive qui nécessairement survivra à sa cause ; on peut de même voir des paralysies diphthéritiques passer à l'état chronique.

La thérapeutique active doit s'adresser également aux *causes internes ;* chaque fois qu'une diathèse est en jeu, le traitement général peut avoir une importance égale ou supérieure à celle du traitement local ; l'air marin et les préparations iodées agissent puissamment sur les manifestations de la scrofule ; dans les maladies infectieuses, le traitement peut n'avoir d'autre objet que de diminuer ou d'annihiler la réceptivité de l'organisme ; les résultats heureux de l'emploi des excitants contre les teignes, ne peuvent être interprétés différemment ; M. E. Besnier pense même que telle est aussi l'action des parasiticides (1). La suralimentation et le séjour dans les montagnes semblent rendre l'organisme peu favorable au développement de la tuberculose.

(1) E. Besnier, *Bulletin de l'Académie de médecine,* 1884.

On a attribué à certains médicaments une action sur la diathèse elle-même, et l'on donne dans ce but, de l'arsenic aux herpétiques et des alcalins aux arthritiques, sans que l'efficacité de ces moyens soit bien démontrée. On peut combattre avec plus de succès la prédisposition que constitue l'asthénie, particulièrement celle des convalescents ; c'est ici le triomphe de la médication tonique et des reconstituants.

§ 2. — Indications fournies par les lésions (traitement de l'affection).

Nous venons de voir qu'il n'est pas toujours possible d'agir sur la cause, que la maladie peut faire toute son évolution après qu'elle a disparu (pneumonie *a frigore*), et que les lésions en voie de développement peuvent en être, dans une certaine mesure, indépendantes alors même qu'elle persiste. Quand un typhique contracte une pneumonie, elle évolue indépendamment de l'agent infectieux ; il en est de même de la bronchite d'un varioleux ; les lésions, qu'elle qu'en soit l'origine, ont leur autonomie ; elles évoluent suivant certaines lois et fournissent par elles-mêmes des indications ; le traitement de la pleurésie et celui de l'endocardite sont les mêmes lorsqu'elles sont primitives, produites directement par le froid, et lorsqu'elles se développent secondairement dans le cours d'un rhumatisme.

Considérées au point de vue des indications qu'elles fournissent à la thérapeutique, les lésions peuvent être divisées en *actives* et *passives*.

a. Lésions actives. — Les lésions *actives* sont celles qui consistent dans un trouble actif de l'innervation vasculaire et trophique, ou dans la prolifération cellulaire.

Parmi les premières, nous citerons la congestion et l'inflammation ; on les traite, soit par l'action directe du froid qui fait contracter les vaisseaux et diminue l'afflux du sang dans les parties malades, soit par les révulsifs cutanés et intestinaux qui ont la même action, et par les émissions sanguines.

Les hémorrhagies sont combattues par le froid, les astringents et l'ergotine, quelquefois par la chaleur ; nous avons vu s'arrêter, sous l'influence d'injections très chaudes, des métrorrhagies qui avaient résisté aux moyens généralement employés.

Dans l'inflammation chronique, c'est encore aux révulsifs (pointes de feu, vésicatoires) que l'on s'adresse de préférence.

Les néoplasies sont inaccessibles au traitement médical quand on ne peut agir sur leur cause; leur traitement consiste alors dans leur ablation, quand elle est possible.

b. Lésions passives. — Parmi les lésions *passives*, nous trouvons de nouveau l'hypérémie; elle peut être produite par un trouble dans la circulation cardiaque ou pulmonaire, par la compression d'une veine ou la paralysie des vaso-moteurs; dans le premier cas, elle sera combattue efficacement par la digitale, l'extrait de muguet et la caféine.

Les hydropisies peuvent reconnaître les mêmes causes que nous venons d'assigner aux hypérémies: elles seront alors combattues par les mêmes moyens; d'autres fois, elles sont liées à une maladie des reins ou à une dyscrasie; on peut tenter de les faire disparaître en provoquant une abondante élimination d'eau par les reins à l'aide de diurétiques, par la peau à l'aide de diaphorétiques, et par l'intestin à l'aide de purgatifs, et en diminuant ainsi l'hydrémie.

Les lésions passives du sang portent sur ses globules ou sur son plasma. L'aglobulie est combattue efficacement par les ferrugineux et par les reconstituants; quand elle est assez prononcée pour mettre la vie en danger, il y a lieu de pratiquer la transfusion qui provoque une néoformation d'hématoblastes (1). C'est également aux toniques et aux reconstituants qu'il faut s'adresser dans le cas d'hydrurie.

Quand le sang est altéré par la rétention des produits qui, normalement, doivent être éliminés par la peau et les reins, il y a lieu d'en favoriser l'élimination par l'un ou l'autre de ces organes, à l'aide de diurétiques et de bains de vapeurs.

La glycémie est efficacement combattue par le régime azoté et la suppression des matériaux qui se transforment en sucre; l'exercice au grand air, en augmentant les combustions, exerce également une influence favorable sur cette altération, mais ce ne sont là malheureusement que des moyens palliatifs, la cause inconnue des accidents persiste.

(1) G. Hayem, *Leçons sur les modifications du sang sous l'influence des agents médicamenteux.* Paris, 1882.

§ 3. — **Indications fournies par les symptômes.**

Les médicaments qui agissent sur les causes et sur les lésions, modifient par cela même les symptômes ; une céphalée syphilitique disparaît sous l'influence de l'iodure de potassium en même temps que la néoplasie qui la provoquait ; le sulfate de quinine, en tuant le parasite paludéen, empêche par cela même le retour de la fièvre, mais les troubles fonctionnels sont en outre, par eux-mêmes, une source d'indications, et ils peuvent être modifiés par des moyens qui restent sans action sur la lésion aussi bien que sur sa cause.

C'est ainsi que l'on combat la douleur par l'opium, l'atropine, l'aconitine, le sulfate de quinine, l'électricité et les révulsifs ; le délire par le chloral ou le bromure de potassium ; l'arhythmie cardiaque par la digitale ou le convallaria maïalis ; la dyspnée par la belladone ou le datura quand elle est liée à l'asthme nerveux ; la diarrhée par l'opium et les astringents ; la réaction fébrile par le sulfate de quinine, le salicylate de soude et l'eau froide ; le collapsus par l'éther et la chaleur et l'asthénie par les toniques. Cette thérapeutique symptomatique est souvent la plus importante ; elle domine tout lorsqu'il s'agit de soulager le malade ou de parer à un accident qui peut mettre sa vie en danger : la dyspnée peut nécessiter dans la pleurésie la thoracentèse d'urgence, dans le croup la trachéotomie, dans l'ascite la paracentèse de l'abdomen ; l'hyperthermie constitue par elle-même un danger quand elle est persistante et considérable, et doit souvent être combattue directement, indépendamment des lésions qui la provoquent et de leur cause initiale ; il en est de même du collapsus ; ajoutons enfin que, dans les maladies incurables, le médecin ne peut combattre que le symptôme, et que son intervention est néanmoins des plus utiles, puisqu'elle peut diminuer, sinon annihiler la souffrance et prolonger l'existence en soutenant les forces.

FIN.

TABLE DES MATIÈRES

PRÉFACE.. v

PRINCIPES ET DÉFINITIONS.. 1

PREMIÈRE PARTIE
ÉTIOLOGIE

PREMIÈRE SECTION. — CAUSES INTRINSÈQUES.............. 9.
  CHAPITRE Iᵉʳ. — DES PRÉDISPOSITIONS HÉRÉDITAIRES.......... 9
    ARTICLE Iᵒʳ. — *Origine des prédispositions héréditaires*... 9
      § 1ᵉʳ. — Considérations générales.................... 9
      § 2. — Prédispositions venant des aïeux............. 11
      § 3. — Prédispositions venant des ascendants directs. 12
    ART. II. — *Caractères généraux des prédispositions héré-
      ditaires*... 15
      § 1ᵉʳ. — Prédispositions générales................... 15
        A. Diathèses.................................... 15
        B. Dégénérescences du type physiologique....... 18
      § 2. — Prédispositions partielles................... 18
        A. Prédispositions limitées à un appareil........ 18
          a. Appareil circulatoire.................... 18
          b. Système nerveux......................... 19
          c. Appareil locomoteur..................... 20
        B. Prédispositions limitées à un organe et à un
          tissu... 20
      § 3. — Époque d'apparition......................... 21
  CHAP. II. — DE LA CONSTITUTION........................... 22
  CHAP. III. — DU TEMPÉRAMENT.............................. 23
  CHAP. IV. — DES APTITUDES MORBIDES....................... 25
    § 1ᵉʳ. — Des diathèses............................ 25
    § 2. — Des prédispositions organiques............. 33
    § 3. — Des idiosyncrasies......................... 33
    § 4. — De la vulnérabilité........................ 33
    § 5. — De la réceptivité et de l'immunité morbides.. 35
    § 6. — De l'habitude morbide..................... 38
  CHAP. V. — DE L'AGE...................................... 39
    § 1ᵉʳ. — Période embryonnaire et fœtale........... 39
    § 2. — Enfance................................... 40

§ 3. — Jeunesse.. 44
§ 4. — Maturité....................................... 45
§ 5. — Vieillesse...................................... 45
CHAP. VI. — Du sexe................................ 46
CHAP. VII. — Causes intrinsèques dynamiques................ 47
Article Ier. — *De l'abus des fonctions et de leur insuffisance*.................................... 47
§ 1er. — Considérations générales............... 47
§ 2. — Fatigues cérébrales...................... 49
A. Fatigues actives....................... 49
B. Fatigues passives...................... 49
§ 3. — Fatigues spinales....................... 50
A. Abus des excitations centrifuges........ 50
B. Abus des excitations centripètes........ 50
§ 4. — Fatigues du système nerveux périphérique.... 51
§ 5. — Fatigues et inertie de l'appareil locomoteur... 51
§ 6. — Fatigues et inertie génitales............. 52
§ 7. — Fatigues vocales et respiratoires.......... 53
§ 8. — Fatigues des organes de la digestion........ 53
DEUXIÈME SECTION. — CAUSES EXTRINSÈQUES................ 53
PREMIÈRE CLASSE. — Causes physiques............ 54
CHAPITRE Ier. — Action de la chaleur............... 54
§ 1er. — Élévation de la température atmosphérique.. 54
§ 2. — Action du coup de chaleur............... 56
§ 3. — Action de la brûlure.................... 58
CHAP. II. — Action du froid........................ 59
§ 1er. — Action prolongée du froid atmosphérique.... 59
§ 2. — Action directe du froid intense............ 60
A. Action locale.......................... 60
B. Action générale........................ 61
§ 3. — Action du refroidissement............... 62
§ 4. — Action prolongée du froid humide.......... 63
CHAP. III. — Action de la lumière.................... 64
CHAP. IV. — Action de l'électricité................... 66
CHAP. V. — Action du son.......................... 67
CHAP. VI. — Action de la pression atmosphérique........ 68
CHAP. VII. — Action du sol......................... 71
DEUXIÈME CLASSE. — Causes mécaniques......... 72
CHAPITRE Ier. — Action des modificateurs mécaniques....... 72
CHAP. II. — Action de la commotion.................. 73
CHAP. III. — Action de la compression................ 74
a. Action directe sur les tissus................ 75
b. Action sur les vaisseaux.................... 75
c. Compression des nerfs..................... 75
CHAP. IV. — Action des frottements et des contacts anormaux. 76
CHAP. V. — Action des traumatismes.................. 77
§ 1er. — Action immédiate..................... 77
§ 2. — Réaction et accidents locaux............. 78
§ 3. — Réaction générale...................... 79
§ 4. — Action à distance....................... 81
§ 5. — Action sur les propathies................ 83
A. Action sur les diathèses................ 83
B. Action sur les maladies générales........ 84

B. Action sur les maladies locales.............. 84
TROISIÈME CLASSE. — Causes chimiques.......... 84
CHAPITRE Ier. — Action des modificateurs chimiques assimila-
    bles.. 85
Article Ier. — *De l'air atmosphérique*.................. 85
Art. II. — *Action d'une alimentation défectueuse*........ 87
§ Ier. — Inanition et alimentation insuffisante....... 87
  a. Inanition.................................... 88
  b. Alimentation insuffisante................... 89
§ 2. — Alimentation surabondante.................. 92
CHAP. II. — Action des modificateurs chimiques non assimila-
    bles (agents irritants, caustiques, poisons, ve-
    nins).. 94
Article Ier. — *Action directe au point d'application*..... 94
Art. II. — *Action sur le sang et sur les tissus*.......... 95
Art. III. — *Action sur les appareils d'élimination*....... 97
QUATRIÈME CLASSE. — Causes animées............ 98
CHAPITRE Ier. — Animaux parasites.................... 99
Article Ier. — *Insectes*............................ 99
§ Ier. — Poux............................ 99
§ 2. — Puces............................ 101
§ 3. — Chique............................ 101
§ 4. — Larves............................ 103
Art. II. — *Acariens*............................ 104
§ Ier. — Sarcoptes............................ 104
§ 2. — Rouget............................ 106
§ 3. — Demodex folliculorum............ 106
§ 4. — Tyroglyphes............................ 106
§ 5. — Tiques ou Ricins............................ 106
§ 6. — Carapatos............................ 107
§ 7. — Argas............................ 107
§ 8. — Linguatules............................ 108
Art. III. — *Vers nématoïdes*.................... 108
§ Ier. — Ascarides lombricoïdes............... 108
§ 2. — Oxyures vermiculaires......... 110
§ 3. — Filaires............................ 112
  a. Filaire de Médine ou dragonneau........... 112
  b. Filaria sanguinis hominis................... 112
§ 4. — Trichines............................ 115
§ 5. — Anchylostome duodénal............... 116
§ 6. — Anguillules stercorales et intestinales........ 118
§ 7. — Trichocephalus dispar................... 118
§ 8. — Strongle géant............................ 121
Art. IV. — *Vers cestoïdes*.................... 121
§ Ier. — Tænias............................ 121
§ 2. — Bothriocéphales............................ 128
Art. V. — *Trématodes*.................... 130
§ Ier. — Douve du foie.................. 131
§ 2. — Distomes............................ 131
Art. VI. — *Infusoires*....................... 133
CHAP. II. — Animaux non parasites.................... 133
CHAP. III. — Végétaux nuisibles.................. 134
CHAP. IV. — Agents infectieux...................... 141

Article 1er. — *Origine et transmission des agents infectieux*..................................... 142
Art. II. — *Nature des agents infectieux*.................... 149
Art. III. — *Des microbes*.................................... 152
   § 1er. — Caractères généraux............................ 152
   § 2. — Des différentes espèces de microbes........... 156
      1° Micrococcus..................................... 156
      2° Bactéries.. 157
      3° Bacilles.. 158
      4° Leptothrix...................................... 159
      5° Spirilles ou vibrions........................... 159
      6° Spirochaètes.................................... 159
Art. IV. — *Mode de transmission et de pénétration des microbes*..................................... 159
Art. V. — *Rôle pathogénique des microbes*.............. 161
   § 1er. — Considérations générales..................... 161
   § 2. — Des divers agents infectieux.................... 165
      1° Agent infectieux de la pébrine.................. 165
      2° Agent infectieux de la flacherie............... 166
      3° Agent infectieux du choléra des poules....... 166
      4° Agent de la pneumo-entérite infectieuse du porc.. 167
      5° Agent infectieux de la clavelée................ 167
      6° Agent infectieux de la variole des pigeons.... 167
      7° Agent infectieux de la rage.................... 168
      8° Agent infectieux du rouget des porcs......... 168
      9° Agent infectieux du charbon.................... 169
      10° Agent infectieux du charbon symptomatique.. 173
      11° Agents des infections putrides et purulentes.. 173
      12° Agents de l'infection puerpérale............. 178
      13° Agent infectieux de l'érysipèle............... 179
      14° Agent infectieux de l'endocardite ulcéreuse.. 181
      15° Agents infectieux des pyrexies................ 181
         a. Agent infectieux de la fièvre récurrente.... 181
         b. Agent infectieux typhoïde................... 182
         c. Agent infectieux de la variole............. 185
         d. Agents infectieux de la rougeole et de la scarlatine........................... 187
         e. Agent infectieux de la fièvre jaune......... 187
      16° Agent infectieux du choléra................... 187
      17° Agent infectieux de la dysenterie............. 190
      18° Agent infectieux de la diphthérie............. 190
      19° Agent infectieux de l'ictère grave............. 194
      20° Agent infectieux du xanthélasma............. 195
      21° Agent infectieux de la gangrène............. 195
      22° Agent infectieux des oreillons................ 196
      23° Agent infectieux de la coqueluche............ 196
      24° Agent infectieux du goître.................... 197
      25° Agent infectieux du furoncle................. 197
      26° Agents infectieux du chancre simple et du phagédénisme....................... 197
      27° Agent infectieux du bouton de Dehli ou de Biskra.. 198

28° Agent infectieux de la carie dentaire.......... 198
29° Agent infectieux de la blennorrhagie......... 198
30° Agent infectieux de la pneumonie............ 199
31° Agent infectieux du rhumatisme articulaire aigu. 205
32° Agent infectieux de l'impaludisme........... 205
33° Agent infectieux de la tuberculose........... 211
34° Agent infectieux de la morve 222
35° Agent infectieux de la lèpre............... 223
36° Agent infectieux de la syphilis............. 225
ART. VI. — *Mode d'action des agents infectieux*.......... 227
CINQUIÈME CLASSE. — Causes pathologiques....... 237

DEUXIÈME PARTIE

DES PROCESSUS MORBIDES

PREMIÈRE SECTION. — PROCESSUS MORBIDES CARACTÉRISÉS PAR UN TROUBLE DE LA CIRCULATION.................. 240
CHAPITRE Ier. — DE L'HYPÉRÉMIE.......... 241
ARTICLE Ier. — *De l'hypérémie active*.......... 241
ART. II. — *Des hypérémies passives*.......... 247
CHAP. II. — DE L'INFLAMMATION.......... 251
ARTICLE Ier. — *Physiologie pathologique*.......... 251
ART. II. — *De l'exsudat* 261
§ Ier. — Caractères généraux.......... 261
§ 2. — Exsudat catarrhal.......... 262
§ 3. — Exsudat purulent.......... 263
§ 4. — Exsudat chyliforme.......... 264
§ 5. — Exsudat fibrineux.......... 265
§ 6. — Exsudats pseudo-membraneux.......... 266
§ 7. — Exsudats parenchymateux et interstitiel...... 267
ART. III. — *Interprétation des symptômes cardinaux*..... 270
ART. IV. — *Troubles provoqués par les lésions inflammatoires*.......... 271
ART. V. — *Phénomènes consécutifs*.......... 272
§ Ier. — Résorption et élimination de l'exsudat....... 272
§ 2. — Organisation de l'exsudat.......... 273
A. Inflammation traumatique.......... 277
a. Réunion par première intention.......... 277
b. Réunion par seconde intention.......... 277
B. Inflammation des membranes de revêtement... 278
C. Inflammations interstitielles.......... 278
ART. VI. — *Évolution des lésions inflammatoires*.......... 281
ART. VII. — *Des inflammations nodulaires*.......... 282
§ Ier. — Des tubercules.......... 283
§ 2. — Des nodules de la syphilis et de la morve..... 287
CHAP. III. — DE L'HÉMORRHAGIE.......... 289
ARTICLE Ier. — *Pathogénie*.......... 289
ART. II. — *Caractères du foyer hémorrhagique*.......... 293
ART. III. — *Troubles provoqués par le foyer hémorrhagique.* 295
CHAP. IV. — DE L'HYDROPISIE.......... 295
CHAP. V. — DE L'ANÉMIE LOCALE.......... 300

CHAP. VI. — DE LA THROMBOSE ET DE L'EMBOLIE.............. 304
   ARTICLE Ier. — *Genèse et causes du thrombus*........... 304
   ART. II. — *Caractères et transformations du thrombus*... 310
   ART. III. — *Action pathogénique de la thrombose*........ 312
CHAP. VII. — DE LA MORTIFICATION....................... 320
   ARTICLE Ier. — *Considérations générales*................. 320
   ART. II. — *Causes et pathogénie*....................... 321
      § 1er. — Mortifications de cause traumatique......... 321
      § 2. — Mortifications par trouble de la circulation..... 322
      § 3. — Mortifications dans les maladies générales..... 324
      § 4. — Des gangrènes secondaires................... 325
   ART. III. — *Anatomie et physiologie pathologiques*....... 326
   ART. IV. — *Élimination*............................... 332
DEUXIÈME SECTION. — **PROCESSUS CARACTÉRISÉS PAR DES TROUBLES DE LA NUTRITION**................... 333
PREMIÈRE CLASSE. — Des troubles passifs........ 333
   CHAPITRE Ier. — DE L'ATROPHIE........................ 333
   ARTICLE Ier. — *Causes et pathogénie*.................... 333
   ART. II. — *Anatomie et physiologie pathologiques*........ 338
   CHAP. II. — DES DÉGÉNÉRESCENCES...................... 341
   ARTICLE Ier. — *De la dégénérescence graisseuse*.......... 341
   ART. II. — *Des dégénérescences cireuse, muqueuse, colloïde, et amyloïde*.............................. 349
      § 1er. — Tuméfaction trouble..................... 349
      § 2. — Dégénérescence cireuse 349
      § 3. —   —   muqueuse................... 350
      § 4. —   —   hyaline..................... 350
      § 5. —   —   amyloïde................... 352
   CHAP. III. — DES CONCRÉTIONS........................ 356
   ARTICLE Ier. — *Concrétions interstitielles* (dépôts, pétrifications, incrustations, crétifications)..... 356
      § 1er. — Concrétions calcaires et magnésiennes...... 356
      § 2. —   —   uratiques 362
   ART. II. — *Concrétions calculeuses*.................... 364
      § 1er. — Concrétions biliaires................... 364
      § 2. —   —   urinaires................... 366
      § 3. —   —   salivaires 368
      § 4. — Action pathogénique des concrétions calculeuses. 369
   CHAP. IV. — DES TROUBLES DE PIGMENTATION.............. 370
DEUXIÈME CLASSE. — Des troubles actifs.......... 375
   CHAPITRE Ier. — PROCESSUS DE RÉGÉNÉRATION............. 375
   CHAP. II. — DES HYPERTROPHIES........................ 382
   CHAP. III. — DES TUMEURS............................ 384
   ARTICLE Ier. — *Étude générale*..................... 384
      § 1er. — Définition......................... 384
      § 2. — Division........................... 385
      § 3. — Genèse et étiologie................... 387
      § 4. — Évolution.......................... 391
      § 5. — Symptômes......................... 393
   ART. II. — *Étude des différentes variétés de tumeurs*..... 394
      § 1er. — Tumeurs provenant du feuillet moyen du blastoderme............................. 394

A. Tumeurs conjonctives........................ 394
   a. Sarcomes............................... 394
   b. Fibromes............................... 397
   c. Myxomes............................... 397
   d. Endothéliomes.......................... 398
   e. Tumeurs perlées........................ 399
   f. Gliômes............................... 400
   g. Lipomes............................... 400
B. Tumeurs cartilagineuses..................... 400
   Enchondromes.............................. 400
C. Tumeurs osseuses........................... 401
   Ostéomes.................................. 401
D. Tumeurs musculaires........................ 401
   Myômes.................................... 401
   a. Rhabdomyomes.......................... 401
   b. Léiomyomes............................ 401
E. Tumeurs vasculaires........................ 402
   a. Angiomes.............................. 402
   b. Lymphomes............................. 403
§ 2. — Tumeurs provenant des feuillets externe et interne
    du blastoderme.......................... 404
A. Tumeurs épithéliales....................... 404
   a. Adénomes.............................. 404
   b. Tumeurs épithéliales atypiques (cancroïdes et
     carcinomes)........................... 406
   a'. Épithéliome pavimenteux.............. 406
   b'. Épithéliome cylindrique.............. 408
   c'. Épithéliome glandulaire hétéromorphe.. 408
B. Tumeurs nerveuses.......................... 413
   Névromes.................................. 413
C. Tumeurs kystiques.......................... 414
   a'. Loupes............................... 414
   b'. Kystes dermoïdes..................... 415
   c'. Kystes proligères................... 415
   d'. Cavités kystiques................... 415

TROISIÈME PARTIE   416

DES TROUBLES FONCTIONNELS (SYMPTOMES).

CHAPITRE Ier. — TROUBLES DANS LES FONCTIONS DE L'APPAREIL
   DE LA CIRCULATION....................... 417
ARTICLE Ier. — *Troubles dans les fonctions du cœur*...... 417
   § 1er. — Accélération des battements du cœur....... 417
   § 2. — Ralentissement des contractions cardiaques.. 419
   § 3. — De l'intermittence, de l'irrégularité et de l'iné-
     galité des contractions cardiaques.......... 420
   § 4. — Des palpitations........................ 421
   § 5. — Des troubles dans la circulation intracardiaque. 424
   § 6. — De l'affaiblissement des contractions cardiaques
     (asystolie)................................ 425
   § 7. — De la lipothymie et de la syncope........... 428

Art. II. — *Troubles dans les fonctions des artères*...... 431
Art. III. — *Troubles dans les fonctions des capillaires et des veines*................... 433
CHAP. II. — Troubles dans les fonctions de l'appareil respiratoire 434
Article Iᵉʳ. — *Troubles dans les sécrétions nasales*...... 434
§ 1ᵉʳ. — Hypérémie de la pituitaire............... 434
§ 2. — Ozène 435
Art. II. — *De l'épistaxis*................ 436
Art. III. — *Des altérations de la voix*........... 437
Art. IV. — *De la toux*............... 439
Art. V. — *De l'expectoration*............ 442
§ 1ᵉʳ. — Son mode de production............ 442
§ 2. — Caractères des crachats.............. 443
A. Crachats séreux................ 443
B. Crachats albumineux............... 443
C. Crachats muqueux............... 444
D. Crachats muco-purulents............. 445
E. Crachats fibrineux............... 448
F. Crachats pseudo-membraneux........... 448
G. Crachats hémoptyiques 449
Art. VI. — *De la dyspnée*............... 451
Art. VII. — *Phénomène dit de « Cheynes Stokes »*....... 456
Art. VIII. — *De l'asphyxie*............... 457
CHAP. III. — Troubles des fonctions digestives........... 461
§ 1ᵉʳ. — De la polyphagie............... 461
§ 2. — De la malacia et du pica.............. 462
§ 3. — De l'anorexie.................. 462
§ 4. — De l'exagération de la soif............. 464
§ 5. — De la salivation................ 464
§ 6. — De la dysphagie............... 465
§ 7. — Des dyspepsies............... 466
§ 8. — Du vomissement............... 469
A. Mécanisme................ 469
B. Causes.................. 471
C. Caractères................ 474
§ 9. — De la régurgitation............... 477
§ 10. — Des douleurs gastriques.............. 478
§ 11. — De la constipation............... 480
a. Définition................ 480
b. Causes.................. 480
c. Caractères cliniques............. 483
§ 12. — De la diarrhée............... 484
a. Définition................ 484
b. Causes.................. 484
c. Caractères cliniques............. 487
§ 13. — De la gastrorrhagie et de l'entérorrhagie.... 488
a. Causes.................. 488
1° Hémorrhagies par lésions de la muqueuse... 488
2° — par troubles de la circulation.. 489
3° — de cause générale........... 489
b. Caractères cliniques............. 489
§ 14. — Des coliques intestinales............. 490

§ 15. — Du météorisme............................ 491
§ 16. — Incontinence des matières fécales........... 492
CHAP. IV. — Troubles dans les fonctions du foie............ 493
§ 1er. — Troubles dans la circulation et la sécrétion de la bile............................ 494
§ 2. — Troubles dans la fonction glycogénique du foie. 498
§ 3. — Troubles dans les fonctions uropoétiques du foie. 500
§ 4. — Des douleurs hépatiques................. 502
CHAP. V. — Troubles dans les fonctions du pancréas........ 503
CHAP. VI. — Troubles dans les fonctions des reins.......... 504
Article 1er. — De la polyurie.................... 505
Art. II. — De l'albuminurie..................... 507
Art. III. — De l'urémie........................ 514
Art. IV. — De la néphrorrhagie................. 519
Art. V. — Des troubles de la circulation dans les maladies des reins............................ 520
Art. VI. — Des troubles dans l'excrétion de l'urine..... 525
§ 1er. — Incontinence de l'urine................. 525
§ 2. — Rétention d'urine....................... 526
Art. VII. — Des douleurs néphrétiques............ 527
Art. VIII. — Du ténesme vésical................. 528
CHAP. VII. — Troubles des fonctions de la peau............ 528
Article 1er. — De l'anidrose.................... 529
Art. II. — De l'hypéridrose..................... 530
§ 1er. — Des sueurs dans les maladies du système nerveux. 531
§ 2. — Des sueurs dans les maladies chroniques..... 533
§ 3. — Des sueurs dans les maladies fébriles........ 534
§ 4. — Des sueurs dans le collapsus algide......... 535
§ 5. — Des sueurs d'origine toxique ou médicamenteuse................................ 536
§ 6. — Caractères et rôle pathologique des sueurs morbides................................. 536
Art. III. — De la dysidrose..................... 537
§ 1er. — Des sueurs fétides..................... 537
§ 2. — Des sueurs colorées ou de la chromidrose..... 538
§ 3. — De l'hématidrose....................... 539
CHAP. VIII. — Troubles des fonctions de reproduction chez l'homme................................. 540
Article 1er. — Du priapisme.................... 540
Art. II. — Du satyriasis....................... 540
Art. III. — De l'impuissance................... 541
CHAP. IX. — Troubles des fonctions de reproduction chez la femme................................. 542
Article 1er. — De l'aménorrhée.................. 542
Art. II. — De la dysménorrhée.................. 544
Art. III. — Du vaginisme...................... 545
Art. IV. — De la stérilité...................... 545
Art. V. — Troubles de la lactation............... 546
a. Stérilité par troubles dans les fonctions de l'ovaire. 546
b. Stérilité par troubles de l'imprégnation ovulaire. 546
c. Troubles de la migration ovulaire............. 547
d. Stérilité par obstacle à l'implantation de l'ovule fécondé dans la matrice................... 547

CHAP. X. — Troubles des fonctions d'innervation.......... 548
  Article 1er. — *Du délire*.............................. 548
    § 1er. — Définition......................... 548
    § 2. — Pathogénie et causes....................... 548
    § 3. — Physiologie et caractères du délire........... 551
      A. Délire aigu...................... 553
      B. Délire chronique.................... 557
        a. Délire général....................... 557
          a'. Délire maniaque................ 557
          b'. Délire mélancolique............. 557
        b. Délire partiel..................... 557
  Art. II. — *De la démence*.................... 561
    § 1er. — Genèse et causes...................... 561
    § 2. — Anatomie et physiologie pathologiques....... 562
    § 3. — Symptômes....................... 563
  Art. III. — *De l'illusion*.................... 565
  Art. IV. — *De l'hallucination*...................... 567
    § 1er. — Causes et pathogénie.................. 567
    § 2. — Caractères cliniques.................... 568
      A. Hallucinations psycho-sensorielles............ 568
      B. Hallucinations psychiques.................. 569
    § 3. — Physiologie.................... 570
  Art. V. — *De l'aphasie*..................... 573
  Art. VI. — *Des troubles du sommeil*.................. 582
  Art. VII. — *Du vertige*.................... 585
  Art. VIII. — *De l'extase*.................... 588
  Art. IX. — *De la catalepsie, de la léthargie et du som-nambulisme*..................... 589
    § 1er. — Définition et causes.................. 589
    § 2. — Symptômes.................... 590
  Art. X. — *De l'apoplexie*..................... 594
  Art. XI. — *Du coma*..................... 596
  Art. XII. — *Des paralysies*..................... 597
  Art. XIII. — *Des convulsions*.................... 601
  Art. XIV. — *Des spasmes*.................... 608
  Art. XV. — *Des contractures*.................... 609
  Art. XVI. — *De l'ataxie locomotrice*.................. 613
  Art. XVII. — *De la chorée*..................... 616
  Art. XVIII. — *De l'athétose*.................... 619
  Art. XIX. — *Du tremblement*.................... 619
    § 1er. — Causes et caractères cliniques.............. 619
    § 2. — Physiologie pathologique.................. 622
  Art. XX. — *Des troubles de la sensibilité*.............. 624
    § 1er. — De la douleur..................... 624
    § 2. — De l'anesthésie et de l'analgésie........... 627
  Art. XXI. — *Troubles des actions réflexes*............. 630
  Art. XXII. — *Des actions d'arrêt*.................... 632
CHAP. XI. — De la fièvre......................... 633
  Article Ier. — *De la régulation thermique*.............. 633
  Art. II. — *Caractères de la fièvre*.................... 637
  Art. III. — *Physiologie pathologique*.................. 646
  Art. IV. — *Mode de production*..................... 654
CHAP. XII. — Du collapsus algide.................... 657

QUATRIÈME PARTIE

DE L'AFFECTION ET DE LA MALADIE

CHAPITRE Ier. — Classifications pathologique et nosolo-
    gique.. 661
CHAP. II. — Évolution des maladies..................... 663
  Article Ier. — *Évolution des maladies aiguës*............ 663
    § 1er. — Incubation............................. 663
    § 2. — Types des maladies....................... 664
    § 3. — Invasion............................... 665
    § 4. — Période d'état.......................... 665
    § 5. — Période de déclin....................... 665
      A. Crise................................ 665
        a. Phase procritique................... 666
        b. Phase critique proprement dite.......... 666
        c. Phase épicritique.................... 669
      B. — Lysis.............................. 669
  Art. II. — *Évolution des maladies chroniques*........... 670
CHAP. III. — De la convalescence..................... 672
  Article Ier. — *Convalescence régulière*................... 672
  Art. II. — *Accidents de la convalescence*............... 675
  Art. III. — *Des rechutes et des récidives*............... 679
CHAP. IV. — De la mort............................. 679

CINQUIÈME PARTIE

ÉTUDE GÉNÉRALE DE L'ART MÉDICAL

CHAPITRE Ier. — Du diagnostic......................... 685
    § 1er. — Diagnostic des symptômes.................. 685
    § 2. — Diagnostic de la lésion et de l'affection....... 686
    § 3. — Diagnostic de la maladie................... 687
CHAP. II. — Du pronostic............................ 688
CHAP. III. — De la prophylaxie et de la thérapeutique..... 691
  Article Ier. — *Prophylaxie générale*................... 691
    Vaccination 694
  Art. II. — *Thérapeutique générale*..................... 697
    § 1er. — Indications fournies par les causes........ 697
    § 2. — Indications fournies par les lésions.......... 700
      a. Lésions actives......................... 700
      b. Lésions passives........................ 701
    § 3. — Indications fournies par les symptômes....... 702

FIN DE LA TABLE DES MATIÈRES.

TABLE ALPHABÉTIQUE DES MATIÈRES

A

Acariens, 104.
Acholie, 497.
Achorion, 137.
Acides biliaires (résorption des), 196.
Actions d'arrêt, 632.
Adénomes, 404.
—   acineux, 404.
—   cylindriques, 404.
—   du foie, 405.
Adipose, 342.
Adolescence, 44.
Affections, 2, 661.
Affection (diagnostic de l'), 686.
—   (traitement de l'), 700.
Agents infectieux, 141, 165.
—   (Mode d'action des), 227.
—   (Nature des), 119.
—   (Origine et transmission), 142.
Agents irritants, 94.
Agonie, 682.
Agraphie, 576.
Aïeux, 11.
Air atmosphérique (Action de l'), 85.
Age, 39.
Albuminurie, 505.
—   dyscrasique, 509.
—   physiologique, 507.
—   rétractile, 512.
—   non rétractile, 512.
Alalie, 574.
Alcoolique (délire), 566.

Alimentation défectueuse, 87.
—   insuffisante, 89.
—   surabondante, 92.
Aménorrhée, 542.
Amyloïdes (corps), 355.
Amyloïde (dégénérescence), 252.
—   —   des glomérules du rein, 353.
Analgésie, 627.
Anchylostome duodénal, 116.
Anémie des mineurs, 118.
—   locale, 300.
Anesthésie, 627.
Angiomes, 402.
—   capillaires, 402.
—   caverneux, 403.
Anguillules intestinales, 118.
—   stercorales, 118.
Anidrose, 529.
Animaux parasites, 99.
—   non parasites, 133.
Anorexie, 402.
Anthracosis, 374.
Aphasie, 573.
—   (siège de l'), 580.
—   de la migraine, 580.
Apoplexie, 591.
Appareil circulatoire (hérédité), 18.
—   locomoteur (hérédité), 26.
Aptitudes morbides, 25.
Argas, 107.
Arrêt (Actions d'), 632.
Art médical (Étude générale de l'), 683.
Artères (troubles dans les fonctions des), 431.
Arthritisme, 30.

Ascarides lombricoïdes, 108.
Ascendants directs, 12.
Aspergillus, 141.
Asphyxie, 457.
Asynergie vocale, 438.
Asystolie, 495.
Ataxie locomotrice, 613.
Atavisme, 11.
Athérome, 343.
Athétose, 619.
Athrepsie, 42.
Atmosphérique (pression), 68.
   — (température), 55.
Atrophie, 333.
   — des muscles, 340.
   — des nerfs, 334.

B

Bacilles, 158 et 445.
Bactéridie du charbon, 169.
Bactéries, 157.
Battements du cœur (accélération des), 417.
Bile (trouble dans la circulation et la sécrétion de la), 494.
Biliaires (résorption des acides), 496.
   — (concrétions), 364.
Bilieux (vomissements), 476.
Blennorrhagie (agent infectieux de la), 198.
Bothriocéphale, 128.
Boulimie, 462.
Bouton de Biskra, 138.
   — (agent infectieux du), 198.
Brûlure, 58.
Bubons suppurés, 269.

C

Calcaire (concrétion), 356.
   — (dyscrasie) chimique, 360.
   — — métastatique, 360.
Calcification, 356.
Calculs phosphatiques, 348.
Calculeuse (concrétion), 356.
Cancer colloïde, 412.
Cancroïde, 406.
Capillaires (Troubles dans les fonctions des), 433.

Carapatos, 107.
Carcinome, 406.
   — épithélial de la vessie, 406.
   — du corps thyroïde, 407.
Cardiaque (délire), 555.
Cardiaques (affaiblissement des contractions), 425. Voy. *Contractions.*
Carie dentaire (agent infectieux de la), 198.
Catalepsie, 589.
Cartilagineuses (tumeurs), 400.
Causes, 5.
   — animées, 98.
   — chimiques, 84.
   — externes, 53.
   — intrinsèques, 9.
   — intrinsèques : dynamiques, 47.
   — mécaniques, 72.
   — pathologiques, 237.
   — physiques, 54.
   — (indications fournies par les), 697.
Caustiques, 94.
Cécité verbale, 579.
Cellules fixes dans l'inflammation, 256.
   — géantes, 284.
Cercomonas intestinalis, 133.
Cérébrale (fatigue), 47.
   — (urémie) 515.
Cérébromes, 414.
Cestoïdes, 121.
Chique, 101.
Chlorose, 117.
Choc traumatique, 80.
Chaleur, 54.
Chaleur (coup de), 56.
Chancre simple (agent infectieux du), 197.
Charbon (agent du), 169.
   — (bactéridie du), 169.
   — (symptomatique), agent du, 173.
Cheynes-Stokes (phénomène de), 456.
Cholémie, 496.
Choléra (agent infectieux du), 187.
   — des poules, (agent du), 166.
Cholestéatome, 399.
Chromidrose, 538.
Chondro-sarcome, 396.
Chorée, 616.
Chylurie, 114.
Circulation (troubles dans les fonctions

de l'appareil de), 417.
Circulation intracardiaque (troubles dans la), 424.
Circulatoire (appareil), hérédité, 18.
Cireuse (dégénérescence), 349.
Classification nosologique, 662.
— pathologique, 661.
Clavelée (agent de la), 167.
Climats chauds, 55.
— tempérés, 55.
Cœur (accélération des battements du), 417.
— (hypertrophie du) dans les maladies des reins, 520.
— (troubles dans les fonctions du), 417.
Coliques hépatiques, 369.
— intestinales, 490.
— néphrétiques, 369.
Collapsus algide, 657.
Coma, 596.
Commotion, 73,
Compression, 74.
Concrétions, 356.
— biliaires, 364.
— calcaires, 356.
— calculeuses, 364.
— interstitielles, 356.
— magnésiennes, 356.
— salivaires, 368.
— urétiques, 312.
— urinaires, 366.
Congestions paralytiques, 243.
— réflexes, 244.
— toxiques, 244.
Conjonctives (tumeur)s, 394.
Constipation, 480.
— par anesthésie, 481.
— par atonie, 481.
— de cause psychique, 483.
— des hypochondriaques, 484.
— par obstacle mécanique, 482.
Constitution, 22.
Contage, 142.
— de la morve, 222.
Contractions cardiaques (inégalités des), 420.
— (intermittence des), 420.
— (irrégularité des), 420.
— (ralentissement des), 419.
— cardiaques (affaiblissement des), 425.

Contracture, 609.
Convalescence, 672.
— (accidents de la), 675.
Convulsions, 601.
Coqueluche (agent infectieux de la), 195.
Corps amyloïde, 355.
— thyroïde (carcinome du), 407.
Coryza, 435.
— des foins, 435.
Coup de chaleur, 56
— de soleil, 57.
Crachats (caractères des), 433.
— albumineux, 443.
— de la bronchite fétide, 448.
— fibrineux, 448.
— gangreneux, 447.
— hémoptyiques, 444.
— muco-purulents, 445.
— muqueux, 444.
— nummulaires, 445.
— pseudo-membraneux, 448.
Crise, 665.
Critique (phase), 606.
Cysticerques, 124.

D

Définition, 1.
Dégénérescence, 341.
— amyloïde, 352.
— cirreuse, 349.
— graisseuse, 341.
— graisseuse des muscles, 348.
— hyaline, 350.
— muqueuse, 350.
— (hérédité des), 18.
Délire, 548.
— des actes, 560.
— aigu, 553.
— alcoolique, 566.
— cardiaque, 555.
— chronique, 557.
— général mélancolique, 567.
— d'inanition, 555.
— maniaque, 557.
— partiel, 554.
— de persécution, 559.
— religieux, 560.
— de satisfaction, 559.
— toxique, 556.
— (pathogénie du), 548.

Délire (caractères du), 551.
— (physiologie du), 551.
Démence, 561.
— des paralytiques généraux, 563.
— sénile, 563.
Demodex, 106.
Dentition, 43.
Diagnostic, 685.
— de l'affection, 686.
— de la maladie, 687.
— des symptômes, 681.
Diapédèse, 289.
Diarrhée, 484.
— (causes de la), 485.
Diathèses, 15-25.
Digestives (troubles des fonctions), 461.
— (fonctions), fatigue, 52.
Diphthérie (agent infectieux de la), 190.
Distoma hæmatobium, 131.
— hétérophie, 133.
— lanceolatum, 131.
— ophthalmobium, 132.
Distomes, 131.
Douleurs, 624.
— gastriques, 476.
Douve du foie, 131.
Dyscrasie calcaire, 360.
Dysenterie (agent infectieux de la), 190.
Dysidrose, 537.
Dysménorrhée, 544.
Dyspepsie, 466.
Dysphagie, 465.
Dyspnée, 451.

E

Ecchondroses, 400.
Échinocoques, 127.
— multiloculaires, 126.
Électricité (action de l'), 66.
Éléphantiasis, 114.
Embolies, 304.
— graisseuses, 310.
— spécifiques, 311.
Embryon hexacanthe, 124.
Embryonnaire (période), 39.
Encéphaloïde, 412.
Enchondrome, 400.
Endémie, 144.
Endocardite ulcéreuse (agent de l'), 181.
Endothéliomes, 398.

Enfance, 40.
Entérorrhagies, 489.
Ephidrose, 531.
Epicritique (phase), 669.
Épidémies, 144.
Épilepsie d'origine traumatique, 82.
— Jaksonienne, 604.
Épistaxis, 431.
Épithéliales (tumeurs), 404.
Épithéliomes atypiques, 406.
— cylindriques, 408.
— glandulaires hétéromorphes, 408.
— pavimenteux, 408.
Érotomanie, 560.
Érysipèle (agent de l'), 179.
Érythromélalgie, 244.
Érythroprotéide, 331
Eschares, 320.
Éternuement, 434.
Étiologie, 5.
Évolution des maladies, 663.
— des tumeurs, 391.
Excitations centrifuges (abus des), 50
— centripètes — , 50.
Expectoration, 442.
Exsudat, 261.
— catarrhal, 262.
— chyliforme, 261.
— fibrineux, 265.
— interstitiel, 267.
— parenchymateux, 267.
— pseudo-membraneux, 266.
— purulent, 263.
— (organisation de l'), 273.
— (résorption de l'), 272.
Extase, 588.
Extrémités (gangrène symétrique des), 301, 323.

F

Fastigium, 635.
Fatigue, 47.
— de l'appareil locomoteur, 51.
— cérébrale, 47.
— génitale, 52.
— des organes de la digestion, 52.
— spinale, 50.
— du système nerveux périphérique, 51.
— vocale et respiratoire, 53.

Fibromes, 397.
— embryonnaires, 395.
— papillaires, 397.
Fibro-sarcomes, 396.
Fièvre, 633.
— continue, 640.
— intermittente, 640.
— jaune (agent infectieux de la), 187.
— récurrente (agent de la), 181.
— rémittente, 640.
— traumatique, 79.
— (caractères de la), 638.
— (mode de production de la). 654.
— (physiologie pathologique de la), 646.
Filaire, 112.
— labiale, 115.
— loa, 115.
— de Médine, 112.
Filaria sanguinis hominis, 119.
Flacherie (agent de la), 166.
Fœtale (période), 39.
Foie (troubles dans les fonctions du), 493.
— (troubles dans la fonction glycogénique du), 498.
— (troubles dans les fonctions uropoétiques du), 500.
— (tubercules du), 281.
Fonctions (abus des), 47.
— (insuffisance des), 47.
Fongus de l'Inde, 139.
Foyer hémorrhagique, 295.
Frisson, 635.
Froid (action du), 59.
— atmosphérique, 59.
— humide, 63.
— intense, 60.
Frottements (action des), 76.
Furoncle (agent infectieux du), 197.

G

Gale (sarcopte de la), 104.
Gangrène, 321.
— (agent infectieux de la), 195.
— humide, 327.
— sèche, 327.
— symétrique des extrémités, 310-323.
Garapates, 107.

Gastriques (douleurs), 676.
Gastrorrhagie, 488.
Génitale (fatigue), 52.
Gliômes, 400.
Globules blancs, 263.
— (transformation des), 275.
— blancs (migration des), 253.
Glomérules du rein (dégénérescence amyloïde des), 353.
Goître (agent infectieux du), 197.
Gomme, 288.
Graisseuse (dégénérescence), 341.
— (infiltration), 343.
Greffe épidermique, 377.
Gynæcophorus hæmatobius, 131.

H

Habitudes morbides, 38.
Hallucinations, 567.
— (cause et pathogénie des), 567.
— (physiologie des), 570.
— psychiques, 569.
— psycho-sensorielles, 565.
Hématidroses, 539.
Hématoblastes dans les maladies aiguës, 667.
— dans la thrombose.
Hémorrhagies, 289.
— (pathogénie des), 289.
Hémorrhagique (du foyer), 295.
Hépatiques (coliques), 369.
Héréditaires (prédispositions), 9.
Hyaline (dégénérescence), 350.
Hydatiques (moles), 397.
Hydropisie, 299.
— congestive, 291.
— dyscrasique, 296.
— mécanique, 296.
Hypéridrose, 530.
Hypertrophies, 389.
Hypertrophie du cœur dans les maladies des reins, 520.
Hémidrose, 533.
Herpétisme, 31.
Hypérémie, 241.
— active, 241.
— passive, 247.
Hypochondriaques (constipation des), 484.
Hypochondrie, 559.

I

Ictère, 495.
— grave (agent infectieux de l'). 194.
Idiosyncrasie, 33.
Illusions, 565.
— de l'intelligence, 565.
— interne, 566.
Immunité morbide, 35.
Impaludisme (agent infectieux de l'), 205.
Impuisssance, 541.
Inanition, 88.
Incontinence de l'urine. 525.
— des matières fécales, 492.
Incubation, 663.
Indications fournies par les causes, 697.
— par la lésion, 700.
— par les symptômes, 702.
Infarctus, 311.
Infectieux (agents). Voy. *Agents infectieux.*
Infections putride et purulente (agents des). 173.
— puerpérales, 178.
Infiltration graisseuse. 343.
Inflammation, 251.
— interstitielle, 268.
— mixte, 270.
— nodulaire, 281.
— parenchymateuse, 268.
— traumatique, 277.
— (des cellules fixes dans l'), 256.
— (physiologie pathologique), 251.
— (phénomènes consécutifs à l'), 272.
— (symptômes cardinaux), 270.
Inflammatoires (évolution des lésions), 271.
Infusoires, 133.
Innervation (trouble dans les fonctions d'), 518.
Insectes, 99.
Insomnie, 585.
Intelligence (illusions de l'), 565.
Intermittence, 664.
— des contractions cardiaques, 420.

Intestinales (coliques), 490.
Invasion des maladies, 665.
Irritants (agents), 94.

J

Jeunesse, 43.

K

Kisinagrah, 139.
Kystes, 414.
— dermoïdes, 415.
— proligères, 415.
Kystiques (tumeurs), 414.

L

Larves. 103.
Léio-myômes. 402.
Lèpre (agent infectieux de la), 223.
Leptothrix, 159.
Lésion (indications fournies par la), 700.
Léthargie, 589.
Linguatules, 108.
Lipomes, 400.
Lipothymies. 428.
Locomoteur (appareil), fatigue, 51.
— (appareil), hérédité, 26.
Loupes, 414.
Lumière (action de la), 64.
Lymphomes. 403.
Lysis, 636, 669.

M

Magnésiennes (concrétions), 356.
Maladie, 2-661.
— (diagnostic de la), 687.
Maladies (évolution des), 663, 670.
— (invasion des), 665.
— (période d'état et de déclin des). 665.
— (traitement de la), 701.
— (types de), 661.
Malacia, 461.

Mal-cœur, 117.
Malformation (hérédité), 20.
Manie, 564.
Matières fécales (incontinence des), 492.
Maturité, 45.
Melæna, 489.
Mélancolie, 563.
Mélanémie, 372.
Mélaniques (tumeurs), 373.
Mélanodermie, 370.
Mélanose de la rate, 372.
Météorisme, 490.
Miasmes, 142.
Miasmes contages, 142.
Microbes, 152.
— (caractères généraux des), 152.
— (différentes espèces de), 156.
— (modes de transmission et de pénétration des), 159.
— (rôle pathogénique des), 161.
Micrococcus, 156.
— générateurs du pigment, 157.
— zymogènes, 157.
Microsporon furfur, 136.
Migration des globules blancs, 253.
Modificateurs chimiques assimilables, 85.
— — non assimilables, 94.
— mécaniques, 72.
Môles hydatiques, 397.
Monoplégies, 590.
Mort, 679.
Mortification, 320.
— (cause et pathogénies de la), 321.
— de cause traumatique, 321.
— toxique, 324.
Morve (contage de la), 222.
— (nodules de la), 287.
Mouche hominivore, 103.
— (larve de), 103.
Muqueuse (dégénérescence), 350.
Muscles (atrophie des), 340.
— (dégénérescence graisseuse), 348.
— (régénération des), 381.
Musculaires (tumeurs), 401.
Myômes, 401.
Myxomes cartilagineux, 398.
— fibreux, 398.
— hyalins, 398.

Myxome lipomateux, 398.
— sarcomateux, 398.
Myxo-sarcome, 398.

N

Nasale (troubles dans la sécrétion), 435
Nécrobiose, 314.
Nématoïdes, 108.
Néphrétiques (coliques), 369.
Néphrorrhagies, 514.
Nerfs (atrophie des), 334.
— (régénération des), 379.
Nerveuses (tumeurs), 403.
Nerveux (système), fatigue, 51.
Névrite ascendante, 82.
Névromes, 413.
Nodulaire (inflammation), 281.
Nodules de la morve, 287.
— de la syphilis, 287.
Nutrition (processus caractérisés par un trouble de la), 333.
— (ralentissement de la), 361.
— (troubles passifs de la), 333.
— (troubles actifs de la), 375.

O

Ochronose, 374.
Ochronya anthropophaga, 103.
OEstres, 103.
Oidium albicans, 140.

P

Palpitations, 421.
— dyscrasiques, 423.
— réflexes, 423.
Pancréas (troubles dans les fonctions du), 503.
Paralysies, 597.
— alternes, 599.
Parasites animaux, 99.
— végétaux, 134.
Peau (troubles dans les fonctions de la), 528.
Pébrine (agent de la), 165.
Peenash, 103.
Peptonurie, 508.
Période de déclin, 665.

Période d'état, 665.
Phagédénisme (agent infectieux du), 197.
Phlébolithes, 357.
Phosphatiques (calculs), 348.
Phthisie ab hemoptoe, 451.
Pica, 462.
Pied de Cochin, 139.
Pied de Madura, 139.
Piedra de Colombie, 140.
Pigmentation (troubles de la), 370.
Plique polonaise, 140.
Poisons, 94.
Pollakiurie, 514.
Polycholie, 497.
Polydipsie, 464.
Polyphagie, 461.
Polyurie, 505.
Pneumonie (agent infectieux de la), 199.
— massive, 448.
Pneumo-entérite infectieuse du porc (agent de la), 167.
Pneumokonioses, 375.
Poux, 99.
Prédispositions héréditaires, 9.
— organiques, 33.
Pression atmosphérique (action de la), 68.
Principes, 1.
Processus morbides, 240.
Procritique (phase), 666.
Proglottis, 124.
Pronostic, 688.
Prophylaxie, 691.
Psammomes, 399.
Ptomaïnes, 163.
Puce chique, 102.
Puces, 101.
Puerpérale (infection), 178.
Punaise de Miana, 107.
— des moutons, 107.
Purulente (infection), 173.
Pus (vomissement de), 476.
Putride (infection), 173.
Pyrexies (agents des), 181.
Pyrosis, 418.

R

Rage (agent de la), 168.
Ralentissement des contractions cardiaques, 419.
Ralentissement de la nutrition, 361.
Rate (mélanose de la), 372.
Réceptivité morbide, 35.
Rechutes, 679.
Récidives, 670.
Réflexes (troubles des actions), 630.
— (congestions), 244.
Refroidissement, 62.
Régénération (processus de), 375.
— des muscles, 381.
— des nerfs, 379.
Régulation thermique, 633.
Régurgitation, 477.
Reins (troubles de la circulation dans les maladies des), 520.
— (troubles dans les fonctions des), 504.
Rémittence, 664.
Reproduction (troubles dans les fonctions de) chez l'homme, 540.
— (troubles dans les fonctions de) chez la femme, 542.
Résorption des acides biliaires, 496.
— de l'exsudat, 272.
Respiratoire (troubles dans les fonctions de l'appareil), 234.
Respiratoire (fatigue), 53.
— (urémie), 516.
Rétention d'urine, 526.
Réunion par première intention, 277.
— par deuxième intention, 277.
Rhabdomyomes, 401.
Rhumatisme articulaire aigu (agent infectieux du), 205.
Ricins, 106.
Rougeole (agent infectieux de la), 187.
Rouget, 106.
— des porcs (agent du), 168.

S

Salivaires (concrétions), 368.
Salivation, 464.
Sang (altération du) dans les fièvres, 643.
— (vomissement), 476.
Sarcine, 141.
Sarcomes, 395.
— alvéolaires, 395.
— angiolithiques, 358.
— fuso-cellulaires, 395.
— giganto-cellulaires, 396.
— globo-cellulaires, 395.

Sarcomes mélaniques, 396.
— muqueux, 396.
Sarcopte de la gale, 104.
Satyriasis, 540.
Scarlatine (agent infectieux de la), 187.
Schizophytes, 153.
Scrofule, 29.
Sécrétion nasale (troubles dans la), 435.
Sensibilité (troubles de la), 624.
Sepsine, 174.
Sexe, 46.
Sol (action du), 71.
Sommeil (troubles du), 582.
Somnambulisme, 589.
Somnolence, 585.
Son (action du), 67.
Spasmes, 608.
Sphacèle, 321.
Spinale (fatigue), 50.
Spirilles, 159.
Spirochætes, 159.
Squirrhe, 411.
Stéatose, 340.
Stérilité, 545.
Stomates, 255.
Strongle géant, 121.
Sueurs (dans les maladies du système nerveux), 531.
Sueurs morbides (caractère des), 536.
— colorées, 538.
— dans le collapsus algide, 535.
— dans les maladies chroniques, 533.
— d'origine toxique, 536.
— — médicamenteuse, 536.
— fétides, 537.
— dans les maladies fébriles, 534.
Suggestion, 597.
Suppuration, 279.
Surdité verbale, 539.
Symptômes, 416.
— (diagnostic des), 681.
— (indications fournies par les), 702.
Syncope, 428.
Syphilis (agent infectieux de la), 225.
— héréditaire, 21.
— (nodules de la), 287.
Système nerveux (hérédité), 19.

T

Tænia, 121.
— inerme, 121.
— solium, 122.
Tempérament, 23.
Température atmosphérique, 55.
Ténesme vésical, 528.
Thérapeutique, 697.
Thrombose, 304.
— (pathogénie de la), 306.
Thrombus, 305.
— (caractères des), 310.
Tiques, 106.
Toux, 439.
Traitement de l'affection, 700.
— de la maladie, 701.
Traumatismes, 77.
— (action à distance des), 81.
Trématodes, 130.
Tremblement, 619.
Trichines, 115.
Trichocephalus dispar, 118.
Trichoma, 140.
Trichomonas, 133.
Trichophyton, 138.
Troubles fonctionnels, 416.
Tubercules géants, 283.
— miliaires, 283.
— du foie, 281.
Tuberculose, 483.
— (agent infectieux de la), 211.
Tuméfaction trouble, 349.
Tumeurs, 384.
— cartilagineuses, 400.
— conjonctives, 394.
— épithéliales, 404.
— kystiques, 414.
— mélaniques, 373.
— musculaires, 401.
— nerveuses, 403.
— perlées, 399.
— vasculaires, 402.
— (genèse et étiologie), 387.
— (provenant des feuillets externe et interne du blastoderme), 404.
— — du feuillet moyen, 394.
— (différentes variétés de), 391.
— (évolution des), 391.
Type continu, 665.

Types de fièvre, 640.
— de maladies, 661.
Typhoïde (agent infectieux), 182.
Tyroglyphes, 106.

U

Uratiques (concrétions), 312.
Urémie, 514.
— articulaire, 516.
— cérébrale, 515.
— chronique, 516.
— gastro-intestinale, 516.
— respiratoire, 516.
Urinaires (concrétions), 366.
Urine dans la fièvre, 641.
— (incontinence de l'), 525.
— (rétention d'), 526.
— (troubles dans l'excrétion de l'), 525.
Urique (lithiase), 368.

V

Vaccination, 694.
Vaginisme, 545.
Variole (agent infectieux de la), 185.
— des pigeons (agent de la), 167.
Vasculaires (tumeurs), 402.
Végétaux nuisibles, 134.
Venins, 94.
Ver de cayor, 103.
Vers cestoïdes, 121.
— nématoïdes, 108.

Vertiges, 585.
— auditifs, 586.
— fébriles, 586.
— gastriques, 586.
— oculaires, 586.
— toxiques, 586.
— visuels, 585.
Vésanie, 564.
Vessie (carcinome épithélial de la), 406
Vibrions, 159.
Vieillesse, 45.
Vocales (fatigues), 53.
Voix (altérations de la), 437.
Vomissements, 469.
— alimentaires, 475.
— bilieux, 476.
— fécaloïdes, 476.
— mécaniques, 471.
— pituiteux, 476.
— de pus, 476.
— réflexes, 473.
— de sang, 476.
— (causes des), 471.
— (mécanisme des), 469.
Vomiturition, 470.
Vulnérabilité, 33.

X

Xanthélasma (agent infectieux du), 195.

Z

Zooglées, 153.

FIN DE LA TABLE ALPHABÉTIQUE.

ERRATA.

Page 142, ligne 15, au lieu de: *qu'elles confèrent*, lire, *que plusieurs d'en tre elles confèrent.*

Page 224, ligne 32, au lieu de : *Hamonci*, lire, *Hamonic.*

9260-83. — Corbeil. Typ. et stér. Crété.